Manfred Kirchgeßner   Tierernährung

Tierernährung

**Leitfaden für Studium,
Beratung und
Praxis**

6., verbesserte Auflage
Prof. Dr. agr. Manfred Kirchgeßner
Institut für Ernährungsphysiologie der
Technischen Universität München
in Freising-Weihenstephan

DLG-Verlag – Frankfurt (Main)

CIP-Kurztitelaufnahme der Deutschen Bibliothek

Kirchgeßner, Manfred:
Tierernährung: Leitfaden für Studium, Beratung und Praxis / Manfred Kirchgeßner. – 6., verb. Auflage – Frankfurt (Main) : DLG-Verlag, 1985.
ISBN 3-7690-0417-5

Die Vervielfältigung und Übertragung einzelner Textabschnitte, Zeichnungen oder Bilder, auch für Zwecke der Unterrichtsgestaltung, gestattet das Urheberrecht nur, wenn sie mit dem Verlag vereinbart wurden. Im Einzelfall muß über die Zahlung einer Gebühr für die Nutzung fremden geistigen Eigentums entschieden werden. Das gilt für die Vervielfältigung durch alle Verfahren einschließlich Speicherung und jede Übertragung auf Papier, Transparente, Filme, Bänder, Platten und andere Medien.

© 1985 DLG-Verlags-GmbH, Rüsterstraße 13, D-6000 Frankfurt am Main

Gesamtherstellung: Wetzlardruck GmbH, 6330 Wetzlar (Lahn)
Printed in Germany: ISBN-3-7690-0417-5

Vorwort zur 6. Auflage

Das Schreiben eines Buches kann Zufriedenheit und Glück bedeuten (Tucholsky). Ein Fachbuch, das die Grundlagen der Tierernährung vereinfacht und die praktische Fütterung umfassend behandeln soll, kann zur Qual werden. Sichtet und vergleicht man nämlich das Vorhandene, so erkennt man schnell, daß mit vielem gebrochen, manches modifiziert und neu gestaltet werden muß, wenn man nur annähernd die Fortschritte der schnellebigen Wissenschaft für die Praxis einfangen will. Durch die Arbeit und das Wirken der älteren und jüngeren Fachkollegen des In- und Auslandes ist dies heute jedoch durchaus möglich. Ich bin mir klar darüber, daß das vorliegende Buch nur einen Versuch darstellt. Praxis und Beratung werden aber nach entsprechender Einarbeitung ihren Nutzen daraus ziehen können. Auch für Studierende der Agrarwissenschaft, Veterinärmedizin und Ökotrophologie ist vorliegendes Buch zur Einführung in die Ernährungsphysiologie und Tierernährung sicherlich eine Hilfe.

Dieses Vorwort zur 1. Auflage (1969) kann man auch der 6., verbesserten Auflage vorausschicken. Auch diese war nur durch die unermüdliche Hilfe vieler der wissenschaftlichen Mitarbeiter am Institut für Ernährungsphysiologie möglich. Ganz besonders möchte ich die Mitwirkung von Dr. habil. H. L. MÜLLER, Prof. Dr. Dora A. ROTH-MAIER, Dr. habil. F. X. ROTH, Dr. habil. E. WEIGAND, Dr. habil. F. J. SCHWARZ und Dr. R. KELLNER festhalten.

Weihenstephan, im Herbst 1984 M. Kirchgeßner

Inhalt

Aufgaben der Tierernährung 17

1 Zusammensetzung von Nahrung und Tier 19
    Weender Futtermittelanalyse 21

2 Die Verdauung 25
  2.1   Zur Physiologie der Verdauung 25
  2.1.1 Verdauungssekrete des Tieres 27
  2.1.2 Mikrobiologische Vorgänge bei der Verdauung 28
  2.2   Die Verdaulichkeit und ihre Beeinflussung 30
  2.2.1 Verdaulichkeit und Absorbierbarkeit 30
  2.2.2 Einflüsse auf die Verdaulichkeit 31
      .1 Tierart 32
      .2 Futtermenge 33
      .3 Rationszusammensetzung 35
      .4 Zubereitung der Futtermittel 35
  2.2.3 Zur Bestimmung der Verdaulichkeit 35
      .1 Tierversuche 35
      .2 In-vitro-Methoden und Schätzmethoden 37
  2.2.4 Bedeutung der Verdaulichkeit der organischen Substanz
       für die praktische Fütterung 38

3 Die Nährstoffe und ihr Stoffwechsel 40
  3.1   Wasser 40

  3.2   Kohlenhydrate und ihr Stoffwechsel 42
  3.2.1 Einteilung und Beschreibung 42
      Monosaccharide 42
      Oligosaccharide 43
      Polysaccharide 43
      Heteropolysaccharide 44
      Lignin, Rohfaser 45
  3.2.2 Verdauung und Absorption 45
      .1 Nichtwiederkäuer 45
      .2 Wiederkäuer 46
  3.2.3 Stoffwechsel 48
      .1 Intermediäre Umsetzungen 49
      .2 Zum Kohlenhydratstoffwechsel des Wiederkäuers 51
  3.2.4 Stoffwechselstörungen (Acetonämie) 52

  3.3   Fette und ihr Stoffwechsel 53
  3.3.1 Definition und Charakterisierung 53
  3.3.2 Biologische Bedeutung 55
  3.3.3 Verdauung und Absorption 55
  3.3.4 Stoffwechsel 57
      Ab- und Aufbau von Fettsäuren 57
      Dynamik des Körperfettes 57
  3.3.5 Nahrungsfett und Körperfett 58
      Depotfett 58
      Einfluß des Futterfettes auf das Depotfett 58
      Futterfett und Milchfettzusammensetzung 59
  3.3.6 Natürliche und technologische Fettveränderungen 61

3.3.7	Zum Fettbedarf landwirtschaftlicher Nutztiere	63
	Fettoptimum	63
	Essentielle Fettsäuren	63
	Fett-Toleranz	63
3.4	**Eiweiß und sein Stoffwechsel**	65
3.4.1	Aminosäuren, Aufbau und Einteilung der Proteine	65
3.4.2	Stickstoffhaltige Verbindungen nichteiweißartiger Natur	66
3.4.3	Verdauung und Absorption	68
	.1 Nichtwiederkäuer	68
	.2 Wiederkäuer	71
3.4.4	Stoffwechsel	72
	.1 Intermediäre Umsetzungen	72
	Stoffwechsel der Aminosäuren	72
	Essentielle Aminosäuren	73
	Biosynthese des Eiweißes	75
	Dynamik des Eiweißstoffwechsels und Eiweißspeicherung	75
	Zeitfaktor bei der Proteinsynthese	76
	.2 Besonderheiten im Eiweißstoffwechsel des Wiederkäuers	77
	Bildung von Mikrobeneiweiß	77
	Einflüsse auf die mikrobielle Eiweißsynthese	78
	Ruminohepatischer Kreislauf	79
	Konsequenzen für die Proteinversorgung	79
	Zum Harnstoffeinsatz in der Fütterung	80
3.4.5	Biologische Proteinqualität	81
	.1 Bestimmung der Proteinqualität	81
	Proteinwirkungsverhältnis	82
	Biologische Wertigkeit (BW)	82
	Chemical Score	84
	Essential Amino Acid Index (EAAI)	84
	.2 Proteinqualität des Futters	85
	Ergänzungswirkung	86
	Proteinqualität beim Wiederkäuer	88
3.4.6	Zum Eiweißbedarf der Tiere	89
	.1 Die N-Bilanz	89
	.2 Zum Leistungsbedarf	90
	.3 Zum Bedarf an Aminosäuren	92
	.4 Eiweiß-Fehlernährung	92

4 Energiehaushalt   94

4.1	Energie: Begriff, Einheit und Grundgesetzmäßigkeiten	94
4.1.1	Begriff	94
4.1.2	Einheit	94
4.1.3	Grundgesetzmäßigkeiten	95
4.2	Energieumsetzung im Tier	97
4.2.1	Theoretische Berechnung von Energiebilanzen im Intermediärstoffwechsel	97
	.1 Energielieferung der Nährstoffe	97
	.2 Energieaufwand für Biosynthesen	99
4.2.2	Messung des Energieumsatzes im Stoffwechselversuch	101
	.1 Bilanzstufen des Energiewechsels	101
	.2 Methodik der Energiewechselmessung	104
4.2.3	Energetische Verwertung der Nahrungsenergie	107
	.1 Energieverwertung bei Monogastriden	107
	.2 Verwertung der Endprodukte der Pansengärung	108
	Pansen	109
	Erhaltung	109
	Fettsynthese	110
	Milchbildung	111

4.3	Energiebedarf des Tieres	112
4.3.1	Minimalbedarf oder Grundumsatz	112
4.3.2	Erhaltungsbedarf	114
4.3.3	Leistungsbedarf	114
4.4	Die energetische Bewertung der Futtermittel	116
4.4.1	Die Stärkewertlehre nach Kellner	117
	Stärkewert bzw. Stärkeeinheit	118
4.4.2	Das Rostocker Futterbewertungssystem	121
4.4.3	Futterbewertung auf der Basis Nettoenergie-Laktation	123
4.4.4	Futterbewertung beim Schwein	126
4.4.5	Futterbewertung beim Geflügel	128
4.4.6	Gleichungen zur Schätzung energetischer Futterwerte	130

5 Mineral- und Wirkstoffe — 133

5.1	Mengenelemente	133
5.1.1	Vorkommen im Körper	133
5.1.2	Aufgaben	134
5.1.3	Zur Dynamik im Stoffwechsel	135
	Absorption und Exkretion	136
	Speicherung und Mobilisierung	137
5.1.4	Mangel und Überschuß	139
	Überschuß	141
5.1.5	Bedarf an Mengenelementen	142
5.1.6	Mengenelemente im Futter	144
5.1.7	Mineralstoffergänzung	148
	Bestimmung der Verwertbarkeit	148
	Mineralische Futtermittel	149
5.2	Spurenelemente	152
5.2.1	Absorption und Exkretion	154
5.2.2	Stoffwechsel (Vorkommen, Verteilung, Funktionen)	155
	Eisen	156
	Kupfer	157
	Zink	157
	Mangan	159
	Kobalt	159
	Molybdän	160
	Selen	160
	Jod	160
	Fluor	161
	Andere essentielle Spurenelemente	161
5.2.3	Bedarf und Bedarfsdeckung	162
	Bedarf	162
	Bedarfsdeckung	163
	Toxizität	166
5.3	Vitamine	168
5.3.1	Fettlösliche Vitamine	169
	Vitamin A und β-Carotin	169
	Vitamin D (Calciferol)	173
	Vitamin E (Tocopherole)	174
	Vitamin K (Menadion, Menachinon, Phyllochinon)	175
5.3.2	Wasserlösliche Vitamine	175
5.4	Ergotrope Stoffe	178
5.4.1	Enzyme	178
5.4.2	Hormone	179
5.4.3	Wachstumsförderer	180
.1	Fütterungsantibiotica	180
	Wirkung nutritiver Antibioticazulagen	181

	Antibioticazulagen an Nutztiere	182
	.2 Organische Säuren	184
5.4.4	Antioxydantien, Emulgatoren, Coccidiostatica	185
	Antioxydantien	185
	Emulgatoren	185
	Coccidiostatica	186

6 Schweinefütterung ... 187

6.1	Fütterung der Zuchtsauen	188
6.1.1	Leistungsstadien	188
	.1 Die Zeit des Deckens	188
	.2 Trächtigkeit	189
	Erhaltungsbedarf	190
	Fötales Wachstum und Milchdrüse	191
	Zum Wachstum der Jungsauen	192
	Zur Bildung von Körperreserven gravider Sauen	192
	.3 Laktation	194
	Milchzusammensetzung und Milchertrag	194
6.1.2	Bedarfsnormen	196
	.1 Trächtigkeit	196
	.2 Laktation	197
6.1.3	Praktische Fütterungshinweise	197
	.1 Alleinfütterung	199
	.2 Kombinierte Fütterung	201
	.3 Fütterungstechnische Hinweise	205
6.2	Ferkelfütterung	207
6.2.1	Grundlagen zur Ferkelernährung	207
	.1 Nähr- und Schutzstoffgehalt der ersten Kolostralmilch	208
	.2 Absorptionsverhältnisse der γ-Globuline	209
	.3 Enzymentwicklung und Verdauungsvermögen	210
6.2.2	Bedarfsnormen für Saugferkel	212
	.1 Energie	212
	.2 Eiweiß	212
6.2.3	Bedarfsnormen für frühentwöhnte Ferkel	214
	.1 Energie	214
	.2 Eiweiß	214
6.2.4	Fütterungshinweise zur Ferkelernährung	215
	.1 Säugeperiode	215
	Saugferkelbeifütterung	216
	Wasser	218
	.2 Absatzferkel	218
	Zukaufsferkel	219
	Starter, Prestarter	220
6.2.5	Frühabsetzen	220
	.1 Absetzen nach einer Woche	220
	.2 Absetzen nach drei Lebenswochen	221
	.3 Sauenmilchersatz	222
6.2.6	Fütterungsbedingte Aufzuchterkrankungen	222
	Ferkeldurchfall	222
	Ferkelanämie	223
	Plötzlicher Herztod und Ödemkrankheit der Absatzferkel	224
6.3	Fütterung weiblicher Zuchtläufer	225
	Fütterungshinweise	226
6.4	Fütterung von Jung- und Deckebern	227
6.4.1	Reproduktionsleistung und Nährstoffbedarf	227
	.1 Aufzuchtperiode	227
	.2 Deckperiode	227

6.4.2	Praktische Fütterungshinweise	228
.1	Aufzucht von Ebern	228
.2	Deckeber	229
6.5	Fütterung der Mastschweine	231
6.5.1	Zur Physiologie des Wachstums von Mastschweinen	231
.1	Wachstumsintensität	231
.2	Körperzusammensetzung	232
	Körpergewebe	232
	Chemische Zusammensetzung	234
6.5.2	Nährstoffretention und -bedarf wachsender Mastschweine	235
.1	Energiebedarf	237
.2	Proteinbedarf	239
	Proteinqualität	240
.3	Futteraufnahme	241
.4	Verdaulichkeit	242
6.5.3	Fütterungshinweise zur Schweinemast	243
.1	Getreidemast	243
	Mastmethoden	244
	Futtermittel	249
	Fütterungstechnik	252
.2	Mast mit Maiskolbenschrotsilage	255
.3	Hackfruchtmast	258
	Beifutter	258
	Kartoffelmast	258
	Rübenmast	260
	Fütterungstechnik	261
.4	Molkenmast	261
.5	Mast mit sonstigen Futtermitteln	263
.6	Haltungseinflüsse in der Schweinemast	264
	Stallklima	264
	Gruppengröße und Mastleistung	265
	Aufstallungsart	265

7	**Rinderfütterung**	**267**
7.1	Fütterung laktierender Kühe	267
7.1.1	Nährstoffbedarf laktierender Kühe	267
.1	Erhaltungsbedarf	267
.2	Zusammensetzung der Kuhmilch	268
	Kolostrum	269
.3	Energiebedarf für die Milchproduktion	270
.4	Eiweißbedarf für die Milchproduktion	271
.5	Richtzahlen für den Nährstoffbedarf laktierender Kühe	271
.6	Nährstoffkonzentration	272
.7	Futteraufnahme	273
	Verdauungsvorgänge und Futteraufnahme	274
	Pansenvolumen und Futteraufnahme	274
7.1.2	Ernährung und Milchmenge sowie Milchzusammensetzung	275
.1	Laktationsverlauf	275
.2	Ernährung und Laktation	277
	Unterschiedliche Ernährung und Milchproduktion	277
	Nährstoffverwertung bei der Milchproduktion	277
	Ernährungsbilanz bei Hochleistungskühen	279
.3	Fütterung und Milchzusammensetzung	280
	Ernährungseinflüsse auf die Milcheiweißmenge	280
	Ernährungseinflüsse auf die Milchfettmenge	280
	Ernährung und Qualität des Milchfettes	283
	Ernährung und Gehalt der Milch an Mineral- und Wirkstoffen	283
.4	Fütterung und Geruch, Geschmack sowie Keimgehalt der Milch	284
	Futter und Geschmacks- sowie Geruchsfehler	284

	Zur Verhütung von Geschmacks- und Geruchsfehlern	286
	Ernährung und Keimgehalt der Milch	286
7.1.3	Hinweise zur praktischen Milchviehfütterung	287
.1	Berechnung von Futterrationen	287
	Grundfutter	287
	Kraftfutterzuteilung	288
.2	Weide	289
	Vorbereitungsfütterung	289
	Futterwert und Nährstoffaufnahme	289
	Zur Weideführung	290
	Weidebeifütterung	291
.3	Sommerfütterung im Stall	292
	Futterwert und Schnittzeitpunkt	292
	Praktische Grundfutterrationen	293
.4	Winterfütterung	294
	Zur Konservierung	295
	Heu in der Winterfütterung	296
	Produkte der Heißlufttrocknung in der Milchviehfütterung	297
	Silage in der Winterfütterung	298
	Rüben in der Winterfütterung	299
.5	Biertreber und Schlempen	300
	Biertreber	300
	Schlempen	300
.6	Kraftfutter	301
	Milchleistungsfutter	303
	Zum Kraftfuttereinsatz	304
.7	Mineral- und Wirkstoffergänzung	305
.8	Zur Fütterungstechnik	306
7.2	Fütterung trockenstehender Kühe	308
7.2.1	Zur speziellen Ernährungsphysiologie bei der Reproduktion	308
.1	Entwicklung des Fötus und der Reproduktionsorgane	309
.2	Trächtigkeitsanabolismus	310
.3	Ernährungsintensität und Leistung	311
	Nährstoffzufuhr und Geburtsgewicht	311
7.2.2	Nährstoffbedarf trockenstehender Kühe	312
.1	Protein	312
.2	Energie	313
.3	Nährstoffnormen	313
7.2.3	Fütterungshinweise	314
	Mineral- und Wirkstoffversorgung	315
7.3	Fütterung von Aufzuchtkälbern	316
7.3.1	Grundlagen zur Ernährung des Kalbes	316
.1	Ernährung in der Kolostralmilchphase	316
.2	Enzymaktivitäten im Verdauungstrakt und Verdauung der Nährstoffe	318
	Eiweiß	318
	Kohlenhydrate	319
	Fett	319
.3	Pansenentwicklung	320
7.3.2	Fütterungshinweise zu den verschiedenen Aufzuchtmethoden	323
.1	Kolostralmilch	323
.2	Kälberaufzucht mit einer Tränkeperiode von 12 Wochen	323
	Vollmilch	324
	Magermilch	324
	Milchaustauschfutter	326
	Kraftfutter und Heu	328
.3	Frühentwöhnung	329
.4	Kalttränkeverfahren	331
.5	Aufzucht der Zuchtbullenkälber	332
.6	Verdauungsstörungen in der Kälberaufzucht	333

7.4	Aufzuchtfütterung weiblicher Jungrinder	334
7.4.1	Aufzuchtintensität und Bedarfsnormen	334
.1	Ernährungsniveau und Leistung	334
.2	Bedarfsnormen	335
7.4.2	Fütterungshinweise zur Rinderaufzucht	337
.1	Fütterung im ersten Lebensjahr	337
.2	Fütterung im zweiten Lebensjahr	339
.3	Vorbereitungsfütterung des hochtragenden Jungrindes	341
7.5	Fütterung von Jung- und Deckbullen	343
7.5.1	Grundlagen zur Zuchtbullenfütterung	343
.1	Aufzuchtintensität und Leistungsfähigkeit	343
.2	Bedarfsangaben	344
7.5.2	Fütterungshinweise	345
7.6	Kälbermast	348
7.6.1	Kälberschnellmast	348
.1	Allgemeine Aspekte der Kälbermast	348
	Tiermaterial	348
	Mastendgewicht	348
	Fleischfarbe	349
.2	Ernährungsgrundlagen	349
	Körperzusammensetzung	349
	Nährstoffretention	349
	Energiebedarf	350
	Proteinbedarf	352
.3	Praktische Fütterungshinweise zur Kälbermast	353
.4	Mast mit Vollmilch	354
.5	Mast mit Magermilch	355
.6	Mast mit Milchaustauschfutter	356
.7	Mast am Automaten	357
7.6.2	Verlängerte Kälbermast	358
7.7	Jungrindermast	360
7.7.1	Grundlagen zur Jungrindermast	360
.1	Körperzusammensetzung wachsender Rinder	360
.2	Zur Fütterungsintensität	362
.3	Nährstoffbedarf in der Jungrindermast	364
7.7.2	Fütterungshinweise zu den Mastmethoden	368
.1	Maissilage	368
	Eiweißergänzung	370
.2	Rübenblattsilage	372
.3	Grassilage	373
.4	Schlempe	374
.5	Biertreber	375
.6	Weide	376
.7	Kraftfutter	378
.8	Mast von Jungochsen	379
.9	Mast weiblicher Jungrinder	380
8	**Schaffütterung**	381
8.1	Fütterung von Mutterschafen	381
8.1.1	Leistungsstadien und Nährstoffbedarf	381
.1	Zeit des Deckens	381
.2	Trächtigkeit	382
.3	Laktation	383
.4	Wollwachstum	384
.5	Nährstoffnormen	385

8.1.2	Praktische Fütterungshinweise	386
	.1 Grundfutter	386
	.2 Kraftfutter	388
8.2	Aufzucht von Lämmern	389
8.2.1	Bedarfsnormen	389
8.2.2	Aufzuchtmethoden	390
	.1 Sauglämmeraufzucht	390
	.2 Frühentwöhnung	391
	.3 Mutterlose Aufzucht	392
8.2.3	Fütterung junger Zuchtschafe	394
8.3	Zur Fütterung von Zuchtböcken	396
8.4	Lämmer- und Hammelmast	396
8.4.1	Lämmerschnellmast	397
	.1 Sauglämmermast	397
	.2 Intensivlämmermast	398
8.4.2	Verlängerte Lämmermast	399

9 Pferdefütterung … 401

9.1	Fütterung von Zug- und Sportpferden	401
9.1.1	Zur Verdauungsphysiologie der Nährstoffe beim Pferd	401
	Kohlenhydrate	401
	Protein	402
9.1.2	Nährstoffbedarf von Zug- und Sportpferden	402
	.1 Energiebedarf	402
	.2 Eiweißbedarf	404
	.3 Mineral- und Wirkstoffbedarf	404
	Mengen- und Spurenelemente	404
	Vitamine	405
9.1.3	Praktische Fütterungshinweise	406
	.1 Grundfutter	406
	Weide- und Grünfutter	406
	Silagen	407
	Rauhfutter	408
	Hackfrüchte	409
	.2 Kraftfutter	409
	.3 Pferdealleinfutter	411
	.4 Mineral- und Wirkstoffergänzung	412
	.5 Fütterungstechnik	412
9.2	Die Fütterung von Stuten	414
9.2.1	Leistungsstadium und Nährstoffbedarf	414
	.1 Trächtigkeit	414
	.2 Laktation	415
9.2.2	Praktische Fütterungshinweise	416
	Weide	418
9.3	Fütterung von Fohlen und Jungpferden	419
9.3.1	Wachstum und Nährstoffbedarf	419
9.3.2	Fütterungshinweise zur Aufzucht	420
	.1 Saugfohlen	420
	.2 Absatzfohlen	421
	.3 Fütterung von Jährlingen und Zweijährigen	421
9.4	Fütterung von Deckhengsten	423

10 Geflügelfütterung … 424

10.1	Fütterung der Legehennen	425
	Ernährung und Eizusammensetzung	425
	Mineral- und Wirkstoffgehalt des Eies	425

	Farbe des Eidotters	426
	Geschmack und Geruch des Eies	426
10.1.1	Leistungsstadien und Nährstoffbedarf	427
10.1.2	Praktische Fütterungshinweise	430
	.1 Kombinierte Fütterung	430
	.2 Alleinfütterung	431
	.3 Wasserversorgung	432
10.2	Küken- und Junghennenaufzucht	433
	Fütterungshinweise	433
	Haltungsbedingungen	435
10.3	Fütterung der Zuchthähne	436
10.4	Broilerfütterung	437
	Wachstum	437
	Chemische Zusammensetzung, Energie- und Eiweißansatz	438
	Futteraufnahme und Futterverwertung	439
	Energiebedarf	440
	Proteinbedarf	441
	Fütterungshinweise zur Broilermast	443
10.5	Mit der Fütterung zusammenhängende Besonderheiten beim Geflügel	445
	Beleuchtungsprogramm	445
	Fettlebersyndrom	446
	Brustblasen	446
	Federfressen und Kannibalismus	447

Wiederkehrende Abkürzungen 448

Literaturhinweise 450

Zusammensetzung und Nährwert von Futtermitteln 452

A. Futterwerttabelle für Wiederkäuer 453
B. Futterwerttabelle für Schweine 463
C. Futterwerttabelle für Pferde 467
D. Futterwerttabelle für Geflügel 469
E. Mineralstoffgehalte von Futtermitteln 471
F. Vitamingehalte von Futtermitteln 474
G. Aminosäurengehalte von Futtermitteln 476

Sachverzeichnis 477

Aufgaben der Tierernährung

Der Anteil der tierischen Erzeugnisse am Gesamterlös der Landwirtschaft betrug im Mittel der letzten Jahre 75 %. Dies zeigt, daß der größte Teil der landwirtschaftlich angebauten Früchte über den Tiermagen veredelt wird.

Während nahezu die gesamte Nahrung für Rinder und Schafe für die menschliche Nahrung nicht direkt geeignet ist, können etwa 60 % der an Geflügel, Schweine und Mastkälber verabreichten Futtermittel auch vom Menschen verzehrt werden. Hieraus könnte sich in Notzeiten eine Konkurrenzsituation ergeben, die dann letztlich die Versorgung der Menschheit mit hochwertigen Proteinen in Frage stellt. Deshalb muß auch für die tierische Produktion die Suche nach vom Menschen nicht verwertbaren Futtermitteln intensiviert werden.

Jeder tierische Organismus hat einen ständigen Verbrauch an Nährstoffen und Energie, die mit der Nahrung zugeführt werden müssen. Dieser Stoff- und Energiewechsel ist Kriterium für alle Lebensvorgänge. Die Pflanzen bilden aus anorganischen Grundstoffen ihre organischen Substanzen: Zucker, Stärke, Eiweiß und Fett. Das Tier dagegen kann von anorganischen Verbindungen allein nicht leben. Es muß hochmolekulare Nähr- und Wirkstoffgruppen zugeführt bekommen. Damit erst kann der tierische Organismus Körpersubstanzen aufbauen und erneuern und Produkte wie Milch, Fleisch und Eier bilden.

Dieser Zusammenhang zwischen der Nahrung und den Lebensäußerungen ist der Bereich der Ernährung. Nur mit naturwissenschaftlichen Methoden lassen sich diese Vorgänge erforschen. Praktische Fütterungsversuche dürfen streng genommen nicht ohne weiteres verallgemeinert werden. Echte Fortschritte sind deshalb in der Tierernährung besonders durch Grundlagenforschung möglich. Die Grundlagen der Ernährung reichen aber von der Chemie und Biochemie bis zur Anatomie, Physiologie und Mikrobiologie.

Das Gebiet spannt sich weit, der möglichen Irrtümer sind viele. Mancher populäre Artikel über Fütterungsprobleme ist falsch oder verwirrend. Die erste Voraussetzung für eine rationelle und gezielte Fütterung ist deswegen die Kenntnis der Grundlagen. Im folgenden sollen deshalb zunächst die wichtigsten Grundlagen der Tierernährung und anschließend die entsprechenden Fütterungshinweise behandelt werden. Das Einkommen eines Betriebes wird nämlich durch rationelle und zweckmäßige Tierernährung wesentlich beeinflußt, zumal der Anteil der Futterkosten bei den verschiedenen Nutzungsformen die Hälfte bis zu zwei Drittel der Gesamtkosten ausmacht.

1 Zusammensetzung von Nahrung und Tier

Der größte Teil der tierischen Nahrung stammt aus Pflanzen sowie Rückständen verarbeiteter pflanzlicher und tierischer Produkte. Die darin enthaltenen Stoffe ermöglichen dem Tier seine Lebensäußerungen und den Aufbau von tierischem Gewebe. Wir nennen diese Stoffe Nährstoffe. Bislang sind über 50 verschiedene Nährstoffe bekannt. Die Nährstoffe sind in den verschiedensten Futtermitteln in mehr oder weniger konzentrierter, gut verdaulicher oder bedingt durch hohe Mengen Gerüstsubstanzen in schlecht zu verdauender Form enthalten. Grundsätzlich sind in der Nahrung dieselben Substanzklassen vertreten wie sie auch im Tierkörper vorkommen: Wasser, Eiweiß, Fette, Kohlenhydrate, Vitamine usw. Der Unterschied zwischen Tier und Nahrung liegt in der verschiedenen Zusammensetzung dieser Substanzen wie auch in den Mengen, in denen die einzelnen Stoffe vorkommen.

Der Gehalt an verschiedenen Nährstoffen schwankt von Pflanze zu Pflanze sehr. Im allgemeinen überwiegt der Anteil an Kohlenhydraten, da die Pflanze ihre energetischen Reserven in Form der verschiedenen Kohlenhydrate anlegt. Diese sind dann Hauptnährstoff für die Tiere. Der Gehalt des tierischen Organismus an Kohlenhydraten ist dagegen sehr gering. Er beträgt weniger als 1 %. Im Tier werden zugeführte Kohlenhydrate laufend ab- und umgebaut und für energetische Zwecke herangezogen. Überschüssige Energie wird vom Tier im wesentlichen in Form von Fett gespeichert. Der Fettgehalt eines jeden Tieres schwankt deshalb sehr stark.

Ausgewachsene, normal ernährte Tiere zeigen im Mittel folgende chemische Zusammensetzung:
- 55–60 % Wasser,
- 15–20 % Eiweiß,
- 18–25 % Fett,
- 3–4,5 % Mineralstoffe.

Diese Mengen sind von Art zu Art, von Tier zu Tier, aber auch je nach Alter und Ernährungszustand verschieden.

Die verschiedenen Nährstoffe sind nun keineswegs in allen Geweben und Organen gleichmäßig verteilt. Das Fett ist in irgendeiner Form fast in jeder Zelle enthalten, jedoch im wesentlichen auf die Fettdepots verteilt, z. B. unter der Haut und an Därmen und Nieren. Das Eiweiß ist entsprechend seiner funktionellen und strukturellen Bedeutung in jeder Zelle vorhanden. So enthalten Muskeln, welche ungefähr die Hälfte des gesamten Körpergewichts ausmachen, 75–80 % Eiweiß in der Trockenmasse. Auch das Wasser ist entsprechend seiner Funktion auf den tierischen Organismus verteilt. So sind im Blut und einigen Organen (Herz, Niere, Lunge) etwa 80 %, im Muskel 74 %, im Skelett dagegen nur 22 % Wasser. Die geringen Mengen Kohlenhydrate kommen besonders in der Leber, in den Muskeln und im Blut vor. Auch die einzelnen Mineralstoffe sind über die verschiedenen Teile des tierischen Organismus verteilt.

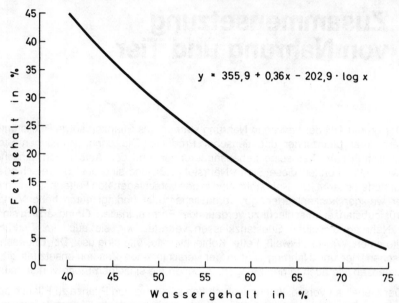

Abb. 1–1: **Beziehung zwischen dem Fett- und Wassergehalt des Körpers (Rind)**

Die chemische Zusammensetzung des tierischen Organismus läßt sich einmal durch chemische Analyse des Tierkörpers nach der Schlachtung gewinnen. Dies ist ein sehr zeitaufwendiges Verfahren, das außerdem nur Einblick in die Zusammensetzung am Ende der Fütterung gibt. In Fütterungsversuchen interessiert aber auch, wie durch eine bestimmte Ernährung die Zusammensetzung des Tierkörpers laufend verändert wird. Hierzu gibt es eine Reihe von Möglichkeiten. So kann der gesamte Fettansatz eines Tieres über Respirationsversuche ermittelt werden, der Eiweißansatz über entsprechende Stickstoff-Bilanzversuche. Für züchterische Belange wird die Veränderung der Dicke des Rückenspecks und die Querschnittsfläche des Rückenmuskels mittels Ultraschall gemessen. Einblicke in die Körperzusammensetzung erhält man weiter aus Studien mit Markierungssubstanzen. Eine gebräuchliche dieser Methoden ist, den Wassergehalt aus der Verteilung bzw. Verdünnung einer injizierten Substanz im Körperwasser zu ermitteln.

Neben solchen direkten Messungen werden auch korrelative Zusammenhänge zwischen Körperbestandteilen für die Beurteilung der Körperzusammensetzung herangezogen. So besteht zwischen der Menge an Wasser und Fett im Tier eine negative Korrelation, d. h. je höher der Fettgehalt ist, um so geringer ist der Wassergehalt und umgekehrt. Das hängt mit dem geringen Wassergehalt des Fettgewebes zusammen. In Abb. 1–1 ist dieser Zusammenhang aufgezeigt. Die Bestimmung des Wassergehaltes des lebenden Tieres ermöglicht somit Rückschlüsse auf den Fettgehalt. Auch auf den Protein- und Aschegehalt lassen sich Rückschlüsse ziehen, da in einem wasser- und fettfreien tierischen Körper annähernd 80 % Eiweiß und 20 % Asche enthalten sind.

Weender Futtermittelanalyse

Früher wurden die Nährstoffe nach ihrer funktionellen und strukturellen Bedeutung in Betriebsstoffe und Baustoffe eingeteilt. Die **Betriebsstoffe** sollen bei den chemischen Umsetzungen im Organismus die lebensnotwendige Energie liefern, wobei als Energieträger Kohlenhydrate, Fette und überschüssiges Eiweiß herangezogen werden. Zur Steuerung und Regulierung dieser biologischen Vorgänge dienen als Wirkstoffe Enzyme, Hormone, Vitamine und Spurenelemente. Den Betriebsstoffen sollen die **Baustoffe** gegenüberstehen, wozu die verschiedenen Amino- und Fettsäuren sowie die verschiedenen Mineralstoffe zu zählen wären.

Diese Einteilung ist jedoch durch die dynamische Betrachtungsweise überholt, wonach eine genaue Trennung in Betriebs- und Baustoffe nicht möglich ist. Deshalb soll zunächst eine Einteilung der Nährstoffe aufgezeigt werden, wie sie sich aus der Weender Futtermittelanalyse ergibt. Welche Nährstoffe dabei in den einzelnen Stoffgruppen erfaßt werden, zeigt Übersicht 1–1.

Der Körper eines Lebewesens oder ein Nahrungsstoff setzt sich aus Wasser und Trockenmasse zusammen. Die Bestimmung des **Rohwassers** erfaßt alle jene Stoffe, die bei dreistündiger Trocknung mit einer Temperatur von 105 °C flüchtig sind. Der Wert des Rohwassers ist in der Regel geringfügig höher als der eigentliche Wasserwert, da bei dieser Temperatur auch schon andere Substanzen (organische Säuren, eventuell Ammoniak) flüchtig sind.

Die **Trockensubstanz** wird bei dieser Bestimmung gleichzeitig mit erfaßt (Trockensubstanz = Frischsubstanz − Rohwasser). Sie umfaßt sowohl anorganische wie auch organische Stoffe. Die organischen Stoffe werden, da sie vorwiegend aus Kohlenstoff bestehen, durch Veraschung (550 °C) verbrannt. Die anorganische Komponente verbleibt bei dieser Verbrennung als Rückstand. Sie wird als **Rohasche** bezeichnet. Mit Hilfe dieses Wertes läßt sich der Anteil der **organischen Substanz** an der Trockensubstanz errechnen (organische Substanz = Trockensubstanz − Rohasche).

Rohprotein wird nach der Methode von Kjeldahl bestimmt. Man erhält hierbei den Stickstoffgehalt der untersuchten Substanz. Da Eiweiß 16 % Stickstoff enthält, wird dieser Wert mit 6,25 multipliziert, um den Rohproteingehalt der Ausgangssubstanz zu erhalten. Allerdings sind im Eiweiß der Nahrung nur im Mittel 16 % Stickstoff enthalten, die einzelnen Futtermittel weichen darin etwas ab. So weist zum Beispiel das Eiweiß des Weizenmehls 17,5 % Stickstoff auf, was einem Faktor von 5,71 entspricht. Für die praktische Anwendung hat man sich jedoch auf den mittleren Stickstoffgehalt von 16 % geeinigt.

Da Rohprotein neben den eigentlichen Eiweißkörpern, den Proteinen, auch andere N-haltige Stoffe enthält (Übersicht 1–1), wurde von STUTZER und BARNSTEIN eine Methode zur Bestimmung des Reineiweißes entwickelt. Im Prinzip beruht dieses Verfahren darauf, daß die Proteine durch Fällungsmittel wie Kupferhydroxid oder Tannin ausgefällt werden, während bestimmte nicht fällbare stickstoffhaltige Substanzen, die sogenannten **Amide**, in Lösung gehen und abfiltriert werden können. Chemisch gesehen handelt es sich dabei nicht nur um die Säureamide, sondern um eine Reihe weiterer stickstoffhaltiger Verbindungen (siehe 3.4.2).

Übersicht 1–1: **Die chemische Zusammensetzung von Tier und Nahrung**

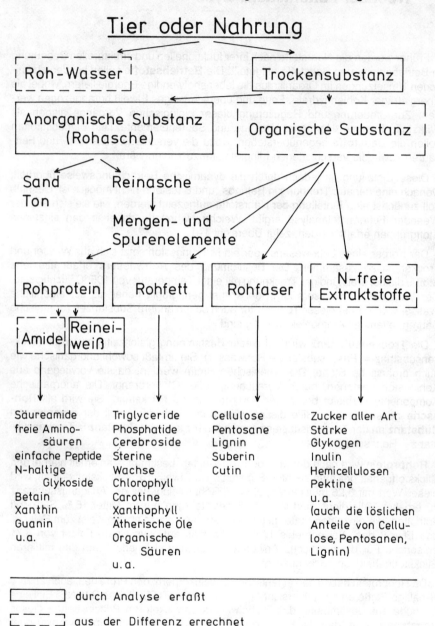

Rohfett wird analytisch als Ätherextrakt definiert. Es umfaßt eine stark heterogene Gruppe von Stoffen, denen ihre Löslichkeit in Äther, Benzol und ähnlichen organischen Lösungsmitteln gemeinsam ist. Viele dieser Stoffe, wie z. B. Harze, Wachse und Farbstoffe, können vom tierischen Organismus nicht zur Energiegewinnung herangezogen werden. Besonders bei fettarmen und farbstoffreichen Futtermitteln wie Gras und Heu ist damit zu rechnen, daß 20–40 % des Rohfettes nicht aus eigentlichem Fett (Triglyceriden) bestehen. Bei tierischen Produkten, aber auch bei Samen, ist das Rohfett im wesentlichen aus Fett zusammengesetzt.

Rohfaser ist der in Säuren und Laugen unlösliche fett-, stickstoff- und aschefreie Rückstand einer Substanz. Die Rohfaser umfaßt Cellulose, Lignin, Pentosane usw. Ein Teil dieser Stoffe geht jedoch in Lösung und wird somit der Gruppe der **N-freien Extraktstoffe** zugerechnet. Diese letzte Gruppe der Weender Analyse wird nur rechnerisch erfaßt. Sie enthält alle diejenigen zahlreichen leichtlöslichen Stoffe (Übersicht 1–1), die bei den anderen Bestimmungen nicht mit erfaßt wurden (N-freie Extraktstoffe = organische Substanz – Rohprotein – Rohfett – Rohfaser).

Die Weender Futtermittelanalyse wurde bereits im Jahre 1860 in der Landwirtschaftlichen Versuchsstation Weende bei Göttingen von HENNEBERG und STOHMANN ausgearbeitet. Sie stellt eine sogenannte Konventionsanalyse (von convenire = übereinkommen) dar, d. h. es sind genaue Analysenvorschriften ausgearbeitet, die bei strenger Einhaltung zu gut reproduzierbaren Analysenergebnissen führen. Dennoch haften dem Verfahren mehrere Mängel an. Die Weender Analyse ist nämlich ein summarisches Verfahren, d. h. sie erfaßt nur Stoffgruppen. Diese sind in ihrer chemischen Zusammensetzung und in ihrem physiologischen Wert für das Tier nicht einheitlich. Die Bezeichnung Rohnährstoffe umschreibt dies. Ein anderer Nachteil der Weender Futtermittelanalyse ist, daß nicht alle Rohnährstoffe, die als Ergebnis der Untersuchung angegeben werden, wirklich analytisch bestimmt werden. Dadurch können sich z. B. bei den N-freien Extraktstoffen Analysenfehler summieren. Der schwächste Punkt ist jedoch die Unterteilung der Kohlenhydrate in N-freie Extraktstoffe und Rohfaser. Ursprünglich sollten dadurch die mehr verdaulichen Kohlenhydrate von den weniger verdaulichen unterschieden werden. In Wirklichkeit wird aber durch die Rohfaserbestimmung je nach Futterstoff nur ein mehr oder weniger großer Anteil der **Gerüstsubstanzen** (Cellulose, Hemicellulose, Lignin) erfaßt; der andere Teil bleibt in Lösung und kommt damit zu der Fraktion N-freie Extraktstoffe. Dies kann zur Folge haben, daß in Einzelfällen die Verdaulichkeit der Rohfaser höher liegt als die der N-freien Extraktstoffe.

Zur besseren Differenzierung der Kohlenhydrate wurde von VAN SOEST ein neues Analysensystem vorgeschlagen, das mittlerweile eine weite Verbreitung gefunden hat. Die Summe der Gerüstsubstanzen wird dabei als Rückstand nach dem Kochen in neutraler Detergentienlösung erhalten (NDF, **n**eutral **d**etergent **f**iber). Der Rückstand nach dem Kochen mit schwefelsaurer Detergentienlösung (ADF, **a**cid **d**etergent **f**iber) enthält im wesentlichen Cellulose und Lignin. In diesem Rückstand wird die Cellulose durch 72%ige Schwefelsäure hydrolysiert und der dann noch verbleibende Rückstand als „Lignin" ausgewiesen (ADL, **a**cid **d**etergent **l**ignin). Die „Cellulose" ergibt sich aus der Differenz ADF–ADL; die „Hemicellulose" aus der Differenz NDF–ADF. Man muß sich darüber im klaren sein, daß man auch hier Stoffgruppen und nicht chemisch definierte Substanzen ermittelt. Dieses Analysensystem ersetzt nicht die gesamte Weender Analyse, sondern nur den Teil, der sich auf die Kohlenhydrate und ihre Begleitsubstanzen (z. B. Lignin) bezieht. In der Übersicht (1–2) ist gezeigt, wie sich das System nach VAN SOEST mit den Teilen Rohasche, Rohprotein und Rohfett der Weender Analyse kombinieren läßt. Auch in diesem System bleibt ein Rest, der nicht wirklich analytisch erfaßt wird. Wenn dieser „organische Rest" sehr groß ist, kann er durch zusätzliche Analysen (Stärke, Zucker, Pektin) reduziert werden, wie in der Übersicht (1–2) am Beispiel von Weizenkleie verdeutlicht wird. Das System kann deshalb als offen bezeichnet und den spezifischen Anforderungen bestimmter Futtermittelgruppen angepaßt werden.

Eine Ablösung der alten Weender Analyse durch ein modifiziertes Verfahren ist indessen nicht leicht zu bewirken, weil das gesamte System der Fütterungslehre darauf aufgebaut ist. Eine Umstellung zu erwirken, wird deshalb noch lange Zeit beanspruchen. Für spezielle Fälle wird jedoch bereits heute das neue System herangezogen.

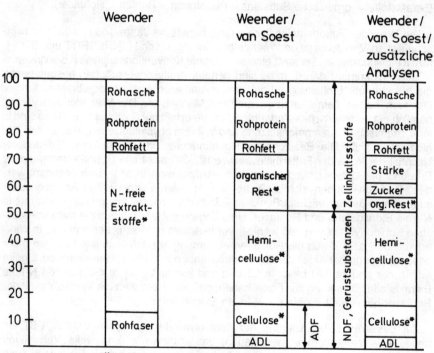

*durch Differenz errechnet

Übersicht 1–2: **Futtermittelanalyse nach dem Weender System und modifizierten Weender Systemen (Beispiel Weizenkleie, Trockensubstanz = 100)**

2 Die Verdauung

2.1 Zur Physiologie der Verdauung

Die vom Tier aufgenommene Nahrung kann dann erst in die Blut- und Lymphbahn übertreten und im Organismus verwertet werden, wenn sie bestimmte Veränderungen erfahren hat. Diese Umwandlung der zugeführten Nahrung in aufsaugbare oder absorbierbare Stoffe wird als Verdauung bezeichnet. Für die Ernährung des Tieres ist also weniger die im Futter enthaltene Menge an Rohnährstoffen entscheidend als vielmehr der Teil der Nährstoffe, welcher vom Tier verdaut werden kann.

Der Vorgang der Verdauung findet im Verdauungstrakt statt. Dieser besteht aus mehreren Abschnitten, die bei den verschiedenen Tierarten sehr unterschiedlich ausgebildet sein können. Die wesentlichen Unterschiede liegen vor allem im Bau des Magensystems sowie in der Ausgestaltung bestimmter Darmabschnitte. So besitzen Pferd und Schwein einen einhöhlig-zusammengesetzten, der Wiederkäuer einen mehrhöhlig-zusammengesetzten Magen. Im Bereich des Darmkanals fällt vor allem das große Fassungsvermögen des Dickdarms beim Pferd auf (siehe Abb. 2.1–1 und Übersicht 2.1–1). Besonders deutliche Unterschiede zwischen den einzelnen Nutztierarten zeigen sich, wenn man das Volumen des gesamten Verdauungskanals je 100 kg Körpergewicht oder das Verhältnis von Körperoberfläche zur Oberfläche des Magen-Darm-Kanals betrachtet (Übersicht 2.1–1). Wie aus diesen Größenangaben abgeleitet werden kann, sind Wiederkäuer weitaus besser geeignet, voluminöse pflanzliche Futtermittel aufzunehmen als Nichtwiederkäuer. Bei den letzteren weist das Pferd diesbezüglich viel günstigere Verhältnisse auf als das Schwein.

Übersicht 2.1–1: **Größenangaben zum Verdauungskanal von Wiederkäuer, Pferd und Schwein**

	Rind	Schaf	Pferd	Schwein
Volumen in l				
gesamter Verdauungskanal	330	45	210	25
Magen	10 – 20	2 – 4	10 – 20	5 – 10
Vormägen	150 – 230	20 – 30	–	–
Dünndarm	65	10	65	9
Dickdarm	40	6	130	10
Blinddarm (Caecum)	10	1	40	2
Volumen des Verdauungskanals in l je 100 kg Körpergewicht	65	75	35	25
Körperoberfläche: Oberfläche des Magen-Darm-Kanals	1 : 3		1 : 2,2	1 : 1,3

Die Verdauung der Nahrung, also ihre Umwandlung in absorbierbare und verwertbare Stoffe, erfolgt auf mechanischem und chemischem Wege. Mechanische Vorgänge der Verdauung sind die Zerkleinerung der Nahrung durch den Kauakt, der Transport des Nahrungsbreies durch den Verdauungskanal sowie die Durchmischung des Nahrungsbreies in verschiedenen Abschnitten des Magen-Darm-Kanals zwecks besserer Berührung mit den Verdauungssäften und der Mucosaoberfläche

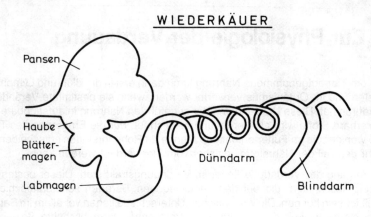

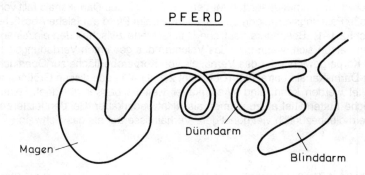

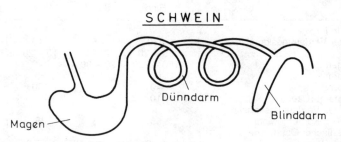

Abb. 2.1–1: **Der Verdauungskanal von Wiederkäuer, Pferd und Schwein (schematisiert)**

bei der Absorption. Der wesentliche Vorgang bei der Verdauung ist jedoch die chemische Aufbereitung und Zerlegung der Nahrung. Dies erfolgt durch die Verdauungssekrete des Tieres, je nach Tierart auch in mehr oder weniger starkem Umfange durch Tätigkeit von Mikroorganismen sowie in einzelnen Fällen auch durch Mitwirkung von Pflanzenenzymen.

2.1.1 Verdauungssekrete des Tieres

Die Verdauungssekrete werden von Drüsen des Magen-Darm-Traktes sowie den großen Anhangdrüsen (Bauchspeicheldrüse, Leber) produziert. Ihre wesentlichen Bestandteile sind Hydrolasen sowie Stoffe bzw. Metallionen, welche die Aktivität dieser Enzyme beeinflussen.

Im **Speichel** der Haustiere finden sich außer beim Schwein keine Enzyme. Der Speichel muß in erster Linie die Nahrung durchfeuchten und schlüpfrig machen. Die Sekretion des Speichels wird vor allem durch unbedingte (angeborene) Reflexe bewirkt. Da diese hauptsächlich durch mechanische Reize ausgelöst werden, beeinflußt die Beschaffenheit der Nahrung die Speichelmenge. So wird zum Beispiel vom Pferd ein trockenes, sperriges Futter intensiver gekaut und damit die Sekretion der Speicheldrüsen verstärkt angeregt. Es ist deshalb unzweckmäßig, Pferden das Futter in feuchtem Zustand zu füttern. Damit würde die Kautätigkeit herabgesetzt und eine wichtige Voraussetzung beim Verdauungsvorgang verlorengehen. Dies gilt auch für Schweine, denen das Futter oft zu dünnbreiig verabreicht wird. Beim Wiederkäuer hat der Speichel als Pufferlösung zur Neutralisation der im Pansen gebildeten Säuren eine wesentliche Bedeutung und beeinflußt damit auch die bakteriellen Fermentationsvorgänge in den Vormägen. Die Menge an Speichel wird insbesondere von der Futterstruktur beeinflußt, wobei die Speichelsekretion mit zunehmendem Trockensubstanzgehalt und zunehmendem Rohfaseranteil der Ration ansteigt. Als Beispiel hierzu ist in Abb. 2.1–2 ein Versuchsergebnis von KAUFMANN dargestellt.

Die Speichelabsonderung ist sehr hoch, sie beträgt beim Rind 100 – 180 l, beim Pferd über 40 l und beim Schwein bis zu 15 l pro Tag. Diese großen Flüssigkeitsmengen gehen dem Tier nicht verloren, sie werden durch die Darmwand, insbesondere im Dickdarm, wieder aufgesogen.

Der **Magensaft** ist das Sekret der Kardia-, Fundus- und Pylorusdrüsen. Seine Sekretion wird durch nervöse und chemische Reize beeinflußt. Die nervös bedingte Sekretion erfolgt bei den Nutztieren durch Reflexe, die durch das Kauen und Abschlucken der Nahrung ausgelöst werden. Beim Menschen, eventuell auch beim Schwein, spielen für die Magensaftabsonderung auch bedingte Reflexe eine Rolle, wie zum Beispiel Anblick und Geruch der Nahrung. Chemische Reize für die Absonderung des Magensaftes entstehen, wenn die Magenverdauung begonnen hat und bestimmte Bestandteile der Nahrung auf die Schleimhaut des Magens wirken. In dieser Hinsicht ist auch die Wirkung der verschiedenen Pharmaka wie Alkohol und Koffein zu verstehen. Aufgrund dieser Einflüsse hängen Menge und evtl. auch Zusammensetzung des Magensaftes von der Art des Futters ab. Bei Futterwechsel stellen sich die Magendrüsen erst nach und nach auf das neue Futter ein, deshalb muß ein Futterwechsel langsam und vorsichtig vorgenommen werden. Extremer, plötzlicher Futterwechsel kann erhebliche Verdauungsstörungen hervorrufen.

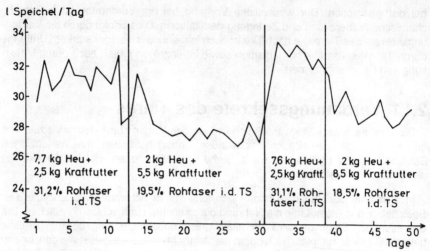

Abb. 2.1–2: **Tägliche Speichelmenge einer Parotis (Kuh) bei unterschiedlicher Heu- und Kraftfutterfütterung**

Die Hauptverdauung der Nahrung findet erst im Dünndarm statt. Die in diesem Abschnitt des Verdauungskanals wirksamen Verdauungssekrete sind der **Pankreassaft**, der **Gallensaft** sowie die **Sekrete der Darmschleimhaut**. Ihre Wirkung wird im einzelnen im Zusammenhang mit dem Stoffwechsel der Kohlenhydrate, Fette und Eiweißstoffe beschrieben.

2.1.2 Mikrobiologische Vorgänge bei der Verdauung

An Mikroorganismen sind im Verdauungskanal Bakterien und Protozoen (Amöben und Ciliaten) vorhanden. Da diese Organismen in der Natur überall vorkommen und die Entwicklungsbedingungen (Temperatur, Feuchtigkeit, pH-Wert) in einzelnen Abschnitten des Verdauungskanals sehr günstig sind, ist im Tier stets eine artenreiche, vielseitige Mikroorganismenpopulation anzutreffen. So können die Vormägen (Pansen) des Wiederkäuers als regelrechte Gärkammern bezeichnet werden. Die darin ablaufenden mikrobiellen Vorgänge sind für die Verdauung des Futters, insbesondere der Rohfaser (Cellulose), von entscheidender Bedeutung. Eine reiche Bakterienflora ist auch im Dickdarm vorhanden, insbesondere im Blinddarm (Caecum) des Pferdes und im Grimmdarm (Colon) des Schweines. Auf diese Weise können monogastrische Tiere bis zu einem gewissen Umfange Cellulose verdauen. Jedoch muß bei den bakteriellen Vorgängen im Dickdarm berücksichtigt werden, daß die entstehenden Abbauprodukte sowie auch Produkte aus Synthesevorgängen in diesem Darmabschnitt nicht mehr in vollem Umfange absorbiert werden. Im einhöhligen Magen (Schwein), im Labmagen des Wiederkäuers und im Anfangsteil des Dünndarms spielen Mikroorganismen keine Rolle in der Verdauung.

Pansen. Beim Wiederkäuer ist die Tätigkeit der Pansenmikroorganismen von so grundlegender Bedeutung für die Verdauung, daß von diesen Vorgängen noch einige Tatsachen angeführt werden sollen. Die Keimzahl im Pansen ist außerordentlich hoch, im allgemeinen werden 10 Milliarden Keime je ml Pansensaft angegeben.

Da hierbei nur die nicht am Futter haftenden Bakterien erfaßt sind, liegt die Gesamtkeimzahl noch höher. Sie beträgt im gesamten Pansen 3 – 7 kg Bakterienfrischmasse. Das sind etwa 5 – 10 % des Panseninhaltes.

Die Keimzahl wird sehr stark von der Rationszusammensetzung beeinflußt, wie Untersuchungen von ORTH und KAUFMANN deutlich zeigen (Übersicht 2.1–2). Während der Pansensaft bei Strohfütterung $4 – 15 \cdot 10^9$ Keime je ml enthielt, war die Keimzahl bei stärkereichen Futtermitteln um etwa das Fünffache erhöht. Diese unterschiedliche Wirkung der verschiedenen Futtermittel läßt sich im wesentlichen auf die Wirkung einiger wichtiger Inhaltsstoffe zurückführen. Die entsprechenden Zusammenhänge sind in Übersicht 2.1–3 dargestellt.

Aber nicht nur die Gesamtkeimzahl wird durch die Nahrung beeinflußt, sondern auch der Anteil an der Population. So treten bei rohfaserreicher Fütterung die Cellulosezersetzer hervor, während bei stärkereicher Fütterung streptokokkenähnliche Formen vorherrschen können. Durch dieses Abhängigkeitsverhältnis zwischen Ration und Bakterienarten werden Art und Menge an Gärungsprodukten wie auch die Verdauungsleistung insgesamt stark beeinflußt.

Übersicht 2.1–2: **Einfluß der Futterart auf den Keimgehalt im Pansensaft**

	Keimzahl in 10^9/ml Pansensaft
Stroh	4 – 15
Heu	9 – 15
stärkereiche Fütterung	50 – 60
Rübenblatt	10 – 20
Rüben	9 – 15

Übersicht 2.1–3: **Zusammensetzung der Futtermittel und Pansenvorgänge**

	cellulosereich	stärkereich	zuckerreich
Keimzahl	relativ klein	relativ hoch	relativ klein
pH-Wert	hoch (6,5)	tief (5,7)	sehr tief (5,1)
Abbau	langsam	schnell	sehr schnell

Inwieweit die im Pansen vorkommenden Protozoen (Infusorien und Amöben) ebenso lebensnotwendig wie die Bakterien sind, ist weniger erforscht. Jedoch haben die Protozoen aufgrund ihrer großen Masse sicherlich einen großen Nahrungswert für das Wirtstier. Die Protozoenmasse kommt nämlich in etwa der gebildeten Bakterienmasse gleich.

Die Vielfalt an vorkommenden Mikroorganismenarten wie auch ihre große Masse bewirken insgesamt gewaltige Umsetzungen des Futters im Pansen, wobei nicht nur Abbauvorgänge, sondern auch wertvolle Synthesen (Eiweiß, B-Vitamine) stattfinden.

2.2 Die Verdaulichkeit und ihre Beeinflussung

2.2.1 Verdaulichkeit und Absorbierbarkeit

Von der aufgenommenen Nahrungsmenge wird ein gewisser Anteil durch den Kot ausgeschieden. Der im Kot nicht erscheinende Anteil wird als verdaut bezeichnet. Die Differenz zwischen Nährstoffmenge im Futter und Nährstoffmenge im Kot gibt somit die verdauliche Menge des betreffenden Nährstoffes an. Wird die verdaute Menge ins Verhältnis zur aufgenommenen Menge gesetzt, erhält man die Verdaulichkeit (auch als „scheinbare" Verdaulichkeit bezeichnet). Die in Prozent ausgedrückte Verdaulichkeit heißt vielfach auch Verdauungsquotient (VQ) oder Verdauungskoeffizient (VK). Ein einfaches Beispiel soll die Berechnung erläutern: Ein Tier nimmt täglich 6 kg Kraftfutter auf, was 5 kg Trockensubstanzaufnahme entspricht. Bei einer Kotausscheidung von 1 kg Trockensubstanz ergibt sich eine Verdaulichkeit der Kraftfutter-TS von $(5 - 1) \cdot 100/5 = 80\,\%$ (siehe Übersicht 2.2–1).

Übersicht 2.2–1: **Zur Definition von Verdaulichkeit und Absorbierbarkeit**

I = aufgenommene Menge im Futter,
z. B. organische Substanz, Stickstoff, Fett, Calcium usw.
S_a = absorbierte Menge
S_e = endogene Menge
(bereits verdaute Bestandteile)
F = im Kot ausgeschiedene Menge

Verdaulichkeit $= \dfrac{I - F}{I}$

Verdaulichkeit in % $= \dfrac{I - F}{I} \cdot 100$

Absorbierbarkeit $= \dfrac{S_a}{I} = \dfrac{I - (F - S_e)}{I}$

Absorbierbarkeit in % $= \dfrac{I - (F - S_e)}{I} \cdot 100$

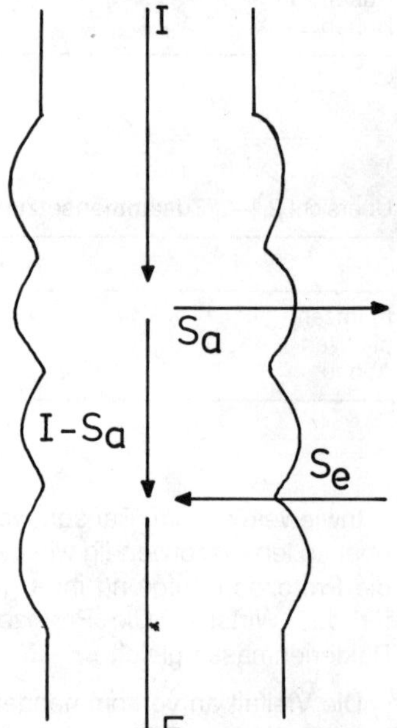

Außer den nicht verdauten Nahrungsbestandteilen enthält der Kot jedoch auch Produkte aus dem Stoffwechsel, wie Teile von Verdauungssekreten oder abgestoßene Darmzellen, also Stoffe, die schon verdaut waren. Diese sogenannten endogenen Kotbestandteile bedingen, daß in Wirklichkeit mehr verdaut wurde, als sich aus der Differenz Futter minus Kot errechnet. Die endogene Menge wird bei dieser Berechnung ja als unverdauter Anteil bewertet. Die tatsächlich verdaute (= absorbierte) Nährstoffmenge ist also um den Betrag der endogenen Ausscheidung höher.

Übersicht 2.2–2: **Verdaulichkeit und Absorbierbarkeit des Luzernephosphors beim Rind**

Tägliche Phosphoraufnahme 37,1 g, tägliche Phosphorausscheidung 32,5 g, täglicher endogener Phosphor im Kot 14,0 g;

$$\text{Verdaulichkeit} = \frac{37{,}1 - 32{,}5}{37{,}1} \cdot 100 = 12\,\%$$

$$\text{Absorbierbarkeit} = \frac{37{,}1 - (32{,}5 - 14{,}0)}{37{,}1} \cdot 100 = 50\,\%$$

= wahre V.

Das Verhältnis von absorbierter Menge zu der mit dem Futter aufgenommenen Menge wird als Absorbierbarkeit (oder „wahre" Verdaulichkeit) bezeichnet (siehe Übersicht 2.2–1).

Da bei den Nährstoffgruppen Rohfaser, N-freie Extraktstoffe und Rohfett keine oder nur sehr geringfügige Mengen endogener Herkunft im Kot vorhanden sind, stimmt hier die Verdaulichkeit mit der Absorbierbarkeit zahlenmäßig überein. Anders liegen die Verhältnisse beim Eiweiß. Auch bei eiweißfreier Ernährung wird nämlich eine gewisse Menge Stickstoff im Kot ausgeschieden (Darmverlust-Stickstoff). Dadurch liegt bei Eiweiß die Verdaulichkeit um einige Prozent unter der Absorbierbarkeit. Die Größe dieser Differenz hängt von der Eiweißzufuhr ab. Sie wird mit steigender Zufuhr an Eiweiß geringer, da die endogene Stickstoffmenge im Kot bei einer gegebenen Trockensubstanzaufnahme in etwa gleich hoch ist.

Wesentlich größere Unterschiede zwischen Verdaulichkeit und Absorbierbarkeit ergeben sich, wenn die Stoffwechselausscheidung im Kot sehr hohe Werte erreicht. Dies ist vor allem bei verschiedenen Mengen- und Spurenelementen der Fall. In Übersicht 2.2–2 ist hierzu ein Beispiel aufgezeigt (KLEIBER und Mitarbeiter). Die absorbierte P-Menge liegt um ein Vielfaches höher als die Verdaulichkeit angibt. Erwähnt sei noch, daß sich der endogene Kotphosphor oder andere endogene Mineralstoffausscheidungen mittels Isotopenmarkierung bestimmen lassen.

2.2.2 Einflüsse auf die Verdaulichkeit

Die Verdaulichkeit eines Futtermittels ist keineswegs eine konstante Größe, sondern sie ist von verschiedenen Faktoren wie Tierart, Futtermenge, Rationszusammensetzung und Zubereitung der Futtermittel abhängig.

.1 Tierart

Die stärksten Unterschiede zwischen den Tierarten treten in der Verdaulichkeit der Rohfaser auf. Während der Wiederkäuer durch sein Vormagensystem ausgesprochen auf rohfaserreiche Futtermittel, also Grundfuttermittel eingestellt ist, findet beim Schwein weder im Magen noch im Dünndarm ein Rohfaserabbau statt. Nur im Dickdarm können geringe Mengen Rohfaser verdaut werden, wenn das Futter in diesem Darmbereich länger verweilt. Wird zu schnell neue Rohfaser nachgeliefert, so ist die Verweildauer zu kurz und eine Rohfaserverdauung nicht mehr möglich.

Die aufgenommene Rohfasermenge beeinflußt aber nicht nur die Verdaulichkeit der Rohfaser, sondern auch die Verdaulichkeit anderer Nährstoffgruppen. Dies hängt hauptsächlich damit zusammen, daß die Zellinhaltsstoffe erst dann zugänglich sind, wenn die Zellwände (Rohfaser) abgebaut sind. AXELSSON errechnet aus den in der Literatur vorliegenden Ergebnissen, daß sich die Verdaulichkeit der organischen Substanz je 1 % Rohfaser beim Wiederkäuer um 0,81 und beim Schwein um 1,68 Einheiten vermindert. Die Auswirkung des Rohfasergehaltes auf die Verdaulichkeit anderer Nährstoffe ist demnach beim Schwein größer als beim Rind. In Übersicht 2.2–3 sind diese Zusammenhänge dargestellt.

Dieser Rückgang in der Verdaulichkeit der organischen Substanz mit steigendem Rohfasergehalt scheint ursächlich weniger durch den Rohfasergehalt als vielmehr durch den Ligningehalt bedingt zu sein. Allerdings ergaben viele Untersuchungen nicht immer eine brauchbare Beziehung zum Ligningehalt, wofür analytische Schwierigkeiten der Ligninbestimmung, unterschiedliches Verhalten des Lignins im Verdauungskanal sowie eine gewisse Parallelität zwischen Veränderungen des Lignin- und Rohfasergehaltes verantwortlich sind. Gerade im letzteren Falle liefert deshalb die Beziehung zum Ligningehalt keine bessere Vorhersage der Verdaulichkeit als diejenige zum Rohfasergehalt.

Übersicht 2.2–3: **Verdaulichkeit der organischen Substanz (y, in %) in Abhängigkeit vom Rohfasergehalt des Futters**

Wiederkäuer	$y = 87{,}6 - 0{,}81 \cdot \%$ Rohfaser in der TS
Pferd	$y = 97{,}0 - 1{,}26 \cdot \%$ Rohfaser in der TS
Schwein	$y = 92{,}2 - 1{,}68 \cdot \%$ Rohfaser in der TS

In Übersicht 2.2–4 ist die Verdaulichkeit der organischen Substanz einiger Kraftfuttermittel aufgezeigt (NEHRING und Mitarbeiter). Sowohl beim Rind als auch beim Schwein fällt die Verdaulichkeit mit steigendem Rohfasergehalt in etwa ab. Gleichzeitig geht aus den Werten hervor, daß der Wiederkäuer dem Schwein bei der Verdauung rohfaserreicher Futterstoffe überlegen ist. Handelt es sich dagegen um rohfaserarme Futtermittel, so besteht zwischen beiden Tierarten hinsichtlich der Verdaulichkeit der organischen Substanz und damit auch der einzelnen Nährstoffe kaum ein Unterschied.

In Übersicht 2.2–5 ist am Beispiel einiger Gräser noch aufgezeigt, daß bei vielen Futterpflanzen der Rohfasergehalt mit fortschreitender Vegetation sehr stark zunimmt. Die Verdaulichkeit der organischen Substanz und damit die Menge an verfügbaren Nährstoffen gehen entsprechend zurück.

Diese dargestellten Beziehungen zwischen Rohfasergehalt und Verdaulichkeit der Nährstoffe treffen jedoch nicht mehr zu, wenn die „Rohfaser" aus reiner Cellulose besteht. So wurden beim Rind durch Erhöhung der Cellulose in gereinigten Rationen von 18 auf 28 % weder die Verdaulichkeit der Trockensubstanz noch die einzelner Nährstoffe beeinflußt. Auch in Versuchen an Mastschweinen verursachten Cellulosezulagen bis 24 % praktisch keine Verminderung der Verdaulichkeit der Trockensubstanz der Ration. Die Cellulose selbst war zu 88 % verdaulich. Dies zeigt, daß der Einfluß der Fraktion „Rohfaser" auf die Verdaulichkeit sehr von ihren chemischen Komponenten abhängt und die entsprechenden Gleichungen im Einzelfalle nicht immer anwendbar sind.

Übersicht 2.2–4: **Verdaulichkeit der organischen Substanz einiger Kraftfutterstoffe bei Rind und Schwein**

	Rohfaser %	Verdaulichkeit der organ. Substanz, %	
		Rind	Schwein
Mais	2,8	84,8	88,7
Erdnußextraktionsschrot	5,8	87,5	87,6
Sojaextraktionsschrot	5,9	87,2	82,3
Gerste	6,4	82,2	83,2
Leinextraktionsschrot	11,4	71,4	65,5
Hafer	11,8	73,4	67,6
Palmkernextraktionsschrot	19,9	77,9	64,3

Übersicht 2.2–5: **Vegetationsstadium und Verdaulichkeit einiger Gräserarten beim Rind**

	Rohfasergehalt in % der TS	Verdaulichkeit der organ. Substanz, %
im Schossen	22,8	75
vor der Blüte	28,4	69
in der Blüte	32,8	64
nach der Blüte	36,3	60
Samenreife	36,4	61
Samen ausgefallen	40,7	54

Rasse und Alter der Tiere wie auch Trächtigkeit und Laktation sind ohne Einfluß auf die Verdaulichkeit des Futters. Beim Alter gilt dies natürlich nicht für junge Tiere, deren Verdauungsapparat und Enzymaktivitäten noch nicht voll entwickelt sind. Ältere Zuchtschweine haben aufgrund ihres größeren Dickdarmvolumens für Cellulose ein besseres Verdauungsvermögen als wachsende Schweine. Höhere Umwelttemperaturen können die Verdaulichkeit etwas erhöhen, wie in Versuchen an Rind und Schaf festgestellt wurde. Der Effekt ist aber so gering, daß er keine praktische Bedeutung besitzt.

.2 Futtermenge

Beim Schwein wird die Verdaulichkeit durch Erhöhung der Futtermenge innerhalb der physiologischen Grenzen kaum beeinflußt. Beim Wiederkäuer besteht dagegen eine Abhängigkeit zwischen Futtermenge und Verdaulichkeit. In Übersicht 2.2–6 sind hierzu einige Ergebnisse von BLAXTER aus Versuchen an Schafen aufgezeigt. Wurde die Futtermenge gegenüber dem Erhaltungsbedarf verdoppelt, so sank die Verdaulichkeit der Futterenergie je nach Futterart um 1 – 9 Einheiten.

Auch beim Milchvieh wurden solche Einflüsse gefunden, wie beispielsweise aus norwegischen Versuchen von EKERN hervorgeht (Abb. 2.2–1). Der Rückgang der Verdaulichkeit der Trockensubstanz mit steigender Futterzufuhr war bei kraftfutterreichen Rationen etwas stärker als bei rauhfutterreichen. Betrachtet man die Forschungsergebnisse zu diesem Problem insgesamt, so läßt sich beim Milchvieh der Verdaulichkeitsrückgang je Stufe Erhaltungsniveau auf 2 – 3 Prozent-Einheiten einschätzen. Im Hinblick auf die praktische Fütterung ist aber von Bedeutung, daß mit steigender Futtermenge gleichzeitig die Harn- und Methanverluste abnehmen, so daß die Energieversorgung der Tiere durch diese Verdaulichkeitsreduzierung nur wenig beeinflußt wird.

Übersicht 2.2–6: **Abhängigkeit der Verdaulichkeit von der Futtermenge (Schaf)**

Ration	Verdaulichkeit (%) bei Erhaltungsniveau	Rückgang der Verdaulichkeit um ... Einheiten bei Verdoppelung der Futtermenge
Trockengras		
lang	63 – 83	1,1 – 5,1
pelletiert oder gemahlen	62 – 72	1,9 – 6,6
Heu lang	55	6,6; 9,8
Körnermais	91	1,0
Heu + Hafer	72	2,2

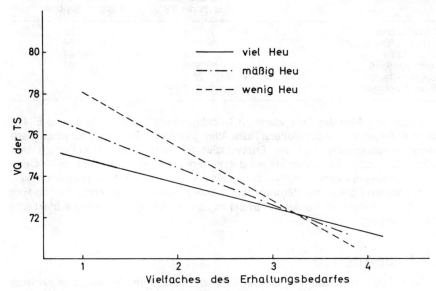

Abb. 2.2–1: **Rückgang der Verdaulichkeit der Trockensubstanz mit steigender Futterzufuhr beim Milchvieh**

.3 Rationszusammensetzung

Die Verdaulichkeit von Futtermitteln kann mitunter stark von ihrer Zusammensetzung abhängen. Dies gilt vor allem für Grundfuttermittel, deren Nährstoffgehalt meist beträchtlich variiert, weniger für Getreide, das in seiner Zusammensetzung ziemlich konstant bleibt (siehe auch Übersicht 2.2–3 und 2.2–5).

Aber nicht nur die Zusammensetzung des Einzelfuttermittels, sondern auch die Zusammensetzung der gesamten Futterration kann die Verdaulichkeit ändern. Streng genommen hat jedes Futtermittel einen Einfluß auf die Verdaulichkeit eines anderen Futtermittels. Es ist jedoch anzunehmen, daß bei Tieren mit überwiegend enzymatischer Verdauung die Zusammensetzung der Futterration mit Ausnahme der Rohfaser keine nennenswerte Wirkung auf die Verdaulichkeit der Nährstoffe hat. Bei Wiederkäuern dagegen kann die Rationszusammensetzung eine größere Rolle spielen, da von ihr die Entwicklung der verschiedenen Mikroorganismenarten des Pansens beeinflußt wird. So senkt Zulage von leichtlöslichen Kohlenhydraten (Zukker, aber auch Stärke) zu rohfaserreichem Grundfutter die Verdaulichkeit aller Nährstoffe, insbesondere die des Eiweißes und der Rohfaser. Diesen Rückgang bezeichnet man allgemein als **Verdauungsdepression**. Solche Verdauungsdepressionen kann man weiterhin bei Zulage weichen Fettes beobachten, was vor allem auf Beeinflussung von Cellulosebakterien (cellulolytische Aktivität) durch ungesättigte Fettsäuren beruht. Auf der anderen Seite wird dem Eiweißgehalt eine günstige Wirkung auf die Verdaulichkeit zugeschrieben. Gewürzstoffe wie auch Kochsalz hingegen beeinflussen die Verdaulichkeit nicht. Insgesamt gesehen müßte man daraus ableiten, daß jede Kombination von zwei Futtermitteln zu einer Änderung der Verdaulichkeit der Nährstoffe der einzelnen Futtermittel führt. Bleibt man jedoch innerhalb gewisser physiologischer Gegebenheiten, so dürfte die Verdaulichkeit der Futterration aus den einzelnen Verdaulichkeitswerten ohne allzu großen Fehler additiv zu errechnen sein.

.4 Zubereitung der Futtermittel

Für die Verdaulichkeit hat auch die Zubereitung des Futters gewisse Bedeutung. Um optimale Verdaulichkeit zu erhalten, müßte das Getreide für Rinder gequetscht, für Schweine gemahlen, die Kartoffeln für die Schweinefütterung gedämpft werden. Häckseln von Rauhfutter hat keinen Einfluß auf die Verdaulichkeit. Mahlen von Rauhfutter kann die Verdaulichkeit verringern, was dadurch erklärt wird, daß die Passagerate durch den Verdauungstrakt erhöht ist. Beim Häckseln und vor allem auch Pelletieren von Heu muß jedoch beachtet werden, daß die Futteraufnahme vergrößert sein kann, was sehr streng von dem Einfluß auf die Verdaulichkeit zu trennen ist. Bei verschiedenen pflanzlichen Eiweißfuttermitteln (z. B. Sojabohnen) kann durch bestimmte technische Behandlungsverfahren die Proteinverdaulichkeit erheblich verbessert werden.

2.2.3 Zur Bestimmung der Verdaulichkeit

.1 Tierversuche

Das klassische Verfahren zur Bestimmung der Verdaulichkeit ist der Tierversuch. Hierbei kann man zwei Methoden unterscheiden, nämlich die Sammeltechnik und die Indikatormethode.

Sammeltechnik. Entsprechend der Definition der Verdaulichkeit müssen sowohl die verzehrte Futtermenge als auch die ausgeschiedene Kotmenge über einen längeren Zeitraum (7 – 12 Tage) genau erfaßt werden. Man nennt diesen Versuchszeitraum die Hauptperiode. Einer solchen Hauptperiode muß eine Vorperiode vorausgehen, in der das Tier auf das zu prüfende Futter eingestellt wird und die Reste vorausgegangener Rationen aus dem Verdauungstrakt völlig verschwinden. Aus diesem Grunde muß die Vorperiode bei Wiederkäuern und Pferden mindestens 10, besser 14 Tage, bei Schweinen 8 – 10 Tage dauern. Verdauungsversuche müssen ferner an mehreren Tieren durchgeführt werden, da die Sicherheit der Ergebnisse sehr stark von der Tierzahl abhängt. In Abb. 2.2–2 ist dieser Zusammenhang für Rinder anschaulich dargestellt. Mit steigender Tierzahl wird die Grenzdifferenz der Verdaulichkeit für die einzelnen Nährstoffe wesentlich geringer. Verdauungsversuche sollten deshalb mit 3, besser mit 4 Tieren durchgeführt werden. Dies gilt besonders für die Bestimmung der Verdaulichkeit des Rohfettes. Leider sind viele in der Literatur beschriebene Verdauungsversuche nur mit 2 Tieren durchgeführt worden.

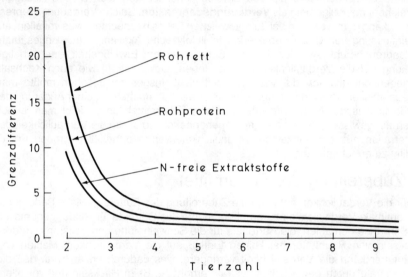

Abb. 2.2–2: **Grenzdifferenz des Verdauungsquotienten in Abhängigkeit von der Tierzahl (Rind)**

Viele Futtermittel können nicht für sich allein verfüttert werden. Daher läßt sich auch ihre Verdaulichkeit nicht durch **einen** Versuch ermitteln. In diesem Falle wird der sogenannte **Differenzversuch** durchgeführt. Dabei wird im ersten Versuch die Verdaulichkeit einer Grundfutterration bestimmt und im zweiten Versuch das zu prüfende Futtermittel zugelegt. Zusammensetzung und Umfang der Ration dürfen dabei nicht zu sehr verändert werden, auf der anderen Seite muß aber die Zulage groß genug sein, um aus der Differenz zuverlässige Verdauungswerte zu erhalten. In Übersicht 2.2–7 ist am Beispiel der Verdaulichkeit von Fischmehl die Differenzmethode im einzelnen aufgezeigt. Die auf diese Weise bestimmte Verdaulichkeit wird auch **partielle Verdaulichkeit** genannt.

Übersicht 2.2–7: **Zur Bestimmung der Verdaulichkeit von Fischmehl beim Schwein**

Grundfutterversuch:	1 kg Gerste org. Substanz	Eiweiß
im Futter, g	850	100
im Kot, g	150	25
verdaut, g	700	75
Verdaulichkeit, %	82	75

Zulageversuch:	1 kg Gerste + 300 g Fischmehl org. Substanz	Eiweiß
im Futter, g	1060	280
im Kot, g	170	35
insgesamt verdaut, g	890	245
von der Gerste verdaut, g	700	75
vom Fischmehl verdaut, g	190	170
Verdaulichkeit des Fischmehls, %	90	94

Indikatormethode. Eine große Schwierigkeit bei den Verdauungsversuchen liegt darin, daß Futter- und Kotmengen über längere Zeiträume verlustlos erfaßt werden müssen. Es hat daher nicht an Überlegungen gefehlt, die herkömmlichen Tierversuche zur Verdaulichkeitsbestimmung methodisch zu vereinfachen. Am weitesten davon ist die Indikatormethode entwickelt. Hierbei wird die Verdaulichkeit aus der Konzentrationsänderung einer Bezugssubstanz von Futter zu Kot bestimmt, so daß sich deren quantitative Erfassung erübrigt. Solche Bezugssubstanzen oder Indikatoren müssen unabsorbierbar sein oder eine konstante Verdaulichkeit aufweisen und den Verdauungstrakt gleichmäßig passieren. Auch dürfen sie nicht pharmakologisch wirksam sein. Aus dem Verhältnis von Indikator und Nährstoff in Futter und Kot läßt sich die Verdaulichkeit wie folgt errechnen:

$$\text{Verdaulichkeit (\%)} = 100 - \left(\frac{\text{\% Indikator im Futter}}{\text{\% Indikator im Kot}} \cdot \frac{\text{\% Nährstoff im Kot}}{\text{\% Nährstoff im Futter}} \cdot 100 \right)$$

Als Indikator dient gewöhnlich Chromoxid, zuweilen werden auch die natürlichen Substanzen Chromogen und Lignin benutzt. Mittels der Indikatormethode läßt sich die Verdaulichkeit auch bei weidenden Tieren und im Zusammenhang mit einem zweiten Indikator zusätzlich die Futteraufnahme bestimmen.

.2 In-vitro-Methoden und Schätzmethoden

Für Routinezwecke (Serienuntersuchungen für Betriebsberatung, Pflanzenzüchtung und Pflanzenbau) ist die Bestimmung der Verdaulichkeit durch den Tierversuch viel zu aufwendig. Besonders für die Anwendung beim Wiederkäuer wurden deshalb zahlreiche Methoden entwickelt, mit denen es möglich ist, bei kleinen Probemengen viele Futterproben in kurzer Zeit zu untersuchen.

Bei der sogenannten Nylonbeutel-Technik werden die zu untersuchenden Futterstoffe in feinmaschiges Gewebe eingeschweißt und in den Pansen eines mit Pansenfistel ausgestatteten Rindes versenkt. So können viele Proben gleichzeitig untersucht werden. Nach einer festgesetzten Zeit (meist 48 Std.) wird die unverdaute Restsubstanz erfaßt. Ein Schritt weiter weg vom Versuchstier führt dazu, Teilprozesse der Verdauung ins Reagenzglas zu verlegen. Man spricht dann von in-vitro-Methoden. Unter diesen hat die 2-Stufen-Methode nach TILLY und TERRY zur Schätzung von Grün- und Rauhfutter eine weite Verbreitung gefunden. In einer ersten Stufe wird das Untersuchungsmaterial mit Pansensaft und in einer zweiten Stufe mit Pepsin in verdünnter Salzsäurelösung inkubiert. Anschließend wird die unverdaute organische Substanz erfaßt. Ein neuer Vorschlag geht dahin, die Gase (CH_4 und CO_2), die bei der Fermentation in vitro mit Pansensaft entstehen, als Maß für die verdaute organische Substanz zu erfassen (MENKE, Hohenheimer Futtertest). Diese Methoden setzen jedoch die Verwendung von Pansensaft voraus, was zu zahlreichen Fehlerquellen führen kann. Deshalb wurden auch für Grün- und Rauhfutter Methoden erarbeitet, die den Pansensaft durch handelsübliche Cellulase-Präparate ersetzen. Nach einem Voraufschluß mit verdünnter HCl folgt eine Inkubation mit Cellulase und abschließend eine Inkubation mit HCl-Pepsin (HCl-Cellulase-Methode). Auch hier wird die unverdaute organische Substanz erfaßt. Der letzte Schritt dieser Methode wurde schon seit langer Zeit zur Bestimmung der Eiweißlöslichkeit (Methode nach STUTZER-KÜHN) verwendet. Bei all diesen Methoden stimmen die gemessenen Verdaulichkeiten meist nicht mit den Ergebnissen des Tierversuchs überein, jedoch lassen sich mittels entsprechender Korrekturfaktoren vielfach gute Näherungswerte erstellen.

Ein anderer Weg zur Schätzung der Verdaulichkeit der organischen Substanz und der Nährstoffe führt über die Analyse von Futterinhaltsstoffen. So kann aus dem Rohfasergehalt bei vielen Futterarten die Verdaulichkeit geschätzt werden, da sich ja die Rohfaser in der Regel negativ auf die Verdaulichkeit aller Nährstoffe auswirkt (siehe 2.2.2). Ähnliches gilt auch für die Gerüstsubstanzen NDF, ADF und Lignin. Die Schätzung der Verdaulichkeit wird sicherer, wenn mehrere Inhaltsstoffe als unabhängige Variable in einer multiplen Regressionsgleichung kombiniert werden. Solche Gleichungen wurden für Wiederkäuer und Monogastriden erarbeitet (siehe auch unter 4.4.6).

2.2.4 Bedeutung der Verdaulichkeit der organischen Substanz für die praktische Fütterung

Die verdauliche organische Substanz setzt sich aus den verdaulichen Nährstoffen zusammen, sie ist die Summe der verdaulichen Nährstoffe. Damit kann die Verdaulichkeit der organischen Substanz einen Maßstab geben für die Nährstoffkonzentration eines Futtermittels (verdauliche Nährstoffe je Gewichtseinheit Futtermittel).

Da der Nährstoffbedarf der Tiere sich mit steigender Leistung erhöht, andererseits jedoch das Fassungsvermögen des Verdauungskanals begrenzt ist, muß die Nährstoffkonzentration mit steigender Leistung ansteigen. Im gleichen Futtervolumen müssen also mehr verdauliche Nährstoffe enthalten sein, und das bedeutet, daß die

Übersicht 2.2–8: **Anforderung von Rind und Schwein an die Verdaulichkeit des Futters**

	Verdaulichkeit der organ. Substanz, %
Milchkuh	
Erhaltung	50
Trockenstehen	70
Milchleistung	
10 kg Milch	66
20 kg Milch	74
30 kg Milch	80
Rind (300 – 500 kg)	
Mast	65 – 70
Aufzucht	55 – 65
Schwein, Mast	78 – 82
Sauen	
niedertragend	60
Säugezeit	80 – 84

Verdaulichkeit der organischen Substanz höher sein muß. Für die praktische Rinder- und Schweinefütterung muß deshalb die Verdaulichkeit der organischen Substanz in etwa die in Übersicht 2.2–8 aufgezeichneten Werte haben, damit die entsprechende Leistung auch erzielt werden kann.

ADF = Hemicellulose, Cellulose, Lignin

NDF = " , "

ADL = " , "

3 Die Nährstoffe und ihr Stoffwechsel

3.1 Wasser

Leben ist ohne Wasser nicht möglich. Säugetiere können viel länger ohne Nahrung als ohne Wasser leben. Dies geht sehr klar aus Beobachtungen von RUBNER hervor. Wird im tierischen Organismus Fett oder die Hälfte des Eiweißes abgebaut und ausgeschieden, so bleibt der Organismus am Leben. Verliert er jedoch nur ein Zehntel seines Wassergehaltes, so bedeutet das den Tod. Wasser wird als Lösungsmittel, Transportmittel und zur Regulation des Zelldruckes und der Körpertemperatur benötigt. Sämtliche chemischen Vorgänge im tierischen Organismus verlaufen in wäßriger Phase. Durch Wasser werden die gelösten Substanzen transportiert. Bei der Verdunstung von Wasser können überschüssige Wärmemengen abgegeben werden.

Wasser wird mit dem Kot, Harn, aber auch mit der Milch und als Wasserdampf durch die Lungen- und Hautatmung ausgeschieden. Wieviel Wasser den Körper verläßt, wird durch mehrere Faktoren beeinflußt. So wird z. B. um so mehr Harn ausgeschieden, je mehr Mineralien und Stickstoff-Endprodukte (Harnstoff) ausgeschieden werden. Diese Stoffe müssen nämlich gelöst und zu einer harmlosen Konzentration mit Wasser verdünnt werden. Daraus kann man den Schluß ziehen, daß um so mehr Wasser dem tierischen Organismus zugeführt werden muß, je mehr Eiweiß und Mineralstoffe in der Nahrung vorhanden sind. Ganz allgemein hängt die Wasserzufuhr von der Trockensubstanzmenge der Ration ab. Als Anhaltspunkt läßt sich anführen, daß je kg verzehrte Futter-Trockensubstanz beim Schwein 2 – 3 kg und beim Rind 4 – 5 kg Wasser verabreicht werden müssen. Der tägliche Wasserbedarf beträgt demnach

für **Mastschweine**	6 – 10 l
für **Sauen**	12 – 25 l
für **Kühe**	50 – 100 l
für **Mastrinder**	20 – 60 l.

Im Einzelfall kann der Wasserbedarf je nach Leistungsstufe, Futterration, Lufttemperatur und Luftfeuchtigkeit von diesen Anhaltswerten auch stärker abweichen.

Tiere kann man soviel Wasser trinken lassen, wie sie wollen. Zuviel aufgenommenes Wasser ist im allgemeinen nicht schädlich. Unter praktischen Bedingungen wird der Bedarf am besten gedeckt, wenn man den Tieren stets Gelegenheit gibt, in häufigen Intervallen Wasser aufzunehmen. Auch dürften durch diese häufige Aufnahme an Wasser die Verluste an Energie, um das Wasser auf Körpertemperatur zu bringen, geringer sein als wenn die gleiche Menge an Wasser auf einmal erwärmt werden müßte. Wie wichtig die häufige Wassergabe ist, läßt sich am besten beim Milchvieh zeigen. Durch die Milchbildung besteht ein sehr hoher Wasserbedarf. Man kann ungefähr 4 – 5 kg Wasser je kg Milch rechnen. Je öfters den Milchkühen Wasser verabreicht wird, je mehr Wasser wird täglich aufgenommen. In manchen Fällen war dadurch eine höhere Milchmenge zu erzielen. Die hygienischen Anforde-

Übersicht 3.1–1: **Wassergehalt einiger Futtermittel, in %**

Schlempen	90 – 94	Rauhfutter, Getreidekörner	12 – 15
Grünfutter, Wurzeln u. Knollen	75 – 85	Handelsfuttermittel	10 – 15
Silage	80	Trockengrünfutter	5 – 12
Anwelksilage	60 – 70		

rungen an das Tränkwasser sind etwa die gleichen wie beim Trinkwasser. Insbesondere muß das Tränkwasser frei sein von Fäulnisstoffen, Kot, Harn, Parasiten (stehende Gewässer!) und industriellen Verunreinigungen wie Fluor und Schwermetallen.

Wasser wird aber nicht nur durch das Tränkwasser, sondern auch mit der Nahrung aufgenommen. In Übersicht 3.1–1 sind die Wassergehalte einiger Futtermittelgruppen aufgezeigt.

Wie im Tier, so ist auch in der grünen Pflanze Wasser einer der wesentlichen Bestandteile. Mit fortschreitendem Wachstum und Reifezustand geht der Wassergehalt zurück. Zur Haltbarmachung wird das Material bis auf 15 % Wasser und weniger getrocknet. Steigt der Wassergehalt über den durchschnittlichen Gehalt der betreffenden Futtermittel, so verschimmeln und zersetzen sich diese. Solche verdorbenen Futtermittel können bei der Verfütterung zu gesundheitlichen Schäden führen.

3.2 Kohlenhydrate und ihr Stoffwechsel

Der Name Kohlenhydrate für eine große Gruppe von organischen Naturstoffen leitet sich davon ab, daß diese Verbindungen Kohlenstoff und die Elemente des Wassers Wasserstoff und Sauerstoff enthalten, letztere im gleichen Verhältnis wie in Wasser. Die Kohlenhydrate stellen den mengenmäßig größten Anteil der auf der Erde vorkommenden organischen Kohlenstoffverbindungen dar. Bereits der Anteil an Cellulose dürfte ungefähr die Hälfte der organischen Naturstoffe ausmachen. Sieht man von geringeren Mengen an einfachen Zuckern und Glykogen im Tierkörper ab, kommen Kohlenhydrate im wesentlichen in den Pflanzen vor. Sie stellen eine ausgezeichnete Energiequelle für die Tiere dar. Neben dieser Bedeutung haben bestimmte Kohlenhydrate im Tier auch spezifische Funktionen zu erfüllen, vor allem als Bestandteile der organischen Grundsubstanzen von Knochen, Knorpeln und anderen Bindeweben sowie auch von Schleimstoffen, Blutgruppen-Substanzen und gerinnungshemmenden Stoffen.

3.2.1 Einteilung und Beschreibung

Eine abgekürzte Einteilung der großen Stoffklasse der Kohlenhydrate ist in Übersicht 3.2–1 wiedergegeben.

Übersicht 3.2–1: **Einteilung der Kohlenhydrate**

I. **Monosaccharide**
  Pentosen: Ribose, Arabinose, Xylose
  Hexosen: Glucose (Traubenzucker), Mannose, Galaktose, Fructose (Fruchtzucker)

II. **Oligosaccharide**
  Disaccharide
  Saccharose (Rohrzucker) = Glucose + Fructose
  Lactose (Milchzucker) = Glucose + Galaktose
  Maltose (Malzzucker) = Glucose + Glucose
  Trisaccharide
  Raffinose = Galaktose + Glucose + Fructose

III. **Polysaccharide**
  Pentosane, aus Pentosen bestehend, z. B. das aus Xyloseeinheiten aufgebaute Xylan
  Hexosane, aus Hexosen bestehend
  Stärke, aus Glucose aufgebaut, α-glucosidische Verknüpfung
  Glykogen, aus Glucose aufgebaut, α-glucosidische Verknüpfung
  Cellulose, aus Glucose aufgebaut, β-glucosidische Verknüpfung
  Inulin, aus Fructose aufgebaut

IV. **Heteropolysaccharide und Lignin**
  Hemicellulose, Pektine, Lignin

Monosaccharide

Diese Kohlenhydrate werden auch einfache Zucker genannt. Sie sind alle in Wasser leicht löslich und haben süßen Geschmack. Man teilt sie nach der Zahl der Kohlenstoffatome in Tetrosen, Pentosen, Hexosen usw. ein. Am meisten in der Nahrung und im tierischen Stoffwechsel sind die Hexosen vertreten, von denen

Glucose, Fructose, Galaktose und Mannose die wichtigsten sind. Glucose und Fructose kommen in der Natur in kleinen Mengen frei vor, so in süßen Früchten und im Honig, Glucose auch im Blut. In gebundener Form sind beide wie auch Galaktose und Mannose als Bausteine höherer Kohlenhydrate weit verbreitet. Dies gilt auch für die Pentosen Arabinose und Xylose, die in polymerisierter Form als Pentosane häufig auftreten. Die Ribose ist Baustein von Nucleinsäuren und Nucleotid-Coenzymen und kommt daher praktisch in allen Zellen vor.

Oligosaccharide

Durch Vereinigung von Monosacchariden unter Austritt von Wasser entstehen Oligosaccharide und Polysaccharide. Von Oligosacchariden spricht man dann, wenn die Zahl der verknüpften Monosaccharid-Einheiten nicht mehr als etwa 10 beträgt. Die meisten natürlichen Oligosaccharide enthalten nur zwei Monosaccharidbausteine. Sie werden Disaccharide genannt.

Das wichtigste Disaccharid ist die Saccharose, die in Zuckerrohr, Zuckerrüben und reifen Früchten vorkommt. In der Milch findet sich ein weiteres Disaccharid, der Milchzucker oder die Lactose. Sie stellt das wichtigste Kohlenhydrat in der Nahrung neugeborener Tiere dar. Mehrere physiologische Eigenschaften unterscheiden die Lactose von den anderen Zuckern. Sie ist weniger süß und geht im Magen weniger in Gärung über als Glucose und Saccharose. Dies ist von großem Vorteil für das neugeborene Tier, da es andernfalls zu einer Reizung des Verdauungskanals käme. Im Darm erhöht Lactose die Acidität und begünstigt damit die Entwicklung wünschenswerter Bakterien, während fäulniserregende Bakterien unterdrückt werden. Lactose wird langsam absorbiert, was allerdings bei sehr starker Aufnahme durch ungünstige Beeinflussung der Darmflora zu Durchfall führen kann.

Die Maltose tritt als Zwischenprodukt beim Abbau der Stärke auf, sie ist deshalb vor allem in keimenden Samen und im Darrmalz (Malzzucker) anzutreffen.

Von den Trisacchariden ist die Raffinose zu nennen, die in der Melasse zu 1 – 2 % enthalten ist.

Polysaccharide

Durch Zusammenlagerung einer großen, wechselnden Zahl von einfachen Zuckern entstehen Verbindungen mit hohem Molekulargewicht (z. B. Cellulose 300 000, Glykogen 1 – 4 Mill.), die man als Polysaccharide zusammenfaßt. Sie weisen die typischen Zuckereigenschaften wie Wasserlöslichkeit, süßen Geschmack, Reduktionsvermögen und Kristallisierbarkeit nicht mehr auf. Polysaccharide dienen in den Pflanzen als Gerüstsubstanzen und als Reservestoffe (Cellulose, Stärke, Inulin, Pentosane). Auch im menschlichen und tierischen Organismus treten sie als Reservestoff (Glykogen) auf. Quantitativ stellen die Polysaccharide die wichtigste Nährstoffgruppe in Futtermitteln pflanzlichen Ursprungs dar.

Stärke ist das wesentlichste Reserve-Kohlenhydrat der Pflanze. Besonders reichlich findet sie sich in Getreidesamen und Kartoffelknollen. Stärke wird dabei in Form von sogenannten Stärkekörnchen abgelagert, die sich morphologisch von Pflanze zu Pflanze unterscheiden, was man bei der mikroskopischen Herkunftsbestimmung benutzen kann. Chemisch gesehen besteht Stärke aus zahlreichen α-glucosidisch verknüpften Glucoseeinheiten. Sie läßt sich in zwei verschiedene Fraktionen, in die Amylose und das Amylopektin zerlegen. Amylose besteht aus langen unverzweigten

Ketten (α-1,4-Verknüpfung) und gibt mit Jod die bekannte Blaufärbung. Amylopektin, das den weitaus größeren Teil der Stärke ausmacht (70 – 80 %), weist neben der α-1,4-Verknüpfung auch eine α-1,6-Verknüpfung auf. Dadurch ist sein Molekül verzweigt. Als Zwischenprodukte beim Abbau der Stärke treten die Dextrine auf, die löslicher sind als Stärke, da ihre Moleküle wesentlich kleiner sind.

Glykogen ist in seinem Aufbau dem Amylopektin ähnlich (aber stärker verzweigt) und wird deshalb häufig als tierische Stärke bezeichnet. Es kommt hauptsächlich in Leber und Muskeln vor. In der Leber kann es bis zu 10 % gespeichert werden, in Muskeln zu 0,5 – 1 %. Größere Reserven kann der Organismus nicht anlegen, so daß der Vorrat an Glykogen höchstens ausreicht, um den energetischen Erhaltungsbedarf eines Tieres für einen Tag zu decken. Daher sind Schlachttiere, die vor der Schlachtung längere Zeit ohne Nahrung bleiben, an Glykogen so verarmt, daß dadurch die Fleischqualität ungünstig beeinflußt wird. Man hat deshalb Versuche angestellt, einige Stunden vor der Schlachtung Zucker zu verfüttern, um dadurch die Fleischqualität zu erhöhen.

Cellulose ist ebenso wie Stärke aus Glucose aufgebaut, jedoch sind die Glucosereste β-glucosidisch verknüpft, wodurch die Glucosereste nach Art eines Faltblattes geordnet sind. Die Zahl dieser Reste schwankt von 300 – 3000 je Molekül. Cellulose ist ein wichtiger Baustoff des pflanzlichen Körpers, vor allem die Wände der Pflanzenzellen bestehen im jüngeren Stadium daraus. Holz enthält etwa zur Hälfte Cellulose. In nahezu reiner Form kommt Cellulose nur in Baumwolle vor, sonst ist sie mit Kittsubstanzen (Lignin) vergesellschaftet. Technische Cellulose gewinnt man meist aus Holz. Solche reinen Produkte (z. B. Papier, Taschentücher, Säcke) können unter Umständen in der Tierernährung eine Rolle spielen.

Inulin ist ein Polyfructosan, es ist also aus Fructose aufgebaut. Das Molekulargewicht ist verhältnismäßig niedrig (etwa 30 Fructosereste), so daß dieses Polysaccharid leicht wasserlöslich ist. Inulin kommt als Reservestoff vor allem in Kompositen vor (z. B. Topinambur).

Pentosane sind aus Pentosen (Arabinose, Xylose) bestehende Polysaccharide. Sie kommen u. a. als Bauelemente der Hemicellulose vor. Pentosane können bis zu 20 % der Trockensubstanz in Gras und Heu ausmachen. Bei Erhitzung der Pentosen mit starken Säuren bildet sich der 2-Furfuraldehyd (analytischer Nachweis der Pentosen). Diese Substanz scheint auch an Bräunungsreaktionen bei der Futterkonservierung beteiligt zu sein.

Heteropolysaccharide

Diese Kohlenhydrate sind als gemischte Polysaccharide anzusehen, d. h. sie sind aus mehreren verschiedenen Monosacchariden oder deren Derivaten aufgebaut.

Als **Hemicellulose** wird eine Stoffgruppe bezeichnet, welche den verholzten Pflanzenteilen durch verdünnte Lauge entzogen werden kann. Chemisch handelt es sich im wesentlichen um Polysaccharide aus Xylose (Xylan), Arabinose (Araban), Mannose (Mannan) und Galaktose (Galaktan). Die Hemicellulose ist als Begleitkohlenhydrat der Cellulose im Pflanzenreich weit verbreitet. Sie findet sich vor allem in wirtschaftseigenen Futterstoffen.

Pektine sind Bestandteile der Zellwände der fleischigen Pflanzenteile (Blätter, Stiele). Hohe Gehalte von 15 – 30 % finden sich besonders in Trockenschnitzeln und Trestern. Sie treten auch in Fruchtsäften auf und verursachen deren Gelbildung. Pektine bestehen aus Polygalakturonsäure, deren Carboxylgruppen teilweise mit Methylalkohol verestert sind.

Lignin, Rohfaser

Das Lignin (Holzstoff) ist die in den pflanzlichen Zellwänden vorhandene Verholzungssubstanz. Chemisch gesehen ist es kein Kohlenhydrat, Grundbausteine sind Derivate des Phenylpropans. Lignin ist sehr widerstandsfähig gegen Säuren wie auch gegen bakterielle Zersetzung. Letzteres bedeutet, daß in ligninreichen, also verholzten Pflanzenteilen die Verdaulichkeit der Nährstoffe mehr oder weniger stark beeinträchtigt ist (siehe 2.2.2).

Die Rohfaser umfaßt im wesentlichen Cellulose, Pentosane und Lignin. Sie bringt das Volumen in die Futterration. Das spezifische Gewicht der einzelnen Futtermittel ist nämlich weitgehend vom Rohfasergehalt abhängig. So wiegt Mais wesentlich mehr pro Volumeneinheit als Hafer. Besonders die rohfaserreichen Rauhfuttermittel sind es, die das Volumen der Futterration sehr stark erhöhen. Da das Fassungsvermögen des Magen-Darm-Trakts begrenzt ist, wird die Nährstoffkonzentration in der Ration zwangsläufig verringert. Außerdem kommt hinzu, daß extrem rohfaserreiche Futtermittel dazu neigen, abführend zu wirken. Dies ist besonders dann der Fall, wenn es sich um Rohfaser handelt, die viel Wasser aufnimmt. Aus diesen Gründen ist es nicht wünschenswert, zuviel Rohfaser in der Nahrung zu haben. Andererseits ist aber in der Wiederkäuerration im Hinblick auf die Pansenmotorik und für die Milchfettbildung ein gewisser Anteil Rohfaser notwendig.

3.2.2 Verdauung und Absorption

Da die landwirtschaftlichen Nutztiere sich im Aufbau ihres Verdauungssystems sehr unterscheiden, besonders was die mikrobielle Tätigkeit angeht, ergeben sich hinsichtlich der Kohlenhydratverdauung beträchtliche Unterschiede zwischen Nichtwiederkäuern und Wiederkäuern.

.1 Nichtwiederkäuer

Wichtige Formen der Kohlenhydrataufnahme sind **Stärke** und **Saccharose** sowie bei Milchzufuhr **Lactose**. Diese Kohlenhydrate werden im Magen-Darm-Trakt durch Glykosidasen bis zu den Monosacchariden abgebaut. Die einzelnen Enzyme wie auch die Spaltprodukte sind in Übersicht 3.2–2 aufgeführt.

Stärke (auch Glykogen) wird zunächst durch die α-Amylase zu Maltose abgebaut, wobei auch kleine Mengen Glucose anfallen. Verzweigungsstellen (1,6-Bindungen) können dabei durch die Oligo-1,6-Glucosidase gespalten werden. Die Maltose wird sodann durch die α-Glucosidase (Maltase) in Glucose zerlegt. Dieses Enzym spaltet auch die Saccharose. Für die Spaltung der Lactose ist die β-Galaktosidase oder

Übersicht 3.2–2: **Zur enzymatischen Verdauung der Kohlenhydrate**

$$\text{STÄRKE} \xrightarrow{\alpha\text{-Amylase}}_{\text{Oligo-1,6-Glucosidase}} \text{MALTOSE} \xrightarrow{\alpha\text{-Glucosidase}} \text{GLUCOSE}$$

$$\text{SACCHAROSE} \xrightarrow{\alpha\text{-Glucosidase}} \text{GLUCOSE} + \text{FRUCTOSE}$$

$$\text{LACTOSE} \xrightarrow{\beta\text{-Galaktosidase}} \text{GLUCOSE} + \text{GALAKTOSE}$$

Lactase notwendig. Die α-Amylase wird im Pankreas gebildet, beim Schwein kommt sie auch im Speichel vor. Die anderen Carbohydrasen entstehen in der Dünndarmschleimhaut. Für die Aufspaltung der β-glucosidisch verknüpften Cellulose besitzt das höhere Tier keine Enzyme, sie sind jedoch bei Mikroorganismen weit verbreitet. Der Abbau von Cellulose im Verdauungstrakt ist deswegen nur durch bakterielle Tätigkeit möglich. Auch für Inulin, Pentosane u. a. Polysaccharide hat das höhere Tier nicht die entsprechenden Enzyme, so daß es auch hier auf Mikroorganismen angewiesen ist.

Die abgebauten Kohlenhydrate werden als Monosaccharide absorbiert, wobei zum Teil eine vorübergehende Veresterung mit Phosphorsäure stattfindet. Die Absorptionsgeschwindigkeit dieser einfachen Zucker ist unterschiedlich. Man hat in Versuchen an Ratten folgende Reihe festgestellt (relative Zahlenwerte): Galaktose = 110, Glucose = 100, Fructose = 43, Pentosen = 10. Danach werden also Glucose und Galaktose wesentlich rascher absorbiert als Fructose.

.2 Wiederkäuer

Beim Wiederkäuer wird der größere Teil der Kohlenhydrate schon im Pansen durch die Mikroorganismen abgebaut. Im Gegensatz zu den Verdauungsvorgängen beim monogastrischen Tier werden hierbei die Kohlenhydrate über die Stufe der Monosaccharide hinaus bis zu niederen Fettsäuren zerlegt (siehe Abb. 3.2–1).

Die Abbauvorgänge betreffen neben Stärke und Zucker in großem Umfange auch solche Kohlenhydrate, für die das höhere Tier an sich keine Enzyme besitzt, und zwar in erster Linie Cellulose, daneben Pektine, Fructosane und Hemicellulosen. Lignin wird gewöhnlich als unverdaulich angesehen, einige Untersuchungen zeigten aber, daß Lignin in bestimmten Fällen geringfügig angegriffen wird. Bei der Vergärung von löslichen Kohlenhydraten bestehen zwischen den einzelnen Zuckern beträchtliche Unterschiede. So wurden in Untersuchungen von SUTTON und BALCH Saccharose, Glucose und Fructose fast vollständig, Galaktose, Xylose und Arabinose dagegen nur zur Hälfte umgesetzt.

Bei Verabreichung von Rationen wurde sowohl in Versuchen mit Schafen als auch mit Milchkühen festgestellt, daß im Mittel etwa 50 – 55 % der organischen Substanz und damit auch der Kohlenhydrate im Pansen abgebaut werden. Da die Verdaulichkeit im gesamten Magen-Darm-Trakt bei 70 – 75 % liegt, beläuft sich der im Pansen abgebaute Anteil somit auf rund 70 %. Schwankungen der Abbaurate im Pansen ergeben sich vor allem im Zusammenhang mit der Höhe der Futterzufuhr, dem Grundfutter-Kraftfutter-Verhältnis und der Fettzufuhr. Für letztere konnte dies sehr eindeutig nachgewiesen werden, indem bei Zufuhr von 7 % Leinsaatöl oder Kokosöl die Verdaulichkeit im Pansen von 48 % auf 29 % gesenkt wurde (SUTTON).

Als Endprodukte des bakteriellen Abbaus entstehen im wesentlichen Essig-, Propion- und Buttersäure sowie die Gase Methan und Kohlendioxyd. Da Methan noch einen Heizwert aufweist, geht dem Wiederkäuer durch die Methanbildung ein nicht unbeträchtlicher Teil der zugeführten Futterenergie verloren (siehe Energiewechsel). Gleichzeitig mit den Abbauvorgängen findet auch eine Synthese bakterieller Polysaccharide statt. Nach Verlassen des Pansens werden diese Kohlenhydrate im Darmtrakt teilweise wieder gespalten und stehen dann dem Tier zur Verfügung.

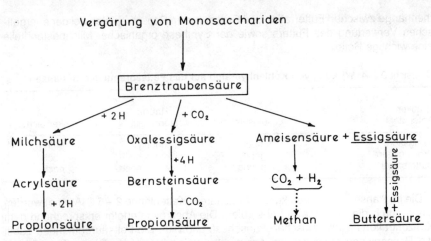

Abb. 3.2–1: **Zur Bildung der wichtigsten Endprodukte des bakteriellen Kohlenhydratabbaues im Pansen**

Übersicht 3.2–3: **Kurze Fettsäuren im Pansen von Kühen bei verschiedenen Futtermitteln**

Futtermittel	Gehalt in mol/100 mol Gesamtsäure		
	Essigsäure	Propionsäure	Buttersäure
Wiesen- bzw. Luzerneheu	70	18	10
Weide	63	18	17
Lolium italicum, jung	53	23	19
Lolium italicum, älter	61	21	14
Getreide	47	23	30
Gehaltsrüben	52	26	21

Die Menge der gebildeten Fettsäuren sowie der Anteil der einzelnen Fettsäuren an der Gesamtmenge ist von verschiedenen Faktoren abhängig. Der größte Einfluß besteht dabei von seiten der Fütterung, wobei vor allem die Zusammensetzung der Futterration und die Zustandsform des Futters eine Rolle spielen. In Übersicht 3.2–3 sind einige Angaben über das Fettsäureverhältnis im Pansen bei verschiedenen Futtermitteln aufgezeigt.

Je nach Futterart verschiebt sich das Fettsäuremuster zugunsten der einen oder anderen Säure. Diese Verschiebungen wie auch Änderungen der Gesamtsäurekonzentration sind jedoch weniger von den Futtermitteln als vielmehr von der Nährstoffzusammensetzung der Futterration abhängig. So führen Stärke und Zucker zu einem Anstieg des Propionsäure- und Buttersäureanteils, während Cellulose das Fettsäuremuster zugunsten der Essigsäure verschiebt. In Übersicht 3.2–4 sind diese Zusammenhänge dargestellt. Auch aus Galaktose, Xylose und Arabinose wird hauptsächlich Essigsäure produziert. Die Zustandsform des Futters beeinflußt die gebildeten Fettsäuremengen insofern, als pelletiertes oder gemahlenes Rauhfutter sowohl eine erhöhte Fettsäurekonzentration im Panseninhalt als auch einen erhöhten Prozentsatz von Propionsäure an den Gesamtfettsäuren bewirkt. Diese Zusammenhänge zwischen Futterration und Fettsäuren im Pansen spielen bei der energetischen Verwertung des Futters sowie der Synthese organischer Milchbestandteile eine wichtige Rolle.

Übersicht 3.2–4: **Wirkung von Kohlenhydraten auf das Fettsäuremuster im Pansen**

relativer Anteil der	Ration		
	cellulosereich	stärkereich	zuckerreich
Essigsäure	hoch	gering	gering
Propionsäure	gering	mittel bis hoch	hoch
Buttersäure	gering	mittel bis hoch	hoch

Die im Pansen gebildeten kurzen Fettsäuren (Kettenlänge 2 – 5 C-Atome) werden direkt durch die Pansenwand absorbiert. Die Absorption erfolgt entsprechend dem Konzentrationsgefälle zwischen Pansensaft und Blut. Die Fettsäuren können dabei die Pansenwand entweder als Anion oder als undissoziierte Säure (freie Säure) durchdringen. Die freien Fettsäuren werden rascher absorbiert als die Fettsäureanionen. Die Absorptionsgeschwindigkeit kurzer Fettsäuren nimmt deshalb mit sinkendem pH-Wert des Panseninhalts zu, da bei sinkendem pH-Wert der Anteil an freien Fettsäuren gegenüber Fettsäureanionen ansteigt.

Pansenacidose. Hierunter sind Störungen des Pansenstoffwechsels zu verstehen, die durch einen erniedrigten pH-Wert im Pansen – unter pH 6 – charakterisiert sind. Die Übersäuerung wird alimentär durch überhöhte Aufnahme an leichtverdaulichen Kohlenhydraten (Zucker, Stärke) ausgelöst. Faktoren, die als Folge dieser Substratzufuhr bei der Entstehung der Acidose mitwirken, sind vor allem verminderte Speichelproduktion und damit eine verringerte Abpufferung der Pansensäuren, Abnahme der zellulolytischen Bakterien und Zunahme der amylolytischen Bakterien, wodurch der Stärkeabbau begünstigt wird, die Produktion an Propionsäure ansteigt und die an Essigsäure abnimmt. Mit Unterschreitung von pH 6 wächst die Zahl der milchsäureproduzierenden Bakterienarten schnell an, was bei weiter abfallendem pH-Wert zu einem starken Anstieg der Milchsäure im Pansen und letztlich zu einer reinen Milchsäuregärung führt.

Das Krankheitsbild der Pansenacidose ist in leichten Fällen durch vorübergehende Verweigerung der Futteraufnahme („off feed"), verminderte Tagesmilchleistung und schmierig-pastöse Kotkonsistenz gekennzeichnet. In schwereren Fällen zeigen sich 12 bis 24 Stunden nach der Kohlenhydratüberfütterung Erscheinungen wie schlagartiges Aussetzen der Futter- und Trinkwasseraufnahme, Versiegen der Milchsekretion, vermehrtes Liegen, Schweißausbruch, Diarrhoe und erhöhte Herzfrequenz. In schwer erkrankten Zustand kommt es dann zum Festliegen und bei fehlender Therapie durch Kreislaufversagen zum Tod der Tiere. Die Behandlung leichterer Fälle richtet sich auf die Absetzung des acidoseauslösenden Futters und die Zufuhr rohfaserreicher Nahrung. Bei schwerer Übersäuerung sind Pansenspülungen, Antibiotikaverabreichung u. a. Maßnahmen erforderlich.

3.2.3 Stoffwechsel

Als Produkte der Kohlenhydratverdauung entstehen bei Nichtwiederkäuern im wesentlichen Glucose und Fructose, bei Wiederkäuern Essigsäure, Buttersäure und Propionsäure. Aus diesem Grunde ist beim Stoffwechsel der Kohlenhydrate von den im Darmtrakt gebildeten Produkten aus gesehen zunächst zwischen Nichtwiederkäuern und Wiederkäuern zu unterscheiden. Die intermediären Umsetzungen sind aber bei beiden Tiergruppen im Prinzip gleich (siehe auch 4.2.3). Ein vereinfachter Überblick über den Kohlenhydratstoffwechsel ist in Abbildung 3.2–2 dargestellt.

.1 Intermediäre Umsetzungen

Die absorbierten Monosaccharide erfahren im Stoffwechsel verschiedene Umsetzungen, von denen die wichtigsten folgende sind:
a) Umwandlung in Glykogen
b) Abbau zur Energiegewinnung

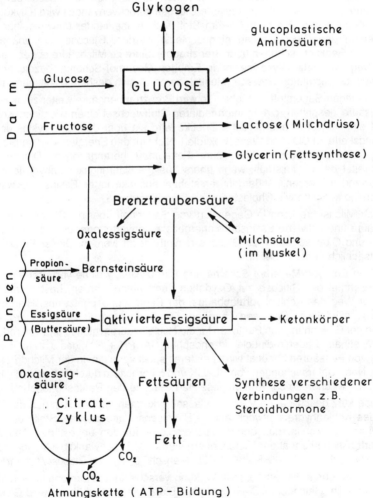

Abb. 3.2–2: **Die wichtigsten Umsetzungen im Kohlenhydratstoffwechsel**

c) Umwandlung in Fett
d) Bildung von Lactose und nichtessentiellen Aminosäuren
e) Aufbau verschiedener Substanzen
(Glykoproteide, Mucopolysaccharide, Nucleotide etc.).

Die Umwandlung von Glucose in Glykogen findet hauptsächlich in der Leber und Muskulatur statt. Während die Glykogensynthese in der Leber vor allem bei Anstieg des Blutzuckergehaltes nach Nahrungszufuhr erfolgt, ist im Muskel die Bildung von Glykogen nur wenig von der augenblicklichen Ernährung abhängig. Als weitere Synthese, die ihren Ausgang von der Glucose nimmt, ist die Bildung von Lactose zu nennen. Dieser Vorgang läuft in der Milchdrüse ab. Schließlich dienen Glucose bzw. andere Hexosen, in welche Glucose überführt werden kann, dem Aufbau wichtiger Zellsubstanzen.

Der Abbau der Kohlenhydrate nimmt seinen Ausgang von der Glucose bzw. dem Glykogen, das dabei in phosphorylierte Glucose zurückverwandelt wird (Glykogenolyse). Auch andere Hexosen, die im Stoffwechsel ineinander umwandelbar sind, können in den Glucoseabbau eingeschleust werden. Glucose wird anaerob in mehreren Reaktionsschritten über Brenztraubensäure zu Milchsäure abgebaut. Dieser Weg wird als Glykolyse oder Embden-Meyerhof-Schema bezeichnet. Im schwach durchbluteten Gewebe (Muskel) sammelt sich deshalb Milchsäure an.

Ist dagegen Sauerstoff verfügbar, so wird Brenztraubensäure weiter zu aktivierter Essigsäure gespalten, die im intermediären Stoffwechsel einen wichtigen Knotenpunkt einnimmt. Für energetische Zwecke wird sie über den Citratzyklus und die Atmungskette zu CO_2 und Wasser oxydiert. Nicht für den Energiebedarf verbrauchte Essigsäure wird hauptsächlich zum Fettaufbau herangezogen. Diesen Weg beschreitet der Organismus, wenn überschüssige Nahrungskohlenhydrate in Fett umgewandelt werden. Außerdem entstehen aus aktivierter Essigsäure wichtige körpereigene Stoffe wie Cholesterin und Steroidhormone.

Auch Milchsäure kann in Gegenwart von Sauerstoff über die Stufen Brenztraubensäure und aktivierte Essigsäure energetisch verwertet oder über Brenztraubensäure und Oxalessigsäure zu Glucose resynthetisiert werden. Dieser Prozeß läuft hauptsächlich in der Leber ab.

Neben Embden-Meyerhof-Schema und Citratzyklus, welche von drei Viertel bis neun Zehntel der Glucose zur Oxydation durchlaufen werden, besteht noch ein anderer Weg des Kohlenhydratabbaues, der Pentosephosphatzyklus. Hierbei wird Glucose oxydativ in Pentosen überführt. Die Bedeutung dieses Abbauprozesses liegt in der Gewinnung von Pentosen für die Nucleinsäuresynthese und von reduziertem Nicotinamid-adenin-dinucleotid-phosphat (NADPH + $H^{\oplus}$), das u. a. für die Synthese von Fettsäuren benötigt wird. Letzteres spielt vor allem in der Milchdrüse eine Rolle. Nach Untersuchungen von BLACK und Mitarbeitern durchläuft etwa die Hälfte der in der Milchdrüse der Kuh umgesetzten Glucose den Pentosephosphatzyklus.

Diese kurz geschilderten Vorgänge lassen erkennen, daß im Rahmen der Dynamik des Kohlenhydratstoffwechsels die Blutglucose eine zentrale Stelle einnimmt. Dabei ist es wichtig, daß der Blutzuckerspiegel für den ungestörten Ablauf der Körperfunktionen annähernd konstant erhalten wird. Er schwankt bei Monogastriden um 0,1 % (Schwein 70–90, Ratte 90–120, Mensch 70–120 mg Glucose/100 ml Blut).

Dies wird durch die regulierende Wirkung verschiedener Hormone erreicht (Insulin, Adrenalin, Glucagon, ACTH). Sinkt der Blutzuckerspiegel ab, so wird Glykogen mobilisiert und die Neubildung von Glucose (Gluconeogenese) aus glucoplastischen

Aminosäuren (u. a. Glycin, Alanin, Serin, Threonin, Valin, Asparaginsäure, Glutaminsäure, Arginin, Histidin, Prolin) angeregt. Bei Anstieg des Glucosespiegels wird dagegen Glykogen aufgebaut sowie Fett gebildet.

.2 Zum Kohlenhydratstoffwechsel des Wiederkäuers

Im Gegensatz zu den Nichtwiederkäuern entstehen beim Wiederkäuer aus den verschiedenen Kohlenhydraten bei der Verdauung größtenteils kurzkettige Fettsäuren. Man kann damit rechnen, daß bei der Milchkuh (20 kg Milch) täglich etwa 1500 – 3000 g Acetat, 500 – 1200 g Propionat und 300 – 600 g Butyrat im Pansen gebildet und absorbiert werden. Die im Darm absorbierten Mengen an Zuckern sind dagegen sehr gering, beim Rind betragen sie etwa 100 – 300 g je Tag. Sie können den Glucosebedarf bei weitem nicht decken. Charakteristisch ist daher beim Wiederkäuer ein Blutzuckergehalt, der nur etwa die Hälfte desjenigen beim Monogastriden beträgt (35–55 mg Glucose/100 ml). Der Wiederkäuer kann jedoch aus bestimmten kurzen Fettsäuren des Pansens Glucose synthetisieren. Als Vorstufe dient in erster Linie Propionat, das hauptsächlich in der Leber über mehrere Zwischenstufen zu Oxalessigsäure und diese dann in Phosphoenolbrenztraubensäure überführt wird. Aus ihr entsteht in Umkehrung der Glykolyse die Glucose (siehe Abb. 3.2–2). Auch aus der Milchsäure (Lactat) kann Glucose gebildet werden. Jedoch scheint ihr Beitrag quantitativ sehr gering zu sein. Neben diesen Glucosequellen ist beim Wiederkäuer auch die Gluconeogenese aus glucoplastischen Aminosäuren ziemlich stark ausgeprägt.

Trotz dieser Möglichkeiten ist der Wiederkäuer darauf angewiesen, mit Kohlenhydraten im intermediären Stoffwechsel sparsam umzugehen. Dies ist dadurch möglich, daß ein großer Teil des Energiebedarfs durch die Oxydation von Acetat, Propionat und Butyrat gedeckt werden kann.

Die Einschleusung dieser kurzen Fettsäuren in den energetischen Abbau ist in Abb. 3.2–2 angedeutet. Alle drei Säuren werden über den Citratzyklus und die Atmungskette oxydiert. Die Buttersäure scheint allerdings nur zu einem geringen Teil den Pansen als solche zu verlassen, der größere Teil (70 % und mehr) wird in der Pansenwand zu β-Hydroxybuttersäure umgewandelt. Auch diese Säure kann über den Citratzyklus energetisch verwertet werden.

Die Bedeutung der kurzen Fettsäuren liegt jedoch nicht nur in ihrer Energielieferung, sie sind auch als Substrate für die Synthese von Körpergeweben äußerst wichtig. Entsprechend der biochemischen Reaktionswege kann aus Essigsäure und Buttersäure Körperfett und insbesondere auch Milchfett synthetisiert werden, während Kohlenhydrate aus diesen beiden Säuren vom Säugetierorganismus nicht gebildet werden können. Man findet jedoch bei Experimenten mit radioaktiv markierter Essigsäure oder Buttersäure infolge von Kohlenstoffaustausch im Intermediärstoffwechsel auch Radioaktivität in der Glucose, was jedoch keiner Nettosynthese entspricht. Propionsäure kommt vor allem für den Aufbau von Kohlenhydraten und die Synthese nichtessentieller Aminosäuren in Frage. Quantitativ dürfte dabei die Hälfte oder mehr der Propionsäure für die Gluconeogenese verwendet werden. Die unterschiedliche Verwendung kurzer Fettsäuren für Synthesen geht auch deutlich aus Untersuchungen von KLEIBER über die Bildung von Milchbestandteilen aus kurzen Fettsäuren unter Verwendung radioaktiven Kohlenstoffes hervor. Die markierten Fettsäuren wurden intravenös injiziert und die prozentische Verteilung des radioaktiven Kohlenstoffes in der Milch ermittelt. Dabei zeigte sich, daß der überwiegende Teil des markierten Kohlenstoffes von Essigsäure im Milchfett erschien, während bei Propionsäure der höchste Anteil im Milchzucker vorlag.

Für die Milchfettsynthese spielt demnach vor allem das Essigsäureangebot eine wesentliche Rolle. Das bedeutet, daß alle Faktoren, die den Anteil an Essigsäure an den Gesamtsäuren im Pansen verändern, dadurch auch den Fettgehalt der Milch beeinflussen, wie z. B. der Rohfasergehalt der Ration, die Struktur des Futters oder die Zuführung ungesättigter Fettsäuren.

3.2.4 Stoffwechselstörungen (Acetonämie)

Bei hochproduzierenden Milchkühen kommt zuweilen eine Erkrankung vor, die als Acetonämie oder Ketose bezeichnet wird. Sie tritt in den ersten Wochen nach dem Abkalben auf und ist gekennzeichnet durch Milchabfall, Abmagerung sowie erhöhtes Auftreten von Ketonkörpern in Blut und Harn, evtl. auch in der Milch. Anscheinend sind manche Hochleistungstiere den starken Belastungen des Stoffwechsels nach Einsetzen der Laktation nicht gewachsen (insbesondere bei energetischer Unterversorgung und bei Verabreichung ketogener Futtermittel). Es treten Störungen im Kohlenhydrat- und Fettstoffwechsel auf, wobei als kritische Stufe die Blockierung des Abbaus von aktivierter Essigsäure über den Citratzyklus anzusehen ist. Dieser Abbau erscheint dadurch gehemmt, daß bei dem hohen Glucosebedarf laktierender Kühe nicht immer genügend Oxalacetat für den Citratzyklus verfügbar ist (nach KREBS). Die Folge ist schließlich eine starke Anhäufung von aktivierter Essigsäure. Das überschüssige Acetyl-CoA wird vermehrt in Acetessigsäure und β-Hydroxybuttersäure überführt, z. T. wird Acetessigsäure auch zu Aceton decarboxyliert. Diese drei als Ketonkörper bezeichnete Verbindungen werden dann teilweise im Harn ausgeschieden.

Therapeutisch hat man durch Injektion von Glucose und auch von Hormonpräparaten (Glucocorticoide) gute Erfolge erzielen können. Die Verfütterung von hohen Gaben Zucker oder Melasse hingegen ist ebenso unwirksam gewesen wie verschiedene Vitaminzufuhren. Erfolgversprechender war die orale Verabreichung von Propionat und Lactat, die im Stoffwechsel als Vorläufer der Blutzuckerbildung dienen.

3.3 Fette und ihr Stoffwechsel

Die bei der Weender Futtermittelanalyse auftretende Fraktion „Rohfett" enthält neben den eigentlichen Fetten auch Lipoide, das sind Verbindungen, die gleiche Lösungseigenschaften wie die Fette besitzen. Beide Stoffgruppen werden deshalb auch als Lipide zusammengefaßt. Sie sind in Wasser unlöslich, dagegen löslich in organischen Lösungsmitteln wie Äther und Benzol. Im Hinblick auf die Tierernährung haben Lipoide, zu denen Phosphatide, Cerebroside, Sterine, Carotinoide, im weiteren Sinne auch Harze und Wachse zu zählen sind, nur verschiedentlich als Wirkstoffe Bedeutung. Energetischen Nährwert hingegen besitzen die Lipoide praktisch nicht. Deshalb sollen im folgenden nur die Fette besprochen werden.

3.3.1 Definition und Charakterisierung

Fette sind Ester des dreiwertigen Alkohols Glycerin mit Fettsäuren. Die drei Hydroxylgruppen des Glycerins können dabei mit drei gleichen oder auch verschiedenen Fettsäuren verestert sein. Normalerweise sind im Fettmolekül zwei oder drei verschiedene Säuren enthalten. Das mit drei Fettsäuren veresterte Glycerin heißt Triglycerid (Triacylglycerin). Ist Glycerin mit nur zwei Fettsäuren verestert, spricht man vom Diglycerid (Diacylglycerin), wenn nur eine Fettsäure enthalten ist, vom Monoglycerid (Monoacylglycerin).

Die an der Bildung von Fetten beteiligten Fettsäuren sind teils gesättigte, teils ungesättigte Fettsäuren. Letztere haben eine oder auch mehrere Doppelbindungen im Molekül. Die Kohlenstoffkette umfaßt bei den gesättigten Säuren meist 4 bis 18 C-Atome, bei den ungesättigten 16 bis 20 C-Atome, wobei die Anzahl der C-Atome in diesen natürlich vorkommenden Fettsäuren fast ausschließlich geradzahlig ist (siehe auch Übersicht 3.3–1).

Die im Pflanzen- und Tierreich vorkommenden Fette sind stets Gemische verschiedener Triglyceride. In Übersicht 3.3–1 ist die Fettsäurenzusammensetzung einiger verbreiteter Fette aufgezeigt. Die angegebenen Zahlen sind als Durchschnittswerte zu betrachten, die Gehalte können im Einzelfall mehr oder weniger stark davon abweichen. Besonders gilt dies für die Gehaltszahlen der ungesättigten Fettsäuren bei tierischen Fetten, da hier starke Ernährungseinflüsse möglich sind.

Man erkennt, daß die Unterschiede zwischen den einzelnen Fetten hinsichtlich der Fettsäurenzusammensetzung beträchtlich sind. Dabei gilt ganz allgemein, daß pflanzliche Fette mit Ausnahme von Palmkern-, Kokos- und Babassufett wesentlich höhere Mengen an ungesättigten Fettsäuren enthalten als tierische Fette. Insbesondere gilt dies für die mehrfach ungesättigten Fettsäuren Linolsäure (zwei Doppelbindungen) und Linolensäure (drei Doppelbindungen), die in tierischen Fetten nur in geringen Mengen vorhanden sind.

Innerhalb der tierischen Fette ist hervorzuheben, daß Butterfett ein sehr ausgeglichenes Fettsäuremuster aufweist und auch niedere gesättigte Fettsäuren enthält, die im Rindertalg und Schweinefett nicht vorkommen.

Übersicht 3.3–1: **Fettsäurenzusammensetzung einiger tierischer und pflanzlicher Fette** (Fettsäuren in % der Gesamtfettsäuren)

	Zahl der C-Atome	Milchfett Kuh	Milchfett Sau	Rindertalg	Schweinefett	Palmkernfett	Sojafett	Maisfett
Schmelzpunkt, °C		28 – 36		40 – 50	34 – 44	20 – 35	flüss.	flüss.
Jodzahl		25 – 45		34 – 45	45 – 75	8 – 10	130 – 140	100 – 130
Gesättigte Fettsäuren								
Buttersäure	4	3						
Capronsäure	6	2						
Caprylsäure	8	1				3		
Caprinsäure	10	2				5		
Laurinsäure	12	3				47		
Myristinsäure	14	10	3	2	1	17		
Palmitinsäure	16	27	26	28	27	8	8	7
Stearinsäure	18	13	4	24	13	2	3	2
Ungesättigte Fettsäuren								
Ölsäure	18	28	51	40	47	14	28	35
Linolsäure	18	3	7	2	8	2	52	54
Linolensäure	18	1	1		1		8	2

Fette sind farblos. Die Färbung einzelner Fette wie z. B. der Butter wird durch den Gehalt an Pigmenten (Carotinoide u. a.) verursacht.

Charakterisierung der Fette. Da Unterschiede zwischen den Fetten auf unterschiedlicher Fettsäurenzusammensetzung beruhen, ist zur genauen Charakterisierung eines Fettes eine quantitative Bestimmung der enthaltenen Fettsäuren notwendig. Durch moderne chemische Analysenverfahren, vor allem der Gaschromatographie, ist dies heutzutage in ganz anderem Umfange möglich als früher. Besonders bei verschiedenen Forschungsproblemen, wo selbst geringfügige Veränderungen in der Fettsäurenzusammensetzung erfaßt werden müssen, kommt man ohne genaue Analyse des Fettsäuremusters nicht aus. Andererseits genügt es in vielen Fällen auch heute, auf die Bestimmung von Fettsäuren zu verzichten und nur die sogenannten analytischen Fettkonstanten zu ermitteln. Dies sind gewöhnlich Schmelzpunkt und Jodzahl, daneben auch Verseifungszahl und Reichert-Meisslsche Zahl.

Der **Schmelzpunkt** ist ein brauchbarer Maßstab für die Härte eines Fettes. Bei Zimmertemperatur sind gesättigte Fettsäuren bis C_8 sowie alle ungesättigten Fettsäuren flüssig. Je mehr ein Fett von diesen Fettsäuren enthält, um so niedriger wird sein Schmelzpunkt liegen. Da in vielen Fetten kurzkettige gesättigte Fettsäuren nicht oder nur in geringen Mengen vorkommen, kann man sagen, daß die Konsistenz eines Fettes mit dem Gehalt an ungesättigten Fettsäuren einhergeht (siehe Übersicht 3.3–1). Als Öl wird ein Fett bezeichnet, das bei gewöhnlicher Temperatur flüssig ist, was meistens nur für pflanzliche Fette zutrifft. Öl ist also kein chemischer Begriff, sondern ein Ausdruck für die Konsistenz.

Die **Jodzahl** ist ein Maß für die Anzahl der Doppelbindungen und damit in etwa für den Gehalt an ungesättigten Fettsäuren. Sie drückt aus, wieviel Gewichtsteile Jod von 100 Gewichtsteilen Fett addiert werden. Jod wird dabei an die Doppelbindungen der ungesättigten Fettsäuren angelagert. So hat Sojafett eine Jodzahl von etwa 135, während Palmkernfett eine Jodzahl von nur 10 aufweist, was den unterschiedlichen Gehalt an ungesättigten Fettsäuren deutlich demonstriert (siehe Übersicht 3.3–1).

Die **Verseifungszahl** ist ein Ausdruck für das mittlere Molekulargewicht der Fettsäuren. Sie wird gemessen durch den Verbrauch an Kalilauge, die zur Verseifung (= Hydrolyse des Fettes) von 1 g Fett benötigt wird. Je größer der Betrag an verbrauchter Lauge ist, um so höher muß die Zahl der Moleküle pro g Fett sein. Die Größe der Moleküle ist dann im Durchschnitt um so kleiner. So hat beispielsweise Butterfett mit größerem Anteil an kurzkettigen Fettsäuren eine wesentlich höhere Verseifungszahl als Maisfett, das hauptsächlich nur langkettige Fettsäuren enthält (Butterfett = 230, Maisfett = 90).

Als Maß für den Gehalt an kurzkettigen, also wasserdampfflüchtigen Fettsäuren dient schließlich die **Reichert-Meisslsche Zahl**. Damit kann vor allem Butterfett von anderen Fetten unterschieden werden.

3.3.2 Biologische Bedeutung

Die biologische Bedeutung der Fette liegt einmal in ihrer Funktion als Reservestoff. Überschüssige Nahrungsmengen können im Körper in Fett umgewandelt und in Form von Depotfett gespeichert werden. Bei Nahrungsmangel können diese Reserven wieder abgebaut und für energetische Zwecke herangezogen werden. Neben der Energiespeicherung hat Depotfett jedoch auch Bedeutung für die Wärmeisolierung, den mechanischen Schutz empfindlicher Organe sowie die Speicherung fettlöslicher Vitamine. In geringen Mengen sind Fette, neben den Lipoiden, auch als Strukturbestandteile wichtig, so vor allem beim Aufbau von Membranen.

In der Nahrung stellen Fette die energiereichsten Bestandteile dar. Da sie etwa 2¼mal soviel Energie wie die Kohlenhydrate enthalten, bezogen auf die Gewichtseinheit, führt Fettzusatz logischerweise zu besserer Futterverwertung (Futterverbrauch je Einheit Zuwachs). Diese Tatsache wird bei Beurteilung der üblichen Futterverwertungszahlen manchmal übersehen. Hinzu kommt, daß nach Untersuchungen von FORBES und Mitarbeitern Verluste durch thermische Energie mit vermehrter Energieaufnahme aus Fett zurückgehen. Energiezufuhr über Fett kommt vor allem dann in Frage, wenn man sehr konzentrierte Nahrung verabreichen muß. Dies kann z. B. beim Menschen sein, wenn er sehr schwere Arbeit leisten muß. Auch bei der Geflügelmast ist konzentriertes Futter notwendig. Fette begünstigen auch die Absorption fettlöslicher Vitamine, vor allem von Vitamin A und Carotin. So wurde bei Hühnern die Carotinabsorption von 20 % auf 60 % gesteigert, wenn der Fettgehalt der Ration von 0,07 auf 4 % erhöht wurde. Schließlich sind Nahrungsfette auch Träger der essentiellen Fettsäuren.

3.3.3 Verdauung und Absorption

Bei monogastrischen Tieren ist der Dünndarm der einzige Ort der Fettverdauung. Die Triglyceride werden durch die Pankreaslipase und eine Lipase der Darmwand zum großen Teil in Monoglyceride, Fettsäuren und Glycerin gespalten. Unterstützt wird dieser Vorgang durch die emulgierende Wirkung der Galle. Die bei der Fettspaltung entstehenden Monoglyceride und Fettsäuren bilden zusammen mit Gallensäuren sogenannte gemischte Micellen, die als kleine molekulare Aggregate mit einem Durchmesser von 4 – 8 nm (1 nm = 10^{-9} m) aufzufassen sind. Sie scheinen die für

Übersicht 3.3–2: Abhängigkeit der Fettverdauung von der Länge der Fettsäuren und vom Schmelzpunkt des Fettes

Glycerid bzw. Fettsäure		verdaute Menge %	Fett	Schmelzpunkt °C	verdaute Menge %
Trilaurin	C_{12}	97	Margarine	34	97
Trimyristin	C_{14}	77	Schweineschmalz	48	94
Tripalmitin	C_{16}	30 – 60	hydriert	55	63
Tristearin	C_{18}	20 – 40	hydriert	61	21
Stearinsäure	C_{18}	10 – 20	Baumwollsaat		
			hydriert	38	91
			hydriert	46	84
			hydriert	54	69
			hydriert	62	38
			hydriert	65	24

die Absorption bevorzugte physikalische Form der Fettspaltprodukte darzustellen (BORGSTRÖM und Mitarbeiter). Ein geringer Anteil des Fettes kann auch in Form der Triglyceride rasch absorbiert werden. Das Neutralfett muß dabei in feinster Verteilung vorliegen, die Tröpfchengröße soll 0,5 µm Durchmesser nicht übersteigen.

Beim Wiederkäuer wird das Nahrungsfett zum großen Teil im Pansen abgebaut (hydrolysiert). Die kurzkettigen Fettsäuren werden bereits im Pansen absorbiert, die langkettigen Fettsäuren zum Dünndarm weitertransportiert und erst dort absorbiert. Außer diesen Hydrolysevorgängen werden im Pansen auch ungesättigte Fettsäuren in gesättigte umgewandelt (Hydrierung). So wurden zum Beispiel von der im Gras vorhandenen Linolensäure im Pansen über 50 % zur entsprechenden gesättigten Fettsäure (Stearinsäure) hydriert. Da jedoch ein gewisser Teil der ungesättigten Fettsäuren nicht hydriert wird, gelangen auch beim Wiederkäuer ungesättigte Fettsäuren des Futters in den Körper und können zum Beispiel ins Milchfett übergehen.

Verdaulichkeit. Fette sind im allgemeinen hochverdaulich. Allerdings hängt bei monogastrischen Tieren die Höhe der Verdaulichkeit von der Menge an Fett, der Länge der Fettsäuren und dem Grad der Sättigung und damit auch vom Schmelzpunkt ab. So wurde in Untersuchungen an Ratten gefunden, daß die Verdaulichkeit von Triglyceriden aus gesättigten Fettsäuren bei Anstieg der Kettenlänge von C_{12} auf C_{18} von fast vollständiger Ausnutzung bis auf etwa 20 % abfiel (Übersicht 3.3–2), nach CHENG und Mitarbeitern sowie SCRIBANTE und Mitarbeitern). Diese starke Verminderung der Verdaulichkeit mit zunehmender Kettenlänge gilt aber nur bei höheren Fettmengen mit hohem Anteil gesättigter Fettsäuren. Bei niedriger Fettzufuhr ist der Einfluß der Kettenlänge sehr gering. Durch Herabsetzung des Fettgehaltes im Futter kann somit die Verdaulichkeit von Fetten mit langkettigen Fettsäuren beträchtlich verbessert werden.

Die Verdaulichkeit von Nahrungsfetten hängt weiter vom Anteil an ungesättigten Fettsäuren ab. Diese werden besser absorbiert als gesättigte Fettsäuren. Da sowohl die kurzkettigen Fettsäuren als auch die ungesättigten Fettsäuren am besten absorbiert werden und gerade bei diesen Fettsäuren der Schmelzpunkt am tiefsten ist, besteht auch ein Zusammenhang zwischen dem Schmelzpunkt und der Fettabsorption, und zwar wird bei niedrigem Schmelzpunkt der Fette auch die höchste Absorption der Fettsäuren erreicht. In Übersicht 3.3–2 sind hierzu einige Versuchsergebnisse bei Verwendung verschiedener Fette in Rattenversuchen wiedergegeben (DEUEL; EVANS). Ein deutlicher Abfall der Ausnutzung zeigt sich aber erst bei

Fetten mit einem Schmelzpunkt über 50 °C. Fette mit ungesättigten Fettsäuren sind nicht nur besser absorbierbar, sondern verbessern auch die Absorption von gesättigten Fettsäuren, wenn beide zusammen verfüttert werden.

Schließlich sei erwähnt, daß andere Nahrungsbestandteile wie Protein und Calcium auch einen gewissen Einfluß auf die Fettverdaulichkeit haben.

3.3.4 Stoffwechsel

Die bei der Fettverdauung entstehenden Spaltprodukte werden in den Darmschleimhautzellen zum Teil wieder zu Fett aufgebaut (Resynthese). Das erforderliche Glycerin stammt teils aus dem Glycerin der absorbierten Monoglyceride, teils aus dem Glucoseabbau. Die von den Darmzellen aufgenommenen Triglyceride werden in der Darmwand gespalten, die Spaltprodukte unterliegen dann ebenfalls synthetisierenden Vorgängen. Das resynthetisierte Fett gelangt hauptsächlich auf dem Lymphweg in den Blutkreislauf und dann entweder direkt zu den Depotorganen (z. B. Unterhautgewebe) oder in die Leber, wo es einen intensiven Stoffwechsel durchmacht. Freie Fettsäuren und Glycerin, die nicht zur Resynthese verwendet werden, treten in das Pfortaderblut über.

Ab- und Aufbau von Fettsäuren

Der Abbau der Fettsäuren erfolgt durch die sogenannte β-Oxydation. Dabei werden die Fettsäuren zunächst in eine reaktionsfähige Form überführt (aktivierte Fettsäuren). Sodann wird über mehrere Reaktionsstufen jeweils eine Einheit, die aus 2 C-Atomen besteht (aktivierte Essigsäure), abgespalten. Die verkürzte Fettsäure läuft die Reaktionsfolge erneut durch und wird wiederum um eine C_2-Einheit verkürzt usw. Bei Fettsäuren mit gerader C-Zahl kann die ganze Kette zu C_2-Bruchstücken oxydiert werden, bei solchen mit ungerader Anzahl von C-Atomen bleibt zum Schluß aktivierte Propionsäure (Propionyl-CoA) übrig. Auch Fettsäuren mit verzweigter Kohlenstoffkette (aus dem Aminosäurenstoffwechsel) können über die β-Oxydation abgebaut werden.

Der Aufbau von Fettsäuren geht von der aktivierten Essigsäure aus. Diese wird zu einer C_3-Verbindung (Malonyl-CoA) carboxyliert, die sodann mit einer zweiten aktivierten Essigsäure oder höheren Fettsäure unter Abspaltung von CO_2 reagiert. Der Vorgang läuft summarisch also darauf hinaus, daß die Fettsäuren jeweils um eine C_2-Einheit verlängert werden. Hierin ist auch die Ursache zu sehen, warum die in der Natur vorkommenden Fette fast ausschließlich Fettsäuren mit gerader Kohlenstoffzahl aufweisen. Die Fettsäuren bilden schließlich mit Glycerinphosphat die Glycerinester, das heißt das Neutralfett. Da die Essigsäure sowie Zwischenglieder des Fettsäurenaufbaues nicht nur aus dem Fettstoffwechsel, sondern auch aus dem Kohlenhydrat- und Eiweißstoffwechsel stammen, ist also die Umwandlung von Kohlenhydraten und Eiweiß in Fettsäuren möglich. Diese Prozesse laufen hauptsächlich in der Leber und in den Fettzellen des Depotfettgewebes ab.

Dynamik des Körperfettes

Die Fettstoffe im Körper sind in stetiger Umwandlung begriffen. Über den quantitativen Umfang dieser Vorgänge hat man durch Anwendung radioaktiv markierter Substanzen genaueren Einblick erhalten. So wurde festgestellt, daß die biologische Halbwertszeit, das heißt die Zeit, in welcher irgendeine Körpersubstanz zur Hälfte auf- oder abgebaut bzw. umgesetzt wird, bei der Ratte für Leberfett 1 – 2 Tage, für Depotfett 15 – 20 Tage beträgt. Bei Kühen und Ziegen hat man eine Halbwertzeit des Fettgewebes von 3 – 4 Wochen gefunden. Dieser dynamische Zustand des Körperfettes ist vor allem im Zusammenhang mit dem direkten Übergang von Nahrungsfett in Körperfett für die Beziehung zwischen Ernährung und Depotfett bzw. Milchfett von wesentlicher Bedeutung.

3.3.5 Nahrungsfett und Körperfett

Aus dem Stoffwechsel und der Dynamik der Fette lassen sich eine Reihe von Fragen über die Zusammenhänge zwischen Nahrungsfett und Körperfett klären. In den folgenden Abschnitten sollen die qualitativen Grundzusammenhänge besprochen werden, die praktischen Konsequenzen daraus wie auch die mengenmäßige Beeinflussung sind im Teil praktische Fütterung abgehandelt.

Depotfett

Etwa 50 % der Fettdepots finden sich unter der Haut als subkutanes Fett, der andere Teil in Umgebung verschiedener Organe wie Nieren, Muskeln und Darm. An der Zusammensetzung des Depotfettes sind im wesentlichen Triglyceride beteiligt, wobei als Fettsäuren besonders Palmitin-, Stearin- und Ölsäure vertreten sind. Der Anteil der einzelnen Fettsäuren ist von Tierart zu Tierart verschieden, wobei stets Einflüsse von seiten des Nahrungsfettes eine Rolle spielen. So hat unter normalen Ernährungsbedingungen das Schwein ein weicheres Fett als der Wiederkäuer (siehe hierzu Übersicht 3.3–1). Aber auch innerhalb ein und desselben Tieres, also zwischen den einzelnen Fettdepots, kann der Charakter des Fettes wie auch der Wasser- und Stickstoffgehalt des Fettgewebes stark variieren. Im allgemeinen sind in der Nähe der Körperoberfläche Fette mit höherer Jodzahl anzutreffen als im Inneren des Körpers.

Da Fettgewebe immer einen gewissen Prozentsatz an Wasser enthalten, ist mit der Bildung von Fettdepots stets eine Ablagerung von Wasser verbunden. Wird Fett aus den Depots für Energiezwecke abgebaut, dann findet nur noch Ansatz von Wasser anstelle von Fett statt. Dies zeigten Versuche, in denen bei energetischer Unterversorgung Depotfett abgebaut und trotzdem das Gewicht gehalten oder sogar erhöht wurde. Welches quantitative Ausmaß dabei erreicht werden kann, geht sehr eindrucksvoll aus einem Respirationsversuch von FLATT und Mitarbeitern an einer Hochleistungskuh mit über 8000 kg Milchjahresleistung hervor. Das Tier hatte vom 26. bis 45. Tag nach dem Abkalben täglich etwa 2 kg Fett aus der Körpersubstanz für die Milchproduktion entnommen, ohne dabei an Körpergewicht zu verlieren. Aus solchen Versuchen geht auch hervor, daß Gewichtsveränderungen in ihrem Aussagewert mitunter recht unzuverlässig sein können.

Einfluß des Futterfettes auf das Depotfett

Die Fettsäurenzusammensetzung des Depotfettes kann beim monogastrischen Tier durch das Nahrungsfett sehr stark beeinflußt werden. Von praktischer Bedeutung ist dies vor allem deswegen, weil die Härte des Fettes ja Marktwert hat.

Zusammenhänge zwischen Nahrungsfett und Qualität des erzeugten Produktes zeigen sehr deutlich Versuche von ANDERSON und MENDEL. Sie verabreichten an

Übersicht 3.3–3: **Beziehung zwischen Nahrungsfett und Körperfett**

Futterfett	Jodzahl Futterfett	Körperfett
Sojaöl	132	123
Maisöl	124	114
Baumwollsaatöl	108	107
Erdnußöl	102	98
Schweineschmalz	63	72
Butterfett	36	56
Kokosfett	8	35

Ratten verschiedene Futterfette, wobei die Fettzulage 60 % der Energieaufnahme betrug. Wie die Ergebnisse in Übersicht 3.3–3 zeigen, ergab sich eine deutliche Beziehung zwischen Jodzahl des Nahrungsfettes und Jodzahl des Körperfettes. Wurde in der Ration das Fett durch Kohlenhydrate äquikalorisch ersetzt, so ergaben sich Jodzahlen des Körperfettes um 60. Dieser Wert dürfte typisch sein für das normale Fett von Ratten. Daß die weite Spanne im Futterfett nicht vollständig auf das Körperfett übertragen wird, hängt einfach mit den Umsetzungen im Fettstoffwechsel des Organismus zusammen. Außerdem zeigt sich, daß Kohlenhydrate ein härteres Körperfett bedingen als die meisten pflanzlichen Futterfette.

Insgesamt folgt daraus für die praktische Fütterung, daß mit Futtermitteln, die sehr reich an ungesättigten Fettsäuren sind, ein sehr weiches Fett produziert wird. Ein hartes Fett kann dann nur noch erzielt werden, wenn man die schnelle Dynamik des Körperfettes ausnutzt und in den letzten 3 – 4 Wochen vor dem Schlachten die Futterration entsprechend auf ein Fett mit gesättigten Fettsäuren ändert. Dieser Prozeß, der im Englischen als ,,hardening off" bezeichnet wird (etwa ,,Aufhärtung"), kann bei manchen Schweinemastrationen durchaus vorteilhaft für das ,,Fertigmachen" gegen Mastende genutzt werden. Physiologisch könnte man diesen Prozeß dadurch beschleunigen, daß man vor der ,,Aufhärtung" eine Hungerperiode einschaltet. Aber das scheidet natürlich in den meisten Fällen für die praktische Ernährung aus.

Futterfett und Milchfettzusammensetzung

Die verschiedenen Fettsäuren gelangen auf unterschiedlichem Wege in das Milchfett. Fettsäuren mit 4 bis 10 Kohlenstoffatomen werden in der Milchdrüse aus den kurzen Fettsäuren Essigsäure und β-Hydroxybuttersäure gebildet. Deshalb bewirkt auch die bei vermehrter Cellulosefütterung erhöhte Essigsäureproduktion im Pansen eine stärkere Milchfettbildung. Gesättigte Fettsäuren mit 18 und mehr Kohlenstoffatomen sowie ungesättigte Fettsäuren werden jedoch nicht über Essigsäure aufgebaut, sondern direkt aus dem Nahrungs- und Depotfett entnommen. Fettsäuren mit 12 bis 16 Kohlenstoffatomen können aus beiden Quellen stammen. Man kann im Mittel damit rechnen, daß etwa die Hälfte der Milchfettsäuren aus kurzen Fettsäuren gebildet und die andere Hälfte direkt aus dem Nahrungs- und Depotfett in die Milchdrüse transferiert wird. Die Anteile hängen jedoch stark von der Säurenproduktion (Essigsäureangebot) im Pansen und von der hormonal gesteuerten Balance zwischen Deposition und Mobilisation von Körperfett ab. Je mehr

Essigsäure im Pansen gebildet wird, desto weniger ungesättigte Fettsäuren des Futters gelangen ins Milchfett und umgekehrt. Von Bedeutung für die Zusammensetzung des Milchfettes sind deshalb neben Menge und Art des Futterfettes auch alle Faktoren, die eine maximale Fettsäuresynthese der Milchdrüse aus den flüchtigen Fettsäuren der Pansengärung begünstigen.

Der direkte Übergang von Fettsäuren des Futterfettes in das Milchfett macht verständlich, daß neben den stets vorkommenden Fettsäuren auch solche im Milchfett erscheinen, die spezifisch für bestimmte Futtermittel sind, zum Beispiel die im Rapsöl vorkommende Erucasäure. Lebertrangaben vermehren den Gehalt typischer ungesättigter Fettsäuren im Milchfett. Gewisse Verschiebungen in der Beziehung Futterfett zu Milchfett ergeben sich beim Wiederkäuer allerdings durch Veränderungen des Futterfettes im Pansen. So werden mehrfach ungesättigte Fettsäuren zu weniger ungesättigten (Ölsäure) und sogar gesättigten Fettsäuren (Stearinsäure) hydriert. Außerdem entstehen dabei auch Fettsäuren, die nicht oder nur in sehr geringen Mengen im Futterfett vorkommen, wie trans-Fettsäuren und Polyensäuren mit konjugierten Doppelbindungen. Diese Vorgänge erklären, daß bei Verfütterung flüssiger Futterfette neben den üblichen Fettsäuren des Futters im Milchfett auch die zuletzt genannten Fettsäuren wie auch erhöhte Gehalte an Öl- und Stearinsäure zu beobachten sind.

Bei der Wirkung des Futterfettes auf die Zusammensetzung des Milchfettes zeigen die ungesättigten Fettsäuren den stärksten Einfluß. Je höher die Konzentration an ungesättigten Fettsäuren im Futterfett ist und in je größeren Mengen solches Fett mit dem Futter verabreicht wird, desto höher ist die Jodzahl und desto weicher die Konsistenz des Milchfettes. Dies ist darauf zurückzuführen, daß dann besonders die Ölsäure im Milchfett erhöht, die niederen Fettsäuren mit 4 – 16 Kohlenstoffatomen erniedrigt sind. In dieser Weise wirken alle Futtermittel, die reich an ungesättigten Fettsäuren sind, wie junges Grünfutter, Leinsamen, Fischfette u. a. Entscheidend ist hierbei vor allem die verfütterte Menge. Als Beispiel ist in Übersicht 3.3–4 der Einfluß steigender Gaben von Leinsaat auf die Konsistenz des Milchfettes aufgezeigt (ORTH und KAUFMANN). Die Abhängigkeit der Jodzahl von der verfütterten Menge flüssigen Fettes geht daraus deutlich hervor.

Bei Verfütterung von Ölsaatrückständen mit großem Anteil an gesättigten Fettsäuren entsteht ein hartes Milchfett. Hierzu gehören Kokos-, Palmkern- und Babassu-Kuchen. Tierische Fette beeinflussen die Jodzahl und die Zusammensetzung des Milchfettes nur geringfügig.

Diese Fütterungseinflüsse sind im wesentlichen die Ursachen für die im Verlauf eines Jahres auftretenden charakteristischen Veränderungen in der Zusammensetzung des Milchfettes. Die Jodzahlen liegen im Sommer bei Weidegang nämlich sehr hoch und fallen während der Stallfütterung im Winter oft auf sehr niedrige Werte zurück (Abb. 3.3–1). Diese jahreszeitlichen Schwankungen in der Fettzusammenset-

Übersicht 3.3–4: **Verfütterte Menge an Leinsaat und Jodzahl des Milchfettes**

Leinsaat, kg	Jodzahl des Milchfettes
0	30
0,5	39
1	45
2	58

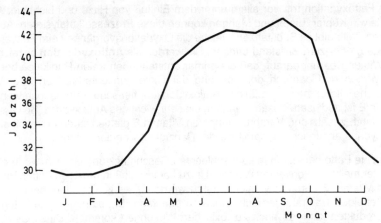

Abb. 3.3–1: **Veränderung der Jodzahl des Milchfettes im Verlauf eines Jahres**

zung bewirken entgegen den Verbraucherwünschen im Sommer eine zu weiche, im Winter dagegen eine zu harte, bröckelige Butter. Durch entsprechende Fütterungsmaßnahmen lassen sich diese Schwankungen der Jodzahl abschwächen (siehe hierzu 7.1.2.3).

3.3.6 Natürliche und technologische Fettveränderungen

Neben den Wirkungen des Futterfettes, die aufgrund der chemischen Zusammensetzung der Fette gegeben sind, spielen speziell beim direkten Einsatz von Futterfetten auch „äußere" Eigenschaften (Aussehen, Geruch und Geschmack) eine Rolle. Sie kommen insgesamt durch den Frischezustand des Fettes zum Ausdruck. Fette sind nämlich keineswegs unangreifbare Verbindungen, sondern sie unterliegen im Laufe der Zeit mannigfaltigen Veränderungen. Man kann dabei zwei Hauptwege des Fettverderbs unterscheiden: die Hydrolyse des Triglyceridmoleküls und oxydative Veränderungen der Fettsäuren.

Die **Hydrolyse** von Fetten kann chemisch, enzymatisch oder mikrobiell verursacht sein. Bei der chemischen Hydrolyse (Licht, Schwermetalle) werden bevorzugt Ester mit kurzkettigen Fettsäuren gespalten. Die enzymatische Hydrolyse erfolgt durch die in pflanzlichen oder tierischen Geweben vorkommenden Lipasen. So enthalten zum Beispiel fettreiche Samen stets größere Mengen an Lipasen. Schließlich kommen Lipasen auch in Bakterien vor, wodurch die mikrobielle Spaltung der Fette bedingt ist. **Oxydative Veränderungen** der Fette erfolgen hauptsächlich durch Autoxydation von mehrfach ungesättigten Fettsäuren. Dabei entstehen als Produkte zunächst Hydroperoxide, daraus dann Aldehyde, Säuren und Polymerisationsprodukte, die in frischen Fetten nicht vorkommen. Sie sind für den ranzigen Geschmack verdorbener Fette verantwortlich zu machen. Zum Nachweis dieser Veränderungen dienen sogenannte Fettkennzahlen, wie die Peroxydzahl, die Aldehydzahl und die Säurezahl. Während die Peroxydzahl sich auf die im Anfangsstadium der Oxydation auftretenden Produkte bezieht, werden durch die anderen Fettkennzahlen die sekundären Oxydationsprodukte erfaßt. In Abb. 3.3–2 ist das Verhalten dieser Kennzahlen im Verlaufe des Fettverderbs dargestellt (nach NIESAR).

Die Fettoxydation tritt vor allem unter dem Einfluß von Hitze und Licht ein. Auch Metalle wie Kupfer, Eisen und Mangan können diese Prozesse katalysieren. Auf der anderen Seite gibt es Substanzen, welche die Oxydationsvorgänge beim Fettverderb verzögern oder zum Stillstand bringen. Sie werden als **Antioxydantien** bezeichnet. Ihre Wirkung beruht darauf, daß die primär entstehenden freien Radikale abgefangen werden und dadurch der Fortgang der Oxydation unterbrochen wird. Viele pflanzliche Öle enthalten natürliche Antioxydantien, tierische Fette jedoch weniger. Vitamin E ist in diesem Zusammenhang ein sehr wichtiges Antioxydans. So versucht man, durch zusätzliche Verabreichung von Vitamin E die tierischen Fette mit einem Antioxydans anzureichern, damit sie der Ranzigkeit weniger unterliegen.

Ranzige Fette haben einen sehr schlechten Geschmack und Geruch, wodurch sie im Futter meistens verweigert werden. Hinzu kommt, daß in ranzigen Fetten Vitamin A und Vitamin E durch Oxydation zerstört werden. Dies ist vor allem bei Lagerung von Getreide, Kraftfuttergemischen u. a zu beachten. Bei stärkerem Auftreten von Spaltprodukten kann es auch zu toxischen Wirkungen kommen. Diese Gefahr ist besonders bei länger erhitzten Fetten gegeben, in denen vor allem Polymerisationsprodukte in reichlichen Mengen auftreten. Versuche an Ratten und Küken bewiesen, daß diese Endprodukte der Autoxydation pathologische Erscheinungen hervorrufen, bei Küken zum Beispiel Wachstumsdepressionen und innere Ödeme, vor allem des Herzbeutels. Monomere Oxydationsprodukte wie Ketone und Aldehyde dagegen sind weniger schädlich.

Fetthärtung. Fette mit viel ungesättigten Fettsäuren kann man „härten", d. h. an die Doppelbindungen wird mit Hilfe von Katalysatoren Wasserstoff angelagert. Dadurch entstehen gesättigte Fettsäuren, die infolge geringerer Reaktivität der Entstehung der Ranzigkeit entgegenwirken. Praktisch wird von der Fetthärtung Gebrauch gemacht in der Margarineherstellung wie auch bei bestimmten Futterfetten (z. B. Baumwollsaatöl).

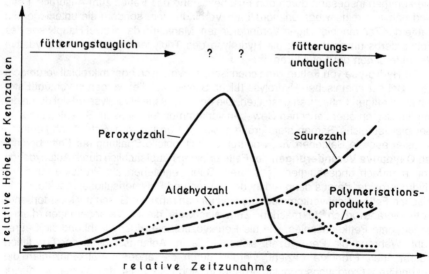

Abb. 3.3–2: **Verhalten der Fettkennzahlen während des Fettverderbs**

3.3.7 Zum Fettbedarf landwirtschaftlicher Nutztiere

Fettoptimum

Für eine optimale Fettleistung der Milchkuh soll eine gewisse Fettmenge in der Nahrung sein. Die Angaben hierüber schwanken von 100 – 300 g Fett je Tier und Tag. Diese Schwankungsbreite ist verständlich, da es sehr vom Grundfutter und der Art des Futterfettes abhängt, wie hoch das Fettoptimum sein muß, d. h. wieviel Fett für eine normale Fettleistung benötigt wird. Bei einem Grundfutter, das im Pansen fettsynthetisch optimale Verhältnisse bringt, kann das Fettoptimum niedriger sein als bei anderen Rationen (Stärke). Außerdem kommt es sehr darauf an, ob es sich um festes oder flüssiges Futterfett handelt. Aus diesem Grunde ist heute mit dem Begriff Fettoptimum nicht mehr viel anzufangen.

Essentielle Fettsäuren

Auf der anderen Seite fand man, daß fettfreie Nahrung beim Tier pathologische Veränderungen herbeiführt (degenerative Hautveränderungen, Störungen des Wachstums, der Fortpflanzung und Laktation). Daraus hat man den Schluß gezogen, daß im Futter bestimmte Fettmengen enthalten sein müssen (Fettminimum). Da die pathologischen Veränderungen jedoch nicht durch gesättigte Fettsäuren, sondern nur durch die Zufuhr von Linolsäure und anderen mehrfach ungesättigten Fettsäuren beseitigt werden können, ist auch der Begriff Fettminimum heute nicht mehr angebracht. Der tierische Organismus kann zwar Nahrungsstoffe in Fett umwandeln, er kann aber bestimmte lebensnotwendige ungesättigte Fettsäuren nicht aufbauen. Dazu gehören außer Linolsäure auch Linolensäure und Arachidonsäure.

Mangelsymptome dieser Säuren wurden experimentell bei Ratten, Kälbern, Schweinen und Lämmern erzeugt. Dabei zeigte sich, daß diese essentiellen Fettsäuren im Organismus teilweise ineinander umgewandelt werden können (Linolsäure → Arachidonsäure). Doch sind die quantitativen Umwandlungsmöglichkeiten bei landwirtschaftlichen Nutztieren noch weitgehend unbekannt, so daß es schwer ist, den Bedarf an essentiellen Fettsäuren anzugeben. Nach neueren Untersuchungen besonders auch von HOLLMAN und Mitarbeitern müssen beim Kalb 1,5 – 2,0 % und beim Schwein 0,1 – 0,5 % essentielle Fettsäuren in der Trockensubstanz der Nahrung enthalten sei.

Der Gehalt an essentiellen Fettsäuren in den einzelnen Nahrungsfetten streut sehr stark. Futtermittel mit hohem Anteil an flüssigen Fetten wie zum Beispiel Sojabohnen, Erdnußschrot und Baumwollsaat enthalten insgesamt auch hohe Mengen dieser essentiellen Fettsäuren. Im allgemeinen darf man annehmen, daß der Bedarf der Tiere an essentiellen Fettsäuren durch die in den Futterrationen normalerweise enthaltenen Rohfettmengen gedeckt wird.

Fett-Toleranz

Andererseits gibt es auch eine gewisse Grenze der Fettverträglichkeit. Im allgemeinen wird vom Wiederkäuer weniger Fett im Futter toleriert als vom Schwein. Säugende Tiere können verhältnismäßig viel Fett verarbeiten. Sofern man überhaupt die Grenzen des Fetteinsatzes festsetzen kann, dürften sie in der gesamten Futterration für Rind und Milchvieh bei 5 %, für das Schwein bei 5 – 10 % liegen. Dabei ist natürlich entscheidend, um welches Fett es sich handelt. Fett mit sehr viel ungesättigten Fettsäuren führt mitunter zu ungünstigen Effekten. So wird beim Milchvieh durch Zufuhr höherer Mengen ungesättigter Fettsäuren der Fettgehalt gedrückt (siehe Abschnitt 7.1.2.3). Ganz allgemein gilt, daß ungesättigte Fettsäuren den Bedarf an Vitamin E sehr stark erhöhen. Dies bedeutet, daß bei Verfütterung hoher Mengen flüssiger Fette (auch Mais, Schmalz) Zulagen an Vitamin E notwendig sind. Auf der anderen Seite begünstigen größere Mengen von Fetten mit kurz- und mittelkettigen Fettsäuren (Palmkernschrot, Kokosschrot) die Entstehung von Ketose.

3.4 Eiweiß und sein Stoffwechsel

Eiweißkörper oder Proteine sind hochmolekulare, aus Aminosäuren aufgebaute Verbindungen. Sie kommen als Bestandteil des Protoplasmas in allen Zellen vor. Eine wesentliche Eigenart der Proteine liegt darin, daß sie in ihrem chemischen Aufbau eine strenge Spezifität aufweisen. Die wichtigsten Aufgaben des Eiweißes sind seine katalytische Wirksamkeit (Enzyme), die regulativen Aufgaben (Peptid- und Proteohormone), Stütz- und Schutzfunktionen (organische Substanz der Knochen, Bindegewebe, Haut, Haare, Federn, Wolle), kontraktile Funktionen (Muskeln) und Abwehrfunktionen (Immunkörper).

Hinsichtlich der Elementarzusammensetzung enthalten Proteine ebenso wie die Kohlenhydrate und Fette Kohlenstoff, Wasserstoff und Sauerstoff, aber darüber hinaus noch Stickstoff und meist auch Schwefel sowie in wenigen Fällen auch Phosphor. Die Proteine haben ungefähr folgende Zusammensetzung, in %:

Kohlenstoff	51 – 55
Sauerstoff	21,5 – 23,5
Wasserstoff	6,5 – 7,3
Stickstoff	15,5 – 18,0
Schwefel	0,5 – 2,0
Phosphor	0 – 1,5

3.4.1 Aminosäuren, Aufbau und Einteilung der Proteine

Die Bausteine der Proteine sind Aminosäuren, deren Aminogruppe in α-Stellung zur Carboxylgruppe steht. Außerdem gehören diese natürlich vorkommenden Aminosäuren mit wenigen Ausnahmen der L-Reihe an, womit eine bestimmte sterische Anordnung der Aminogruppe bezeichnet wird. Bei der technischen Darstellung von Aminosäuren erhält man hingegen ein sogenanntes „razemisches" Gemisch, das zur Hälfte aus L-Aminosäuren, zur anderen Hälfte aus D-Aminosäuren besteht. Dies ist beim praktischen Einsatz von synthetischen Aminosäuren insofern von Bedeutung, als nur L-Aminosäuren zur Proteinbiosynthese verwendet werden.

In den Proteinen werden regelmäßig etwa 20 verschiedene Aminosäuren gefunden. Sie sind in Übersicht 3.4–1, in der auch die Zusammensetzung einiger Proteine nach verschiedenen Quellenangaben wiedergegeben ist, aufgeführt.

Der chemische Aufbau der Proteine besteht darin, daß zahlreiche Aminosäuren durch Peptidbindungen miteinander verknüpft sind, das heißt, die Carboxylgruppe der einen Aminosäure ist mit der α-Aminogruppe der anderen Aminosäure verbunden. Die Länge der Peptidkette kann dabei sehr unterschiedlich sein und von etwa 20 bis zu über 1000 Aminosäureresten reichen. Als Beispiel sei das Ei-Albumin angeführt, welches etwa 400 Aminosäure-Einheiten in einer einzigen Peptidkette enthält.

Die Aufeinanderfolge der Aminosäuren in der Peptidkette bezeichnet man als Aminosäuresequenz. Sequenzanalysen haben gezeigt, daß diese Aufeinanderfolge nicht willkürlich ist, sondern daß hier ein sehr strenges Ordnungsprinzip besteht. Ein bestimmtes Protein weist immer die gleiche Sequenz auf, und diese Sequenz ist genetisch festgelegt. Man hat von verschiedenen Proteinen die Sequenz bereits vollständig aufgeklärt, so zum Beispiel die des Insulins und des Hämoglobins.

Übersicht 3.4–1: **Zusammensetzung einiger Proteine, in %**

	Casein	Ei-albumin	Muskelfleisch (Rind)	Dorschmehl	Sojaprotein	Ackerbohnen	Weizenprotein
L-Alanin	3,0	6,7	5,0	7,5			
L-Arginin	1,1	5,7	7,2	6,7	6,5	6,0	5,0
L-Asparaginsäure	7,1	9,3	6,1	8,6			
L-Cystein	0,3	1,3	1,1				
L-Cystin		0,5		1,0			
L-Glutaminsäure	22,4	16,5	15,6	13,4			
Glycin	2,7	3,0	5,1	12,5			
L-Histidin	3,1	2,4	2,9	1,8	2,3	2,9	1,9
L-Isoleucin	6,1	7,0	6,3	4,1	12,4	13,5	9,5
L-Leucin	9,2	9,2	7,7	6,7			
L-Lysin	8,2	6,3	8,2	6,9	6,3	6,0	2,1
L-Methionin	2,8	5,2	2,2	2,8	1,5	0,8	1,3
L-Phenylalanin	5,0	7,7	5,0	3,4	9,4*	7,0*	7,5*
L-Prolin	11,3	3,6	6,0	6,8			
L-Serin	6,3	8,1	5,5	5,6			
L-Threonin	4,9	4,0	5,0	4,2	4,2	2,6	2,9
L-Tryptophan	1,2	1,2	1,1	1,0	1,3	0,9	1,2
L-Tyrosin	6,3	3,7	4,4	2,8			
L-Valin	7,2	7,0	5,0	4,8	4,7	5,1	4,0

* plus Tyrosin

Neben der Sequenz ist für den Bau der Proteine noch wesentlich, in welcher Weise die Peptidketten im Raum angeordnet sind. Man nennt diese räumliche Anordnung der Peptidketten Konformation. Danach unterscheidet man zwei große Gruppen von Proteinen, die Skleroproteine (Faserproteine) und die Sphäroproteine (globuläre Proteine). Die Skleroproteine haben eine langgestreckte Struktur. Sie stellen ausgesprochene Gerüstsubstanzen dar. Hierzu gehören das Kollagen und das Keratin. Die globulären Proteine sind lösliche Eiweiße, das heißt, sie kommen in verdünnter Lösung als einzelne Moleküle vor. Sie haben eine Art „Knäuelstruktur". Zu ihnen zählen die Albumine, Globuline und Histone.

Außer diesen sogenannten „einfachen Proteinen" unterscheidet man noch die zusammengesetzten Proteine oder Proteide. Sie bestehen aus einem Proteinanteil und einer nicht proteinartigen (prosthetischen) Gruppe. Je nach dem Nichtproteinanteil teilt man ein in Metalloproteide, Phosphoproteide, Nucleoproteide u. a. Eine strenge Unterscheidung zwischen Proteinen und Proteiden ist jedoch nicht immer möglich, da man feststellte, daß auch einfache Proteine mitunter kleine Mengen an Metallen oder Kohlenhydraten enthalten.

3.4.2 Stickstoffhaltige Verbindungen nichteiweißartiger Natur

Außer Proteinen und freien Aminosäuren kommen in Pflanzen wie auch in tierischen Geweben weitere N-haltige Verbindungen vor. Hierzu zählen Alkaloide, Amide (Asparagin, Glutamin, Harnstoff), Ammoniumsalze, Betain, Cholin, Nitrate, Purine u. a. Man faßt diese Verbindungen als NPN-Verbindungen (NPN = Nicht-Protein-Stickstoff) zusammen. Chemisch gesehen sind selbstverständlich auch die freien Aminosäuren Nicht-Protein-Verbindungen, jedoch sind sie in ernährungsphysiologischer Hinsicht den Proteinen gleichzusetzen und sollten deshalb nicht zu den NPN-Verbindungen gerechnet werden. Angaben über den Gehalt von NPN-Verbindungen in Futtermitteln schließen häufig, besonders in der älteren Literatur, die Gehalte an freien Aminosäuren mit ein. Da die freien Aminosäuren in verschiedenen Futtermitteln bis zur Hälfte der löslichen N-Verbindungen ausmachen können, liegen die tatsächlichen Gehalte an NPN-Verbindungen vielfach niedriger, als solchen Angaben zu entnehmen ist.

NPN-Verbindungen kommen hauptsächlich in wirtschaftseigenen Futtermitteln vor. So betragen die NPN-Verbindungen (ohne freie Aminosäuren) in Grünfutterpflanzen etwa 15 % des Gesamt-N (Übersicht 3.4–2, nach FERGUSON und TERRY). Besonders hohe NPN-Gehalte weisen vegetative Speicherorgane (Wurzeln, Knollen, Zwiebeln) auf. Der Anteil löslicher Stickstoffverbindungen am Gesamt-N beträgt bei diesen Futtermitteln um 40 – 50 %. Auch in reifenden Körnern und Samen finden sich beachtliche NPN-Gehalte, die allerdings mit zunehmender Ausreifung auf sehr geringe Mengen zurückgehen. In Übersicht 3.4–2 ist hierzu als Beispiel der Mais angeführt (CHRISTIANSON und Mitarbeiter).

NPN-Verbindungen treten jedoch nicht nur als Inhaltsstoffe von Futtermitteln auf. Ihre größere Bedeutung besteht darin, daß sie in der Ernährung von Wiederkäuern als N-Quelle in Form technisch-synthetisch hergestellter Produkte dem Futter zugemischt werden (siehe 3.4.4.2).

In diesem Zusammenhang ist auch der hohe Gehalt an Nucleinsäuren vor allem im Mikrobeneiweiß zu erwähnen. So enthalten Algen 6 – 13, Hefen 13 – 20 und Bakterien 15 – 25 % des Gesamt-N als Nucleinsäuren-N, und zwar in Form der Purin- und Pyrimidinbasen. Diese Basen können in gewissem Umfang für die endogene Bildung von Nucleinsäuren sowie als N-Quelle für die Synthese nicht essentieller Aminosäuren verwendet werden. Wie neuere Bilanzversuche ergaben, wird jedoch unter normalen Ernährungsbedingungen der überwiegende Anteil der Purin- und Pyrimidinbasen im Stoffwechsel abgebaut und nicht genutzt. Während Pyrimidine bis zum NH_3 abgebaut werden können, ist eine vollständige Spaltung des Purinringes intermediär nicht möglich. Beim Menschen ist dabei die Harnsäure das Endprodukt des Purinstoffwechsels, die infolge einer geringen Löslichkeit zur Ablagerung in Geweben und Gelenken neigt und damit schmerzhafte Entzündungen verursacht (Gicht). Bei fast allen übrigen Säuren hingegen verläuft der Purinabbau bis zum leichtlöslichen Allantoin, das sehr gut ausgeschieden wird.

Übersicht 3.4–2: **NPN-Verbindungen und freie Aminosäuren in Futterstoffen**

	Weidelgras	Luzerne	Maiskörner
Gesamt-N, mg je 100 g TS	2998	2842	1390
Relativwerte des Stickstoffs			
Gesamt-N	100	100	100
Peptide	13,9	18,5	0,17
freie Aminosäuren			0,99
Ammoniak	1,0	0,6	0,07
Amide	2,9	2,6	
Cholin	0,5	0,1	0,12
Betain	0,6	1,1	0,01
Purine u. a.	2,2	1,3	0,05
Nitrate	2,4	1,3	
sonst. NPN-Verbindungen	6,4	3,5	0,59

3.4.3 Verdauung und Absorption

Ebenso wie bei anderen Nährstoffen ist auch bei der Verdauung des Eiweißes zwischen Nichtwiederkäuern und Wiederkäuern zu unterscheiden.

.1 Nichtwiederkäuer

Der Abbau der Nahrungsproteine im Verdauungstrakt erfolgt durch hydrolytische Enzyme, die als Proteasen zusammengefaßt werden. Nach ihrer Angriffsstelle unterscheidet man zwei Gruppen, die Endopeptidasen (Proteinasen) und die Exopeptidasen (siehe Übersicht 3.4–3).

Die **Endopeptidasen** (Pepsin, Trypsin, Chymotrypsin) spalten Eiweißmoleküle und Polypeptide nur in der Mitte der Peptidkette, und zwar auch hier nur an bestimmten Stellen. Die Stellen werden durch die Art der Aminosäurereste bestimmt. So spaltet Trypsin hauptsächlich Lysyl- und Arginyl-Bindungen, Pepsin vorwiegend Bindungen mit Phenylalanin- und Tyrosinresten, jedoch ist die Spezifität des Pepsins weit weniger ausgeprägt. Die Endopeptidasen entstehen zunächst in Form inaktiver Vorstufen. Die Vorstufe des Pepsins ist das Pepsinogen, das in der Magenschleimhaut gebildet wird. Durch Einwirkung der Magensäure wird Pepsinogen in Pepsin umgewandelt. Auch bei Einwirkung von Pepsin geht Pepsinogen in die aktive Form über. Trypsin hat als Vorstufe Trypsinogen, Chymotrypsin inaktives Chymotrypsinogen. Beide Vorstufen entstehen im Pankreas. Die Aktivierung des Trypsinogens erfordert die im Dünndarm gebildete Enteropeptidase, dann verläuft die Umwandlung autokatalytisch. Chymotrypsinogen wird durch Trypsin aktiviert. Im Magen des Kalbes findet sich noch das Labferment (Rennin, Chymosin), das Casein in unlösliches Paracasein überführt.

Durch die Wirkung von Pepsin, Trypsin und Chymotrypsin entstehen mehr oder weniger kleine Bruchstücke. Diese Peptide werden durch die **Exopeptidasen** bis zu den Aminosäuren abgebaut. Diese Enzyme greifen nur am Kettenende an. Die Carboxypeptidasen wirken dabei vom Carboxylende her, die Aminopeptidasen greifen das Aminoende an. Die Dipeptidasen spalten, wie aus dem Namen dieser Enzyme hervorgeht, Dipeptide in Aminosäuren. Für die Aktivität dieser Exopeptidasen ist die Gegenwart bestimmter Metallionen (z. B. Mg^{++}, Zn^{++}, Mn^{++}) notwendig.

Als Ergebnis der Eiweißverdauung entstehen im wesentlichen freie Aminosäuren. Man darf aber annehmen, daß ein gewisser Anteil des abgebauten Eiweißes auch in Form niederer Peptide vorliegt. Verschiedene Untersuchungen lassen erkennen, daß diese Peptide noch vor oder während des Mucosadurchtrittes hydrolysiert werden. Eine eigentliche Absorption von kleinen Peptiden dürfte somit nur geringfügig vorhanden sein. Für die Absorption der Aminosäuren sind mehrere Transportsysteme zuständig. Hinsichtlich der Absorptionsgeschwindigkeit der einzelnen Aminosäuren wurden beträchtliche Unterschiede festgestellt. DELHUMEAU et al. (1962) fanden in in-vitro-Versuchen mit Darmschlingen von Ratten folgende Reihenfolge aus einem äquimolekularen Gemisch: Cys > Meth > Try > Leu > Phe > Lys ≈ Ala > Ser > Asp > Glu. Die absorbierten Aminosäuren gelangen hauptsächlich über die Pfortader zur Leber. Über die Lymphe wird nur ein geringer Anteil abtransportiert.

In diesem Zusammenhang muß noch auf eine Besonderheit bei der Absorption Neugeborener hingewiesen werden. Kälber, Ferkel, Fohlen, Lämmer u. a. Arten

Übersicht 3.4–3: **Zur enzymatischen Verdauung des Eiweißes**

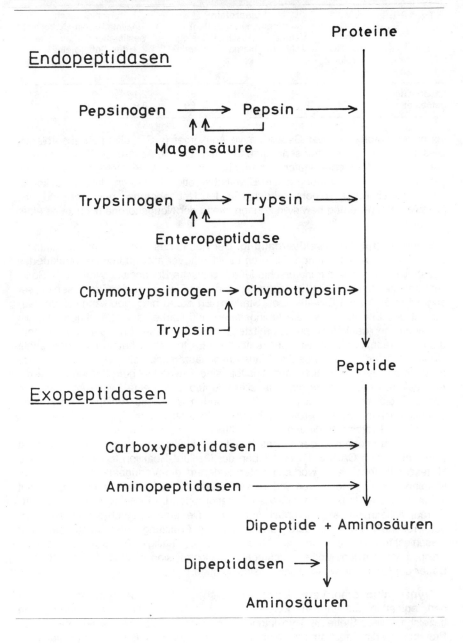

Übersicht 3.4–4: **Dampferhitzen von Sojaschrot**

	Eiweiß-löslichkeit in % des Rohproteins	Sojaprotein (Versuche an Ratten)			mikrobiologisch im enzymatischen Hydrolysat bestimmter Gehalt in % des Rohproteins		
		Verdaulichkeit %	Absorbierbarkeit %	biolog. Wertigkeit	Lysin	Methionin	Cystin
unbehandelt	–	61	79	62	2,1	0,7	0,6
getoastet	24	74	88	69	3,6	0,9	1,1

vermögen sofort nach der Geburt native Antikörper (γ-Globuline) zu absorbieren. Dieser Vorgang ist aber nur sehr kurze Zeit möglich. Die Absorptionsfähigkeit nimmt nämlich nach der Geburt laufend ab und hört normalerweise nach 24 – 36 Stunden gänzlich auf. Die Bedeutung dieser Eiweißabsorption liegt darin, daß Immunkörper der Kolostralmilch zu einem Zeitpunkt in den Neugeborenen gelangen und eine passive Immunisierung bewirken können, wenn der Neugeborene noch keine eigenen Immunstoffe besitzt.

Einflüsse auf die Eiweißverdauung. Der Abbau des Eiweißes im Verdauungstrakt wird von verschiedenen Faktoren beeinflußt, vor allem durch die Struktur des Futtereiweißes sowie durch verschiedene technische Behandlungsverfahren. So ist zum Beispiel durch leichte Erhitzung denaturiertes Eiweiß von den Proteasen besser angreifbar als native Eiweißkörper. Stärkere Erhitzung hingegen kann die Verdaulichkeit des Eiweißes bzw. die Aminosäurenverfügbarkeit beeinträchtigen. Dies ist vor allem dann der Fall, wenn die erhitzten Futtermittel neben Eiweiß auch Kohlenhydrate mit reduzierenden Gruppen enthalten. Es tritt dann häufig die sogenannte „Maillard-Reaktion" ein, wobei sich aus Aminosäuren und Kohlenhydraten Produkte bilden, die enzymatisch nicht mehr spaltbar sind. Besonders betroffen sind dabei die Aminosäuren Lysin und Arginin, da diese Aminosäuren eine zweite Aminogruppe besitzen, die im Proteinmolekül nicht gebunden ist. Diese Aminosäuren können deshalb auch im intakten Proteinverband mit Kohlenhydraten reagieren. Zum Nachweis dieser Proteinschädigungen wird mittels chemischer Methoden ermittelt, wieweit die ε-Aminogruppe des Lysins bereits die Maillard-Reaktion eingegangen ist (Verfahren nach CARPENTER). Neben der Maillard-Reaktion treten noch weitere Hitzeschädigungen auf, wodurch unter anderem die Verfügbarkeit von Cystein, Methionin und Threonin vermindert wird. Diese Schädigungen sind teilweise auf intramolekulare Reaktionen zwischen Seitengruppen im Proteinverband zurückzuführen, vielfach sind sie auch noch unbekannt. Der ernährungsphysiologische Wert der Proteine kann somit durch unsachgemäße Erhitzung unter Umständen sehr verschlechtert werden. Bei der Trocknung proteinhaltiger Futtermittel, wie zum Beispiel Magermilch, Molke, Fischmehl, Sojaschrot, sind deshalb Temperatur und Dauer der Erhitzung wesentliche Gesichtspunkte.

Trypsininhibitoren. Verschiedene pflanzliche Proteine, vor allem rohe Sojabohnen, enthalten Substanzen, welche die Aktivität von Trypsin vermindern. Man bezeichnet diese Stoffe als Trypsininhibitoren. Sie sind ihrer chemischen Natur nach Proteine, die die Substratbindung am Enzym verhindern. Außer den Trypsininhibitoren wurden in Leguminosenproteinen noch weitere wachstumshemmende Faktoren gefunden, wie zum Beispiel Haemagglutinine, Goitrogene und Antikoagulantien. Die ungünstigen Wirkungen dieser Inhibitoren können jedoch weitgehend beseitigt werden, wenn das Protein mit Dampf erhitzt wird. In Übersicht 3.4–4 ist hierzu eine Untersuchung von NEHRING et al. aufgezeigt. Das getoastete Sojaschrot weist eine deutliche Verbesserung in der Verdaulichkeit und biologischen Wertigkeit gegenüber dem unbehandelten auf. Bei den Aminosäuren wird die Verfügbarkeit, gemessen durch mikrobiologische Bestimmung in den enzymatischen Hydrolysaten, vor allem von Lysin, Methionin und Cystin erhöht. Wie später gezeigt wird, gehören diese Aminosäuren zu den ernährungsphysiologisch besonders wertvollen Aminosäuren. Die Dampferhitzung von Sojaschrot wird heutzutage allgemein durchgeführt.

.2 Wiederkäuer

Beim Wiederkäuer wird ein großer Teil der Nahrungsproteine schon im Pansen umgesetzt. Der Abbau der Proteine wird durch proteolytische Enzyme der Mikroorganismen bewirkt. Die Proteine werden zunächst in Peptide, diese dann in Aminosäuren gespalten (siehe hierzu Abb. 3.4–3). Nach Untersuchungen von WARNER (1955) an Schafen ist die proteolytische Aktivität des Pansensaftes von der Art der Fütterung im allgemeinen unabhängig (wenn man von der Zuckerfütterung absieht). Beeinflußt wird hingegen die Geschwindigkeit des Eiweißabbaues von der physikalischen Struktur und der Löslichkeit der Proteine. So wurden in Versuchen von ANNISON et al. (1954) Erdnußschrot und Casein zu einem weit höheren Prozentsatz abgebaut als das Zeïn der Maisflocken. Weiterhin spielt für den Umfang der Proteolyse der Anteil an leichtvergärbaren Zuckern eine Rolle. Hohe Zufuhren an diesen Kohlenhydraten vermindern den Eiweißabbau, was möglicherweise von einer Senkung des pH-Wertes herrührt, da Zugabe von Zucker zu erhöhter Säureproduktion führt. Für den Anteil des im Pansen abgebauten Futterproteins wurden nach neueren Untersuchungen vorwiegend Werte zwischen 60 und 80 % gefunden. Ausnahmen davon bilden vor allem Fischmehl und künstlich getrocknetes Gras, deren Eiweiß nur etwa 30 % im Pansen abgebaut wird. Von besonderem Interesse sind in diesem Zusammenhang Maßnahmen, hochwertige Nahrungsproteine (z. B. Fischmehl, Casein, Sojaextraktionsschrot) vor dem Abbau im Pansen zu schützen, so daß diese Proteine dem Tier im Labmagen und Dünndarm dann voll zur Verfügung stehen. Technisch geschieht dies durch Behandlung der Proteine mit Formaldehyd, Tannin oder Hitze. Die Proteine werden dadurch schwerer löslich und dem mikrobiellen Abbau weniger zugänglich, andererseits sind sie jedoch unter den veränderten Bedingungen im Labmagen enzymatisch verdaubar. Der Vorteil von solchen geschützten Proteinen (protected proteins) besteht darin, die Proteinversorgung bei sehr hohem Bedarf, also in den Situationen höchster Leistung, wesentlich zu verbessern. Für einen optimalen Einsatz muß jedoch vor allem noch untersucht werden, welche Intensität der technischen Behandlung für die einzelnen Proteine gewählt werden muß, um einen hohen Schutz vor Abbau im Pansen ohne Beeinträchtigung der Labmagenverdauung zu gewährleisten und vor allem welche physiologischen Grenzwerte hinsichtlich der Proteinversorgung bestimmend sind (siehe auch 3.4.4.2).

Die durch Proteolyse frei gewordenen Aminosäuren werden entweder für den Aufbau von Mikrobeneiweiß herangezogen oder weiter abgebaut zu Ammoniak, Kohlendioxid und wasserdampfflüchtigen Fettsäuren. Unter gewissen Bedingungen (niedriges pH im Pansen) können bestimmte Aminosäuren auch decarboxyliert werden, wobei teilweise auch giftige Amine entstehen. Nichteiweißartige Stickstoffverbindungen werden im Pansen ebenfalls zersetzt, so wird zum Beispiel Harnstoff durch das Enzym Urease in Ammoniak und Kohlendioxid gespalten. Als Ergebnis der Eiweißverdauung im Pansen treten daher im wesentlichen folgende Produkte auf: unangegriffenes Futterprotein, Mikrobenprotein, Ammoniak (bzw. Ammonium) und flüchtige Fettsäuren.

Die Verdauung des Eiweißes im Labmagen und Darm erfolgt wie beim monogastrischen Tier.

Die Menge des verdauten Eiweißes wurde bislang durch die (scheinbare) Verdaulichkeit des Rohproteins charakterisiert. Neuere Untersuchungen zeigen jedoch, daß beim Wiederkäuer die Höhe der Verdaulichkeit nicht von der Art des Futterproteins, sondern in erster Linie von der Proteinmenge im Futter abhängt. Die Ursache hierfür liegt darin, daß bei hoher Proteinzufuhr vermehrt Ammoniakverluste im Pansen zu verzeichnen sind, während bei niedrigen Proteingehalten von den Pansenmikroorganismen mehr Ammoniak genutzt werden kann, als aus dem Proteinabbau gebildet wird (siehe 3.4.4, ruminohepatischer Kreislauf). Das Gleichgewicht zwischen Eintritt und Austritt von Ammoniak im Pansen bzw., was dasselbe bedeutet, das Gleichgewicht zwischen Eiweißabbau im Pansen und Resynthese über Mikrobeneiweiß, ist bei 13 % Rohprotein in der Ration gegeben. Wird die Proteinverdaulichkeit unter diesen Bedingungen gemessen (sog. standardisierte scheinbare Verdaulichkeit), so liegen alle bislang erhaltenen Werte um 70 %. Auch die wahre Verdaulichkeit zahlreicher Proteine ist relativ konstant und wurde mit etwa 90 % bestimmt (MASON; KAUFMANN u. a.).

3.4.4 Stoffwechsel
.1 Intermediäre Umsetzungen
Stoffwechsel der Aminosäuren

Die wichtigsten Umsetzungen der aus dem Magen-Darm-Kanal absorbierten Aminosäuren sind in Abb. 3.4–1 dargestellt. Die Aminosäuren gelangen zunächst in den sogenannten Aminosäurenpool. Aus dieser labilen Mischphase werden sie je nach Bedarf für verschiedene Synthesen herangezogen oder zu anderen Stoffen abgebaut. Beim Abbau werden vorwiegend folgende Reaktionswege eingeschlagen:
a) Decarboxylierung der Aminosäuren zu primären Aminen („biogene Amine"), die

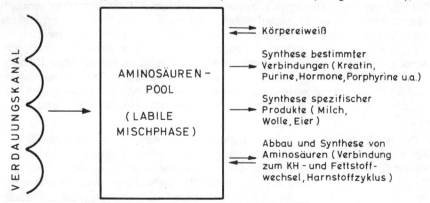

Abb. 3.4–1: **Umsetzungen der Aminosäuren im Organismus**

zum Teil als Bausteine verschiedener Substanzen (Ribosomen, Hormone, Coenzyme) wichtig sind. Zum Beispiel wird Asparaginsäure zu β-Alanin abgebaut, welches für die Bildung von Coenzym A benötigt wird.
b) Transaminierung, das heißt Übertragung der NH_2-Gruppe auf α-Ketosäuren. Durch diese Reaktion können Aminosäuren ineinander überführt wie auch aus Glutaminsäure und entsprechenden α-Ketosäuren synthetisiert werden. Das Coenzym für diese Reaktion und auch für die Decarboxylierung der Aminosäuren ist Pyridoxalphosphat (Vitamin B_6).
c) oxydative Desaminierung zur α-Ketosäure und Ammoniak. Diese Umsetzung betrifft im wesentlichen nur Glutaminsäure. Da jedoch auf dem Wege der Transaminierung die verschiedensten Aminosäuren in Glutaminsäure überführt werden können, ist es möglich, daß auch andere Aminosäuren an diesem Abbau teilnehmen.

Das bei der Desaminierung in den Geweben freigesetzte Ammoniak wird in der Leber über den Harnstoffzyklus zu Harnstoff synthetisiert, der die Hauptform für die Ausscheidung des Eiweißstickstoffs bei Säugetieren darstellt. Die α-Ketosäuren, die bei der Transaminierung und Desaminierung entstehen, werden in den Energiestoffwechsel eingeschleust (Abbau zu CO_2 und H_2O) oder münden in den Kohlenhydrat- und Fettstoffwechsel ein.

Essentielle Aminosäuren

Durch den Vorgang der Transaminierung ist der Organismus in der Lage, verschiedene Aminosäuren aus α-Ketosäuren zu synthetisieren. Die α-Ketosäuren können dem Kohlenhydratstoffwechsel entnommen werden. So entstehen Alanin aus Brenztraubensäure, Asparaginsäure aus Oxalessigsäure, Glutaminsäure aus α-Ketoglutarsäure und Serin aus Hydroxybrenztraubensäure. Außer diesen Aminosäuren können noch weitere im Stoffwechsel gebildet werden, meist durch Umwandlung anderer Aminosäuren, wie zum Beispiel Cystin aus Methionin und Tyrosin aus Phenylalanin. Diese vom Organismus synthetisierbaren Aminosäuren machen etwa 40 % des Körpereiweißes aus.

Für eine zweite Gruppe von Aminosäuren hingegen sind im Intermediärstoffwechsel weder α-Ketosäuren noch sonstige geeignete Vorstufen vorhanden. Diese Aminosäuren müssen daher dem Körper mit der Nahrung zugeführt werden. Sie werden als unentbehrliche oder essentielle Aminosäuren bezeichnet.

Die ersten umfassenden Untersuchungen über essentielle Aminosäuren wurden um 1930 von ROSE begonnen. Er verwendete eine Nahrung, die anstelle von Eiweiß Aminosäurengemische enthielt. Dabei war jeweils eine Aminosäure weggelassen worden. Für ausgewachsene Ratten und den Menschen fand er folgende acht Aminosäuren als essentiell:

Isoleucin	Methionin	Tryptophan
Leucin	Phenylalanin	Valin
Lysin	Threonin	

Für die wachsende Ratte sind auch Histidin und Arginin essentiell. Wachsende Schweine benötigen die gleichen essentiellen Aminosäuren wie Ratten, wachsende Küken außerdem Glycin. Die Unterschiede zum ausgewachsenen Tier sind dadurch verursacht, daß die betreffenden Aminosäuren in nicht ausreichender Menge synthetisiert werden. ROSE versteht deshalb unter essentiellen Aminosäuren solche, die im

Organismus nicht in einer für das Wachstum genügenden Menge gebildet werden können.

Da die nichtessentiellen Aminosäuren Cystein und Tyrosin speziell aus den essentiellen Aminosäuren Methionin bzw. Phenylalanin im Organismus gebildet werden können, führt eine ausreichende Zufuhr von Cystein und Tyrosin indirekt zu einer Einsparung dieser beiden essentiellen Aminosäuren. Im verallgemeinerten Sinne gilt dieser Gesichtspunkt auch für andere Aminosäuren.

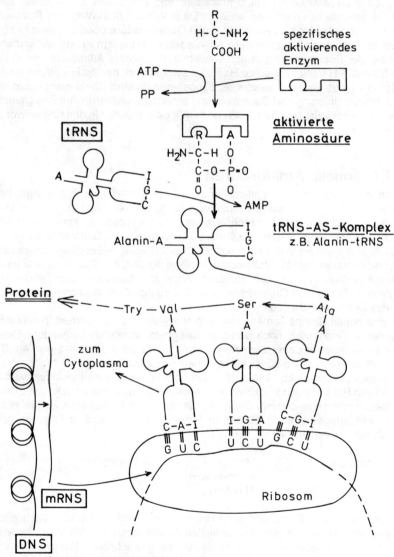

Abb. 3.4–2: **Die Biosynthese der Proteine**
(A = Adenosin, C = Cytidin, G = Guanosin, I = Inosin, U = Uridin)

Biosynthese des Eiweißes

Die Synthese des Eiweißes aus den Aminosäuren ist erst in den 60er Jahren aufgeklärt worden. Es handelt sich um einen komplizierten mehrstufigen Prozeß, bei dem die einzelnen Aminosäuren streng gesetzmäßig aneinandergereiht werden. Der Vorgang verbraucht Energie (Abb. 3.4–2). Ohne auf Einzelheiten einzugehen, soll in diesem Schema hauptsächlich das Ordnungsprinzip der Eiweißsynthese erklärt werden. Die Aminosäuren werden zunächst in eine energiereiche Form überführt (aktivierte Aminosäure), wobei für jede Aminosäure ein spezifisches aktivierendes Enzym existiert. In zweiter Reaktion wird dann die aktivierte Aminosäure mit einer spezifischen Transfer-Ribonucleinsäure (tRNS) von kleeblattartiger Struktur verbunden und der gebildete tRNS-Aminosäure-Komplex an ein Ribosom angelagert, wo die Knüpfung der Peptidbindung stattfindet. Um die Sequenz der Aminosäuren in der sich bildenden Peptidkette festzulegen, wird eine Matrize (messenger- oder Boten-RNS) verwendet, die am Ribosom angeheftet ist und von der tRNS abgelesen wird. Die Ablesung geschieht über Koppelung komplementärer Basenpaare (Dreier-Einheiten). Die messenger-Ribonucleinsäuren selbst sind Kopien der Desoxyribonucleinsäuren (DNS, genetische Substanz), in denen die genetischen Informationen gespeichert sind. Durch die Boten-RNS wird also die genetische Vorschrift für die Aneinanderreihung der Aminosäuren bei der Bildung der Peptidkette übermittelt.

Dieses strenge Ordnungsprinzip in der Proteinsynthese sowie die Tatsache, daß der Organismus bestimmte Aminosäuren nicht selbst bilden kann, sind letztlich der Grund dafür, daß wir in der Ernährung von einer besonderen Proteinqualität sprechen (siehe nächster Abschnitt). Die Eiweißbiosynthese hat eben keinen wahrscheinlichkeitsstatistischen Charakter, wonach sich der Aufbau der Proteine je nach dem Angebot an Aminosäuren richten würde. Es ist vielmehr so, daß zur Synthese eines Proteins die jeweils notwendigen Bausteine, also bestimmte Aminosäuren in bestimmter Menge, vorhanden sein müssen. Wenn dies nicht der Fall ist, gerät die Synthese ins Stocken, da ein Ersatz bzw. Austausch fehlender Aminosäuren nicht möglich ist.

Dynamik des Eiweißstoffwechsels und Eiweißspeicherung

Ebenso wie andere Körperbestandteile befindet sich auch Eiweiß in einem dynamischen Zustand. Die grundlegenden Versuche über die Verteilung und das dynamische Verhalten der Aminosäuren im tierischen Körper wurden in den 40er Jahren von SCHOENHEIMER angestellt. Er verwendete dabei radioaktiv markierte Aminosäuren. Aus seinen Versuchen sowie späteren Untersuchungen zeigte sich, daß zu den Organen mit schnellem Eiweißumsatz vor allem Blutplasma, Leber, Darm, Pankreas und andere innere Organe gehören. Einige Ergebnisse über die Halbwertzeit verschiedener Körperproteine aus neueren Experimenten mittels Messung bei kontinuierlicher Infusion markierter Aminosäuren sind in Übersicht 3.4–5 aufgezeigt (nach MILLWARD). Bemerkenswert ist, daß sowohl Unterschiede zwischen Proteinarten wie löslichen und fibrillären Proteinen als auch bei der gleichen Proteinart zwischen den Organen bestehen. Darüber hinaus hängt die Halbwertzeit noch von weiteren Faktoren (Tierart, Nahrung, Hormoneinflüssen u. a.) ab. So ist sie bei hoher Eiweißzufuhr kürzer als bei Mangelernährung, wie zum Beispiel aus Versuchen von STEINBOCK und TARVER an Ratten hervorgeht (Übersicht 3.4–6).

Übersicht 3.4–5: **Halbwertzeit einiger Organproteine (Ratte)**

	Halbwertzeit in Tagen	
	lösl. Proteine	Myofibrillen
Leber	1	
Niere	2	
Herz	4	6
Gehirn	5	
Muskel	11	23

Übersicht 3.4–6: **Eiweißgehalt der Nahrung und Halbwertzeit des Plasmaeiweißes (Ratte)**

Eiweißgehalt des Futters in %	Halbwertzeit Tage
0	17
25	5
65	3

Im Gegensatz zu Fett kann Eiweiß nur in beschränktem Umfange gespeichert werden, hauptsächlich in der Leber und in der Muskulatur. Der Eiweißgehalt der Leber kann bei entsprechender Proteinzufuhr um etwa 50 % zunehmen. Überschüssig zugeführtes Eiweiß wird nach Auffüllung der Depots zu Energiezwecken abgebaut oder zur Fett- und Kohlenhydratbildung herangezogen. Gewisse Sonderfälle der Eiweißeinlagerung (abgesehen von wachsenden Tieren) ergeben sich bei starker körperlicher Arbeit (Vergrößerung der Muskelsubstanz), in der Trächtigkeit und auch in der Rekonvaleszenz.

Zeitfaktor bei der Proteinsynthese

Aufgrund der genetisch festgelegten Spezifität der Eiweißkörper ist es wichtig, daß alle für den Aufbau der Proteine notwendigen Aminosäuren am Ort der Synthese vorhanden sind. Eiweiß kann also um so besser synthetisiert werden, je „richtiger" die Mischung an absorbierten Aminosäuren ist (optimales Aminosäurenmuster). Andererseits können Aminosäuren im Körper nicht oder nur sehr begrenzt gespeichert werden. Fehlt eine essentielle Aminosäure vorübergehend in der Nahrung, so wird die Eiweißsynthese gehemmt, und das unvollständige Aminosäurengemisch unterliegt im Körper einem Abbau. Dies bedeutet, daß die notwendigen Aminosäuren dem Organismus stets innerhalb einer bestimmten Zeit, also regelmäßig, zugeführt werden müssen. So wurde in Untersuchungen an Ratten gefunden, daß bei Verfütterung eines unvollständigen Aminosäurengemisches bzw. Eiweißes die Proteinsynthese besser war, wenn die fehlende essentielle Aminosäure der Nahrung sofort zugelegt wurde, als wenn dies erst sechs oder mehr Stunden später geschah. Beim Schwein ist diese Differenz wesentlich weiter. Wurde zu einer Maisdiät das notwendige Protein-Ergänzungsfutter erst 24 Stunden später verabreicht, so konnte noch keine unterschiedliche Wirkung festgestellt werden. Bei einem Zeitintervall von 36 Stunden war jedoch ein Abfall in der N-Retention zu erkennen. Diese Zusammenhänge sind zum Beispiel in der Schweineernährung bei der Frage der täglich einmaligen Fütterung nicht ohne Bedeutung.

.2 Besonderheiten im Eiweißstoffwechsel des Wiederkäuers

Der intermediäre Eiweißstoffwechsel (Stoffwechsel der Aminosäuren, Proteinbiosynthese) ist beim Wiederkäuer sicherlich der gleiche wie bei anderen Tierarten. Auch hat der Wiederkäuer sehr wahrscheinlich einen physiologischen Bedarf an denselben essentiellen Aminosäuren wie der Nichtwiederkäuer. Im Unterschied zu monogastrischen Tieren vermag der Wiederkäuer jedoch mittels der Mikroorganismen des Pansens essentielle Aminosäuren zu synthetisieren und ist dadurch auf die Zufuhr dieser Aminosäuren über das Futter weniger angewiesen.

Bildung von Mikrobeneiweiß

Als Stickstoffquelle zum Aufbau ihres Körpereiweißes benutzen die Pansenmikroorganismen einmal die aus dem Abbau von Futtereiweiß entstehenden Peptide, Aminosäuren und Ammoniak (siehe Abb. 3.4–3, in Anlehnung an ANNISON und

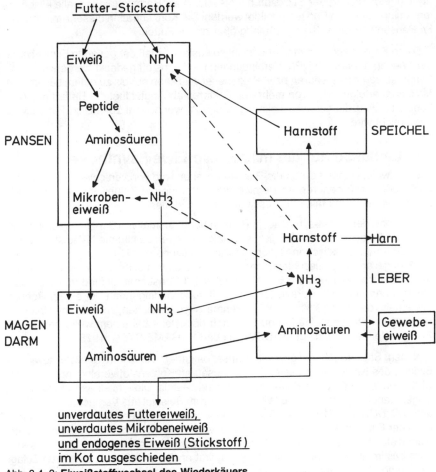

Abb. 3.4–3: **Eiweißstoffwechsel des Wiederkäuers**

LEWIS). Zum anderen werden hierzu auch die NPN-Verbindungen des Futters herangezogen, das heißt das Ammoniak, welches beim Abbau der NPN-Verbindungen anfällt. Auch Nitrat kann in begrenztem Umfang vom Wiederkäuer genutzt werden, weil die Mikroorganismen es zu Ammoniak reduzieren können.

Von wesentlicher Bedeutung ist, daß Pansenmikroorganismen befähigt sind, essentielle Aminosäuren aufzubauen. Es bestehen jedoch zwischen den Mikroorganismenarten Unterschiede, inwieweit die verschiedenen N-Quellen hierfür genutzt werden können. So gibt es Bakterienarten, die als N-Quelle ausschließlich Ammoniak verwenden können, während andere zur Deckung ihres N-Bedarfs mehrere N-Quellen (z. B. bestimmte Aminosäuren) zur Verfügung haben müssen. Trotz dieser unterschiedlichen Befähigung der Pansenmikroben zur Aminosäurensynthese ist jedoch die Gesamtpopulation der Pansenbakterien in der Lage, alle essentiellen Aminosäuren und damit ihr Körpereiweiß ausschließlich aus Nichteiweiß-Stickstoff zu bilden. Experimentell nachgewiesen wurde dies erstmals 1949 von LOOSLI und Mitarbeitern. Sie konnten in Versuchen an Schafen und Ziegen zeigen, daß bei proteinfreier Diät, in der Stickstoff hauptsächlich als Harnstoff vorlag, alle essentiellen Aminosäuren im Pansen gebildet wurden. Die Konzentration dieser Aminosäuren im Pansen war etwa 10- bis 20mal größer als im Futter.

Diese Ergebnisse darf man aber nicht so auslegen, daß der gesamte Eiweißbedarf der Wiederkäuer durch NPN-Verbindungen wie Harnstoff gedeckt werden kann. Die Synthese von Aminosäuren bzw. Bakterieneiweiß kann nur bis zu einem bestimmten Maximum erfolgen, das von mehreren Faktoren abhängt. Liegt der Bedarf der Tiere höher, so wird die tierische Leistung begrenzt, wenn nicht zusätzlich Futtereiweiß verabreicht wird.

Einflüsse auf die mikrobielle Eiweißsynthese

Die Eiweißsynthese durch die Pansenbakterien wird von verschiedenen Faktoren beeinflußt. Dazu gehören im Bereich der Fütterung die Zufuhr von Stickstoff, von Kohlenhydraten und mikrobiell essentiellen Wirkstoffen.

Die Höhe der Eiweißsynthese im Pansen hängt einmal von der N-Versorgung ab. Trotz der Einschränkung, daß gewisse Bakterienarten bestimmte N-Quellen benötigen, dürfte bei praktischen Rationen für die Deckung des N-Bedarfs der Bakterien die Menge an NH_3 ausschlaggebend sein. Als optimale Konzentration wurden je nach Versuchsbedingungen 5 – 15 mmol NH_3/l Pansensaft gefunden. Diese Konzentrationen sind unter praxisüblichen Fütterungsbedingungen bei einem Rohproteingehalt von etwa 13 % in der Trockenmasse zu erreichen, so daß eine Unterversorgung der Pansenbakterien an Stickstoff höchstens bei einem weiteren Eiweiß : Energie-Verhältnis vorliegt (KAUFMANN und HAGEMEISTER, 1975).

Neben Stickstoff benötigen die Pansenbakterien vor allem Energie sowie zur Bildung des Kohlenstoffskeletts der Aminosäuren Kohlenstoffverbindungen. Beides wird in erster Linie durch Kohlenhydrate bereitgestellt. Die einzelnen Kohlenhydrate zeigen dabei unterschiedliche Wirkung, wie zum Beispiel aus Versuchen von LEWIS und MC DONALD (1958) an Schafen hervorgeht. Die Tiere erhielten 20 Stunden nach der Fütterung über eine Pansenfistel verschiedene Kohlenhydrate und Ammoniumacetat appliziert. Dann wurde der Verlauf der NH_3-Konzentration des Panseninhalts bestimmt. Als wirksamstes Kohlenhydrat erwies sich Stärke, bei deren Zulage die Ammoniakkonzentration am stärksten abnahm. Weniger wirksam waren Glucose und Xylan, während bei Cellulosezusatz der geringste Rückgang der NH_3-Konzentration zu verzeichnen war. Im allgemeinen steigt die bakterielle Proteinsynthese mit zunehmender Energieversorgung in etwa proportional an. Die Menge an gebildetem Bakterienprotein beträgt je 100 g im Pansen umgesetzte organische Substanz im Mittel 20 g. Als Faustregel (nach KAUFMANN) kann man auch angeben, daß je 100 StE bzw. 1 MJ NEL 15 g Bakterienprotein bzw. 10 g verdauliches Bakterienprotein gebildet werden.

Als mikrobiell essentielle Nähr- und Wirkstoffe sind in diesem Zusammenhang außer bestimmten Aminosäuren verschiedene organische Basen, Mineralstoffe und Vitamine zu nennen. Einzelne Aminosäuren wie Leucin, Isoleucin und Valin vermögen die Mikrobentätigkeit anzuregen, was wohl damit zusammenhängt, daß gewisse Bakterienarten auf die exogene Zufuhr dieser Aminosäuren angewiesen sind. Ähnliches dürfte für verschiedene Pyrimidin- und Purinbasen zutreffen. Für bestimmte Mikroorganismen-Arten sind auch Vitamine des B-Komplexes essentiell. Als limitierender Faktor für die Eiweißbildung dürfte von diesen Vitaminen von der Gesamtpopulation des Pansens her gesehen jedoch nur Vitamin B_{12} Bedeutung haben. Vitamin B_{12} kann zwar im Pansen von gewissen Arten synthetisiert werden, jedoch hängt die Synthese von der Anwesenheit von Kobalt ab.

Ruminohepatischer Kreislauf

Das bei den Abbauvorgängen im Pansen gebildete Ammoniak wird nur teilweise direkt zur Synthese von Eiweiß durch die Bakterienflora verwendet. Der übrige Teil wird über die Pansenwand absorbiert oder gelangt in die weiteren Abschnitte des Magen-Darm-Kanals, wo dann ebenfalls der Übertritt ins Blut erfolgt. Die Absorption von Ammoniak durch die Pansenwand ist ein Diffusionsvorgang, der in etwa proportional der NH_3-Konzentration im Pansen verläuft. Das absorbierte Ammoniak gelangt durch die Pfortader in die Leber. Hier wird Ammoniak in Harnstoff überführt. Ein Teil dieses Harnstoffs wird über den Harn ausgeschieden, der andere Teil gelangt in den Pansen zurück, hauptsächlich über den Speichel, zum geringeren Teil auch direkt durch die Pansenwand. Man bezeichnet diesen Kreislauf des Stickstoffs als **ruminohepatischen Kreislauf** (siehe hierzu Abb. 3.4–3). Da Harnstoff nicht nur in die Vormägen, sondern auch in den Darm (Dickdarm) abgegeben wird, bezeichnet man den Harnstoffumschlag des Wiederkäuers auch als gastroenterohepatischen Kreislauf. Diese Besonderheit des Stoffwechsels ermöglicht dem Wiederkäuer einen sehr ökonomischen Stickstoffhaushalt, da bei mangelnder N-Versorgung die Harnstoffausscheidung mit dem Harn zugunsten der Harnstoffüberführung in den Pansen eingeschränkt werden kann. Man erkennt ferner daraus, daß beim Wiederkäuer im Normalfall bereits eine „Harnstoff-Fütterung" anzutreffen ist. Zusätzliche Verabreichung von NPN-Verbindungen bedeutet eigentlich nur eine Verstärkung dieser physiologischen Gegebenheit. In bestimmten Fällen, so bei überhöhten Zufuhren an NPN-Verbindungen, kann die Ammoniakkonzentration so stark ansteigen, daß die Leber das anfallende Ammoniak nicht mehr genügend in Harnstoff umwandelt. Es tritt eine Ammoniak-Intoxikation auf, die durch beschleunigte Atmung und Krampfzustände gekennzeichnet ist.

Konsequenzen für die Proteinversorgung

Die proportionale Abhängigkeit der bakteriellen Proteinsynthese von der Energiezufuhr hat zu neuartigen Modellen der Kalkulation der Proteinversorgung beim Wiederkäuer geführt (ROY et al.; KAUFMANN). Der Grundgedanke besteht darin, beim zugeführten Futterstickstoff einen pansenabbaubaren und einen nichtabbaubaren Anteil zu unterscheiden. Der abbaubare Anteil liefert den für die Proteinsynthese im Pansen notwendigen Stickstoff und muß deshalb mindestens in Höhe der sich aus der Energiezufuhr ergebenden Bildung von Mikrobenprotein liegen. Dieser durch die Vormagenflora maßgebende Bedarf plus der damit verbundene nichtabbaubare Futter-N (wegen z. B. 70 % Abbaurate im Pansen) stellen die Mindestzufuhr an Stickstoff dar. Übersteigt der Proteinbedarf des Tieres die bei dieser Mindestzufuhr im Darm zur Verfügung stehende Menge an Mikrobenprotein (abzüglich des Stickstoffs der nicht verwertbaren Nucleinsäuren) und nicht abgebautem Futterprotein (etwa 30 %), so kann nach dieser Modellvorstellung der dann noch fehlende Bedarf nur durch zusätzliches nichtabgebautes Futterprotein gedeckt werden. Die große Bedeutung von geschützten Proteinen wird in diesem Zusammenhang deutlich.

Zum Harnstoffeinsatz in der Fütterung

Die physiologischen Voraussetzungen für die Verfütterung von Harnstoff an Wiederkäuer sind gleichzusetzen mit der Schaffung günstiger Bedingungen für die Synthese von Eiweiß aus dem Futterstickstoff im Pansen, wie es in den vorangegangenen Abschnitten aufgezeigt wurde. Sie lassen sich wie folgt zusammenfassen:

a) Vorhandensein von verfügbaren Kohlenhydraten, welche den Pansenbakterien die Energie und die notwendigen N-freien Kohlenstoffgerüste zur Eiweißsynthese liefern.
b) Vorhandensein von genügend Mineralstoffen und Spurenelementen, insbesondere von Schwefel, Phosphor, Eisen, Mangan und Kobalt für die Pansenbakterien.
c) Allmähliche Gewöhnung der Tiere an Futterharnstoff und gleichmäßige Verabreichung des harnstoffhaltigen Futters. Harnstoff darf sich nicht entmischen, beziehungsweise sich nicht in gewissen Futterschichten anreichern, wie es beispielsweise bei Einmischung von Harnstoff in Silage denkbar ist.

Unter experimentellen Bedingungen ist es möglich, solche günstigen physiologischen Voraussetzungen zu schaffen, daß Tiere bei geringer oder mittlerer Leistung mit Harnstoff und Ammoniumsalzen als alleiniger N-Quelle ausreichend ernährt werden können. Dies zeigen Untersuchungen von VIRTANEN an Milchkühen. Die Versuchskühe erhielten eine gereinigte Ration, die aus Cellulose, Stärke, Saccharose, Pflanzenölen, Mineralstoffen und Vitaminen sowie Harnstoff (etwa 90 % des Futterstickstoffs) und Ammoniumsalzen bestand. Die Anpassung an diese Versuchsration dauerte mehrere Monate. Zur Stimulierung des Wiederkauens wurden Kunststoff-Pellets verabreicht, und um den Speichelfluß zu erhöhen, durften die Tiere an Gummistäben kauen. Die Milchleistung lag zwischen 2000 und 3000 kg Milch, die höchste Leistung betrug sogar 4200 kg Standardmilch (2,86 MJ/kg) in 360 Melktagen. Die Milchzusammensetzung entsprach im wesentlichen der von normal gefütterten Kühen. Auch in geschmacklicher Hinsicht traten keine Unterschiede auf.

Diese allgemeinen Gesichtspunkte des Harnstoffeinsatzes bedürfen jedoch einer Einschränkung im Hinblick auf die Harnstoffverwertung. Nach der im vorigen Abschnitt dargelegten Modellvorstellung ergibt sich nämlich, daß der Einsatz von Harnstoff oder anderen NPN-Verbindungen zunehmend ineffizienter wird, wenn der abbaubare Futter-N den Bedarf der Vormagenflora übersteigt. Dies bedingt, daß bei Kühen mit hoher Milchleistung und auch bei der Intensivmast von Bullen im Anfangsstadium mit einer effizienten Ausnutzung des Harnstoffs nicht mehr gerechnet werden kann. Engere Grenzen für den Harnstoffeinsatz sind allerdings erst dann zu ziehen, wenn das prozentual unabgebaute Futterprotein und die je Energieeinheit synthetisierte Menge an Mikrobenproteinen unter der Breite praxisüblicher Bedingungen hinreichend genau ermittelt sind.

3.4.5 Biologische Proteinqualität

Das Problem der Eiweißernährung beim monogastrischen Tier ist praktisch gesehen ein Problem der Aminosäurenernährung. Eiweiß wird ja im Magen-Darm-Trakt zu Aminosäuren abgebaut und steht dem Organismus somit in dieser Form zur Verfügung. Ein Gemisch der verschiedenen Aminosäuren, richtig zusammengesetzt, kann Eiweiß in der Ernährung voll ersetzen. Der Organismus hat also für Erhaltung und Leistung einen bestimmten Bedarf an Aminosäuren, wobei es wichtig ist, zwischen essentiellen und nichtessentiellen Aminosäuren zu unterscheiden. Das Fehlen einer essentiellen Aminosäure hemmt sofort die Eiweißneubildung. Dies hat zur Folge, daß auch die anwesenden Aminosäuren nicht für die Bildung von Eiweiß verwendet werden können und in andere Stoffwechselvorgänge eingeschleust werden müssen. Der Mangel an einer essentiellen Aminosäure begrenzt daher den Wert des gesamten Eiweißes der Ration. Man bezeichnet solche im Mangel vorkommenden Aminosäuren als **begrenzende** oder **limitierende** Aminosäuren.

Schon lange bevor die biochemischen Zusammenhänge der Proteinqualität erforscht waren, hatte man gefunden, daß die verschiedenen Nahrungseiweiße nicht gleichen Wert besitzen. Bereits 1841 wies der französische Physiologe FRANCOIS MAGENDIE nach, daß Gelatine Fleischprotein nicht zu ersetzen vermag. Erst viel später konnte man zeigen, daß der Eiweißwert von Gelatine durch Zulage von Tyrosin verbessert wird. In Versuchen an Ratten stellten dann OSBORNE und MENDEL (1914) fest, daß verschiedene Eiweiße allein verfüttert zu ungenügenden Resultaten führten, während sie bei Zusatz der mangelnden Aminosäuren durchaus zufriedenstellend waren. Damit war der Grundstein dafür gelegt, daß der ernährungsphysiologische Wert eines Proteins von dessen Aminosäurenzusammensetzung abhängt.

.1 Bestimmung der Proteinqualität

Für die Bestimmung der Proteinqualität sind mehrere Methoden ausgearbeitet worden. Man kann dabei biologische und chemische Verfahren unterscheiden. Die biologischen Methoden (PER, PPW, BW) beruhen im wesentlichen darauf, daß die Wirkung der Nahrungsproteine auf die Körpersubstanz gemessen wird, sei es als Gewichtsveränderung oder auch als Veränderung des N-Gehaltes des Körpers. Bei den chemischen Methoden (chemical score, EAA-Index) wird der Gehalt des zu beurteilenden Proteins an verschiedenen Aminosäuren mit dem eines bestimmten Proteins (Milch, Ei) verglichen. Die wichtigsten dieser Verfahren sollen im folgenden aufgezeigt werden.

Proteinwirkungsverhältnis
(PER = protein efficiency ratio)

Dieses Verhältnis ist definiert als Gewichtszunahme je Gramm aufgenommenes Eiweiß oder Stickstoff, also

$$PER = \frac{\text{Gewichtszunahme (g)}}{\text{Protein- (bzw. N-)Aufnahme (g)}}$$

Die Methode geht auf OSBORNE und MENDEL zurück (1919). Sie setzt voraus, daß sich die Zusammensetzung (N-Gehalt) des Körperzuwachses während der Versuchszeit nicht ändert. Als Versuchstier läßt sich jedes wachsende Tier (gewöhnlich Ratten) verwenden. Der PER-Wert eines bestimmten Proteins hängt von der Höhe der Eiweißaufnahme ab. Außerdem können die Maxima der PER-Werte von verschiedenen Proteinen bei unterschiedlichem N-Gehalt der Ration liegen, wie in Abb. 3.4–4 dargestellt ist (nach ALLISON und Mitarbeitern). Anstelle der Gewichtsveränderung kann auch der N-Ansatz verwendet werden. Man erhält dann den Produktiven Proteinwert:

$$PPW = \frac{\text{N-Ansatz}}{\text{N-Verzehr}}$$

Biologische Wertigkeit (BW)

Darunter versteht man nach THOMAS (1909) und MITCHELL (1924) den Anteil des absorbierten Stickstoffs, der im Körper für den N-Erhaltungsstoffwechsel und für die Neusynthese N-haltiger Körperbestandteile (Proteinansatz) Verwendung findet. Bei der Bestimmung der biologischen Wertigkeit muß man zum einen berücksichtigen, daß im Kot sowohl nicht absorbierter als auch endogener Stickstoff enthalten ist (siehe 2.2.1), wobei letzterer vor allem von der Höhe der Trockensubstanzaufnahme abhängt. Aber auch beim Harn-N sind zwei Komponenten zu unterscheiden, der exogene und endogene Harn-N. Der exogene Harn-N entspricht dem Stickstoff der nicht im N-Stoffwechsel genutzten Aminosäuren. Der endogene Harn-N stammt dagegen aus irreversiblen Umsetzungen bei der Erneuerung von Körperproteinen und einfachen Stickstoffverbindungen und ist definitionsgemäß mit dem im Erhaltungsumsatz minimal ausgeschiedenen Harn-N gleichzusetzen. Der im Organismus für den N-Stoffwechsel tatsächlich genutzte Stickstoff ergibt sich also aus dem N-Ansatz und dem endogenen Stickstoff in Kot und Harn. Gegebenenfalls kann auch noch die N-Abgabe über Haarverluste und Hautabschilferungen mitgerechnet werden. Für die biologische Wertigkeit erhält man demnach folgende Berechnungsgleichung:

$$BW = \frac{RN + FN_e + UN_e + VN}{N_a} \cdot 100$$

$$= \frac{IN - FN - UN + FN_e + UN_e + VN}{N_v + FN_e} \cdot 100$$

IN = N-Aufnahme
FN = Kot-N
UN = Harn-N
RN = N-Retention
VN = N-Verluste in Haut und Haaren

N_a = absorbierter N
N_v = verdaulicher N
    = IN – FN
FN_e = endogener Kot-N
UN_e = endogener Harn-N

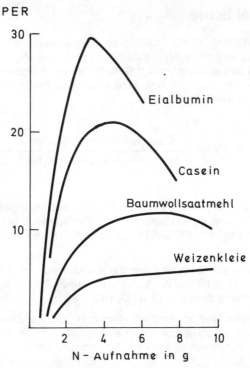

Abb. 3.4–4: **PER von verschiedenen Proteinen in der Abhängigkeit von der N-Aufnahme**

Die biologische Wertigkeit besagt danach, wieviel g intermediär genutzter Stickstoff von 100 g absorbiertem Futterstickstoff geliefert werden können. Zur Versuchsmethodik sei erwähnt, daß die Proteinaufnahme in Höhe der maximal möglichen N-Retention liegen soll und daß die Diät in energetischer Hinsicht ausreichend sein muß. Die endogenen N-Ausscheidungen in Kot und Harn werden bei N-freien oder N-armen Diäten festgestellt. Ein Beispiel aus Versuchen an wachsenden Schweinen (COLUMBUS) soll die Berechnung der biologischen Wertigkeit demonstrieren:

	g/Tag
Futteraufnahme	1586
N-Aufnahme	21,7
gesamte N-Ausscheidung im Harn	8,5
endogener Stickstoff im Harn	3,0
gesamte N-Ausscheidung im Kot	3,4
endogener Stickstoff im Kot	1,6

$$BW = \frac{21,7 - 3,4 - 8,5 + 1,6 + 3,0}{21,7 - 3,4 + 1,6} \cdot 100 = 72\ (\%)$$

Chemical Score

Hier wird als Maßstab für die Proteinqualität der analytische Aminosäurengehalt herangezogen. Es wird dabei der Gehalt des zu prüfenden Proteins an essentiellen Aminosäuren mit den entsprechenden Gehalten eines biologisch vollwertigen Proteins, des Milch- oder Volleiproteins, verglichen. Man berechnet das sogenannte Milch- bzw. Eiproteinverhältnis:

$$\text{MPV bzw. EPV} = \frac{\% \text{ essentielle Aminosäure im Testprotein}}{\% \text{ essentielle Aminosäure im Milch-(Ei-)Protein}}$$

Diejenige Aminosäure, welche die niedrigste Prozentzahl ergibt, das heißt die im Testprotein vergleichsweise im stärksten Mangel vorkommt, bestimmt den Wert des Proteins. Diesen Wert hat MITCHELL als ,,chemical score" (score = Punktzahl) bezeichnet.

Beispiel: Im Weizenprotein ist Lysin die am stärksten im Minimum enthaltene Aminosäure. Der Gehalt beträgt 2,1 %. Eiprotein enthält 7,0 % Lysin. Das ,,chemical score" des Weizens ist demnach (2,1/7,0) 100 = 30.

Der Nachteil dieser Methode liegt vor allem darin, daß nur die im größten Mangel vorkommende Aminosäure berücksichtigt wird, jedoch nicht die anderen essentiellen Aminosäuren. Grundsätzlich ist auch von Nachteil, daß bei diesem Maßstab nur mit dem Gehalt der Aminosäuren in Milch oder Ei verglichen wird. Da jedoch auch Eiweißprodukte anderer Zusammensetzung gebildet werden (z. B. Fleisch), wäre es besser, zum Vergleich den Bedarf an den jeweiligen Aminosäuren heranzuziehen. Dies trifft auch für den Essential Amino Acid Index zu.

Essential Amino Acid Index (EAAI)

Dieser Bewertungsmaßstab unterscheidet sich vom ,,chemical score" dadurch, daß alle essentiellen Aminosäuren des Testproteins mit den Gehalten im Eiprotein verglichen werden. Er ist definiert als das geometrische Mittel aus dem Produkt der Eiproteinverhältnisse aller essentiellen Aminosäuren (OSER, 1951):

$$\text{EAAI} = \sqrt[n]{\frac{a_1}{b_1} \cdot \frac{a_2}{b_2} \cdot \ldots \cdot \frac{a_n}{b_n}}$$

$a_1, a_2, \ldots, a_n$ = % essentielle Aminosäure im Testprotein
$b_1, b_2, \ldots, b_n$ = % essentielle Aminosäure im Eiprotein
n = Anzahl aller essentiellen Aminosäuren

Beispiel:

	% Aminosäure im Protein von	
	Gerste	Vollei
Arginin	4,8	6,6
Histidin	1,8	2,4
Isoleucin	} 10,8	} 16,9
Leucin		
Lysin	3,4	7,0
Methionin	1,2	4,0
Phenylalanin	5,9	6,3
Threonin	3,9	4,3
Tryptophan	1,4	1,5
Valin	4,6	7,2

$$EAAI = \sqrt[9]{\frac{4,8}{6,6} \cdot \frac{1,8}{2,4} \cdot \frac{10,8}{16,9} \cdot \frac{3,4}{7,0} \cdot \frac{1,2}{4,0} \cdot \frac{5,9}{6,3} \cdot \frac{3,9}{4,3} \cdot \frac{1,4}{1,5} \cdot \frac{4,6}{7,2}}$$

= 0,67 bzw. in Prozent: 0,67 · 100 = 67.

Ein gewisser Nachteil besteht darin, daß Proteine mit unterschiedlichen Gehalten an essentiellen Aminosäuren unter Umständen gleiche oder ähnliche EAA-Indizes aufweisen können, was nicht ganz den physiologischen Erfordernissen gerecht wird. Insofern wird der EAA-Index mit der biologischen Wertigkeit nur ungefähr übereinstimmen. Es kann auch vorkommen, daß im Überschuß vorhandene und den EAA-Index entsprechend erhöhende Aminosäuren in Wirklichkeit ungünstig auf die N-Bilanz einwirken, was zur Folge hat, daß der EAA-Index gegebenenfalls höher liegt als die biologische Wertigkeit. Schließlich können sich auch Unterschiede in der Verfügbarkeit bzw. Verwertbarkeit der Aminosäuren in dieser Hinsicht auswirken.

.2 Proteinqualität des Futters

In Übersicht 3.4–7 ist die biologische Wertigkeit einiger Nahrungs- und Futtermittel aus Versuchen an Ratte und Schwein (Thomas-Mitchell-Methode) aufgezeigt. Die Werte wurden an wachsenden Tieren gewonnen, das heißt, sie gelten für Erhaltung plus Wachstum. Diese Einschränkung ist nicht unwesentlich, da die Qualität des Futterproteins von der Zusammensetzung des gebildeten Körpereiweißes abhängt. Die einzelnen Körperproteine haben nämlich unterschiedliche Aminosäurenmuster. Man muß deshalb bei der Proteinqualität eines gegebenen Futtermittels strenggenommen danach unterscheiden, für welche Leistung (Wachstum, Wollbildung, Milchbildung, Eileistung) das betreffende Futtermittel verabreicht wird.

Übersicht 3.4–7: **Biologische Wertigkeit einiger Nahrungs- und Futtermittel**

Ei	96	Getreide	64 – 67
Kuhmilch	92	Sojabohnen, roh	64
Fischmehl	76 – 90	Baumwollsaat	64
Muskelfleisch	75	Mais	54 – 60
Sojabohnen, erhitzt	75	Erbsen	48
Weizenkleie	64	Weizenkleber	40
Kartoffeln	71	Bohnen	38
Hefe	70	Gelatine	25

Ein weiterer Gesichtspunkt ist die Verfügbarkeit der Aminosäuren im Verdauungskanal. Für das Tier ist von einem gegebenen Eiweiß nämlich nicht nur dessen biologische Wertigkeit wichtig, sondern auch, wieviel von dem Eiweiß absorbiert wird (siehe hierzu auch 3.4.3). Bildet man das Produkt aus Absorbierbarkeit und biologischer Wertigkeit, so gibt der erhaltene Wert an, welcher prozentuelle Anteil des Futterstickstoffs im Organismus genutzt wird. Dieser Wert heißt „net protein utilization" (NPU). Multipliziert man die im Futter aufgenommene N-Menge mit diesem Faktor, so erhält man die im Eiweißstoffwechsel nutzbare N-Menge. Der Wert wird als „net protein value" (NPV) des Futters bezeichnet.

Beispiel:

$$NPU = N\text{-Absorbierbarkeit} \cdot BW$$
$$= \frac{RN + FN_e + UN_e + VN}{IN}$$

Aus den oben zur Demonstration der BW verwendeten Daten erhält man

N-Absorbierbarkeit = (21,7 − 3,4 + 1,6)/21,7 = 0,92
N-Retention = 21,7 − 3,4 − 8,5 = 9,8
NPU = 0,92 · 0,72
= (9,8 + 1,6 + 3,0)/21,7 = 0,66 bzw. 66 %
NPV = 21,7 · 0,66 = 14,3 (g);
damit sind 14,3 g des Futterstickstoffs im Organismus
für den Eiweißstoffwechsel nutzbar.

Chemical score und EAA-Index beruhen auf chemischen Aminosäure-Analysen. Man muß daher stets beachten, daß diese Bewertungsmaßstäbe die Verfügbarkeit der Aminosäuren völlig unberücksichtigt lassen. Wenn die Aminosäurenzusammensetzung einer gegebenen Proteinmenge nach der Absorption wesentlich verändert ist infolge unterschiedlicher Verfügbarkeit einzelner Aminosäuren, so heißt dies, daß der EAA-Index selbstverständlich an Aussagekraft verliert.

Man versucht deshalb, mehr und mehr über die Verfügbarkeit der Aminosäuren Aufschluß zu gewinnen. Dabei werden mikrobiologische, biologische und chemische Methoden angewandt. Als brauchbare Methode hat sich bislang aber nur die Bestimmung des verfügbaren Lysins nach CARPENTER in stärkerem Maß durchgesetzt.

In Verbindung mit der Bestimmung des Aminosäurenbedarfs könnte bei genügender Kenntnis der Verfügbarkeit der Aminosäuren die Proteinernährung monogastrischer Tiere auf ein ganz simples Prinzip zurückgeführt werden, nämlich einfach darauf, den Bedarf mit dem Angebot zu vergleichen und die im Mangel befindlichen Aminosäuren zu ergänzen.

Ergänzungswirkung

Wenn auch unsere Kenntnisse über die Verfügbarkeit der einzelnen Aminosäuren der verschiedenen Futtermittel noch am Anfang stehen, so lassen sich doch bereits aus dem Vergleich zwischen Aminosäurenangebot im Futter und dem Aminosäuren-

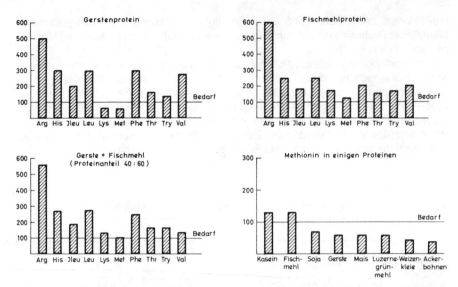

Abb. 3.4–5: **Die Aminosäurenzusammensetzung einiger Futtereiweiße im Vergleich zum Bedarf wachsender Schweine**

bedarf der Tiere nützliche Hinweise über die Versorgung entnehmen. Als Beispiel hierzu sind in Abb. 3.4–5 die Aminosäurengehalte des Proteins von Gerste und Fischmehl im Vergleich zum Bedarf wachsender Schweine (20 – 30 kg Gewicht) dargestellt. Als Bezugsgröße für den Bedarf ist die Aminosäurenzusammensetzung gewählt worden, die das Futterprotein haben müßte, wenn es bei einem Anteil von 18 – 20 % in der Ration den Bedarf an Aminosäuren decken sollte. Die Bedarfswerte für die einzelnen Aminosäuren wurden jedoch jeweils gleich 100 gesetzt. Während im Gerstenprotein Lysin und Methionin unter der Bedarfsgrenze liegen, sind im Fischmehl alle essentiellen Aminosäuren über dem Bedarf enthalten. Werden beide Futtermittel miteinander kombiniert, so können die im Fischmehl „überschüssig" vorhandenen Aminosäuren die jeweils entsprechenden Aminosäuren, die in Gerste im Mangel vorkommen, ergänzen (Abb. 3.4–5). Die biologische Wertigkeit der Mischung liegt dabei höher als der Mittelwert der biologischen Wertigkeit aus den Einzelkomponenten. Man spricht deshalb von einer Ergänzungswirkung des Fischmehls. Gleiches gilt für Eiweißkonzentrat, das hohe Anteile an Fischmehl enthält. Man kann allgemein sagen, daß eine Ergänzungswirkung immer dann auftreten wird, wenn in der Mischung der betreffenden Futtereiweiße durch hohe Aminosäurengehalte einer Komponente die zu niedrigen Gehalte in den anderen Komponenten ausgeglichen werden. Meist sind es die essentiellen Aminosäuren Lysin und Methionin, die in diesem Zusammenhang eine Rolle spielen (siehe Abb. 3.4–5). Da Fischmehl diese beiden Aminosäuren reichlich enthält, ist es für die Lysin- und Methioninergänzung anderer Eiweißträger gut geeignet.

Neben der Ergänzung durch bestimmte Proteine können Eiweißfuttermittel, die essentielle Aminosäuren im Mangel enthalten, auch direkt mit synthetischen Aminosäuren ergänzt werden. Als Beispiel sei ein Versuch von NEHRING und BOCK

(1962) zitiert, der in Übersicht 3.4–8 aufgezeigt ist. Die biologische Wertigkeit dreier pflanzlicher Proteine wurde durch Zugabe der schwefelhaltigen Aminosäure Methionin beträchtlich erhöht.

Eine Veränderung der natürlichen Aminosäurenzusammensetzung von Futtereiweiß ist praktisch nur durch züchterische Maßnahmen möglich. So gelang es in neuerster Zeit in Amerika, bei Mais Mutanten zu erzeugen, die wesentlich höhere Lysin- und Tryptophangehalte aufweisen als normaler Hybridmais. Die Mutante „Opaque-2" zum Beispiel enthält etwa die doppelte Lysinmenge und über die Hälfte mehr Tryptophan als Normalmais. Ein wirtschaftliches Problem sind gegenwärtig aber noch die unzureichenden Flächenerträge dieser Neuzüchtungen.

Übersicht: 3.4–8: **Ergänzung pflanzlicher Proteine durch synthetisches Methionin**

		BW (Ratte)
Futterhefe		67
Futterhefe	+ 6 % DL-Methionin	79
Süßlupine		55
Süßlupine	+ 3 % DL-Methionin	65
Erbsenschrot		60
Erbsenschrot	+ 3 % DL-Methionin	77

Proteinqualität beim Wiederkäuer

Aufgrund der vielseitigen Umsetzungen der Eiweißstoffe und auch der NPN-Verbindungen durch die Mikroorganismen des Pansens ergeben sich beim Wiederkäuer andere Verhältnisse bezüglich der Proteinqualität. Das in den Labmagen bzw. Darm gelangende Eiweiß ist nämlich nur zum geringen Teil mit dem ursprünglichen Futterprotein identisch. Damit stellt sich die Frage nach der biologischen Wertigkeit des Bakterien- und Protozoeneiweißes.

Unmittelbare Vergleiche der Aminosäurenzusammensetzung des Mikrobeneiweißes mit hochwertigen Eiweißen wie zum Beispiel dem Milcheiweiß zeigen, daß das Bakterieneiweiß wie auch das Protozoeneiweiß ein recht günstiges Aminosäurenmuster aufweisen. Dies drückt sich auch in der biologischen Wertigkeit dieser Eiweiße aus, die an der Ratte mit etwa 80 bestimmt wurde. Der Wiederkäuer ist also von der Proteinqualität des Futters weit weniger abhängig als die monogastrischen Tiere. Die praktische Bedeutung dieser Tatsache liegt vor allem darin, daß auch aus den in vielen Futtermitteln der Wiederkäuerfütterung enthaltenen oder aus Rationen zugemischten NPN-Verbindungen hochwertiges Eiweiß gebildet werden kann. Andererseits ist es aber auch möglich, daß sehr hochwertiges Futtereiweiß durch die Pansenmikroben in seinem biologischen Wert vermindert wird, weshalb auch entsprechende Eiweißfuttermittel nicht an Wiederkäuer verfüttert werden sollen.

Obwohl diese Zusammenhänge prinzipiell bestehen, sind sie jedoch in quantitativer Hinsicht noch wenig untersucht. Die an der Ratte bestimmte BW kann nämlich nur den relativen Wert des Mikrobenproteins aufzeigen, eine direkte Übertragung auf den Wiederkäuer ist dagegen nicht zulässig. Da auch die intermediäre Ausnutzung des im Pansen nicht abgebauten Proteins aus den verschiedenen Proteinquellen weitgehend unbekannt ist, können detaillierte Angaben zur Verwertung bzw. biologischen Wertigkeit des gesamten aus dem Darm absorbierten Proteins derzeit noch nicht gemacht werden. Eine vorläufige Schätzung der biologischen Wertigkeit liegt bei etwa 75 % (siehe auch 3.4.6.2).

3.4.6 Zum Eiweißbedarf der Tiere

Im folgenden sollen einige allgemeine Gesichtspunkte zum Eiweißbedarf aufgezeigt werden. Bedarfsangaben für die einzelnen Tierarten und Leistungsrichtungen sind im Abschnitt praktische Fütterung behandelt.

.1 Die N-Bilanz

Die Eiweißbilanz wird stets über die N-Bilanz ermittelt. Damit werden auch Verbindungen erfaßt, die chemisch gesehen keine Proteine sind. Sie spielen aber quantitativ nur eine untergeordnete Rolle oder sind, wie beim Wiederkäuer, den eigentlichen Proteinen ernährungsphysiologisch in etwa gleichzusetzen. Hinzu kommt, daß die Ausscheidungsform von Eiweiß über den Harn ja nichteiweißartige Verbindungen sind. Bei der Aufstellung einer N-Bilanz wird die im Futter aufgenommene N-Menge den N-Ausscheidungen in Kot und Harn sowie den dermalen Verlusten (Haare, Hornteile) gegenübergestellt, wie im folgenden Beispiel (trockenstehende trächtige Kuh) dargestellt ist:

		g/Tag
N im Futter		180
N im Kot	70	
N im Harn	90	
N-Verluste über die Hautoberfläche *	2	162
N-Bilanz (Retention)		+ 18 g N/Tag

* Diese Verluste werden vielfach vernachlässigt.

Ausgewachsene Tiere befinden sich normalerweise im N-Gleichgewicht, auch wenn die N-Zufuhr ganz unterschiedlich ist. Es wird also so viel Stickstoff ausgeschieden, wie Stickstoff in der Nahrung aufgenommen wird (siehe Abb. 3.4–6). Dies beruht darauf, daß der ausgewachsene Organismus seinen Eiweißbestand, abgesehen von einigen Ausnahmefällen (siehe 3.4.4), gleichbleibend erhält.

Wird ein Tier ohne jegliche Nahrungszufuhr gehalten, so gehen die N-Ausscheidungen in Kot und Harn zunächst zurück, bleiben dann eine gewisse Zeit auf gleichem Niveau und erhöhen sich schließlich wieder bis zum Eintritt des Hungertodes. Der anfängliche Abfall der N-Ausscheidung ist im wesentlichen dadurch bedingt, daß der N-Umsatz im Organismus sich nach dem Abbau geringfügig vorhandener Eiweißreserven etwas verringert. Danach lebt das Tier zunächst hauptsächlich von seinem Depotfett, so daß die N-Ausscheidung auf gleicher Höhe bleibt. Man bezeichnet diese Phase der N-Ausscheidung als **Hungerminimum**. Die Dauer dieser Periode hängt vom Ernährungszustand des Tieres ab. Sind die Fettreserven erschöpft, so wird die Energie aus dem Abbau von Körpereiweiß genommen, und die N-Ausscheidung steigt entsprechend an.

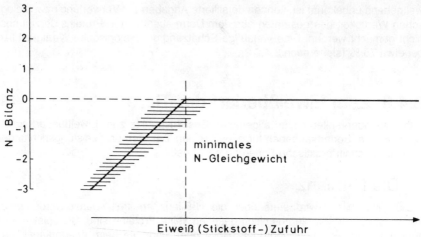

Abb. 3.4–6: **N-Bilanz beim ausgewachsenen Tier**

Da auch im Hungerminimum etwas Eiweiß zur Energiegewinnung beiträgt, erhält man eine noch geringere N-Ausscheidung, wenn dem Versuchstier eine kalorisch ausreichende, aber eiweißfreie (N-freie) Diät verabreicht wird. Die unter diesen Bedingungen ausgeschiedene N-Menge heißt **minimale N-Ausscheidung**. Der hierbei im Kot abgegebene Stickstoff stammt hauptsächlich von Verdauungssekreten und abgestoßenen Darmzellen. Auch im Harn wird Stickstoff ausgeschieden, da beim dynamischen Umsatz des Körpereiweißes die Aminosäurenausnutzung nicht vollständig ist. Wird nun der Ration Eiweiß zugelegt, so stellt sich bei einer gewissen Zulage N-Gleichgewicht ein, das als **minimales N-Gleichgewicht** bezeichnet wird. Die Höhe dieser Zulage ist bei monogastrischen Tieren sehr von der biologischen Eiweißwertigkeit abhängig (Abb. 3.4–6). Die N-Ausscheidung bei minimalem N-Gleichgewicht liegt etwas höher als die minimale N-Ausscheidung.

Die Eiweißzufuhr bei minimalem N-Gleichgewicht stellt den zur Erhaltung der Stoffwechselfunktionen notwendigen Eiweißbedarf dar. Dieses Eiweißminimum kann bei Proteinentzug aus den endogenen N-Verlusten in Kot und Harn und den dermalen N-Verlusten unter Berücksichtigung der Ausnutzung des Futtereiweißes ermittelt werden (faktorielle Methode). Eine andere Möglichkeit besteht darin, das Eiweißminimum direkt aus N-Bilanzversuchen zu bestimmen. Bei diesem Verfahren müssen die Versuchsrationen kalorisch ausreichend sein und Protein in gestaffelten Mengen enthalten. Das N-Gleichgewicht bei geringster Proteinaufnahme gibt den Bedarf an. Eine ausgeglichene Bilanz stellt sich beim ausgewachsenen Tier selbstverständlich auch bei höherer N-Zufuhr ein, wie in Abb. 3.4–6 dargestellt ist. Das überschüssige Eiweiß wird dabei katabolisiert, und der Stickstoff gelangt zur Ausscheidung, so daß die Bilanz stets ausgeglichen ist.

.2 Zum Leistungsbedarf

Bei wachsenden oder milchenden Tieren ist neben dem Bedarf für Erhaltung auch ein Bedarf für Leistung vorhanden. Die hauptsächlichsten Methoden zur Bedarfsbestimmung sind auch hier wieder die faktorielle Methode und Fütterungsversuche.

Bei der faktoriellen Methode wird der Gesamtbedarf in den Erhaltungs- und den Leistungsbedarf aufgegliedert. Der Nettoerhaltungsbedarf errechnet sich aus der endogenen N-Ausscheidung, der Nettobedarf für Leistung ist bei wachsenden Tieren das retinierte Eiweiß (Stickstoff), bei laktierenden Tieren das mit der Milch ausgeschiedene Eiweiß (Stickstoff). Der retinierte Stickstoff in wachsenden Tieren wird durch Analyse des Tierkörpers ermittelt. Diese Leistungsanteile müssen dann auf Proteinzufuhr umgerechnet werden. Auf den ersten Blick scheint der Zusammenhang zwischen Futterprotein und Nettobedarf durch die Begriffe BW bzw. NPU eine brauchbare Möglichkeit für diese faktorielle Berechnung des Proteinbedarfs zu bieten. Zu berücksichtigen ist hierbei jedoch, daß die Proteinretention vom Proteinangebot mit der Nahrung nichtlinear abhängt, woraus sich ergibt, daß die biologische Wertigkeit je nach Höhe der Zufuhr an Nahrungsprotein verschieden sein wird. Dies hat zur Folge, daß die unter einer bestimmten Bedingung (Tierart, Leistungsart, Proteingehalt der Nahrung) gemessene BW in erster Linie als relative Beurteilung der Proteinqualität verschiedener Nahrungsproteine anzusehen ist, während ihre Verwendung für die Bedarfsberechnung bzw. für die Voraussage des Proteinansatzes bei einer gegebenen Zufuhr nur sinnvoll erscheint, wenn ergänzende Angaben über die kurvilinearen Zusammenhänge vorliegen.

Die in den Fütterungsempfehlungen gemachten Bedarfsangaben sind meist aus Fütterungsversuchen abgeleitet. Bei dieser Art der Bedarfsermittlung werden Rationen mit unterschiedlichem Proteingehalt verfüttert und Wachstum bzw. Milchleistung gemessen. Die geringste Proteinmenge, die maximale Leistung hervorbringt, wird üblicherweise als Bedarf definiert. Betrachtet man jedoch den Zusammenhang zwischen Eiweißzufuhr und Leistung genauer, so stellt man fest, daß mit zunehmender N-Zufuhr die vom Tier ausgenutzte N-Menge relativ abnimmt. Als Beispiel ist hierzu in Abb. 3.4–7 ein Ergebnis aus Ferkelversuchen dargestellt. Wird z. B. die tägliche N-Zufuhr von 10 auf 11 g erhöht, so steigt der N-Ansatz um 0,5 g je Tier und

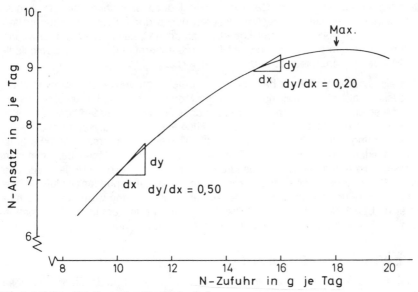

Abb. 3.4-7: **Zur Ableitung des Proteinbedarfs**

Tag an ($\Delta y \approx \Delta x \cdot dy/dx$). Sind dagegen bereits 15 g N im Futter und wird ein weiteres g N zugelegt, so nimmt der Ansatz nur noch um 0,20 g zu. Der Maximalwert war in diesem Versuch bei 18 g Futterstickstoff je Tag erreicht. Da im Bereich des maximalen N-Ansatzes sein „Zuwachs" gegen Null strebt, wird es sinnvoll sein, nicht die N-Zufuhr für maximalen N-Ansatz als Bedarfswert zu wählen, sondern eine geringere N-Zufuhr. Wie hoch diese sein soll, hängt davon ab, welchen „Zuwachs" man noch als gerechtfertigt ansieht. Dies läßt sich generell nicht beantworten, sondern hängt letztlich von den jeweiligen ökonomischen Kostenverhältnissen ab. Überlegungen dieser Art zur Bedarfsableitung werden vor allem dann eine Rolle spielen, wenn der betreffende Nahrungsfaktor sehr kostenwichtig ist, wie es beim Futterprotein zutrifft.

Die entsprechenden Daten zur Berechnung der Kurven lassen sich durch Bestimmung der N-Bilanz und durch Schlachtkörperanalyse gewinnen. Bei milchenden Tieren sind langfristige Versuche unbedingte Voraussetzung (praktisch über die gesamte Laktation), da kurzfristige Versuche infolge der Mobilisation von Körperreserven zu völlig unbrauchbaren Ergebnissen führen können.

.3 Zum Bedarf an Aminosäuren

Bei monogastrischen Tieren ist der Bedarf an Futtereiweiß nichts anderes als ein Bedarf an Aminosäuren. Die Tendenz in der Fütterungspraxis geht deshalb dahin, bei diesen Tieren neben dem verdaulichen Eiweiß auch den Bedarf an essentiellen Aminosäuren anzugeben. Allerdings ist die experimentelle Bestimmung des Aminosäurebedarfs nicht sehr einfach.

Die Schwierigkeit der Aminosäuren-Bedarfsermittlung liegt vor allem darin, eine Diät herzustellen, welche die zu prüfende Aminosäure in variierenden Mengen enthält. Man kann dies zwar durch Verwendung synthetischer Aminosäurenmischungen erreichen. Solche Gemische sind jedoch sehr teuer, da sie zwecks genauer Bedarfsermittlung alle Aminosäuren nur in der L-Form enthalten sollten. Anstelle von synthetischen Gemischen können auch Proteinhydrolysate verwendet werden, aus denen die zu prüfende Aminosäure entfernt und dann in unterschiedlicher Menge wieder zugesetzt wird.

Ein einfacheres Verfahren besteht darin, Proteine zu verwenden, die von Natur aus bestimmte Aminosäuren nur in geringer Menge enthalten. Im Versuch werden dann die entsprechenden Aminosäuren zugemischt und der Bedarf bestimmt. Weiterhin läßt sich der Bedarf an Aminosäuren auch aus Körperanalysen ableiten, wenn die Verwertungsrate in etwa bekannt ist. Schließlich stammen verschiedene Bedarfsangaben auch aus gewöhnlichen Fütterungsversuchen, in denen bei optimalem Wachstum die Aufnahme an Aminosäuren bestimmt und davon der Bedarf abgeleitet wurde. Streng genommen erlauben solche Ergebnisse aber nur den Schluß, daß der Bedarf nicht höher als die gemessene Aufnahme ist. Bislang wurden vor allem für Ferkel und Geflügel schon eine Reihe von Bedarfswerten ermittelt, die jedoch im einzelnen Fall mitunter noch ziemlich voneinander abweichen.

.4 Eiweiß-Fehlernährung

Für eine ausreichende Leistung ist eine genügende Proteinversorgung nötig. Mangelnde Eiweißzufuhr führt zu Leistungseinbußen, worüber im Teil praktische

Fütterung Beispiele gegeben werden. Andererseits sollen aber auch stark über den Bedarf liegende Proteinzufuhren vermieden werden.

Eiweißüberschuß. Überschüssiges Eiweiß bzw. Aminosäuren können sowohl im Verdauungstrakt als auch im Intermediärstoffwechsel verstärkt Eiweißabbauprodukte bedingen, die der Körper in der Leber und den Nieren entgiften muß. Nach zahlreichen Versuchsergebnissen scheinen die Entgiftungsmechanismen so hohe Kapazität zu haben, daß zumindest vorübergehend beträchtliche Eiweißmengen ohne Schaden vertragen werden können. So waren in Rattenversuchen bei Proteingehalten bis 50 % in der Diät mit Ausnahme eines erhöhten Nierengewichtes keine Unterschiede zu normal gefütterten Kontrolltieren festzustellen (LANG u. a.). Ebenso vertrugen auch Rinder und Schweine weit über dem Bedarf liegende Eiweißmengen.

Von einer Eiweißüberernährung ist die sogenannte Eiweißvergiftung zu unterscheiden, die durch giftige Eiweißverbindungen (z. B. Giftpflanzen) oder durch verdorbenes Nahrungsprotein (bakterielle Toxine u. a.) verursacht wird. Hier handelt es sich also um toxisch wirkende Substanzen, gegen die der Organismus keine oder nur eine ungenügende Abwehr besitzt.

Aminosäure-Imbalance und Aminosäure-Antagonismus. Aus den Ausführungen über Stoffwechsel der Proteine sowie biologische Proteinqualität geht hervor, daß der Körper die Aminosäuren für den Eiweißstoffwechsel in einem gegenseitigen Verhältnis benötigt, das innerhalb bestimmter Grenzen liegt. Stärkere Abweichungen von diesem Muster können zu Störungen führen. Man umreißt diese Verhältnisse mit den Begriffen Aminosäure-Imbalance und Aminosäure-Antagonismus.

Nach HARPER versteht man unter Aminosäure-Imbalance Abweichungen im Aminosäuremuster einer Diät, die zu einer Depression der Futteraufnahme oder des Wachstums führen und die durch Zugabe der limitierenden Aminosäure(n) vollständig beseitigt werden können. Wird die Wachstumsdepression hingegen durch Zugabe strukturell ähnlicher Aminosäuren, die nicht limitierend sind, beseitigt, so spricht man von Aminosäure-Antagonismus. HARPER et al. fanden beispielsweise in Versuchen an Ratten, daß zusätzliche Leucingaben zur Diät Wachstumsdepressionen hervorriefen, die durch Erhöhung der Isoleucin- und Valinzufuhr wieder rückgängig gemacht werden konnten. Andere Aminosäurepaare mit antagonistischem Verhalten sind zum Beispiel Phenylalanin ⟷ Valin und Serin ⟷ Threonin. Diese Antagonismen sind teilweise auf Konkurrenz beim Transport der Aminosäuren durch Membranen und auch teilweise auf andere Vorgänge (z. B. Steuerung der Enzymaktivitäten) zurückzuführen.

Bei der praktischen Ergänzung von Futterrationen mit Aminosäuren müssen diese Verhältnisse berücksichtigt werden. So sehr auch eine Anreicherung der limitierenden Aminosäuren in Futterrationen nützlich sein kann, so muß andererseits doch bedacht werden, daß eine überschüssige Anreicherung zu neuen Aminosäure-Imbalancen führen kann und damit nicht die erhofften Verbesserungen bringt. Manche unbefriedigenden Versuchsergebnisse bei Aminosäurenanreicherung mögen sich auf diese Weise erklären lassen.

4 Energiehaushalt

Alles Leben auf der Erde ist unlösbar mit Energieumsetzungen verbunden. Von den grünen Pflanzen wird mittels der Photosynthese Sonnenenergie in chemische Energie organischer Stoffe umgesetzt, die ihrerseits dem Tier und Menschen als Energiequelle für Lebenserhaltung und Leistung dient. Der Organismus bedient sich dabei einer stufenweisen Oxydation der Nährstoffe (Atmung), um die chemische Energie der Nahrung zu nutzen. Soweit die Energie nicht in Form von Körpermasse gespeichert wird, geht sie schließlich als „wertlose" Wärme an die Umgebung zurück. Die einzelnen Stufen und Umwandlungen dieses Energiestromes im biologischen Bereich werden von der **Bioenergetik** untersucht.

4.1 Energie: Begriff, Einheit und Grundgesetzmäßigkeiten

4.1.1 Begriff

Energie ist ein abstrakter Begriff; was wir wahrnehmen können, sind nur die verschiedenen Erscheinungsformen der Energie: Atomenergie, elektrische Energie, chemische Energie, mechanische Energie, Wärme usw. Als Abstraktum ist Energie nach Max PLANCK als die „dem System innewohnende Fähigkeit, äußere Wirkungen hervorzubringen" definiert. Man kann vereinfacht auch sagen, daß Energie die Fähigkeit eines Körpers (Systems) ist, Arbeit zu leisten.

4.1.2 Einheit

Energie selbst kann man nicht messen, jedoch ihre verschiedenen Erscheinungsformen. Diese sind durch geeignete Vorrichtungen auch ineinander überführbar. Allerdings ist die Überführung in den meisten Fällen nur unvollständig möglich. Die Physik lehrt aber, daß alle Energieformen leicht in Wärme umwandelbar sind, so daß die Messung von Energieformen stets durch Wärmemessung möglich ist. Dies gilt im besonderen für die chemische Energie der Nahrungsstoffe und des Tierkörpers.

Die Einheit der Energie ist nach dem jetzt gültigen internationalen Einheitensystem (SI-Einheiten) das Joule (gespr. „dżul"). Nach seiner Definition stellt es die Energiemenge dar, die notwendig ist, um ein kg Masse bei einer Beschleunigung von einem Meter pro Sekundenquadrat längs eines Weges von einem Meter zu bewegen (1 J = 1 kg $\cdot$ m$^2 \cdot$ s^{-2}).

Früher war bei Wärmemessungen die übliche Energieeinheit die Kalorie (cal). Es ist etwa die Wärmemenge, die notwendig ist, um 1 g Wasser um 1 °C zu erwärmen. Die Festsetzung der Kalorie erfolgte jedoch schon seit langem durch elektrische Energiemessungen, da diese genauer standardisiert werden können. Als Einheit diente die Wattsekunde, die gleich einem Joule ist. Auf diese Weise war auch die vorher verwendete Kalorie durch das Joule definiert, so daß die Umstellung von der Kalorie auf das Joule eigentlich keine prinzipielle Änderung darstellt. In der Praxis ergeben sich jedoch Unterschiede insofern, als die numerische Beziehung der Kalorie zum Joule in einzelnen Ländern bzw. Einheitensystemen mit verschiedenen

Übersicht 4.1–1: **Energieeinheiten**

1000 J	= 1 kJ (Kilojoule)	1 cal	= 4,186 J
1000 kJ	= 1 MJ (Megajoule)	1 kcal	= 4,186 kJ
		1 Mcal	= 4,186 MJ

Umrechnungsfaktoren belegt worden war. So war vor allem im angelsächsischen Bereich die sog. Rossini-Kalorie (1 cal = 4,184 J) gebräuchlich, während nach einer anderen Definition 1 cal = 4,186 J entsprachen. Letztere Beziehung wurde in der Bundesrepublik Deutschland im Rahmen der Einführung des neuen Futterbewertungssystems für Milchkühe allgemein als Umrechnungsfaktor in der Tierernährung empfohlen. Vom Standpunkt der bei ernährungsphysiologischen Energiemessungen erzielbaren Genauigkeit aus beurteilt spielen jedoch die in der dritten Kommastelle definitionsgemäß bestehenden Unterschiede dieser Faktoren letztlich keine Rolle. Da solche Umrechnungen auch in Zukunft vor allem im Zusammenhang mit der Benutzung bisheriger ernährungsphysiologischer Literatur ständig erfolgen müssen, sind beide Energieeinheiten in Übersicht 4.1–1 zusammengestellt.

4.1.3 Grundgesetzmäßigkeiten

Alle im Organismus ablaufenden biochemischen Reaktionen sind mit einem Energieumsatz verbunden. Für diesen Umsatz gelten bestimmte Gesetzmäßigkeiten, die von der Thermodynamik beschrieben werden. Die zunächst in der Physik und Chemie entwickelten thermodynamischen Gesetze gelten auch in der Biologie.

Sie beschreiben jedoch nicht alle biologischen Prozesse, da diese Gesetze in ihrer klassischen Form nur den energetischen Anfangs- und Endzustand eines Vorganges berücksichtigen. Im Organismus spielen aber für die ablaufenden Vorgänge auch die Zeit und Geschwindigkeit eine Rolle. Zur Gesetzmäßigkeit der Energieumwandlung im Tier sollen hier jedoch nur die beiden bekanntesten Gesetze der Thermodynamik angeführt werden, die bei bilanzmäßiger Untersuchung und zum Verständnis des tierischen Energieumsatzes von grundlegender Bedeutung sind.

Der **1. Hauptsatz** der Thermodynamik besagt, daß Energie weder entstehen noch vergehen kann oder, was dasselbe bedeutet, daß die gesamte Energie in einem abgeschlossenen System unabhängig von den ablaufenden Vorgängen konstant bleibt. Betrachtet man Futter und Tier als ein solches System, so gilt die Beziehung:

$$I = V + H + R + A$$

Es bedeuten: I = Energieaufnahme, V = Energieverluste in den Ausscheidungen (Kot, Harn, Methan), H = Abgabe von Wärme, R = Energie in tierischen Produkten (Eiweiß- und Fettansatz, Milch, Eier), A = Energieabgabe in Form von mechanischer Arbeit (z. B. Bewegung der Tiere). Hierbei sind alle Energieformen in derselben Einheit (Joule) auszudrücken.

Aus dem **2. Hauptsatz** der Thermodynamik geht hervor, daß freiwillig verlaufende Energieumsetzungen eine Richtung besitzen. Die Vorgänge gehen spontan nur von einem geordneten Zustand (z. B. Glukosemolekül) in einen weniger geordneten Zustand (H_2O- und CO_2-Moleküle) über, niemals umgekehrt. Als Maß für den Zustand der Unordnung dient die **Entropie**, sie steigt mit zunehmender Unordnung an. Multipliziert man die Entropie mit der Temperatur, so erhält man die Dimension einer Energie. Diese Energie ist Wärmeenergie mit der besonderen Eigenschaft, daß sie nicht mehr in eine andere Energieform übergeführt werden kann. Übertragen auf den Stoffwechsel heißt dies, daß alle Abbauvorgänge mit einer Entropiezunahme verbunden sind, die als Wärmeenergie auftritt und nur der Aufrechterhaltung der Körpertemperatur dienen kann, ansonsten aber als unbrauchbare Energie an die Umgebung abgegeben wird. Gemessen an der gesamten Energieänderung sind diese thermodynamisch zwangsläufig bedingten Entropieänderungen beim biologischen Abbau jedoch relativ gering, wie das folgende Beispiel zeigt: Wird Essigsäure zu Wasser und CO_2 oxidiert, so beträgt die entropiebedingte Wärmebildung nur 9 kJ/mol bei einem gesamten Energieumsatz von 876 kJ/mol. Der größte Teil der Energie beim Abbau organischer Verbindungen ist zur Leistung von Arbeit frei verfügbar und wird als (Gibbs'sche) freie Energie bezeichnet. Im Beispiel der Essigsäure beläuft sich die freie Energie auf 867 kJ/mol. Allerdings sind solche Zahlenwerte nur als theoretische Möglichkeit der Arbeitsfähigkeit zu verstehen. Die Zelle ist nämlich bei weitem nicht imstande, diese thermodynamisch mögliche Arbeit voll zu nutzen (siehe hierzu 4.2.1).

Welche Verhältnisse liegen nun bei Biosynthesen vor? Da große und kompliziert gebaute Moleküle einen hohen Ordnungszustand darstellen, wird die Entropie bei der Synthese dieser Moleküle aus kleinen Bausteinen abnehmen. Solche Vorgänge sind deshalb von sich aus nicht möglich. Sie können nur dann ablaufen, wenn gleichzeitig Energie über andere Reaktionen zugeführt wird, die ihrerseits mit einer entsprechenden Entropiezunahme verbunden sind. Dieses Prinzip nimmt der Organismus in der Weise wahr, daß die Zufuhr von Energie für Synthesen aus der ständigen Oxidation von Nährstoffen gewonnen wird. Man spricht in diesem Zusammenhang von gekoppelten Reaktionen. Neben den Biosynthesen (chemische Arbeit) muß der Organismus noch zwei wesentliche Arbeiten leisten, nämlich Transportarbeit und mechanische Arbeit. Diese Vorgänge laufen ebenfalls nur unter Energiezufuhr ab.

Insgesamt existiert im Organismus also ein wechselvolles Spiel zwischen freie Energie bildenden und freie Energie verbrauchenden Vorgängen. Aufgrund der dabei prinzipiell vorliegenden Gesetzmäßigkeiten ist es möglich, quantitative Zusammenhänge unter verschiedenen Bedingungen zu untersuchen und für die Berechnung der Nährstoffverwertung durch das Tier zunutze zu machen.

4.2 Energieumsetzung im Tier

Der tierische Organismus ist zur Verwirklichung der Lebensfunktionen (Körpertemperatur, Ausbildung von Strukturen, elektrischen Potentialen, Oberflächen, Leistung von mechanischer Arbeit sowie Aufbau von Körperbestandteilen) auf ständige Zufuhr von Energie angewiesen. Dies geschieht normalerweise durch Aufnahme von Nahrungsstoffen, vorübergehend kann die Energie auch aus Reserven (Abbau von Körpersubstanz) entnommen werden. Die dabei auftretenden Fragen der Energiebilanzen bzw. Energieausnutzung können sowohl aus der Kenntnis der biochemischen Reaktionswege als auch durch Messung im Stoffwechselexperiment untersucht werden.

4.2.1 Theoretische Berechnung von Energiebilanzen im Intermediärstoffwechsel

.1 Energielieferung der Nährstoffe

Die in den aufgenommenen Nährstoffen enthaltene Energie darf zur Energielieferung während der Abbauvorgänge nicht als Wärme freigesetzt werden. Wärme könnte das Tier nämlich nicht zur Leistung von Arbeit verwerten, da Wärme nur bei Vorliegen eines Temperaturgefälles in Arbeit umgewandelt werden kann. Der lebende Organismus ist aber isotherm. Während der Oxydationsvorgänge wird die Energie der Nährstoffe deshalb nicht freigesetzt, sondern als chemische Energie gespeichert. Die Speicherform ist das Adenosintriphosphat (ATP).

Bei der Bildung des ATP kann nur ein Teil der durch chemische Abbauvorgänge freiwerdenden Energie gespeichert werden. Dieser Energiebetrag ist weitaus geringer als der thermodynamisch mögliche Maximalbetrag. Zum Beispiel Glucose: Die vollständige Oxydation von Glucose liefert thermodynamisch 2872 kJ/mol Arbeitsenergie. Im ATP werden jedoch nur 1242 kJ gespeichert, das sind 43 %. Die Ursache dieser beschränkten Ausnutzbarkeit liegt darin, daß die molekularen Vorrichtungen der Zelle, die die Überführung der Nahrungsenergie in ATP-Energie bewirken, nicht „reibungslos" arbeiten. Reibung im allgemeinen physikalischen Sinne bedeutet aber Bildung „wertloser" Wärme. Die nicht im ATP gespeicherte Energie wird vom Organismus nach außen abgegeben. Abgesehen von ihrem Beitrag zur Aufrechterhaltung der Körpertemperatur ist sie ohne Nutzen für das Tier.

Man kann nun die Wirksamkeit der Energiespeicherung auch dadurch kennzeichnen, daß man angibt, wieviel Energie eines Nährstoffes zur Verfügung stehen muß, um 1 mol ATP aus Adenosindiphosphat und anorganischem Phosphat zu bilden. Da für die wichtigsten Nährstoffe die Abbaureaktionen und die gleichzeitig damit mögliche Bildung von ATP bekannt sind, läßt sich dieser Energieaufwand theoretisch berechnen. Als Beispiel ist zunächst in Übersicht 4.2–1 der ATP-Anfall bei der energetischen Verwertung von Glucose und einiger kurzer Fettsäuren des Pansens aufgezeigt. Die Übersicht gibt gleichzeitig noch eine Ergänzung zum Stoffwechsel dieser Fettsäuren (vgl. 3.2.3).

Unter der Voraussetzung, daß zwischen Abbaureaktion und ATP-Bildung maximale Koppelung besteht, erhält man zusammenfassend die in Übersicht 4.2–2 aufgezeigten Werte für das ATP-Bildungsvermögen der verschiedenen Nährstoffe.

Der in ATP überführbare Anteil an Energie hängt also von der abgebauten Substanz ab. So werden Glucose und langkettige Fettsäuren für die Energiegewinnung am günstigsten ausgenutzt, während Protein ein relativ schlechter Energielieferant ist.
Auf diese unterschiedliche Ausnutzung bzw. Wärmeproduktion bei der Synthese einer bestimmten Menge ATP je nach dem verwendeten Brennstoff ist unter anderem auch die Ursache der unterschiedlichen spezifisch dynamischen Wirkung von einzelnen Nährstoffen zurückzuführen. Man versteht darunter die Steigerung der Wärmebildung durch Nahrungsaufnahme. Sie beträgt bei Nahrungszufuhr in Höhe des Erhaltungsbedarfs für Fette und Kohlenhydrate etwa 3 – 6 % und für Proteine etwa 15 – 20 % des Energiegehaltes.

Übersicht 4.2–1: **Erzeugung von ATP bei der Oxidation von Glucose, Essig- und Buttersäure**

```
GLUCOSE                                              ATP-BILANZ
  ↓                                                    −1
Glucose-6-ⓟ
  ↓
Fructose-6-ⓟ
  ↓                                                    −1
Fructose-1-ⓟ-6-ⓟ
  ↓
2 Glycerinaldehyd-3-ⓟ
  ↓                          2 NADH+H⁺               + 2·2*
2 Glycerinsäure-1,3-ⓟ
  ↓                                                  + 2·1
2 Glycerinsäure-3-ⓟ
  ↓
2 Enolpyruvat-ⓟ
  ↓                                                  + 2·1
2 Pyruvat
  ↓                          2 NADH+H⁺              + 2·3
2 Acetyl-CoA
  │  über Citratzyklus
  │  und Atmungskette                                + 2·12
  ↓
6 CO₂ + 6 H₂O                                        36 ATP

ESSIGSÄURE
  ↓                                                    −2
Acetyl-CoA
  ↓                                                  +12
2 CO₂ + 2 H₂O                                        10 ATP

BUTTERSÄURE
  ↓                                                    −2
Butyryl-CoA
  ↓                          FADH₂                    +2
Crotonyl-CoA
  ↓
β-Hydroxybutyryl-CoA
  ↓                          NADH+H⁺                  +3
Acetoacetyl-CoA
  ↓
2 Acetyl-CoA
  ↓                                                  +2·12
4 CO₂ + 4 H₂O                                        27 ATP
```

*Oxidation extramitochondrialer NADH-Moleküle

.2 Energieaufwand für Biosynthesen

Ebenso wie beim Energielieferungsvermögen versucht man, aus der Kenntnis der intermediären Reaktionen auch abzuleiten, welche energetische Verwertung der Nährstoffe bei Synthesen zu erwarten ist. Als Verwertung oder Wirkungsgrad ist dabei das Verhältnis

energ. Verwertung d. Nähr- = gewonnene Energie / aufgewendete Energie
stoffe

zu verstehen. Man geht also so vor, daß dem Energiewert der gebildeten Substanz der Energiewert der Ausgangsstoffe und die für die Synthese aufzubringende Energie gegenübergestellt wird. Am Beispiel der Synthese von Glucose aus Propionsäure ist dieser Rechengang in Übersicht 4.2–3 demonstriert.

Übersicht 4.2–2: **ATP-Bildungsvermögen der Nährstoffe**

	Energiegehalt kJ/mol	gebildete Mole ATP	je Mol ATP verbrauchte Energie kJ
Essigsäure	876	10	87,6
Propionsäure	1536	18	85,3
Buttersäure	2194	27	81,3
Stearinsäure	11346	146	77,7
Glucose	2816	36	78,2
Casein	2144*	22,6**	94,9

* kJ umsetzbare Energie/100 g
** Mol ATP / 100 g

Weitere Angaben über die energetische Verwertung bei verschiedenen Synthesen sind in Übersicht 4.2–4 aufgezeigt. Die Zahlen sollten jedoch nur als Richtgrößen angesehen werden, da den Berechnungen optimale Reaktionsverhältnisse zugrunde liegen, wie sie im Organismus nicht immer gegeben sind. Hinzu kommt, daß gerade die beiden wesentlichen Syntheseprozesse der Körpermassezunahme – Bildung von Körperfett und Körperprotein – in ihrer energetischen Effizienz theoretisch nur schwer einzuschätzen sind. So liegt der Umwandlungsverlust bei der Körperfettsynthese je nach dem Anteil des direkten Einbaus von Nahrungsfett in Körperfett zwischen 5 und 30 %. Die Höhe dieses Anteils kann aber aus den intermediären Reaktionswegen nicht abgeleitet werden. Bei der Proteinsynthese aus Aminosäuren ergibt sich das Problem, daß die Berechnung des Wirkungsgrades noch durch die Unsicherheit des ATP-Aufwandes für einzelne Reaktionsschritte des komplizierten Synthesevorganges erschwert ist. Die Angaben über den ATP-Aufwand liegen nach den derzeitigen Kenntnissen bei 4–6 mol ATP je mol Aminosäuren, woraus der in Übersicht 4.2–4 genannte Wirkungsgrad der Proteinsynthese von 80 – 90 % resultiert. Allein diese bestehenden Unsicherheiten in der theoretischen Abschätzung des Syntheseaufwandes machen einen Vergleich der berechneten Werte mit Ergebnissen von Gesamtstoffwechselversuchen unerläßlich (siehe 4.2.3).

Übersicht 4.2-3: **Wirkungsgrad der Synthese von Glucose aus Propionsäure**

ATP-Bilanz

Propionat	2 ATP	− 2
Propionyl-CoA	ATP	− 1
Methyl-Malonyl-CoA		
Succinyl-CoA	GDP → GTP	+ 1
Succinat	FAD → FADH$_2$	+ 2
Fumarat	NAD → NADH+H$^+$	+ 3
Oxalacetat	ITP	− 1
Enolpyruvat-(P)	ATP, NADH+H$^+$	− 4
1/2 Glucose		− 2

Gesamtbilanz: Aufwand von 2 ATP je 1/2 Glucose
oder 4 ATP je 1mol Glucose
Energiewerte: Glucose 2816 kJ
Propionsäure 1536 kJ
ATP 85 kJ
(vgl. Übersicht 4.2-2)

Wirkungsgrad = $\dfrac{2816 \cdot 100}{2 \cdot 1536 + 4 \cdot 85}$ = 83 % *Verwendung des C$_3$ liegt bei 83%.*

Übersicht 4.2-4: **Energetischer Wirkungsgrad von Nährstoffen bei der Synthese von Körpersubstanz**

Synthese	energetischer Wirkungsgrad (berechnet)
Fettsynthese	
Glucose → Tripalmitat	80
Acetat → Palmitinsäure	72
Nahrungsfett → Körperfett	70 – 95
Protein (Fischmehl) → Körperfett	65
Proteinsynthese aus Aminosäuren	80 – 90
Kohlenhydratsynthese	
Milchsäure → Glucose	87
Propionsäure → Glucose	83
Glucose → Glykogen	97
Glucose → Milchzucker (Lactose)	96

4.2.2 Messung des Energieumsatzes im Stoffwechselversuch

Die mit der Nahrung zugeführte Energie wird im Tier in einem schrittweisen Vorgang letztlich für die Erhaltung der Lebensfunktionen und den Aufbau von Körpersubstanz bzw. tierischen Produkten verwertet. Hierbei treten an verschiedenen Stellen Energieverluste auf, die im energetischen Gesamtstoffwechselversuch erfaßt werden können.

.1 Bilanzstufen des Energiewechsels

Bei Energiewechselmessungen wird gewöhnlich folgende Gliederung in Bilanzstufen verwendet (Übersicht 4.2–5):

Bruttoenergie (GE). Darunter ist die in der Nahrung enthaltene chemische Energie zu verstehen, die durch Verbrennung im Bombenkalorimeter als die dabei freigesetzte Wärme erfaßt wird. In Übersicht 4.2–6 ist die Verbrennungswärme einiger Substanzen wiedergegeben.

Verdauliche Energie (DE). Ein wechselnder Anteil des vom Tier aufgenommenen Futters wird jeweils mit dem Kot ausgeschieden. Damit wird auch ein Teil der Bruttoenergie ausgeschieden. Zieht man diese im Kot enthaltene Energie – sie wird ebenfalls durch Verbrennung von Kot im Bombenkalorimeter bestimmt – von der Bruttoenergie ab, erhält man die verdauliche Energie des Futters. Man muß sich allerdings darüber im klaren sein, daß im Kot auch Energie enthaltene Substanzen sind, die schon verdaut waren. Wir bestimmen also nur die scheinbar verdauliche Energie.

Umsetzbare Energie (ME). Ein Teil der verdaulichen Energie geht dem Organismus mit dem Harn und beim Wiederkäuer auch in Form der Gärungsgase (Methan) verloren. Wenn man diesen Anteil von der verdaulichen Energie abzieht, erhält man

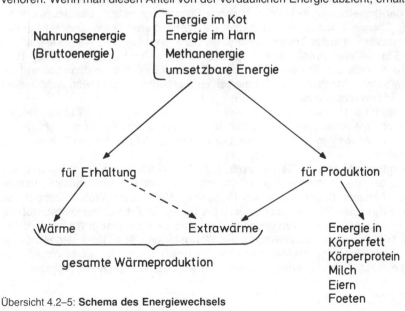

Übersicht 4.2–5: **Schema des Energiewechsels**

Übersicht 4.2–6: **Verbrennungswärme einiger Substanzen**

Substanz	kJ/g
Protein, im Mittel	23,8
Casein	24,5
Harnstoff	10,5
Erdnußöl	39,7
Schweineschmalz	38,8
Butterfett	38,9
Stärke, im Mittel	17,3
Glykogen	17,5
Futtercellulose	17,8
Glucose	15,6
Saccharose	16,5
Lactose	16,4
Essigsäure	14,6
Propionsäure	20,8
Methan	55,2

die umsetzbare Energie. Ihre analytische Erfassung ist beim Wiederkäuer nicht ganz einfach, da zusätzlich die gasförmigen Ausscheidungen gemessen werden müssen, was sehr aufwendige Apparaturen (Respirationsanlagen) erfordert. Die umsetzbare Energie ist bei monogastrischen Tieren die Höchstmenge an Energie, die dem Organismus zur Erhaltung der Lebensfunktionen und zur Neubildung von Stoffen (Protein, Fett usw.) zur Verfügung steht. Beim Wiederkäuer stimmt dies nicht ganz, da bei den Gärungsvorgängen im Pansen auch Wärme (Fermentationswärme) entsteht, die man jedoch nicht gesondert erfassen kann. Sie ist deshalb rechnerisch in der umsetzbaren Energie enthalten.

Wärmeenergie (H). Die vom Tier abgegebene Wärme setzt sich aus zwei Anteilen zusammen. Sie umfaßt zum einen die Wärmebildung, die aus dem Erhaltungsstoffwechsel stammt, und zum anderen Wärme, die als Energieverlust[1]) bei der Umwandlung der umsetzbaren Energie in tierische Substanzen auftritt. Die Hauptursache dieses Energieverlustes liegt darin, daß die intermediären Umsetzungen nach den Gesetzmäßigkeiten der Thermodynamik mit der Freisetzung von Wärme verbunden sind. Ein weiterer Anteil stammt aus der Energie für Kau-, Verdauungs- und Transportarbeit, die für das betreffende Futter aufgewendet werden muß und die ebenfalls den Organismus als Wärme verläßt. Schließlich kommt beim Wiederkäuer noch die Fermentationswärme hinzu.

Bei niedriger Umwelttemperatur kann diese Extrawärme für das Tier von Nutzen sein, wenn sie zusätzlichen Abbau von Nährstoffen zwecks Temperaturregulierung verhindert. Ansonsten ist sie für das Tier wertlos und als Verlust an Futterenergie anzusehen.

Energieretention und Nettoenergie (RE, NE). Nach Abzug der Wärmeproduktion von der umsetzbaren Energie erhält man die in Form von Körperansatz (Proteinansatz, Fettansatz) und tierischen Produkten (Milch, Eier, Wolle) gespeicherte Energie (Energieretention). Befindet sich ein Tier nur im Erhaltungsstoffwechsel (RE = null), so geht die damit verbundene umsetzbare Energie ganz in Wärme über. Bei völligem Nahrungsentzug entspricht die Wärmebildung des Tieres der Menge an abgebauter Körperenergie (negative Energieretention). Wird der Abbau von Körperenergie durch Nahrungsenergie eingespart, so entsteht bei diesem Vorgang eine

---

[1]) Früher wurde dieser Energieverlust „thermische Energie" bezeichnet. Treffender sind jedoch Ausdrücke wie Extrawärme oder Wärmezuwachs (im Engl. heat increment).

$$RE = NE - H$$

zusätzliche Wärmebildung, die man analog den Verhältnissen beim Produktionsstoffwechsel als Extrawärme bei der Erhaltung verstehen kann. Diese Einsparung von Körperenergie sowie die Retention von Energie in Körpergeweben und tierischen Produkten stellt also letztlich den eigentlichen Energiegewinn dar, den das Tier aus einer bestimmten Futtermenge erzielt hat. Will man diesen Sachverhalt besonders betonen, so spricht man von der **Nettoenergie** des Futters. Dieser Begriff, der besonders im Hinblick auf die Futterbewertung von Bedeutung ist, ergibt sich also formelmäßig wie folgt:

$$NE_{Futter} = GE - E_{Kot} - E_{Harn} - E_{CH_4} - \text{Extrawärme}.$$

Entsprechend dem Schema des Energiewechsels in Übersicht 4.2–5 lassen sich verschiedene Quotienten der Energieausnutzung beschreiben. Die gebräuchlichen Ausdrücke sind in Übersicht 4.2–7 zusammengestellt. Beim energetischen Wirkungsgrad der Energieverwertung sind der Gesamtwirkungsgrad und der Teilwirkungsgrad zu unterscheiden. Beide werden stets auf die umsetzbare Energie bezogen. Sie drücken aus, welcher Anteil der ME in der Retentionsform i gespeichert wird, wobei jedoch beim Teilwirkungsgrad nur diejenige ME zugrundegelegt wird, die für die entsprechende Retention zur Verfügung steht. Durch entsprechende Indices lassen sich die einzelnen Wirkungsgrade spezifizieren. Gebräuchliche Indices sind z. B.: m = Erhaltung, g = Wachstum (Protein- und Fettansatz), p = Proteinansatz, f = Fettansatz, l = Laktation, k = Konzeptionsprodukte.

Beispiele:

Gesamtwirkungsgrad beim Wachstum $\quad k_{m+g} = \dfrac{\Delta RE_g}{ME}$

Teilwirkungsgrad beim Wachstum $\quad k_g = \dfrac{\Delta RE_g}{\Delta ME_g}$

Teilwirkungsgrad bei Erhaltung $\quad k_m = \dfrac{\Delta RE_m}{\Delta ME_m}$

(dabei entspricht ΔRE_m der Energie des eingesparten Körperabbaues)

Übersicht 4.2–7: **Begriffe der Energieausnutzung**

Verdaulichkeit der Energie	d_E	$= \dfrac{DE}{GE}$
Umsetzbarkeit der Energie	q	$= \dfrac{ME}{GE}$
Gesamtwirkungsgrad	k_{m+i}	$= \dfrac{\Delta RE_i}{ME}$, $RE > 0$
Teilwirkungsgrad (partieller Wirkungsgrad)	k_i	$= \dfrac{\Delta RE_i}{\Delta ME_i}$

.2 Methodik der Energiewechselmessung

Soweit es sich bei Untersuchungen zum Energiewechsel um die energetische Bestimmung von Stoffen handelt, die vom Tier aufgenommen oder ausgeschieden werden, ist deren bilanzmäßige Erfassung relativ einfach. Man bestimmt die umgesetzten Stoffmengen sowie die entsprechenden Verbrennungswärmen. Dies gilt für die Futterenergie, Kotenergie, Harnenergie, Methanenergie wie auch für die retinierte Energie in Form von Milch oder Eiern. Schwieriger gestaltet sich dagegen die Messung der Wärmeproduktion und der Retention von Energie in Form des Körperansatzes. Unter Verwendung der Beziehung RE = ME − H stehen hierfür im wesentlichen folgende Methoden zur Verfügung:

a) **Direkte Kalorimetrie** − Bei dieser Methode wird die Wärmeabgabe des Tieres mit Hilfe sehr aufwendiger Apparaturen direkt gemessen. Die Apparaturen beruhen heute auf dem Temperaturgradientenprinzip, d. h. der Wärmestrom von der Tierkammer an die Umgebung kann aufgrund eines Temperaturgefälles über Thermoelemente gemessen werden.

b) **Indirekte Kalorimetrie** − Hierbei wird die Wärmeabgabe indirekt über den Sauerstoffverbrauch in Verbindung mit der CO_2-Ausscheidung und der Harn-N-Ausscheidung ermittelt (RQ-Methode). Man geht dabei von der Tatsache aus, daß die Oxydation von Nährstoffen im Körper mit dem Sauerstoffverbrauch und der CO_2-Produktion in Beziehung steht. Aus den oxydierten Mengen an Proteinen, Kohlenhydraten und Fetten und den dabei auftretenden Wärmemengen ergibt sich die gesamte Wärmeproduktion. Auskunft darüber, welche dieser Substanzen im Körper oxydiert wurden, gibt der respiratorische Quotient und die N-Ausscheidung im Harn. Der respiratorische Quotient (RQ) ist als das Volumen-(genauer: molare) Verhältnis von abgegebenem CO_2 zu aufgenommenem O_2 definiert. Man erhält beispielsweise für die Oxydation von Glucose gemäß der Gleichung

$$C_6H_{12}O_6 + 6\,O_2 \rightarrow 6\,CO_2 + 6\,H_2O \text{ einen } RQ = 6\,CO_2/6\,O_2 = 1{,}00.$$

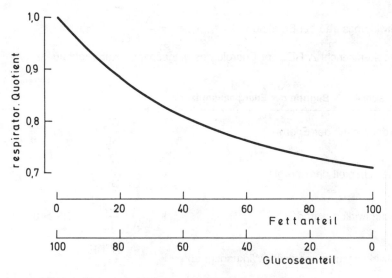

Abb. 4.2−1: **Respiratorischer Quotient von Fett-Glucose-Gemischen**

Für die verschiedenen Fette ergibt sich ein durchschnittlicher RQ = 0,71 und für Protein ein RQ = 0,81. Bei der Oxydation eines Gemisches aus Fett und Glucose liegt der RQ je nach den prozentualen Anteilen dieser beiden Substanzen entsprechend zwischen 0,71 und 1,00 (siehe Abbildung 4.2–1). Der respiratorische Quotient ermöglicht in Verbindung mit dem Sauerstoffverbrauch und dem CO_2-Anfall die Berechnung der abgebauten Menge an Fett und an Kohlenhydraten, während die oxydierte Proteinmenge aus dem Harn-N ermittelt wird. Beim Wiederkäuer ist schließlich noch die Fermentationswärme zu berücksichtigen, die über die Methanmenge berechnet wird. Der gesamte Rechengang läßt sich durch folgende Formel ausdrücken: Wärmebildung H (kJ) = 16,18 · O_2 (in l) + 5,02 · CO_2 (in l) – 2,17 · CH_4 (in l) – 5,99 · N (in g).

c) **Messung des Energieansatzes aufgrund der CN-Bilanz-Technik** – Bei diesem Verfahren wird die im Tier abgelagerte Energie – oder im Falle des Erhaltungsstoffwechsels der Abbau von Körperenergie – aus der Kohlenstoff- und Stickstoffbilanz ermittelt. Dabei unterstellt man, daß der energetische Ansatz oder Abbau nur in Form von Fett und Protein erfolgt. Da die CN-Methode sehr verbreitet ist, soll sie an einem Beispiel aufgezeigt werden:

	Periode I (Grundration)		Periode II (Grundration + Zulage)	
	C g	N g	C g	N g
Futter	2500	160	3600	200
Kot	600	35	700	50
Harn	100	120	130	140
CH_4	130	–	160	–
CO_2	1570	–	2110	–
Bilanz	+ 100	+ 5	+ 500	+ 10
Unterschied zwischen I und II	–	–	+ 400	+ 5

Der durch die Zulage bewirkte Mehransatz von 400 g C und 5 g N pro Tag wird nun auf Energie umgerechnet. Für diese Berechnung gelten die auf dem 3. Energiesymposium in Troon festgelegten Zahlenwerte, welche in Übersicht 4.2–8 angegeben sind.

Übersicht 4.2–8: **Konstanten zur Berechnung des Energieansatzes**

	C %	N %	kJ/g
Protein	52	16	23,8
Fett	76,7	–	39,7

angesetzte Energie (kJ) = 51,83 · C (in g) – 19,40 N (in g)

Im Beispiel erhalten wir für den Energieansatz:

Energieansatz = 51,83 · 400 – 19,40 · 5 = 20 635 (kJ).

Die Futterzulage hatte also ein Nettoenergiewirkung von 20,6 MJ. Selbstverständlich läßt sich auch die Extrawärme berechnen, wenn die Energiewerte von Futter, Kot, Harn und Methan und damit die umsetzbare Energie gemessen wurde und davon der Energieansatz abgezogen wird.

d) Vergleichende Schlachttechnik – Eine weitere Möglichkeit, den Energieansatz zu messen, besteht darin, den gesamten Tierkörper nach Versuchsende zu analysieren und mit dem Energiegehalt von gleichartigen Geschwistern zu Versuchsbeginn zu vergleichen. Eine routinemäßige Anwendung dieser Methode ist

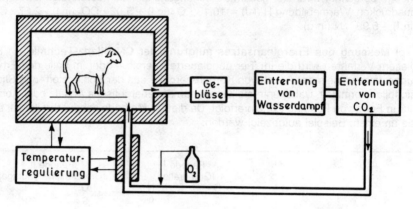

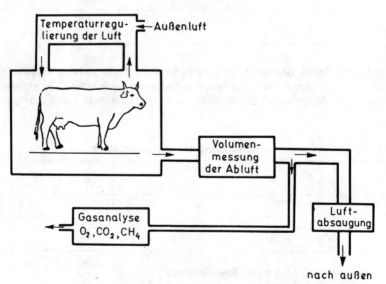

Abb. 4.2–2: **Respirationsanlage (schematisiert), oben: geschlossenes System, unten: offenes System**

jedoch bei Großtieren nicht möglich. Auch lassen sich Studien über den zeitlichen Verlauf von Wärmeproduktion und Energieansatz damit nicht durchführen.

Technik der Gaswechselmessungen. – Sowohl zur Messung der C-Bilanz als auch zur indirekten Bestimmung der Wärmeproduktion sind Apparaturen zur Erfassung des Gaswechsels notwendig. Diese heißen Respirationsanlagen. Sie bestehen im Prinzip aus einer oder auch mehreren Kammern zur Aufnahme der Versuchstiere sowie den technischen Einrichtungen zur Erfassung und Analyse der Gase. Hinsichtlich der Luftführung unterscheidet man grundsätzlich zwei Systeme, nämlich das geschlossene und das offene System (siehe Abbildung 4.2–2).

Beim **geschlossenen** System wird die Luft kontinuierlich umgepumpt. Das vom Tier produzierte Kohlendioxid und der Wasserdampf werden über sogenannte Absorber laufend entfernt, Sauerstoff wird dem System entsprechend dem Verbrauch zugeführt.

Aus dem absorbierten Kohlendioxid, dem eingeströmten Sauerstoff und der Gaszusammensetzung der Kammerluft zu Versuchsbeginn und Versuchsende erhält man die Daten für den Gaswechsel des Tieres. Bei Versuchen mit Wiederkäuern ergibt sich der Nachteil, daß CH_4 in der Kammerluft angereichert wird. Länger dauernde Versuche sind deshalb nicht möglich.

Beim **offenen** System wird ständig Frischluft durch die Kammer gesaugt. Der Gaswechsel des Versuchstieres wird dabei aus der Differenz der Gaszusammensetzung der zugeführten und der abgesaugten Luft und dem durchgeströmten Luftvolumen ermittelt. Für die Messung des Luftvolumens stehen Pumpen oder neuerdings auch Strömungsmesser, für die Gasanalyse automatische Gasanalysegeräte zur Verfügung. Im Gegensatz zum geschlossenen System ist es bei diesem System möglich, den zeitlichen Verlauf des Gaswechsels kontinuierlich zu erfassen.

4.2.3 Energetische Verwertung der Nahrungsenergie

Aus den bioenergetischen Reaktionsvorgängen im Organismus lassen sich Aussagen über die Energieausnutzung bei einzelnen Substraten machen, wie in Abschnitt 4.2.1 gezeigt wurde. Die Ergebnisse sind jedoch meist mit Unsicherheiten behaftet, auch widerspiegeln sie vor allem nicht das komplexe Geschehen der Nahrungsaufnahme, der Nahrungsaufbereitung sowie des Nährstofftransportes. Diese Faktoren spielen besonders beim Wiederkäuer eine Rolle. Für praktische Kalkulationen des Energiestoffwechsels sind deshalb Messungen der Energieverwertung im Gesamtstoffwechselversuch unerläßlich.

.1 Energieverwertung bei Monogastriden

In Übersicht 4.2–9 sind einige Angaben für die Verwertung von Glucose und Protein zur Körperfettsynthese bei Schwein und Ratte (NEHRING, SCHIEMANN u. a.) aufgezeigt. Für die Fettsynthese aus Protein decken sich die gemessenen Werte mit der theoretischen Erwartung, für die Fettbildung aus Kohlenhydraten liegen sie etwas darunter. Insgesamt kann man also von einer guten Übereinstimmung sprechen. Interessant ist die Feststellung, daß auch beim Wiederkäuer ähnliche Teilwirkungsgrade gemessen wurden, wenn die Substrate Glucose oder Casein unter Umgehung der Vormagenverdauung direkt in den Labmagen infundiert wurden (ARMSTRONG, BLAXTER, MARTIN).

Übersicht 4.2–9: **Verwertung von Glucose und Protein zur Fettsynthese im Gesamtstoffwechselversuch**

	Verwertung in % der umsetzbaren Energie
Schwein, Ratte:	
versch. Kohlenhydrate	73–76
Dorschprotein	64–66
Wiederkäuer: Verabreichung in den Labmagen	
Glucose	72
Casein	65

Bei der Proteinbildung ergeben sich dagegen erhebliche Unterschiede zwischen den biochemisch berechneten und den gemessenen Werten. Während der theoretische Wert über 80% liegt, wurde der Energieaufwand (umsetzbare Energie) für den Ansatz von Körperprotein in Versuchen an Ratten, Ferkeln und Mastschweinen mit 40–60 kJ je g Protein gemessen. In dieser Energiemenge ist neben dem Aufwand für die Bildung des Proteins auch der Energiegehalt des angesetzten Proteins (23,8 kJ/g) enthalten, so daß sich daraus ein Wirkungsgrad von nur 40–60%, im Mittel von etwa 50%, errechnet (23,8/60·100 bzw. 23,8/40·100). Als Erklärung für diese starke Abweichung zum theoretischen Wert kann insbesondere aufgeführt werden, daß der experimentell ermittelte Aufwand nicht nur die Kosten des reinen biochemischen Syntheseprozesses der Proteinbildung umfaßt, sondern daß in dieser Zahl auch weitere Energiekosten enthalten sind, die mit dem Gesamtgeschehen der Proteinbildung zusammenhängen. Hierbei sind vor allem die Dynamik des Körpereiweißes, aber auch die Harnstoffsynthese und die biologische Qualität des bei der Proteinsynthese anwesenden Aminosäurenmusters zu nennen. Für praktische Berechnungen ist demgemäß der theoretisch abgeleitete Wert wenig relevant.

Zusammenfassend läßt sich feststellen, daß der Energieaufwand für die Synthese von Körpermasse sowohl von der Art der erzeugten Substanz als auch von den Ausgangsstoffen abhängt. Der energetische Aufwand ist für die Kohlenhydratsynthese relativ gering, während die Synthese von Körperfett bereits mit größeren Energieverlusten verbunden ist. Der Ansatz von Körperproteinen erfordert den höchsten Aufwand.

.2 Verwertung der Endprodukte der Pansengärung

Die Ergebnisse in Übersicht 4.2–9 zeigten, daß zwischen Wiederkäuer und monogastrischem Tier kein Unterschied festzustellen war, wenn die Infusion in den Labmagen erfolgte. Es ergaben sich aber erhebliche Abweichungen zu den Verhältnissen beim monogastrischen Tier, wenn Glucose oder Casein über den Pansen verabreicht wurde. Die Verwertung der Glucose zur Fettsynthese betrug in diesem Falle nur 55 %, die Verwertung des Caseins 50 %. Dies zeigt, daß die energetischen Umsetzungen im Intermediärstoffwechsel beim Wiederkäuer und monogastrischem Tier nach den gleichen Gesetzmäßigkeiten vor sich gehen. Was beide Tiergruppen bei der energetischen Verwertung der Nahrungsstoffe unterscheidet, sind die bereits im Pansen stattfindenden Umsetzungen. Damit verbunden sind neben Verlusten an Futterenergie im Pansen auch Verluste im Intermediärbereich aufgrund der anderen Ausgangsstoffe für den Aufbau von Körperenergie.

[handschriftliche Notiz oben: bei Monogastriden <1% Fermentationswärme!]

Pansen

Die Verluste an Futterenergie bei den Umsetzungen im Pansen sind durch die Bildung von Methan und durch frei werdende Wärmeenergie bedingt. Das produzierte Methan enthält im Mittel etwa 8 % der Futterenergie. Bei Erhöhung der Futtermenge geht die Bildung von Methan relativ zurück. Nach Untersuchungen von BLAXTER und Mitarbeitern nehmen die durch das Methan bedingten Verluste etwa um 1–1,5 kJ/100 kJ Futterenergie ab, wenn die Futtermenge vom Erhaltungsniveau auf den zweifachen Erhaltungsbedarf erhöht wird. Der Abfall war bei Rationen mit hoher Verdaulichkeit größer als bei solchen mit geringer Verdaulichkeit. *[handschriftlich: Wärmeenergie]*

Die andere Art von Energieverlust ist dadurch bedingt, daß die Abbauprozesse bei der Verdauung extracellulär ablaufen und somit die bei der Spaltung der Nahrungsstoffe frei werdende Energie nicht in energiereiche Phosphate überführt werden kann, sondern als Wärme abgegeben wird. Während jedoch beim monogastrischen Tier diese Verluste kaum 1 % der zugeführten Futterenergie übersteigen dürften, werden sie beim Wiederkäuer auf 5 – 10 % geschätzt. Dieser große Verlust erklärt sich daraus, daß die Nahrungsstoffe bei der Verdauung im Pansen in einfachere Spaltprodukte als bei der Darmverdauung des Nichtwiederkäuers abgebaut werden. Wird beispielsweise Glucose zu Propion- und Essigsäure abgebaut, so erscheinen in diesen beiden Endprodukten nurmehr etwa 94 % der Verbrennungswärme der Glucose. Die frei werdende Energie wird dabei nur zum geringen Teil von den Pansenbakterien zu Synthesezwecken verwertet, der überwiegende Teil geht als Wärme (sogenannte Fermentationswärme) verloren. *[handschriftlich: Verlust 6%]* Hinzu kommt, daß ja beim enzymatischen Abbau der bakteriellen Substanzen im Labmagen und Dünndarm nochmals Wärmeverluste auftreten.

Erhaltung

Die energetische Verwertung der kurzen Fettsäuren für die Erhaltung ist in umfangreichen Untersuchungen von ARMSTRONG und BLAXTER an Schafen ermittelt worden (Übersicht 4.2–10). Hierbei wurde der Energieumsatz zum einen beim fastenden Tier und zum anderen bei Fettsäureninfusion in den Pansen gemessen. Beispielsweise fand man in einem Experiment, daß durch Zufuhr von 2946 kJ Essigsäure 1770 kJ Körpersubstanz vor dem Abbau bewahrt wurden. Daraus ergibt sich ein Teilwirkungsgrad von 60 %.

Die Versuchsergebnisse insgesamt zeigen, daß die Energieausnutzung der Essigsäure wesentlich schlechter als die der Propionsäure war. Die Buttersäure lag dazwischen. Ein Gemisch verschiedener Fettsäuren, das Propionsäure enthielt, wurde dagegen auch bei hohen Anteilen von Essigsäure energetisch gut verwertet. Fehlte die Propionsäure jedoch im Gemisch, so war die Ausnutzung entsprechend gering. Diese unterschiedliche Verwertung erklärt sich im wesentlichen daraus, daß im Organismus für den Abbau von Essigsäure Oxalacetat bzw. dessen Vorläufer (Propionsäure) zur Verfügung stehen muß. Für die praktische Fütterung ergibt sich aus diesen Ergebnissen, daß die energetische Verwertung der Fettsäuren für Erhaltung stets hoch sein wird, da selbst bei sehr rohfaserreichen Futtermitteln im Pansen soviel Propionsäure gebildet wird, daß die Ausnützung der Essigsäure ungestört ablaufen kann.

Die Verwertung der Fettsäurengemische liegt demnach bei etwa 85 %. Allein schon wegen der Fermentationswärme muß man annehmen, daß die Verwertung

Übersicht 4.2–10: **Energetische Verwertung kurzer Fettsäuren für Erhaltung (Schaf)**

Berechnungsweise: Beispiel Essigsäure, Werte in kJ/Tag

	ohne	mit 2946 kJ Essigsäurezufuhr
Abbau von Körperfett	4837	2833
Abbau von Körpereiweiß	728	962
	5565	3795
Differenz		1770

Verwertung = 1770/2946 · 100 = 60 %

Versuchsergebnisse (Mittel aus mehreren Versuchen)

	Verwertung in %
Essigsäure	59
Propionsäure	87
Buttersäure	76
E : P : B = 25 : 45 : 30	87
E : P : B = 75 : 15 : 10	86
E : B = 90 : 10	65

aus C_2, C_3, C_4

der umsetzbaren Energie von Futterrationen niedriger liegt als die von infundierten Fettsäuren. Man findet im allgemeinen Teilwirkungsgrade zwischen 0,70 und 0,75. Die Höhe hängt von der Zusammensetzung des Futters ab, wobei vor allem die Umsetzbarkeit der Energie und der Proteingehalt der Ration von Bedeutung sind. Nach einer Gleichung von BLAXTER ($k_m = 0{,}30 \cdot q + 0{,}546$) erhöht sich die Verwertung der umsetzbaren Energie für Erhaltung um 0,3 Prozent absolut, wenn die Umsetzbarkeit der Energie um eine Einheit ansteigt. Eine ähnliche Gleichung wird von VAN ES angegeben ($k_m = 0{,}287\ q + 0{,}554$).

q um 1% ↑ => k_m um 0,3 % ↑

Fettsynthese

Die energetische Verwertung der bei der Pansengärung gebildeten Essig-, Propion- und Buttersäure im Stoffwechsel des Tieres wurde bislang meist an der Synthese von Körperfett gemessen. Dabei zeigte sich, daß die Verwertung der Fettsäuren sehr von ihren molaren Anteilen abhängt. In Übersicht 4.2-11 sind hierzu Ergebnisse von ARMSTRONG und BLAXTER an Schafen wiedergegeben. Die Tiere erhielten neben den zu prüfenden Fettsäuren eine Grundration, welche den Erhaltungsbedarf deckte. Insgesamt belief sich der molare Anteil der Essigsäure im Pansensaft bei Essigsäureinfusion und Gemisch I auf etwa 70 %, bei Propionsäureinfusion und Gemisch II auf etwa 50 %. Die energetische Verwertung der absorbierten Fettsäuren, welche in ihrem molaren Verhältnis in etwa dem im Pansensaft entsprechen dürften, war bei hohem Essigsäureanteil mit etwas über 30 % sehr schlecht. Bei stärkerem Propionsäureanteil belief sich die Energieverwertung dagegen auf etwa 60 %. Ähnliche Ergebnisse wurden bei Verfütterung von Rationen erzielt, die von sich aus zu sehr unterschiedlichen molaren Fettsäureverhältnissen im Pansen führten. Die Verwertung der Fettsäuren zur Fettproduktion hängt also stark vom Anteil der Essigsäure im Pansensaft ab, wobei mit zunehmendem Essigsäureanteil die Verwertung abnimmt.

Übersicht 4.2–11: **Energetische Verwertung kurzer Fettsäuren für die Körperfettsynthese (Schaf)**

infundierte Säure	Verwertung in %
Essigsäure	33
Propionsäure	56
Buttersäure	62
Gemische	
(I) E 75 %, P 15 %, B 10 %	32
(II) E 25 %, P 45 %, B 30 %	58

Der Teilwirkungsgrad der umsetzbaren Energie von Rationen für das Wachstum (überwiegend Fettbildung) liegt etwa zwischen 0,40 und 0,60. Auch hier spielt die Umsetzbarkeit der Energie eine Rolle, allerdings in weit stärkerem Maße als bei der Erhaltung. Erhöht sich die Umsetzbarkeit um eine Einheit, so steigt die Verwertung um 0,8 % absolut an ($k_f = 0,78\, q + 0,006$, nach BLAXTER).

Milchbildung

Im Abschnitt „Kohlenhydratstoffwechsel" wurde schon darauf hingewiesen, daß den einzelnen Fettsäuren des Pansens für die Synthese der verschiedenen organischen Milchbestandteile unterschiedliche Bedeutung zukommt. Damit spielt für die Milchsynthese und letztlich auch für die energetische Verwertung des Futters bei der Milchproduktion das Mengenverhältnis der kurzen Fettsäuren im Pansen eine wichtige Rolle. Aus verschiedenen Untersuchungen läßt sich ableiten, daß bei einem molaren Anteil von 55 – 60 % Essigsäure im Pansensaft die energetische Verwertung (kJ Milch je 100 kJ umsetzbare Energie) 58 – 65 % beträgt (weiteres hierzu unter 4.4.3).

Im Vergleich zur Körperfettsynthese ist bei der Milchsynthese die energetische Verwertung des Futters weitaus besser. Bezogen auf die umsetzbare Energie liegt sie um 20 – 25 % höher. Das hat mehrere Ursachen. Einmal enthält Milchfett mehr kürzere Fettsäuren als Körperfett, wodurch der Aufwand an Energie für die Fettsynthese geringer ist. Weiterhin entfällt die energieverbrauchende Harnstoffsynthese, da die Aminosäuren zum Aufbau des Milcheiweißes verwendet werden, während sie bei der Körperfettbildung desaminiert werden und der Stickstoff in Form von Harnstoff ausgeschieden wird. Schließlich erfordert die Synthese des Milchzuckers aus Glucose nur sehr wenig Energie.

4.3 Energiebedarf des Tieres

Der Energiebedarf des Organismus ist je nach dem Umfang der zu leistenden „Arbeit" verschieden. Man unterscheidet gewöhnlich den Minimalbedarf oder auch Grundumsatz, den Erhaltungsbedarf und den Leistungsbedarf.

4.3.1 Minimalbedarf oder Grundumsatz

Auch wenn ein Organismus in unserem Sinne keinerlei Arbeit oder Leistung vollbringt, das heißt wenn er ohne Nahrung im Bereich der Neutraltemperatur in völliger Ruhe verharrt, benötigt er eine bestimmte Energiemenge. Das hat seinen Grund darin, daß auch unter diesen Bedingungen im Organismus recht intensive Stoffwechselvorgänge ablaufen müssen, wenn der Organismus weiterhin bestehen soll. Die Hauptstätten dieser Stoffwechselvorgänge sind das Herz, die Drüsen, die Atemmuskulatur und das Zentralnervensystem. Daß die dabei vollbrachten Leistungen recht beträchtlich sind, zeigen die folgenden Beispiele:

Der Kreislauf des Blutes im Organismus wird durch die Tätigkeit des Herzens aufrechterhalten. Eine Vorstellung über die dabei vom Herzen zu leistende Arbeit gibt das Minutenvolumen, welches angibt, wieviel ml Blut je Minute vom Herzen ausgeworfen werden. Einige Angaben darüber enthält Übersicht 4.3–1.

Für diesen Bluttransport leistet zum Beispiel das Herz eines Pferdes mittlerer Größe unter Ruhebedingungen etwa 940 bis 1170 kJ/Tag. Da der Wirkungsgrad des Herzmuskels normalerweise bei 20 bis 25 % liegt, werden allein für die Herzarbeit 3800–5800 kJ benötigt. Ein anderes Beispiel ist die Atmung. So werden zum Beispiel vom Rind in Ruhestellung etwa 80 l Luft je Minute gewechselt, vom Schaf 14 l. Schon aus diesen wenigen Zahlen läßt sich entnehmen, daß für die im Organismus ablaufenden Vorgänge beträchtliche Energiemengen benötigt werden. Dieser Bedarf wird als Minimalbedarf oder **Grundumsatz** bezeichnet. Da bei Tieren im Gegensatz zum Menschen die Bedingung der Muskelruhe schlecht zu erreichen ist, beziehen sich die Messungen am Tier auf den Zustand der Nüchternheit, Neutraltemperatur und leichte Muskelaktivität. Man spricht deshalb auch vom **Nüchternumsatz**.

Übersicht 4.3–1: **Minutenvolumen des Herzens einiger Säugetiere, in ml**

Pferd	Rind	Schaf	Mensch
29 000	34 800	4000	5070

In Abb. 4.3–1 (in Anlehnung an KLEIBER) ist noch gezeigt, wie der Grundumsatz als Mindestwärmeproduktion zu verstehen ist, die über Steigerung der Umgebungstemperatur nicht mehr zu erniedrigen ist. Betrachtet man den Organismus als ein System mit konstanter Temperatur (Thermostat), so wird die Wärmeerzeugung im Körper, die zum Ausgleich der Abkühlungsverluste notwendig ist, mit steigender Umgebungstemperatur immer geringer (gestrichelte Linie). Die tatsächliche Wärmeproduktion oder Umsatzrate des Organismus fällt jedoch nur bis zu einer bestimmten Umgebungstemperatur ab, der sog. unteren kritischen Temperatur (T_u). Dann ist die Umsatzrate konstant. Dieser Bereich der Umgebungstemperatur, wo die Umsatzrate von Temperaturänderungen unabhängig ist, heißt Zone der Neutraltemperatur, und die Umsatzrate selbst stellt den Grundumsatz dar. Bei weiterer Steigerung der Umgebungstemperatur steigt schließlich die Umsatzrate als Folge einsetzender Regulierungsmechanismen – ebenso wie im Bereich unterhalb der T_u – wieder an.

Der Grundumsatz ist in erster Linie von der Körpergröße abhängig. Dabei zeigten Messungen, daß die Umsatzrate bei größeren Tieren zwar absolut höher, je Einheit Körpergewicht aber niedriger als bei kleineren Tieren ist. Bezieht man die Umsatzrate jedoch auf die Körperoberfläche, so erhält man für Tiere unterschiedlicher Größe ungefähr gleiche Werte. Diese Verknüpfung des minimalen Energiebedarfs mit der Körperoberfläche geht auf Untersuchungen und Schlußfolgerungen RUBNERS zurück (RUBNERS „Oberflächengesetz"), wonach der Grundumsatz aller Warmblüter unabhängig von ihrer Körpergröße 1000 kcal/Tag je m^2 Körperoberfläche ausmacht. Später ergaben umfangreiche Berechnungen von KLEIBER, daß der Grundumsatz zu einer Potenz des Lebendgewichtes näher proportional ist als zur Körperoberfläche, deren Größenbestimmung zudem sehr unsicher ist. KLEIBER fand, daß die Stoffwechselrate ausgewachsener Warmblüter von der Maus bis zum Rind unter standardisierten Bedingungen im Durchschnitt 293 kJ (70 kcal) pro $kg^{0.75}$ und Tag beträgt. Natürlich ist diese Zahl nur ein Mittelwert, von dem die Stoffwechselrate einzelner Tiere beträchtlich abweichen kann. Die zugrunde gelegte Dreiviertel-Potenz des Körpergewichts (in kg) wird als **metabolische Körpergröße** bezeichnet.

Den zweiten Haupteinfluß auf den Grundumsatz übt das Alter aus, und zwar geht die Umsatzrate je kg Körpergewicht mit zunehmendem Alter meist zurück. Daneben beeinflussen noch weitere Faktoren den Grundumsatz wie Geschlecht, Trächtigkeit und Ernährungszustand.

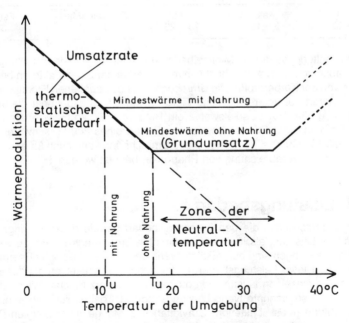

Abb. 4.3–1: **Umsatzrate des Tieres und Umgebungstemperatur**

4.3.2 Erhaltungsbedarf

Für die praktische Fütterung sind Angaben über den Grundumsatz wenig sinnvoll, weil die Bedingungen, unter denen sie gültig sind, in der Praxis nicht vorkommen. Dies bedeutet, daß der zur Lebens- und Leistungserhaltung notwendige Energiebedarf höher ist als der Grundumsatz. Man bezeichnet ihn als Erhaltungsbedarf (= Energiebedarf bei ausgeglichener Energiebilanz). Er setzt sich aus dem Minimalbedarf und dem Energiebedarf für Futteraufnahme, Verdauungsarbeit, leichte Muskeltätigkeit und Wärmeregulation zusammen. Da diese Faktoren variabel sind, wird der Erhaltungsbedarf eine gewisse Schwankungsbreite aufweisen. Als Hauptfaktor ist hierbei die Umgebungstemperatur zu nennen. Wie im Zusammenhang mit dem Grundumsatz bereits ausgeführt wurde, reicht die aus den notwendigen Stoffwechselvorgängen stammende Wärmeproduktion nur im Bereich über der unteren kritischen Temperatur T_u aus, eine konstante Körpertemperatur (ca. 38 °C) aufrechtzuerhalten. Sinkt die Umgebungstemperatur darunter, muß der Organismus mehr Wärme produzieren. Der gleiche Effekt tritt auf, wenn die obere Grenze der Neutraltemperatur überschritten wird, weil dann eine Beschleunigung der Oxydationsvorgänge im Körper eintritt, was ebenfalls zu einem erhöhten Energiebedarf führt. Es liegt auf der Hand, daß der Bereich der Neutraltemperatur von Fall zu Fall verschieden ist. Er hängt ab von der Ausbildung des Haarkleides der Tiere und dem Vorhandensein isolierender Fettschichten im Unterhautgewebe. Insbesondere liegt die kritische Temperatur bei Nahrungszufuhr niedriger als bei Nahrungsentzug, da die anfallende Mindestwärme höher als der Grundumsatz ist (Abb. 4.3–1). Im allgemeinen kann man mit den in Übersicht 4.3–2 angegebenen Bereichen rechnen.

Übersicht 4.3–2: **Neutraltemperatur in °C**

Rind	Kalb	Schaf	Schwein (Mast)	Ferkel
5 – 20	5 – 15	15 – 25	16 – 22	35

Da im Erhaltungsbedarf der Minimalbedarf enthalten ist, wird der Erhaltungsbedarf natürlich auch von den im Abschnitt Minimalbedarf angeführten Faktoren beeinflußt, vor allem von der Körpergröße. Die Umrechnung eines gegebenen Erhaltungsbedarfes einer Tierart auf unterschiedliche Tiergewichte erfolgt dabei über die metabolische Körpergröße. Hat beispielsweise ein Rind von 550 kg Gewicht einen Erhaltungsbedarf von 3000 StE, so beträgt der Bedarf eines 400 kg schweren Rindes $(400^{0,75} : 550^{0,75}) \cdot 3000 = 2363$ StE. Diese Umrechnung kann auch für andere Fälle, zum Beispiel bei Verabreichung von Pharmaka, benutzt werden.

4.3.3 Leistungsbedarf

Mit einer Futterration, die den Erhaltungsbedarf gerade deckt, erbringt ein Tier keine andere Leistung, als in einem bestimmten Ernährungszustand zu verharren. Eigentliche Leistungen sind nur möglich, wenn der dafür erforderliche Energiebedarf gedeckt wird. Dieser Leistungsbedarf ist zunächst gleichzusetzen mit der Energiemenge in den einzelnen Leistungsprodukten wie Körperzuwachs, Milch oder auch Foeten. Dieser sogenannte Netto-Leistungsbedarf ist dabei nicht nur je nach Produktionsrichtung (Mast, Laktation, Gravidität) und Menge der erzeugten Produkte verschieden, sondern wechselt auch mit der stofflichen Zusammensetzung der

Produkte, da der Energiegehalt die Summe der Brennwerte der einzelnen Substanzen darstellt. So beträgt der mittlere Energiegehalt der Milch etwa 3,1 kJ/g, verändert sich aber insbesondere mit dem Fettgehalt der Milch. Bei wachsenden Tieren ändert sich im Verlaufe der Mast das Protein/Fett-Verhältnis des Gewichtszuwachses, was ebenfalls unterschiedliche Energiegehalte bedingt. Einige Angaben über den Energiegehalt tierischer Produkte bzw. des gesamten schlachtreifen Tieres sind in Übersicht 4.3–3 aufgezeigt. Im konkreten Falle ist es jedoch schwierig, die zu erwartende Leistung hinsichtlich Menge und Energiegehalt der Produkte richtig vorherzusagen.

Übersicht 4.3–3: **Energiegehalte verschiedener tierischer Produkte, in kJ/g**

Fett	39,7	Broiler	9
Protein	23,8	Kalb	9
Milch	3,1	Rind	12
Hühnerei	6,5	Schwein	15

Ein zweites Problem bei der Festsetzung des Bedarfes besteht darin, die Nettoleistung als erforderliche Nahrungsenergie auszudrücken. Das kann mit Hilfe der Kenntnisse über Energieverluste bei der Transformation des Futters in das tierische Produkt geschehen. Hierdurch ergeben sich nochmals Zusammenhänge zur Tierart und zur Art des erzeugten Produktes, da die Höhe der Transformationsverluste von diesen Faktoren stark beeinflußt wird (Übersicht 4.3–4). Welche Schritte in der praktischen Rationsberechnung durchzuführen sind, hängt jedoch davon ab, nach welchem Maßstab der Energiewert des Futters gekennzeichnet ist, das heißt, ob die einzelnen Umwandlungsverluste bei der Bedarfsrechnung oder bei der energetischen Futterbewertung berücksichtigt worden sind.

Übersicht 4.3–4: **Energetische Verwertung der verdaulichen Nährstoffe bei Rind, Schwein und Geflügel für Fettbildung** (Rind jeweils gleich 100)

	Rohprotein	Rohfett	N-freie Extraktstoffe
Rind	100	100	100
Schwein	150	115	150
Geflügel	150	105	160

Neben dieser auf stoffwechselmäßigen Zusammenhängen beruhenden sogenannten faktoriellen Bedarfsbestimmung besteht auch die Möglichkeit, den energetischen Leistungsbedarf bzw. Gesamtbedarf durch Fütterungsversuche über den Vergleich von Nährstoffaufnahme und Leistung direkt abzuleiten. Hierbei kommt es natürlich darauf an, die verschiedenen den Bedarf des Tieres beinflussenden Faktoren in etwa zu berücksichtigen. Viele der bisher bestehenden Bedarfsnormen sind auf diese Weise entstanden, da die Kenntnisse zur faktoriellen Bedarfsableitung vielfach noch ungenügend sind. Gegebenenfalls können sich diese beiden Methoden gegenseitig ergänzen.

4.4 Die energetische Bewertung der Futtermittel

Für die Bewertung der Futtermittel wurde in den verschiedenen Ländern eine Reihe von Futtereinheiten aufgestellt. Die meisten sind auf einer energetischen Grundlage aufgebaut. Theoretisch kann man als Grundlage der energetischen Futterbewertung jede der in 4.2.2.1 aufgezeigten Stufen wählen. Für eine gute Leistungsvorhersage als Grundlage eines Bewertungsmaßstabes gelten jedoch erhebliche Einschränkungen.

Am einfachsten wäre es, wenn man die Bruttoenergie der Futtermittel als Maßstab verwenden könnte, weil dies ein klares, leicht zu bestimmendes Merkmal eines jeden Futtermittels ist. Da aber gleiche Mengen an Bruttoenergie je nach den betreffenden Futtermitteln von den Tieren unterschiedlich verdaut werden, also jeweils ein verschiedener Anteil der Bruttoenergie wieder mit dem Kot ausgeschieden wird, stellt die Verwendung der Bruttoenergie als Bewertungsmaßstab keine sinnvolle Lösung dar. Aber auch die verdauliche Energie als Maßstab hat einen erheblichen Nachteil. Denn ein von Futtermittel zu Futtermittel unterschiedlicher Anteil der verdaulichen Energie geht dem Tier in Form von Harn und Gärungsgasen verloren. Schließlich sind die bei der Überführung der umsetzbaren Energie in tierische Produkte auftretenden Verluste an Wärmeenergie ebenfalls unterschiedlich hoch. Dies gilt insbesondere für den Wiederkäuer. Aufgrund dieser Verhältnisse wäre deshalb eine Bewertung des Futters nach der Nettoenergie am besten einzuschätzen.

Aber auch die Bewertung eines Futtermittels nach seiner Nettoenergie bringt Schwierigkeiten. Abgesehen davon, daß wegen der Abhängigkeit der Nettoenergie von der Leistungsrichtung innerhalb einer Tierart verschiedene Nettobewertungen notwendig sind, setzt die Bewertung des Einzelfuttermittels nach der Nettoenergie voraus, daß seine Nettoenergiewirkung von der Futterration, zu der das betreffende Futtermittel zugelegt wird, unabhängig ist. Diese Bedingung ist aber zumindest beim Wiederkäuer nicht erfüllt, so daß in diesem Falle streng genommen nicht die Nettoenergie des Einzelfuttermittels, sondern nur die Nettoenergie der Gesamtration darstellbar ist.

Die im Laufe der Zeit entwickelten Systeme der energetischen Futterbewertung sind als Kompromiß zwischen praktischer Notwendigkeit und theoretischen Forderungen anzusehen.

Um nicht für jede Leistungsart innerhalb einer Tierart einen Bewertungsmaßstab aufstellen zu müssen, kann man sich beispielsweise derart helfen, daß man das energetische Leistungsvermögen der Futtermittel auf eine einzige tierische Leistung bezieht und den Energiebedarf für alle tierischen Leistungen in dieser Form ausdrückt. Prinzipiell wäre es dabei gleichgültig, welche Leistungsrichtung man zur Ermittlung des energetischen Leistungsvermögens der Futtermittel auswählt. Aus methodischen und physiologischen Gründen wurde in der Vergangenheit die Bildung von Körperfett beim ausgewachsenen Tier als Leistungsrichtung zugrunde gelegt. Es hat sich aber gezeigt, daß diese Vereinfachung doch mit systematischen Fehlern verbunden ist, die in einem fütterungspraktisch relevanten Bereich liegen. Man geht daher mehr dazu über, den Energiebedarf und die Energiebewertung direkt miteinander zu kombinieren. Ein Ergebnis dieses Vorgehens ist das neue Bewertungssystem für Milchkühe, bei dem das energetische Leistungsvermögen der Futtermittel direkt an der Produktion von Milch gemessen wird.

Neben solchen auf energetischer Grundlage aufgebauten Systemen gibt es noch Futtereinheiten, die rein auf stofflicher Grundlage beruhen. Auch sie werden zur wenigstens relativen Einschätzung des energetischen Futterwertes in der Praxis angewandt.

4.4.1 Die Stärkewertlehre nach Kellner

Die Stärkewertlehre wurde bereits um die Jahrhundertwende von OSKAR KELLNER begründet.

KELLNER ging bei seinen Überlegungen zur Futterbewertung von der Vorstellung aus, daß als Bewertungsmaßstab nur die Nettoenergie der Futtermittel, und zwar die Nettoenergie für die Fettbildung, in Frage kommt. Der Grund dafür lag wahrscheinlich darin, daß das Körperfett ein Produkt ist, welches von allen Nährstoffen gebildet und im Körper in größeren Mengen gespeichert werden kann. Bei eiweißhaltigen Produkten wie zum Beispiel Fleisch oder Milch würden dagegen N-freie Nahrungsstoffe keinen Nettoenergiewert haben. Dazu kommt, daß die Zusammensetzung solcher Produkte weit stärker variiert, so daß reproduzierbare Meßergebnisse schwieriger zu erzielen sind. Bei der Fettproduktion ausgewachsener Tiere kann man noch am ehesten voraussetzen, daß zwischen Futter und Zuwachs an Körperfett (= angesetzte Energie) Proportionalität besteht.

Weiterhin war KELLNER sich darüber im klaren, daß das energetische Leistungsvermögen der Futtermittel je nach Herkunft, Düngung etc. stark schwanken kann und daß eine experimentelle Bestimmung des energetischen Leistungsvermögens (Nettoenergie) aller Futtermittel wegen der erforderlichen kostspieligen und komplizierten Versuche unmöglich ist. Er vertrat aber die Auffassung, daß das Fettbildungsvermögen der Futtermittel nur von deren Gehalt an verdaulichen Nährstoffen abhängig sei. Wenn man also das Fettbildungsvermögen der reinen, verdaulichen Nährstoffe kennen würde, müßte man die Nettoenergie der Futtermittel an Hand ihrer Gehalte an verdaulichen Nährstoffen berechnen können.

Aufgrund dieser Überlegungen führte KELLNER Gesamtstoffwechselversuche mit reinen Nährstoffen durch. Als typische Vertreter der Nährstoffe wählte er Stärke, Kleber, Erdnußöl, Melasse und Strohstoffe (siehe auch Übersicht 4.4–1). Die Bestimmung der Nettoenergie erfolgte bei Fütterung über dem Erhaltungsniveau als Differenzversuch mit ausgewachsenen Ochsen: In der ersten Versuchsperiode erhielten die Ochsen eine Ration, welche den Erhaltungsbedarf deckte, vorhandene Lücken im Glykogendepot auffüllte und einen geringen Fettansatz bewirkte. In der zweiten Periode wurde der Grundration dann der zu prüfende Nährstoff zugelegt. In beiden Perioden mußten der Kohlenstoffansatz und der Stickstoffansatz ermittelt werden, um daraus den Ansatz von Fett berechnen zu können (siehe 4.2.2.2). Die Ermittlung des Fettzuwachses durch einfache Wägung ist nicht möglich, da das Ergebnis infolge mehrerer Faktoren (wechselnder Wassergehalt des Körpers, unterschiedliche Füllung der Verdauungsorgane usw.) viel zu ungenau ist. Der Unterschied im Ansatz zwischen den beiden Versuchsperioden unter Berücksichtigung des erhöhten Erhaltungsbedarfes entspricht dem Fettbildungsvermögen des zugelegten Futters, das heißt der „Nettoenergie" des zugelegten Futters für Fettbildung. Ein Einfluß der Gesamtration wird bei dieser Methodik des Differenzversuches natürlich voll und ganz der Zulage angerechnet.

Nachdem KELLNER in zahlreichen Versuchen das energetische Leistungsvermögen der reinen Nährstoffe bestimmt hatte, führte er weitere Versuche durch, in denen er das Fettbildungsvermögen verschiedener Futtermittel prüfte und mit den berechneten Werten verglich. Dabei zeigte sich, daß in einigen Fällen der gemessene und der berechnete Wert nahezu übereinstimmten (z. B. bei Getreidekörnern), daß in vielen Fällen aber der experimentell bestimmte Wert wesentlich niedriger als der aus dem Gehalt an verdaulichen Nährstoffen berechnete lag. Wir wissen heute, daß dies gar nicht anders sein konnte; denn zum einen ist das Fettbildungsvermögen der reinen verdaulichen Nährstoffe etwas verschieden von dem der verdaulichen Nährstoffe der Futtermittel und zum anderen sind die N-freien Extraktstoffe der Futtermittel nur in den seltensten Fällen reine Stärke. Zur Erklärung führte KELLNER den Begriff der „Wertigkeit" ein, womit er das Verhältnis von experimentell gefundenem zu berechnetem Wert bezeichnete. Stimmen beide Werte überein, so hat das betreffende Futtermittel die Wertigkeit = 100. Eine Wertigkeit von zum Beispiel 90 besagt, daß nur 90 % des theoretischen Fettansatzes erreicht werden.

Bei den sogenannten „Rauhfuttermitteln" ergaben sich die größten Abweichungen vom theoretischen Wert. Diese geringere Fettproduktion der Rauhfuttermittel stand jeweils in einer gewissen Beziehung zum Rohfasergehalt der Futtermittel, wobei die Fettbildung im Mittel der Versuche je g Rohfaser im Futtermittel um 0,15 g = 6 kJ (1,4 kcal) zurückging. Dies bewog KELLNER, für die Rauhfuttermittel den sogenannten „Rohfaserabzug" einzuführen, dessen Größe er je nach Art und Beschaffenheit der Futtermittel variierte. KELLNER führte dieses geringe Leistungsvermögen auf eine vermehrte Kauarbeit zurück. Der „Rohfaserabzug" ist eine weitere schwache Stelle des Futterbewertungssystems von KELLNER. Daß dieses System dennoch Jahrzehnte überdauerte und auch heute noch mit gewissen Modifikationen angewendet wird, dürfte daran liegen, daß Fehleinschätzungen des energetischen Wertes einzelner Futtermittel sich in einer vielseitigen Gesamtration kompensieren. Erst bei sehr hohen Leistungen mit Überwiegen bestimmter Futterkomponenten wirken sich die Schwächen stärker aus.

Stärkewert bzw. Stärkeeinheit

Aus seinen Meßergebnissen über das Fettbildungsvermögen der reinen Nährstoffe sowie von Futtermitteln stellte KELLNER ein Bewertungssystem über das energetische Leistungsvermögen der Futtermittel auf. Er drückte das Leistungsvermögen der Futtermittel jedoch nicht in einer Energie-Maßeinheit aus. Offensichtlich hielt er es nicht für zweckmäßig, mit einem Begriff zu arbeiten, der den Praktikern damals noch nicht geläufig war. Er wählte deshalb als Bezugssubstanz für das Fettbildungsvermögen der einzelnen Futtermittel das Fettbildungsvermögen von 1 kg verdaulicher Stärke. Diese Einheit nannte er 1 Stärkewert. Die „Nettoenergie" eines beliebigen Nährstoffes oder Futtermittels wird also umgerechnet auf die Menge an verdaulicher Stärke mit gleichem Fettbildungsvermögen.

In der heutigen Fütterungspraxis (siehe auch die DLG-Futterwerttabellen) wird jedoch nicht mit dem Stärkewert, sondern mit Stärkeeinheiten (StE) gerechnet. Eine Stärkeeinheit entspricht dem Fettbildungsvermögen von 1 g verdaulicher Stärke (1000 StE = 1 Stärkewert). Die Stärkeeinheiten eines beliebigen Futtermittels lassen sich aus seinen Gehalten an verdaulichen Nährstoffen berechnen. Hierzu ist in Übersicht 4.4–1 das Fettbildungsvermögen der reinen Nährstoffe angegeben. Die StE der reinen Nährstoffe geben das Fettbildungsvermögen im Vergleich zu Stärke an. Wenn 1 g verdauliche Stärke mit 0,248 g Fettansatz laut Definition gleich 1 StE ist, so sind beispielsweise 0,234 g Fettansatz aus dem verdaulichen Eiweiß gleich

0,234/0,248 = 0,94 StE usw. Die verdaulichen N-freien Extraktstoffe und die verdauliche Rohfaser haben das gleiche Fettbildungsvermögen wie Stärke. Beim Fett ist es je nach Herkunft des Fettes unterschiedlich, da die „Fettfraktion" bei den einzelnen Futtermitteln sehr unterschiedlich zusammengesetzt ist (siehe Weender Analyse).

Übersicht 4.4–1: **Fettbildungsvermögen reiner Nährstoffe bei der Fettmast ausgewachsener Ochsen**

1 g verdaulicher Nährstoff	kcal	Nettoenergie kJ	g Fett	Stärkeeinheit
Stärke	2,36	9,87	0,248	1,00
Eiweiß	2,22	9,29	0,234	0,94
Fett (Rauhfutter, Wurzelgewächse)	4,50	18,83	0,474	1,91
(Körnerfrüchte)	5,00	20,92	0,526	2,12
(Ölsamen)	5,68	23,77	0,598	2,41
N-freie Extraktstoffe	2,36	9,87	0,248	1,00
Rohfaser	2,36	9,87	0,248	1,00
Zucker	1,79	7,49	0,188	0,76

Die Berechnung der StE soll an einigen Beispielen demonstriert werden. Grundlage ist die Berechnungsanweisung nach KELLNER mit den heute gültigen Modifikationen (siehe auch DLG-Tabelle für Wiederkäuer):

1. anstelle des Eiweißes wird verdauliches Rohprotein eingesetzt;

2. bei Milch und Milchprodukten ist der Umrechnungsfaktor für N-freie Extraktstoffe nicht 1,00, sondern 0,76.

Bei einer Anzahl von Futtermitteln, die nicht unter den „Rohfaserabzug" fallen, ist die Wertigkeit kleiner als 100. Die berechneten StE müssen in solchen Fällen korrigiert werden. Die Wertigkeitszahlen für die einzelnen Futtermittel findet man in der „DLG-Futterwerttabelle für Wiederkäuer".

Bei Grünfutter und Rauhfuttermitteln müssen die berechneten StE um den „Rohfaserabzug" korrigiert werden. Die entsprechenden Faktoren sind in Übersicht 4.4–2 aufgezeigt. Als Rohfasergehalt wird die Gesamtrohfaser und nicht die verdauliche Menge eingesetzt.

Erstes Beispiel: StE von Hafer

	1 kg Hafer enthält g	Verdaulichkeit %	verdaul. Nährstoffe g	Faktor	StE
Rohprotein	110	83	91	0,94	86
Rohfett	47	91	43	2,12	91
Rohfaser	102	33	34	1,00	34
N-freie Extraktstoffe	596	78	465	1,00	465
					676

$$\text{Wertigkeit} = 95, \text{ daher StE} = \frac{676 \cdot 95}{100} = 642$$

Zweites Beispiel: StE von Weidegras, 1. Aufwuchs, vor dem Schossen

	1 kg Weidegras enthält, g	Verdaulichkeit %	verdaul. Nährstoffe g	Faktor	StE
Rohprotein	36	77	28	0,94	26
Rohfett	8	56	4	1,91	8
Rohfaser	42	78	33	1,00	33
N-freie Extraktstoffe	80	81	65	1,00	65
					132
		Rohfaserabzug (42 · 0,29)			12
		StE			120

Drittes Beispiel: Stärkewert von Wiesenheu, 1. Schnitt, Beginn bis Mitte der Blüte

	1 kg Wiesenheu enthält, g	Verdaulichkeit %	verdaul. Nährstoffe g	Faktor	StE
Rohprotein	97	58	56	0,94	53
Rohfett	21	49	10	1,91	19
Rohfaser	268	63	169	1,00	169
N-freie Extraktstoffe	410	61	250	1,00	250
					491
		Rohfaserabzug (268 · 0,58)			155
		StE			336

Übersicht 4.4–2: **Rohfaserabzug bei Rauhfutter und Grünfutter**

	Abzug an StE je g Gesamtrohfaser
Heu, Stroh	0,58
Grünfutter:	
bei 4 % Rohfasergehalt und weniger	0,29
bei 6 % Rohfasergehalt	0,34
bei 8 % Rohfasergehalt	0,38
bei 10 % Rohfasergehalt	0,43
bei 12 % Rohfasergehalt	0,48
bei 14 % Rohfasergehalt	0,53
bei 16 % Rohfasergehalt und mehr	0,58
Trockengrünfutter:	
Wertstufe gut (> 15 % Roheiweißgehalt)	0,29
Wertstufe befriedigend (13–15 % Roheiweißgehalt)	0,44
Wertstufe schlecht (< 13 % Roheiweißgehalt)	0,58

Die berechneten Zahlen sagen aus, daß zum Beispiel 1 kg Wiesenheu das gleiche Fettbildungsvermögen aufweist wie 336 g reine verdauliche Stärke, also 83 g Fettansatz. Die Verwertung der Futterenergie für andere Leistungen wie zum Beispiel Wachstum oder Milchbildung geht aus den StE nicht hervor. Sie drücken nur das Leistungsvermögen für die Fettmast aus. Selbstverständlich sagen die StE auch nicht aus, wie die kalorische Verwertung der Futterenergie bei anderen Tierarten ist.

Der Stärkewert wird in der Bundesrepublik Deutschland zur Zeit noch in Rindermast und Fütterung der Schafe angewendet, wobei natürlich die Unterstellung gemacht wird – wie früher auch bei der Milchproduktion –, daß die Verwertung der einzelnen Futtermittel bei Wachstum und reiner Fettmast zwar absolut, nicht jedoch relativ verschieden ist. Zu Bedarfsangaben sowie zur Berechnung von Futterrationen siehe in den Abschnitten zur praktischen Fütterung.

In engem Zusammenhang zum Stärkewert stehen die **skandinavische** und die **sowjetische** Futtereinheit. Erstere ist der Produktionswert von 1 kg Gerste für die Milchbildung. Das ursprüngliche Vorhaben, alle Futterstoffe in Milchviehfütterungsversuchen im Vergleich zu 1 kg Gerste zu prüfen, wurde später wieder fallengelassen. Statt dessen wurde der Gehalt der Futtermittel an Futtereinheiten berechnet, wobei die Kellnersche Stärkewertlehre zugrunde gelegt wurde. Da bei der Milchbildung das Futterprotein besser verwertet wird als bei der Fettmast, wurde für das verdauliche Rohprotein der Verwertungsfaktor von 0,94 auf 1,43 heraufgesetzt. Mit Ausnahme dieser Änderung erfolgt die Berechnung analog der des Stärkewertes. Als Ergebnis erhält man zunächst den Milchproduktionswert, der dann auf Futtereinheiten (Produktionsvermögen von Gerste) umgerechnet wird. Als „Nettoenergie" ausgedrückt entspricht eine skandinavische FE 6,9 MJ (1650 kcal) Ansatz bei der Fettmast. Die sowjetische Futtereinheit ist auf 1 kg Hafer bezogen und wurde mit 5,9 MJ (1414 kcal) festgelegt. Dies entspricht 600 StE.

4.4.2 Das Rostocker Futterbewertungssystem

Das Rostocker Futterbewertungssystem stellt eine Weiterentwicklung der Kellnerschen Stärkewertlehre dar und wurde insbesondere von NEHRING, SCHIEMANN und HOFFMANN in den vergangenen zwei Jahrzehnten am Oskar-Kellner-Institut in Rostock erarbeitet.

Grundlage für die energetische Bewertung der Futterstoffe ist auch hier die Wirkung des Futters auf den Zuwachs an Körperenergie bei der Fettmast ausgewachsener Tiere. Im Unterschied zu KELLNER bestand die Arbeitsweise jedoch darin, Futtermittel sehr verschiedener Zusammensetzung zu prüfen und mittels Regressionsanalyse zu ermitteln, welches Produktionsvermögen den einzelnen verdaulichen Nährstoffen zukommt. Das Fettbildungsvermögen der verdaulichen Nährstoffe wird also nicht mit reinen Nährstoffen geprüft, sondern es wird festgestellt, welches tatsächliche Produktionsvermögen die einzelnen verdaulichen Nährstoffe aufweisen, wenn diese in Form eines natürlichen Futtermittels verabreicht werden. Der Begriff der „Wertigkeit" des Kellnerschen Systems hatte damit seine Bedeutung verloren. Außerdem wurden die Untersuchungen auf mehrere Tierarten (Ratte, Kaninchen, Schwein, Schaf, Rind, Huhn) ausgedehnt.

Da bei der Auswertung der Versuche nach dem Differenzverfahren (Grundration bzw. Grundration + Zulage) beim Wiederkäuer teilweise beträchtliche Abweichungen zwischen den experimentell bestimmten und den aus der entsprechenden Regressionsgleichung berechneten Werten auftraten, wurde das Differenzprinzip verlassen und die Bestimmung des Fettansatzes der einzelnen verdaulichen Nährstoffe aufgrund der Gesamtration unter Berücksichtigung des Erhaltungsaufwandes durchgeführt (Rationsprinzip). Diese für Rind und Schwein ermittelten Regressionsgleichungen zur Berechnung der Nettoenergie-Fett aus den verdaulichen Nährstoffen sind in Übersicht 4.4–3 wiedergegeben. Sie bilden die Grundlage dieses Futterbewertungssystems.

Um die Nettoenergie-Fett (NEF) in der praktischen Fütterung leichter anwenden zu können, wurde für die Kennzeichnung des energetischen Leistungsvermögens der Futtermittel die „Energetische Futtereinheit (EF)" als ein Multiplum von 1 kcal Nettoenergie-Fett eingeführt. Die Energetische Futtereinheit wurde für Wiederkäuer auf 10,46 kJ (2,5 kcal) NEF und für Schweine auf 14,65 kJ (3,5 kcal) NEF festgelegt.

Übersicht 4.4-3: Gleichungen zur Berechnung der „Nettoenergie-Fett (NEF)" von Futterstoffen aus dem Gehalt an verdaulichen Nährstoffen

Rind $\quad NEF_r = [1,71\, x_1 + 7,52\, x_2 + 2,01\, (x_3 + x_4)] \cdot 4,186$
Schwein $\quad NEF_s^* = [2,56\, x_1 + 8,54\, x_2 + 2,96\, (x_3 + x_4)] \cdot 4,186$

NEF in kJ: x_1 = g verdaul. Rohprotein, x_2 = g verdaul. Rohfett, x_3 = g verdaul. Rohfaser, x_4 = g verdaul. N-freie Extraktstoffe.

Korrekturen:
* pro g Disaccharid −0,63 kJ, pro g Monosaccharid −1,26 kJ, pro g Milchprotein +4,2 kJ, pro g Milchfett −4,2 kJ. Bei Grünfutterstoffen und daraus hergestellten Silagen sowie bei Trockengrünfutter sind vom berechneten Futterwert 10 % abzuziehen.

Zur tierartlichen Kennzeichnung werden die Indizes r = Rind und s = Schwein verwendet.

Die Berechnung der „Nettoenergie-Fett" zeigen nachstehende Beispiele:

Erstes Beispiel: Energetischer Futterwert von 1 kg Wiesenheu für Rinder

	verdauliche Nährstoffe g/kg	Faktor	NEF_r kJ
Rohprotein	56	1,71	401
Rohfett	10	7,52	315
Rohfaser	169	2,01	1422
N-freie Extraktstoffe	250	2,01	2103
		Nettoenergie =	4241
		=	405 EF_r

Zweites Beispiel: Energetischer Futterwert von 1 kg Zuckerschnitzel für Schweine

	verdauliche Nährstoffe g/kg	Faktor	NEF_s kJ
Rohprotein	24	2,56	257
Rohfett	0	8,54	0
Rohfaser	50	2,96	620
N-freie Extraktstoffe	682	2,96	8450
			9327
Abzug für Saccharose	528	−0,63	333
		Nettoenergie =	8994
		=	614 EF_s

Der energetische Futterwert einer Ration setzt sich additiv aus den energetischen Futterwerten der Rationskomponenten zusammen. Bei den Wiederkäuern kommt jedoch hinzu, daß der energetische Futterwert der Gesamtration zusätzlich von der Art der Ration abhängt. Deshalb muß hier die summierte „Nettoenergie-Fett" der Komponenten um einen bestimmten Betrag korrigiert werden, der von der Verdaulichkeit der Energie der Ration abhängt. Für das Rind sind diese Korrekturfaktoren, die sich auf die Verdaulichkeit der gesamten Futterration und nicht etwa auf einzelne Futterstoffe beziehen, in Übersicht 4.4–4 aufgezeigt.

Übersicht 4.4–4: **Korrekturfaktoren zur Berechnung der „Nettoenergie-Fett" von Futterrationen für Rinder**

Verdaulichkeit der Energie der Ration %	Korrekturfaktor
67,0–85,0	1,00
65,0–66,9	0,97
63,0–64,9	0,96
61,0–62,9	0,95
59,0–60,9	0,93
57,0–58,9	0,91
55,0–56,9	0,89
53,0–54,9	0,87
51,0–52,9	0,84
50,0–50,9	0,82

Würde eine Ration nur aus Wiesenheu bestehen, so wäre in unserem Berechnungsbeispiel der erhaltene Wert von 405 EF_r noch mit dem Faktor der Verdaulichkeit der Energie des Wiesenheues zu korrigieren. Man würde dann für Wiesenheu einen Futterwert von 405 · 0,93 = 377 EF_r erhalten. Im allgemeinen liegt jedoch die Verdaulichkeit von Futterrationen für Leistungstiere nicht unter 67 %, so daß normalerweise nicht korrigiert zu werden braucht.

Für das Geflügel wurde in Rostock ebenfalls ein Bewertungssystem auf der Grundlage der Nettoenergie-Fett erarbeitet (siehe 4.4.5). Für Pferde, Schafe und Ziegen werden die Energiebedarfsnormen auf den Bewertungsangaben des Rindes, gegebenenfalls unter Berücksichtigung der gesondert bestimmten Verdaulichkeit, aufgebaut.

4.4.3 Futterbewertung auf der Basis Nettoenergie-Laktation

Obwohl im Stärkewertsystem die energetische Bewertung des Futters auf dem Zuwachs an Körperenergie bei der Fettmast ausgewachsener Tiere beruht, wurde dieser Maßstab bislang in vielen Ländern auch in der Milchviehfütterung angewandt. Aus umfangreichen Messungen des Energieumsatzes von Milchkühen geht jedoch hervor, daß der Teilwirkungsgrad der umsetzbaren Energie für Milchbildung weit weniger durch die Zusammensetzung der Futterration (q-Wert) beeinflußt wird als der Teilwirkungsgrad für die Fettmast von Tieren (Abb. 4.4–1). Zum anderen zeigte sich, daß der Stärkewert beim Milchvieh zu systematischen Schätzfehlern des Futterwertes führte und insbesondere die über den Rohfasergehalt bzw. die Wertigkeit vorgenommenen Korrekturen als Schwachstellen anzusehen sind. Es war deshalb erforderlich, die Futterbewertung den neuen Erkenntnissen anzupassen, was in mehreren Ländern Europas dazu führte, daß neue Bewertungssysteme mit

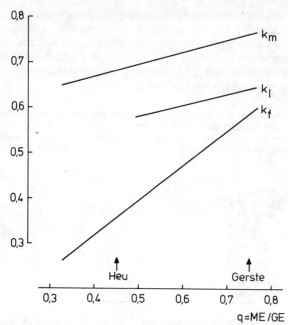

Abb. 4.4–1: Abhängigkeit der Verwertung der ME für Erhaltung (k_m), Laktation (k_l) und Fettbildung (k_f) von der Umsetzbarkeit der Energie

einer Trennung zwischen Milchviehfütterung und Rindermast entwickelt und eingeführt wurden. In der Bundesrepublik Deutschland hat sich der Ausschuß für Bedarfsnormen der Gesellschaft für Ernährungsphysiologie der Haustiere dafür entschieden, für die Milchviehernährung das System Nettoenergie-Laktation (NEL) anzuwenden.

Das NEL-System berücksichtigt hauptsächlich folgende Erkenntnisse aus Stoffwechselexperimenten mit Milchkühen über den Zusammenhang zwischen Zufuhr an Nahrungsenergie und tierischer Leistung:

a) Die Verwertung der umsetzbaren Energie für Milch und für Körperansatz bei laktierenden Kühen ist gleich groß. Die Nettoenergie des Futters für diese Stoffbildung heißt Nettoenergie-Laktation und entspricht zahlenmäßig dem Energiegehalt dieser Produkte.

b) Dieser Teilwirkungsgrad der ME für die Laktation (k_l) wird durch die Zusammensetzung der Ration beeinflußt, die durch die Umsetzbarkeit der Energie (q-Wert) charakterisiert wird. Die Stärke des Einflusses von q auf k_l wird durch eine Gleichung von VAN ES beschrieben ($k_l = 0{,}24\ q + 0{,}463$).

c) Der q-Wert und damit die Menge an umsetzbarer Energie pro kg eines bestimmten Futters nimmt bei steigendem Ernährungsniveau (= Gesamtbedarf an Energie/Erhaltungsbedarf) ab.

d) Die Verwertung der ME für Erhaltung wird in proportional gleichem Ausmaß beeinflußt wie diejenige für die Laktation, d. h. der Quotient beider Teilwirkungsgrade ist unabhängig vom q-Wert konstant. Daraus folgt, daß der Erhaltungsbedarf ohne Verlust an Genauigkeit in NEL ausgedrückt werden kann (vergl. hierzu Abb. 4.4–1).

Zur Berechnung der Nettoenergie-Laktation von Futtermitteln sind folgende Formeln notwendig:

a) Die Nettoenergie-Laktation wird nach der Formel (VAN ES)

$$NEL\ (MJ) = k_l \cdot ME\ (MJ)$$
$$= 0{,}6\ [1 + 0{,}004\ (q-57)]\ ME\ (MJ),\ q\ (\%) = \frac{ME}{GE} \cdot 100$$

berechnet. NEL ergibt sich also aus dem Produkt von umsetzbarer Energie und Teilwirkungsgrad k_l, der seinerseits von der Umsetzbarkeit q abhängt. Aus der Gleichung geht hervor, daß die Verwertung der ME bei einer mittleren Umsetzbarkeit von q = 57 60 % beträgt und daß die Verwertung um $0{,}\bar{4}$ % absolut ansteigt, wenn die Umsetzbarkeit um eine Einheit zunimmt. Die Angabe der Nettoenergie-Laktation erfolgt in Mega-Joule.

b) Die umsetzbare Energie wird nach einer Gleichung von SCHIEMANN et al. aus den verdaulichen Rohnährstoffen berechnet. Für Futtermittel mit Zuckergehalten von über 8 % in der TS ist wegen des geringeren Energiegehaltes von Mono- und Disacchariden zusätzlich ein Abzugsglied zu berücksichtigen.

ME (MJ) =   0,0152 x verdauliches Rohprotein (DP, g)
+ 0,0342 x verdauliches Rohfett (DL, g)
+ 0,0128 x verdauliche Rohfaser (DF, g)
+ 0,0159 x verdauliche N-freie Extraktstoffe (DX, g)
− 0,0007 x Zucker (XZ, g)

c) Die für die Bestimmung von q erforderliche Bruttoenergie wird, sofern nicht direkt kalorimetrisch gemessen, mit folgender Gleichung (SCHIEMANN et al.) aus den Rohnährstoffen berechnet:

GE (MJ) =   0,0242 x Rohprotein (XP, g)
+ 0,0366 x Rohfett (XL, g)
+ 0,0209 x Rohfaser (XF, g)
+ 0,0170 x N-freie Extraktstoffe (XX, g)
− 0,0007 x Zucker (XZ, g)

Bei Zuckergehalten von mehr als 8 % in der TS ist der entsprechende Abzug vorzunehmen.

Die Berechnung von NEL sei an den zwei folgenden Beispielen demonstriert:

Erstes Beispiel: NEL von Wiesenheu

	1 kg Wiesenheu enthält g		Faktor für GE	GE MJ/kg	Faktor für ME	ME MJ/kg
	Rohnährstoffe	verdaul. Nährstoffe				
Rohprotein	97	56	0,0242	2,35	0,0152	0,85
Rohfett	21	10	0,0366	0,77	0,0342	0,34
Rohfaser	268	169	0,0209	5,60	0,0128	2,16
N-freie Extraktst.	410	250	0,0170	6,97	0,0159	3,98
				15,69		7,33

q = 7,33 · 100/15,69 = 46,7 %
NEL = 0,6 [1 + 0,004 (46,7−57)] · 7,33 = 4,22 (MJ/kg)

Zweites Beispiel: NEL von Trockenschnitzeln

	1 kg Trockenschnitzel enthält g		Faktor für GE	GE MJ/kg	Faktor für ME	ME MJ/kg
	Rohnähr-stoffe	verdaul. Nährstoffe				
Rohprotein	89	48	0,0242	2,15	0,0152	0,73
Rohfett	5	1	0,0366	0,18	0,0342	0,03
Rohfaser	181	136	0,0209	3,78	0,0128	1,74
N-freie Extraktst.	581	511	0,0170	9,88	0,0159	8,12
Zucker	181	181	– 0,0007	– 0,13	– 0,0007	– 0,13
				15,86		10,49

$q = 66{,}1\ \%$
$NEL = 6{,}52\ (MJ/kg)$

Da der NEL-Gehalt des Futters den Energiegehalt angibt, der als Milchenergie oder auch als Körperenergie erscheint, folgt also, daß mit 1 kg Wiesenheu oder Trockenschnitzeln 4,22 bzw. 6,52 MJ Milchenergie (oder Körperenergie) erzielbar sind. Bei einem Energiegehalt von 3,1 MJ/kg Milch (FCM) entspricht dies 1,3 bzw. 2,1 kg Milch. Dem unmittelbaren Zusammenhang zwischen Leistung und Energiebedarf ist also klar Rechnung getragen.

Die Zusammenstellung einer Futterration erfolgt im NEL-System einfach durch Addition der Nettoenergiegehalte der einzelnen Rationskomponenten. Der hieraus bestimmte NEL-Gehalt der Ration ist jedoch stets etwas höher als bei Berechnung aus der ME der Gesamtration. So ergibt sich beispielsweise für eine Mischung von 3 kg Wiesenheu + 1 kg Trockenschnitzel ein NEL-Gehalt von 19,18 MJ, während sich aufgrund der Addition der Rohnährstoffe und anschließender Anwendung der NEL-Formel 19,07 MJ errechnen. Es läßt sich aber zeigen, daß diese Abweichungen bei üblicher Rationsgestaltung kaum über 1 % ausmachen und damit für die praktische Fütterung nicht relevant sind. Die für die Kalkulation von Rationen wie auch in betriebswirtschaftlicher Hinsicht äußerst vorteilhafte Bewertung von Einzelfuttermitteln ist also durch diese Eigenschaft der Additivität durchaus berechtigt. Zu Bedarfsherleitung, Einfluß des Ernährungsniveaus sowie Rationsberechnungen siehe den Abschnitt über die Milchviehfütterung.

Das System der Nettoenergie-Laktation auf der von VAN ES basierenden Verwertungsformel ist mit geringen Variationen auch in Holland, Frankreich und der Schweiz eingeführt. In den USA ist die Futterbewertung für Milchkühe ebenfalls an der Verwertung der Futterenergie für die Milchbildung orientiert. Entsprechende Gleichungen wurden vor allem von MOE, FLATT und TYRRELL entwickelt. Die früher in den USA verwendete Einheit TDN (total digestible nutrients; Summe der verdaul. Nährstoffe mit Rohfett mal 2,25) dient im wesentlichen nur noch dazu, Ergebnisse bisheriger Versuche über Bedarf und Futterwert in einen energetischen Maßstab zu transformieren (1 kg TDN ≙ 18,4 MJ DE).

4.4.4 Futterbewertung beim Schwein

Die Bewertung von Futtermitteln für Schweine variiert in den verschiedenen Ländern von der verdaulichen Energie bis hin zur Nettoenergie. In der Bundesrepublik Deutschland hat sich die Gesellschaft für Ernährungsphysiologie der Haustiere entschlossen, die Energiebewertung der Schweinefuttermittel auf der Grundlage der umsetzbaren Energie durchzuführen. Der entscheidende Vorteil gegenüber der Nettoenergie liegt darin, daß die umsetzbare Energie einen für alle Produktionsrichtungen (Ferkel, Mastschweine, Sauen, Eber) definierten Energiemaßstab darstellt. Hingegen ist die Nettoenergiebewertung, die auf dem Fettbildungsvermögen der Nährstoffe beruht (siehe Rostocker Futterbewertung, NEF_s), mit dem Problem verbunden, daß reine Fettbildung weder in der Mast noch in der Sauenernährung als alleiniges Leistungsprodukt anzusehen ist. Aber auch die Nettoenergie, die am Stoffansatz wachsender Tiere gemessen wird, ist nur sehr begrenzt anwendbar, da die Körperzusammensetzung je nach Rasse und Wachstumsintensität sehr verschieden ist. Andererseits ist beim Schwein die Nährstoffvariation des Futters nicht so vielseitig wie beim Wiederkäuer, so daß eher von der Nettoenergie abgerückt werden kann.

Die **umsetzbare Energie** ist üblicherweise als Bruttoenergie minus der Energieverluste über Kot, Harn und Gärungsgase zu verstehen. Eine experimentelle Messung der ME aller Futtermittel nach diesem Prinzip ist aber vom Aufwand her unmöglich, so daß man in der Futterbewertung auf Berechnungsformeln angewiesen ist. Vorrangig zu diesem Zweck steht eine Formel von HOFFMANN und SCHIEMANN zur Verfügung, nach der die ME aus den verdaulichen Nährstoffen Rohprotein, Rohfett, Rohfaser und N-freie Extraktstoffe berechnet wird. Andere Formeln schätzen die ME aus der verdaulichen Energie unter Berücksichtigung des Rohproteingehaltes des Futters. Hierbei zeigt sich, daß bei einem Rohproteingehalt von 18 % die ME etwa 95 % der DE beträgt. In dem für die Bundesrepublik vorgeschlagenen **ME-System** der Futterbewertung beim Schwein wird die genannte Berechnungsformel der ME aus den verdaulichen Rohnährstoffen um zwei Terme modifiziert. Eine Korrektur gilt für zuckerreiche Futtermittel, da der Bruttoenergiegehalt von Di- und Monosacchariden um 1 – 2 kJ/g niedriger liegt als der von Stärke (vgl. Übersicht 4.2-6). Eine zweite Korrektur ergibt sich dadurch, daß beim Schwein verdauungsphysiologisch und hinsichtlich der Energieverwertung zwischen Zucker und Stärke einerseits und den lediglich bakteriell fermentierbaren Substanzen (BFS) Cellulose, Pentosane und Hemicellulosen zu unterscheiden ist. Die Energie in letzteren Stoffen kann nur vermindert genutzt werden, was mit der ursprünglichen Berechnungsformel der ME nicht ausreichend erfaßt wird. Dabei ist zu bemerken, daß diese verschiedenen Gerüstsubstanzen auch in der Rohnährstoff-Fraktion der N-freien Extraktstoffe je nach Futtermittel in unterschiedlichen Anteilen vorkommen können. Die Formel der BFS- und Zucker-korrigierten umsetzbaren Energie für Schweinefuttermittel ist in Übersicht 4.4-5 aufgezeigt.

Der bei uns bislang angewandte Energiemaßstab **Gesamtnährstoff (GN)** wurde bereits in den 20er Jahren von LEHMANN zur Bewertung der Futtermittel für die Schweinemast entwickelt. Man versteht darunter die Summe der verdaulichen Nährstoffe eines Futtermittels, wobei der Gehalt an verdaulichem Rohfett mit dem Faktor 2,3 multipliziert wird. Da der Gesamtnährstoff gewöhnlich nur bei hochverdau-

Übersicht 4.4 – 5: Berechnung des Gehaltes an ME (BFS korr.) von Schweinefuttermitteln (verdauliche Rohnährstoffe in g/kg Trockensubstanz)

ME (MJ/kg TS) = 0,0210 × verdauliches Rohprotein
+ 0,0374 × verdauliches Rohfett
+ 0,0144 × verdauliche Rohfaser
+ 0,0171 × verdauliche N-freie Extraktstoffe
− 0,0014 × Zucker[1]
− 0,0068 × (BFS − 100)[2]

[1] bei Zuckergehalten von ≥ 80 g/kg TS; die Korrektur erfolgt dann für den gesamten Zuckergehalt.

[2] BFS = verdauliche Rohfaser + verdauliche N-freie Extraktstoffe − Stärke − Zucker; die Korrektur erfolgt nur für den 100 g/kg TS überschreitenden Gehalt.

lichen Futtermitteln angewendet wird, kann er als Ausdruck für das relative Fettbildungsvermögen eines Futtermittels angesehen werden. Das verdauliche Protein wird nämlich trotz seines höheren Energiegehaltes wie die N-freien Extraktstoffe gewichtet, wodurch letztlich die schlechtere Verwertung des Proteins für den Fettansatz und die proteinbedingten Energieverluste im Harn (Harnstoff) berücksichtigt werden. Dem höheren Energiegehalt des Fettes ist durch den Faktor 2,3 entsprechend Rechnung getragen. Es überrascht deshalb nicht, wenn der Gesamtnährstoff in die Nähe der Nettoenergie-Fett rückt, wie ein Vergleich mit dem Rostocker Bewertungssystem zeigt. Während beim Gesamtnährstoff das Verhältnis der Nährstoffkoeffizienten (verd. Rohprotein : verd. Rohfett : verd. N-freie Extraktstoffe) 1:2,3:1 beträgt, ergibt sich aus dem Rostocker System nicht sehr abweichend davon ein Verhältnis der Nettoenergie von 0,9:2,9:1 (vgl. Übersicht 4.4–3).

4.4.5 Futterbewertung beim Geflügel

Theoretisch können wie bei anderen Tierarten auch beim Geflügel die verschiedenen energetischen Leistungsstufen des Futters als Energiekennzahl gewählt werden. Verschiedene Gründe sprechen jedoch dafür, daß gegenwärtig beim Geflügel die Futterbewertung auf der Basis der **umsetzbaren Energie** den Vorzug verdient. Wegen der gemeinsamen Ausscheidung von Kot und Harn kann die umsetzbare Energie experimentell einfacher und auch sicherer bestimmt werden als die verdauliche Energie bzw. die verdaulichen Nährstoffe. Über die umsetzbare Energie steht deshalb auch bereits eine beträchtliche Zahl von Daten zur Verfügung. Allerdings sollte die ME sowohl von seiten der Definition als auch hinsichtlich ihrer experimentellen Bestimmung vereinheitlicht werden. Begrifflich kann man vier Arten der umsetzbaren Energie unterscheiden, nämlich die scheinbare ME, die N-korrigierte scheinbare ME, die wahre ME und die N-korrigierte wahre ME. Der Unterschied zwischen „scheinbarer" und „wahrer" ME besteht in der Korrektur für Energieausscheidungen in Kot und Harn endogenen Ursprungs. N-korrigiert bedeutet, daß die umsetzbare Energie auf N-Gleichgewicht bezogen ist. Im Falle eines Proteinansatzes wird die ME also um die Energiemenge vermindert, die normalerweise im Harn verlorengeht, wenn das Tier kein Protein ansetzt. Faktoren für diese Korrektur sind f = 34,4 kJ (nach HILL und ANDERSON) bzw. f = 36,5 kJ/g N-Retention (nach TITUS).

Von den genannten Arten an ME ist die N-korrigierte scheinbare ME bislang am gebräuchlichsten (siehe auch Futterwerttabellen, Anhang D).

$$ME_{N\text{-korr.}} (kJ/g) = \frac{\text{Energieaufnahme} - \text{Energie der Exkreta} - f \cdot RN}{\text{Futteraufnahme (g)}}$$

wobei RN = N-Aufnahme − N-Exkreta.

Außer den definitionsbedingten Unterschieden der ME besteht auch eine gewisse Uneinheitlichkeit bei ihrer experimentellen Bestimmung, die zur Streuung der ME-Daten von Futtermitteln beiträgt. Die wichtigsten Variablen bzw. Einflüsse in dieser Hinsicht sind Ermittlung der ME im einfachen Versuch oder im Zulageversuch (Differenzversuch mit Referenzdiät), Zusammensetzung der Referenzdiät, Höhe der Futterzufuhr, N-Gehalt der Ration, Rasse und Alter der Versuchstiere sowie die analytischen Verfahren (z. B. Sammeltechnik oder Indikatormethoden). Eine Standardisierung sollte deshalb angestrebt werden.

Neben der direkten Messung der umsetzbaren Energie besteht auch die Möglichkeit, sie aus der chemischen Zusammensetzung des Futters zu berechnen. Einige bekannte Gleichungen zur Berechnung der ME sind in Übersicht 4.4–6 aufgezeigt. Die Formel nach CARPENTER und CLEGG wurde aus Versuchen mit Hennen abgeleitet und liefert bei Futter mit niedrigen Rohfaser- und mäßigen Proteingehalten gute Werte. SIBBALD und Mitarbeiter entwickelten aus Kükenversuchen eine ähnlich aufgebaute Formel für die N-korrigierte umsetzbare Energie. Beide Formeln setzen voraus, daß in der chemischen Analyse des Futters Stärke und Zucker erfaßt werden. Es gibt noch weitere Formeln dieser Art, die zum Teil sehr spezifisch für ganz bestimmte Futtermittel aufgestellt wurden oder auch auf den verschiedensten analytischen Kriterien aufbauen. Die allgemeine Anwendbarkeit aller dieser Berechnungsformeln ist aber dadurch eingeschränkt, daß konstante Verdaulichkeitskoeffizienten für Proteine, Fette und Kohlenhydrate in allen Futterstoffen vorausgesetzt werden. Aus diesem Grunde müßte versuchsmäßig vor allem noch geklärt werden, inwieweit für verschiedene Futtermittelarten und auch Futterzubereitungsverfahren (z. B. Pellets) besondere Korrekturfaktoren notwendig sind. Die Formel nach SCHIEMANN und CHUDY legt dagegen die verdaulichen Rohnährstoffe nach der Weender Analyse zugrunde. Abgesehen von der Problematik der Verdaulichkeitsbestimmung bei Geflügel wird diese Formel jedoch durch die pauschale Zusammenfassung aller Kohlenhydrate eingeschränkt.

Weiterhin stellt sich die Frage, ob die umsetzbare Energie an sich zur Kennzeichnung des energetischen Nährwertes ausreichend ist oder ob die energetischen Verluste bei der Umwandlung der umsetzbaren Energie in tierische Produkte zu berücksichtigen sind. Dann wäre eine Bewertung nach der Nettoenergie am besten. Vorläufige Untersuchungen sprechen dafür, daß ein Nettoenergie-System (DE GROOTE, 1974), das auf der ME aufbaut und die unterschiedliche Verwertung der ME je nach Protein-, Fett- und Kohlenhydratanteilen mit einbezieht, bessere Voraussagen des energetischen Futterwertes beim wachsenden Huhn ermöglicht als die ME allein.

Übersicht 4.4–6: **Berechnung der umsetzbaren Energie**

Formel nach

CARPENTER und CLEGG (1956)
ME (kJ/kg)* = [53 + 38 (% Rohprotein + 2,25 · % Rohfett + 1,1 · % Stärke + % Zucker)] 4,186

SIBBALD et al. (1963)
$ME_{N-korr.}$ (kJ) = [3,52 · Rohprotein + 7,85 · Rohfett + 4,1 · Stärke + 3,55 · Zucker] · 4,186**

SCHIEMANN und CHUDY (1971)
ME (kJ) = [4,26 verd. Rohprotein + 9,50 verd. Rohfett + 4,23 (verd. Rohfaser + verd. N-freie Extraktstoffe)] · 4,186**

* auf 90 % TS bezogen   **Rohnährstoffe in g

Unabhängig von diesen Vorschlägen zur Futterbewertung beim Huhn hat bereits in den vierziger Jahren FRAPS mit der „**produktiven Energie**" versucht, die Futterbewertung an der Leistung (Energieansatz) zu messen. Unterschiedliche Ablagerung der Energie im Protein oder Fett sowie auch Verschiebungen im Erhaltungsbedarf lassen jedoch die Reproduzierbarkeit der Meßwerte fraglich erscheinen. In letzter Zeit wurde auch in Rostock in Zusammenhang mit der dortigen Vereinheitlichung der Futterbewertung die Nettoenergie auf der Grundlage der Differenzauswertung am ausgewachsenen Huhn bestimmt. Die Berechnungsgleichung der Nettoenergie-Fett für das Huhn (NEFh) im **Rostocker System** lautet:

$NEFh$ (kJ) = [2,58 · verd. Rohprotein + 7,99 verd. Rohfett
+ 3,19 (verd. Rohfaser + verd. N-freie Extraktstoffe)] · 4,186

Bei zuckerreichen Futterstoffen sowie Milch und Milchprodukten sind die gleichen Korrekturen vom berechneten Futterwert vorzunehmen wie beim Schwein (s. Übersicht 4.4–3). Der Fettfaktor von 7,99 kennzeichnet die Verwertung des Fettes zur hauptsächlichen Fetteinlagerung (Körperfett und Fett in den Eiern). In Broilerrationen, bei denen das Nahrungsfett in erster Linie Energie für Erhaltung und Wachstum liefert, ist ein Fettfaktor von 6,7 je g verdauliches Rohfett einzusetzen.

4.4.6 Gleichungen zur Schätzung energetischer Futterwerte

Die meisten Systeme zur energetischen Bewertung von Futtermitteln für die verschiedenen Nutztierarten gehen von den verdaulichen Rohnährstoffen aus, die nur tierexperimentell in Verdauungsversuchen ermittelt werden können. Da diese Verfahren sehr aufwendig sind, versucht man, die energetischen Futterwerte aus analytisch einfach zu bestimmenden Inhaltsstoffen zu schätzen. Dafür kommen zunächst die Weender Rohnährstoffe in Frage, bei denen aber die Differenzierung der Kohlenhydrate in Rohfaser und N-freie Extraktstoffe problematisch ist. Die Aufteilung der Gruppe der Kohlenhydrate (siehe Abschnitt 1) in Stärke, Zucker, Faserkomponenten und einen verbleibenden organischen Rest charakterisiert den Nährwert dieser Inhaltsstoffe besser und hat bei Mischfutter für Schweine und Geflügel zu guten Schätzgleichungen (vgl. Restfehler $s_{y·x}$) geführt.

Diese Schätzverfahren haben vor allem die Aufgabe, den energetischen Wert eines Mischfuttermittels ohne Kenntnis der verwendeten Komponenten und ihrer Gemengteile möglichst sicher vorauszusagen und Angaben des Mischfutterherstellers zum Energiegehalt kontrollierbar zu machen. Nach einem Beschluß der Gesellschaft für Ernährungsphysiologie der Haustiere soll der Energiegehalt von Schweine-, Geflügel- und Rindermischfutter nach folgenden Formeln geschätzt werden:

Schweinemischfutter
$ME_{(BFS\ korr.)}$ (MJ/kg) = 0,0218 XP + 0,0314 XL + 0,0171 XSt. + 0,0169 XZ + 0,0081 OR − 0,0066 ADF (± 2,0 %)

Der organische Rest (OR) ist definiert als organische Substanz abzüglich Rohprotein + Rohfett + Rohstärke + Zucker + ADF. (Rohnährstoffe in g/kg)

Ist anstelle der ADF nur der Gehalt an Rohfaser bekannt, kann folgende Schätzgleichung verwendet werden:

$ME_{(BFS\ korr.)}$ (MJ/kg) = 0,0223 XP + 0,0341 XL + 0,017 XSt. + 0,0168 XZ + 0,0074 OR − 0,0109 XF (± 2,1 %)

Der organische Rest (OR) ist definiert als organische Substanz abzüglich Rohprotein + Rohfett + Rohstärke + Zucker + Rohfaser. (Rohnährstoffe in g/kg)

Geflügelmischfutter
Bei der Ermittlung des Gehaltes an scheinbarer umsetzbarer Energie AME (= Apparent Metabolizable Energy) nach der WPSA- (=World's Poultry Science Association) Formel wird eine Faserkomponente nicht berücksichtigt, da im Geflügelmischfutter normalerweise nur hochverdauliche und damit faserarme Komponenten verwendet werden.

AME (MJ/kg) = 0,03424 XL + 0,01547 XP + 0,0167 XSt. + 0,01304 XZ
(Rohnährstoffe in g/kg) (± 0,315 MJ/kg)

Rindermischfutter
Wegen der mikrobiellen Umsetzungen sind beim Wiederkäuer die Gasbildung bei der Fermentation mit Pansensaft in vitro (Hohenheimer Futtertest) und der Gehalt an Rohnährstoffen zur Futterwertschätzung am besten geeignet.

NEL (MJ/kg TS) = 0,075 Gb + 0,087 XP + 0,161 XL + 0,056 XX − 2,422
(Rohnährstoffe in % der TS) (±2,76 %)

Grün- und Rauhfutter
Neben der amtlichen Futtermittelkontrolle ist es für Serienuntersuchungen in der Pflanzenzüchtung äußerst wichtig, auch eine sichere Voraussage des Futterwertes des wirtschaftseigenen Grundfutters zu treffen. Für die Schätzung von Grün- und Rauhfutter ist hierbei ebenfalls vorteilhaft, wenn ein Maß für die Verdaulichkeit eingeführt wird. Neben anderen in-vitro-Methoden ist die Verdaulichkeit der organischen Substanz nach der HCl-Cellulase-Methode (siehe 2.2.3) besonders geeignet, da sie gut zu standardisieren ist und auf die Verwendung von Pansensaft verzichtet werden kann:

StE (StE/kg TS) = − 342 + 11,2 VQOSC + 2,01 XL (± 7,1 %)
NEL (MJ/kg TS) = − 0,35 + 0,081 VQOSC + 0,0126 XL (± 6,4 %)
(XL in g/kg TS)

Eine noch weitergehende Vereinfachung stellen Schätzgleichungen dar, die allein den bei vielen Futterstoffen zu beobachtenden negativen Effekt des Fasergehaltes auf den Futterwert zur Grundlage haben. Vor allem für Zwecke der Fütterungsberatung kann die Schätzung von wirtschaftseigenem Grundfutter mit der ADF als billige, schnelle und hinreichend genaue Methode empfohlen werden:

StE (StE/kg TS) = 1013 − 14,72 ADF (± 8,4 %)
NEL (MJ/kg TS) = 9,23 − 0,105 ADF (± 7,1 %)
(ADF in g/kg TS)

Alle diese Gleichungen wurden durch die einfache oder schrittweise aufbauende multiple Regressionsanalyse erstellt. Ihre Genauigkeit wird durch Bestimmtheitsmaße (R^2) zwischen 0,80 und 0,98 und relative Standardschätzfehler ($s_{y \cdot x}$ %) zwischen 2,0 % und 8,4 % charakterisiert.

Energiezahlen

Von diesen Schätzgleichungen zu unterscheiden sind die sogenannten Energiezahlen für das Schwein (EZS) und das Geflügel (EZG):

EZS = % Rohprotein × 0,8 + % Rohfett × 2*) + % Stärke × 1 + % Zucker × 1
*) für die Fettmenge, die 5 % überschreitet, gilt der Faktor 2,5

EZG = % Rohprotein × 1 + % Rohfett × 2,25 + % Stärke × 1,1 + % Zucker × 1

Diese Energiezahlen sind lediglich empirisch und ursprünglich für Zwecke der amtlichen Futtermittelkontrolle abgeleitet. Ihr entscheidender Nachteil besteht darin, daß sie keine Einheiten eines energetischen Futterbewertungssystems sind. Deshalb kann auch der Energiebedarf nicht in diesen Einheiten angegeben werden. Auch eine Umrechnung von solchen Energiezahlen in echte energetische Futterwerte ist streng genommen nicht möglich. Sie müssen daher in absehbarer Zeit von echten Schätzgleichungen, wie den oben angeführten, abgelöst werden.

XP = Rohprotein
XL = Rohfett
XF = Rohfaser
XSt = Rohstärke
XZ = Zucker
ADF = saure Detergentienfaser
OR = organischer Rest
XX = N-freie Extraktstoffe
VQOSC = Verdaulichkeit der organischen Substanz in % (HCl-Cellulase-Methode)
Gb = Gasbildung in ml/24 Stunden (200 mg Futter − TS)

5 Mineral- und Wirkstoffe

Neben den Nährstoffgruppen Kohlenhydrate, Fette und Eiweiß, die zur Deckung des energetischen Erhaltungsbedarfes und zur Bildung von Körpersubstanzen einschließlich tierischer Leistungsprodukte zugeführt werden, gibt es eine Vielzahl weiterer Stoffe, die zum Ablauf dieser Lebensvorgänge unbedingt notwendig sind oder Sonderwirkungen auf den tierischen Stoffwechsel ausüben. Dazu gehören die Mineralstoffe (Mengen- und Spurenelemente), Vitamine, Enzyme, Hormone und Antibiotica. Weiterhin zählen hierher auch bestimmte Substanzen wie Antioxydantien, Emulgatoren und Coccidiostatica, welche die Futterqualität verbessern oder zur Vorbeuge gegen Krankheiten dem Futter beigemischt werden. Alle diese Substanzen mit Ausnahme der Mineralstoffe faßt man in der Tierernährung häufig unter dem Begriff „Wirkstoffe" zusammen. Sie sind dadurch gekennzeichnet, daß sie in kleinsten Mengen sehr weittragende Funktionen ausüben.

5.1 Mengenelemente $> 50\ mg\ /kg\ körpermasse$

Als Mengenelemente faßt man die Mineralstoffe Calcium, Magnesium, Phosphor, Natrium, Kalium, Chlor und Schwefel zusammen. Zum Unterschied von Spurenelementen beträgt der mittlere Gehalt an Mengenelementen mehr als 50 mg pro kg Körpermasse. Alle angeführten Elemente sind für das Tier lebensnotwendig. Da der Schwefel zum größten Teil in den Aminosäuren Methionin, Cystein und Cystin vorkommt, ist die Schwefelversorgung im wesentlichen ein Aspekt der Proteinernährung.

5.1.1 Vorkommen im Körper

Die mittleren Gehalte des Tierkörpers an Mengenelementen sind in Übersicht 5.1–1 zusammengestellt. Im Einzelfall können die Gehaltswerte mehr oder weniger stark von diesen Angaben abweichen, da die im Körper vorkommende Mineralstoffmenge von der Tierart, dem Lebensalter, der Ernährung u. a. abhängt.

Die Gehalte des Blutserums an Mengenelementen sind bei den verschiedenen Säugerarten ebenfalls im großen und ganzen ähnlich (Übersicht 5.1–1). Sie bewegen sich normalerweise innerhalb enger und für jedes Element ziemlich genau festgelegter Grenzen. Abweichungen vom Normalwert sind die Folge von Ernährungsschäden und Krankheiten, wobei die Erhöhung oder Erniedrigung des Gehaltes an einem Element meist bei einer ganzen Anzahl von Krankheiten eintreten kann. Für die Aufrechterhaltung des Normalspiegels sind bei den einzelnen Elementen verschiedene Regulationsmechanismen verantwortlich. So wird der Calciumspiegel durch das Calcitonin der Schilddrüse und das Parathormon der Nebenschilddrüsen gesteuert. Bei Entfernung der Nebenschilddrüsen fällt der Calciumgehalt des Blutes auf einen Wert von ca. 6–7 mg/100 ml. Bei Phosphor erfolgt die Regulierung hauptsächlich über die Niere, die hierbei der Steuerung durch die Nebenschilddrüsen untersteht. Der Natrium-, Kalium- und Chlorgehalt des Blutserums wird ebenfalls über die Niere bzw. über die die Nierenfunktion steuernden Hormone (Mineralocorticoide der Nebennierenrinde) aufrechterhalten.

Übersicht 5.1–1: **Mittlere Gehalte an Mengenelementen im Tierkörper (Säuger)**

	Ca	P	Mg	Na	K	Cl
Gesamtkörper g/100 g fettfr. Substanz	1–2	0,7–1	0,04–0,05	0,10–0,15	0,20–0,30	0,1–0,15
Blutserum mg/100 ml	10	4–7*	2–3	330	20	370

* anorg. P

Die mengenmäßige Verteilung der Mineralstoffe im Tierkörper ist von Element zu Element verschieden. Der weitaus größte Teil des im Körper vorhandenen Calciums (99 %), Phosphors (80 %) und Magnesiums (66 %) findet sich im Skelett. Knochenasche selbst besteht aus etwa 36 % Ca, 17 % P, 0,8 % Mg, 0,8 % Na sowie geringen Mengen an anderen Mineralstoffen. Das Verhältnis Ca : P ist ungefähr 2 : 1. Aufgrund der in etwa gleichartigen chemischen Zusammensetzung der verschiedenen Knochen des Skeletts kann bei analytischen Untersuchungen ein Knochen stellvertretend für das ganze Skelett dienen. Im Gegensatz zu den Erdalkalien sind nur etwa 40 % des Natriums und weniger als 10 % des Kaliums im Skelett vorhanden. Das andere Natrium ist überwiegend im extrazellulären Flüssigkeitsraum (etwa zu 95 %) gelöst, während Kalium nahezu ausschließlich intrazellulär zu finden ist. Damit ist der Hauptanteil des Kaliums in den Muskeln und Weichgeweben. Entsprechend dem Kation Natrium ist das Chlor, das als Cl^--Anion vorliegt und damit wesentlich zum Elektrolytgleichgewicht beiträgt, hauptsächlich im extrazellulären Raum vorhanden.

5.1.2 Aufgaben

Calcium, Phosphor und **Magnesium** übernehmen zum Teil ähnliche Aufgaben im Stoffwechsel. Ihre wichtigste Funktion ist zunächst als Baustoff für Knochen und Zähne zu sehen. Dabei werden sie als Kristalle (im wesentlichen in Form des Hydroxylapatits) zwischen den Kollagenfasern eingelagert. Die Festigung und eine hohe mechanische Belastbarkeit des Skeletts setzt eine ausreichende Mineralisierung voraus. Ähnlich ist die Funktion von Calcium bei der Eischalenbildung zu verstehen.

Daneben haben diese Mengenelemente aber auch physiologische Aufgaben zu erfüllen. Calcium- und Magnesiumionen sind als Aktivatoren für eine Reihe von Enzymen bedeutsam. So aktiviert Calcium Verdauungsenzyme (Trypsin) sowie auch Enzyme des Intermediärstoffwechsels, unter anderem die Thrombokinase, welche für die Blutgerinnung wichtig ist. Magnesium ist Aktivator für die alkalische Phosphatase, die Arginase und für Kinasen. Calcium und Magnesium sind ferner für die Erregbarkeit der Nerven und für die Muskelkontraktion notwendig. Schließlich beeinflussen Calciumionen ganz allgemein die Permeabilität der Zellen und wirken dadurch auf den Stofftransport durch Grenzflächen. Phosphor, der im Tierkörper nur in Form von Verbindungen der Orthophosphorsäure vorkommt, ist am Aufbau der Nucleinsäuren, der Phosphoproteide, Phospholipide und vieler Enzyme beteiligt und hat damit grundlegende Bedeutung für viele Lebensprozesse. Weiterhin spielt Phosphat bei der Energieübertragung und -speicherung eine fundamentale Rolle. Ferner dienen Phosphate in Blut und Zellflüssigkeit als Anionen zum Ladungsausgleich.

Im Gegensatz zu Calcium, Phosphor und Magnesium überwiegen bei **Natrium**, **Kalium** und **Chlor** die physiologischen Funktionen. Diese drei Elemente werden vor allem zur Aufrechterhaltung des osmotischen Druckes der Körperflüssigkeiten und im Säuren-Basen-Haushalt benötigt. Somit sind diese Elemente eng mit dem Wasserhaushalt verknüpft. Natrium ist ferner zusammen mit Kalium für die elektrische Polarisation der Nervenmembranen und der Erregungsleitung in den Muskelfasern notwendig. Beide Mengenelemente haben auch wesentlichen Anteil an der Aufrechterhaltung des Membranpotentials an der Zellwand. Damit können sie den Transport von Nährstoffen beeinflussen. In vitro aktiviert Kalium auch eine Reihe von Enzymen des Kohlenhydrat- und Fettstoffwechsels. Natrium verhält sich bei diesen Reaktionen meist entgegengesetzt, das heißt, Na-Ionen hemmen die Reaktion. Auch Chlorid ist als Cofaktor der α-Amylase des Pankreas an enzymatischen Reaktionen beteiligt. Chloridionen werden ferner zur Bildung der Salzsäure des Magens benötigt.

5.1.3 Zur Dynamik im Stoffwechsel

Mengenelemente müssen mit der Nahrung dem Organismus zugeführt werden. Dabei wird meist nur ein Teil im Verdauungskanal absorbiert, während der andere Teil über den Kot abgegeben wird. Die absorbierte Menge wird in den verschiedenen Körperkompartimenten eingebaut, zu Syntheseleistungen benützt bzw. als endogener Teil über den Intestinaltrakt (Kot) und Harn ausgeschieden. Diese drei Stoffwechselvorgänge Absorption, Retention und Exkretion greifen ineinander über und befinden sich stets in einem dynamischen Zustand. Dabei ist der Organismus bestrebt, zwischen der Mineralstoffzufuhr aus dem Darmtrakt, den verschiedenen Ausscheidungsarten und den intermediären Austauschvorgängen einen gewissen Status aufrechtzuerhalten. Man bezeichnet die Aufrechterhaltung eines solchen Gleichgewichtszustandes, die durch koordinierte Regulationsmechanismen bewirkt wird, nach dem Physiologen CANNON (1929) als Homöostase. Als Beispiel ist hierzu in Abbildung 5.1–1 die Dynamik des Calcium-, Magnesium- und Phosphat-Stoffwechsels aufgezeigt.

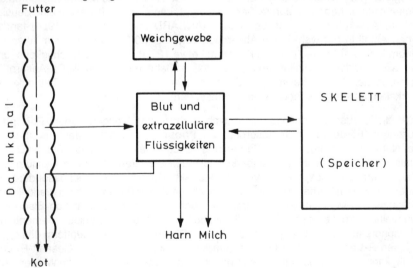

Abb. 5.1–1: **Zur Dynamik des Calcium-, Magnesium- und Phosphat-Stoffwechsels**

Absorption und Exkretion

Die Absorption der Mengenelemente findet im wesentlichen im Dünndarm und teils im Dickdarm statt. Beim Wiederkäuer können die Mengenelemente auch in den Vormägen absorbiert werden. Der Hauptort der Absorption im Verdauungskanal ist jedoch je nach Element und Spezies (Monogaster – Wiederkäuer) unterschiedlich. Die Höhe der Absorption dieser Elemente kann von einer mehr oder minder großen Anzahl von Faktoren beeinflußt werden. Solche Faktoren sind vor allem die Art der chemischen Bindung, in der das Element im Futter vorliegt, Wechselwirkungen mit anderen Nahrungsbestandteilen und tierspezifische Faktoren. So liegt ein hoher Anteil des **Calciums** als Komplexverbindung mit Phytinsäure vor, wodurch das Calcium schlecht verfügbar wird. Ca-Phytat kann nämlich nicht absorbiert werden, es sei denn, der Komplex wird im Verdauungstrakt wieder abgebaut. Bei Nichtwiederkäuern ist dies jedoch nur in beschränktem Ausmaß der Fall. Ähnlich liegen die Verhältnisse bei Calciumoxalat, das in verschiedenen Futtermitteln einen großen Teil des Calciums ausmacht, so in Zuckerrüben, Zuckerrübenblattsilage, Trockenschnitzeln und Luzernegrünmehl. Auch Calciumoxalat wird in den Vormägen der Wiederkäuer abgebaut, beim Schwein dagegen kann man nur mit einer Verwertung von etwa einem Drittel rechnen. Zufuhr größerer Mengen an Fetten bewirkt ebenfalls eine schlechtere Ca-Absorption, Nahrungsfette in kleinen Mengen fördern hingegen die Absorption von Calcium. Auch Lactose wirkt fördernd auf die Ca-Absorption. Schließlich wurde in Rattenversuchen auch durch Zulage verschiedener Aminosäuren, besonders durch L-Lysin, mehr Calcium absorbiert. Von großer Bedeutung ist die absorptionsverbessernde Wirkung von Vitamin D, das bei einem ungünstigen Ca : P-Verhältnis die Ca-Absorption besonders deutlich steigern kann. Daneben kann aber der Organismus selbst Einfluß auf die Absorption ausüben. Je nach physiologischem Leistungsstadium oder Versorgungszustand wird sich die Höhe der Absorption verändern. So wird bei einer mangelnden Zufuhr eine wesentlich höhere prozentuale Ca-Absorption zu erwarten sein. Allerdings kann damit nur ein gewisser Ausgleich geschaffen werden; denn die insgesamt absorbierte Menge wird durch die Gesamtzufuhr begrenzt. Junge Tiere (Kälber, Lämmer, Ferkel) weisen eine deutlich höhere Absorptionsrate auf als ältere. HANSARD und Mitarbeiter (1954) fanden einen Abfall in der wahren Ca-Absorption von über 90 % bei Kälbern im Alter von einem Monat auf etwa 20 % bei Kühen mit etwa 12 Jahren. Auch Trächtigkeits- und Laktationsstadium beeinflussen die Absorption. Dabei erhöht sich die Ca-Absorption während der Trächtigkeitsphase allmählich, um insbesondere zum Zeitpunkt der stärksten Milchabgabe noch weiter anzusteigen.

Ähnliche Zusammenhänge lassen sich auch für das Mengenelement **Phosphor** aufzeigen. Fördernd auf die Absorption von **Phosphor** sind neben dem Eiweißgehalt der Nahrung, den organischen Säuren und der Lactose vor allem das Vitamin D. Von Einfluß auf die Phosphatverfügbarkeit ist auch das Verhältnis von Calcium und Magnesium zu Phosphor im Verdauungstrakt. Dabei kann es insbesondere bei einem zu weiten Verhältnis dieser Mengenelemente zur Bildung von schwerlöslichen Ca- bzw. Ca-Mg-Phosphaten kommen. Auch bei höherer Zufuhr von Eisen und Aluminium wird die Absorption des Phosphors beeinträchtigt, da diese Elemente mit Phosphorsäure unlösliche Phosphate bilden. Phytin-P, der die Hauptform des organischen P-Vorkommens in Getreide (im Mittel etwa 60–70 % des Gesamt-P) darstellt, kann nur bei Abspaltung des Phosphats absorbiert werden. Beim Wiederkäuer ist dies infolge der Pansenvorgänge gut möglich, bei monogastrischen Tieren hingegen ist die Ausnutzung des Phytin-P weniger gut. So fanden BRÜGGEMANN und Mitarbeiter (1962) bei Mastschweinen eine Verwertungsrate von nur etwa 25 %, wobei auch auf diese Verwertungsrate das Ca : P-Verhältnis von großem Einfluß ist.

In Wechselbeziehung zu Calcium und Phosphor, besonders im endogenen Stoffwechsel, steht **Magnesium.** Einflüsse auf seine Absorption sind weniger bekannt. So begünstigt Lactose die Mg-Absorption in geringem Maße. In Versuchen mit Ratten schien auch Vitamin D die Mg-Absorption zu erhöhen, während bei Kälbern kein Einfluß beobachtet werden konnte. Negative Absorptionseinflüsse liegen unter den Bedingungen der Weidetetanie vor (siehe 5.1.4). Insgesamt gesehen ist das Ausmaß der Mg-Absorption vor allem beim Wiederkäuer verhältnismäßig niedrig. So liegt die wahre Verdaulichkeit des Magnesiums bei Rationen aus Rauhfutter und Kraftfutter zwischen 20 und 30 %.

Im Gegensatz zu Calcium, Phosphor und Magnesium werden **Natrium, Kalium** und **Chlor** nahezu vollständig absorbiert. Der Austausch über die Darmwand ist dabei besonders rasch und leicht, wobei bis in den distalen Teil des Dickdarms eine Reabsorption stattfindet.

Die Exkretion absorbierter Mengenelemente aus dem Körper erfolgt im wesentlichen über den Verdauungskanal (Kot) und über die Nieren (Harn). Dabei werden Calcium und Phosphor beim Wiederkäuer fast ausschließlich über den Kot ausgeschieden, während die renale Exkretion quantitativ gering und von Fütterungsfaktoren weitgehend unbeeinflußt ist. Lediglich bei einer starken Verengung des Ca : P-Verhältnisses oder eines deutlichen pH-Abfalls kann die Phosphatausscheidung mit dem Harn ansteigen. Die mittleren endogenen Verluste einer Milchkuh (650 kg Lebendmasse) im Erhaltungsstoffwechsel liegen bei etwa 10 g Calcium, 15 g Phosphor und 2–3 g Magnesium täglich. Dabei spielt der Mengenelementanteil des Speichels und die Höhe der Speichelsekretion eine wesentliche Rolle. Dagegen kann beim Schwein auch eine verstärkte Exkretion dieser Elemente, insbesondere von Phosphor, mit dem Harn erfolgen. Ebenso erfolgt beim Pferd eine überwiegend renale Ausscheidung dieser Mengenelemente. Für Magnesium ergibt sich allerdings auch beim Wiederkäuer eine enge Abhängigkeit zwischen der Versorgung und der Mg-Ausscheidung über den Harn, so daß der Mg-Gehalt des Harns auch als diagnostisches Hilfsmittel zur Erkennung der Weidetetanie (siehe 5.1.4) herangezogen werden kann.

Die Hauptexkretion von Natrium, Kalium und Chlor erfolgt renal, reguliert durch Hormone der Nebennierenrinde. Die Regulationsfähigkeit ist dabei so groß, daß sich der Körper recht gut an unterschiedliche Zufuhr dieser Elektrolyte anpassen kann. Für Natrium sind auch die Oberflächenverluste über die Haut mit dem Schweiß sehr bedeutsam.

Speicherung und Mobilisierung

Neben der Anpassung der Absorption und Exkretion an eine veränderte Zufuhr wird die homöostatische Regulation der Mengenelemente primär durch Speicherung und Mobilisierung erreicht. Für die Homöostase sind vor allem Hormone der Nebenschilddrüse und Nebennierenrinde verantwortlich. Die Regulation erfolgt hauptsächlich über das Skelett (Ca, P) und über die Nieren (Na, K, Cl, auch P).

Im Hinblick auf die praktische Fütterung ist bedeutsam, daß Calcium und Phosphor in großem Umfang im Körper gespeichert und in Zeiten ungenügender Zufuhr oder erhöhten Bedarfs wieder freigesetzt werden können. Die Speicherung erfolgt hauptsächlich im schwammigen Teil der Knochen (Trabeculae). Hier ist die Blutversorgung relativ groß. Durch Mobilisierung von Knochenmineralien können die Depots weitgehend abgebaut werden. Physiologische Schäden treten hierbei nicht auf, wenn die Reserven in Perioden geringeren Bedarfs wieder aufgebaut werden. Bei jungen Tieren ist das Skelett auch für Magnesium als eine labile Reserve anzusehen. Ausgewachsene Tiere hingegen können nur kleine Mengen von Magnesium mobilisieren. Nur etwa 2 % des Magnesiums im Skelett ausgewachsener Wiederkäuer können freigemacht werden. Auch Natrium wird zum Teil adsorptiv am Knochen gebunden und kann somit als ein relativ schnell mobilisierbarer Speicher angesehen werden.

Von besonderer Bedeutung sind diese Vorgänge bei reproduzierenden Tieren. Untersuchungen darüber wurden bereits vor Jahrzehnten von amerikanischen Forschern (FORBES, ELLENBERGER) am Rind sowie in neuerer Zeit von LENKEIT und Mitarbeitern am Schwein durchgeführt.

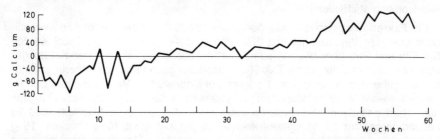

Abb. 5.1–2: **Verlauf der wöchentlichen Calciumbilanz während einer Laktationsperiode (Milchkuh)**

In Abbildung 5.1–2 ist der Verlauf der Ca-Bilanz einer Milchkuh, die sich bei Erfassung der Ca-Aufnahme (Futter) und der gesamten Ca-Ausscheidung (Kot, Harn, Milch) ergibt, während einer ganzen Laktationsperiode dargestellt (nach ELLENBERGER). Die Ca-Bilanz war etwa im ersten Drittel der Laktation negativ. Dann folgte eine ausgeglichene Bilanz, die im letzten Drittel der Laktationsperiode in eine stark positive Bilanz überging. Der Zeitpunkt, zu dem die Bilanz ausgeglichen ist, hängt von der Mineralstoffzufuhr während der Trockenperiode sowie von der Höhe der Milchleistung ab. Bei hoher Zufuhr gelangten die Kühe etwas später zu einer ausgeglichenen Bilanz als bei geringerer Versorgung. Phosphor zeigte einen ähnlichen Bilanzverlauf, nur in etwas schwächerer Ausprägung. Während die Kühe gegen Laktationsende und besonders in der Trockenzeit diese Elemente im Körper einlagern, setzen sie zu Beginn der Laktation Calcium und Phosphor aus ihren Körperdepots frei. Dabei wird eine Mobilisierungsrate von etwa 20 % der insgesamt im Skelett gespeicherten Ca- und P-Menge noch als physiologisch angesehen. Die maximal mögliche Rate kann je nach Alter noch erheblich höher sein.

Ähnlich liegen die Verhältnisse bei Muttersauen, wie Versuche von LENKEIT und GÜTTE ergaben. Dabei zeigte sich deutlich, wie sehr die Höhe der Mineralstoffzufuhr während der Gravidität die Bilanz in der nachfolgenden Laktation beeinflußt. Bei hoher Zufuhr an Calcium bzw. Phosphor in der Trächtigkeit trat zunächst eine umfangreiche Speicherung an diesen Elementen ein. Die Retention war dabei höher als die entsprechenden Einlagerungen in den Föten (Superretention). Nach der

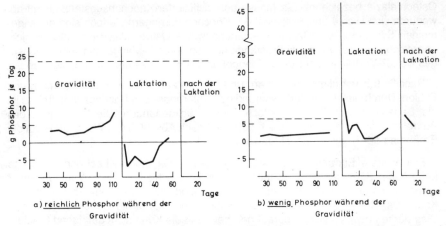

Abb. 5.1–3: **Verlauf der Phosphorbilanz beim Mutterschwein bei unterschiedlicher Phosphorversorgung (-----P-Zufuhr im Futter plus Tränkwasser; — P-Bilanz)**

Geburt wurde dann die Bilanz deutlich negativ und erreichte nach etwa zehn Tagen ihren Tiefstwert. Er fiel mit der erhöhten Ausscheidung im Kot zusammen. In Abbildung 5.1–3 a ist dieser Bilanzverlauf für Phosphor dargestellt, für Calcium wurde ein ähnlicher Verlauf gefunden. Bei geringer Zufuhr an Calcium und Phosphor während der Gravidität war hingegen die Bilanz in den ersten Tagen nach der Geburt nur schwach oder gar nicht negativ (Abb. 5.1–3 b). Je größer also die Speicherung während der Gravidität ist, um so stärker werden Calcium und Phosphor zu Laktationsbeginn mobilisiert und ausgeschieden. Diese negative Bilanz ist somit Folge einer guten Ernährung und wird von LENKEIT als „negative Überschußbilanz" bezeichnet, im Gegensatz zu einer negativen Bilanz als Folge ständiger Mangelernährung. Natrium, dessen Bilanzverlauf in diesen Untersuchungen ebenfalls geprüft wurde, zeigte nach dem Abferkeln eine negative Bilanz, die aber von der vorausgegangenen Na-Versorgung unabhängig war.

5.1.4 Mangel und Überschuß

Das große Speicherungsvermögen für Calcium und Phosphor im Skelett und die Möglichkeit der Mobilisierung sind als Ursache dafür anzusehen, daß bei einer nur knapp unter dem Bedarf liegenden Zufuhr sichtbare Mangelerscheinungen nicht sofort auftreten. Auch eine vorübergehende leichte Unterversorgung beispielsweise an Natrium kann durch die homöostatischen Mechanismen weitgehend kompensiert werden. Liegt jedoch langfristiger oder stärkerer Mangel vor, so treten selbstverständlich schwere Mangelzustände auf.

Unter praktischen Fütterungsbedingungen sind es vor allem Rachitis, Milchfieber, Fruchtbarkeitsstörungen und Weidetetanie, die als Folge eines bestimmten Mengenelementmangels oder auch als Folge von Stoffwechselstörungen zum Problem werden können. Ca-Mangel führt bei jungen Tieren zur Entstehung von **Rachitis**. Als Symptome treten auf verringertes Wachstum sowie ungenügende Calcifizierung der Knochen, verbunden mit Knochendeformationen, vergrößerten Gelenken, steifem Gang und Lahmheit. Bei ausgewachsenen Tieren wird der Mangelzustand als

Osteomalazie bezeichnet. Die Masse an calcifizierter Knochensubstanz nimmt ab, wodurch sich Dichte und Festigkeit der Knochen verringern. Jedoch sind die allgemeinen Symptome der Rachitis beziehungsweise Osteomalazie für Calcium nicht spezifisch, da diese Krankheitszustände ebenso durch P-Mangel, ein sehr ungünstiges Ca : P-Verhältnis oder durch Mangel an Vitamin D verursacht sein können.

Rachitis trat vor allem bei Kälbern und Ferkeln auf, aber auch bei Lämmern und Fohlen. Durch die starke Verbesserung der Fütterungs- und Haltungsverhältnisse ist die Bedeutung der Rachitis jedoch sehr zurückgegangen. Die Möglichkeit des Auftretens von Osteomalazie zeigt, daß auch nach Abschluß des Wachstums auf die Ernährung der Knochen geachtet werden muß.

Eine weitere Erkrankung, die auf Störungen im Ca-Stoffwechsel beruht, ist das **Milchfieber** (Gebärparese). Es tritt vor allem bei Hochleistungstieren auf, und zwar unmittelbar nach dem Abkalben. Symptome sind unter anderem Festliegen und Koma. Der Ca- und P-Gehalt des Blutes ist erniedrigt, der Mg-Gehalt leicht erhöht. Dies dürfte im wesentlichen darauf beruhen, daß die Kühe nicht genügend Calcium in ihrem Skelett mobilisieren können, um den erhöhten Ca-Entzug durch die plötzlich starke Milchsekretion zu decken. Dabei ist eine deutliche Altersdisposition zu erkennen. Erschwerend kann hinzukommen, daß durch Mobilitätsstörungen im Verdauungstrakt zum Zeitpunkt der Geburt die Absorption stark gehemmt ist. Durch Infusion von Ca-Gluconat u. a. kann Milchfieber geheilt werden.

Der Gebärparese kann aber auch durch Fütterungsmaßnahmen entgegengewirkt werden. In verschiedenen Untersuchungen wurde nachgewiesen, daß vor dem Auftreten von Milchfieber die Tiere meist viel zuviel Calcium und viel zu wenig Phosphor erhielten. Durch diese Ca-Überversorgung in der der Erkrankung vorausgehenden Zeit ist im Blut immer genügend Calcium enthalten, so daß die Nebenschilddrüsen wenig Parathormon bilden. Erhöht sich jedoch nach dem Abkalben der Ca-Bedarf, so fehlt es an Parathormon, damit ausreichende Mengen an Calcium aus den Körperreserven ins Blut gelangen. Erhalten die Milchkühe dagegen vor dem Kalben ein Futter, das viel Phosphor und wenig Calcium enthält, so werden die Nebenschilddrüsen zur Hormonproduktion angeregt, und bei der Geburt kann dann mehr Calcium mobilisiert werden. Für die Verhütung von Gebärparese ist demnach vor allem eine Erniedrigung des Ca-Gehaltes und Erhöhung des P-Gehaltes der Futterration nötig. Bei Kühen, die aufgrund hoher Leistungen sehr gefährdet sind oder schon einmal an Milchfieber erkrankt waren und wahrscheinlich beim nächsten Kalben wieder daran erkranken würden, kann die Beifütterung eines Ca-armen Mineralfutters oder der völlige Verzicht auf eine zusätzliche Ca-Zufuhr, drei bis sechs Wochen vor dem Abkalben beginnend, angebracht sein.

Eine andere Vorbeugungsmaßnahme besteht darin, den Tieren während der letzten Trächtigkeitstage täglich 20–30 Mio. I. E. Vitamin D im Futter zu verabreichen. Diese Gaben müssen mindestens drei Tage, höchstens aber sieben Tage vor dem Kalben gegeben und auch auf den ersten Tag nach dem Kalben ausgedehnt werden. Diese hohen Vitamin-D-Gaben vor dem Kalben dürften die Absorption von Calcium wesentlich verbessern. Es ist dann nicht notwendig, daß die Produktion von Parathormon sofort auf den hohen Ca-Umsatz nach der Geburt eingestellt ist.

Beim Rind wird P-Mangel häufig mit **Fruchtbarkeitsstörungen** in Zusammenhang gebracht. Dies beruht im wesentlichen auf Erfahrungen und Beobachtungen in der Praxis. Allerdings sind solche Verbesserungen der Fruchtbarkeit von Rindern durch P-Düngung und P-Beifütterung kein Beweis für einen direkten Einfluß des Phosphors auf das Fortpflanzungsgeschehen. Experimentell ausgelöste Unfruchtbarkeit durch P-Mangel konnte bislang nämlich noch nicht erzeugt werden. HOLZSCHUH (1966) fand sogar in Versuchen an Jungrindern und Schafen, daß P-arme Rationen, die deutliche Mangelsymptome hervorriefen, zu keiner Störung der Fruchtbarkeit bzw. Konzeption führten. P-Mangel im Futter vermindert jedoch den Futterverzehr, und ungenügende Zufuhr an Eiweiß und Energie kann die sogenannte „Hungersterilität" hervorrufen.

In verschiedenen Weidegebieten Norddeutschlands, der Niederlande, Dänemarks und anderen Ländern tritt häufig eine Erkrankung der Milchkühe auf, die unter dem Namen **Weidetetanie** bekannt ist. Andere Bezeichnungen sind Grastetanie, Laktationstetanie oder hypomagnesaemische Tetanie. Die erkrankten Tiere zeigen Appetitlosigkeit, Nervosität, starrende Augen und Muskelkrämpfe. Ohne Behandlung der Krampferscheinungen ist die Sterblichkeit sehr hoch. Im Blutserum ist der Mg-Gehalt stark herabgesetzt. Der Ca-Gehalt ist ebenfalls geringfügig erniedrigt. Für die Auslösung akuter Weidetetanie dürfte es auch eine Rolle spielen, daß ausgewachsene Tiere kaum Magnesium aus dem Skelett mobilisieren können. Als Ursache der Weidetetanie kommt jedoch neben ungenügender Mg-Zufuhr vor allem ein Mangel an stoffwechselverfügbarem Magnesium infolge von Absorptionsstörungen in Frage. Dabei dürfte als ein Faktor ein zu hoher Kaliumgehalt des Weidegrases anzuführen sein, der das Na : K-Verhältnis im Pansen ungünstig beeinflußt. Auch führt der relativ hohe Rohproteingehalt des jungen Grases zu überhöhten Ammoniakkonzentrationen, die hemmend auf die Mg-Absorption wirken. Gleichzeitig ist unter diesen Fütterungsbedingungen die Energiezufuhr meist nicht ausreichend, so daß die Fettsäurenproduktion verringert ist. Damit verschlechtert sich das Absorptionsmilieu. Auch eine Verringerung der Futteraufnahme insgesamt ist möglich. Als weitere erschwerende Faktoren kommen noch Streßsituationen (Rangkämpfe auf der Weide) und Kälteeinbrüche hinzu. Als Vorbeugungsmittel gegen Weidetetanie hat sich Magnesiumoxid als günstig erwiesen. Die anzuwendende Dosis während der kritischen Periode beträgt ca. 50 g je Milchkuh und 7 g je Mutterschaf und Tag. Durch eine ausreichende Na-Zufuhr ist weiterhin sicherzustellen, daß das Na : K-Verhältnis im Pansen nicht < 1 wird (MARTENS und RAYSSIGUIER, 1980).

Überschuß

Im Experiment lassen sich mit jedem Mengenelement durch überschüssige Zufuhr Krankheitssymptome bis zur Mortalität hervorrufen. In der praktischen Fütterung ist jedoch die Gefahr eines Überangebotes normalerweise nicht gegeben.

Bei Calcium kann allerdings bereits eine etwas überhöhte Versorgung von Nachteil sein, da Ca-Überschuß zu ungünstigen Einflüssen auf andere Nahrungsbestandteile führt. So wird durch steigende Ca-Mengen die Verdaulichkeit von Fetten mit hohem Schmelzpunkt stark herabgesetzt. Gleiches trifft für verschiedene Spurenelemente zu. Insbesondere werden die Cu-Absorption beim Rind (siehe auch 5.2.2) sowie die Verwertung des Zinks beim Schwein durch überhöhte Zufuhr von Calcium beinträchtigt.

Neuerdings wurde bei Weidetieren eine Calcinose beschrieben, die durch eine Verkalkung vor allem der Gefäßwände gekennzeichnet ist (DIRKSEN et al., 1972). Sie wird durch einen Vitamin-D-ähnlichen Stoff hervorgerufen, der im Goldhafer

(Trisetum flavescens) vorkommt. Ein Überangebot der Mengenelemente Natrium, Kalium und Chlor wird zumeist mit einer verstärkten Wasseraufnahme renal wieder ausgeschieden. Allerdings kann in Milchaustauschern bei Einmischung höherer Anteile Molkenpulvers, deren Anteil so weit ansteigen, daß, verbunden mit einer zu geringen Wasseraufnahme, bei Kälbern gesundheitliche Probleme auftreten können.

5.1.5 Bedarf an Mengenelementen

Die im Futter enthaltenen Mengenelemente können vom Tier je nach chemischer Bindungsform, Milieubedingungen im Magen-Darm-Trakt oder sonstigen tierspezifischen Faktoren (siehe auch Abschnitt 5.1.3) unterschiedlich verwertet werden. Dabei setzt sich grundsätzlich die Größe der Verwertung von Mineralstoffen durch das Produkt aus der absorbierbaren Menge mal der intermediär verfügbaren Menge zusammen. Demzufolge wäre es sinnvoll, als Bedarf diejenige Menge an Mineralstoffen zu definieren, die vom Darm absorbiert wird und im Stoffwechsel verfügbar sein muß. Dieser Nettobedarf läßt sich in der praktischen Fütterung jedoch nicht einfach einführen. Einmal müßten bei allen Futtermitteln die Gehalte an absorbierbaren und verfügbaren Mengenelementen ermittelt werden. Dies bedeutet jedoch einen überaus hohen Aufwand, da exakte Meßwerte nur mittels radioaktiver Markierung zu erhalten sind. Zum anderen kann die Absorbierbarkeit der Mengenelemente eines bestimmten Futtermittels und deren Verfügbarkeit im Stoffwechsel von Fall zu Fall verschieden sein, da diese Größen auch von den jeweiligen Bedingungen im Verdauungstrakt und tierspezifischen Faktoren wie z. B. Alter, Leistungsstand, Versorgungssituation usw. abhängen. Aus diesen Gründen werden sowohl der Mengenelement- wie auch Spurenelementbedarf der Tiere bislang als Bruttobedarf angegeben.

Die Ermittlung des Bruttobedarfs an Mengenelementen kann grundsätzlich durch Fütterungsversuche, Bilanzversuche und damit auch durch die faktorielle Bedarfsermittlung erfolgen. Während eine ausgeglichene Bilanz in erster Linie Rückschlüsse auf den Erhaltungsbedarf ausgewachsener Tiere ermöglicht, können mittels des Fütterungsversuches auch Aussagen zum Bruttobedarf wachsender, trächtiger und laktierender Tiere getroffen werden. Beim Fütterungsversuch dienen als Testkriterien vielfach die Leistungsparameter wie Körperzuwachs, Fruchtbarkeit oder Milchleistung. Allerdings setzt diese Art der Versuchsanstellung einen hohen experimentellen Aufwand voraus, wobei die Aussage zumeist noch auf die spezifischen Bedingungen beschränkt bleibt. Insbesondere bei kurzfristigen Versuchen ergeben sich aufgrund homöostatischer Regulationsmechanismen im Mengenelement-Stoffwechsel oder durch Wechselwirkungen zwischen einzelnen Mineralstoffen nur sehr schwer verallgemeinerungsfähige Ergebnisse.

Der faktoriellen Bedarfsermittlung liegt der Nettobedarf und die Einbeziehung der Verwertung zugrunde. Der Bruttobedarf kann dabei aus

$$\text{Bruttobedarf} = \frac{\text{Nettobedarf}}{\text{Verwertbarkeit in \%}} \cdot 100$$

berechnet werden. Der Nettobedarf ergibt sich als Summe des Bedarfs für Erhaltung und für die jeweilige tierische Leistung. Dabei ist der Erhaltungsbedarf durch die unabänderlichen endogenen Ausscheidungen und die Oberflächenverluste gekennzeichnet. Die tierische Leistung äußert sich in den Gehalten an Mengenelementen im Körperansatz (z. B. Wachstum), in den Trächtigkeitsprodukten oder in der Milch- und Eiabgabe. Während die Analyse der Ausscheidungsprodukte wie Milch oder Eier unproblematisch ist, ist der Mengenelementansatz meist nur über Ganzkörperanalysen exakt zu ermitteln. Die Analyse von Körperteilen oder Organen wird nur Teilergebnisse bringen. Aus diesen Gehaltsangaben und der Höhe der Leistung (z. B. tägliche Milchleistung, täglicher Zuwachs) sowie zusätzlich dem Erhaltungsbedarf errechnet sich der gesamte Nettobedarf. Zur Berechnung des Bruttobedarfs wird dieser Nettobedarf durch die Verwertbarkeit der Mengenelemente dividiert, wobei allerdings nur mittlere Werte zugrunde gelegt werden. Da je nach chemischer Bindungsform, Bedingungen im Magen-Darm-Trakt oder tierspezifischen Faktoren größere Unterschiede in der Absorbierbarkeit und intermediären Verfügbarkeit auf-

Übersicht 5.1–2: **Empfehlungen zur Versorgung an Mengenelementen, in g je Tier und Tag**

	Ca g	P g	Mg g	Na g
Rinder				
Kälber	27	13	4	3
wachsende Rinder	32–58	17–35	5–12	4–9
Milchkühe				
(650 kg Lebendmasse)				
Erhaltung	26	26	13	9
hochträchtig	46	34	15	11
10 kg Milch	58	43	19	15
20 kg Milch	90	59	25	22
30 kg Milch	122	76	32	28
Schafe				
wachsende Schafe	12–17	4,5–6,5	1,0	1,5
Mutterschafe				
(70–80 kg Lebendmasse)				
Erhaltung	7,5	5,5	1,0	1,5
hochträchtig	15,0	7,5	1,5	2,0
laktierend	17–20	9–10	2,5–3	2–2,5
Schweine				
Saugferkel	2–4	1,5–2,5		0,5
Absatzferkel, 10–20 kg	4–8	2,5–5		1
Mastschweine				
20–50 kg	8–13	5–9		1,5
50–100 kg	13–20	9–13		2
Zuchtsauen				
niedertragend	14	9		4
hochtragend	20	13		5
säugend	40–50	25–35		12
Pferde (550 kg Lebendmasse)				
wachsende Pferde				
(3.–24. Monat)	30–36	18–24	4–8	6–8
Erhaltungsbedarf				
ausgewachsener Pferde	23	14	8	9
Stuten				
hochtragend	33–42	19–28	10	13
laktierend	45–55	35–40	9–10	15–20

treten (siehe Abschnitt 5.1.3), können diese Einflußgrößen nicht alle berücksichtigt werden. Damit wird auch das Verfahren zur faktoriellen Bedarfsermittlung nur gewisse Richtwerte für den Bruttobedarf an Mengenelementen abgeben. Vorteilhaft ist jedoch für diese Methode, daß neue Erkenntnisse im Nettobedarf (z. B. durch eine Änderung der tierischen Leistung aufgrund von Züchtungsmaßnahmen) oder Änderungen in der Verwertbarkeit ohne Schwierigkeiten in die Bedarfsermittlung eingebracht werden können.

In Übersicht 5.1-2 und 5.1-3 ist der Bruttobedarf an Mengenelementen für die verschiedenen Tierarten und Leistungsrichtungen nach den Empfehlungen zur Mineralstoffversorgung der Gesellschaft für Ernährungsphysiologie (1978) aufgezeigt. Die Werte wurden nach der faktoriellen Methode der Bedarfsermittlung abgeleitet. Sie geben Richtwerte für die Versorgung an. Die Angaben in g pro Tier und Tag können ohne weiteres über die mittlere Aufnahme an Futtertrockensubstanz umgerechnet werden. Für die Geflügelfütterung (Übersicht 5.1-3) wurde dies bereits vorgenommen. Die Versorgungsempfehlungen der Übersicht 5.1-2 können vor allem bei den wachsenden Tieren je nach Gewichtsabschnitt und Zuwachs noch eine weitere Differenzierung erfahren. Ähnliches gilt für die verschiedenen Trächtigkeitsphasen oder für die Laktationsleistung. Für Schweine wurden Empfehlungen zur Versorgung mit Magnesium durch den Ausschuß nicht vorgenommen. Die natürlichen Gehalte werden weitgehend als bedarfsdeckend angesehen. Aufgrund älterer Angaben liegt der Bruttobedarf beim Ferkel bei etwa 0,5–1 g pro Tag, beim Mastschwein bei 2–3 g und bei der Zuchtsau bei 2–6 g.

Als verwertbare Mineralstoffmenge wurden beim Wiederkäuer für Calcium 40 % (Rind) bzw. 30 % (Schaf), für Phosphor 60 %, für Magnesium 20 % und für Natrium 80 % angesehen. Unterstellt man der Kuhmilch pro kg einen Gehalt an Mengenelementen von 1,25 g Calcium, 1,00 g Phosphor, 0,12 g Magnesium und 0,50 g Natrium, so errechnet sich daraus ein Bruttobedarf von 3,1 g Calcium, 1,7 g Phosphor und je 0,6 g Magnesium und Natrium, der dann mit dem Futter abgedeckt werden muß. Ähnlich kann bei anderen tierischen Leistungen vorgegangen werden. Die entsprechenden Werte der Verwertung beim Schwein betragen für Calcium und Phosphor 50 %.

Übersicht 5.1-3: **Empfehlungen zur Versorgung von Geflügel an Mengenelementen, in % des lufttrockenen Futters (88 % TS)**

	Ca %	Gesamt-P %	Nicht-Phytin-P %	Na %	Cl %
Küken bis 8 Wo. (einschließl. Mastküken)	0,9	0,6–0,7	0,45–0,53	0,1	0,1
Junghennen	0,6	0,4	0,3	0,06	0,06
Legehennen	3–4	0,5	0,3	0,1	0,1

5.1.6 Mengenelemente im Futter

Eine ausführliche Zusammenstellung über die Gehalte der verschiedenen Futtermittel an Mineralstoffen bringt die DLG-Futterwerttabelle – Mineralstoffe. Für die wichtigsten Futtermittel findet sich ein Auszug im Anhang.

Vergleicht man die **Ca-Gehalte** mit dem Bedarf, so zeigt das in der Rinderernährung meist eingesetzte Wiesen-, Weide- und Ackerfutter mittlere bis höhere Ca-Gehalte, wobei verschiedentlich junges Weidegras und vor allem Maissilage niedrigere Werte aufweisen. Insgesamt dürfte damit jedoch je nach dem Grundfutteranteil die Ca-Versorgung in der Rinderfütterung gedeckt sein. Nur bei hohem Einsatz körnerreicher Maissilage ist allerdings auch in der Rinderernährung ein Ca-Defizit zu erwarten. Alle Körner und Samen und deren Verarbeitungsprodukte (Mühlennachprodukte, Ölschrote) sowie die Hackfrüchte besitzen einen geringen Ca-Gehalt. In der Schweinefütterung reichen daher die natürlichen Ca-Gehalte der Futterrationen meist nicht aus. Beim **Phosphor** liegen die Verhältnisse teilweise umgekehrt. Rauhfutterstoffe und Ackerfrüchte enthalten sehr wenig Phosphor. Körner und Samen sowie deren Verarbeitungsrückstände hingegen sind sehr P-reich. Allerdings enthalten diese Futtermittel 60–90 % ihres Phosphors in Form von Phytin-P.

Ca : P-Verhältnis. Calcium und Phosphor werden besser verwertet, wenn sie in einem bestimmten Verhältnis zueinander zugeführt werden. Das gewünschte Ca : P-Verhältnis im Futter liegt bei 1,5–2 : 1. Jedoch ist eine adäquate Ernährung auch außerhalb dieser Grenzen möglich, wenn trotz eventuell schlechterer Ausnutzung dem Körper genügend Calcium und Phosphor zur Verfügung stehen. Hinzu kommt,

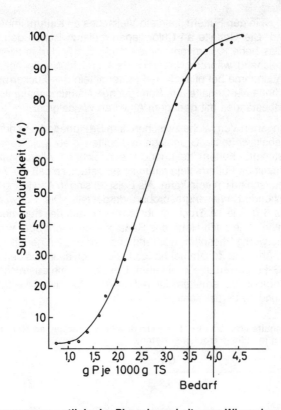

Abb. 5.1–4: **Summenprozentlinie der Phosphorgehalte von Wiesenheu**

daß das Ca : P-Verhältnis im Darm durch die starke Sezernierung von Calcium in den Verdauungstrakt, beim Wiederkäuer über den Speichel auch von Phosphor, ziemlich konstant und von dem des Futters weitgehend unabhängig ist. Aufgrund neuerer Untersuchungen werden bei der Milchkuh täglich 50–60 g Phosphor über den Speichel in den Pansen zurückgeführt. Damit dürfte die Absorption dieser Elemente innerhalb bestimmter Grenzen vom Mengenverhältnis im Futter kaum beeinflußt sein. Im allgemeinen sollten aber Ca : P-Verhältnisse der gesamten Futterration von 3 : 1 (Rind 4 : 1) nicht überschritten werden. Demgegenüber muß eine Verengung des Ca : P-Verhältnisses unter 1 : 1, wie es bei kraftfutterreichen Rationen in der Schweine- und Pferdefütterung auftreten kann, als problematischer angesehen werden.

Beim **Magnesium** ergibt der Vergleich zwischen Gehalt und Bedarf, daß in der Schweinefütterung der Bedarf durch das natürliche Mg-Vorkommen im Futter gedeckt wird. In der Rinder- und Schaffütterung, vor allem bei Milchkühen und Mutterschafen, reichen die natürlichen Mg-Gehalte jedoch nicht immer aus, so daß hier eine zusätzliche Verabreichung von Magnesium notwendig ist. Vor allem wirtschaftseigene Grundfuttermittel weisen je nach Herkunft, Düngung und botanischer Zusammensetzung im Mg-Gehalt große Schwankungen auf. Junge, einseitig zusammengesetzte Grasbestände besitzen dabei einen ausgesprochen niedrigen Magnesiumanteil.

Im allgemeinen ist in den Futtermitteln ein Vielfaches an **Kalium** im Vergleich zum **Natrium** enthalten. Die Gehalte an Chlor liegen meist zwischen den Kalium- und Natriumwerten. Das hohe Kaliumvorkommen deckt den Bedarf in allen Futterrationen mehr als hinreichend, während Natrium nicht ausreicht. Nur tierische Futtermittel und als einzige Ausnahme bei pflanzlichen Futtermitteln das Zuckerrübenblatt weisen in der Regel hohe Na-Gehalte auf. Sehr geringe Natriumgehalte finden sich vor allem in Grünlandbeständen mit geringem Anteil an Weidelgras.

Die vorangegangenen Vergleiche zwischen dem Bruttobedarf und der Versorgung hatten mittlere Gehaltswerte zur Grundlage und sollten in etwa die Versorgungslage beim Einsatz bestimmter Futtermittelgruppen kennzeichnen. Allerdings variieren die Gehalte in den einzelnen Futtermitteln mitunter sehr stark, so daß die Versorgung im Einzelfall sehr unterschiedlich sein kann. Als Beispiel sind in Abbildung 5.1–4 die P-Gehalte einiger hundert Wiesengrasproben dargestellt. Die Schwankungsbreite reicht von 1 g bis 5 g P je kg Trockensubstanz. Wie aus der Summenprozentlinie abzulesen ist, enthält – je nach Höhe des Bedarfs – ein mehr oder weniger großer Teil der Proben zu wenig Phosphor, während andererseits ein geringer Prozentsatz den Bedarf deckt. Ähnliche Zusammenhänge lassen sich auch aus den Mineralstoffangaben der DLG-Futterwerttabelle ableiten. Um daher eine ausreichende Sicherheit in der Versorgung zu erhalten, ist neben dem Mittelwert vielfach auch die Standardabweichung zu berücksichtigen.

Übersicht 5.1–4: **Gehalte von Gräsern, Kräutern und Leguminosen an Mengenelementen, in g je 1000 g Trockensubstanz**

	Ca	P	Mg	Na
Gräser	4,2	2,9	1,2	0,09
Kräuter	14,9	4,3	4,1	0,14
Leguminosen (Wiese)	15,8	3,4	3,4	0,15

Die Variation der Gehaltswerte gilt auch für die anderen Mengenelemente. Als Ursache der Schwankungen sind unter anderem Standort der Pflanze, Witterungsverhältnisse, Düngung, Wachstumsstadium zum Zeitpunkt des Schnittes, Konservierungsverfahren und botanische Zusammensetzung des Pflanzenbestandes zu nennen. Die Abhängigkeit des P-Gehaltes vom Wachstumsstadium ist in Abbildung 5.1–5 am Beispiel einiger Grasarten (Knaulgras, Wiesenfuchsschwanz, wolliges Honiggras) dargestellt. Der P-Gehalt des Wiesengrases geht also mit zunehmendem Alter des Grases sehr stark zurück. Durch die heute übliche frühe Nutzung in Form der Weide oder über das Konservierungsprodukt Grassilage ist eine bessere P-Versorgung gegeben. Auch die verstärkte P-Düngung hat den P-Gehalt in den Grünlandprodukten gegenüber früheren Tabellenwerten etwas ansteigen lassen. Als weiteres Beispiel ist in Übersicht 5.1–4 der Mineralstoffgehalt von Gräsern, Kräutern und Leguminosen aufgezeigt. Danach weisen Kräuter und Leguminosen weit höhere Gehalte auf als Gräser, so daß der Mineralstoffgehalt des Wiesengrases bzw.

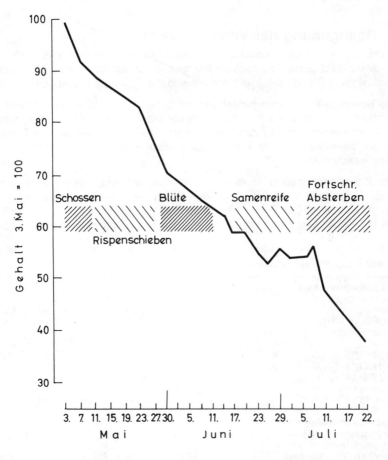

Abb. 5.1–5: **Abhängigkeit des Phosphorgehaltes einiger Gräser vom Wachstumstadium**

Wiesenheues je nach den Anteilen dieser drei Pflanzengruppen entsprechend unterschiedlich sein kann. Dabei ist insbesondere auf den deutlichen Anstieg in den Ca- und Mg-Gehalten bei höheren Kräuter- und Leguminosenanteilen hinzuweisen.

Diese bei Wiesengras getroffenen Feststellungen gelten in gewissem Maße auch für andere wirtschaftseigene Futtermittel.

5.1.7 Mineralstoffergänzung

Zur vollständigen Deckung des Bedarfs müssen die im Futter fehlenden Mengenelemente ergänzt werden. Für diese Ergänzung stehen bei den einzelnen Elementen verschiedene Verbindungen beziehungsweise technische Produkte zur Verfügung. Die Wirksamkeit dieser mineralischen Futterstoffe kann in verschiedenen Testverfahren geprüft werden.

Bestimmung der Verwertbarkeit

Von den verschiedenen Verfahren zur Feststellung der Verwertbarkeit haben sich drei stärker durchgesetzt, nämlich die Isotopenverdünnungsmethode, der Knochenaschetest nach GILLIS und Mitarbeitern sowie der Göttinger Transponierungstest.

Die **Isotopen-Verdünnungsmethode** erfaßt die Absorbierbarkeit des betreffenden Mineralstoffs (siehe 2.2.1). Sie kann bei jeder Tierart und Leistungsrichtung angewandt werden. Da mit radioaktiven Isotopen gearbeitet wird, sind zur Durchführung der Versuche spezielle Tracer-Labors nötig, was die Zahl solcher Versuche bislang einschränkte.

Der **Knochenaschetest** existiert in verschiedenen Variationen und besteht im Prinzip darin, daß als Maß für die Verwertung der Knochenaschegehalt (Tibia) herangezogen wird. Der Test wurde für die Prüfung von Phosphaten entwickelt. Die Tiere der Kontrollgruppen erhalten dabei in einer synthetischen Diät als P-Quelle

Übersicht 5.1–5: **Phosphorhaltige Futtermittel**

Reine Orthophosphate		
Dicalciumphosphat		
$CaHPO_4$	22,8 % P	29,5 % Ca
$CaHPO_4 + 2\,H_2O$	18,0 % P	23,3 % Ca
Dinatriumphosphat		
Na_2HPO_4	21,8 % P	32,4 % Na
$Na_2HPO_4 + 2\,H_2O$	17,4 % P	25,8 % Na
$Na_2HPO_4 + 7\,H_2O$	11,6 % P	17,2 % Na
$Na_2HPO_4 + 12\,H_2O$	8,6 % P	12,8 % Na
Magnesiumphosphat		
$MgH_4(PO_4)_2 + 3\,H_2O$	22,5 % P	8,8 % Mg
$MgHPO_4 \quad + 3\,H_2O$	17,8 % P	14,0 % Mg
Technische Produkte		
Phosphorsaurer Futterkalk	17–22 % P	23–28 % Ca
Knochenfuttermehl	13–15 % P	28–33 % Ca
Entfluorierte Rohphosphate	12–20 % P	30–35 % Ca

β-Tricalciumphosphat, die Versuchsgruppen das zu prüfende Phosphat. Aus dem Vergleich der Knochenaschegehalte erhält man die biologische Verwertbarkeit des geprüften Phosphats, wobei der Wert von β-Tricalciumphosphat dann gleich 100 gesetzt wird.

Der **Göttinger Transponierungstest** nach BRUNE und GÜNTHER ist ebenfalls ein biologisches Testverfahren und wird zur Bestimmung der Verwertbarkeit von Calcium, Phosphor und auch des Magnesiums angewandt. Als Versuchstiere dienen wachsende Ratten, Testkriterien sind die Gewichtsentwicklung und die Verknöcherung der Epiphysenfugenscheiben der Tibiae. Letzteres wird röntgenographisch erfaßt. Die Tiere erhalten standardisierte Kostformen, wobei als Vergleichsbasis Calciumcarbonat und ein Calciumphosphat verwendet werden. Aus den Daten der einzelnen Kostformen wird der Wirkungsgrad des Calciums, Phosphors und Magnesiums errechnet (siehe auch Übersicht 5.1–6).

Mineralische Futtermittel

Calciumhaltige Stoffe. – Die Verwendung rein calciumhaltiger Futtermittel hat nur bei Schwein, Pferd und Geflügel Bedeutung. Die wichtigste Ca-Quelle, in der Calcium allein als wertbestimmender Bestandteil gilt, ist Calciumcarbonat. Es enthält 40 % Calcium. Zu Futterzwecken wird Calciumcarbonat jedoch nicht als chemisch reine Verbindung, sondern in Form des kohlensauren Futterkalkes verwendet. Dieser soll mindestens 93 % Calciumcarbonat enthalten und fein gemahlen sein. Als Ausgangsmaterialien dienen gefälltes Calciumcarbonat, Kalkstein, Kreide und Muschelschalen.

Weitere Calciumverbindungen für Fütterungszwecke, die aber seltener eingesetzt werden, sind z. B. Calciumchlorid (36 % Ca), Calciumacetat (25 % Ca), Calciumlactat (13 % Ca) und Calciumacetochlorid (23 % Ca). Calcium ist auch in den verschiedenen Calciumphosphaten enthalten, die aber gleichzeitig als P-Quelle dienen (siehe Übersicht 5.1–5).

Phosphorhaltige Stoffe. – Die Phosphor-Ergänzung kann über zahlreiche reine Verbindungen der Orthophosphorsäure wie auch über verschiedene technische Produkte und Rohphosphate erfolgen. In Übersicht 5.1–5 ist die Zusammensetzung einiger Phosphorträger aufgezeigt.

Zu den reinen Phosphaten sind in diesem Zusammenhang verschiedene Salze ein- und zweiwertiger Kationen mit Orthophosphorsäure zu rechnen, hauptsächlich **Na-, Ca- und Mg-Phosphate** sowie einige Doppelsalze dieser Metalle. Alle diese Verbindungen können insgesamt als gut verwertbare P-Quellen eingestuft werden, wenn auch Unterschiede in der biologischen Verwertbarkeit vorhanden sind. So ergab der Göttinger Transponierungstest bei der Prüfung der Verwertungsgröße von Phosphaten in Abhängigkeit vom Kation, daß sowohl bei den primären als auch den sekundären und tertiären Phosphaten der P-Wirkungsgrad in der Reihenfolge Na-Phosphat > Ca-Phosphat > K-Phosphat > Mg-Phosphat abnahm. Die Unterschiede zwischen diesen verschiedenen Kationenbindungsformen waren im engen Ca : P-Bereich (2 : 1) am größten. Bei gleichem Kation (Calcium) nahm der P-Wirkungsgrad in der Reihenfolge Monophosphat > Diphosphat > Triphosphat ab. Auch hier waren die größten Differenzen im Bereich der optimalen Ca-P-Versorgung zu verzeichnen.

Zu beachten ist der P-Gehalt einzelner Verbindungen in Abhängigkeit vom Kristallwassergehalt. Dies gilt vor allem für Dinatriumphosphat, das mit 0, 2, 7 oder 12 Mol H_2O als Kristallwasser vorkommt. So enthält Dinatriumphosphat mit 12 Mol Kristallwasser nur 8,6 % P, so daß ganz erhebliche Mengen verfüttert werden müßten, um die P-Versorgung spürbar zu erhöhen.

Phosphorsaurer Futterkalk, früher nur aus tierischen Knochen hergestellt, enthält die Phosphorsäure überwiegend als Dicalciumphosphat, zu einem geringen Teil auch als Tricalciumphosphat. Der Mindestgehalt an Phosphor sollte 17 % betragen, wobei 80 % der Phosphorsäure citratlöslich sein müssen. Heutzutage wird der Begriff „Phosphorsaurer Futterkalk" auch für technische Dicalciumphosphate verwendet. Ähnlich zu beurteilen ist **Knochenfuttermehl,** das aus entfetteten und entleimten Knochen gewonnen wird. Der P-Gehalt muß mindestens 13 % betragen. Es wird von allen Nutztieren sehr gut verwertet. Allerdings ist der Anteil von Knochenfuttermehl in der Praxis gering.

Die Knappheit an Futterphosphaten während des letzten Krieges und die immer stärker werdende Nachfrage nach Phosphaten in den Jahren danach gaben den Anlaß, zur Herstellung von Futterphosphaten einfachere und billigere Verfahren zu entwickeln. Unbehandelte Rohphosphate sind durch ein sehr weites Ca : P-Verhältnis und durch relativ hohe Anteile schädlicher Begleitstoffe gekennzeichnet. Aufgabe der Aufbereitung ist die Zerstörung der Apatitstruktur sowie die weitgehende Entfernung von Fluor, Arsen, Blei und anderer toxischer Bestandteile. Futtermittelrechtlich sind für diese Schadstoffe Höchstgehalte, die nicht überschritten werden dürfen, festgelegt. Der Aufschluß der Rohphosphate wird entweder mit Hilfe anorganischer Säuren (Schwefel-, Salz- oder Salpetersäure) oder durch thermische Behandlung durchgeführt. Die beim Säureaufschluß entstehende Phosphorsäure wird durch Alkali- oder Erdalkaliverbindungen neutralisiert, so daß auch das Ca- (Na-, Mg-) P-Verhältnis (siehe auch Übersicht 5.1–5) verbessert wird. Düngemittel wie Thomasphosphat oder Superphosphat werden diesen Behandlungen nicht unterworfen und dürfen daher in der Tierernährung als mineralisches Beifutter nicht eingesetzt werden. Die relative Verwertbarkeit verschiedener Mengenelementkomponenten, wie sie im Göttinger Transponierungstest gemessen wird, ist in Übersicht 5.1–6 nach GÜNTHER (1977) zusammenfassend dargestellt und erlaubt damit eine vergleichende Beurteilung.

Magnesiumhaltige Stoffe. – Für die Beimischung von Magnesium in Mineralstoffmischungen stehen Magnesiumoxid (Magnesia, MgO, 60,3 % Mg) sowie verschiedene Mg-Salze zur Verfügung, zum Beispiel Magnesiumcarbonat ($MgCO_3$, 28,8 % Mg), Magnesiumsulfat ($MgSO_4$ + 7 H_2O, 9,9 % Mg) und Magnesiumphosphate. Von den Produkten ist zu fordern, daß sie technisch rein sind, vor allem sollen sie keine Arsenverbindungen enthalten.

Na-haltige Stoffe. – Die Na-Ergänzung erfolgt im wesentlichen durch Viehsalz. Nach den Ausführungsbestimmungen zum Futtermittelgesetz muß Viehsalz mindestens 95 % Natriumchlorid enthalten. Da reines NaCl 39,3 % Na enthält, berechnet sich für Viehsalz ein Na-Gehalt von 37–38 %. Die hygroskopische Eigenschaft des Viehsalzes rührt von geringen Mengen an Magnesiumchlorid her, die stets enthalten sind. Da Viehsalz von der Salzsteuer frei ist, muß es vergällt in den Handel gebracht werden. Hierzu wird heute gewöhnlich Patentblau benutzt. Viehsalz kann als Einzelstoff in das Ergänzungsfuttermittel eingemischt werden oder unmittelbar in Form von Lecksteinen bzw. Leckschalen angeboten werden.

Neben Viehsalz werden in neuerer Zeit auch Dinatriumphosphate als Na-Quelle eingesetzt. Bei diesen Verbindungen ist vor allem zu beachten, wie hoch der Kristallwassergehalt ist, da hiervon der Na-Gehalt entscheidend abhängt (siehe Übersicht 5.1–5).

Übersicht 5.1–6: **Relative Verwertbarkeit unterschiedlicher Mengenelementkomponenten im Transponierungstest**

Gesamtwirkungsgrad	Beurteilung	Mengenelementkomponente	Tierart
111–130	sehr gut bis optimal geeignet	Mono-Calciumphosphat Hostaphos Magnaphos Mono-Natriumphosphat Di-Natriumphosphat Ca in organ. Bindungsform (Laktat, Citrat, Fumarat)	Ratte Küken Ferkel Lamm Kalb
91–110	gut geeignet	Di-Calciumphosphat 40,50 mit hohen Reinheitsgraden Tri-Natriumphosphat Mono-Magnesiumphosphat Knochenasche Knochenfuttermehl	Ratte Küken Ferkel Lamm
71–90	in zufriedenstellender Weise geeignet	Di-Calciumphosphat 40,50 mit geringeren Reinheitsgraden Ca-Na-Phosphat Tri-Calciumphosphat Entfl. Rohphosphate Di-Magnesiumphosphat Tri-Magnesiumphosphat	Ratte Küken Ferkel Lamm
25–70	ungeeignet	Nicht entfl. Rohphosphate Thomasmehl	Ratte Küken Ferkel Lamm

Sonstige mineralische Futterstoffe. – Als Hilfsstoffe werden gelegentlich Bolus alba und Aluminiumsulfat verwendet. Bolus alba ist ein eisenfreier Ton, der hauptsächlich aus Aluminiumsilikaten besteht. Er besitzt ein starkes Adsorptionsvermögen, was in antilaxierend wirkenden Mineralstoffmischungen zunutze gemacht wird. In geringeren Anteilen dient Bolus alba auch als Trägerstoff in Vormischungen von Vitaminen und Spurenelementen oder nur als Füllmaterial im Mineralfutter. Al-Sulfat kann in antilaxierendes Mineralfutter (Mineralfutter zur Rübenblattbeifütterung) hineingenommen werden. Seine Wirkung beruht auf dem Adsorptionsvermögen von Al-Hydroxid, das im Verdauungstrakt aus Al-Sulfat entsteht.

5.2 Spurenelemente

Als Spurenelemente werden die in Lebewesen vorkommenden chemischen Elemente bezeichnet, deren mittlere Konzentration den Wert von 50 mg je kg Körpermasse nicht überschreitet. Eisen kann geringfügig über diesem Wert liegen, es ist jedoch funktionell gesehen zu den Spurenelementen zu zählen. Die für Spurenelemente früher oft gebrauchten Bezeichnungen Mikronährstoffe und Mikroelemente sind weniger exakt und können mißdeutet werden.

Essentielle Spurenelemente übernehmen im Organismus spezifische Funktionen bei bestimmten Stoffwechselvorgängen. Sie müssen mit der Nahrung zugeführt werden. Der Nachweis der Unentbehrlichkeit kann bereits dadurch erbracht werden, daß bei sehr niedriger Aufnahme des betreffenden Spurenelements allgemeine Störungen im normalen Wachstumsverlauf oder im Fortpflanzungsgeschehen auftreten, die sich durch die Zufuhr des Elements in nutritiven Mengen wieder beheben lassen, soweit noch keine irreversiblen Schädigungen eingetreten sind. Von der Vielzahl der im Körper vorkommenden Spurenelemente sind derzeit 16 als unentbehrlich erkannt. Hierzu zählen in der zeitlichen Reihenfolge des Nachweises ihrer Essentialität: **Eisen, Jod, Kupfer, Mangan, Zink, Kobalt** (nur Wiederkäuer und andere Herbivoren), **Molybdän, Selen, Chrom, Zinn, Vanadin, Fluor, Silicium, Nickel, Arsen und Blei.** Viele dieser essentiellen Spurenelemente kommen im Organismus durchschnittlich nur in Mikrogramm-Mengen je kg Körpermasse vor (wie z. B. Chrom, Kobalt, Nickel, Molybdän, Jod u. a.).

Neben diesen essentiellen Spurenelementen kommen in geringer Konzentration noch zahlreiche weitere Elemente in der Tierernährung und im tierischen Organismus vor, wie z. B. Lithium, Bor, Aluminium, Strontium, Brom, Quecksilber usw. Für sie sind bisher keine physiologischen Funktionen bekannt. Sie werden als **akzidentelle Spurenelemente** bzw. Begleitelemente bezeichnet. Ihr Gesamtgehalt im Körper richtet sich meist nach dem Gehalt der Futtermittel, aber auch nach der Kontamination der Umwelt. Die Aufnahme von Begleitelementen verdient aber in der Tierernährung insofern dennoch besondere Beachtung, als zumindest einige Begleitelemente bei überhöhter Aufnahme die Verwertung von essentiellen Spurenelementen beeinflussen und toxische Wirkungen hervorrufen können.

Der Anteil der Spurenelemente an der Summe der Elemente, die im tierischen Organismus und in Pflanzen vorkommen, liegt meist unter 1 %. Trotz des geringen Vorkommens sind die Spurenelemente, soweit es sich natürlich um essentielle handelt, für den Organismus äußerst bedeutsam, da sie unter anderem als Aktivatoren oder Bestandteile von Enzymen entscheidend in den Ablauf der Stoffwechselreaktionen eingreifen.

Für eine ausreichende Versorgung mit essentiellen Spurenelementen ist nicht allein der analytische Gehalt im aufgenommenen Futter, sondern vor allem auch die Verwertbarkeit durch den tierischen Organismus entscheidend. Die Gesamtverwertung ergibt sich dabei aus der Höhe der Absorbierbarkeit und der intermediären Verfügbarkeit.

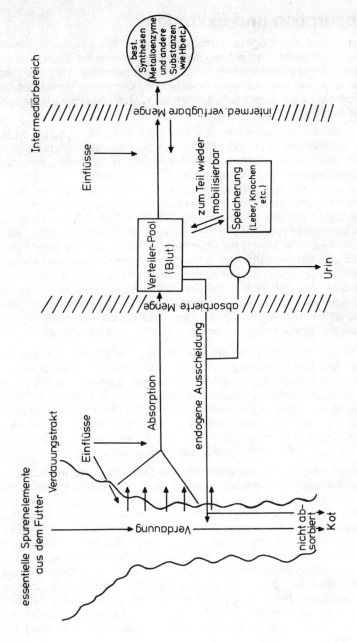

Abb. 5.2–1: Schema zu Stoffwechsel und Auftrennung der Verwertung von Spurenelementen in Teilmengenbereiche

5.2.1 Absorption und Exkretion

Ausreichende und physiologisch verträgliche Spurenelementkonzentrationen im Körper aufrechtzuerhalten, setzt entsprechende Regulationsmechanismen im Stoffwechsel voraus. Dieses Bestreben nach Homöostasie betrifft nicht nur das Zusammenspiel zwischen den verschiedenen Geweben und Organen innerhalb des Organismus, sondern vor allem auch die Regulation gegenüber unterschiedlicher Versorgung mit der Nahrung.

Der homöostatische Ausgleich wird über unterschiedliche Absorption und Exkretion erreicht. In Abbildung 5.2–1 sind diese Stoffwechselwege vereinfacht dargestellt. Demnach bestehen drei Möglichkeiten für eine Anpassung an einen unterschiedlichen Versorgungsstatus. Einmal kann dies durch eine strenge Regulation der Absorption des mit der Nahrung aufgenommenen Elements erzielt werden. Die endogenen Ausscheidungen im Kot und Urin bleiben dabei weitgehend konstant auf die unvermeidbaren Verluste beschränkt, wie z. B. beim Eisen. Zum anderen kann ein Element annähernd vollständig im Verdauungstrakt absorbiert werden, wie vor allem Jod und Fluor. Ein homöostatischer Ausgleich ist dann nur mehr über die Exkretion aus dem Intermediärbereich möglich. In einigen Fällen wirken Absorption und endogene Ausscheidung bei der homöostatischen Regulation zusammen, wie z. B. beim Kupfer, Mangan, Nickel und Zink. Diese Spurenelemente werden zum weitaus größten Teil mit dem Kot ausgeschieden, während im Harn nur geringe Mengen erscheinen. Absorbiertes Chrom, Fluor, Jod, Kobalt, Molybdän, Selen und Silicium gelangen dagegen hauptsächlich über die Nieren zur Ausscheidung.

Die Absorption und auch die Verfügbarkeit der Spurenelemente im intermediären Stoffwechsel (Abb. 5.2–1) unterliegen zahlreichen Einflüssen. Von der Ernährungsseite sind dies die Art der chemischen Verbindung des Elements, die Wechselwirkungen zu anderen Nahrungsbestandteilen oder die pH-Verhältnisse im Magen-Darmtrakt. Auch Interaktionen zwischen verschiedenen Elementen im Bereich des Verdauungstraktes und des intermediären Stoffwechsels sind hierzu zu zählen. Solche Wechselbeziehungen zwischen einzelnen Elementen können sich bei der Absorption und beim Stoffwechsel positiv oder negativ auswirken.

Die Absorbierbarkeit von Spurenelementen hängt sehr davon ab, in welcher Form diese Elemente letztlich im Dünndarm vorliegen. Hierbei sind also nicht allein die im Futter vorliegenden chemischen Bindungsformen entscheidend, sondern auch alle Verbindungen, die durch Reaktionen der Spurenelemente mit Nahrungsbestandteilen und Verdauungsprodukten erst im Verdauungstrakt entstehen. Bei diesen Wechselwirkungen im Verdauungstrakt scheinen vor allem komplexchemische Reaktionen eine Rolle zu spielen. Viele Spurenelemente neigen nämlich aufgrund ihrer Elektronenkonfiguration dazu, mit bestimmten organischen Verbindungen Komplexe zu bilden, in denen sich das Metallkation als Elektronenakzeptor mit zwei oder mehreren (Elektronen-) Donatorgruppen (Komplexbildner oder Liganden) verbindet. Bei der Bildung von sogenannten Chelatkomplexen weist ein Ligand (Chelatbildner) mindestens zwei Bindungen zum Metallion auf, so daß ein bzw. mehrere Ringe gebildet werden.

Als Liganden treten im Darmtrakt verschiedene Abbauprodukte der Nahrung auf, vor allem Aminosäuren und Peptide. Für die Absorption eines komplexgebundenen Metallions spielen die funktionellen Gruppen des Komplexliganden eine wesentliche Rolle. Auch Größe und Stabilität des Komplexes sind von Einfluß. So können große und sehr stabile Komplexe die Absorption des gebundenen Metallions verhindern, während bei wenig stabilen Komplexen die Möglichkeit besteht, daß das betreffende Metall durch andere (überschüssige) Metallionen aus dem Komplex verdrängt wird und als Aquoion absorbiert werden kann. Die Bindungsverhältnisse auf dem Wege der Absorption sind aber noch wenig untersucht.

Die speziellen chemischen Eigenschaften der einzelnen Spurenelemente sind aber nicht nur bei ihrer Absorption, sondern ebenso auch bei ihrer Stoffwechselverwertung und für ihre Funktionen von entscheidender Bedeutung.

Spurenelemente werden regelmäßig mit den tierischen Leistungsprodukten (Milch, Ei) ausgeschieden. Dabei zeigt sich ebenfalls die unterschiedliche Fähigkeit des Organismus, den Stoffwechsel und die Verwertung der einzelnen Elemente homöostatisch zu regulieren. Von allen Spurenelementen läßt sich die Eisenausscheidung mit der Milch am wenigsten durch eine gesteigerte Zufuhr mit dem Futter erhöhen. Kupfer- und Nickelgehalte reagieren nur auf eine mangelnde Versorgung. Bei anderen Elementen steht dagegen die Ausscheidung mit der Milch in deutlicher Beziehung zur Zufuhr, wie z. B. beim Zink. Bei anderen Elementen wirkt sich die Versorgung noch stärker auf Gehalte in der Milch aus, wie vor allem beim Kobalt, Mangan, Molybdän, Selen und Jod. Auch der Spurenelementgehalt in Eiern ist unterschiedlich stark durch den Versorgungsstatus beeinflußbar, wobei allerdings die Verhältnisse insgesamt weniger gut untersucht sind. Im Bereich bedarfsgerechter Spurenelementaufnahmen treten versorgungsbedingte Schwankungen im Spurenelementgehalt der Leistungsprodukte nur begrenzt auf.

5.2.2 Stoffwechsel (Vorkommen, Verteilung, Funktionen)

Der Gehalt des tierischen Körpers an einigen essentiellen Spurenelementen ist in Übersicht 5.2–1 aufgezeigt. Diese Werte sind Durchschnittsgehalte des ausgewachsenen Tieres. Die Verteilung auf die verschiedenen Organe und Gewebe ist aber je nach Element sehr unterschiedlich.

Übersicht 5.2–1: **Spurenelementgehalt des Tierkörpers, mg je kg Körpergewicht**

Fe	Cu	Mn	Zn	Mo	Se	J
60–70	1,5–2,5	0,2–0,3	20–30	1,5	0,05–0,2	0,2–0,3

Im Einzelfall sind die Gehalte an Spurenelementen im Körper u. a. auch vom Alter und der Ernährung abhängig. So besitzen Neugeborene zum Teil höhere Gehalte (Kupfer), zum Teil geringere Gehalte (Eisen beim Ferkel). Bei einigen Spurenelementen führt eine höhere Zufuhr zu einem Ansatz, der die für spezifische Funktionen benötigten Mengen im Körper übersteigen kann. Dabei dienen vor allem Leber (Kupfer, Eisen) und Knochengewebe (Zink, Fluor) als Speicherorgane (vgl. Abb. 5.2–1). Bei trächtigen Tieren kann es infolge des Trächtigkeitsanabolismus im mütterlichen Gewebe vorübergehend zu einer Superretention von einzelnen Spurenelementen, wie von Kupfer, Zink, Mangan und Nickel (nicht dagegen von Eisen) kommen. Solche Reserven können dann während der nachfolgenden Laktation wieder abgebaut werden.

Eisen

Über die Hälfte des Eisenbestandes des Körpers findet sich im Hämoglobin, dem Farbstoff der roten Blutkörperchen. Der Muskelfarbstoff Myoglobin enthält etwa 3–7 % des Gesamteisens. In der Leber und Milz, in geringeren Mengen auch im Knochenmark, wird Eisen in mobilisierbarer Form als Ferritin und als wasserunlösliches Hämosiderin gespeichert. Allerdings wird Eisen im roten Knochenmark, dem Ort der Erythrozytenbildung, wesentlich rascher umgesetzt als in Leber und Milz. In der Darmschleimhaut ist Ferritin an der Steuerung der Eisenabsorption beteiligt. Den Eisentransport im Körper besorgt das eisenbindende Protein Transferrin im Blutplasma. Diese Verhältnisse sowie die allgemeine Dynamik des Eisenstoffwechsels (innere Ökonomie) sind in Abb. 5.2–2 schematisch dargestellt (nach MOORE sowie POLLYCOVE).

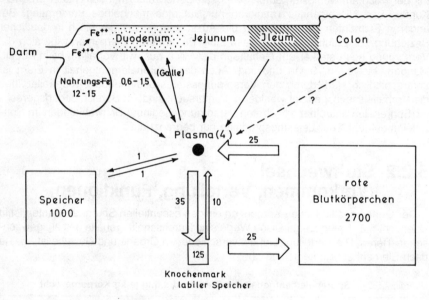

Abb. 5.2–2: **Dynamik des Eisenstoffwechsels**
(Tagesumsatz beim Menschen; Zahlenangaben in Milligramm)

Neben seiner Bedeutung für den Blut- und Muskelfarbstoff besitzt Eisen auch andere Funktionen im Stoffwechsel. Als Bestandteil der prosthetischen Gruppe von anderen Hämoproteiden (z. B. Cytochrome der Atmungskette, Peroxidase und Katalase) sowie von verschiedenen Flavoproteiden (z. B. Succinatdehydrogenase) ist es vor allem an der Funktion von zahlreichen Oxidoreduktasen beteiligt. Bei mangelnder und suboptimaler Eisenversorgung läßt sich für einige dieser Enzyme eine verminderte Aktivität nachweisen.

Folgen von alimentärem Eisenmangel, der am ehesten bei Jungtieren im Saugalter auftritt, sind neben Anämie vor allem verminderte Krankheitsresistenz, Appetitverlust und verringertes Wachstum.

Kupfer

Der weitaus größte Teil des Kupfervorkommens im Körper findet sich in Leber, Knochen, Muskulatur und Haut. Vor allem die Leber enthält eine hohe Kupferkonzentration. Dieses Organ, das eine Schlüsselstellung im Cu-Stoffwechsel einnimmt, besitzt insbesondere im Foetus und beim Wiederkäuer auch im späteren Leben eine ausgesprochen hohe Fähigkeit zur Kupferspeicherung.

Im Organismus liegt das Kupfer überwiegend an Protein gebunden vor. Im Blutplasma ist der größte Teil im Coeruloplasmin, das als Enzym die Oxidation von zweiwertigem Eisen katalysiert und damit auch zur Bereitstellung von Eisen für die Hämoglobinsynthese entscheidend beiträgt. Dies erklärt, daß Tiere bei Kupfermangel infolge verminderter Coeruloplasminaktivität und damit verringerter Eisenverwertung letztlich anämisch werden. Kupfermangel führt vor allem auch zu Störungen in der Pigmentierung und Struktur von Haar und Wolle (siehe 8.1.1.4) sowie in der Ausbildung des zentralen Nervensystems (neonatale Ataxie) und des Skeletts (Verformung und erhöhte Brüchigkeit). Auch diese Veränderungen dürften letztlich darauf zurückzuführen sein, daß Kupfer essentieller Bestandteil bestimmter Enzyme ist, wie z. B. der Phenoloxidase (Bildung von Melanin aus Tyrosin), Cytochromoxidase (Atmungskette) und Monoaminoxidase (oxidative Desaminierung von Lysin zur Quervernetzung von Bindegewebsproteinen).

Abgesehen von dem Abhängigkeitsverhältnis zu Eisen steht Kupfer in Wechselbeziehung zu einigen weiteren Elementen. Beim Wiederkäuer wird die Kupferspeicherung durch Gehalt und Verhältnis von Kupfer, Molybdän und Sulfat im Futter beeinflußt. Dabei verursachen hohe Molybdänzulagen in Gegenwart von Sulfat trotz normaler Kupferversorgung Symptome eines akuten Kupfermangels. Steigende Aufnahmen von Sulfat und S-haltigen Aminosäuren reduzieren die Kupferspeicherung in der Leber, auch unabhängig von der Molybdänzufuhr. Umgekehrt ist bei sehr geringer Molybdänversorgung die Kupferabsorption erhöht. Für die praktische Tierernährung dürfte es auch von Bedeutung sein, daß bei Rind und Schaf die Kupferverwertung in starkem Maße vom Calciumgehalt des Futters beeinflußt wird. Bei gegebenem Kupfergehalt des Futters wird Kupfer um so schlechter verwertet, je calciumreicher die Ration ist.

Zink

Zink weist im tierischen Organismus nach Eisen die zweithöchste Konzentration unter den Spurenelementen auf (Übers. 5.2–1). Die höchsten Zinkkonzentrationen finden sich in den Augen, Hoden, Leber, Pankreas, Knochen und Haaren bzw. Federn. Auch Sperma ist sehr zinkreich.

Zink kommt in den Körpergeweben und -flüssigkeiten hauptsächlich an Protein gebunden vor. Es ist nicht nur Bestandteil zahlreicher Metalloenzyme, so z. B. der Carboanhydrase, Carboxypeptidase, alkalischen Phosphatase und verschiedener Dehydrogenasen, sondern auch des Hormons Insulin. Bei verschiedenen anderen Enzymen spielt Zink die Rolle eines Aktivators. Zinkmangel führt zu diversen Störungen im Intermediärstoffwechsel, vor allem in der Nucleinsäuren- und Proteinbiosynthese der Zellen.

Auf Zinkmangel reagieren alle Jungtiere mit stark reduziertem Wachstum und verringerter Futteraufnahme. Äußerlich erkennbar zeigen sich parakeratotische Hautverletzungen durch Störungen im Keratinisierungsprozeß, Haarausfall bzw. schwache Befiederung und verzögerte Wundheilung. Beim Schwein tritt die Parakeratose vor allem im Bereich von Augen und Maul sowie an den unteren Beinpartien auf. Bei Milchkühen äußert sich Zinkmangel durch parakeratotische Hautläsionen vorwiegend an den Hinterbeinen und am Euter, ohne daß dabei Freßlust und Milchleistung beeinträchtigt sind.

Die Verwertung von Zink wird ähnlich, wie dies bei vielen anderen essentiellen Spurenelementen der Fall ist, vom Organismus selbst durch homöostatische Regulationsmechanismen sehr wesentlich beeinflußt. Zur Veranschaulichung dieser Verhältnisse ist dazu aus unseren Untersuchungen in Abb. 5.2–3 die Veränderung der scheinbaren und wahren Zinkabsorption sowie die Ausscheidung von endogenem Zink in Abhängigkeit von der Höhe der Zinkversorgung dargestellt. Demnach werden bei mangelnder Zinkaufnahme nahezu 100 % und mit steigender Versorgung ein zunehmend geringerer Prozentsatz des aufgenommenen Zinks absorbiert. Die Ausscheidung von im Überschuß absorbiertem Zink erfolgt zum weitaus größten Teil über den Verdauungstrakt, so daß die scheinbare Absorption erheblich unter dem Ausmaß der wahren Absorption liegt.

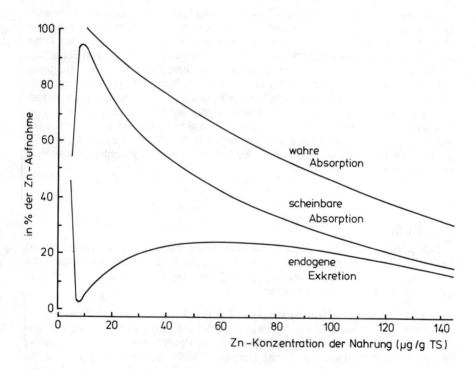

Abb. 5.2–3: **Homöostatische Veränderungen der wahren und scheinbaren Absorption und der endogenen Ausscheidung von Zink in Anpassung an die Zinkkonzentration in der Nahrung bei wachsenden Ratten**

Unter den Nahrungsfaktoren, die die Verwertung des Zinks beeinflussen, stehen Phytat und Calcium an erster Stelle. Phytat bildet bei den pH-Verhältnissen im Dünndarm mit Zink und Calcium schwerlösliche Komplexe, so daß es dementsprechend bei monogastrischen Tieren zu einer verringerten Zinkabsorption kommt. Zinkmangel wird besonders beim Schwein durch einen hohen Calciumgehalt der Nahrung verstärkt. In Rationen mit Milchproteinen oder anderen tierischen Proteinen ist die Zinkverwertung erheblich besser als bei phytathaltigen pflanzlichen Eiweißträgern, wie z. B. Soja- und Rapsextraktionsschrot oder Ackerbohnen. Um nicht nur klinisch manifeste, sondern auch verborgene Zinkmangelsituationen zu vermeiden, ist es eine Vorbeugungsmaßnahme, die Futterrationen aller landwirtschaftlichen Nutztiere mit Zinkzulagen zu ergänzen. Eine verschlechterte Zinkverwertung kann auch durch eine gegenüber Zink überhöhte Kupferaufnahme bewirkt werden, nachdem zwischen Kupfer und Zink eine wechselseitige Beziehung, vermutlich bei ihrer intestinalen Absorption, besteht.

Mangan

Höhere Mangangehalte weisen vor allem Skelett, Leber, Pankreas und Nieren auf. Durch Fütterung lassen sich diese Gehalte beeinflussen, insbesondere in den Knochen. Die Speicherkapazität der Leber für Mangan ist im Vergleich zu Eisen und Kupfer verhältnismäßig stark begrenzt. Die Leber von neugeborenen Tieren enthält deshalb kaum Manganreserven.

In vitro aktiviert Mangan eine Reihe von Enzymen, wobei im Manganmangel die Aktivität bestimmter Enzyme auch in vivo vermindert sein kann, wie z. B. die Leberarginase. Mn-Metalloenzyme sind nur wenige bekannt. Manganunterversorgung führt zu vermindertem Wachstum, anomaler Skelettentwicklung, Neugeborenenataxie und verringerter Fruchtbarkeit. Viele der pathologischen Veränderungen im Manganmangel dürften auf einer gestörten Mucopolysaccharidsynthese beruhen. Überhöhte Calcium- und Phosphorzufuhr vermindert die Manganverwertung.

Kobalt

Kobalt ist Bestandteil des Vitamin-B_{12}-Moleküls. In pflanzlicher Nahrung ist dieses Co-Vitamin praktisch nicht enthalten. Beim Wiederkäuer wird es von der Mikroflora des Pansens synthetisiert. Hierfür ist allerdings eine genügende Zufuhr von Kobalt nötig. Unterschreitet die Kobaltkonzentration im Pansen nämlich einen kritischen Wert (etwa 20 µg je Liter Pansenflüssigkeit), reicht die Vitamin-B_{12}-Synthese durch die Mikroorganismen nicht mehr aus, um den Bedarf des Tieres zu decken. Mit steigender Kobaltversorgung sinkt die Effizienz der mikrobiellen Kobaltverwertung für die Vitamin-B_{12}-Bildung.

Eine bakterielle Vitamin-B_{12}-Synthese ist auch im Blind- und Dickdarm möglich. Dies ist insbesondere für andere typische Herbivoren, wie z. B. für das Pferd, von Bedeutung, wobei zu vermuten bzw. zu klären ist, daß aus diesen Bereichen des Darmtraktes noch eine genügende Vitamin-B_{12}-Menge absorbiert werden kann, um den Bedarf im intermediären Stoffwechsel des Wirtstieres zu decken.

Es ist nicht geklärt, ob Kobalt neben seiner Bedeutung für die Vitamin-B_{12}-Synthese noch weitere Funktionen besitzt. In-vitro-Versuche lassen vermuten, daß Kobaltionen verschiedene Enzyme aktivieren.

Molybdän

Die tierischen Organe enthalten in starker Abhängigkeit von der Molybdän- und Sulfatzufuhr sehr unterschiedliche Molybdänmengen. Höhere Konzentrationen finden sich vor allem in Leber, Milz und Nieren. Der größte Teil des Molybdäns sitzt im Skelett. Molybdän ist Bestandteil verschiedener Enzyme, wie z. B. der Xanthinoxidase. Im Körper liegt es aber vor allem in Form des Molybdatanions vor, das in antagonistischer Wechselbeziehung zum Sulfatanion steht. Auf die verminderte Cu-Speicherung bei höherer Mo-Aufnahme wurde schon beim Kupfer hingewiesen. Überhöhte Mo-Versorgung induziert demnach Kupfermangel.

Selen

Die höchsten Selenkonzentrationen weisen normalerweise Leber und Nieren auf. Bei toxischer Zufuhr sind besonders hohe Gehalte in Haaren, Federn und Hufen festzustellen. Selen kann relativ rasch in Proteine eingebaut werden. Es tritt dabei an die Stelle des Schwefels in den schwefelhaltigen Aminosäuren. In dieser Form dürfte ein wesentlicher Teil des organisch gebundenen Selens in der Pflanze und im Tier vorliegen.

Als biochemische Funktion des Selens ist bisher eindeutig nur seine Beteiligung an der Glutathionperoxidase nachgewiesen. Dieses Selenenzym schützt vor peroxidativer Zellschädigung und ergänzt damit die antioxidative Aufgabe des lipidlöslichen Vitamin E. Bei Selenmangel ist die Aktivität der Glutathionperoxidase in Blut und Geweben stark vermindert.

Selenmangel kann bei allen landwirtschaftlichen Nutztieren auftreten. Dabei besteht eine enge Wechselwirkung zur Vitamin-E-Versorgung. Zusammenfassend hat UNDERWOOD die Bedeutung von Selen und Vitamin E allein und in Wechselbeziehung zueinander in drei Gruppen eingeteilt:

a) Krankheiten, die sich durch Vitamin E, jedoch nicht durch Selen heilen lassen, wie Resorptionssterilität bei Ratten und Encephalomalazie bei Küken.

b) Krankheiten, die sowohl durch die Zufuhr von Vitamin E als auch von Selen verhütet werden können, wie Lebernekrose von Schweinen, exsudative Diathese bei Küken und ernährungsbedingte Muskeldystrophie (Weißmuskelkrankheit) bei verschiedenen Tierarten, insbesondere bei Kälbern und Lämmern.

c) Störungen, die vor allem durch Selenzufuhr vermieden werden können. Hierzu zählen Wachstumsstörungen bei den verschiedenen Tierarten, Pankreasdegeneration beim Küken, wie auch mangelnde Fruchtbarkeit beim Wiederkäuer.

Jod

Jod findet sich hauptsächlich in der Schilddrüse. Es liegt dort als anorganisches Jodid sowie als organisches hormonal inaktives Jod (Jodtyrosine) und in den hormonal wirksamen Substanzen Trijodthyronin und Thyroxin (Tetrajodthyronin) vor. Diese Hormone steuern u. a. den Grundumsatz.

Bei mangelnder Jodzufuhr wird die Hormonbildung beeinträchtigt. Die Schilddrüse versucht daraufhin, die Unterproduktion an Thyroxin durch Vermehrung des Drüsengewebes nach Möglichkeit auszugleichen (kompensatorische Hypertrophie). Diese

Vergrößerung der Schilddrüse ist bei Tier und Mensch als Kropf bekannt. Störungen der Thyroxinsynthese werden auch durch verschiedene natürliche und künstliche Thyreostatica bewirkt. Vor allem Brassica-Arten (z. B. Raps, Rübsen, Ackersenf) enthalten Glucosinolate, aus denen im Verdauungstrakt Senföle und Goitrin (Vinylthiooxazolidon) freigesetzt werden können, die auf die Schilddrüsenfunktion hemmend wirken.

Fluor

Fluor kommt im tierischen Organismus nur in anorganischer Form als Fluorid vor. Ein „normaler" Fluorgehalt läßt sich kaum angeben, da der Gehalt weitgehend von der Fluorabsorption abhängt, die je nach Menge und Art des Fluors in der Nahrung sehr variieren kann. Etwa 95 % des im Körper vorhandenen Fluors finden sich in Knochen und Zähnen. Fluor ist vermutlich für die Ausbildung eines gesunden Zahnschmelzes erforderlich.

Eine hohe Fluorkonzentration wirkt im Körper giftig. Der Organismus besitzt zwar die Möglichkeit, einer erhöhten Fluorzufuhr über Futter und Trinkwasser durch eine höhere Fluorausscheidung im Harn und durch Einlagerung von Fluor in die Knochen entgegenzuwirken. Diese Regulationsmöglichkeit ist allerdings nur bis zu einem gewissen Umfang wirksam. Ist ein bestimmter Sättigungsgrad an Fluor in den Knochen erreicht, so kann das zusätzlich absorbierte Fluor giftige Wirkungen im Stoffwechsel zeigen, es tritt Fluorose auf. Bei Jungtieren, die in der Zeit der Entwicklung des bleibenden Gebisses überhöhte Fluormengen aufnehmen, äußert sich Fluorose äußerlich in Veränderungen von Farbe, Form und Festigkeit der Zähne. Außerdem treten, unabhängig vom Alter, an den Knochen Verdickungen und Formveränderungen auf und in schweren Fällen auch an den Gelenken. Durch die Zahnschäden wird die Futteraufnahme verringert, Knochen- und Gelenkveränderungen behindern die Beweglichkeit der Tiere. Hohe Fluoraufnahmen der Muttertiere wirken sich auf Fluoridgehalte im Skelett der Neugeborenen und in der Milch relativ wenig aus. Die Fluorempfindlichkeit ist bei den einzelnen Tieren verschieden und hängt sehr stark von der Verfügbarkeit des aufgenommenen Fluors ab.

Andere essentielle Spurenelemente

Bei den übrigen essentiellen Spurenelementen ist neben dem Nachweis der Unentbehrlichkeit im Tierversuch mit stark gereinigten Diäten noch relativ wenig über biologische Funktionen und Bedarf bekannt. Dies gilt insbesondere für die Elemente Arsen, Vanadin und Zinn. Vom Chrom ist bekannt, daß es in der dreiwertigen Form als Glucosetoleranzfaktor (niedermolekularer Cr-Peptidkomplex) für die Wirkung des Insulins im Bereich der Zellen notwendig ist. Auf Nickelmangel reagieren eine Reihe von verschiedenen Enzymen mit verminderter Aktivität, wie z. B. die Amylase in der Bauchspeicheldrüse und die bakterielle Urease im Wiederkäuerpansen. Bei Nikkelmangel ist die Eisenverwertung beeinträchtigt, so daß sekundär eine Anämie entsteht, die durch Nickelzufuhr geheilt bzw. durch erhöhte Eisenversorgung gelindert werden kann. Ähnlich löst auch Bleimangel eine Eisenmangelanämie aus. Silicium ist struktureller Bestandteil von Mucopolysacchariden, so daß dementsprechend auch hohe Siliciumgehalte in Epithel- und Bindegeweben sowie in der Wachstumszone der Knochen zu finden sind und Siliciummangel Störungen in der Skelettentwicklung bedingt.

5.2.3 Bedarf und Bedarfsdeckung

Bedarf

Der Bedarf an Spurenelementen für die verschiedenen Tierarten wurde meist am Auftreten von Mangelerscheinungen, die für ein bestimmtes Element charakteristisch sind, ermittelt. Die Höhe der Spurenelementversorgung, bei der keine Mangelerscheinungen mehr auftreten, wird dabei als Bedarf zugrunde gelegt. Für die praktische Tierernährung ist jedoch weniger dieser minimale Bedarf als vielmehr der optimale Bedarf entscheidend, also die Zufuhrmenge, mit der Höchstleistungen bei bester Futterverwertung ohne Beeinträchtigung der Gesundheit zu erzielen sind. Dieser Optimalbedarf läßt sich meist nur über empfindliche biochemische Kriterien feststellen, wie z. B. über die Aktivität spezifischer Metalloenzyme. Für Kupfer haben sich zum Beispiel die Aktivität des Coeruloplasmins, für Zink die Aktivität der Carboxypeptidase A und alkalischen Phosphatase und für Eisen die Aktivität der Katalase sowie der Hämoglobingehalt des Blutes als geeignete Indikatoren des Versorgungsstatus und der intermediären Verfügbarkeit dieser Spurenelemente erwiesen. Neben der Bedarfsschätzung mit solchen Dosis-Wirkungsbeziehungen bietet sich bei einigen Spurenelementen aber auch die Möglichkeit, Bruttobedarfswerte nach der faktoriellen Methode abzuleiten. Dies setzt allerdings voraus, daß zuverlässige Werte zum Nettobedarf und zur Gesamtverwertung vorliegen.

In Übersicht 5.2–2 ist der Bedarf von Rind, Schaf, Schwein, Geflügel und Pferd an Eisen, Kupfer, Mangan, Zink, Selen und Jod zusammengestellt. Die Zahlenwerte geben den Bruttobedarf je kg Futter-Trockensubstanz an. Infolge der Schwierigkeiten bei der Bestimmung des Spurenelementbedarfs sind viele Bedarfszahlen nur als Richtwerte zu betrachten. Die Bedarfsangaben der Übersicht 5.2–2 dürften aber dennoch einen ausreichenden Sicherheitszuschlag beinhalten, um bei den in der Praxis üblichen Fütterungsverhältnissen eine optimale Spurenelementzufuhr zu gewährleisten. Sie können daher als praktische Empfehlungen zur Spurenelementversorgung gelten. Die zum Teil angegebenen Schwankungsbereiche beruhen vor

Übersicht 5.2–2: **Bedarf an Spurenelementen, mg je kg Futter-TS**

	Fe	Cu	Mn	Zn	Se	J
Rind						
Kalb	100	4–5	50	50	0,1	0,2–0,4
Jung-/Mastrind	50	10–12	50	30–50	0,1	0,2–0,4
Milchkuh	50	10–12	50	50	0,1	0,2–0,4
Schwein						
Ferkel	80–100	6	30	50	0,15	0,15
Mastschwein	40–60	4–6	20–30	50	0,10–0,15	0,15
Zuchtsau	80	10	30	50	0,15	0,15
Schaf	40	5	40	30–40	0,1	0,2–0,4
Geflügel	40–85	3–4	25–60	40–60	0,1	0,3–0,4
Pferd	80–100	10	40	50	0,1–0,2	0,1–0,3

allem darauf, daß gerade Jungtiere in frühen Wachstumsstadien und Mastabschnitten bei höchsten Tageszunahmen und bester Futterverwertung einen höheren Spurenelementbedarf haben als Tiere in späteren Lebens- und Leistungsabschnitten. Bezüglich der Eisenversorgung von Mastkälbern mit hellem Muskelfleisch wird auf Abschnitt 7.6.1 verwiesen.

Von weiteren essentiellen Spurenelementen ist der Bedarf noch sehr wenig untersucht. Ob der Molybdänbedarf von Wiederkäuern und anderen Tierarten Gehalte um 0,1 mg Mo je kg Futter-TS wesentlich übersteigt, müßte in gezielten Tierversuchen geprüft werden. Andererseits ist insbesondere bei Wiederkäuern erwiesen, daß sich mit steigenden Molybdänaufnahmen der Kupferbedarf merklich erhöht. Kobalt sollte in Rationen für Rinder und Schafe in einer Konzentration von 0,1 mg und in Rationen für Pferde in einer Konzentration von 0,05 bis 0,1 mg je kg Futter-TS enthalten sein. Nach unseren Bilanzuntersuchungen haben Zuchtsauen in den letzten Wochen der Trächtigkeit einen Nickelbedarf von 0,7 mg je kg Alleinfutter.

Bedarfsdeckung

Die Versorgung der Tiere mit Spurenelementen über die natürlichen Gehalte der Futtermittel ergibt eine ähnliche Situation wie bei den Mengenelementen. Auch der Spurenelementgehalt der einzelnen Futtermittel weist in der Regel große Schwankungen auf (siehe Abb. 5.2–4). Verantwortlich dafür sind eine Reihe von Faktoren, die bei den einzelnen Futtermitteln verschieden stark wirksam sind. Im wesentlichen sind dies:

a) Standort der Pflanze (Bodenart, pH-Wert)
b) Aneignungsvermögen der Pflanze
c) Klima und Witterung
d) botanische Zusammensetzung des Pflanzenbestandes
   (bei Wiese und Weide)
e) Vegetationsstadium
f) Werbungs- und Konservierungsart
g) Verunreinigung, u. a. Erde, Metallverunreinigungen bei Herstellung der Handelsfuttermittel.

Entsprechend diesen Zusammenhängen läßt sich der Spurenelementgehalt des Futters durch verschiedene agrartechnische Maßnahmen wie Düngung, Schnittzeitpunkt, Ernte- und Konservierungsverfahren beeinflussen. Als Beispiel hierzu soll die Abhängigkeit des Spurenelementgehaltes von der botanischen Zusammensetzung des Pflanzenbestandes und vom Schnittzeitpunkt aufgezeigt werden. Wie aus Abb. 5.2–5 deutlich hervorgeht, sind Kräuter und Leguminosen reicher an Spurenelementen als Gräser. Bei Wiesen und Weiden steigt damit der Spurenelementgehalt des Futters mit zunehmendem Anteil an Kräutern und Leguminosen. Auch Ackerleguminosen (Rotklee, Luzerne) weisen vergleichsweise hohe Gehalte an einzelnen Spurenelementen (Cu, Co) auf. In Abb. 5.2–6 ist der Einfluß des Schnittzeitpunktes auf den Spurenelementgehalt von Leguminosen dargestellt. Mit fortschreitendem Wachstum der Pflanzen nimmt der Gehalt an einigen Spurenelementen ab. So sinkt der Kupfergehalt bis Ende der Blüte auf etwa die Hälfte ab. Ein zeitiger Schnitt, wie er auch aus anderen Gründen zu fordern ist, bewirkt somit höhere Gehalte zum Beispiel an Kupfer, Mangan und Zink.

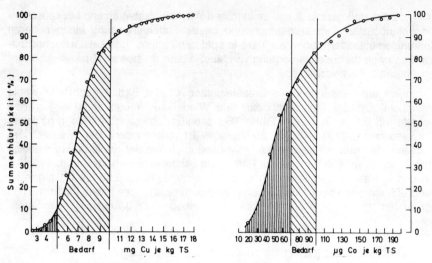

Abb. 5.2–4: **Summenhäufigkeit der Kupfer- und Kobaltgehalte von Wiesenheu**

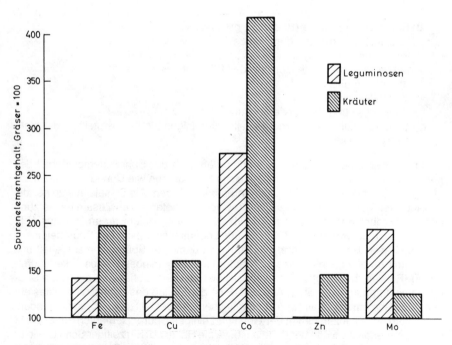

Abb. 5.2–5: **Mittlerer Spurenelementgehalt von Leguminosen und Kräutern im Vergleich zu Gräsern**

In Handelsfuttermitteln ist der Gehalt an Spurenelementen im allgemeinen höher als im wirtschaftseigenen Grundfutter. Der Grund hierfür liegt darin, daß in Handelsfuttermitteln durch Entzug eines Nährstoffes (z. B. Stärke, Öl) die Gehalte an allen Mengen- und Spurenelementen im Rückstand erhöht werden. Darüber hinaus zeichnen sich einige dieser Futtermittel sowieso durch einen besonders hohen Gehalt an einzelnen Spurenelementen aus. Abweichungen vom durchschnittlichen Spurenelementgehalt können bei Handelsfuttermitteln zum Teil dadurch ausgeglichen werden, daß mehrere Chargen aus unterschiedlicher Herkunft miteinander vermischt werden.

Vergleicht man die natürlichen Gehalte an Spurenelementen im Futter mit dem Bedarf der Tiere, so zeigt sich im großen und ganzen folgendes Bild:

In Wiederkäuerrationen sind die Elemente Kupfer, Kobalt, Mangan und auch Zink meist in zu geringen Mengen vorhanden. Eisen fehlt dagegen gewöhnlich nur bei Milchernährung (Kälber), während es sonst reichlich vorhanden ist. In der Schweine- und Geflügelfütterung tritt vor allem ein Mangel an Mangan und Zink auf. In

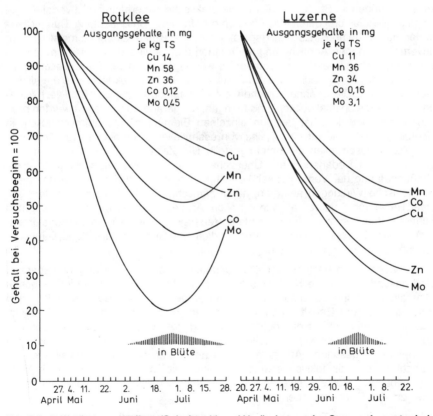

Abb. 5.2–6: **Wachstumsstadium (Schnittzeit) und Veränderung des Spurenelementgehaltes von Leguminosen**

Sauenrationen ist vielfach auch die Cu-Versorgung knapp. Eisen ist nur bei Ferkeln während der Milchperiode im Mangel (siehe 6.2.6).

Die zwischen Versorgung und Bedarf an Spurenelementen vorhandenen Lücken müssen durch Beimischung von Spurenelementen zu den Rationen geschlossen werden. Dies geschieht in der Praxis durch den Zusatz von Mineralstoffmischungen zu Alleinfutter- und Ergänzungsfuttermischungen sowie durch Mineralfutter. Für diesen Zweck sind nach dem geltenden Futtermittelrecht für Eisen, Jod, Kobalt, Kupfer, Mangan, Molybdän (nur für Rinder und Schafe), Selen (nur für Schweine und Geflügel) und Zink bestimmte Spurenelementverbindungen eigens als Zusatzstoffe zugelassen. Sie werden den Mischfuttermitteln und dem Mineralfutter in Form von Vormischungen in zum Teil festgesetzten Mindestgehalten bis zu festgelegten Höchstgehalten zugemischt.

Toxizität

Spurenelemente entfalten bei übermäßig hoher Aufnahme subtoxische und toxische Wirkungen im Stoffwechsel. Für die praktische Tierernährung ist vor allem die langfristige Belastung durch eine überhöhte Aufnahme von Bedeutung. Durch Überforderung der homöostatischen Regulationsmechanismen kommt es meist zu einer unverträglich hohen Anreicherung in Organen und Geweben und vielfach auch zu einer erheblichen Beeinträchtigung der Verwertung von anderen (essentiellen) Spurenelementen, so daß sich in diesen Fällen die Toxizität in sekundären Mangelsymptomen äußert. Die Spanne zwischen Aufnahmemengen, die den Stoffwechselbedarf des Tieres optimal decken, und Mengen, die gerade noch toleriert werden bzw. schon toxisch wirken, ist bei den einzelnen Elementen sehr unterschiedlich. In Übersicht 5.2–3 sind für eine Reihe von essentiellen Spurenelementen Toleranz- und Toxizitätsschwellen zusammengestellt. Die Zahlenangaben können im Vergleich zu den Bedarfsnormen (Übersicht 5.2–2) nur eine Vorstellung über die Größenordnung der Verträglichkeit vermitteln. Ob und bei welchen Aufnahmemengen toxische Wirkungen auftreten, hängt nämlich je nach Element sehr stark von einer Reihe von Faktoren ab, wie vor allem Art der Spurenelementverbindung und Futterzusammensetzung (insbesondere Versorgung mit anderen Spurenelementen), Tierart und Rasse, Alter, Leistungsstadium und Gesundheitszustand, Dauer der überhöhten Zufuhr und Anpassungsvermögen.

Unabhängig von bestehenden Rassenunterschieden weisen Schafe insgesamt eine besonders niedrige Kupfertoleranz auf und bedürfen deshalb eines eigenen Mineralfutters ohne Cu-Zusatz. Dabei gilt gerade für dieses Beispiel, daß sich in Abhängigkeit vom Gehalt an Cu-Antagonisten (Molybdat, Sulfat, Zink, Cadmium u.a.) im Futter nicht nur das optimale Versorgungsniveau (Bruttobedarf), sondern auch die Schwelle der Kupferverträglichkeit erheblich verschiebt, so daß eine sonst als optimal angesehene Aufnahmemenge an Kupfer sich im Extremfall auch als mangelnd oder als toxisch erweisen könnte. Die in Übersicht 5.2–3 für Fluor angegebenen Toleranzschwellen liegen bei schwerlöslichen Fluorverbindungen in etwa um das Doppelte höher.

In der praktischen Tierernährung steht bei den als essentiell erkannten Spurenelementen Arsen, Blei und Fluor ausschließlich ihre vorwiegend toxische Wirkung im

Vordergrund. Dies gilt aufgrund einer steigenden Umweltbelastung auch für Cadmium und Quecksilber. Durch futtermittelrechtlich festgesetzte Höchstgehalte dieser Schadstoffe in Einzel- und Mischfuttermitteln (derzeit für Arsen, Blei, Fluor und Quecksilber) und durch Kontrolluntersuchungen wird versucht, die Belastung von Tier und Mensch niedrig zu halten. Dabei ist wiederum zu bedenken, daß nicht so sehr der absolute Gehalt als vielmehr die Art der Verbindung und Wechselbeziehungen zu anderen Elementen für ihre Stoffwechselverwertung und letztlich ihre toxischen Wirkungen entscheidend sind. Zum Beispiel wird Methylquecksilber, das durch Mikroorganismen gebildet werden kann, viel stärker absorbiert und im Körper retiniert als anorganische Quecksilberverbindungen. Mangelnde Versorgung an essentiellen Spurenelementen bewirkt meist eine gesteigerte Retention von Schwermetallen, wie Blei, Cadmium und Quecksilber.

Einige Spurenelemente können bei Aufnahmemengen, die den Bruttobedarf für Stoffwechselfunktionen erheblich übersteigen, dabei aber noch unter der toxischen Schwelle bleiben, zusätzlich auch eine als pharmakologisch zu bezeichnende Wirkung entfalten, indem sie die tierische Leistung deutlich verbessern. Diese wachstumsfördernde Wirkung zeigt sich nur bei definierten Verbindungen und in bestimmten Anwendungsbereichen. Hierzu gehört auch der Zusatz von Kupfersulfat in Höhe von 250 mg Cu je kg Futter. In der Bundesrepublik ist die Ausnützung dieser pharmakodynamischen Wirkung jedoch nicht möglich, da im Rahmen der futtermittelrechtlichen Bestimmungen bei Mastschweinen Kupfersulfat nur bis zu einer Dosierung von 125 mg Cu je kg Alleinfutter erlaubt ist.

Übersicht 5.2–3: **Toleranzschwelle und toxische Schwelle einiger Spurenelemente, mg je kg Futtertrockensubstanz**

	Toleranzschwelle	toxische Schwelle
Eisen	500 (Rind, Schaf)	300 (Ferkel)
		5000 (Schwein)
Kobalt	30 (Rind, Schaf)	200 (Geflügel)
	400 (Schwein)	
Kupfer	70 (Rind)	115 (Kalb)
	10 (Schaf)	300–500 (Schwein, Geflügel)
		12 (Schaf)
Mangan	800 (Rind)	500 (Schwein)
Zink	150 (Rind, Schaf)	500 (Rind, Schaf)
		1000 (Schwein, Geflügel)
Molybdän	6 (Rind)	200 (Geflügel)
	2 (Schaf)	
Selen	3 (Rind, Schaf)	4–5 (Rind, Schaf)
	5 (Schwein)	7 (Schwein)
	3–4 (Geflügel)	5 (Geflügel)
Jod	10 (Rind, Schaf)	25–50 (Rind)
		400–800 (Schwein)
Fluor, leichtlöslich	30–50 (Rind, Schaf)	500 (Geflügel)
	100 (Schwein)	
	250–350 (Geflügel)	

5.3 Vitamine

Als Vitamine werden lebensnotwendige organische Stoffe bezeichnet, die in kleinsten Mengen außerordentliche Aktivität besitzen und die allen höheren Lebewesen mit der Nahrung zugeführt werden müssen. Diese klassische Definition gilt heute nur noch mit gewissen Einschränkungen. Man fand nämlich, daß bestimmte Vitamine nicht mit der Nahrung zugeführt werden müssen, weil sie im Verdauungstrakt von Mikroorganismen synthetisiert oder im Stoffwechsel aus Vorstufen (Provitaminen) gebildet werden können. Weiterhin kann die Wirkung bestimmter Vitamine zum Teil auch durch andere Substanzen hervorgerufen werden, jedoch ist ein völliger Ersatz der Vitaminwirkung nicht möglich. Man wird deshalb besser so definieren, daß ein Vitamin oder seine Vorstufen aus dem Verdauungstrakt absorbiert werden müssen.

Völliger Mangel an einem Vitamin führt zu spezifischen Krankheitsbildern, die als Avitaminosen bezeichnet werden. Unter praktischen Ernährungsverhältnissen sind sie jedoch selten, hier kommt es meist nur zu ungenügender Vitaminzufuhr, die zu den Erscheinungen einer Hypovitaminose führt. Hypovitaminosen sind wenig spezifisch und damit für alle Vitamine etwa ähnlich. Bei jungen Tieren äußern sich Hypovitaminosen in Wachstumsstörungen und verminderter Resistenz gegen Infektionskrankheiten. Bei ausgewachsenen Tieren ist die Leistungsfähigkeit eingeschränkt und die Reproduktionsleistung vermindert.

Für die praktische Tierernährung folgt daraus – ähnlich wie bei den Spurenelementen –, daß die Vitaminzufuhr so bemessen sein muß, daß nicht nur spezifische Mangelsymptome gerade unterdrückt werden (Minimalbedarf), sondern daß der Bedarf für die volle Leistungsfähigkeit des Tieres (Optimalbedarf) gedeckt wird. Gerade dies ist jedoch in der Praxis häufig nicht der Fall. Die Vitaminzufuhr übersteigt zwar meistens den Minimalbedarf und läßt damit keine äußeren Anzeichen eines spezifischen Vitaminmangels erkennen. Sie liegt aber nicht so hoch, daß eine optimale Vitaminversorgung gegeben wäre. Man spricht in solchen Fällen von suboptimaler Vitaminversorgung.

Bei einigen Vitaminen, z. B. Vitamin A und D, kommt es bei zu hoher Zufuhr zu krankhaften Erscheinungen, die als Hypervitaminosen bezeichnet werden.

Die Vitamine werden üblicherweise nach ihrer Löslichkeit in fettlösliche und wasserlösliche Vitamine eingeteilt. Damit ist gleichzeitig auch die unterschiedliche Wirkungsweise einzelner Vitamine gekennzeichnet. Während den fettlöslichen Vitaminen hochspezifische Funktionen für die Ausbildung und Aufrechterhaltung bestimmter Gewebestrukturen zukommen, greifen die wasserlöslichen Vitamine als Bestandteile von Enzymen in die verschiedensten Stoffwechselprozesse ein. Im Hinblick auf die praktische Tierernährung ist es von Bedeutung, daß der Bedarf des Wiederkäuers an wasserlöslichen Vitaminen durch die Zufuhr und die Synthese dieser Vitamine durch die Mikroorganismen des Pansens im allgemeinen gedeckt ist. Somit muß der Wiederkäuer nur die fettlöslichen Vitamine oder ihre Provitamine ausschließlich mit dem Futter erhalten.

5.3.1 Fettlösliche Vitamine

Zu den fettlöslichen Vitaminen zählen die Vitamine A, D, E und K. Die ersten drei dieser Vitamine oder ihre Vorstufen müssen dem Tier grundsätzlich mit der Nahrung zugeführt werden. Vitamin K hingegen wird sowohl beim Wiederkäuer als auch beim Schwein von Mikroorganismen des Verdauungstraktes synthetisiert.

Früher wurden auch die essentiellen Fettsäuren zu den fettlöslichen Vitaminen gerechnet. Sie haben jedoch keinen eigentlichen Wirkstoffcharakter, sondern sind als Bausteine für bestimmte Körpergewebe notwendig (siehe 3.3.7).

Vitamin A und β-Carotin

Weitere Bezeichnungen für Vitamin A: Retinol, Wachstumsvitamin, Epithelschutzvitamin, antixerophthalmisches Vitamin.

Von den **Aufgaben** des Vitamin A ist seine Bedeutung für den Sehvorgang am eingehendsten erforscht, wo es als Bestandteil des roten Sehpurpurs wirkt. Weiterhin ist Vitamin A für das Knochenwachstum und die Bildung und Funktion der Epithelien notwendig. Mangel verursacht eine Verhornung der Hautoberfläche, die sich sowohl auf der äußeren Körperhaut als auch an den inneren Schleimhäuten der Atmungswege, des Verdauungstraktes, der Geschlechtsorgane sowie des Auges (Xerophthalmie) zeigen kann. Dadurch wird das Eindringen von Krankheitserregern erleichtert und die Widerstandskraft des Tieres verringert. Die Schleimhautveränderungen in den Geschlechtsorganen haben zur Folge, daß die Konzeptionsbereitschaft weiblicher Tiere leidet. Kommt es zur Befruchtung, so wird der Embryo nur unzureichend ernährt, was zu Mißbildungen und Aborten führt. Daneben wird Vitamin A auch für den Stoffwechsel der Geschlechtshormone benötigt. Ein Mangel verzögert die Rückbildung des Gelbkörpers. Beim männlichen Tier werden Spermabildung und Spermaqualität beeinträchtigt.

Die Vorstufen oder Provitamine des Vitamin A sind die verschiedenen Carotine. In den letzten Jahren wurde nun festgestellt, daß β-Carotin beim weiblichen Rind außer seiner Rolle als Provitamin A auch selbst noch zusätzliche spezifische Funktionen besitzt. So ist bei Mangel an β-Carotin mit schwach ausgeprägten Brunstsymptomen oder stiller Brunst, mit verzögerter Ovulation nach dem Auftreten der ersten Brunstsymptome und mit stärkerem Auftreten zystöser Eierstockveränderungen zu rechnen. Die Folge davon ist dann eine insgesamt verminderte Fruchtbarkeitsleistung.

Vorkommen

Vitamin A kommt nur im Tierreich vor. Von den Futtermitteln tierischer Herkunft enthält die Leber beziehungsweise der Lebertran hohe Mengen an Vitamin A. Fischmehle weisen nur dann einen gewissen Vitamin-A-Gehalt auf, wenn die Lebern mit verarbeitet wurden. Magermilch und Molke enthalten kein Vitamin A, weil die fettlöslichen Vitamine mit dem Rahm entfernt werden.

In pflanzlichen Futtermitteln ist Vitamin A nicht enthalten, sondern nur die **Carotine**. Den höchsten Anteil am Gesamtcarotin nimmt meist das β-Carotin ein. Die Carotine kommen in allen grünen Pflanzen in reichlichen Mengen vor. Allerdings steht der hohe Carotingehalt grüner Futterpflanzen dem Tier nur bei Weidegang und Sommerstallfütterung in voller Höhe zur Verfügung. Unmittelbar nach dem Schnitt setzen nämlich mit Beginn des Trocknungsvorganges starke Abbauvorgänge ein, die den Carotingehalt erheblich reduzieren. Die höchsten Verluste treten dabei naturgemäß bei der Bodentrocknung des Futters auf. Sie liegen bei gutem Heuwetter im Mittel um 70 % des Carotingehaltes frischer Pflanzenmasse, bei Schlechtwetter gehen 90 % und mehr der ursprünglichen Carotinmengen verloren. Etwas geringer sind die Verluste bei Gerüsttrocknung und Unterdachtrocknung. Bei der künstlichen Trocknung von Grünfutter entstehen die geringsten Verluste, im Mittel etwa 10 %.

Bei der Gärfutterbereitung können die Carotinverluste sehr unterschiedlich sein. Die entscheidenden Faktoren sind dabei der Anwelkgrad sowie Abbauvorgänge nach dem Öffnen des Silos. Beim eigentlichen Gärprozeß werden nur etwa 10 % des Carotingehaltes zerstört. Ist die Silage stark vorgewelkt und treten auch noch Verluste bei der laufenden Futterentnahme auf, so ist insgesamt mit Carotinverlusten zu rechnen, die denen bei der Heubereitung nicht nachstehen.

Carotinverluste entstehen auch bei der Lagerung konservierten Futters. Der Carotinabbau verläuft dabei etwa proportional dem Carotingehalt des Futters. Die absolut höchsten Lagerungsverluste treten demnach bei künstlich getrocknetem Grünfutter auf. Unter normalen Lagerungsbedingungen vermindert sich der Carotingehalt von Grünmehlen bei einer Lagerung von 4–6 Monaten etwa um die Hälfte. Das im Sommer geerntete Futter verliert also bis zur Verfütterung im Winter einen weiteren Carotinanteil infolge der Abbauvorgänge während der Lagerung. Betrachtet man sowohl die Konservierungs- als auch die Lagerungsverluste, so ergibt sich die in Abbildung 5.3–1 dargestellte Situation. Die höchstmögliche Carotinzufuhr erhält das Tier somit bei Weidegang oder Grünfütterung, während in allen anderen Fällen je nach Konservierungsmethode und Lagerungszeit sehr viel weniger Carotin im Futter verbleibt.

Die Carotinversorgung über Kraftfutter spielt keine Rolle, da diese Futtermittel nur äußerst geringe Mengen an Carotin enthalten.

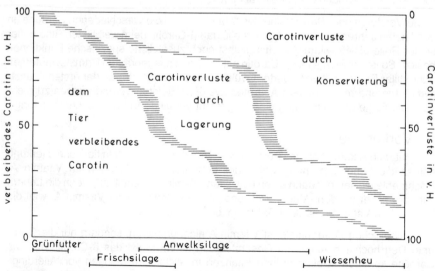

Abb. 5.3–1: **Carotinverluste bei der Konservierung und Lagerung von Saft- und Rauhfutter**

Carotinverwertung durch das Tier

Für die Erfüllung der Vitamin-A-Funktionen im Tierkörper müssen die Carotine in das wirksame Vitamin A umgewandelt werden. Diese Umwandlung erfolgt hauptsächlich in der Dünndarmschleimhaut und in der Leber. Der Ausnutzungsgrad ist bei den verschiedenen Carotinen unterschiedlich. β-Carotin ergibt theoretisch zwei Moleküle Vitamin A, jedoch wird im Organismus das β-Carotin im allgemeinen vom Molekülende her abgebaut, so daß aus 1 Mol β-Carotin nur 1 Mol Vitamin A entsteht. Bei den anderen Carotinen ist die Ergiebigkeit noch weit geringer. So weist α-Carotin nur die Hälfte und γ-Carotin etwa ein Drittel der Vitamin-A-Wirksamkeit des β-Carotins auf. Allerdings beträgt der Anteil des β-Carotins am Gesamtcarotin grüner Pflanzen meist 90 % und mehr.

Selbst dann, wenn man diese Verhältnisse berücksichtigt, läßt sich die Vitamin-A-Wirksamkeit einer bestimmten Carotindosis nicht eindeutig festlegen. Die Carotinverwertung wird nämlich fernerhin von der Höhe der Zufuhr beeinflußt. Je mehr Carotin vom Tier aufgenommen wird, um so geringer ist die biologische Wirksamkeit je Gewichtseinheit Carotin und umgekehrt, wobei allerdings eine untere Grenze besteht. Eine zu geringe Carotinzufuhr kann nämlich auch die Verwertung beeinträchtigen, da nach Carotinmangel-Perioden Carotingaben sehr schlecht ausgenutzt werden. Offenbar verliert das Tier nach langer Carotinunterversorgung an Umwandlungskapazität für Carotin. Dadurch kann nach sehr carotinarmer Fütterung der Fall eintreten, daß selbst das hohe Carotinangebot auf der Weide nicht genügend Vitamin A liefert.

Schließlich beeinflussen auch andere Nahrungsbestandteile die Carotinverwertung. So wirkt sich ein Mangel an Phosphor oder an Vitamin E ungünstig auf die Carotinumwandlung aus. Auch Nitrate des Futters hemmen die Carotinverwertung.

Übersicht 5.3–1: **Umwandlungsverhältnis von β-Carotin zu Vitamin A**

	Gewichtsverhältnis Carotin : Vitamin A bei gleicher Vitamin-A-Wirksamkeit
Rind	8 : 1
Schaf	6 : 1
Pferd	6 : 1
Schwein	6 : 1
Ratte	2 : 1
Geflügel	2 : 1

Insgesamt gesehen können für die Ausnutzung des im Futter enthaltenen Carotins nur grobe Anhaltspunkte gegeben werden. In Übersicht 5.3–1 ist das Umwandlungsverhältnis von β-Carotin zu Vitamin A im Bereich des Minimalbedarfs aufgeführt. Im Einzelfall können jedoch sehr abweichende Werte vorliegen.

Bedarf und Bedarfsdeckung

Bei der Ermittlung des Vitamin-A-Bedarfs können verschiedene Kriterien herangezogen werden wie Wachstum, Plasmawerte an Vitamin A, Höhe des Vitamin-A-Depots in der Leber oder Ausscheidung an Vitamin A in der Milch. Der Bedarf selbst wird heute noch gewöhnlich in „internationalen Einheiten Vitamin A" angegeben. Diese internationalen Standards gründen sich auf die Verwertung des Vitamin A durch die Ratte. Dabei gilt 1 I.E. Vitamin A = 0,3 µg Vitamin-A-Alkohol oder 0,6 µg β-Carotin. In Übersicht 5.3–2 sind die Empfehlungen zur Versorgung von Schwein, Rind, Schaf und Pferd an Vitamin A für die verschiedenen Leistungen angegeben. Da beim Hühnergeflügel die Fütterung heute in der Regel über Mischfutter erfolgt, ist hier die erwünschte Vitamin-A-Zufuhr je kg Futter angegeben. Diese Angabe ist nämlich nach heutiger Auffassung vorzuziehen und ist bei Verfütterung von ausschließlich konzentrierten Futtermitteln auch leicht möglich.

Zur empfohlenen Vitamin-A-Versorgung der Milchkühe beziehungsweise Muttertiere ist noch zu bemerken: Die Versorgung mit Carotin und Vitamin A ist zum einen ausschlaggebend für die Vitamin-A-Wirksamkeit der Milch. Zum anderen soll eine optimale Vitamin-A-Versorgung Fruchtbarkeitsstörungen verhindern und eine normale Trächtigkeit sowie die Geburt gesunder Nachkommen ermöglichen. Vor allem sollte bei tragenden Tieren durch entsprechende Zufuhr bereits im Fötus eine Vitamin-A-Reserve angelegt werden, weil das neugeborene Tier Carotin kaum verwerten kann. Die gleichzeitig im Muttertier aufgebauten Reserven bewirken auch einen hohen Gehalt an Vitamin A in der Kolostralmilch. Aus diesen Gründen ist der Optimalbedarf von Milch- beziehungsweise Muttertieren an Vitamin A weitaus höher als bei wachsenden Tieren.

Übersicht 5.3–2: **Empfehlungen zur Versorgung an Vitamin A**

	I. E. Vitamin A je kg Körpergewicht
Schwein	
Ferkel	200
wachsendes Schwein	60
Sauen, säugend	200
tragend	60
Eber	60
Rind	
Rind, Aufzucht und Mast	70–100
Milchkuh, Trächtigkeit und Laktation	100–200
Zuchtbulle	50–60
Schaf	
wachsendes Schaf	80
Mutterschaf, hochtragend oder säugend	150
Pferd	
wachsendes Pferd	80–100
Stute, Trächtigkeit und Laktation	100–130
Sportpferd	60–80

	I. E. Vitamin A je kg Futter
Geflügel	
Küken, Aufzucht und Mast	6000–8000
Hennen	8000–10000

Die Vitamin-A-Versorgung des Rindes ist in der Sommerfütterung normalerweise sichergestellt, da Weide und frisches Grünfutter reichlich Carotin enthalten. In der Winterfütterung sind die natürlichen Gehalte im Futter dagegen meist zu gering. Deshalb sollte in der Winterfütterung die gesamte Vitamin-A-Versorgung des Rindes allein über einen Vitaminzusatz (im Mineral- und im Kraftfutter) gedeckt werden.

Der Bedarf an β-Carotin von Rindern ist noch nicht genau ermittelt worden. Die Empfehlungen liegen etwa bei 20 mg β-Carotin je 100 kg Lebendgewicht. Im allgemeinen dürfte in der praktischen Rinderfütterung die β-Carotin-Versorgung über das Grundfutter ausreichend sein.

Das Mastschwein erhält weder in der Getreide- noch in der Hackfruchtmast genügend Vitamin A. Zuchtsauen können in der niedertragenden Zeit ausreichende Carotinmengen über Grünfutter aufnehmen, ansonsten ist auch hier ein Vitamin-A-Zusatz notwendig.

Vitamin D (Calciferol)

Vitamin D wird auch als antirachitisches Vitamin bezeichnet, da es der Rachitis entgegenwirkt. Dies steht in Zusammenhang mit der Wirkung des Vitamin D auf den Stoffwechsel von Calcium und Phosphor. Je mangelhafter beide Elemente zugeführt werden, um so mehr Bedeutung hat Vitamin D, da es die Absorption dieser Elemente begünstigt und die Verkalkung der Knochen fördert. Es steht dabei in Wechselwirkung zum Parathormon der Nebenschilddrüsen.

Infolge der engen Beziehung zwischen Vitamin D und dem Mineralstoffwechsel sind die Symptome eines Vitamin-D-Mangels denen eines Ca- und P-Mangels sehr ähnlich (siehe Rachitis).

Vorkommen

Von den zahlreichen als Vitamin D wirksamen Verbindungen sind nur zwei von größerem Interesse, nämlich Vitamin D_2 (Ergocalciferol) und Vitamin D_3 (Cholecalciferol). Das Provitamin D_2, das Ergosterin, kommt in pflanzlichen Futtermitteln verbreitet vor. Durch Einwirkung kurzwelliger Strahlung wird es in Vitamin D_2 umgewandelt. Dieser Prozeß findet in geringem Maße bereits in der lebenden Pflanze statt, in starkem Umfange dann, wenn das geschnittene Futter der Sonnenbestrahlung ausgesetzt wird. Infolgedessen nimmt der Vitamin-D_2-Gehalt in der Reihenfolge Heu, unterdachgetrocknetes Heu, Anwelksilage, Silage ab.

Die Vorstufe von Vitamin D_3, das 7-Dehydrocholesterin, kann der Organismus selbst in allen Geweben bilden. Es wird in der Haut in Cholecalciferol umgewandelt. Neuere Forschungsergebnisse haben nun gezeigt, daß die biologisch aktivste Form des Vitamin D_3 das 1,25-Dihydroxy-Cholecalciferol ist, das in der Niere gebildet wird. Von dort wird es über das Blut zu seinen Wirkungsorten transportiert.

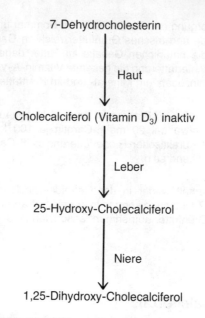

Aufgrund dieser Zusammenhänge wird heute 1,25-Dihydroxy-Cholecalciferol auch oft schon als Hormon bezeichnet, da es nämlich wie die Hormone in einem Organ gebildet und erst über das Blut zu seinen spezifischen Zielgeweben transportiert wird und dort seine Funktionen erfüllt.

Bedarf und Bedarfsdeckung

Die Höhe des Vitamin-D-Bedarfs wird zum einen stark von der jeweiligen Mineralstoffzufuhr beeinflußt, zum anderen kann im Tierkörper selbst Vitamin D_3 gebildet werden. Die notwendige Zufuhr an Vitamin D im Futter ist deshalb weitgehend variabel. Bei normaler Zufuhr von Calcium und Phosphor beträgt der Bedarf für Kühe 10 I. E. Vitamin D je kg Körpergewicht (1 I. E. Vitamin D = 0,025 µg Vitamin D_3). Kälber, Mastrinder, Schafe und ältere Schweine benötigen etwa die Hälfte, während der Vitamin-D-Bedarf von Ferkeln auf 15 I. E. je kg Körpergewicht geschätzt wird.

Bei allen Tierarten wird der Bedarf an Vitamin D in den Sommermonaten gedeckt, da die zur Aktivierung der Vorstufen notwendige UV-Strahlung reichlich vorhanden ist. Im Winter hingegen ist die Zufuhr von Vitamin D mit dem Futter erforderlich. Geflügel ohne Auslauf weist einen ganzjährigen Bedarf von rund 1000 I. E. Vitamin D je kg Futter auf.

Vitamin E (Tocopherole)

Vitamin E ist einmal für den Zellstoffwechsel notwendig (Zellatmung, Nucleinsäurestoffwechsel), zum anderen wirkt Vitamin E als Antioxydans, wodurch die Autoxydation ungesättigter Fettsäuren wie auch von Vitamin A in vivo unterdrückt wird. Dies ist auch im Hinblick auf die Schlachtkörperqualität von Bedeutung, da die Wirkung des im Depotfett des Tieres gespeicherten Vitamin E im Schlachtkörper noch anhält.

Mangel an Vitamin E führt zu dystrophischen Erscheinungen insbesondere der Muskulatur (Muskeldystrophie bei Kälbern und Lämmern) und der Leber (Lebernekrose beim Schwein). Beim Schwein wird auch die Fruchtbarkeit beeinträchtigt, wobei bereits angelegte Embryonen absterben und resorbiert werden (Resorptionssterilität).

Im Futter kommen verschiedene Verbindungen mit Vitamin-E-Wirkung vor. Am verbreitesten ist das α-Tocopherol, das auch die größte Vitamin-E-Wirksamkeit besitzt. Von den anderen Tocopherolen haben nur das ζ-Tocopherol und das β-Tocopherol eine nennenswerte Wirksamkeit. Die Tocopherolgehalte sind im jungen Grünfutter sehr hoch, ebenso in Weizenkeimlingen. Im Getreide besteht die Tocopherolfraktion nur zu einem geringen Anteil aus α-Tocopherol, so daß trotz mittlerer Tocopherolgehalte von Getreide nur eine geringe Vitamin-E-Wirksamkeit zu erwarten ist. Dies gilt in verstärktem Maße für Auswuchsgetreide, da der Tocopherolgehalt bei der Keimung erheblich abnimmt. In Hackfrüchten und entfetteten Futtermitteln (Rückstände der Ölgewinnung, Magermilch, Molke) ist nur wenig oder kein Tocopherol enthalten.

Der Bedarf an Vitamin E hängt stark von der Rationszusammensetzung (ungesättigte Fettsäuren, Selen) ab. Er kann bei Kälbern und Lämmern je nach Ration von 0,1–1 I. E. Vitamin E je kg Körpergewicht schwanken (1 I. E. Vitamin E = 1 mg DL-α-Tocopherolacetat). Für ausgewachsene Wiederkäuer scheint der Bedarf sehr niedrig zu liegen, so daß die Vitamin-E-Versorgung des erwachsenen Wiederkäuers stets gesichert sein dürfte. Beim Schwein wie auch bei Kälbern ist unter bestimmten Fütterungsbedingungen (Magermilch, Fettzusatz, Auswuchsgetreide) ein Mangel an Vitamin E möglich.

Vitamin K (Menadion, Menachinon, Phyllochinon)

Der Bedarf an Vitamin K, das auch als Koagulationsvitamin bezeichnet wird und am Mechanismus der Blutgerinnung beteiligt ist, wird beim Wiederkäuer durch die mikrobielle Synthese im Pansen gedeckt. Auch bei monogastrischen Säugetieren reicht die enterale Synthese durch Mikroorganismen (z. B. Escherichia coli) normalerweise aus, um den Bedarf zu decken. Eine Zufuhr über die Nahrung ist bei Ferkeln in den ersten Lebenswochen erforderlich. Bei Geflügel ist die mikrobielle Synthese aufgrund des kurzen Intestinaltraktes, bedarfserhöhender Futterzusätze (Coccidiostatica) und moderner Haltungsverfahren in Käfigen, die Koprophagie verhindern, nicht ausreichend. Der Optimalbedarf liegt für Mast- und Aufzuchtküken sowie Legehennen bei 1,5–2 mg je kg Futter und wird entweder durch Beimischung einiger Prozent Grünmehl zum Fertigfutter oder durch synthetische Zusätze an Vitamin K_3 gedeckt.

5.3.2 Wasserlösliche Vitamine

Zu den wasserlöslichen Vitaminen rechnet man die Vitamine der B-Gruppe und das Vitamin C. Letzteres wird im endogenen Stoffwechsel des Nutztieres synthetisiert, so daß eine Zufuhr mit dem Futter überflüssig ist.

Die Vitamine der B-Gruppe werden im Gegensatz zu den fettlöslichen Vitaminen nur in sehr geringen Mengen im Tier gespeichert. Ein vorübergehender Mangel kann deshalb nicht durch Mobilisierung von Reserven ausgeglichen werden. Es ist also eine kontinuierliche Zufuhr notwendig. Dies gilt uneingeschränkt für monogastrische Tiere und Kälber vor dem Einsetzen der Pansenfunktion. Für den Wiederkäuer wurde bislang die Meinung vertreten, daß er unabhängig von einer Zufuhr an B-Vitaminen sei, da diese Vitamine im Pansen gebildet werden. Diese Aussage kann heute so nicht mehr aufrechterhalten werden, sondern ist zu differenzieren, wie in Versuchen mit vitaminarmen oder -freien Diäten gezeigt wurde. Eine Synthese von B-Vitaminen im Pansen ist nämlich erst möglich, wenn die Mikroorganismen ausreichend mit diesen Vitaminen durch die Zufuhr mit der Nahrung versorgt sind. In der praktischen Wiederkäuerfütterung ist im allgemeinen die Zufuhr an B-Vitaminen durch das Futter hoch genug, so daß durch den unabgebauten, alimentären und den synthetisierten Anteil an den einzelnen B-Vitaminen der Bedarf des Tieres selbst optimal gedeckt wird.

Ein Mangel an einzelnen B-Vitaminen löst bei den Monogastriden zahlreiche Symptome aus. Da diese Vitamine als Bestandteile von Enzymen wirken, wird zunächst die Stoffwechselleistung beeinträchtigt. Äußerlich erkennbare Mangelsymptome treten erst viel später auf. Sie erstrecken sich von Hautschäden und Gewebsveränderungen über eine weite Skala von Symptomen bis zu Störungen der Nervenfunktion und zu Krämpfen.

Bei Kälbern und älteren Mastrindern bis zum Alter von 2 Jahren trat in den letzten Jahren zuweilen die Hirnrindennekrose (Cerebrocorticalnekrose = CCN) auf. Diese Erkrankung kann in der ersten Phase durch Injektionen von Vitamin B_1 in hohen Dosen erfolgreich behandelt werden. Als Ursachen werden ein Thiamindefizit in Blut und Geweben des Rindes und eventuell Thiaminabbauprodukte verantwortlich gemacht. Ungeklärt ist bislang, in welchem Umfang hierfür Störungen in der Vitamin-B_1-Synthese und Absorption und der Abbau durch im Übermaß produzierte ruminale und intestinale Thiaminasen eine Rolle spielen.

Der Bedarf von Schwein, Kalb und Geflügel an einzelnen B-Vitaminen ist in Übersicht 5.3–3 aufgezeigt. Beim Geflügel sollte darüber hinaus noch der Bedarf an Cholin (500–1300 mg), an Biotin (0,1–0,15 mg) und an Folsäure (0,6 mg je kg Trockensubstanz) beachtet werden. Die Werte für Kälber sind zum Teil noch sehr unsicher, was nicht zuletzt darauf beruht, daß infolge der beginnenden Biosynthese im Pansen nur eine sehr kurze Periode für Versuchszwecke zur Verfügung steht.

Übersicht 5.3–3: **Bedarf an wasserlöslichen Vitaminen, mg je kg Trockensubstanz**

	wachs. Schweine (20–90 kg)	Sauen	Kälber	Geflügel
Vitamin B_1 (Thiamin, Aneurin)	1,5	1,5	2–3	1,5–2,5
Vitamin B_2 (Riboflavin, Lactoflavin)	3	4	1–2	2,5–4
Nicotinsäure	10–15	20	20–30	20–30
Vitamin B_6 (Pyridoxin)	3–6	3	4–5	3
Pantothensäure	9	9	15–20	8
Vitamin B_{12} (Cobalamin)	0,01	0,01	0,01–0,02	0,01

Das Vorkommen an B-Vitaminen in den verschiedenen Futtermitteln ist recht unterschiedlich. Sehr hohe Gehalte weisen vor allem Fischpreßsaft und Hefe (jedoch kein Vitamin B_{12}) auf. Auch Molkenpulver, Grünmehle sowie verschiedene Rückstände der Ölgewinnung zeigen vielfach hohe Gehalte. Durchweg arm an B-Vitaminen sind hingegen die Hackfrüchte. Auch die Getreidearten enthalten nur mäßige Mengen, während in Mühlennachprodukten meist günstige Werte zu verzeichnen sind.

Insgesamt ergibt sich aus dem Vergleich zwischen Bedarf und Versorgung, daß von den wasserlöslichen Vitaminen in Futterrationen für Schweine normalerweise Riboflavin, Pantothensäure und Nicotinsäure (Maismast) ungenügend enthalten sind. Auch Vitamin B_{12} ist den Rationen zuzusetzen, wenn kein tierisches Eiweiß verabreicht wird, da Futtermittel pflanzlicher Herkunft kein Vitamin B_{12} enthalten. Im Geflügelfutter muß vor allem auch Riboflavin ergänzt werden.

5.4 Ergotrope Stoffe

In der Tierernährung werden unter dem Begriff der leistungssteigernden (ergotropen) Stoffe die Futterzusätze zusammengefaßt, die eine Wirkung zeigen, ohne daß diese Nährstoff-, Mineralstoff- oder Vitamincharakter aufweisen. Bei den Ergotropica handelt es sich um eine heterogene Gruppe von Wirkstoffen. Ihr biochemischer Wirkungsmechanismus ist häufig noch ungeklärt. Man kann bei den ergotropen Futterzusätzen grundsätzlich nicht von einem bestimmten Bedarf ausgehen, obwohl ihre Wirksamkeit stets eine von Tier und Umwelt abhängige Mindestdosierung voraussetzt.

Außer den sogenannten Wachstumsförderern bzw. Wachstumspromotoren (Antibiotica) zählen zu den Ergotropica auch noch solche Stoffe, die – in kleinsten Mengen dem Futtermittel zugesetzt – die Qualität des Futters sowie den Verdauungs- und Stoffwechselvorgang beeinflussen oder die zur Sicherheit für die Gesundheit der Tiere eingesetzt werden. Im einzelnen zählen damit zu den Ergotropica neben den Antibiotica-, Enzym- und Hormonzusätzen auch die Antioxydantien, Emulgatoren und Coccidiostatica.

Futtermittelrechtlich zugelassene Ergotropica sind hinsichtlich ihrer Funktion, Wirksamkeit und medizinisch-hygienischen Unbedenklichkeit geprüft, bevor sie in der Tierernährung eingesetzt werden. Damit soll für Tier und Konsument ein Höchstmaß an Sicherheit garantiert werden. Das geltende Futtermittelrecht faßt alle Wirkstoffe (Vitamine, Spurenelemente und Ergotropica) mit den Aromastoffen, Stabilisatoren, Verdickungs- und Geliermitteln, Fließ- und Gerinnungshilfsstoffen, den Konservierungs- und Preßhilfsstoffen als Zusatzstoffe zusammen.

5.4.1 Enzyme

Als Enzyme (früher Fermente) werden die biologischen Katalysatoren des Stoffwechsels im Organismus bezeichnet. Sie gehören chemisch gesehen zu den Proteinen, die neben dem Proteinanteil (Apoenzym) noch ein Coenzym, das zum Teil z. B. aus Vitaminen und Spurenelementen besteht, enthalten können. Sie sind für alle biochemischen Umsetzungen im Organismus notwendig, und zwar sowohl für den Abbau der Futterbestandteile im Verdauungstrakt als auch für den Aufbau und Abbau von Körpersubstanzen im intermediären Stoffwechsel (siehe vorausgehende Kapitel). Es hat deshalb nicht an Versuchen gefehlt, Enzymwirkungen nutritiv zu beeinflussen und damit das Leistungsvermögen der Tiere zu verbessern.

Die eine Seite dieser Bemühungen besteht darin, durch Ernährungseinflüsse die Aktivität der Enzyme zu erhöhen. Hierunter fallen vor allem die Auswirkungen verschiedener essentieller Nahrungsbestandteile (Spurenelemente, B-Vitamine) auf die Bildung und Aktivität der Enzyme. So konnte in unseren Untersuchungen beim Schwein die erhöhte Proteinverdaulichkeit und das damit verbundene Wachstum bei Zulage von Kupfersulfat als Einfluß ganz bestimmter Kupfermengen auf die Pepsin- und Trypsinaktivität erklärt werden. Zum anderen wird versucht, durch direkte Enzym-Zulagen die Wirkung der körpereigenen Enzyme zu verstärken. Dies ist natürlich nur im Bereich der Verdauungsenzyme möglich, da es sich bei den Enzymen ja um Eiweißkörper handelt. Man versprach sich durch Zulage von Verdauungsenzymen eine größere Verdaulichkeit der Nährstoffe und damit eine höhere

Absorption der Nährstoffe des Futters. Entsprechende Versuche führten jedoch bisher bei den einzelnen Tierarten zu recht unterschiedlichen Ergebnissen. Das läßt sich zunächst damit erklären, daß sich die hohe Aktivität eines bestimmten Enzyms infolge seiner ausgeprägten Spezifität nur auf einen engen Wirkungsbereich erstreckt. Weiterhin ist die Enzymwirkung in hohem Grade vom pH des Mediums abhängig. Schließlich sind oft bestimmte Faktoren zur Aktivität eines Enzyms notwendig. Enzyme, die dem Futter zugesetzt werden, können also nur dann einen Effekt haben, wenn alle Bedingungen für eine optimale Enzymwirkung erfüllt sind.

Daneben gibt es Überlegungen, durch Einsatz von spezifischen Enzyminhibitoren mit der Nahrung den Verdauungsprozeß so zu beeinflussen, daß gezielte Auswirkungen auf den intermediären Stoffwechsel eintreten. Als Beispiel hierfür sind bestimmte α-Glucosidasen-Hemmer zu nennen, die den intestinalen Abbau der Kohlenhydrate verzögern, wodurch der Anstieg der Blutglucose und der Insulinsekretion vermindert wird. Da Insulin die Fettsynthese sehr stark fördert, kann aus diesem Wirkungsprinzip auf eine verminderte Fettbildung geschlossen werden. Die Anwendung solcher Maßnahmen in der Praxis setzt jedoch voraus, daß sich die Verdaulichkeit der Nährstoffe insgesamt nicht wesentlich verschlechtert und die nicht zur Fettbildung verwendete Energie zu einer zusätzlichen Proteinretention führt. In der menschlichen Ernährung dagegen dürfte auch die Hemmung der Kohlenhydrat-Verdauung allein im Zusammenhang mit Diabetes mellitus bzw. Adipositas von Bedeutung sein.

5.4.2 Hormone

Im intakten Organismus sorgt ein ausgewogenes System von Hormonen verschiedener Wirkungsrichtungen für den ungestörten Ablauf der vielen Stoffwechsel- und Entwicklungsvorgänge. Überschuß oder Mangel an einem bestimmten Hormon vermag Ausmaß oder Richtung der von diesem Hormon gesteuerten Funktion zu verändern. In der Tierernährung interessieren vor allem solche Fälle, in denen sich durch ihren Einsatz Entwicklung und Leistung verbessern lassen. Solche Möglichkeiten sind besonders durch orale Gaben von Hormonen der Schilddrüse und von Geschlechtshormonen oder analog wirkenden Substanzen wie zum Beispiel Thyreostatica (Hemmung der Schilddrüsenfunktion) und Stilbenderivaten (Östrogenwirkung) bekannt. Dabei werden solche Verbindungen, die neben anabolen auch hormonelle Wirkung entfalten (entsprechend den Sexualhormonen), auch als Anabolika bezeichnet. Anabolika zeigen bei gezielter Anwendung Verbesserungen in der Futterverwertung und echtem Wachstum (Eiweißansatz), während der Gewichtszuwachs bei Thyreostaticagaben durch vermehrte Füllung des Magen-Darm-Traktes und Wasseranreicherung im Körper zustande kommt. Alle diese Substanzen mit Hormonwirkung sind aber in der Bundesrepublik Deutschland für eine nutritive Anwendung nicht zugelassen, da die Verwendung solcher Präparate in der praktischen Tierernährung voraussetzt, daß weder schädliche Nebenwirkungen am Tier noch Rückstände in den Nahrungsmitteln auftreten.

Inzwischen wurden in der Bundesrepublik Deutschland, Frankreich und den USA einige Anabolikapräparate, allerdings nur für tierärztliche Indikationen (Vorbeugen, Lindern oder Heilen von Krankheiten), zugelassen. Beim Rind sollen diese Präparate unter der Haut am Ohrgrund implantiert werden. Das Stilbenderivat Diäthylstilböstrol (DES) ist dagegen ebenso von der Zulassung ausgeschlossen wie die Thyreostatica.

5.4.3 Wachstumsförderer

Wachstumsförderer sind ergotrope Substanzen, die bei geringen Zulagen zum Futter die tierische Leistung, speziell das Wachstum bei Jungtieren, steigern und letztlich eine günstigere Futterverwertung bewirken. Für ihre futtermittelrechtliche Zulassung als Futterzusatzstoff ist für den Nutzeffekt die verbesserte Futterverwertung der entscheidende Maßstab. Zu den Wachstumsförderern zählen Produkte von sehr unterschiedlicher chemischer Natur, meist mit anti-biotischer Wirkung. Als Antibiotica bezeichnet man Stoffwechselprodukte bestimmter Bakterien, Pilze und zum Teil auch höherer Pflanzen, die das Wachstum vieler Mikroorganismen hemmen oder verhindern. Diese Antibiotica werden in biologischen Verfahren gewonnen. In neuerer Zeit wurden aber auch Wachstumsförderer entwickelt, die auf chemischem Wege in reiner Form hergestellt werden. Da auch diese Stoffe ein antibakterielles Wirkungsspektrum aufweisen, dürfte nur im Herstellungsverfahren ein grundsätzliches Unterscheidungsmerkmal bestehen, nicht dagegen in ihrer biologischen Wirkung auf Mikroorganismen und Wirtstier. Dementsprechend gelten die Ausführungen in den nachfolgenden Abschnitten über Fütterungsantibiotica auch für diese chemisch hergestellten Wachstumsförderer. Die Forschung ist bestrebt, Wachstumsförderer nicht antibiotischer Natur zu entwickeln. Zu den Wachstumsförderern sind auch einige organische Säuren zu rechnen, nachdem sie aufgrund neuerer Untersuchungen bei geringer Zulage im Futter von Jungtieren zu einer verbesserten Futterverwertung führen, die sich mit dem Nettoenergiegewinn bei ihrem völligen Abbau im Intermediärstoffwechsel des Tieres nicht erklären läßt.

.1 Fütterungsantibiotica

Von der Vielzahl der heute bekannten Antibiotica – man hat bislang mehrere Tausend verschiedene Antibiotica beschrieben – ist nur eine geringe Anzahl auf ihre Eignung als Futterzusatz geprüft worden. Die in der Fütterung eingesetzten Antibiotica sind eigens für diesen Zweck hergestellte Produkte. Man bezeichnet sie auch als Fütterungsantibiotica. Zu ihrer Herstellung wird ein Nährboden unter sterilen Bedingungen mit dem entsprechenden Pilz oder Bakterium beimpft, die im Verlauf des Wachstums das Antibioticum absondern. Das Ganze wird anschließend schonend getrocknet und mit einem Futtermittel als Trägerstoff aufgemischt. Man verwendet also den gesamten Nährboden plus die gebildeten Produkte. Dieses enthält neben dem Antibioticum auch geringe Mengen an Nährstoffen und anderen Wirkstoffen (Vitamin B_{12}). Im Gegensatz dazu wird in der Medizin das reine Antibioticum angewandt. Die auf chemischem Wege in reiner Form dargestellten antibioticaähnlichen Stoffe werden zur Verwendung als Wachstumsförderer durch die Vermischung mit Futtermitteln zu handelsfähigen Vormischungen verarbeitet.

Ein wesentlicher Unterschied zwischen der therapeutischen Anwendung von Antibiotica in der Medizin und dem Einsatz von Fütterungsantibiotica in der Tierernährung besteht vor allem auch in der Dosierungshöhe. In der Medizin therapeutisch eingesetzte Antibiotica werden in weitaus höheren Dosen verabreicht. Im Vergleich zu diesem therapeutischen Einsatz werden in der Tierernährung die Antibiotica in sehr viel niedrigeren Dosen eingesetzt. Man spricht deshalb in der Tierernährung von einer nutritiven Anwendung der Antibiotica als Wachstumsförderer. Wegen der Gefahr der Resistenzbildung und der Resistenzübertragung sind für die Fütterung grundsätzlich nur solche Antibiotica oder antibioticaähnliche Substanzen zugelassen, die in der Humanmedizin nicht und in der Regel auch nicht in der Tiermedizin verwendet werden. Außerdem wird angestrebt, bevorzugt solche Verbindungen einzusetzen, die überhaupt nicht oder nur in sehr geringem Ausmaß absorbiert werden, um keine Rückstände in tierischen Lebensmitteln zu verursachen.

Wachstumsförderer werden vom Hersteller unter eingetragenen Handelsnamen angeboten. Die futtermittelrechtliche Zulassung der Wachstumsförderer erfolgt nach Bestimmungen einer EG-einheitlichen Zusatzstoff-Richtlinie. Dabei muß neben dem Nutzen und der Verträglichkeit zu anderen Mischfutterkomponenten vor allem die Unschädlichkeit für Tier und Mensch durch Prüfung der medizinisch-hygienischen Eigenschaften des Stoffes nachgewiesen werden (wie toxische, teratogene, mutagene, allergene und karzinogene Eigenschaften, Stoffwechsel und Rückstandsbildung, antibakterielle Wirkung, Resistenzbildung und Kreuzresistenzen zu anderen antibakteriellen Substanzen, biologische Abbaubarkeit in Kot und Boden). Erfahrungen über Nebenwirkungen bei therapeutischer Applikation von Antibiotica in der Medizin geben bislang keinen Anlaß, gegen die Verwendung solcher antibiotischer Stoffe in der Tierernährung Bedenken zu erheben. So sind Rückstände nach oraler Verabreichung nutritiver Dosen in Geweben und Organen normalerweise nicht nachzuweisen. Erst bei hohen therapeutischen Dosen lassen sich Antibiotica im Ei, in der Milch (Behandlung von Euterentzündungen!) oder im Fleisch feststellen. Um selbst ein geringes Risiko auszuschließen, sind bei Schlachttieren bestimmte Absetzfristen bzw. Altersgrenzen für den Einsatz von Futter mit Wachstumsförderern vorgeschrieben. Dem Nachweis der Freiheit von Rückständen in Nahrungsmitteln tierischer Herkunft dienen der mikrobiologische Hemmstofftest und andere spezielle Verfahren.

Wirkung nutritiver Antibioticazulagen

Die günstigere Futterverwertung beim nutritiven Einsatz von Antibiotica dürfte vor allem auf einer gesteigerten Ausnutzung der Futternährstoffe beruhen. Vielfach wird auch auf eine geringere Häufigkeit im Auftreten von Verdauungsstörungen und Durchfällen hingewiesen. Die wachstumssteigernde Wirkung ist meist dann besonders groß, wenn Tiere unter ungünstigen Umweltbedingungen gehalten und nicht vollwertig ernährt werden. Dies darf den Landwirt jedoch nicht dazu verleiten, in diesen Bereichen nachlässig zu handeln.

Chemisch gesehen sind die einzelnen Antibiotica durchweg kompliziert gebaute Moleküle der verschiedensten Stoffklassen, deren anabole Wirkungsweise als Wachstumsförderer im einzelnen nicht eindeutig geklärt ist. Für die Wirkung nutritiver Antibioticazulagen kommen als Angriffspunkte wahrscheinlich drei Bereiche in Frage, nämlich Darmflora, Absorption und – soweit das Antibioticum absorbiert wird – endogener Stoffwechsel.

Die Darmflora wird bei nutritiver Anwendung von Antibiotica keineswegs ausgeschaltet, jedoch werden einzelne Mikroorganismenarten unterschiedlich beeinflußt. So hemmen zum Beispiel Bacitracin und Flavophospholipol das Wachstum hauptsächlich von grampositiven Bakterien, während die Tetracycline auch gramnegative Bakterien, Rickettsien und große Viren beeinflussen. Antibiotica mit breitem Wirkungsbereich wie die Tetracycline sind allerdings in EG-Ländern nicht mehr als Fütterungsantibiotica zugelassen.

Durch die Einwirkung von Antibiotica auf die Mikroflora kann es zu leichten Verschiebungen im Artenverhältnis kommen. Dabei scheint jedoch nicht nur die physiologische Darmflora beeinflußt zu werden, sondern auch pathogene Mikroorganismen, was den Zusammenhang zwischen hygienischen Umweltbedingungen und Antibioticawirkung erklärt. Diese Wirkung ist um so stärker, je größer das Krankheitsniveau durch die stallspezifische Mikroflora bedingt ist. Insofern muß sich ein Tier bei Stallwechsel auch einem veränderten mikrobiologischen Milieu anpassen. Ein besonderer Antibioticumeffekt tritt daher nicht nur bei allgemein hohem Krankheitsniveau auf, sondern auch dann, wenn bei Stallwechsel der Anpassungsprozeß noch nicht beendet ist.

Die antibiotische Wirkungsweise auf die Darmflora ist nur von wenigen Antibiotica genau bekannt. So weiß man beispielsweise, daß Penicilline und Bacitracin die Zellwandsynthese von Bakterien blockieren, während Chloromycin die Proteinsynthese hemmt. Grundsätzlich kann die antibiotische Wirkung bei der Nucleinsäuren- und Proteinbiosynthese über Enzymgifte, Matrizeninaktivatoren oder Antimetabolite erfolgen. Für alle drei Möglichkeiten wurden bereits Beispiele nachgewiesen.

Die Wirkung der Fütterungsantibiotica auf die Mikroorganismen im Verdauungstrakt schließt eine direkte bzw. auch indirekte Wirkung auf den Stoffwechsel des Wirtstieres nicht aus.

Neben der Wirkung auf die Mikroben im Verdauungstrakt beeinflussen die Antibiotica auch das Darmgewebe (Gewicht und Wandstärke des Dünndarms sowie Erneuerungsrate der Darmschleimhaut) und erhöhen auch die Aktivität einiger Verdauungsenzyme. Eine verminderte Toxinbildung im Darmbereich bedeutet indirekt eine Entlastung der Mechanismen zur Infektionsabwehr im Stoffwechsel des Wirtstieres. Auch Einwirkungen auf innersekretorische Drüsen wurden gefunden. Im intermediären Bereich sollen gewisse Abbauvorgänge infolge Verminderung von Enzymaktivitäten gehemmt werden.

Wenn auch die Wirkungsweise von Antibioticazulagen im einzelnen nicht sicher abzugrenzen ist, so ist doch wiederholt festgestellt worden, daß Antibiotica den Gesamtstoffwechsel verschiedener Nähr- und Wirkstoffe günstig beeinflussen. Antibioticazulagen können die N-Retention und die Energieverwertung verbessern und bei verschiedenen Vitaminen und Mineralstoffen einen Spareffekt ausüben. Als Gesamtwirkung der Antibiotica ergeben sich letztlich gesteigertes Wachstum und verbesserte Futterverwertung sowie verringerte Infektionen (Verringerung der Aufzuchtverluste und Durchfallhäufigkeit). Bei Wiederkäuern bewirken die Wachstumsförderer Flavophospholipol und Monensin im Pansen eine Verschiebung der Fermentation. Die Produktion von Propionsäure ist gegenüber der von Essig- und Buttersäure stark erhöht, wobei auch die Methanbildung verringert ist. Diese Verhältnisse resultieren bei Mastrindern letztlich in einer verbesserten Futterverwertung. Für Milchkühe eignen sich diese Wachstumsförderer aufgrund dieser Verengung des Essigsäure-Propionsäure-Verhältnisses im Pansen dagegen nicht.

Antibioticazulagen an Nutztiere

Nutritive Antibioticazulagen sind **hauptsächlich bei wachsenden Tieren** üblich geworden, kaum dagegen bei älteren Tieren. Die Wachstumswirkung ist dabei von mehreren Faktoren abhängig, wie in Abb. 5.4–1 dargestellt ist. Je mehr sich ein

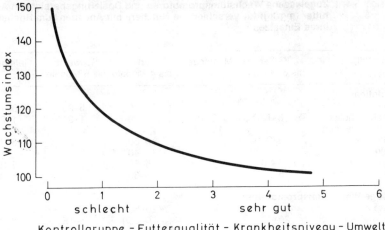

Abb. 5.4–1: **Einfluß verschiedener Faktoren auf das Ausmaß der Antibioticawirkung**

bestimmter Faktor dem Optimum nähert, um so geringer fällt die Antibioticawirkung aus. Oder umgekehrt: Je niedriger die Wachstumsrate der Kontrolltiere als Bezugsgröße, je mangelhafter die Zusammensetzung der Futterration, je schlechter der Gesundheitszustand der Tiere, je ungünstiger die Stallhygiene und andere Umweltverhältnisse sind und je frühzeitiger Antibiotica beigefüttert werden, desto größer ist die Antibioticawirkung. Im Mittel kann man damit rechnen, daß sowohl bei **Kälbern** als auch bei **Mastschweinen** die Gewichtszunahmen um 10 – 15 % und der Futterverbrauch um etwa 5 % verbessert werden. Die Schlachtqualität wird bei Verfütterung von Antibiotica nicht direkt beeinflußt, doch kann vor allem bei zu geringem Eiweißgehalt im Futter aufgrund des schnelleren Wachstums bei Antibioticazulage der Fettanteil etwas vergrößert sein. Bei genügendem Eiweißgehalt der Ration hingegen verändern Antibioticazulagen das Fleisch-Fett-Verhältnis nicht. Bei **Ferkeln,** die in den ersten Lebenswochen besonders stark durch Infektionen und andere ungünstige Umweltverhältnisse gefährdet sind, ist die Antibioticawirkung meist höher.

Die in der Bundesrepublik Deutschland laut Anlage 3 zur Futtermittelverordnung derzeit zugelassenen Antibiotica und ähnlichen Wachstumspromotoren sind in Übersicht 5.4–1 aufgeführt. Mit Ausnahme von Legehennen ist der Einsatz aller dieser Stoffe in der Fütterung ausschließlich auf wachsende Tiere beschränkt. An Schweine, Schafe und Ziegen dürfen antibioticahaltige Futtermittel nur bis zum Alter von 6 Monaten verfüttert werden.

Die Angaben zur Dosierungshöhe bei Kälbern und Ferkeln gelten für Aufzucht- und Mastfuttermittel. Bei Milchaustauschfutter für Kälber, Lämmer und Ferkel und bei Starterfutter für junge Wiederkäuer bis zum Alter von 16 Wochen liegen die zugelassenen Höchstgehalte bei einzelnen Wachstumspromotoren um etwa das Doppelte bis Vierfache höher. Bei Ergänzungsfuttermitteln und Mineralfutter leitet sich die

Übersicht 5.4–1: **Zugelassene Wachstumspromotoren und Dosierungsbereiche in Alleinfutter (mg/kg) für verschiedene Nutztiere mit Angaben zum Höchstalter ihres Einsatzes**

Zusatzstoff	Kälber bis 6 Monate	Mastrinder	Ferkel bis 4 Monate	Schweine bis 6 Monate	Geflügel[1]
Antibiotica:					
Avoparcin			10–40	5–20	7,5–15
Flavophospholipol	6–16	2–10	1–20	1–20	1–20
Monensin-Natrium		10–40			
Spiramycin	5–20[2])		5–50	5–20	5–20
Tylosin			10–40	5–20	
Virginiamycin	5–20		5–50	5–20	5–20
Zink-Bacitracin	5–20[2])		5–50	5–20	5–20
Sonstige Wachstumspromotoren:					
Carbadox			20–50		
Nitrovin	20–40		10–25[3])	5–15	10–15
Olaquindox			15–50		

[1]) je nach Nutzungsrichtung bestehen z. T. andere Dosierungsrahmen
[2]) auch für Schaf- und Ziegenlämmer
[3]) bis zum Höchstalter von 10 Wochen

Dosierungshöhe von den zulässigen Höchstgehalten für Alleinfutter und der vorgesehenen Einsatzmenge an der Gesamtration ab. Futtermittel, die Wachstumsförderer enthalten, müssen neben Angaben zur Art, Dosierungshöhe und Haltbarkeit vor allem auch Fütterungshinweise bezüglich Höchstalter der Tiere und Wartezeiten tragen, deren Einhaltung vom Landwirt zu beachten und zu verantworten sind. So dürfen auch Mischfutter mit Carbadox und Olaquindox an Schweine vier Wochen vor dem Schlachten nicht mehr verfüttert werden.

.2 Organische Säuren

Von verschiedenen organischen Säuren (Fumarsäure, Propionsäure, Zitronensäure) ist bekannt, daß sie leistungsverbessernde Eigenschaften besitzen. Ein Zusatz dieser Säuren zu Futtermitteln reduziert den pH-Wert des Futters und hemmt infolgedessen die Entwicklung von Mikroorganismen. Diese Säuren sind deshalb auch als Konservierungsstoffe für Einzel- und Mischfuttermittel futtermittelrechtlich zugelassen. Die wachstumsfördernde Wirkung wurde bislang vor allem mit Fumarsäure untersucht. Diese Verbindung fördert in Dosierungen von 1,5 – 2,5 % aufgrund des fruchtig-herben Geschmacks den Futterverzehr, unabhängig davon auch den Gewichtszuwachs und die Futterverwertung. Ansatzpunkte ihrer Wirkungsweise sind im Verdauungstrakt zu sehen: Fumarsäure reduziert den pH-Wert sowie die Keimzahl im Magen-Darm-Trakt und begünstigt damit die ablaufenden Verdauungsprozesse. Dies ist von besonderem Vorteil in der Aufzucht von Jungtieren, wenn die Verdauungsfunktion noch nicht voll ausgebildet ist. Die Folge ist eine verbesserte Verdaulichkeit von Protein, Energie sowie einiger Mineralelemente und damit ein gesteigertes Nährstoffangebot für den Intermediärstoffwechsel. Auch eine weitgehende Nutzung der Energie der Fumarsäure selbst (1340 kJ/mol) im Stoffwechsel, wo sie als natürlicher Metabolit auftritt, ist anzunehmen.

5.4.4 Antioxydantien, Emulgatoren, Coccidiostatica

Antioxydantien

Antioxydantien werden verwendet, um sauerstoffempfindliche Futterbestandteile vor oxydativem Abbau zu schützen. Diese Wirkung erstreckt sich vor allem auf Fette und fettlösliche Vitamine im Futter. Dabei werden die Antioxydantien selbst abgebaut und verlieren somit allmählich ihre Schutzwirkung. Wichtige natürlich vorkommende Antioxydantien sind Ascorbinsäure und Tocopherole. Als synthetische Zusatzstoffe werden vor allem Aethoxyquin und Butylhydroxytoluol in der Futtermittelherstellung eingesetzt, um Futterfette und die Fettkomponente in Mischfutter vor oxydativen Zersetzungen zu schützen. Eine besondere Bedeutung haben Antioxydantien auch bei der Herstellung und Lagerung von Fischmehlen, die sonst aufgrund ihres hohen Gehaltes an mehrfach ungesättigten Fettsäuren in Gegenwart von Luftsauerstoff einer sehr raschen Oxydation und Selbsterhitzung ausgesetzt sind. Diese futtermittelrechtlich anerkannten Stoffe werden Einzelfuttermitteln und Konzentraten in Höchstmengen von 400 bis 500 mg und in Alleinfuttermischungen bis 150 mg (Gallate bis 100 mg) je kg zugesetzt.

Emulgatoren

Emulgatoren sind natürlich vorkommende oder synthetisch hergestellte Stoffe, die hydrophile und lipophile Gruppen mit unterschiedlich hoher Affinität besitzen. Emulgatoren setzen so die Oberflächen- und Grenzflächenspannung zwischen zwei ineinander unlöslichen flüssigen Phasen herab und ermöglichen dadurch deren gleichmäßige und stabile Vermischung. Die Vollmilch ist beispielsweise eine Emulsion, in der Fettkügelchen umgeben mit einer emulgierenden Hülle aus Proteinen und Lecithinen in der wäßrigen Molkenphase feinst verteilt sind. Gallensäuren sind wichtige Emulgatoren für die Fettverdauung (siehe auch 3.3.3), Proteine, Phospholipide und Cholesterin für den Transport von Fetten in der Lymphe und im Blut (Chylomikronen, Lipoproteine). Auch in Pflanzen kommen viele Stoffe mit emulgierender Wirkung vor, wie zum Beispiel Lecithine und Saponine.

Als Zusatzstoffe werden Emulgatoren in der Tierernährung vor allem bei der Herstellung von Milchaustauschfuttermitteln und Ergänzungsfuttermitteln zur Nährstoffaufwertung von Magermilch verwendet. Sie erlauben in der Tränke eine feine und stabile Verteilung der zugemischten Pflanzen- und Schlachttierfette und verbessern dadurch letztlich die Verträglichkeit und Verdaulichkeit der Fettkomponente. Emulgatoren sind auch zur Stabilisierung und Verbesserung der Verarbeitungsfähigkeit von Vitaminpräparaten mit fettlöslichen Vitaminen erforderlich. Übliche Dosierungen an Emulgatoren liegen etwa bei 2 – 3 % in Fettkonzentraten und bei 25 % in Vitaminpräparaten. Zu den futtermittelrechtlich zugelassenen Emulgatoren zählen einerseits viele natürlich vorkommende Verbindungen wie Lecithine, Mono- und Diglyceride u. a., sowie auch synthetische Produkte, wie Glycerinpolyaethylenglycol-Fettsäureester.

Neben den echten Emulgatoren mit Grenzflächenaktivität gibt es auch zahlreiche andere Stoffe mit Stabilisierungs- und Verdickungseigenschaften. Viele solcher Stabilisatoren, Verdickungs- und Geliermittel sind als Naturstoffe in Futter- und

Lebensmitteln enthalten, wie z. B. Schleimstoffe, Polysaccharide (Carageen, Pektin, Alginate u. a.), Celluloseabkömmlinge, Gelatine. In der Tierernährung werden solche und verschiedene synthetische Produkte vor allem in der Herstellung von Milchaustauschern eingesetzt, um eine zu schnelle Phasentrennung der wasserunlöslichen Komponenten in der Tränke zu verhinden.

Coccidiostatica

Coccidiostatica sind Zusatzstoffe, die vor allem in der Geflügelhaltung zur Verhütung der Coccidiose (Kükenruhr) dem Futter in geringer Dosierung beigemischt werden. Die Kükenruhr, die vor allem als Dünndarm- und Dickdarmcoccidiose bei Junggeflügel verbreitet auftritt, wird bei Huhn und Pute durch verschiedene Protozoen der Gattung Eimeria verursacht. In der intensiven Massenhaltung ist im Vergleich zur früheren Auslaufhaltung, bei der durch ständige schwache Infektionen eine Immunitätsausbildung der Jungtiere möglich war, ein Zusatz von Coccidiostatica zur Vermeidung von Großinfektionen unerläßlich. Resistenzbildung zwingt zum Präparatwechsel und zur Entwicklung von neuen Mitteln. Die Dosierungen bei den derzeit in der Bundesrepublik zugelassenen Coccidiostatica (z. B. Amprolium, Decoquinat, DOT, Halofuginon, Monensin) liegen für Geflügel im Bereich von 2 bis 133 mg je kg Futter. Coccidiostaticahaltiges Futter darf laut gesetzlicher Bestimmungen an Schlachtgeflügel längstens bis 3 bzw. 5 Tage vor dem Schlachten verfüttert werden, um die Gefahr von Rückständen im Geflügelfleisch für den Verbraucher auszuschließen. Aus gleichem Grunde ist auch der Zusatz von Coccidiostatica zum Legehennenfutter nicht erlaubt, wohl aber zum Junghennenfutter bis zur Legereife. Entsprechendes gilt auch für Futterzusatzstoffe, die der Verhütung der Schwarzkopfkrankheit bei Puten dienen.

6 Schweinefütterung

Schweine haben einen einhöhligen Magen und verdauen das Futter vorwiegend enzymatisch. Bakterielle Abbau- und Synthesevorgänge im Magen-Darm-Trakt des Schweines sind relativ bedeutungslos. Deshalb stellt das Schwein bei vollwertiger Ernährung höhere Ansprüche an die Futterqualität als der Wiederkäuer. Das Futter muß leichter verdaulich, das heißt die Nährstoffe im Futter müssen für die Enzymtätigkeit leicht zugänglich sein. Schon dadurch können rohfaserreiche Futtermittel nicht eingesetzt werden. Außerdem ist wegen des relativ geringen Fassungsvermögens des Magen-Darm-Traktes einerseits und den hohen Leistungsanforderungen andererseits ein Futter mit hoher Nährstoffkonzentration zu verwenden. Hinsichtlich der Eiweißversorgung ist die Qualität des Proteins zu beachten, da das Schwein auf die Zufuhr der essentiellen Aminosäuren über das Futter angewiesen ist. Bei den Wirkstoffen ist für Schweine wegen der unzureichenden bakteriellen Syntheseleistung auch die Versorgung mit B-Vitaminen zusätzlich zu berücksichtigen.

Tierische Leistungen sind das Produkt aus Erbanlage und Umwelt. Ein Teil des Faktors Umwelt wird durch die Fütterung gebildet. In welcher Weise sich diese allgemeine Feststellung in der Schweinehaltung auswirkt, ist in Übersicht 6–1 von der Ernährungsseite her für einige wichtige Leistungsmerkmale zusammengefaßt. Die Schlachtleistungseigenschaften können über die Fütterung nur begrenzt beeinflußt werden. Fleischansatz und Futterverwertung zeigen eine mittlere Abhängigkeit von der Ernährung. Dagegen ist für die wirtschaftlich sehr ins Gewicht fallenden Kriterien Wurfgröße, Absetzgewichte und Zunahmen der Masttiere der Fütterungseinfluß hoch.

Diese Ausführungen zeigen eindeutig, daß der Erfolg in allen Zweigen der Schweinehaltung in großem Maße von der Gestaltung der Fütterung bestimmt wird.

Übersicht 6–1: **Einfluß der Ernährung auf einige Leistungsmerkmale**

Leistungsmerkmal	Ernährungseinfluß
Wurfgröße und Absetzgewicht	hoch
Zuwachsrate bei der Mast bzw. „Fleischansatz"	hoch bzw. mittel
Futterverwertung	mittel
Schlachtkörperqualität	gering

6.1 Fütterung der Zuchtsauen

Die Wirtschaftlichkeit der Zuchtsauenhaltung hängt in erster Linie von den Futterkosten und der Zuchtleistung der Sauen ab. Obwohl die Sauenhaltung als relativ arbeitsaufwendiger Betriebszweig gilt, nimmt nämlich der Futterkostenanteil immerhin noch knapp $^2/_3$ der Gesamtkosten ein. Jede Änderung der Futterkosten wirkt sich somit stark auf die Rentabilität aus. Deshalb ist auch bei Zuchtsauen die praktische Fütterung erst optimal, wenn sie vollwertig und leistungsgerecht, dabei aber so billig wie möglich gestaltet wird.

Die Zuchtleistung von Sauen setzt sich aus Fruchtbarkeits- und Säugeleistung zusammen. Sie bestimmt letztlich über die Zahl der abgesetzten Ferkel die Ertragshöhe der Sauenhaltung. Die Zuchtleistung ist sehr stark über die Fütterung zu beeinflussen (siehe auch Übersicht 6–1). Die Heritabilität der Fruchtbarkeitseigenschaften gilt nämlich beim Schwein als sehr gering. Um so mehr wirken sich Umweltbedingungen, und zwar vor allem die Fütterung, aus. Deshalb kann auch nur bei einer vollwertigen Ernährung eine wirtschaftlich gute Fruchtbarkeitsleistung mit ausgeglichenen Würfen von 10–12 Ferkeln je Wurf, Geburtsgewichten nicht unter 1,3 kg, geregelter Wurffolge (2,2 und mehr Würfe pro Jahr) und eine Lebensleistung von mindestens 4 Würfen erwartet werden. Wie entscheidend die Fütterung für eine gute Säugeleistung der Sau werden kann, wird sofort klar, wenn man einmal die enorme Leistungsfähigkeit der Sau mit der des Rindes vergleicht. Laktierende Sauen können nämlich bei guter genetischer Veranlagung und richtiger Fütterung im Durchschnitt bis zur 5. Woche Tagesleistungen von 6–8 l Milch erreichen (siehe auch Abb. 6.1–3). Dabei entspricht 1 l Sauenmilch im Eiweiß- und Energiegehalt nahezu 1,7 l Kuhmilch. Bezieht man die Leistung auf gleiches Lebendgewicht, so errechnet sich daraus bei der Sau eine Leistung, die 30–40 l Kuhmilch entspricht.

6.1.1 Leistungsstadien

Die erfolgreiche Fütterung der Zuchtsauen ist dem jeweiligen Leistungsstadium anzupassen. Diese Forderung bereitet heute immer noch gewisse Schwierigkeiten, da über die bedarfsgerechte Nährstoffversorgung der Sauen Unterschiede und Unsicherheiten in den Empfehlungen bestehen. Zum Teil beruht dies auf fehlenden Versuchen, den stark schwankenden Gewichten und Leistungen einzelner Sauen.

Als Leistungsstadien mit unterschiedlichen Nahrungsansprüchen kennen wir bei der Sau die Zeit des Deckens, die Trächtigkeit und die Laktation. Da beim Schwein Gravidität und Laktation zeitlich nicht zusammenfallen, ist der jeweilige Einfluß der Fütterung auf Trächtigkeit und Laktation leichter abzugrenzen als beim Rind. Allerdings darf nicht vergessen werden, daß sich die Ernährung während der Trächtigkeit stark auf die nachfolgende Laktation auswirkt und daß ebenso die Fütterung der säugenden Sau für die nachfolgende Trächtigkeitsperiode eine Rolle spielen kann.

.1 Die Zeit des Deckens

Abgeleitet von der in den angelsächsischen Ländern bei Schafen üblichen Praxis wird auch bei Sauen die Methode des Flushing diskutiert. Es handelt sich hierbei um eine besonders reichliche Fütterung zur Zeit des Deckens.

Nach zahlreichen Untersuchungen kann eine intensive Ernährung vor dem Decken die Ovulationsrate erhöhen. Dieser Flushing-Effekt soll erzielt werden, wenn man mit der reichlichen Fütterung 8–14 Tage vor der Brunst einsetzt, wobei allein die Energiezufuhr wesentlich zu sein scheint. Nach dem Decken darf jedoch diese reichliche Nährstoffzufuhr auf keinen Fall fortgesetzt werden, da sonst die pränatale Embryonensterblichkeit erhöht wird. Man kann davon ableiten, daß sich eine erhöhte Nährstoffzufuhr bis zum Decken positiv auf den Konzeptionsverlauf und damit auf die Wurfgröße auswirken kann. Dies ist aber nur der Fall, wenn in der Vorperiode, also der Laktation, knapp ernährt wurde. Unter unseren Fütterungsverhältnissen, bei denen üblicherweise während der Laktation bereits ein hohes Ernährungsniveau eingehalten wird, zeigt Flushing bei Säugezeiten von 5 Wochen jedoch keinen positiven Einfluß auf die wirtschaftlich relevante Ferkelzahl und ist nicht zu empfehlen.

Etwas andere Verhältnisse gelten für Erstlingssauen. Werden nämlich Jungsauen bis vor dem optimalen Decktermin bei der 3. Brunst rationiert gefüttert, d. h. mit einer Nährstoffversorgung von 70 % der ad libitum Aufnahme (siehe 6.3), so kann Flushing empfohlen werden. Mit diesem Flushing der Erstlingssauen wird 14 Tage vor dem Decken begonnen. Es umfaßt eine zusätzliche Energiezufuhr bis zum Decktag von 25–28 MJ ME oder 1400–1600 GN täglich.

.2 Trächtigkeit

Auch bei der Entwicklung von Normen und Fütterungsempfehlungen für tragende Tiere ging man von dem Grundgedanken aus, den Bedarf für Erhaltung und Leistung zu decken. Als Ausdruck der Leistung ist hierbei der gesamte Komplex der Gewichtszunahmen bei korrekter Fütterung zu sehen. Dieser Gewichtszuwachs wird durch das Wachstum der Föten und Reproduktionsorgane, durch das normale Wachstum noch jüngerer Muttertiere, durch die Erneuerung von Körperreserven im mütterlichen Organismus, die während der Laktation erschöpft wurden, und durch den spezifischen Stoffwechseleffekt der Trächtigkeit bewirkt. Für diesen spezifischen Trächtigkeitseffekt wird häufig der Begriff Trächtigkeitsanabolismus verwendet. Er bezieht sich aber nur auf die Gewichtszunahmen der Sau, wenn davon die Zunahmen durch das Konzeptionsprodukt und das Wachstum junger Muttersauen abgezogen werden. In diesem Zusammenhang prägten LENKEIT, GÜTTE und Mitarbeiter den Begriff „Superretention". Sie bezeichnen damit eine Speicherung von Stickstoff, die über den Ansatz in Föten, Uterus und Placenta sowie der Milchdrüse hinausgeht (siehe hierzu Abb. 6.1–1). Gleichlaufend erfolgt eine Zunahme des Körperwassers zum Teil über eine Erhöhung des Blutvolumens sowie eine beträchtliche Superretention an Calcium und Phosphor (siehe 5.1.3), sowie an den Spurenelementen Zink, Kupfer, Mangan und Nickel. Der Trächtigkeitsanabolismus wurde inzwischen bei Mensch, Rind, Schwein, Ratte und Hund nachgewiesen. Als Ursache sieht man die veränderte Hormonproduktion des trächtigen Tieres an. Er ist über die gesamte Tragezeit zu beobachten. Der Gewichtszuwachs tritt vor allem bei Skelett, Fett- und Muskelgewebe auf, während die inneren Organe, mit Ausnahme des Uterus, ziemlich unverändert bleiben. Dabei nimmt der gesamte Wassergehalt des Körpers zu, der Fettgehalt ab. Dieser Ansatz unterscheidet sich also vom Wachstum junger Tiere.

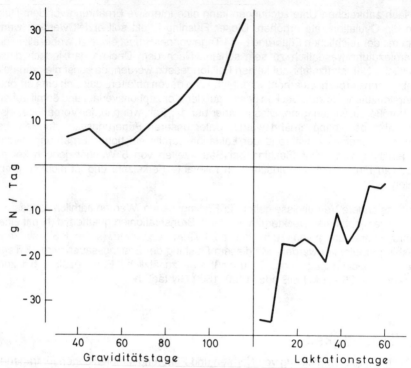

Abb. 6.1–1: **Der N-Umsatz von Sauen während der Gravidität und Laktation**

Mit der Superretention eng verknüpft und ebenso hormonal gesteuert ist ein entsprechender Abfluß der Körperreserven in der Frühphase der folgenden Laktation. Auf die „Retentionsphase" folgt eine „Ausscheidungsphase". Letztere ist durch negative Bilanzen gekennzeichnet, die in der Regel um so größer sind, je ausgeprägter die Superretention war. In Abb. 6.1–1 sind nach LENKEIT und Mitarbeitern diese Verhältnisse für den N-Umsatz der graviden und laktierenden Sau aufgezeigt.

Erhaltungsbedarf

Der energetische Erhaltungsbedarf beträgt bei niedertragenden bzw. hochtragenden Sauen etwa 94 bzw. 75 % des Gesamtbedarfs. Untersuchungen zum Erhaltungsbedarf speziell trächtiger Sauen sind durch den Trächtigkeitsanabolismus äußerst schwierig. Angaben zum Erhaltungsbedarf gehen oft davon aus, daß der Erhaltungsbedarf beim trächtigen und nichtträchtigen Tier gleich ist. Da jedoch bei den für nichtträchtige Tiere angenommenen Erhaltungsrationen bei trächtigen Tieren außer einem normal ausgebildeten Wurf noch Gewichtszunahmen auftraten, vermuten manche, daß der Erhaltungsbedarf geringer und die Verwertung der Nährstoffe im trächtigen Organismus sehr günstig sein soll. Allerdings sind diese Gewichtszunahmen teilweise durch die erhöhte Wasserretention zu erklären.

In unseren kürzlich durchgeführten Respirationsversuchen zum energetischen Erhaltungsbedarf der Zuchtsau wurde für Tiere in leicht produktiver Phase ein Erhaltungsbedarf an umsetzbarer Energie von 410 kJ/kg^{0,75}/d ermittelt. Für prakti-

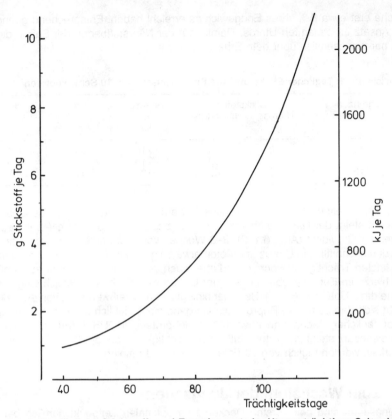

Abb. 6.1–2: **Der tägliche Stickstoff- und Energieansatz im Uterus trächtiger Schweine (10 Föten)**

sche Verhältnisse wird hierzu ein Sicherheitszuschlag von 10 % für etwas mehr Bewegung als im Versuch und Variation der Umwelttemperatur empfohlen. Dadurch ergibt sich für Sauen von 130–230 kg Lebendgewicht, mit dem Gewicht steigend, ein Erhaltungsbedarf an umsetzbarer Energie von 17,4–22,6 MJ je Tag oder 1000–1300 GN je Tag (bei 17,6 kJ ME je 1 GN).

Fötales Wachstum und Milchdrüse

Der Bedarf für das fötale Wachstum läßt sich am besten aus dem täglichen Ansatz an Nährstoffen im gesamten trächtigen Uterus (Fötus, Eihäute und Placenta, Fruchtwasser, Wachstum des Uterus selbst) ableiten. Hierzu sind in Abb. 6.1–2 die Ergebnisse amerikanischer und dänischer Versuche (MITCHELL und Mitarbeiter, 1931, DE VILLIERS und Mitarbeiter, 1958) für den täglichen Stickstoff- und Energieansatz dargestellt. Ähnliche Verhältnisse gelten auch für die Retention von Calcium, Phosphor und Eisen (siehe auch Übersicht 6.1–1 nach MOUSTGAARD). In den ersten Wochen der Trächtigkeit nimmt lediglich das Gewicht von Uterus, Eihäuten und Fruchtwasser relativ stark zu, während die Föten beispielsweise bis zur 9.

Woche erst etwa 8 % ihres Endgewichtes erreicht haben. Entsprechend gering ist der Ansatz im gesamten Uterus. Damit liegt der Nährstoffbedarf der Sau in dieser Zeit nur unwesentlich über dem Erhaltungsbedarf.

Übersicht 6.1–1: **Täglicher Stickstoff- und Energieansatz von 10 Schweineföten**

Tage nach dem Decken	Stickstoff Uterus g	Milchdrüse g	Energie kJ	Ca g	P g
40	1,0		210	0,1	0,1
80	3,6	0,8	710	1,2	0,9
115	10,6	4,7	2130	9,8	4,7

Ab der zweiten Hälfte der Trächtigkeit werden die Föten stärker ausgebildet. Dadurch steigt der Nährstoffansatz, und zwar besonders stark vor allem im letzten Drittel der Gravidität (Abb. 6.1–2). 2–3 Wochen vor dem Ferkeln werden dann pro Tag durchschnittlich in Uterus und Föten etwa 10 g Stickstoff und 6 g Fett retiniert. In den letzten Trächtigkeitswochen wird aber auch die Milchdrüse stärker ausgebildet und hierzu im Eutergewebe kurz vor der Geburt 4–5 g Stickstoff täglich eingelagert (siehe dazu Übersicht 6.1–1). Bei einer biologischen Eiweißwertigkeit von etwa 60 % ergibt sich daraus für die Reproduktionsorgane einschließlich Milchdrüse ein maximaler täglicher Bedarf von etwa 185 g Rohprotein (MOUSTGAARD). Auch der Energieansatz steigt im letzten Drittel der Trächtigkeit stark an. 2 Wochen vor dem Abferkeln werden täglich von 10 Föten um 2100 kJ retiniert.

Zum Wachstum der Jungsauen

Jungsauen sind beim ersten Decken zum optimalen Zeitpunkt nämlich bei der dritten Brunst etwa 9 Monate alt und 110–120 kg schwer. Sie sind damit keineswegs ausgewachsen und müssen deshalb während der ersten Trächtigkeitsperiode 25–30 kg oder etwa 300 g täglich zunehmen. Während der Trächtigkeit selbst ist der Zuwachs 50–60 kg. Davon gehen bei der Geburt jedoch etwa 25 kg für Föten, Nachgeburt und Fruchtwasser ab.

Für das kontinuierliche Wachstum der Jungsauen muß zusätzlich Energie verabreicht werden. Da aber der höhere Erhaltungsbedarf der schwereren ausgewachsenen Tiere dem Bedarf für das Wachstum in gewissen Grenzen gleichgesetzt werden kann, muß nur bei Lebendgewichten unter 135 kg eine zusätzliche Energiezufuhr über die Normen hinaus veranschlagt werden. Aus diesem Grunde ist auch bei der Eiweißversorgung nicht zwischen Jungsauen und älteren Tieren zu unterscheiden.

Zur Bildung von Körperreserven gravider Sauen

Über die Frage, ob in der Trächtigkeit Körperreserven angelegt werden sollen, gehen die Meinungen zum Teil sehr weit auseinander. Einmal will man den doppelten Transformationsverlust der Futternährstoffe verhältnismäßig gering halten. Dieser tritt durch die Umwandlung der Nahrung in Körpergewebe, das dann für die Milchbildung herangezogen wird, auf. Zum anderen sollen tragende Sauen nicht überfüttert werden, sondern in Zuchtkondition bleiben. Deshalb ist jeder überflüssige

Fettansatz zu vermeiden, denn zu starke Verfettung der Sauen kann schwere Geburten, Schwerfälligkeit, erhöhte Ferkelsterblichkeit und Fruchtbarkeitsstörungen hervorrufen. Die Frage der Körperreservenbildung sollte deshalb auf alle Fälle nach ihrem Einfluß auf die Zuchtleistung sowie auf die Kosten der Nährstoffzufuhr beantwortet werden.

Das Ausmaß der Superretention ist ziemlich abhängig von der Nährstoffzufuhr. Im Gegensatz dazu besitzt der Bedarf für Föten und Eutergewebe Priorität und wird weitgehend unabhängig von der Nährstoffversorgung der Mutter gedeckt, die Früchte parasitieren sozusagen in der Mutter. Die Wirksamkeit von Rationen für die Bildung von Körperreserven kann jedoch wegen der Verkettung von Retentions- und Ausscheidungsphase jeweils nur über den gesamten Reproduktionszyklus kalkuliert werden.

Übersicht 6.1–2: **Gewichtsveränderungen von Sauen in Abhängigkeit vom Ernährungsniveau während der Trächtigkeit**

Fütterungs-niveau	Zahl der Versuchs-tiere	Gewicht beim Decken kg	Gewicht nach dem Ferkeln kg	Gewicht nach der Säugezeit kg
niedrig	8	229,4	249,5	242,1
hoch	8	229,9	283,8	235,5

Übersicht 6.1–3: **Futteraufnahme bei unterschiedlicher Fütterungsintensität während der Trächtigkeit und Laktation**

Fütterungs-niveau	mittlere tägliche Futteraufnahme in kg	
	Trächtigkeit	Laktation
niedrig	2,13	5,90
hoch	3,12	4,43

Über das Ausmaß der Körperreservenbildung wurden bereits zahlreiche Versuche durchgeführt. Ein Beispiel hierzu (SALMON-LEGAGNEUR und RERAT 1962) ist in Übersicht 6.1–2 angegeben. Mit verstärkter Fütterung in der Gravidität ist ein wesentlich höherer Gewichtszuwachs verbunden als bei geringer Fütterungsintensität. In jedem Fall schließt sich an die Geburt die „Ausscheidungsphase" mit negativen Bilanzen an, wobei aber geringer ernährte Tiere in der folgenden Laktation weniger an Gewicht verlieren. Deshalb ergeben sich am Ende der Säugezeit bei geringer und hoher Fütterungsintensität der graviden Tiere ähnliche Körpergewichte. Hierbei sind zwei entgegengesetzte Momente wirksam. Durch den Abbau der gebildeten Körperreserven ist das Tier in der Lage, das am Anfang der Säugezeit auftretende Nährstoffdefizit teilweise auszugleichen und auch nach Ergebnissen mehrerer Versuche eine höhere Milchleistung zu erbringen. Auf der anderen Seite wird aber die Freßlust der laktierenden Sau bei starker Ernährung in der Gravidität gemindert. Dies zeigt Übersicht 6.1–3 nach unseren Untersuchungen. Betrachtet man die Futteraufnahme jeweils über den gesamten Reproduktionszyklus, so nahmen die reichlich ernährten Sauen in diesem Versuch während der Trächtigkeit 113 kg mehr auf, fraßen aber während der Säugezeit 31 kg weniger als die Kontrolltiere.

Anhand dieser Betrachtungen ist die Frage nach einer Bildung von Körperreserven durch die gravide Sau nicht eindeutig zu beantworten. Sicher ist, daß in den ersten zwei Dritteln der Trächtigkeit keine zusätzliche Energiezufuhr für die Superretention zu veranschlagen ist. Für den letzten Monat vor der Geburt wird im allgemeinen eine höhere Energiezufuhr empfohlen. Dadurch soll die Fähigkeit der graviden Sau zur stärkeren Nährstoffretention ausgenutzt werden, damit angelegte Reserven in der folgenden Laktation für eine höhere Milchleistung abgebaut werden können. Setzt sich das Grundfutter tragender Sauen hauptsächlich aus billigen, wirtschaftseigenen Futtermitteln zusammen, so kann es vorteilhaft sein, eine solche überhöhte Zufuhr zu empfehlen. Je mehr jedoch Kraftfutter als alleiniges Futter in der Sauenfütterung eingesetzt wird, um so wichtiger wird eine dem jeweiligen Bedarf gerechte Zuteilung.

Für die Zufuhr an Eiweiß beim trächtigen Tier nimmt man heute noch an, daß im Hinblick auf eine normale Zuchtleistung ein zusätzlicher Ansatz von Stickstoff gefordert werden sollte. Diese Angabe mag für den letzten Monat der Trächtigkeit gelten, da dann die Superretention an Stickstoff sehr hoch ist. Während der ersten beiden Trächtigkeitsdrittel ist hingegen die Fähigkeit zur Stickstoff-Retention sehr gering, und über den Bedarf hinaus gegebenes Eiweiß wird im Harn ausgeschieden.

.3 Laktation

Die Säugeleistung der Muttersau verlangt wegen ihrer starken Fütterungsabhängigkeit eine optimale Nährstoffversorgung. Der absolute Nährstoffbedarf für das laktierende Tier ergibt sich aus dem Erhaltungsbedarf und dem Bedarf für die Milchproduktion. Dabei fallen die mit der Milch ausgeschiedene Nährstoffmenge und der Ausnutzungsgrad der Nährstoffe für die Milchbildung ins Gewicht. Die Einschätzung der notwendigen Nährstoffversorgung über das Futter ist außerdem vom Umfang der vom tragenden Tier gebildeten Körperreserven abhängig.

Milchzusammensetzung und Milchertrag

Aus den Ergebnissen zahlreicher Untersuchungen wurden in Übersicht 6.1–4 Werte für die durchschnittliche Zusammensetzung der Sauenmilch aufgezeigt.

Übersicht 6.1–4: **Mittlere Zusammensetzung von Sauenmilch**

	Fett %	Protein %	Lactose %	Energie MJ/kg
Kolostrum	7	19	2,5	10,9
normale Milch	7–9	5–6	5	5,2

Angaben über die Milchleistung von Sauen können heute nur als Schätzwerte gelten. Im Gegensatz zur Kuh kann die Leistung von Sauen nur im Versuch unter erschwerten Bedingungen bestimmt werden. Hierzu werden zumeist die Ferkel vor und nach dem Saugen gewogen, wobei in den ersten Wochen der Laktation zur Bestimmung der vollen Leistungsfähigkeit der Sau etwa 30 Säugungen pro Tag geplant werden müssen. Saugferkel können nämlich maximal 1000–1300 g Milch täglich saufen. Da der Milchfluß der Sau jeweils nur 10–40 Sekunden anhält, können sie aber innerhalb einer Säugung nur eine begrenzte Milchmenge aufnehmen (20–50 g) und müssen deshalb in mindestens einstündigen Intervallen angesetzt werden.

Die Milchleistung der Sau unterliegt einer Reihe von Einflüssen. Zu nennen sind die erblich bedingte unterschiedliche Leistungsfähigkeit, die Zahl der Laktationen, das Laktationsstadium, die Wurfgröße, die Nährstoffversorgung sowie das Aufnahmevermögen der Ferkel. Sauen mit mehr Ferkeln geben mehr Milch. Das zeigt Übersicht 6.1–5 nach ELSLEY. Sind die Neugeborenen in ihrer Vitalität stark geschwächt, so zeigen sie ein geringeres Nahrungsbedürfnis und nehmen die von der Sau produzierte Milchmenge nur zum Teil auf. Durch diese unvollständige Entleerung des Gesäuges sinkt die Laktationsleistung ab. Ebenso verringert eine reduzierte Fütterung die Milchproduktion.

Übersicht 6.1–5: **Abhängigkeit der Milchleistung von Zuchtsauen von der Wurfgröße**

Zahl der Ferkel/Wurf	4	5	6	7	8	9	10	11	12
tgl. Milchmenge/Wurf, kg	4,0	4,8	5,2	5,8	6,6	7,0	7,6	8,1	8,6
tgl. Milchmenge/Ferkel, kg	1,00	0,96	0,87	0,83	0,83	0,78	0,76	0,75	0,72

Als durchschnittlich höchste Tagesmilchmenge einer Sau im Laktationsgipfel kann man nach den sehr unterschiedlichen Literaturangaben etwa 7–8 kg annehmen, die höchste Angabe über eine Tagesleistung liegt sogar bei 12 kg. Den Verlauf der Laktationskurve zeigt Abb. 6.1–3. Gewöhnlich steigt die Milchproduktion bei voller Fütterung etwa in der 3. Woche zu einem Höhepunkt an und fällt dann langsam bei gleichzeitigem Anstieg des Nährstoffgehaltes der Milch wieder ab.

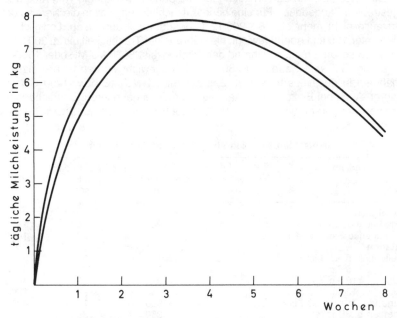

Abb. 6.1–3: **Durchschnittlicher Laktationsverlauf bei der Sau**

6.1.2 Bedarfsnormen

.1 Trächtigkeit

Obwohl für einzelne Teilbereiche der Gravidität schon Bedarfszahlen ermittelt wurden, bleiben heute noch viele Fragen ungelöst. Für die Energieversorgung fehlt es an genauen Vorstellungen über den Erhaltungsbedarf speziell der trächtigen Sau und über den optimalen Gewichtszuwachs. Auch bei der Eiweißversorgung können noch keine genauen Aussagen über die Notwendigkeit gesteigerter N-Retention bei hohen Proteingaben gegen Ende der Trächtigkeit, über den Einfluß des Lebendgewichtes auf den Eiweißbedarf, über die Fähigkeit der Sau, Eiweißmangel im Futter durch Abbau von Körperreserven auszugleichen und über die Anforderungen trächtiger Tiere an die Proteinqualität gemacht werden. Dadurch haften der Einschätzung des Gesamtbedarfs über die faktorielle Methode, bei der sich der Gesamtbedarf aus der Summe der jeweiligen Bedarfszahlen für die einzelnen Teilleistungen ergibt, noch beträchtliche Mängel an. Für den Gesamtbedarf stützt man sich deshalb auch heute noch neben den ermittelten Angaben zum Erhaltungsbedarf und der Verwertung der umsetzbaren Energie für das Konzeptionsprodukt von 20 % (nach LODGE) auf die globale Aussage und Interpretation von praktischen Versuchen. Daraus ergeben sich die in Übersicht 6.1–6 dargestellten Richtzahlen zum Bedarf. Diese Richtzahlen beinhalten auch den Bedarf für eine begrenzte Nettogewichtszunahme in der Gravidität von 15 kg oder 150 g täglich sowie geringe Gewichtsverluste in der Laktation. Eine Reihe von Versuchen ergab nämlich, daß mit diesen Empfehlungen die beste Gesamtausnützung der verabreichten Energie erwartet werden kann.

Die Gravidität wird in eine niedertragende und eine hochtragende Zeit unterschieden. Die angegebenen Zahlen gelten für alle Sauen unabhängig vom Alter und der angestrebten Säugedauer. Für eine hohe Aufzuchtleistung sollen die Tiere ab dem 3. Wurf auch nicht mehr als 180–200 kg Lebendgewicht aufweisen. Lediglich Jungsauen unter 135 kg Lebendgewicht, die während der Trächtigkeit bis zu 300 g täglich zunehmen sollen, erhalten während der Trächtigkeit 28–30 MJ ME oder 1600–1700 GN je Tag. Schwere Sauen mit 250 kg Lebendgewicht werden unter Verzicht auf Zunahmen in der niedertragenden Zeit nur mit 21 MJ ME bzw. 1200 GN täglich versorgt. Auch bei Einzelhaltung kann aufgrund des geringeren Energiebedarfs der Tiere bei geringerer Bewegung um 10 % in der Energieversorgung zurückgegangen werden.

Übersicht 6.1–6: **Richtzahlen zum Nährstoffbedarf von Zuchtsauen**

Leistungsstadium	Täglicher Bedarf		
	verd. Rohprotein g	ME MJ	GN
Trächtigkeit			
Niedertragende Sau, 1.–12. Woche	200	25	1400
Hochtragende Sau, 13.–16. Woche	250	28	1600
Laktation			
Erhaltung + 6 kg Milch	700	59	3350
8 kg	790	72	4100
10 kg	970	85	4850
12 kg	1150	99	5600
Säugende Sau mit 10 Ferkeln	850	77	4350
Absetzen bis Decken	250	28	1600

In der Abschätzung der Bedarfszahlen für die Gravidität, die jetzt tiefer liegen als früher, wurde vor allem davon ausgegangen, daß auch über mehrere Zyklen keine negativen Einflüsse auf die Reproduktionsleistung auftreten sollten. Trotz weitgehender Priorität der Fötenernährung beim graviden Tier kann nämlich ein Einfluß der Fütterung, vor allem der Energieversorgung, auf die Entwicklung der Embryonen nicht ausgeschlossen werden. Die Reserven des Muttertieres werden nämlich nicht unbegrenzt für die Bedürfnisse der Föten in Anspruch genommen. Durch zu knappe Fütterung wird zwar die Wurfgröße nicht beeinflußt, jedoch werden leichtere Ferkel geboren.

Einige Autoren schlagen in neueren Arbeiten für die Gravidität eine geringere Eiweißversorgung vor, da auch bei einer täglichen Eiweißmenge unter 200 g normale Würfe produziert wurden. Allerdings können bei Eiweißversorgungen unter 200 g einzelne Aminosäuren in Mangel kommen, weshalb unter praktischen Verhältnissen täglich 200 g verdauliches Rohprotein verabreicht werden sollen.

.2 Laktation

Für die Berechnung des energetischen Leistungsbedarfes laktierender Sauen wurde ein Energiegehalt der Milch von 5,2 MJ/kg eingesetzt. Nach verschiedenen Untersuchungen liegt der Teilwirkungsgrad der umsetzbaren Energie für Milchbildung bei 75–80 %. Deshalb müssen für die Bildung von 1 kg Milch 6,7 MJ ME oder 380 GN aufgewendet werden (1 MJ ME entspricht 56,8 GN). Bei einem Erhaltungsbedarf einer 180 kg schweren Sau von 18,5 MJ ME oder 1050 Gesamtnährstoffen ergeben sich für unterschiedliche Milchleistungen die in Übersicht 6.1–6 angegebenen Richtzahlen. In der Praxis geht man bei der Einschätzung des Nährstoffbedarfs von der Ferkelzahl aus. Nach GÜTTE nehmen Saugferkel bei einer täglichen Zunahme aus der Milch von 200 g 0,87 kg Milch auf. Hierzu werden je Ferkel 5,8 MJ ME oder 330 GN im Sauenfutter benötigt. Bei 10 Ferkeln oder 8,7 kg täglicher Milchleistung ergibt sich somit ein gesamter täglicher Energiebedarf von 77 MJ ME oder 4350 GN.

Für die Ableitung der Eiweißversorgung geht man von einem Eiweißgehalt der Milch von 5,8 % aus und nimmt eine 65prozentige Verwertung des verdaulichen Proteins durch die Sau an. Damit werden je l Milchleistung 90 g oder knapp 80 g verdauliches Rohprotein je Ferkel benötigt. Als Gesamtbedarf einer Sau mit 10 Ferkeln werden deshalb 850 g verdauliches Rohprotein empfohlen. Dabei wird ein Erhaltungsbedarf der Sau von täglich 70 g verdaulichem Rohprotein zugrunde gelegt.

Für die Zeit vom Absetzen (nach 3 oder 5 Wochen) bis zum Belegen ist eine Nährstoffversorgung wie während der Hochträchtigkeit angegeben. Dies dient zur Auffüllung der Reserven stark abgesäugter Sauen und ist nicht als Flushing zu betrachten, das ja mit einer zusätzlichen Energiezufuhr von 25–28 MJ ME oder 1400–1600 GN je Tier und Tag veranschlagt wird.

6.1.3 Praktische Fütterungshinweise

Als Leitgedanke für die praktische Sauenfütterung ergibt sich, niedertragende Sauen knapp, hochtragende zunehmend reichlich und laktierende Sauen sehr reichlich zu füttern. Den Einsatz von Futtermitteln in der praktischen Sauenfütterung

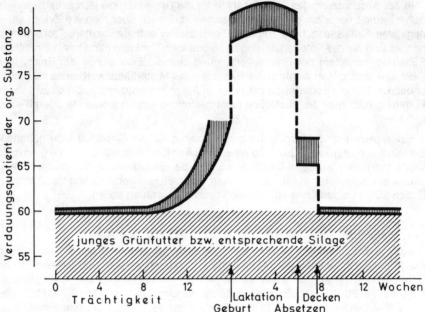

Abb. 6.1–4: **Ansprüche von Zuchtsauen an die Verdaulichkeit der organischen Substanz im Futter**

kann man am besten aus den Ansprüchen der Zuchtsau an die Verdaulichkeit der organischen Substanz während der verschiedenen Leistungsstadien ableiten (siehe Abb. 6.1–4). Zu Beginn der Trächtigkeit genügt bei ausgewachsenen Sauen eine Verdaulichkeit von 60 %, beim hochtragenden Tier steigen mit dem höheren Nährstoffbedarf die Anforderungen an die Verdaulichkeit. Säugenden Sauen können hingegen nur genügend Nährstoffe über das Futter zugeführt werden, wenn Verdaulichkeiten von etwa 80 % erreicht werden. Mit dem Absetzen der Ferkel kann die Nährstoffkonzentration des Futters sofort verringert werden. Aufgrund dieser Ansprüche der Sauen an die Nährstoffkonzentration können in der Gravidität gut wirtschaftseigene Grundfuttermittel eingesetzt werden, wie es bei der Methode der kombinierten Fütterung geschieht. Bei dieser Fütterungsmethode setzt sich die Ration in der Trächtigkeit aus Grundfutter (Saftfutter) und einem eiweiß- und wirkstoffreichen Kraftfutter zusammen. In der Laktation wird auch bei dieser Methode nur Kraftfutter gegeben. Die zweite Methode der praktischen Zuchtsauenfütterung ist die Alleinfütterung, bei der in allen Leistungsstadien nur Kraftfutter gegeben wird. Beide Methoden sind in der Praxis erprobt und aus ernährungsphysiologischer Sicht gut anwendbar. Welche Fütterungsmethode deshalb ein Betriebsleiter wählt, ist aufgrund der gegebenen Futtersituation, arbeitswirtschaftlicher Gesichtspunkte und der Bestandsgröße zu entscheiden. So können einerseits durch die kombinierte Fütterung etwa 25 % des gesamten Nährstoffbedarfs einer Sau über Grundfutter gedeckt werden und die Futterkosten dadurch um 50–100 DM je Jahr gesenkt werden. Andererseits ist die Alleinfütterung arbeitstechnisch leichter zu lösen und in größeren Betrieben bereits weitgehend eingeführt. Ein Vorteil der Alleinfütterung liegt auch darin, daß über das nährstoffkonstante Alleinfutter eher eine bedarfsgerechte Versorgung gewährleistet ist.

.1 Alleinfütterung

Alleinfutter sind Mischfutter, die alle für den betreffenden Nutzungszweck erforderlichen Bestandteile in einer Mischung enthalten; sie sind also in ihren Gehalten und den vorgeschriebenen Mengen bedarfsdeckend und dürfen auch nur als alleiniges Futter gegeben werden. Aufgrund des sehr unterschiedlichen Bedarfs der Sau in den verschiedenen Leistungsstadien ist es empfehlenswert, in der Gravidität und Laktation zwei unterschiedliche Typen von Zuchtsauen-Alleinfutter, wie sie auch in der Typenliste für Mischfuttermittel enthalten sind, einzusetzen. Die Gehalte an wertbestimmenden Bestandteilen zeigt Übersicht 6.1–7. Die wesentlichen Unterschiede ergeben sich aus dem höheren Rohprotein- und dem begrenzten Rohfasergehalt des Alleinfutters für die Laktation. Zur ausreichenden Mineralstoff-, Spurenelement- und Vitaminversorgung wird eine Mindestgarantie des Ca-, P- und Na-Gehaltes gefordert und die Vitamin A-, D- und Zinkgehalte durch Aufnahme bei den anzugebenden Inhaltsstoffen gesichert. Ein Mindestanteil an Fischmehl ist für Sauenmischfutter nicht mehr vorgeschrieben. Nach neueren Erkenntnissen ist nämlich auch über den Einsatz von Sojaschrot als alleinigem Eiweißfuttermittel die Versorgung der Tiere mit essentiellen Aminosäuren gesichert sowie speziell der Lysinbedarf von 12 g je Tier und Tag bei den angegebenen Proteinbedarfszahlen gedeckt.

Übersicht 6.1–7: **Anforderungen an den Gehalt an wertbestimmenden Inhaltsstoffen im Alleinfutter und Ergänzungsfutter für Zuchtsauen nach Normtyp**

Inhaltsstoffe/ Zusatzstoffe	Alleinfuttermittel für tragende Sauen	Alleinfuttermittel für laktierende Sauen	Ergänzungsfuttermittel für Zuchtsauen
Rohprotein, %, min.	11	16	20–24
darunter Lysin, %, min.	0,45	0,6	0,8
Rohfett, %, max.	–	8	12
Rohfaser, %, max.	–	7	8
Rohasche, %, max.	–	7	13
Stärke, %, min.	–	33	–
Stärke/Zucker/Rohfett, %, min.	–	47	–
Calcium, %, min.	0,6	0,8	1,6
Phosphor, %, min.	0,4	0,6	0,9
Natrium, %, min.	0,2	0,25	0,6
Zink, mg/kg, min.	50	50	100
Vitamin A, I.E./kg, min.	4 000	5 000	10 000
Vitamin D, I.E./kg, min.	500	625	1 250

Der mengenmäßige Einsatz der verschiedenen Zuchtsauen-Alleinfutter richtet sich nach dem Leistungsstadium der Zuchtsau. Die erforderlichen Mengen, die auf

Übersicht 6.1–8: **Tägliche Alleinfuttermenge für Zuchtsauen, in kg**

Leistungsstadium	Alleinfuttermittel für tragende Sauen	Alleinfuttermittel für laktierende Sauen
Niedertragend (1.–12. Woche)	2,0–2,2	–
Hochtragend (12.–16. Woche)	2,5	–
Säugend (für 10 Ferkel)	–	6,3–6,5
Nach dem Absetzen bis zum Decken	–	2,5

den Richtzahlen zum Bedarf basieren, zeigt Übersicht 6.1–8. In der Gravidität werden somit während der niedertragenden Zeit 2,0–2,2 kg Alleinfuttermittel für tragende Sauen, in der Hochträchtigkeit etwa 2,5 kg Kraftfutter eingesetzt. Dabei ist es günstig, wenn der Rohfasergehalt in diesem Mischfuttertyp höher ist als im Laktationsfutter, da dieser vor allem den Verstopfungen der Sauen, die bei stark eingeschränkter Bewegungsfreiheit gerne auftreten, entgegenwirkt. Die dadurch bedingte geringere Nährstoffkonzentration ist für den Bedarf niedertragender Sauen gut ausreichend. In den letzten Wochen der Trächtigkeit wird dann zweckmäßigerweise langsam auf das Alleinfuttermittel für laktierende Sauen umgestellt. Die geringen Futtermengen im ersten Trächtigkeitsabschnitt führten häufig zu der Befürchtung, daß die Sauen damit nicht satt werden und eine stärkere Unruhe im Stall bei Gruppenhaltung der Sauen auftritt. Dies läßt sich jedoch verhindern, wenn man den Tieren Gelegenheit zur Aufnahme von ballastreichem Stroh aus der Einstreu oder bei einstreuloser Aufstallung durch Vorwerfen von etwas Stroh oder Heu bietet. Bei Einzelaufstallung ist eine zusätzliche Ballastfütterung jedoch nicht erforderlich, da sich die Tiere ohne die Probleme der Rangordnung sehr ruhig verhalten.

Soll in der Zuchtsauen-Alleinfütterung nur ein Futtertyp verwendet werden, so wird auch in der Gravidität das Alleinfuttermittel für laktierende Sauen eingesetzt. Hierbei wird jedoch bei der Deckung des GN-Bedarfs eine über den Bedarf der Sau hinausgehende Rohproteinversorgung in Kauf genommen, da dieses Alleinfutter in seiner Zusammensetzung dem Laktationsbedarf angepaßt ist.

Für säugende Sauen sollte man für den Erhaltungsbedarf 1,5 kg Alleinfutter verabreichen. Außerdem sind noch je Ferkel eine Menge von etwa 0,5 kg Kraftfutter zuzulegen. Eine Sau mit 10 Ferkeln erhält also täglich 6,3–6,5 kg Alleinfuttermittel für laktierende Sauen. Auch bei kleineren Würfen werden aber Tagesmengen von mindestens 3,5 kg von diesem Kraftfutter für die Milcherzeugung benötigt. Die vielfach gebräuchliche starke Reduzierung der Alleinfuttermenge einige Tage vor und nach der Geburt ist meist nicht vorteilhaft, da mit beginnender Milchbildung ein hoher Nährstoffbedarf einsetzt. Leicht auftretende Verstopfungen während dieser Zeit lassen sich durch Zugabe von Bittersalz ($MgSO_4 \cdot 7H_2O$) – 1 Eßlöffel je Mahlzeit – vermeiden. Selbstverständlich darf nach der Geburt nicht sofort die gesamte Alleinfuttermenge gegeben werden, aber bis zum Ende der ersten Säugewoche sollte diejenige tägliche Höchstmenge an Alleinfutter erreicht sein, die während der Säugezeit beibehalten wird. Beim konventionellen Absetzen der Ferkel während der 5. Säugewoche wird auch die Futtermenge schlagartig auf etwa 2,5 kg täglich zurückgenommen und in dieser Höhe bis zum Decken beibehalten. Dabei wird weiterhin das Alleinfuttermittel für laktierende Sauen verwendet. Nach dem Decken ist es nicht notwendig, länger größere Kraftfuttermengen zu verabreichen. Es wird deshalb auf 2,0–2,2 kg Futter zurückgegangen und das Alleinfutter für tragende Sauen eingesetzt. Nach diesen Hinweisen gefütterte Sauen beenden die Säugezeit in einem guten Ernährungszustand und müssen nicht erst wieder aufgefüttert werden. Im Gegensatz zu stark abgesäugten Tieren werden sie auch wieder regelmäßig tragend.

Wird eine Frühentwöhnung der Ferkel durchgeführt und bereits nach 8–10 Tagen abgesetzt, so wurde für die Sauen gerade das Anfütterungsstadium der Laktationsfütterung beendet. Bei 3wöchiger Säugezeit, dem zur Zeit für Praxisbedingungen am besten geeigneten Absetztermin für Frühentwöhnung, wird jedoch bereits etwa 2 Wochen auf volle Milchleistung gefüttert.

Zur Versorgung der Zuchtsauen mit Alleinfutter bieten sich für den landwirtschaftlichen Betrieb folgende Möglichkeiten an:

a) Zukauf von Fertigfutter (Zuchtsauen-Alleinfutter)
b) Mischung von wirtschaftseigenem Getreideschrot und Ergänzungsfuttermittel für Zuchtsauen (siehe Übersicht 6.1-7) im Verhältnis 1:1
c) Einsatz von Eiweißkonzentrat und wirtschaftseigenem Getreideschrot
d) Herstellung einer hofeigenen Futtermischung aus wirtschaftseigenem Getreide und Eiweißfuttermitteln.

Fertigfutter kaufen die Betriebe zu, die wenig wirtschaftseigenes Getreide erzeugen oder es anderweitig verwerten. Der Einsatz von Eiweißkonzentrat oder Zuchtsauen-Ergänzungsfutter erleichtert die Verwendung selbsterzeugten Getreides und sichert die Eiweißqualität und Wirkstoffversorgung. Dabei ergeben 175 g Eiweißkonzentrat plus 825 g Getreideprodukte 1 kg Alleinfuttermittel für laktierende Sauen und 100 g Eiweißkonzentrat plus 900 g Getreide 1 kg Alleinfutter für tragende Zuchtsauen.

Je nach Art des Getreides kann ein Viertel bis ein Drittel des Getreides durch Mühlennachprodukte, Zuckerrübenvollschnitzel, Kartoffelschrot, Maniokmehl (Tapiokamehl) und ähnliches ersetzt werden. Die Verwendung mehrerer Rohstoffkomponenten setzt jedoch vielfach ein gutes Mischen voraus, das wiederum technische Aufwendungen erforderlich macht. Bei der hofeigenen Futtermischung werden meist auch die Eiweißfuttermittel einzeln zugekauft. Dies erfordert, wie auch bei Zukauf der Energieträger, gute Kenntnisse der Futtermittelbeurteilung und der Rationszusammensetzung. Auf jeden Fall ist auch Mineralfutter für Schweine bis zur Höhe von 2,5 % beizumischen.

.2 Kombinierte Fütterung

Grundfutter. Als Grundfutter für Sauen sind bei der Methode der kombinierten Fütterung wirtschaftseigene Saftfuttermittel, die Verdaulichkeiten von mindestens 60 % aufweisen, geeignet. Somit können während der niedertragenden Zeit Grünfutter aller Art, Silage, Rübenblatt, Maiskolbenschrot und auch Futterrüben als Hauptfutter eingesetzt werden. Bei Grünfutter muß aber darauf geachtet werden, daß das Schwein junges Futter erhält. Der Rohfasergehalt von Gras wird ja mit fortschreitendem Wachstum laufend größer, während sich der Gehalt an verdaulichem Eiweiß verringert (siehe Abb. 7.1-7). Entsprechend nimmt auch die Verdaulichkeit der organischen Substanz ab, wie es Abb. 6.1-5 am Beispiel des Rotklees verdeutlicht. Während vor der Blüte geschnittener Rotklee noch eine Verdaulichkeit von über 60 % aufweist und damit gut als Grundfutter eingesetzt werden kann, ist die Verdaulichkeit des in der Blüte geschnittenen Rotklees so gering, daß die Tiere über das Grundfutter nur sehr wenig verdauliche Nährstoffe aufnehmen können und dadurch um so mehr Kraftfutter benötigen. Auch Luzerne ist spätestens zu Beginn der Blüte zu schneiden.

Während der Vegetationszeit ist die beste Grundfutterversorgung über Weidegang gegeben. Für eine gute Schweineweide sind blattreiche, aber stengelarme Gräser und Kleearten zu wählen, wie zum Beispiel Deutsches Weidelgras, Wiesenrispengras, Wiesenschwingel, Weißklee, Wiesenrotklee. Der Weidegang bietet gegenüber der Stallhaltung während der ganzen Trächtigkeit den Vorteil der regelmäßigen

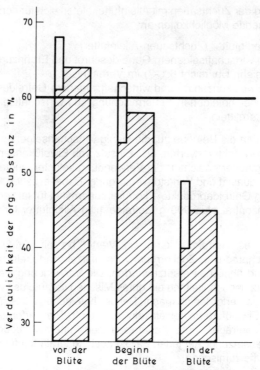

Abb. 6.1-5: **Die Verdaulichkeit der organischen Substanz von grünem Rotklee in verschiedenen Vegetationsstadien**

Bewegung. Wo sich eine hofnahe Schweineweide einrichten läßt, sollte man diese Maßnahme durchführen. Bei intensiver Weideführung sind im Mittel 6–8 a je Zuchtsau erforderlich. Täglich zweimaliger Austrieb von je 2–3 Stunden Dauer bringt die beste Weideleistung und erübrigt das Einziehen von Nasenringen, da erst bei längerem Aufenthalt auf der Weide gewühlt wird.

Fehlt die Weidemöglichkeit, so kann die Grünfütterung im Stall durchgeführt werden, wobei junges Wiesen- und Weidegras ungehäckselt, Klee gehäckselt, vorgelegt wird. Grünfutter muß unkrautfrei sein und immer in frischem Zustand verfüttert werden. Die aufgenommenen Mengen an Grünfutter betragen je nach Vegetationsstadium, Pflanzenzusammensetzung und Alter der Sauen 8–15 kg je Tier und Tag.

Im Winter soll das Grundfutter hauptsächlich aus hochverdaulichen Grünfuttersilagen und Futterrüben bestehen. Auch für die Beurteilung von Grünfuttersilagen ist in erster Linie deren Rohfasergehalt, also der Schnittzeitpunkt, maßgebend. Auf die Trockensubstanz bezogen dürfen nicht wesentlich mehr als 25 % Rohfaser enthalten sein. Gefährlich sind für Zuchtsauen gefrorene oder verschimmelte Silagen, sie dürfen nicht verfüttert werden. Zuckerrübenblattsilagen müssen sauber gewonnen sein. Tägliche Mengen von 6–8 kg je Tier einwandfreier Silage sind angebracht. Wird körnerreiche Maissilage verfüttert, so können 5–6 kg davon täglich eingesetzt werden.

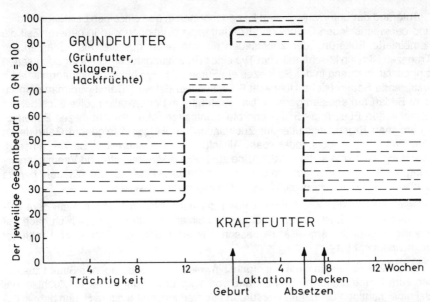

Abb. 6.1–6: **Deckung des Gesamtnährstoffbedarfs von Zuchtsauen aus Grund- und Kraftfutter**

Futterrüben sind ein gutes Zuchtsauenfutter. Sie sollen frisch geschnitzelt verabreicht werden. Neben Silagen sind meist 3–5 kg Futterrüben, als alleiniges Grundfutter 8–12 kg täglich je nach Nährstoffgehalt während der Trächtigkeit zu verfüttern. Zuckerrüben füttert man am besten frisch gemust. Nach russischen Versuchen sind keine nachteiligen Wirkungen bezüglich Gesundheit und Fruchtbarkeit zu befürchten, wenn der Zuckerrübenanteil bis zu etwa 40 % des Gesamtnährwertes der Futterration beträgt.

Der Anteil von Futterkartoffeln soll in Sauenrationen gering bleiben und täglich 2 kg möglichst nicht überschreiten. Wegen des hohen Gehaltes an verdaulichen Nährstoffen vor allem in stärkereichen Kartoffeln verfetten die Sauen sonst sehr leicht. Müssen größere Kartoffelmengen an Zuchtsauen gegeben werden, so ist auf jeden Fall die übrige Ration im Nährstoffgehalt zurückzunehmen.

Kraftfutter. Aus den sehr unterschiedlichen Ansprüchen der Zuchtsau an das Futter in den verschiedenen Leistungsstadien, die bei der kombinierten Fütterung über das Grundfutter nur zum Teil erfüllt werden können, ergeben sich für die Kraftfutterbeifütterung an die Zuchtsau sehr differenzierte Forderungen. So kann zu Beginn der Trächtigkeit ein großer Teil des gesamten Nährstoffbedarfs über das Grundfutter gedeckt werden, das Kraftfutter sollte hauptsächlich zur Verbesserung der Eiweiß- oder Energieversorgung und für die Mineralstoff- und Vitaminzufuhr dienen. Im Gegensatz dazu ist in der Laktation das Kraftfutter der hauptsächliche Nährstofflieferant (siehe Abb. 6.1–6). Während in der Laktation nahezu 100 % des Energiebedarfs aus dem Kraftfutter gedeckt werden und damit die kombinierte Fütterung fast als Alleinfütterung zu gestalten ist, sollte man niedertragenden Sauen nur ein Viertel der Energie aus Kraftfutter zuführen. Diese Anteile werden allerdings durch die verschiedenen Grundfutterqualitäten variiert.

Aufgrund der unterschiedlichen Bedarfsnormen in den einzelnen Leistungsstadien und der wechselnden Grund- und Kraftfutterkombinationen wird in neuerer Zeit die kombinierte Fütterung der Zuchtsauen differenzierter gestaltet als früher. In der Tragezeit wird ein Mischfutter vom Typ eines Ergänzungsfuttermittels für Zuchtsauen eingesetzt, während in der Säugezeit ein Futter vom Typ eines Alleinfuttermittels für laktierende Sauen (siehe Übersicht 6.1–7) verwendet wird. Damit wird man nämlich dem Bedarf am ehesten gerecht. Das Kraftfutter in der Laktation sollte auch bei der kombinierten Fütterung 15 % Rohprotein enthalten. Man erreicht diesen Futtertyp, indem man Ergänzungsfutter für Zuchtsauen mit wirtschaftseigenem Getreide im Verhältnis 1:1 mischt oder das Alleinfutter für laktierende Sauen einsetzt. Mischungsbeispiele siehe 6.1.3.1. Eine zusätzliche Mineralstoff- und Vitaminversorgung muß nicht beachtet werden, da Ergänzungsfutter für Zuchtsauen bereits ausreichend hohe Mineralstoff- und Vitamingehalte aufweist.

Beim Einsatz des Kraftfutters werden die notwendigen Mengen nach dem Leistungsstand der Zuchtsau und bei der kombinierten Fütterung zusätzlich nach der jeweiligen Grundfutterqualität bemessen. Die erforderlichen Mengen an Kraftfutter zeigt Übersicht 6.1–9.

Die DLG empfiehlt in ihren Fütterungshinweisen für niedertragende Sauen zusätzlich zum Grundfutter eine Beifütterung von 1 kg Ergänzungsfutter für Zuchtsauen. Bei einer richtigen Grundfutterversorgung dürften jedoch für ältere Sauen bereits 0,5 kg Kraftfutter ausreichen. Nur für Jungsauen ist 1 kg Kraftfutter angebracht, da sie für voluminöse wirtschaftseigene Futtermittel noch eine zu geringe Aufnahmefähigkeit haben. 4 Wochen vor dem Ferkeln werden im Mittel täglich 2 kg Ergänzungsfutter für Zuchtsauen verabreicht.

Übersicht 6.1–9: **Tägliche Kraftfuttermengen für Zuchtsauen bei der kombinierten Fütterung, in kg**

Leistungsstadium	Ergänzungsfutter für Zuchtsauen	Getreide
Niedertragend (1.–12. Woche)	0,5–1	–
Hochtragend (13.–16. Woche)	2	–
Säugend (für 10 Ferkel)	3	3
Nach dem Absetzen bis zum Decken	0,5–1	–

In der Säugezeit wird die kombinierte Fütterung im wesentlichen wie die Alleinfütterung durchgeführt. Die Grundfuttermengen werden nämlich in der Säugezeit so stark reduziert – nach Möglichkeit jedoch nicht ganz entzogen –, daß sie nicht mehr als Nährstofflieferanten in Rechnung gestellt werden können, sondern nur quasi als „Salatbeilage" dienen.

Körnermaissilage und Maiskolbenschrotsilage. Einen Spezialfall der kombinierten Fütterung stellt die Verfütterung von Körnermaissilage und der verschiedenen Maiskolbenschrotsilagen dar. Sie sind geeignet als alleiniges Grundfutter verfüttert zu werden. Da diese Futtermittel energiereicher sind als andere Grundfuttermittel, müssen sie für Zuchtsauen während der Trächtigkeit begrenzt werden. Von Körnermaissilage (50 % TS) werden an niedertragende Tiere 2,5 kg und in der Hochträchtigkeit 2,8 kg je Tier und Tag verfüttert. Für den Einsatz der verschiedenen Maiskolbenschrotsilagen ist der Rohfasergehalt entscheidend (Übersicht 6.1–10),

Übersicht 6.1–10: **Tägliche Mengen an Maiskolbenschrotsilage (50 % TS) für Zuchtsauen**

Art der Mais- kolbenschrotsilage	Rohfasergehalt % der TS	Maiskolbenschrotsilage in kg	
		niedertragend	hochtragend
Corn-Cob-Mix (CCM)	4– 6	2,8	3,6
	6– 8	3,0	3,7
Lieschkolbenschrotsilage (LKS)			
abgesiebt	8–10	3,1	3,8
LKS-Silage	10–12	3,3	4,0
LKS-Silage	13–15	3,4	4,3

weil zwischen Rohfaser- und GN-Gehalt eine starke Abhängigkeit besteht (siehe 6.5.3.2).

Für die Beifütterung ist es bei diesen Grundfuttermitteln ausreichend, wenn eine Eiweißergänzung vorgenommen wird, die bei 275 g Eiweißkonzentrat je Tier und Tag in der niedertragenden Zeit und 350 g während der Hochträchtigkeit liegt. Der hohe Nährstoffbedarf laktierender Sauen sollte dann jedoch, wie auch sonst bei der kombinierten Fütterung, nur mit Kraftfutter gedeckt werden. Hat sich ein Betrieb dazu entschlossen für Mastschweine Lieschkolbenschrotsilage zu erzeugen und abzusieben, so ist es von der Fütterung her durchaus möglich diese Siebrückstände an Zuchtsauen zu geben. Da hierbei wegen des höheren Rohfasergehaltes mit geringerer Verdaulichkeit zu rechnen ist, dürfte in diesem Fall wie auch sonst bei der kombinierten Fütterung in der Trächtigkeit die Beifütterung von 1 kg Ergänzungsfutter für Zuchtsauen zu empfehlen sein.

.3 Fütterungstechnische Hinweise

Unabhängig vom Fütterungssystem muß eine ausreichende Wasserversorgung sichergestellt sein. Der Wasserbedarf ist individuell stark verschieden und liegt während der Säugezeit bei 35–70 l Wasser je Tier und Tag. Die beste Versorgung erfolgt über Selbsttränken. Fehlen diese, so ist in einem Trog mehrmals täglich frisches Wasser zu geben.

Säugende Sauen müssen einzeln gefüttert werden, damit sie auch tatsächlich die notwendigen Futtermengen erhalten. Nach Möglichkeit sollte auch bei tragenden Tieren eine Einzelfütterung oder zumindest eine Gruppenfütterung durchgeführt werden. Gesundheitliche und hygienische Vorteile sprechen dafür, daß die Sauen in Einzelfreßständen außerhalb der Abferkelbucht gefüttert werden. Nachteilig ist die größere arbeitswirtschaftliche Belastung durch täglich zweimaligen Standortwechsel der Sau. Bei Fütterung der laktierenden Sau in der Abferkelbucht muß jedoch gewährleistet sein, daß die Tiere ad libitum bzw. mindestens 1 Stunde fressen können. Angefeuchtetes Futter sollte jedoch nicht länger als 1 Stunde im Trog verbleiben, da es sonst von den Ferkeln aufgenommen wird und zu Durchfällen führen kann.

Normalerweise sollte das Futter den säugenden Sauen täglich in 2 Mahlzeiten verabreicht werden. Aus arbeitswirtschaftlichen Gründen können tragende Sauen bei der Alleinfütterung einmal täglich gefüttert werden, oder es kann auch bei der kombinierten Fütterung das Kraftfutter morgens und das Grundfutter nachmittags gegeben werden.

Der äußerst starke Stoffwechsel während der Säugezeit führt zu großen Mengen freiwerdender Wärme im Tierkörper. Diese kann nur dann in ausreichendem Maße an die Umwelt abgegeben werden, wenn die Stalltemperatur nicht zu hoch ist, das heißt für Sauen optimal bei 10–15 °C liegt. Andererseits stellt das Ferkel sehr hohe Temperaturansprüche, die anfangs bis zu 30 °C betragen. So einfach ein mittlerer Temperaturbereich für beide wäre, so ist es doch nicht vertretbar, säugende Sauen in Ställen über 20 °C zu halten. Solche Temperaturbereiche führen zu gesteigerter Atemfrequenz, die verminderte Futteraufnahme und damit verminderte Milchleistung, wenn nicht gar gesundheitliche Störungen des Muttertieres zur Folge haben. Diese unterschiedlichen Ansprüche an die Stalltemperatur können in erster Linie durch zusätzliche Wärmequellen und reichlich Stroheinstreu für die Ferkel ausgeglichen werden.

6.2 Ferkelfütterung

Die Rentabilität der Ferkelerzeugung hängt wesentlich von der Aufzuchtleistung der Sau und damit von der Zahl der abgesetzten Ferkel ab. Die Aufzuchtleistung wird maßgeblich vom Absetzgewicht bestimmt, wobei in starkem Maße das Geburtsgewicht und die Entwicklung während der Säugeperiode eine Rolle spielen. Daraus ergibt sich auch die Forderung einer adäquaten pränatalen Ernährung der Ferkel über eine vollwertige Fütterung der Muttertiere. Zwar wird durch das Ernährungsniveau der graviden Sau kaum die Zahl der geborenen Ferkel, jedoch deren Geburtsgewicht beeinflußt. Wie aus der Zusammenstellung von Ergebnissen verschiedener Autoren in Übersicht 6.2-1 hervorgeht, besteht außerdem eine enge Beziehung zwischen Geburtsgewicht und Lebensfähigkeit sowie der späteren Entwicklung der Ferkel. Die Verlustquoten sind bei leichten Ferkeln größer, die täglichen Zunahmen in der Säugezeit und anschließenden Aufzucht und Mast geringer. Normale Geburtsgewichte sollten deshalb bei einem ausgeglichenen Wurf mindestens 1,3 kg betragen. Ziel der postnatalen Ernährung ist, bis zum Ende der Aufzucht die große Wachstumsintensität von Ferkeln im richtigen Maße auszunutzen und ernährungsbedingte Verluste zu vermeiden.

Übersicht 6.2–1: **Geburtsgewichte und Ferkelverluste sowie tägliche Zunahmen in verschiedenen Altersabschnitten**

Geburts-gewicht kg	Verluste %	tägliche Zunahmen, g bis 28. Lebenstag	28. Lebenstag bis Mastbeginn	Mast
unter 0,8	70	140	360	–
0,8 – 1,0	45	150	360	615
1,0 – 1,2	25	175	385	625
1,2 – 1,4	15	195	410	665
1,4 – 1,6	10	220	420	700
1,6 – 1,8	7	240	430	700
1,8 – 2,0	7	265	450	–

6.2.1 Grundlagen zur Ferkelernährung

Ferkel haben ein besonderes Wärmebedürfnis. Dies liegt im endogenen Stoffwechsel der Neugeborenen begründet. Zum Zeitpunkt der Geburt fällt nämlich der ziemlich hohe Blutzuckergehalt, um später wieder allmählich anzusteigen. Dabei ist die Stärke des Abfalls von der Umgebungstemperatur und von der Höhe der Kolostralmilchaufnahme abhängig. Fällt der Blutzucker bei niedriger Umgebungstemperatur sehr stark ab, so wird sich rasch eine allgemeine Lebensschwäche einstellen. Diese Ferkel sind auch kaum mehr befähigt, Milch aufzunehmen, und sie verenden. Bei einer Umgebungstemperatur von 15 °C kann dieser Abfall im Vergleich zu einer Temperatur von 30 °C etwa doppelt so groß sein.

Unmittelbar nach der Geburt suchen die Ferkel instinktiv das Gesäuge des Muttertieres. Daran sollen sie nicht gehindert werden, denn die erste Kolostralmilch müssen neugeborene Ferkel so frühzeitig wie möglich erhalten. Die Zusammensetzung der Kolostralmilch ist nämlich in idealer Weise auf die Bedürfnisse des Neugeborenen abgestimmt. Es erhält durch sie eine ausreichende Nährstoffversorgung sowie genügend Schutzstoffe gegen verschiedene Krankheiten. Der optimale Zeitpunkt der ersten Kolostralmilchgabe hängt davon ab, wie rasch sich nach der Geburt der Gehalt an Nähr-, Wirk- und Schutzstoffen der Kolostralmilch ändert und wie sich die Absorption der Schutzstoffe in den ersten Lebensstunden vermindert.

.1 Nähr- und Schutzstoffgehalt der ersten Kolostralmilch

Der wesentlichste Unterschied zur Normalmilch liegt im hohen Eiweißgehalt der Kolostralmilch (siehe Übersicht 6.2–2, nach PERRIN 1955). So enthält sie rund 17 bis 18 % Eiweiß, die normale Milch der Sau hingegen 5 – 6 %. Außerdem weist das Eiweiß im Kolostrum eine andere Zusammensetzung auf. Über die Hälfte (55 %) des gesamten Eiweißes besteht nämlich in der ersten Kolostralmilch aus Globulinen, und zwar besonders aus γ-Globulinen. In der Normalmilch sind hiervon jedoch nur sehr geringe Mengen enthalten.

Der Globulingehalt der Kolostralmilch ändert sich rasch. Bereits 12 Stunden nach der Geburt ist er je Liter um drei Viertel zurückgegangen. Mit zunehmender Milchsekretion nach der Geburt wird also die Globulin-Konzentration verdünnt. Deshalb wird die aufgenommene Globulinmenge um so geringer, je später die erste Kolostralmilch verabreicht wird. In der γ-Globulinfraktion finden sich Antikörper, die Neugeborene gegen verschiedene Infektionskrankheiten, besonders der Atmungs- und Verdauungswege, schützen. Solche Immunglobuline sind zwar im Serum der Muttertiere, nicht aber im Serum der Neugeborenen enthalten. Beim Schwein und anderen Huf- und Klauentieren ist nämlich der Übergang von solchen Antikörpern vom Blut der Muttertiere in den Fötus nicht möglich. Eine Immunisierung kann also bei diesen Tieren nur erfolgen, wenn Kolostralmilch verabreicht wird. Da jedoch die Globulin-Konzentration nach der Geburt laufend geringer wird, ist nur über eine frühzeitige Gabe ein wirksamer Schutz zu erreichen.

Neben dem Gehalt an Globulinen ist auch der Vitamin-A-Gehalt der ersten Kolostralmilch für Neugeborene als Epithelschutzvitamin äußerst wichtig. Der absolute Vitamin-A-Gehalt der Kolostralmilch hängt im wesentlichen von der Fütterung der Muttertiere während der Trächtigkeit ab, woraus sich individuelle Unterschiede ergeben. Unabhängig davon wird – ähnlich wie bei Globulinen – die Konzentration an Vitamin A wie auch an Carotin nach der Geburt stets geringer. Dies gilt auch für andere fettlösliche Vitamine, nämlich D und E, sowie einige B-Vitamine (B_1, B_2 und B_{12}) und Vitamin C. Auch der Gehalt an Spurenelementen (Eisen, Kupfer, Zink, Kobalt, Jod) ist in der ersten Kolostralmilch um ein Vielfaches erhöht. Je später diese also verabreicht wird, desto weniger Wirkstoffe werden von dem Neugeborenen aufgenommen.

Übersicht 6.2–2: **Zusammensetzung von Kolostral- und Normalmilch**

	Geburt	Stunden nach dem Werfen				Normalmilch
		3	6	12	24	
Fett, %	7,2	7,3	7,8	7,2	8,7	9,4
Eiweiß, %	18,9	17,5	15,2	9,2	7,3	5,6
Lactose, %	2,5	2,7	2,9	3,4	3,9	5,0

.2 Absorptionsverhältnisse der γ-Globuline

Entscheidend für die Schutzwirkung der γ-Globuline ist aber nicht nur die angebotene Menge, sondern ebenso, wieviel davon in das Blut übergeführt wird. Der Darm der Neugeborenen ist nur kurze Zeit für solche hochmolekularen Stoffe durchlässig. Da das Kolostrum anfangs einen Trypsin-Inhibitor enthält, können die Schutzkörper ungespalten aufgenommen werden. Werden die γ-Globuline jedoch im Darmtrakt in ihre Bausteine zerlegt, so wird damit auch die Schutzwirkung zerstört. Die Frage ist also, wie lange Globuline unverändert die Darmwand passieren können.

In Abb. 6.2–1 ist nach Untersuchungen von SPEER und Mitarbeitern aufgezeigt, wie sich beim Ferkel die Absorption von Schutzkörpern nach der Geburt verändert. Innerhalb von 3 Stunden geht die Absorptionsfähigkeit bereits um die Hälfte zurück. Wird jedoch erst 12 Stunden nach der Geburt zum erstenmal gesäugt, so werden nur noch etwa 6 % absorbiert, ganz abgesehen davon, daß nach dieser Zeit die Konzentration der Kolostralmilch an Antikörpern bereits wesentlich geringer ist. Von einer ausreichenden Immunisierung des Ferkels kann dann nicht mehr die Rede sein. Erhalten Neugeborene dagegen die Kolostralmilch innerhalb der ersten 3 Stunden, so geht ein hoher γ-Globulingehalt der Milch mit einer äußerst hohen Absorptionsfähigkeit einher, und die Schutzwirkung kann voll zur Geltung kommen.

Nur über eine frühzeitige Kolostralmilchgabe wird also eine ausreichende passive Immunisierung für die ersten Lebenswochen erreicht. Dies geht auch aus Abb. 6.2–2 nach STAUB und BOGUTH hervor. Wird dagegen zu spät oder gar keine Kolo-

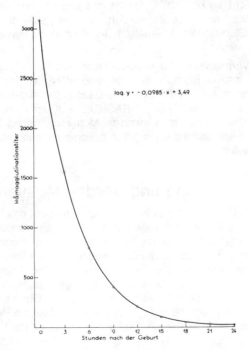

Abb. 6.2–1: **Absorption von Antikörpern beim Ferkel**

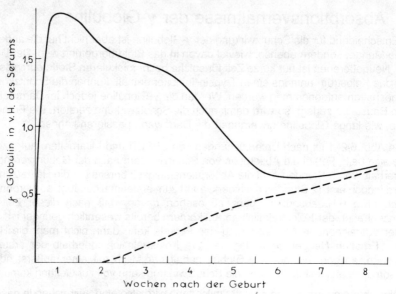

Abb. 6.2–2: **Mittlere γ-Globulingehalte im Ferkelserum** (– sofort Kolostralmilch, - - - künstliche Ernährung, globulinfrei, bzw. ab 4. Tag Muttermilch)

stralmilch verabreicht, so können frühestens im Laufe der zweiten Lebenswoche γ-Globuline im Serum nachgewiesen werden, und erst nach der 6. Lebenswoche nähern sich die γ-Globulin-Werte allmählich den Werten, die bei sofortiger Kolostralmilchgabe erzielt werden.

Für praktische Verhältnisse ist also sowohl aus dem Verlauf der Konzentrationsverhältnisse im Kolostrum als auch der Absorptionsfähigkeit des Ferkeldarmes ein frühzeitiges Säugen zu fordern. Dieses frühe Säugen dürfte den Abgang der Nachgeburt keineswegs verzögern. Nach GRASHUIS soll der Geburtsvorgang sogar rascher vor sich gehen, wenn die Ferkel an der Muttersau bleiben. Ferkel sollten also die erste Kolostralmilch so bald wie möglich bekommen, mindestens innerhalb der ersten drei Lebensstunden.

.3 Enzymentwicklung und Verdauungsvermögen

Der Abbau der Nahrung erfolgt beim Ferkel enzymatisch, das heißt, die Verwertung und Verträglichkeit der Nährstoffe hängt von der Entwicklung der Enzymsysteme im Verdauungstrakt ab. Diese ändern sich in ihrer Aktivität in den ersten Lebenswochen und können damit die Fähigkeit der Tiere zur Verdauung der einzelnen Nährstoffe beeinflussen. Die Entwicklung der Verdauungsenzyme ist in Abb. 6.2–3 nach verschiedenen Untersuchungen vereinfacht dargestellt. Daraus geht hervor, daß die Lactase-Aktivität bald nach der Geburt ihren Höhepunkt erreicht. Dagegen ist die Aktivität der eiweißspaltenden Enzyme Pepsin und Trypsin bei Geburt außerordentlich niedrig und steigt auch während der ersten drei bis vier Lebenswochen nur langsam an. Ähnlich liegen die Verhältnisse bei dem stärkeabbauenden Enzym Amylase.

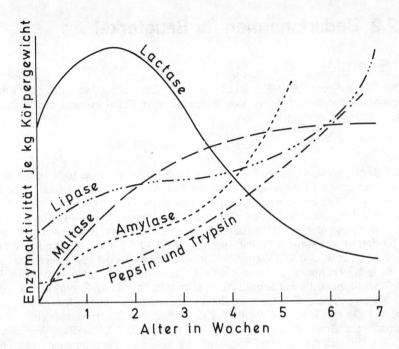

Abb. 6.2–3: **Aktivität von Verdauungsenzymen beim Ferkel**

Das Verdauungssystem des Ferkels ist speziell auf die Sauenmilch eingestellt. Das hat zur Folge, daß andere Futtermittel in geringerem Maße verdaut werden. Sauenmilch ist demnach auch das höchst verdauliche Futtermittel in der Ferkelernährung. So weist das Protein der Sauenmilch bei Ferkeln im Alter von 5 Tagen bis 5 Wochen eine Verdaulichkeit von 98 % auf. Ebenfalls sehr hoch verdaulich ist Eiweiß aus Kuhmilch mit 95 – 99 % und Fischmehl mit 92 %. Dagegen liegt die Verdaulichkeit von Sojaeiweiß mit etwa 80 % wesentlich tiefer.

Aufgrund dieser Verhältnisse kann ein Zusatz von Proteasen zu milchfremden Eiweißfuttermitteln eine zusätzliche Enzymwirkung hervorrufen. Allerdings müssen noch weitere Untersuchungen über die erforderliche Spezifität und über die optimalen Wirkungsvoraussetzungen der Enzyme durchgeführt werden, bevor Enzymzulagen für die praktische Ferkelfütterung empfohlen werden können.

Lactose wird vom Ferkel infolge der hohen Lactaseaktivität nach der Geburt gut verdaut. Der Abbau von Saccharose und roher Stärke entwickelt sich hingegen erst langsam. Deshalb wird Maisstärke in der ersten Woche nur zu 25 % verdaut, nach 3 Wochen bereits doppelt so gut. Andererseits kann aber durch eine frühzeitige Verfütterung von Getreide die Sekretion von Salzsäure und Magensaft angeregt werden.

Das hohe Angebot an Fett in der Sauenmilch kann vom Ferkel bereits ab der ersten Lebenswoche optimal verwertet werden. Auch andere Fette, wenn sie stark emulgiert sind, können vom jungen Ferkel gut ausgenützt werden.

6.2.2 Bedarfsnormen für Saugferkel

.1 Energie

Der Erhaltungsbedarf (ME_m) an umsetzbarer Energie (kJ/Tag, über dem Erhaltungsniveau gemessen) ergibt sich aufgrund einer Reihe in- und ausländischer Untersuchungen aus der Funktion:

$$ME_m = 480 \text{ bis } 540 \cdot \text{Lebendgewicht}^{0,75}$$

Der Bedarf an verdaulicher Energie liegt beim Ferkel um etwa 10 % höher. Auch die energetischen Teilwirkungsgrade k_g für das Wachstum, bzw. k_p und k_f für den Protein- und Fettansatz konnten noch nicht eindeutig festgelegt werden. Nach unseren Untersuchungen beträgt der partielle Wirkungsgrad der umsetzbaren Energie für den gesamten Energieansatz 58–60 %. Der Aufwand an umsetzbarer Energie für den Ansatz von 1 g Protein liegt bei 42–54 kJ ($k_p \sim 0,5$) und für 1 g Fett bei 52–42 kJ ($k_f = 0,75$–$0,95$). Wegen der Unsicherheiten bei der faktoriellen Ableitung des Bedarfs geht man auch heute noch von Gesamtstoffwechselversuchen aus. Für den Gewichtszuwachs wurde bei 2–16 kg schweren Ferkeln ein Energieaufwand von 21,2 MJ umsetzbarer Energie je kg Zunahme einschließlich des Erhaltungsbedarfs bestimmt. Da ein Gesamtnährstoff 17,6 kJ umsetzbarer Energie entspricht, werden demnach als Gesamtbedarf für 1 kg Zuwachs 1200 GN benötigt. Aus diesen Angaben läßt sich die tägliche Energiezufuhr abschätzen. Sie stimmt mit praktischen Fütterungsversuchen überein. Übersicht 6.2–3 zeigt nach unseren Untersuchungen die Richtzahlen für den Bedarf saugender Ferkel bei kontinuierlichem Wachstum.

Übersicht 6.2–3: **Täglicher Bedarf von Saugferkeln an Energie und an verdaulichem Rohprotein**

Woche	mittleres Gewicht am Ende der Woche kg	täglicher Zuwachs g	ME MJ	Bedarf je Ferkel GN	verd. Rohprotein g
1	2,6	170	3,3	190	50
2	4,1	210	4,2	240	65
3	5,8	240	4,9	280	75
4	7,7	270	5,8	330	90
5	9,8	300	6,7	380	100
6	12,3	350	7,7	440	110

.2 Eiweiß

In den ersten Lebenswochen der Ferkel ist der Eiweißbedarf nicht nur quantitativ als Versorgung mit Aminosäuren zu betrachten. Eiweiß ist in dieser Zeit auch als Quelle des passiven Immunitätsschutzes für Ferkel zu sehen (siehe hierzu 6.2.1).

Die Anforderungen an die Eiweißzufuhr werden einmal vom Zuwachs, zum anderen vom Energiegehalt der Ration beeinflußt. Je nach Alter des Ferkels sind für 1000 GN oder 17,6 MJ ME anfangs 280 g, später 230 g Rohprotein zu veranschlagen

Übersicht 6.2–4: **Eiweißbedarf wachsender Saugferkel**

Lebendgewicht kg	Rohprotein g in 1 MJ	g in 1000 GN	ME MJ	je 1 kg Futterration GN	Rohprotein g	%
4– 8	16	280	13	750	210	21
9–20	13	230	12	700	160	16

(siehe Übersicht 6.2–4). Daraus errechnen sich für die in der Ferkelaufzucht verwendeten Beifutter je nach Energiegehalt 21 % Rohprotein für das Saugferkelfutter bzw. 16 % Rohprotein für das Ferkelaufzuchtfutter. Auch der tägliche Eiweißbedarf saugender Ferkel läßt sich aus diesen Richtzahlen ableiten (siehe Übersicht 6.2–3).

Übersicht 6.2–5: **Bedarf von Ferkeln (9–20 kg Lebendgewicht) an essentiellen Aminosäuren**

L-Aminosäure	g je 1 MJ	g je 1000 GN	in % der Trockensubstanz*
Lysin	0,75	13,2	1,1
Methionin + Cystin	0,45	7,9	0,7
Tryptophan	0,10	1,8	0,15
Histidin	0,15	2,6	0,2
Tyrosin + Phenylalanin	0,35	6,2	0,5
Threonin	0,30	5,3	0,5
Leucin	0,48	8,4	0,7
Isoleucin	0,45	7,9	0,7
Valin	0,32	5,7	0,5

* bei 750 GN je kg Futter (870 g TS)

Die Sauenmilch enthält je 1000 GN oder je 17,6 MJ ME nur etwa 210 g Rohprotein, sie ist also bezogen auf den Energiegehalt relativ eiweißarm. Aus diesem Grunde ist es auch möglich, bei frühentwöhnten Ferkeln mit Futterrationen, die einen bedarfsgerechten Energie- und Eiweißgehalt aufweisen, höhere Zunahmen als bei saugenden Ferkeln zu erzielen.

Die Proteinqualität spielt für die Entwicklung der Ferkel eine große Rolle. Sie ist um so entscheidender, je energiereicher das Futter ist. Schätzwerte für den Bedarf 9–20 kg schwerer Ferkel an den einzelnen essentiellen Aminosäuren zeigt Übersicht 6.2–5 nach Angaben des britischen Agricultural Research Council (umgerechnet auf die Basis Gesamtnährstoff). Bei jüngeren Tieren müssen, bezogen auf die Energie, 40–60 % höhere Mengen eingesetzt werden. Als beste alleinige Eiweißquelle gilt das Milchprotein, jedoch konnten mit einer Kombination aus Milch und Fischmehl ebenso gute Erfolge erzielt werden. Die Ausnutzung von Soja- und Getreideprotein steigt erst mit zunehmendem Alter an. Durch eine höhere Eiweißzufuhr geringerer Qualität lassen sich für das Wachstum und den N-Ansatz der Ferkel allerdings nicht annähernd so gute Ergebnisse erzielen wie durch Rationen mit hoher biologischer Eiweißwertigkeit. Dies bedeutet, daß die Nahrung von Ferkeln ein sehr ausgewogenes Aminosäurenmuster enthalten muß.

6.2.3 Bedarfsnormen für frühentwöhnte Ferkel

.1 Energie

Frühentwöhnte Ferkel können durch die frühzeitige Gewöhnung an konzentrierteres Futter bereits ab der 2. Lebenswoche mehr Nährstoffe aufnehmen als saugende Ferkel. Ein höheres Wachstum erreichen frühabgesetzte Ferkel aber erst nach der 4. Lebenswoche, so daß bis zu diesem Zeitpunkt hinsichtlich des Nährstoffbedarfs verglichen mit den konventionell aufgezogenen Tieren keine größeren Unterschiede bestehen. Anschließend wird die Gewichtsentwicklung jedoch besser. In der 6. Woche können Zunahmen von 500–600 g erreicht werden. Allerdings ist von einem zu starken Wachstum der Ferkel abzuraten, da sich nach unseren Versuchen zeigte, daß solche übertrieben schnell gewachsenen Tiere in der späteren Mast geringere tägliche Zunahmen und schlechtere Futterverwertung aufweisen. Außerdem gestaltet sich dann die Umstellungsphase vom Aufzuchtstall in den Maststall ungünstiger.

Der Energiebedarf frühentwöhnter Ferkel läßt sich in ähnlicher Weise wie für Saugferkel ableiten (6.2.2). In neuerer Zeit von uns durchgeführte Untersuchungen ergaben, daß die erforderliche Zufuhr an umsetzbarer Energie (ME) aus dem Energie-Stickstoff-Quotienten der Ration und dessen linearer Korrelation zum Körpergewicht der Tiere ermittelt werden kann. Aufgrund dieser Beziehung und der Bedarfswerte für Protein läßt sich der Bedarf an umsetzbarer Energie nach folgender Gleichung berechnen:

$$\text{kJ ME/Ferkel/Tag} = (57{,}0 + 1{,}6 \cdot \text{Lebendgewicht in kg}) \cdot \text{Proteinbedarf in g}$$

Die täglichen auch auf GN umgerechneten Bedarfswerte zusammen mit der Gewichtsentwicklung der Ferkel zeigt Übersicht 6.2–6. Sie zeigen, daß ab Lebendgewichten über 7 kg die Bedarfswerte bei frühentwöhnten Ferkeln stärker zunehmen als bei saugenden Ferkeln.

Übersicht 6.2–6: **Täglicher Bedarf von frühentwöhnten Ferkeln an Energie und an verdaulichem Rohprotein**

Woche	mittl. Gewicht am Ende d. Woche kg	täglicher Zuwachs g	ME MJ	GN	verd. Rohprotein g	Rohprotein g
2	3,6	150	3,5	200	55	60
3	5,1	210	4,9	280	75	80
4	7,2	300	6,5	370	95	100
5	9,9	390	8,6	490	110	120
6	13,2	470	10,9	620	125	140
7	16,8	510	13,4	760	140	160

.2 Eiweiß

Anhand der durchgeführten Versuche kann der Proteinbedarf für die jeweiligen Lebendgewichte aus einer logarithmischen Beziehung zwischen N-Bedarf und Körpergewicht abgeleitet werden. Die erforderliche Eiweißzufuhr je Ferkel berechnet sich als Funktion des Körpergewichtes nach folgender Gleichung:

Proteinbedarf (g/Tag) =
$(21{,}7 - 9{,}88 \cdot \lg \text{Lebendgewicht in kg}) \cdot \text{Lebendgewicht in kg}$

Die entsprechenden täglichen Bedarfswerte an Protein für verschiedene Lebendgewichte sind in Übersicht 6.2–6 aufgeführt. Wie die Bedarfsfunktion zeigt, nimmt mit steigenden Lebendgewichten der N-Bedarf je Gewichtseinheit ab. In Relation zum Energiebedarf erweitert sich somit auch hier im Verlauf der Aufzuchtperiode das Eiweiß-Energie-Verhältnis von 270 g Rohprotein je 1000 GN in der 2. Lebenswoche auf 210 g in der 7. Lebenswoche. Da man aus praktischen Gründen den Eiweißbedarf auf die Futtermenge bezieht, ergeben sich daraus abnehmende Proteingehalte je kg Futter.

6.2.4 Fütterungshinweise zur Ferkelernährung

.1 Säugeperiode

In der ersten Lebenswoche wird der Nährstoffbedarf der Ferkel über die Muttermilch gedeckt. Das Kolostrum ist auch zweifellos für diese Zeit die beste Nahrung des Ferkels. Nach der ersten Woche liefert die Sauenmilch jedoch nicht mehr die genügende Eiweißmenge, die für ein optimales Wachstum nötig wäre. Deshalb muß versucht werden, den Ferkeln so früh wie möglich Beifutter zu verabreichen.

Die optimale Haltungstemperatur von Ferkeln liegt in der ersten Lebenswoche bei 32 °C, um dann bis zur 4. Woche auf 20 °C abzusinken. Glattes Haarkleid und ruhiges Verhalten der Ferkel zeigen an, ob sich die Tiere wohlfühlen und damit etwa die optimalen Temperaturbereiche gegeben sind.

Um dem besonderen Wärmebedürfnis der Neugeborenen zu entsprechen, werden Ferkel oft nach der Geburt sofort in eine Ferkelkiste gegeben. Dadurch werden sie aber nicht nur zu spät an das Gesäuge des Muttertieres angesetzt, sondern die Muttersauen, vor allem auch Erstlingssauen, werden während der Geburt stark beunruhigt. Diese Nachteile können weitgehend vermieden werden, wenn Abferkelbuchten verwendet werden. Die Ferkel haben damit jederzeit und sehr früh freien Zugang zum Gesäuge. Sauen benötigen ja eine wesentlich niedrigere Haltungstemperatur als Ferkel, deshalb muß für die Ferkel eine zusätzliche Wärmequelle bereitgestellt werden. Infrarotstrahler sind dafür sehr geeignet.

Beim Normalverfahren der Aufzucht ist als die günstigste Zeit für das Absetzen unter den derzeitigen Verhältnissen die 5. Woche anzusehen. Das setzt jedoch voraus, daß die Ferkel etwa 9–10 kg wiegen und bereits genügend Beifutter aufnehmen.

Das Absetzen der Ferkel in der 5. Woche bringt erhebliche Vorteile. Die Ferkel sind bereits so kräftig, daß sie über Beifutter ihren gesamten Nährstoffbedarf decken können. Nach der 5. Laktationswoche spielt die Nährstoffversorgung über die Muttermilch zudem nur noch eine geringe Rolle, da die Milchleistung der Sau bereits sehr stark nachläßt. Im übrigen wird ganz besonders ab dieser Zeit die Sau als

„Nährstofftransformator" unwirtschaftlich, da für gleiches Ferkelwachstum über die Fütterung der Sau und entsprechende Mengen an Sauenmilch 40 % mehr Energie aufgewendet werden müssen als bei direkter Nährstoffversorgung der Ferkel über bedarfsgerechte Mischfutter.

Außerdem ist die Rückbildung von Uterus und Placenta bei der Sau mit etwa 3 Wochen abgeschlossen, so daß mit Sicherheit angenommen werden kann, daß 1–2 Wochen nach dem Absetzen die Brunst eintritt und eine hohe Konzeptionsbereitschaft gegeben ist. Vor allem wird durch rechtzeitiges Absetzen auch ein zu starkes Abmagern der Sau vermieden, sehr starke Gewichtsverluste können nämlich zu verzögerter Brunst und auch zu einer geringeren Zahl reifer Follikel führen.

Durch das Absetzen nach 5 Wochen können die gesamten Aufzuchtkosten stark verringert werden. Mit jeder Woche längerer Säugezeit wird je Sau und Jahr im Durchschnitt ein Ferkel weniger produziert. Aus diesem Grund wird heute mehr und mehr ein noch früheres Absetzen durchgeführt.

Saugferkelbeifütterung

Für die Beifütterung von Saugferkeln ist dem Bedarf der Ferkel die Nährstofflieferung der Sauenmilch gegenüberzustellen. Aus der Differenz ergibt sich dann die Energie- und Eiweißmenge, die über Beifutter den Tieren zugeführt werden muß. In Abb. 6.2–4 ist der Energiebedarf der Ferkel und die Energieversorgung über die Muttermilch skizziert. Ähnliche Verhältnisse liegen beim Eiweiß vor. Während der ersten 2 Wochen wird bei einer normalen Milchleistung der Muttersau der Nährstoff-

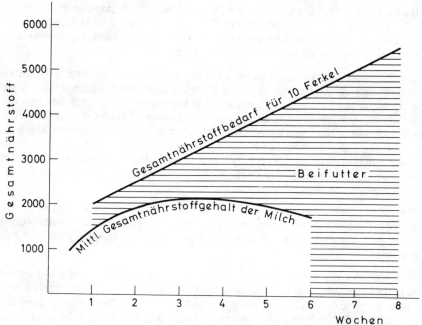

Abb. 6.2–4: **Energiebedarf und Energieversorgung wachsender Ferkel**

bedarf der Ferkel annähernd gedeckt. Nach dieser Zeit treten zwischen Bedarf und Versorgung mit Energie und Eiweiß immer größere Lücken auf, die über ein Beifutter zu schließen sind. Deshalb ist bereits ab der 2. Lebenswoche mit der Beifütterung anzufangen. Damit gewöhnen sich die Ferkel an die Aufnahme fester Nahrung, und es tritt kein Wachstumsstillstand ein.

Die Anforderungen an Beifutter für Ferkel sind in Übersicht 6.2–7 zusammengestellt. Bis zum Alter von 4 Wochen ist der Einsatz eines Saugferkelfutters, anschließend eines Ferkelaufzuchtfutters, zu empfehlen. Nach der Typenliste für Mischfuttermittel der Futtermittelverordnung wird derzeit das Saugferkelfutter als Ergänzungsfuttermittel für Ferkel und das Ferkelaufzuchtfutter als Alleinfuttermittel für Ferkel (Ferkelaufzuchtfuttermittel) bezeichnet. Bedingt durch den relativ hohen Nährstoffbedarf der noch jüngeren Tiere sowie wegen ihres geringen Aufnahmevermögens für trockenes Futter soll das Saugferkelfutter konzentrierter sein. Ein Nährstoffgehalt von 750 GN je kg und 21 % Rohprotein sollte nicht unterschritten werden (siehe hierzu auch Übersicht 6.2–4).

Saugferkel stellen hohe Anforderungen an die Futterqualität. Deshalb hat die Auswahl der Rohstoffkomponenten für das Beifutter besonders sorgfältig zu erfolgen. Wegen der besonderen Ansprüche an die Proteinqualität sind Mindestmengen an tierischen Eiweißfuttermitteln wie Trockenmagermilch und Fischmehl notwendig. Die hauptsächlichen Energieträger des Saugferkelfutters sind Futtergetreide und Futterfett.

Um eine hohe Futteraufnahme zu erzielen, wird man dem Saugferkelfutter häufig 5 % Futterzucker oder bis 150 mg Süßstoff je kg Mischfutter beifügen. Auch entschälter Hafer und Haferflocken sowie Sojaextraktionsschrot werden von den Ferkeln gern gefressen. Der Mineralstoff- und Spurenelementbedarf wird über die Beimischung von 2 % Mineralstoffmischung für Schweine berücksichtigt. Neben einer entsprechenden Vitaminierung (siehe Übersicht 6.2–7) sollte die Zumischung eines Breitspektrum-Antibioticums in Höhe bis zur zugelassenen Menge wegen der damit verbundenen großen Vorteile nicht unterbleiben.

Übersicht 6.2–7: **Anforderungen an Saugferkelfutter und Ferkelaufzuchtfutter**

	Saugferkelfutter	Ferkelaufzuchtfutter
Rohprotein, %, min.	22	16
Rohfaser, %, max.	5	6
Rohfett, %, min.		2
Calcium, %, min.		0,8
Phosphor, %, min.		0,6
Energiegehalt, GN/kg	750	700
MJ/kg	13,2	12,3
Erwünschte Wirkstoffkonzentration:		
Vitamin A, I.E./kg	16 000	12 000
Vitamin D, I.E./kg	2 000	1 500
Vitamin B_2, mg/kg	2	2
Eisen, mg/kg	120	120
Kupfer, mg/kg	30	30–220
Mangan, mg/kg	50	50
Zink, mg/kg	70	70

Das Beifutter wird zur freien Aufnahme vorgelegt. Im Mittel kann man etwa mit folgenden Futteraufnahmen je Tier und Tag rechnen:

3. Woche   50 g Saugferkelfutter
4. Woche 130 g Saugferkelfutter
5. Woche 200 g Ferkelaufzuchtfutter
6. Woche 350 g Ferkelaufzuchtfutter

Häufig ist es üblich, bereits während der gesamten Säugezeit Ferkelaufzuchtfutter zu füttern. Damit wird zwar eine Futterumstellung vor dem Absetzen umgangen, jedoch müssen beim Einsatz nur eines Beifutters andere erheblich größere Nachteile in Kauf genommen werden. Ein zu konzentriertes Ferkelbeifutter führt nämlich nach dem Absetzen zu Schwierigkeiten (siehe hierzu 6.2.6), vor allem, wenn es in größeren, unkontrollierten Mengen aufgenommen wird. Nimmt man aber von Anfang an ein Ferkelaufzuchtfutter mit maximal 6 % Rohfaser, dann sind Futteraufnahme und bedarfsgerechte Nährstoffversorgung nicht optimal. Auch die Verfütterung von Getreide als einzigem Beifutter ist abzulehnen, da dann die Eiweißversorgung dem Bedarf des Ferkels keineswegs entspricht. Durch die im Vergleich zur Eiweißzufuhr überhöhte Energieversorgung können die Tiere schon frühzeitig verfetten.

Das Beifutter wird getrennt von der Sau den Ferkeln zur freien Aufnahme vorgelegt. Futterautomaten eignen sich hierfür sehr gut. Zumeist wird das Mischfutter in pelletierter Form verabreicht. Allgemein sollte das Beifutter trocken angeboten werden. In den Trögen ist es alle 1–2 Tage völlig zu erneuern, da das Futter sonst leicht sauer wird. Aus diesem Grunde ist auch dickbreiiges oder suppiges Futter sowie Magermilch bei Ferkeln abzulehnen. Nur in außergewöhnlichen Fällen kann der Versuch gemacht werden, dicksaure Magermilch zu verabreichen. Insgesamt ist deshalb bei der Fütterung von Ferkeln stets auf Sauberkeit der Tröge, Regelmäßigkeit bei der Fütterung und auf einen gleitenden Übergang von 3–4 Tagen beim Umstellen von Saugferkelfutter auf Ferkelaufzuchtfutter zu achten.

Wasser

Voraussetzung für einen hohen Verzehr an Beifutter ist, daß die Ferkel laufend ausreichend einwandfreies Wasser saufen können. Die Aufnahme an Beifutter und Wasser stehen nämlich in einer engen Beziehung zueinander. Im Durchschnitt kann man 2–2,5 kg Wasser je kg Trockenfutter veranschlagen, das heißt, Ferkel weisen einen täglichen Wasserbedarf von etwa 10 % des Lebendgewichtes auf. Bei hohen Haltungstemperaturen im Stall kann der Wasserverbrauch erheblich ansteigen. Die sicherste Wasserversorgung erfolgt über Vorratstränken, die täglich einmal aufgefüllt werden.

.2 Absatzferkel

Nach Möglichkeit sollte die Sau von den Ferkeln abgesetzt werden. Demnach verbleiben die Ferkel in der Aufzuchtbucht, bis sie in die Mastbucht umgestallt oder verkauft werden. Ein Stallwechsel zum Zeitpunkt des Absetzens kann sich nämlich ungünstig auswirken. Eine genügende Futteraufnahme beim Absetzen setzt voraus, daß die Ferkel schon während der Säugezeit gelernt haben, möglichst viel Beifutter aufzunehmen. Gut ernährte Saugferkel werden sich auch kaum nach dem Absetzen überfressen. Auf jeden Fall muß aber bereits eine Woche vor dem Absetzen auf Ferkelaufzuchtfutter umgestellt werden. Dieses Futter wird dann weiterhin bis zur Verwendung der Tiere als Läufer oder Mastschweine eingesetzt.

Die aufgrund der Nährstoffansprüche erforderliche Zusammensetzung von Ferkelaufzuchtfutter ist in Übersicht 6.2–7 angegeben. Im Vergleich zum Saugferkelfutter liegt der Eiweißgehalt tiefer, der Rohfasergehalt höher. Der tierische Eiweißfutteranteil kann jetzt anstelle von Trockenmagermilch im wesentlichen aus Fischmehl bestehen. Außerdem sind 2,5 % Mineralstoffmischung für Schweine oder entsprechende Mineralstofffuttermittel einzumischen. Ferkelaufzuchtfutter wird nach dem Absetzen zur beliebigen Aufnahme vorgelegt. Daher können auch bei Absatzferkeln Futterautomaten verwendet werden. Eine Rationierung könnte dadurch erreicht werden, daß der Automat täglich nur einmal gefüllt wird. Die etwa zu veranschlagende tägliche Futtermenge gibt Übersicht 6.2–8 wieder.

Anstelle eines fertigen Ferkelaufzuchtfutters läßt sich notfalls auch ein entsprechendes selbstgemischtes Beifutter aus Eiweißkonzentrat und wirtschaftseigenem Getreide verwenden. Allerdings muß dieses Eiweißkonzentrat sehr hochwertig sein und einen antibiotischen Futterzusatz enthalten. Je nach Rohproteingehalt des Eiweißkonzentrates wird ein Anteil von 20–25 % mit 80 bis 75 % Getreide (mehrere Arten) eine Mischung ergeben, die etwa 16 % Rohprotein enthält. Der Vitamingehalt dieser Mischung erreicht allerdings nur etwa die Hälfte des Gehaltes im zugekauften Ferkelaufzuchtfutter.

Übersicht 6.2–8: **Tägliche Aufnahme an Ferkelaufzuchtfutter**

Alter Wochen	Lebendgewicht kg	tägliche Menge g
6	10–12	400– 500
7	13–15	650– 750
8/9	16–21	850–1100

Zukaufsferkel

Ein reibungsloser Übergang der Ferkel vom Aufzüchter zum Mäster setzt voraus, daß nach Möglichkeit das gleiche Futter weiter verabreicht wird. Schwieriger gestaltet sich das richtige Anfüttern von Zukaufsferkeln, deren vorherige Fütterung nicht bekannt ist. Solchen Ferkeln wird am ersten Tag im Zukaufsbetrieb nur frisches Wasser gegeben. Am zweiten Tag wird mit 100–150 g Ferkelaufzuchtfutter je Tier begonnen. Diese Menge wird täglich um etwa 100 g gesteigert, so daß am 4. Tag die in Übersicht 6.2–8 angegebenen Futtermengen erreicht werden. Erst ab einem Lebendgewicht von über 20 kg wird dann innerhalb einiger weniger Tage auf das Anfangsmastfutter umgestellt.

Beim Zukauf von Ferkeln ist darauf zu achten, daß möglichst gleichschwere Ferkel zu einer Gruppe zusammengefaßt werden, da sonst die Futteraufnahme vor allem der kleineren Ferkel beeinträchtigt wird. Alle Tiere müssen gleichzeitig fressen können. In einer Gruppe sollen nicht über 15 Tiere zusammengefaßt werden, da sonst häufig die Freßplätze bzw. die Troglänge je Tier nicht ausreichen.

Starter, Prestarter

Neben den Begriffen Saugferkelfutter und Ferkelaufzuchtfutter sowie den gesetzlichen Bezeichnungen Ergänzungsfuttermittel und Alleinfuttermittel für Ferkel, finden sich im Handel auch noch sogenannte Starter und Prestarter. Diese amerikanischen Bezeichnungen sind sehr irreführend, da als Starter sowohl Saugferkelfutter als auch Ferkelaufzuchtfutter gehandelt werden. Die Bezeichnung Prestarter wird sowohl für Saugferkelfutter als auch für Milchaustauschfutter für Ferkel verwendet.

6.2.5 Frühabsetzen

Mit dem Frühabsetzen von Ferkeln werden im wesentlichen schnellere Wurffolge, geringere Aufzuchtverluste und damit höhere Ferkelzahlen je Sau und Jahr angestrebt. Auch niedrigere Futterkosten für das Muttertier, Ausnutzung des schnelleren Wachstums der Ferkel und haltungstechnische Vorteile sprechen für das frühere Absetzen.

.1 Absetzen nach einer Woche

Nach bisherigen Erfahrungen ist es möglich, Ferkel bereits nach der ersten Lebenswoche ohne Sauenmilch aufzuziehen. Dies setzt möglichst einheitliche Lebendgewichte von rund 2,5 kg bei den in Gruppen aufgestallten Tieren voraus. Die Unterbringung in speziellen Etagenkäfigen erfordert einen heizbaren Raum, der bei einer Temperatur von 27 °C gehalten werden kann. Die relative Luftfeuchte soll wegen eines möglichst geringen Keimgehaltes zwischen 45 – 55 % liegen. Mit etwa 7 – 8 kg Lebendgewicht, was in der 4. Lebenswoche zu erreichen ist, können die Ferkel von den Batterien in Flachkäfige (Flat-Decks) oder auch in Buchten mit Einstreu umgestallt werden. Die optimale Stalltemperatur beträgt dann 22 – 24 °C.

Aufgrund des ungenügenden Verdauungsvermögens für milchfremde Rationsbestandteile muß das Futter für die ersten 3 Wochen nach dem Absetzen einem Milchaustauschfuttermittel für Ferkel entsprechen. Im Nährstoffverhältnis ist dieses Futter in etwa der Sauenmilch angepaßt, bei einem günstiger gewählten Protein-Energie-Verhältnis von etwa 1 : 3,5. Das bedeutet, daß dieses Mischfutter etwa 25 % Rohprotein enthalten soll, das hochverdaulich ist. Der wichtigste Bestandteil sollte Trockenmagermilch mit einem Mindestanteil von 50 % sein. Diese liefert außerdem ein Eiweiß von hoher biologischer Wertigkeit. Neben anderen Milchprodukten wie Casein, Molkenpulver und Buttermilchpulver sind auch geringe Mengen an Fischmehl, Ölkuchen aus Lein oder Soja, Zucker, aufgeschl. Stärke und Haferkerne als Rohstoffe möglich. Als Fettkomponente wird vielfach Schweineschmalz eingemischt. Aufgrund der Typenliste der Futtermittelverordnung für Mischfuttermittel werden an ein Milchaustauschfutter für Ferkel folgende Anforderungen gestellt:

Rohprotein	min. 23 %	Vitamin D, I. E./kg		1000
darunter Lysin	min. 0,6 %	Vitamin E, mg/kg		20
Rohfett	min. 4 %	Eisen, mg/kg		100
Rohfaser	max. 1,5 %	Kupfer, mg/kg		20
Vitamin A, I. E./kg	8000	Mangan, mg/kg		30
Vitamin B_{12}, µg/kg	20	Zink, mg/kg		70

Außerdem ist ein antibiotischer Futterzusatz in der zugelassenen Dosierung unerläßlich.

Das Milchaustauschfutter wird in trockener und pelletierter Form ad libitum vorgelegt. Da die Ferkel sehr kurzfristig von Muttermilch auf dieses Trockenfutter umgestellt werden, ist in der ersten Woche nach dem Absetzen der Futterverzehr geringer als erforderlich. Dies bedingt eine verzögerte Entwicklung der Tiere, die jedoch in den folgenden Wochen mehr als ausgeglichen wird. Zur ausreichenden Nährstoffversorgung sollen die Ferkel in der 1., 2. und 3. Woche nach dem Absetzen täglich etwa 200, 300 und 400 g Futter aufnehmen. Voraussetzung dafür ist auch, daß der hohe Wasserbedarf der Ferkel durch freie Wasseraufnahme gesichert ist und die schnell verderblichen Futterreste mindestens einmal täglich aus dem Trog entfernt werden. Nach der 4. Lebenswoche (3. Woche nach dem Absetzen) wird allmählich auf ein übliches Ferkelaufzuchtfutter umgestellt, das dann ab der 6. Lebenswoche das alleinige Futter darstellt.

Während Ernährung und Haltung von nach der ersten Lebenswoche abgesetzten Ferkeln keine besonderen Schwierigkeiten bereiten, ist die Reproduktionsleistung der Muttersauen nach bisherigen Ergebnissen noch nicht zufriedenstellend. Da die Rückbildungsvorgänge des Uterus erst mit etwa 3 Wochen nach Geburt abgeschlossen sind, ist bei früher erfolgter Paarung mit geringerem Konzeptionserfolg und niedrigerer Ferkelzahl im Folgewurf zu rechnen. Werden die Ferkel bereits nach einer Lebenswoche abgesetzt, sollten die Sauen erst 3 Wochen post partum gedeckt werden. In der Praxis hat sich deshalb das Frühabsetzen nach 3 Lebenswochen eingebürgert.

.2 Absetzen nach drei Lebenswochen

Bei einer dreiwöchigen Säugezeit können im Gegensatz zum Absetzen nach einer Woche normale Wurfgrößen erwartet werden, da die Regenerationsphase der Reproduktionsorgane der Muttersau zum Zeitpunkt der Brunst abgeschlossen ist. Die Wurffolge wird beschleunigt, so daß im Vergleich zur 5 – 6wöchigen Säugezeit 2 – 3 Ferkel je Sau und Jahr mehr erzielt werden können. Vorteilhaft wirkt sich weiterhin aus, daß man weniger Abferkelbuchten und keine Etagen-Aufzuchtkäfige benötigt, denn die Ferkel kommen nach dem Absetzen direkt in Flachkäfige (Flat-Deck-Haltung). Hinsichtlich der Ernährung erweist es sich als günstig, daß bei einer Säugezeit von 3 Wochen kein Milchaustauschfutter für Ferkel benötigt wird. Bereits ab der 2. Lebenswoche erhalten die Tiere wie üblich Saugferkelfutter (Ergänzungsfutter für Ferkel), das bis einschließlich der 5. Lebenswoche durchgehend gefüttert wird. Beim Absetzen sind die Ferkel bereits an die Trockenfutteraufnahme gewöhnt, was somit einen weitgehend gleichmäßigen Wachstumsverlauf sichert. Bedingt durch den früheren Milchentzug ist beim Saugferkelfutter auf gute Verdaulichkeit und

Übersicht 6.2–9: **Aufnahme an Ferkelfutter je Tier nach dem Absetzen in der 3. Lebenswoche**

Lebenswoche	mittleres Gewicht am Ende der Woche kg	tägliche Menge g	Futtertyp
4	7,5	300	Saugferkelfutter
5	9,5	550	Saugferkelfutter
6	12,5	800	Saugferkelfutter/ Ferkelaufzuchtfutter
7	16,0	1000	Ferkelaufzuchtfutter

Schmackhaftigkeit besonders zu achten. Ein geringer Zusatz an Magermilchpulver (15 %) und diverser Süßstoffe sind deshalb von Vorteil. In der 6. Lebenswoche erfolgt der allmähliche Übergang zu Ferkelaufzuchtfutter normaler Zusammensetzung. Als Richtzahlen für die tägliche Aufnahme der beiden Mischfutter dienen die in Übersicht 6.2–9 angegebenen Zahlen.

.3 Sauenmilchersatz

Bei zu geringer Leistung, Agalaktie, Mastitis, Bösartigkeit der Muttersau oder auch bei einer für das Gesäuge zu großen Ferkelzahl kann auch bei Aufzuchtverfahren mit längerer Säugezeit Milchaustauschfutter für Ferkel eingesetzt werden (siehe 6.2.5.1). In diesen Fällen ist die Muttermilch teilweise oder ganz zu ersetzen. Die Aufnahme von Kolostralmilch vor dem Ersatzfutter mindert das dabei auftretende Risiko erheblich.

Am einfachsten ist es, wenn in dem Betrieb andere Muttertiere mit gleichaltrigen Würfen vorhanden sind. Schwierigkeiten bei der Aufnahme der Ferkel durch die Amme können dadurch behoben werden, daß alle Ferkel mit Alkohol eingerieben werden. Dadurch kann das Muttertier die eigenen und fremden Ferkel nicht mehr unterscheiden.

Für die Aufzucht mit Ersatztränken eignet sich auch Schafmilch, da sie ähnlich zusammengesetzt ist wie Sauenmilch. Sie muß allerdings 6 – 10mal täglich verabreicht werden. Kuhmilch ist aufgrund der geringen Nährstoffkonzentration kein brauchbarer Ersatz. Auf jeden Fall ist es falsch, Kuhmilch noch mit Wasser zu verdünnen, wie es leider analog zu der Ernährung des menschlichen Säuglings zuweilen erfolgt. Wird Kuhmilch trotzdem verwendet, so sollte man Zitronensäure zusetzen, da Kuhmilch im Magen des Ferkels sonst grobfaserig gerinnt und gummiähnliche Klumpen bildet. Milchaustauscher für die Kälbermast sind als Ersatztränke für Ferkel nur geeignet, wenn sie in einer Dosierung von 250 g je Liter Wasser verwendet werden. Diese Tränke entspricht dann wenigstens in ihrer Nährstoffkonzentration annähernd der Sauenmilch. Die Wirkstoffversorgung ist dem Bedarf der Ferkel jedoch nicht angepaßt.

6.2.6 Fütterungsbedingte Aufzuchterkrankungen

Ferkeldurchfall

Ferkeldurchfälle können besonders in den ersten Lebenstagen, im Alter von 2 – 3 Wochen und zum Zeitpunkt des Absetzens auftreten. Die Ursachen hierfür sind meistens fütterungsbedingt, doch sind auch mangelhafte Stallhygiene und bakterielle oder parasitäre Erreger für den Durchfall verantwortlich zu machen.

Erkrankungen des Muttertieres, aber auch verdorbenes Sauenfutter, können die Sauenmilch verändern und damit Durchfall bei Ferkeln hervorrufen. Ebenso tritt er bei Überfütterung nach einer Mangelperiode und durch das Jauchesaufen der Ferkel auf. Auch ein starker Bakterien- und Pilzbesatz von Futterkomponenten kann Durchfälle auslösen. Wichtig ist, daß vorrangig erkannte Ursachen abgestellt werden und erst dann aufgetretene Durchfälle medikamentös mit antibiotischen Präparaten behandelt werden.

Ferkelanämie

Die Gefahr eines Eisenmangels ist beim Ferkel immer gegeben. Durch die laufende Erneuerung und Neubildung von roten Blutkörperchen mit ihrem hohen Eisengehalt ergibt sich für die Blutbildung ein ständiger Bedarf an Eisen. Wird dieser Bedarf nicht gedeckt, so wird die Hämoglobinsynthese gestört. Das Ferkel leidet dann an Anämie. Dabei nimmt der Hämoglobingehalt der roten Blutkörperchen meist ab, außerdem verändern sich ihre Größe und Form. Durch die Veränderung im Blutbild wird die Abwehrkraft des Organismus geschwächt, die Krankheitsbereitschaft erhöht, die Gewichtszunahmen geringer und damit das Auftreten von Kümmerern gefördert. Anämie ist für einen beträchtlichen Teil der Aufzuchtverluste verantwortlich zu machen.

Eine Ursache für den Eisenmangel von Ferkeln liegt in den relativ geringen Reserven bei der Geburt. Neugeborene Ferkel weisen nämlich nur etwa ein Drittel der Eisen-Konzentration ausgewachsener Schweine auf. Hinzu kommt, daß die Versorgung der Ferkel mit Eisen über die Muttermilch in der ersten Neugeborenenphase äußerst gering ist. Sauenmilch enthält nämlich im Vergleich zum Bedarf von Ferkeln sehr wenig Eisen.

Als prophylaktische Maßnahme, Anämie zu verhüten, ist die erhöhte Zufuhr von Eisen an Muttersauen bislang meist wirkungslos. Der Fe-Gehalt der Sauenmilch läßt sich nämlich durch eine stärkere Versorgung der Muttersauen nicht erhöhen. Auch die Reserven der neugeborenen Ferkel lassen sich wenig beeinflussen. Der Fötus vermag nämlich Eisen nur bis zu einer gewissen Grenze zu speichern, die beim Ferkel ziemlich niedrig liegt. Eine Speicherung von Eisen ist aber nur dann möglich, wenn die Muttertiere ausreichend versorgt werden. Aus diesem Grunde sollte den Sauen besonders während der letzten vier Trächtigkeitswochen täglich zusätzliches Eisen verabfolgt werden, damit die Ferkel wenigstens die bestmöglichen Reserven erhalten.

Eine frühzeitige und nachhaltige Deckung des Eisenbedarfes muß demnach durch direkte Gaben dieses Spurenelementes an die Ferkel erfolgen, und zwar spätestens ab Mitte der ersten Lebenswoche. Am sichersten ist die Injektion bestimmter Eisenpräparate, wie zum Beispiel Fe-Dextran oder Fe-Dextrin, ein Verfahren, das zwar wenig arbeitsaufwendig, aber teuer ist. Die Präparate werden intramuskulär (lange Sitzbeinmuskulatur oder Nackenmuskulatur) oder auch innerhalb des Bauchfells injiziert. Dem Ferkel sollen dabei etwa 150 – 200 mg verfügbares Eisen zugeführt werden. Eine Wiederholung der Injektion ist nicht erforderlich, da das injizierte Eisen laufend innerhalb von 2 – 3 Wochen vom Körper resorbiert wird, und zwar schneller, als es zur Hämoglobinsynthese nötig wäre. Überschüssige Fe-Mengen werden in der Leber gespeichert.

Eine zweite Möglichkeit bietet sich über die orale Zufuhr. Grundsätzlich sollten jedoch die meisten Präparate mindestens zweimal verabreicht werden. Eine einmalige Gabe ist nach unseren Untersuchungen nur bei Eisen-Depot-Tabletten in der richtigen Dosierung erfolgversprechend. Diese Depot-Tabletten sind dabei so dimensioniert und zusammengesetzt, daß sie eine bestimmte Zeit nach oraler Eingabe im Verdauungstrakt verbleiben, hier Eisen gleichmäßig abgeben und den Eisenbedarf des Ferkels nach Verabreichung für 3 Wochen sicherstellen.

Die Versorgung der Saugferkel mit Eisen über gute Erde ist ein altes Hausmittel und wird seit langem angewendet. Der Eisengehalt der Erde kann durch Bespritzen mit einer fünfprozentigen Eisensulfatlösung erhöht werden. Diese Methode erfordert viel Arbeit, bringt aber auch gute Erfolge. Sand ist ungeeignet. Die bestehende Verwurmungsgefahr kann durch Erhitzen der Erde beseitigt werden. Ähnlich wie dieses Einbringen von Erde in die Ferkelbucht ist der Auslauf zu beurteilen. Durch das Herumwühlen im Auslauf nehmen die Ferkel genügend Eisen auf. Das gilt jedoch nicht bei Sandböden. Tritt durch den Auslauf ein Wurmbefall der Tiere auf, so sind Wurmkuren durchzuführen oder die Standorte laufend zu wechseln.

Plötzlicher Herztod und Ödemkrankheit der Absatzferkel

Plötzlicher Herztod und Ödemkrankheit der Absatzferkel gehören zu den verlustreichsten Krankheiten, da sie vorwiegend die bestgenährten Tiere befallen. Bei der Ödemkrankheit bilden sich Schwellungen an Augenlidern und an inneren Organen aus, der Gang wird schwankend. Plötzlicher Herztod tritt mit 2 – 3 Wochen nach dem Absetzen auf. Die kranken Tiere liegen fest, atmen angestrengt und zeigen Durchfall. Nach längerer Krankheitsdauer tritt der Tod ein.

Beide Krankheiten entstehen durch Futterwechsel und zu große Aufnahme nährstoffreichen Futters oder bei Verseuchung des Stallmilieus durch β-hämolysierende Escherichia-coli-Keime bestimmter Serotypen und Überwuchern derselben im Darmkanal. Zur Vorbeugung sollten deshalb Futterwechsel beim Absetzen und ein Überfüttern vermieden und auf eine ausreichende Wasserversorgung, eine mineral- und vitaminreiche Ernährung sowie genügend tierisches Eiweiß in Verbindung mit kohlenhydratreicher Nahrung geachtet werden. Aus hygienischen Gründen sind die Buchten sorgfältig zu reinigen und zu desinfizieren. Die Behandlung bereits klinisch erkrankter Ferkel kommt meist zu spät. Bei gefährdeten, gleichaltrigen Tieren sind beim Erkennen der ersten Krankheitszeichen (z. B. Lid- und Unterhautödeme im Bereich des Kopfes, Darmkatarrh, Schwanken in der Hinterhand) in Verbindung mit einer tierärztlichen Behandlung eine ein- bis zweitägige Hungerkur bei ausreichender Frischwasserversorgung und gründlicher Desinfektion der Bucht recht erfolgversprechend.

6.3 Fütterung weiblicher Zuchtläufer

Zur Zucht bestimmte Absatzferkel werden mit einem Gewicht von 20–25 kg von den zur Mast bestimmten Tieren getrennt. Da Läufer bereits im Alter von etwa drei Monaten sexuelles Interesse zeigen und bei den weiblichen Tieren ab etwa 4 Monate erste Brunsterscheinungen auftreten, müssen auch mit Beginn der Läuferfütterung weibliche und männliche Tiere getrennt werden. Bei den weiblichen Zuchtläufern kommt es in erster Linie auf eine gesunde und kräftige, aber nicht zu schnelle Entwicklung an. Aus diesem Grunde liegt die Nährstoffversorgung niedriger als bei Mastschweinen.

Als Richtzahlen sind die Normen in Übersicht 6.3–1 anzusehen. Sie errechnen sich aus dem Erhaltungsbedarf (s. 6.5.2.1) und etwa 1000 bis 1850 Gesamtnährstoffe je kg Zuwachs im Lebendgewichtsbereich von 30 bis 120 kg. Je 1000 Gesamtnährstoffe liegen den Bedarfsnormen zur Eiweißversorgung anfangs 230 g abfallend auf 140 g verdauliches Rohprotein in den höheren Gewichtsabschnitten zugrunde. Bei dieser Nährstoffversorgung nehmen die Läufer täglich etwa 600 g zu und erreichen damit ein Lebendgewicht von 120 kg im Alter von rund 7,5 Monaten. Die Richtzahlen zur GN-Zufuhr an weibliche Zuchtläufer liegen etwa 10–15 % unter der empfohlenen Energieversorgung von Mastschweinen mit entsprechendem Lebendgewicht.

Übersicht 6.3–1: **Richtzahlen für die tägliche Nährstoffversorgung weiblicher Zuchtläufer**

Gewicht kg	verd. Rohprotein g	ME MJ	Gesamtnährstoffe
30	210	16,2	920
60	250	24,5	1390
90	260	30,3	1720
120	270	34,0	1930

Eine intensivere Aufzuchtfütterung hat keinen Einfluß auf den Eintritt der Geschlechtsreife, wohl aber auf das Lebendgewicht zur Zeit der Zuchtreife (2. bis 3. Brunst). Im allgemeinen wird die Ovulationsrate durch eine höhere Fütterungsintensität gesteigert (vgl. 6.1.1.1). Dafür ist aber nicht die Intensität der Läuferfütterung entscheidend, sondern erst die Energiezufuhr 8 bis 14 Tage vor der vorgesehenen Paarung, wie auch aus Übersicht 6.3–2 nach Untersuchungen von SELF und

Übersicht 6.3–2: **Einfluß der Fütterungsintensität auf die Ovulationsrate der Erstlingssau**

Gruppe	Fütterung ab 70. Tag bis Geschlechtsreife	Fütterung im 1. Brunstzyklus	Ovulationsrate bei der 2. Brunst
I	ad libitum	ad libitum	13,9
II	ad libitum	rationiert*	11,1
III	rationiert*	ad libitum	13,6
IV	rationiert*	rationiert*	11,1

* rationiert = 70 % der ad libitum Fütterung

Mitarbeitern (1955) hervorgeht. Wichtiger als die Ovulationsrate dürfte für die Wurfgröße und das Geburtsgewicht der Ferkel beim ersten Wurf die Entwicklung der Gebärmutter der Jungsau sein, die aber durch eine mastige Fütterung der Zuchtläufer nicht gefördert wird.

Fütterungshinweise

Wie bei Zuchtsauen wird die Fütterung von weiblichen Läufern entweder mit Alleinfutter oder mit Grund- und Ergänzungsfutter (kombinierte Fütterung) durchgeführt. Bei der Alleinfütterung, die in der Praxis zunehmende Verbreitung findet, werden die Absatzferkel bei einem Lebendgewicht von 20–25 kg im Verlaufe von mehreren Tagen auf das weiterführende Kraftfutter umgestellt. Dafür eignet sich z. B. Alleinfutter für Sauen mit mindestens 16 % Rohprotein und etwa 640 GN je kg. Ähnlich kann auch hofeigenes Getreide in Mischungen mit Zuchtsauenergänzungsfutter, eiweißreichem Ergänzungsfutter, Eiweißkonzentrat oder Eiweißfuttermitteln plus Mineralfutter verwendet werden (siehe hierzu 6.1.3.1). Die Höhe der Futterzuteilung richtet sich jeweils nach dem Energiegehalt des eingesetzten Mischfutters und der Gewichtsentwicklung der Läufer. Sie steigt im Bereich von 30 bis 120 kg Lebendgewicht bei 640 GN je kg Futter täglich von 1,5 auf 3 kg an.

Bei der kombinierten Fütterung der Läufer werden etwa ab 30 kg Lebendgewicht wirtschaftseigene Saftfuttermittel verabreicht (Grünfutter aller Art, Silagen aus Grünfutter, Mais, Maiskolbenschrot und Rübenblatt sowie auch Futterrüben). Die mit Weidegang im Sommer und Auslauf im Winter verbundene Bewegung wirkt sich auf die Zuchtkondition vorteilhaft aus. Selbstverständlich kann, wenn die Zuchtläufer keinen Weidegang oder Auslauf haben, die Fütterung ebenfalls vollwertig gestaltet werden. Der größte Teil der Nährstoffversorgung erfolgt auch bei der kombinierten Fütterung über Kraftfutter. Spätestens ab etwa 25 kg Lebendgewicht wird im Sinne einer vereinfachten Fütterung beim Kraftfutter von Ferkelaufzuchtfutter auf Sauenalleinfutter umgestellt. In 6.1.3.1 sind dazu entsprechende Mischungen angegeben. Bei guter Beschaffenheit und Zusammensetzung des Grundfutters wird die tägliche Menge an Alleinfutter von etwa 1,4 kg auf 1,8 kg bei 120 kg Lebendgewicht gesteigert. Die fehlende Energiemenge nehmen die Läufer jeweils durch das angebotene Grundfutter auf.

6.4 Fütterung von Jung- und Deckebern

Die Aufzucht von Jungebern und die Fütterung der Deckeber ist auf eine hohe Reproduktionsleistung auszurichten. Sowohl mangelnde als auch überreichliche Nährstoffzufuhr können sich sehr ungünstig auf die Zuchtleistung auswirken.

6.4.1 Reproduktionsleistung und Nährstoffbedarf

.1 Aufzuchtperiode

Die Hauptentwicklung des spermabildenden Epithels erfolgt bei Ebern im 4. bis 8. Lebensmonat. Die vollständige Samenproduktion und die Fähigkeit zur Ejakulation tritt jedoch erst mit etwa fünf bis sechs Monaten ein, wobei allerdings Spermamenge und Samenqualität zu diesem Zeitpunkt der Geschlechtsreife noch ungenügend sind. Erst im Alter von etwa 8 Monaten ist die sexuelle Leistungsfähigkeit soweit erhöht, daß eine sichere Befruchtung zu erwarten ist.

Die Sexualentwicklung wird durch die Intensität der Ernährung sehr stark beeinflußt. Durch mangelnde Nährstoffzufuhr wird die Entwicklung und die Funktionsfähigkeit der männlichen Geschlechtsorgane verzögert. Eine vorübergehende energetische Unterversorgung dürfte allerdings den Zeitpunkt der Geschlechtsreife trotz größerer Gewichtsverluste nicht beeinflussen. Überreichliche Energiezufuhr führt zu Verfettung und damit zu geringerer Zuchttauglichkeit.

Im Feld auf Eigenleistung geprüfte und gekörte Eber erreichen im Alter von etwa 7 Monaten ein mittleres Lebendgewicht um 130 kg. Diese Gewichtsentwicklung entspricht durchschnittlichen Tageszunahmen von rund 600 g seit Geburt bzw. 750 g im Gewichtsbereich von 25 bis 120 kg. Richtzahlen für eine entsprechende Fütterung sind in Übersicht 6.4–1 zusammengestellt. Bei der Ableitung dieser Richtzahlen (vgl. 6.5) wurde unterstellt, daß männliche Zuchtläufer mit Eintritt der Geschlechtsreife (verstärkte Androgenbildung) gegenüber weiblichen Läufern und Börgen durchschnittlich etwa 30 % mehr Eiweiß ansetzen und für den Gewichtszuwachs etwa 20 % weniger Energie benötigen. Während Mastschweine ihren maximalen täglichen N-Ansatz bereits mit etwa 60 kg Lebendgewicht erzielen (siehe Übersicht 6.5–6), erreichen Jungeber Höchstwerte erst um 90 kg.

Übersicht 6.4–1: **Täglicher Nährstoffbedarf in der Aufzucht von Jungebern**

Alter Wochen	Gewicht kg	tägl. Zunahmen g	ME MJ	GN	verd. Rohprotein g
12	30	550	16,2	920	210
18	60	800	24,6	1400	320
23	90	850	32,2	1830	340
28	120	725	35,2	2000	340

.2 Deckperiode

Dauer der Zuchtnutzung, Potenz des Ebers sowie Spermaertrag und -qualität können sehr stark durch die Fütterung beeinflußt werden. Dies ist mit auf die hohe Ejakulatmenge von Ebern zurückzuführen. Allerdings beeinflußt eine vorübergehende, verringerte Energiezufuhr auch bei Gewichtsverlusten die Gesamtzahl der Spermien im Ejakulat, ihre Bewegungsfähigkeit und die Befruchtungssicherheit wenig. Hält jedoch die mangelnde Energiezufuhr über längere Zeit an, dann verlieren diese Eber sehr schnell die Fähigkeit zu decken. Deshalb erfordert eine lange Zuchtbenutzung der Eber auch eine der sexuellen Belastung angepaßte Nährstoffzufuhr. Dies gilt auch für die Eiweißzufuhr. Bei Jungebern erhöht nach Untersuchungen von POPPE und Mitarbeitern (1974) eine gesteigerte Eiweißzufuhr den Spermaertrag, vor allem bei starker Zuchtbenutzung. Dabei kommt offenbar der Zufuhr von Lysin und Methionin eine vorrangige Bedeutung zu. Dieser Zusammenhang bedarf aber noch weiterer Untersuchungen.

In Übersicht 6.4–2 sind Richtzahlen für die Fütterung von Jung- und Deckebern bei normaler Zuchtbenutzung aufgezeigt. Bei der Berechnung wurde für Jungeber außer dem Bedarf für Erhaltung und mittlere Zuchtbenutzung noch ein täglicher Zuwachs von 600 – 400 g und ab 200 kg Lebendgewicht von 300 – 200 g berücksichtigt. Je 1000 GN wurde ein Eiweißbedarf von 180 g verd. Protein zugrunde gelegt. Der Nährstoffbedarf für die verschiedenen Lebendgewichte bleibt nahezu gleich, da der steigende Bedarf für die Erhaltung durch den sinkenden Bedarf für die geringeren Zunahmen in etwa ausgeglichen wird.

Übersicht 6.4–2: **Richtzahlen für die tägliche Nährstoffversorgung von Deckebern**

Alter Monate	Gewicht kg	tägl. Zunahmen g	ME MJ	GN	verd. Rohprotein g
7 – 12	120 – 200	600 – 400	35,2	2000	360
13 – 24	200 – 280	300 – 200	35,2	2000	360
2 Jahre und älter	350	–	31,7	1800	320

6.4.2 Praktische Fütterungshinweise

.1 Aufzucht von Ebern

Die angestrebten täglichen Zunahmen in der Aufzucht männlicher Zuchtläufer setzen den Einsatz relativ konzentrierter Futtermittel voraus. Bei der Fütterung mit Grund- und Kraftfutter wird daher Grundfutter (z. B. junges Grünfutter, Silagen, Futterrüben) erst ab einem Gewicht von 30 – 35 kg angeboten. Bei Begrenzung der Aufnahmemenge auf täglich 1 kg, steigend auf 3 kg im Verlaufe der Aufzucht, hat das Grundfutter im Vergleich zum Ergänzungskraftfutter nur einen mäßigen Anteil an der Nährstoffversorgung. Die mit dem Grundfuttereinsatz verbundene hohe arbeitswirtschaftliche Belastung hat dazu geführt, daß Jungeber meist nur mit Kraftfutter aufgezogen werden.

Als Kraftfutter wird für männliche Zuchtläufer bis etwa 30 kg Lebendgewicht am besten Ferkelaufzuchtfutter weitergefüttert. Entsprechend der in Übersicht 6.4-1 zugrundegelegten Gewichtsentwicklung ist für das folgende Kraftfutter eine Energiekonzentration von 650 – 670 GN (11,4 – 11,8 MJ ME) je kg ausreichend. Aufgrund des hohen Proteinansatzvermögens der männlichen Zuchtläufer sollte dieses Kraftfutter allerdings bis zum Lebendgewicht von 90 kg mindestens 17 % Rohprotein (bzw. mindestens 220 g verd. Rohprotein je 1000 GN) enthalten. Unter den Alleinfuttertypen werden energieärmeres Schweinemastalleinfutter I und Alleinfutter für laktierende Sauen den Nährstoffansprüchen der Jungeber am ehesten gerecht. Ab 90 kg Lebendgewicht genügt ein Rohproteingehalt von 14 % in der Tagesration bis zur Zuchtbenutzung.

Die Höhe der Futterzuteilung richtet sich dabei nach der Energiekonzentration der Futterration und den in Übersicht 6.4–1 angegebenen Richtzahlen zur Energieversorgung. Bei 650 GN (11,4 MJ ME) und 17 % Rohprotein je kg Alleinfuttermischung bietet auch die Rationsliste für die restriktive Fütterung der Mastschweine (siehe hierzu Übersicht 6.5–11) einen Hinweis für die Steigerung der Futterzuteilung an männliche Zuchtläufer.

Kraftfuttermischungen für die Eberaufzucht lassen sich auch aus Eiweißkonzentrat bzw. aus den verschiedenen Ergänzungsmischfuttertypen für Schweine und wirtschaftseigenem Getreide herstellen. Futtermischungen mit 17 % Rohprotein für den Einsatz bis 90 kg Lebendgewicht ergeben sich zum Beispiel aus den folgenden Kombinationen:
a) 150 g Eiweißkonzentrat + 850 g Getreide
b) 500 g Zuchtsauen-Ergänzungsfutter (oder Schweinemast-Ergänzungsfutter I) + 500 g Getreide
c) 350 g Schweinemast-Ergänzungsfutter II + 650 g Getreide

Zu Mischungen mit anderen Eiweißfuttermitteln siehe 6.5.3. Wird die Kraftfuttermischung aus Einzelfuttermitteln zusammengestellt, so sind zur Mineralstoffversorgung in die Futtermischungen 3 % vitaminiertes Mineralfutter für Schweine aufzunehmen. Aber auch über Mischungen mit Mischfutter-Standards wird der Mineralstoffbedarf der Aufzuchteber nicht immer voll gedeckt. In diesen Fällen läßt sich die Kraftfutterration durch den Zusatz von 1 – 2 % Mineralfutter für Schweine aufwerten.

Für den jeweiligen Getreideanteil in hofeigenen Futtermischungen sind energieärmere Getreideschrote (Gerste, Hafer) zu bevorzugen. Zur Begrenzung der Energiekonzentration auf 650 – 670 GN je kg Mischfutter läßt sich aber auch ein Teil des Getreides gegen Mühlennachprodukte, Grünmehle und Trockenschnitzel austauschen. Dies ist vor allem beim Einsatz von energiereichen Getreideschroten (Mais, Weizen) zu empfehlen.

.2 Deckeber

Eine vollwertige Ernährung der Deck- und Besamungseber ist sowohl durch eine kombinierte Fütterung von wirtschaftseigenem Grundfutter und Ergänzungskraftfutter als auch durch alleinige Fütterung von Kraftfutter möglich.

Die tägliche Futterzuteilung für Deckeber bei Fütterung mit wirtschaftseigenem Grundfutter gibt Übersicht 6.4–3 wieder. Bei mittlerer Zuchtbenutzung erhalten Deckeber zum wirtschaftseigenen Saftfutter die angegebenen Kraftfuttermengen. Die Höhe der Kraftfuttergabe ist nämlich von der Zuchtbenutzung, aber auch von der Qualität und Aufnahme an Grundfutter abhängig. Bei stärkerem Deckeinsatz bzw. geringerer Grundfutterqualität ist die tägliche Kraftfuttermenge bei über 200 kg schweren Tieren auf 2,5 kg zu erhöhen. Die Zusammensetzung des Kraftfutters sollte dem Alleinfutter für laktierende Sauen entsprechen. Erfahrungsgemäß wirkt sich ein Haferanteil von 30 – 50 % in der Mischung günstig auf die Zuchtleistung von Deckebern aus. Möglichkeiten für Eigenmischungen dieses Kraftfutters bestehen durch die Kombination von Eiweißkonzentrat oder anderen Ergänzungsmischfuttertypen mit Getreideschrot, Mühlennachprodukten, Grünmehl und Trockenschnitzeln. Zur ausreichenden Mineralstoffversorgung sollten solche Eigenmischungen, die zur Ergänzung des Saftfutters eingesetzt werden, insgesamt 3 – 3,5 % Mineralfutter für Schweine enthalten. Die erforderlichen Mengen an Kraft- und Grundfutter lassen sich durch laufende Wägungen des Ebers überprüfen.

Übersicht 6.4–3: **Tägliche Futterzuteilung für Deckeber**

Gewicht kg	Grundfutter kg	Sauenalleinfutter kg
ab 120	4	2,5
ab 200	7	2,0

Auch für die alleinige Fütterung der Eber mit Kraftfutter eignen sich Sauenalleinfutter oder entsprechende Kraftfuttermischungen. Die Tagesration liegt im Bereich von 2 – 3,5 kg und richtet sich vor allem nach der Gewichtsentwicklung und Intensität der Zuchtbenutzung. Insgesamt dürfte sich ein hoher Gehalt der Futterration an hochwertigem Eiweiß (16 % und mehr) günstig auf den Spermaertrag auswirken, besonders bei stärkerer Zuchtbenutzung.

6.5 Fütterung der Mastschweine

Der wirtschaftliche Erfolg bei der Mast wachsender Schweine wird im wesentlichen von der Wachstumsrate, Futterverwertung und Schlachtkörperqualität bestimmt. Eine hohe Wachstumsrate verkürzt die Mastdauer. Durch günstige Futterverwertung werden die Futterkosten je kg Zuwachs gesenkt, die Rückenspeckdicke vermindert und damit die Schlachtkörperqualität (Fleisch-Fett-Verhältnis) verbessert. Die Effizienz der Schweinemast setzt voraus, daß diese Leistungsmerkmale auf einer ausreichenden genetischen Grundlage beruhen und daß sie durch eine optimale Nährstoffzufuhr ausgenützt werden.

6.5.1 Zur Physiologie des Wachstums von Mastschweinen

Mit dem Begriff Wachstum werden die Zunahme und die Entwicklung der gesamten Körpermasse in einer definierten Zeiteinheit bezeichnet, wobei beide Vorgänge durch Teilung und Vergrößerung der Zellen erfolgen. Das Wachstum vollzieht sich demnach in zwei Richtungen: Es findet eine Vermehrung der Strukturmasse sowie eine spezifische Änderung der Körperproportionen und damit auch der chemischen Zusammensetzung des Organismus statt.

.1 Wachstumsintensität

Die Mast wachsender Schweine ist im wesentlichen durch die Neubildung von Körpersubstanz gekennzeichnet. Die Geschwindigkeit, mit der diese erfolgt, wird als Wachstumsintensität bezeichnet. MÖLLGAARD definiert sie als Vergrößerung der jeweiligen Körpermasse pro Zeitdifferential.

Im allgemeinen wird aber der Wachstumsverlauf bei Schweinen über die täglichen Gewichtszunahmen gemessen. Dieser Maßstab kennzeichnet die Wachstumsintensität natürlich nur unzureichend, da die täglichen Zunahmen vom Gewicht und Alter der Tiere abhängig sind. Ein einfacher Maßstab, um die Wachstumsgeschwindigkeit zu erfassen, ist der „Wachstumsquotient". Er errechnet sich aus dem Verhältnis der täglichen Zunahmen zum jeweiligen Körpergewicht. Um den Quotienten in ganzen Zahlen ausdrücken zu können, werden die täglichen Zunahmen in g, das Lebendgewicht in kg angegeben. In Abbildung 6.5–1 wurden die Wachstumsquotienten von Schweinen der Deutschen Landrasse zum Lebendgewicht in Beziehung gesetzt. Während mit zunehmendem Gewicht die Wachstumsrate, gemessen in absoluten täglichen Zunahmen, ansteigt, sinkt dagegen die Wachstumsgeschwindigkeit ab. Junge Tiere haben also eine sehr hohe Wachstumsgeschwindigkeit, die mit zunehmendem Alter zunächst sehr stark, später langsamer zurückgeht (siehe Abb. 6.5–1).

Die physiologische Ursache der abnehmenden Wachstumsintensität mit steigendem Lebensalter wird in der veränderten Körperzusammensetzung, im geringeren Quellungsgrad des Eiweißes und in geänderten Enzymkonzentrationen gesucht.

Abweichungen der altersbedingten Wachstumsintensität ergeben sich durch das sogenannte kompensatorische Wachstum. Darunter versteht man das biologische Phänomen, eine durch zeitweilige verringerte Nährstoffzufuhr verminderte Wachstumsrate in der Realimentationsphase (Aufhebung der Restriktion) durch überpro-

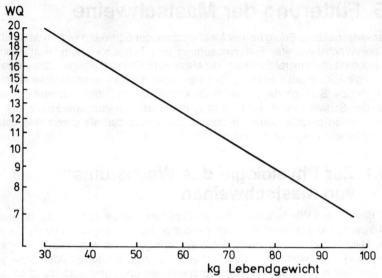

Abb. 6.5–1: **Wachstumsquotient von Schweinen Deutscher Landrasse in Abhängigkeit vom Lebendgewicht (y-Achse logarithmisch geteilt)**

portionales Wachstum auszugleichen, zu kompensieren. Das Ausmaß dieser Veränderungen ist umso größer, je strenger und länger die Nährstoffrestriktion zuvor war. Umgekehrt gibt es die Beobachtung, daß Perioden mit sehr hohen Tageszunahmen die weitere Gewichtsentwicklung negativ beeinflussen können. Praktische Bedeutung erhalten diese Zusammenhänge vor allem in der Ferkelaufzucht und in der darauf folgenden Mastperiode.

.2 Körperzusammensetzung

Im Verlaufe des Wachstums verändern sich die Körperproportionen, da die einzelnen Körperteile mit verschiedener Geschwindigkeit wachsen. Bei der Geburt sind Kopf und Skelett stark entwickelt. Später nimmt ihr Anteil am Körpergewicht ab, da zunächst die Körperlänge und danach die Rumpftiefe stärker zunehmen. Die Rücken- und Schinkenmuskulatur kann erst dann voll ausgebildet werden, wenn das Skelett zuvor genügend entwickelt ist.

Körpergewebe

Eine ähnliche Rangfolge der Entwicklung, wie sie die verschiedenen Körperteile mit zunehmendem Lebendgewicht aufweisen, besteht auch zwischen den Körpergeweben. Sie beeinflußt damit die Wachstumsrate des Knochen-, Muskel- und Fettgewebes im Schlachtkörper. Wie aus Abb. 6.5–2 nach HAMMOND hervorgeht, wird das Knochengewebe im frühen Alter wesentlich stärker entwickelt als das Muskelgewebe, während das spätere Wachstum vorwiegend durch den Fettansatz gekennzeichnet ist. So kann zu Beginn der Mast der Zuwachs zur Hälfte aus Muskel und etwa zu einem Drittel aus Fett bestehen, während gegen Mastende umgekehrt nur noch rund ein Drittel der Zunahmen in Form von Fleisch, aber über die Hälfte als Fett angesetzt werden.

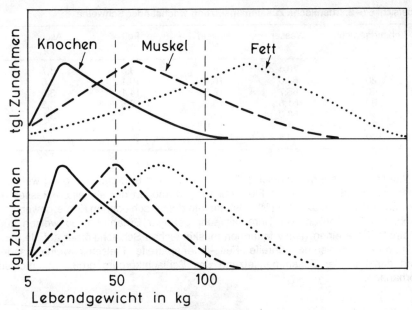

Abb. 6.5–2: **Wachstumsraten von Körpergeweben**
oben: sehr geringe Ernährung bzw. spätreife Tiere,
unten: sehr reichliche Ernährung bzw. frühreife Tiere

Die Wachstumsraten der einzelnen Gewebe sind von der Intensität der Ernährung abhängig (Abbildung 6.5–2). Bei reichlicher Ernährung wird das maximale Wachstum der Körpergewebe früher erreicht. Das führt zu einem relativ hohen Fettanteil im Schlachtkörper. Durch eine geringe Ernährung kann das maximale Wachstum der Körpergewebe verzögert und damit bei gleichem Schlachtgewicht ein vergleichsweise hoher Muskelanteil erzielt werden. Wie sehr die Ernährung den prozentualen Anteil des Knochen-, Muskel- und Fettgewebes im Schlachtkörper beeinflußt, geht auch aus den klassischen Untersuchungen von MC MEEKAN hervor, die in Übersicht 6.5–1 zusammengestellt sind. Zwar weisen diese Versuche für praktische Verhältnisse eine zu begrenzte Fütterung auf, doch stellen sie die physiologischen Zusammenhänge sehr klar heraus. Im Vergleich zu einer ad libitum Fütterung bildet sich bei einer begrenzten Fütterung wesentlich mehr Muskel- und weniger Fettgewebe in beiden Mastabschnitten aus. Diese Untersuchungen zeigen aber auch, daß sich eine begrenzte Fütterung in der letzten Hälfte der Mast sehr günstig auf die Schlachtkörperqualität auswirkt.

Übersicht 6.5–1: **Intensität der Ernährung und Körperzusammensetzung**

Fütterung in Mastabschnitt		Lebend-gewicht kg	Mast-dauer Tage	Anteile in %		
I	II			Knochen	Muskel	Fett
viel	viel	90	180	11	40	38
begrenzt	begrenzt	90	300	12	49	27
viel	begrenzt	90	240	11	45	33
begrenzt	viel	90	240	10	36	44

Übersicht 6.5–2: **Chemische Zusammensetzung wachsender Schweine**

Lebendgewicht kg	Wasser %	Protein %	Fett %	Asche %
15	70,4	16,0	9,5	3,7
20	69,6	16,4	10,1	3,6
40	65,7	16,5	14,1	3,5
60	61,8	16,2	18,5	3,3
80	58,0	15,6	23,2	3,1
100	54,2	14,9	27,9	2,9
120	50,4	14,1	32,7	2,7

Viel stärker als eine unterschiedliche Protein- und Energieversorgung wirkt sich aber das genetisch bedingte Fleischbildungsvermögen der einzelnen Rassen auf den Zeitpunkt der maximalen Wachstumsrate der verschiedenen Körpergewebe aus (Abb. 6.5–2). Ähnlich wie Tiere mit sehr geringer Ernährung, so weisen auch spätreife Tiere einen relativ fettarmen muskelreichen Schlachtkörper auf. Je nachdem, ob es sich also um frühreife ,,Fett"- oder spätreife ,,Fleischschweine" handelt, sind damit in der Zusammensetzung des Schlachtkörpers große Unterschiede vorhanden.

Chemische Zusammensetzung

Durch die unterschiedliche Entwicklung der einzelnen Körpergewebe ändert sich auch die chemische Zusammensetzung des Schlachtkörpers. Diese Zusammenhänge sind in Übersicht 6.5–2 für unterschiedliche Lebendgewichte nach Untersuchungen von HÖRNICKE dargestellt. Mit zunehmendem Alter nimmt der Wassergehalt ab, während der Fettanteil stark ansteigt. Protein- und Aschegehalte werden dagegen weniger stark beeinflußt. Durch diese Entwicklung wird der Trockensubstanzgehalt und besonders wegen des steigenden Fettgehaltes der Energiegehalt im Körper beträchtlich erhöht.

Dieser Prozeß wird als physiologische Austrocknung bezeichnet. Sie gilt nicht nur für den gesamten Schlachtkörper, sondern ist auch bei den einzelnen Geweben festzustellen. Mit steigendem Alter nimmt im Fettdepot der Wassergehalt ab, der Fettgehalt zu. Im Muskelgewebe erhöhen sich bei abnehmendem Wassergehalt die Protein- und Fettgehalte (siehe Übersicht 6.5–3 nach MC MEEKAN).

Übersicht 6.5–3: **Chemische Zusammensetzung des Muskelgewebes im Verlaufe des Wachstums**

Alter Wochen	Wasser %	Fett %	Rest (Protein) %
Geburt	81,5	1,9	16,6
4	75,7	4,3	19,9
8	76,2	4,7	19,0
16	75,7	3,4	20,9
20	74,4	4,0	21,6
28	71,8	5,6	22,6

6.5.2 Nährstoffretention und -bedarf wachsender Mastschweine

Der Ansatz an Körpersubstanz wird durch die Protein- und Fettsynthese bestimmt. In welchem Umfang Protein und Fett beim Mastschwein gebildet werden, ist von der genetischen Veranlagung, vom Alter und Körpergewicht sowie von der Eiweiß- und Energieversorgung abhängig. Ein Beispiel über das Ansatzvermögen an Protein und Fett von Schweinen bei hoher Energie- und Proteinversorgung mit hoher biologischer Wertigkeit ist in Abb. 6.5–3 aufgrund neuerer Untersuchungen von THORBEK (1975) illustriert. Daraus geht hervor, daß der tägliche Proteinansatz bis 60 kg Lebendgewicht ansteigt, hier mit 125 g sein Maximum erreicht und von da an konstant bleibt. Der maximale Proteinansatz läßt sich daher als quadratische Funktion des Lebendgewichtes beschreiben. Im Gegensatz zum Proteinansatz steigt der Fettansatz mit zunehmendem Lebendgewicht linear an und erreicht bei 80 kg Lebendgewicht bereits nahezu täglich 400 g. Entsprechend diesen Ansatzverhältnissen erhöht sich die tägliche Energieretention bei Schweinen von 20–80 kg Lebendgewicht von 1,7 auf 18 MJ.

Die volle Ausschöpfung des Proteinsyntheseverömgens führt infolge der genetisch bedingten Abhängigkeit zwischen der Protein- und Fettsynthese zu einem sehr starken Fettansatz. Der maximale Proteinansatz kann daher nicht die Grundlage darstellen, den Nährstoffbedarf für die Schweinemast abzuleiten. Vielmehr muß versucht werden, durch Restriktion der Energiezufuhr den täglichen Zuwachs zu begrenzen, um eine relativ günstige Schlachtkörperzusammensetzung zu erzielen.

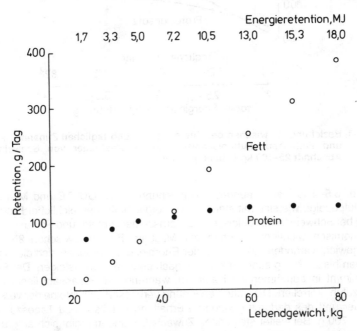

Abb. 6.5–3: **Tägliche Protein-, Fett- und Energieretention von Mastschweinen bei hoher Energie- und Proteinversorgung**

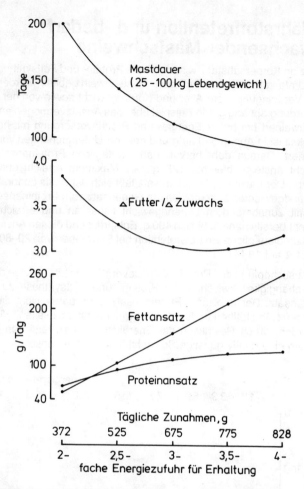

Abb. 6.5–4: **Beziehungen zwischen der Energiezufuhr und täglichen Zunahme, Protein- und Fettansatz, Futterverwertung sowie Mastdauer von Schweinen im Abschnitt 25–100 kg Lebendgewicht**

In Abb. 6.5–4 ist nach neueren Untersuchungen von GÜTTE und Mitarbeitern (1978) aufgezeigt, wie sich mit steigender Energiezufuhr bei reichlicher Proteinversorgung bei Schweinen der Belgischen Landrasse der Protein- und Fettansatz sowie die ökonomisch wichtigen Kriterien der Mast im Bereich zwischen 25–100 kg Lebendgewicht verändern. Mit steigender Energiezufuhr erhöhen sich die täglichen Zunahmen bis zu 700 g sehr stark, um danach degressiv anzusteigen. Der Proteinansatz nimmt in abnehmenden Raten zu, während der Fettansatz linear mit der Energiezufuhr korreliert. Die Futterverwertung verbessert sich infolge der verkürzten Mastdauer und des dadurch geringeren Erhaltungsanteils bis zu Tageszunahmen von etwa 700 g. Bei weiter steigenden Zuwachsleistungen ergibt sich aufgrund der zunehmenden Fettsynthese wieder ein erhöhter Futterverbrauch, die weitere Verkürzung der Mastdauer wirkt sich auf die Futterverwertung nicht mehr aus. Für die

Ableitung des Nährstoffbedarfs ist daher von mittleren Tageszunahmen von etwa 700 g auszugehen, da in diesem Bereich die Futterverwertung am günstigsten ist und das Protein-:Fettansatz-Verhältnis noch eine relativ günstige Schlachtqualität erwarten läßt. Fortschritte in der Züchtung oder Änderungen in der Vermarktungsweise können natürlich dieses Optimum in der einen oder anderen Richtung stärker verschieben.

Der mittlere tägliche Ansatz an Protein und Fett im Verlaufe der Mast läßt sich aus den Ergebnissen weiterer neuerer Stoffwechselversuche (OSLAGE, BOWLAND und Mitarbeiter, NIELSEN, THORBEK, WENK und Mitarbeiter) ermitteln. Im Durchschnitt dieser Versuche ergibt sich der in Übersicht 6.5–4 aufgeführte Protein- und Fettansatz, wobei zu Mastende bei 100 kg Lebendgewicht eine gewisse Reduktion vorgenommen wurde, um einem zu starken Verfettungsgrad entgegenzuwirken. Unterstellt man in der fettfreien Körpersubstanz einen Proteingehalt, wie er sich aus den Daten nach HÖRNICKE ableitet, so kann aus dem täglichen Proteinansatz die fettfreie Körpersubstanz und durch Addition des Fettansatzes die jeweilige Zunahme an Körpersubstanz errechnet werden. Demnach steigt der tägliche Zuwachs an Körpersubstanz von 500 auf 800 g an und geht bei 100 kg Lebendgewicht leicht zurück. Im Mittel beträgt er 700 g. Der unterstellte tägliche Proteinansatz nimmt von 94 auf 125 g zu und fällt bei Mastende entsprechend dem Gewichtszuwachs geringfügig auf 113 g ab. Der Fettansatz erhöht sich bis 80 kg Lebendgewicht weitgehend linear von 65 auf 300 g/Tag und steigt dann bis Mastende auf 340 g etwas geringer an. Daraus ergibt sich eine tägliche Energieretention von 4,8 bis 16,1 MJ. Diese Ansatzverhältnisse verdeutlichen gegenüber Schweinen älterer Zuchtrichtungen ein insgesamt höheres und vor allem ein bis Mastende stärker konstantes Proteinbildungsvermögen. Die aus dem jeweiligen täglichen Ansatz berechnete Zusammensetzung des Zuwachses zeigt, wie sich dieser im Verlauf der Mast zunehmend stärker in Richtung des Fettgehaltes ändert. Während der Proteingehalt im Bereich von 20–100 kg Lebendgewicht von etwa 190 auf 150 g je kg Zuwachs abfällt, steigt der Fettanteil von 130 auf 450 g an. Daraus berechnet sich eine Zunahme des Energiegehaltes von 9,6 auf 21,5 MJ/kg.

Übersicht 6.5–4: Täglicher Ansatz an Körpersubstanz, Protein, Fett und Energie sowie Zusammensetzung des Zuwachses bei mittleren Tageszunahmen von 700 g im Bereich von 20–100 kg Lebendgewicht

Lebend-gewicht	Körper-substanz	Täglicher Ansatz			Zusammensetzung des Zuwachses		
		Protein	Fett	Energie	Protein	Fett	Energie
kg	g	g	g	MJ	g/kg	g/kg	MJ/kg
20	500	94	65	4,8	188	130	9,6
40	650	113	135	8,0	174	210	12,5
60	750	125	220	11,8	167	295	15,7
80	800	125	300	14,9	156	375	18,7
100	750	113	340	16,1	151	450	21,5

.1 Energiebedarf

Der für die Erhaltungsfunktionen erforderliche Energiebedarf von Mastschweinen läßt sich mit der von BREIREM aufgestellten Gleichung ME (kJ/d) = $820 \cdot kg^{0{,}56}$ ermitteln. Dieser Energiebetrag entspricht einer Verwertung der ME von 81 %. Überträgt man diesen Bedarf auf die übliche Bezugsgröße des

Übersicht 6.5–5: **Energiebedarf von Mastschweinen für Erhaltung und Zuwachs sowie der jeweilige Gesamtbedarf bei einem mittleren Zuwachsniveau von 700 g/Tag**

Lebend-gewicht	Erhaltungs-bedarf		Bedarf je kg Zuwachs		Tägliche Zunahmen	Gesamtbedarf	
kg	ME MJ/d	GN/d	ME MJ	GN	g	ME MJ/d	GN/d
20	5,3	300	16,1	910	500	13,4	750
40	7,7	440	19,6	1120	650	20,4	1150
60	9,7	550	23,6	1340	750	27,4	1550
80	11,4	650	27,2	1550	800	33,2	1900
100	13.0	740	30,8	1750	750	36,1	2050

metabolischen Körpergewichts ($kg^{0,75}$), dann ergeben sich mit steigenden Körpergewichten zwischen 20 und 100 kg abnehmende Bedarfswerte von 464 auf 342 kJ/$kg^{0,75}$. Beim wachsenden Mastschwein führt somit die Bezugsgröße $kg^{0,75}$ zu variablen Erhaltungsbedarfswerten. Dies hat seine wesentliche Ursache in der unterschiedlichen Körperzusammensetzung im Verlauf des Wachstums. Ein hoher Fettgehalt bedingt nämlich einen geringeren Erhaltungsbedarf und umgekehrt. Außerdem verändern sich Aktivität und Wärmeregulation beim wachsenden Tier stärker. Diese Veränderungen werden durch die Potenzfunktion $kg^{0,56}$ besser erfaßt als durch die metabolische Körpergröße, die streng genommen auch nur für ausgewachsene Individuen gültig ist.

Um dem erhöhten Energieverbrauch für praktische Haltungsbedingungen zu entsprechen, ist zu dem oben angegebenen Bedarf für den Grundumsatz ein Zuschlag von 20 % erforderlich (BREIREM). In Übersicht 6.5–5 ist der so berechnete Erhaltungsbedarf an ME und GN (1 GN = 0,0176 MJ ME) angegeben.

Der Energiebedarf für den Zuwachs wird durch den Aufwand für die Teilprozesse Protein- und Fettansatz bestimmt. Nach einer Reihe von Untersuchungen betragen die Energiekosten beim Mastschwein für die Bildung von 1 g Protein 50 und für 1 g Fett 52 kJ ME. Bei einem Energiegehalt von 23,9 kJ je g angesetztes Protein und 39,7 kJ je g Fett errechnet sich daraus eine Verwertung der umsetzbaren Energie von 48 und 76 % für den Protein- bzw. Fettansatz. Aus dieser unterschiedlichen Verwertung der umsetzbaren Energie wird ersichtlich, daß der Energiebedarf für das Wachstum von der Zusammensetzung des Zuwachses abhängig ist. Einflüsse auf die Zusammensetzung des Zuwachses wie Höhe der Tageszunahmen, Alter der Tiere, genetische Veranlagung oder Phasen unterschiedlicher Ernährungsintensität (kompensatorisches Wachstum) verändern damit auch den Energiebedarf. Für die Bedarfsableitung kann man von einem mittleren Wachstumsverlauf und der daraus resultierenden Zusammensetzung des Zuwachses ausgehen. Aufgrund der jeweiligen Protein- und Fettgehalte im Zuwachs (Übersicht 6.5–4) berechnet sich mit den obigen Faktoren ein im Verlauf der Mast von 20–100 kg Lebendgewicht zunehmender Bedarf an ME von 16,1 bis 30,8 MJ oder von 910 bis 1750 GN je kg Zuwachs. Den Gesamtbedarf an Energie erhält man, wenn diese Bedarfswerte mit dem jeweiligen Zuwachs multipliziert zum Erhaltungsbedarf addiert werden (Übersicht 6.5–5). Daraus läßt sich auch für in der Praxis abweichende Tageszunahmen von etwa ± 50 g von dem vorgegebenen Zunahmeverlauf der Energiebedarf berechnen, da in diesen Bereichen noch eine lineare Veränderung der Zusammensetzung des Zuwachses angenommen werden kann.

.2 Proteinbedarf

Für die erwünschte Fleischfülle der Mastschweine muß im Verhältnis zum Fett ein möglichst hoher Proteinansatz angestrebt werden. Dies kann aber nicht bedeuten, daß der maximale Eiweißansatz in jedem Fall erreicht werden soll, da hier nicht nur ein extremer Verfettungsgrad des Schlachtkörpers, sondern auch eine ungünstige Verwertung des Proteins zu erwarten ist. Vielmehr ist in der Schweinemast von einem zum Aufwand an Futterprotein noch ökonomisch sinnvollen Proteinansatz auszugehen (vergl. hierzu 3.4.6.2).

Die erforderliche Zufuhr an verdaulichem Rohprotein für Erhaltung und Zuwachs läßt sich wie folgt formulieren:

$$\text{verdauliches Rohprotein (g/d)} = 6{,}25 \left(\frac{1}{BW} (UN_e + FN_e + RN) - FN_e \right)$$

Für die Erhaltung ist eine endogene N-Ausscheidung im Harn (UN_e) von 0,16 g N/d · $kg^{0,75}$ in der bereits geringe dermale N-Verluste enthalten sind und eine endogene Kot-N-Ausscheidung (FN_e) von 2 g N/kg TS-Aufnahme zu veranschlagen. Die N-Retention (RN) kann aus dem jeweiligen täglichen Zuwachs multipliziert mit der Zusammensetzung (Proteingehalt) des Zuwachses abgeleitet werden (siehe Übersicht 6.5–4). Der Ausnutzungsgrad des zugeführten verdaulichen Rohproteins wird durch die biologische Wertigkeit (BW als Koeffizient) bestimmt, die ihrerseits von der Ausschöpfung des Proteinansatzvermögens abhängt. Mit zunehmender Nutzung der maximal möglichen Proteinsynthese vermindert sich nämlich die biologische Wertigkeit und die erforderliche Proteinzufuhr steigt an. Bei einer angenommenen mittleren Proteinqualität (Fischmehl + Soja) und einem mittleren Ausschöpfungsgrad der Proteinsynthese kann eine Proteinausnutzung von 60 % unterstellt werden (BW = 0,6). Bei schlechterer Proteinqualität durch stärkeren Mangel an essentiellen Aminosäuren ist ebenso eine höhere Proteinzufuhr erforderlich wie bei ungenügender Energieversorgung. In beiden Fällen wird der Eiweißansatz gehemmt und die Proteinausnutzung vermindert. Auch unausgewogenes Aminosäurenangebot kann infolge des Imbalanzeffektes zu verringertem Wachstum führen.

In Übersicht 6.5–6 sind die einzelnen Faktoren für verschiedene Lebendgewichte angegeben. Daraus wurde nach obigem Schema der Bedarf an verdaulichem Rohprotein bei dem angestrebten Zuwachsniveau von täglich 700 g abgeleitet. Demzufolge erhöht sich der tägliche Bedarf an verdaulichem Rohprotein im Verlauf der Mast von 180 auf 275 g. Dividiert man diese Bedarfswerte durch die scheinbare Proteinverdaulichkeit, die rund 85 % beträgt, so erhält man die jeweils erforderliche Zufuhr an Rohprotein.

Daneben muß für die praktische Rationsgestaltung auch der Rohproteinbedarf je kg Futter bekannt sein. Er wird errechnet, indem man den Proteinbedarf durch den Energiebedarf dividiert und dann mit dem Energiegehalt je kg Futter multipliziert. Bei einem Energiegehalt von 700 GN/kg Futter ergeben sich im Verlauf der Mast von 196 auf 108 g abnehmende Rohproteingehalte je kg Futter. Um jeweils dem Proteinbedarf zu entsprechen, müßte daher die Futtermischung laufend geändert werden. Da dies für den landwirtschaftlichen Betrieb nicht in Frage kommt, wurden nur zwei verschiedene Alleinfuttertypen geschaffen, und zwar für die Anfangsmast bis 50 kg Lebendgewicht mit 16 % Rohprotein und für die Endmast mit 13 %

Übersicht 6.5–6: **Ableitung des Proteinbedarfes von Mastschweinen**

Lebend-gewicht kg	Futter-verzehr (88 % TS) kg/d	UN_e[1]) g/d	FN_e[2]) g/d	N-Retention g/d	verd. Roh-protein[3] g/d	Roh-protein[4]) g/d	Roh-protein g/kg Futter (700 GN)
20	1,07	1,5	2,0	15	180	210	196
40	1,64	2,5	3,0	18	230	270	165
60	2,21	3,5	4,0	20	260	305	138
80	2,71	4,3	4,8	20	275	325	120
100	2,93	5,1	5,2	18	265	315	108

[1]) UN_e = endogener Urin-N einschließlich dermaler Verluste = $0{,}16$ g N/d · $kg^{0{,}75}$
[2]) FN_e = endogener Kot-N = 2 g N · kg TS-Aufnahme
[3]) $6{,}25 \left(\frac{1}{BW} (UN_e + FN_e + RN) - FN_e \right)$

RN = N-Retention, BW = biologische Wertigkeit = 0,6
[4]) scheinbare Verdaulichkeit des Rohproteins von 85 % angenommen

Rohprotein. Einen gewissen Proteinüberschuß bzw. -mangel kann man damit in bestimmten Gewichtsabschnitten nicht vermeiden. Eine günstigere Staffelung des Proteingehaltes läßt sich dagegen bei allen kombinierten Mastmethoden wie zum Beispiel bei Mischungen aus Eiweißkonzentrat und Getreide durchführen.

Proteinqualität

Der Eiweißbedarf ist im eigentlichen Sinne ein Bedarf an Aminosäuren, von der Zufuhr her gesehen vor allem an essentiellen Aminosäuren. In Übersicht 6.5–7 ist nach verschiedenen Angaben der Bedarf an einigen essentiellen Aminosäuren aufgezeigt. Bei pflanzlichem Protein reicht die Proteinqualität häufig nicht aus. Bei Getreidemastrationen sind vor allem die Aminosäuren Lysin und Methionin limitierend, mit höherem Maisanteil in der Ration gerät auch die Tryptophanversorgung in den minimalen Bereich. Eine gewisse Bedeutung muß in der Schweinemast auch dem Threonin zugemessen werden. In der praktischen Fütterung wird der Forderung nach ausreichender biologischer Wertigkeit bislang dadurch entsprochen, daß ein bestimmter Anteil des verdaulichen Rohproteins in der Ration aus Eiweißfuttermitteln tierischer Herkunft stammen muß. Über die Ergänzungswirkung dieser Komponenten ergibt sich dann eine bedarfsgerechte biologische Eiweißwertigkeit der Gesamtration. Im einzelnen siehe hierzu Abschnitt 3.4.5.2.

Übersicht 6.5–7: **Bedarf von Mastschweinen an essentiellen Aminosäuren**

L-Aminosäure	bis 50 kg Lebendgewicht		50–100 kg Lebendgewicht	
	in % der TS	g je 1000 GN	in % der TS	g je 1000 GN
Lysin	0,9	11,5	0,6	7,5
Methionin + Cystin	0,6	7,5	0,5	6,3
Tryptophan	0,15	1,9	0,15	1,9
Threonin	0,5	6,3	0,4	5,0
Isoleucin	0,7	8,8	0,5	6,3

Durch die lineare Programmierung kann bei entsprechender Preiswürdigkeit auch die direkte Supplementierung der Ration mit synthetischen Aminosäuren erfolgversprechend sein.

.3 Futteraufnahme

Der Nährstoffbedarf für das Wachstum der Mastschweine erfordert eine relativ exakte Nährstoffzufuhr, um eine optimale Schlachtkörperzusammensetzung bei günstiger Futterverwertung zu erzielen. Bei der rationierten Futterzuteilung (restriktive Fütterung) kann die Nährstoffversorgung dem Bedarf am besten angepaßt werden. Dabei bedient man sich der sog. Rationsliste, bei der die tägliche Futterzuteilung aufgrund eines Gehaltes von 700 GN/kg lufttrockenes Futter in Abhängigkeit von Mastwoche und Gewicht der Tiere erfolgt. Gegenüber dieser rationierten Futteraufnahme führt eine ad libitum Fütterung zu einem deutlich höheren Futterverzehr (Abb. 6.5–5). Dies gilt für das heutige Zuchtmaterial besonders bis zum Lebendgewichtsbereich um 70 kg, da offenbar durch zunehmende Selektion auf geringere Rückenspeckdicke das Futteraufnahmevermögen im höheren Gewichtsbereich relativ vermindert wurde.

Eine umfassende Literaturauswertung des britischen Agricultural Research Council (ARC) ergab, daß eine solche Fütterungsweise im Mittel der Mastperiode den Futterverzehr um 17 % erhöht, die Futterverwertung jedoch um 5 % vermindert und demzufolge nur bis 12 % höhere tägliche Zunahmen ermöglicht als die rationierte Fütterung. Die Futterverwertung kann noch erheblich stärker verschlechtert sein, da ein freies Futterangebot häufig höhere Futterverluste begünstigt. Bei der Beurteilung des Schlachtkörpers zeigt sich eine um 1,5 %-Punkte höhere Ausschlachtung, aber eine um 3–5 mm stärkere Rückenspeckdicke. Beendet man die ad libitum Fütterung

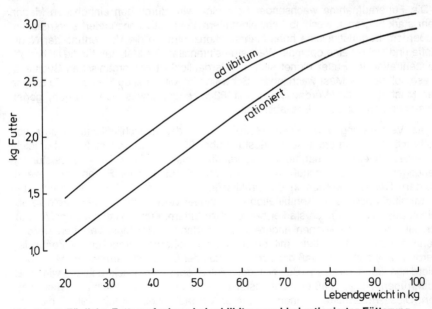

Abb. 6.5–5: **Tägliche Futteraufnahme bei ad libitum und bei rationierter Fütterung**

bei 55 kg Lebendgewicht und füttert restriktiv weiter, so reduzieren sich diese Differenzen um die Hälfte. Eine unbegrenzte Futteraufnahme erhöht vor allem im Abschnitt ab 55 kg Lebendgewicht besonders stark die Fettsynthese. Für 100 g zusätzlicher Futteraufnahme würde sich eine zusätzliche Fettbildung von rd. 24 g errechnen (100 g Futter = 70 GN = 1232 kJ ME : 52 = 23,7). Deshalb ist eine rationierte Fütterung vor allem im zweiten Mastabschnitt angezeigt.

Damit Futterrationen in der Schweinemast ad libitum angeboten werden können, wurde vorgeschlagen, rohfaserreiche Futterbestandteile einzumischen, um die Nährstoffkonzentration zu senken. Allerdings wird die Rohfaser vom Schwein nicht nur schlecht verdaut, sondern es wird durch sie auch die Verdaulichkeit der übrigen Nährstoffe sehr verändert. Eine Zugabe von 5–10 % Rohfaser setzt die Verdaulichkeit der Energie um 11 bzw. 22 % herab. Nach unseren Untersuchungen vermindert der Rohfasergehalt in Schweinemastrationen den GN-Gehalt je kg TS (y) nach der Gleichung $y = 972 - 29,5 \cdot x$ (x = % Rohfaser i. d. TS). Geht man davon aus, daß bei ad libitum Fütterung um 17 % mehr an Energie aufgenommen wird, so müßte der Energiegehalt je kg lufttrockenes Futter bei gleicher GN-Aufnahme von 700 auf 580 GN abgesenkt werden. Dies würde nach dieser Gleichung bedeuten, daß Rationen mit 9–10 % Rohfaser eingesetzt werden müßten. In der Praxis zeigt sich jedoch, daß eine Verminderung der Energiekonzentration nicht proportional zu einer höheren Futteraufnahme führt. Die Folge ist verringertes Wachstum, ungünstige Futterverwertung und auch hohe Futterkosten, da ballastreiche Futtermischungen auch relativ sehr teuer sind. Günstige Futterverwertung bei optimaler Zusammensetzung des Schlachtkörpers kann deshalb im wesentlichen nur über eine begrenzte Futterzuteilung erreicht werden.

.4 Verdaulichkeit

Die Futteraufnahme wachsender Schweine wird durch den einhöhligen Magen sehr stark begrenzt, weshalb Schweinefuttermittel relativ konzentriert sein müssen. Außerdem begünstigt eine hohe Nährstoffkonzentration die Verwertung der Nährstoffe und sichert eine optimale Wachstumsintensität. Als Maßstab für die Nährstoffkonzentration im Futter eignet sich die Verdaulichkeit der organischen Substanz. Diese soll bei der Mast wachsender Schweine im Mittel bei 80 % liegen. Zu Beginn der Mast kann die Verdaulichkeit mit 82 % sogar etwas höher liegen, gegen Mastende kann sie auf 78 % absinken.

Die Verfütterung von reinem Getreide oder der ausschließliche Einsatz von Futtermitteln, deren organische Substanz über 80 % verdaulich ist, führt aber leicht zu einer höheren Aufnahme an Nährstoffen als die Tiere für ihre Leistungen benötigen. Dieser Überschuß kann aber nur durch zusätzlichen Fettansatz verwertet werden. Deshalb werden in der praktischen Fütterung die höher konzentrierten Futtermittel entweder in Kombination mit geringer verdaulichen Futtermitteln verabreicht, oder sie sind noch stärker begrenzt zu füttern. Futtermittel mit einer Verdaulichkeit unter 80 % können andererseits nur dann in der Mast verfüttert werden, wenn sie mit Futtermitteln mit entsprechend höherer Verdaulichkeit kombiniert werden. Wesentlich ist, daß die Verdaulichkeit der Gesamtfutterration 80 % beträgt. Allerdings kann man am Beispiel der Molke oder von Hackfrüchten, wie z. B. Futterrüben, zeigen, daß es nicht ausreicht, die Verdaulichkeit allein zu berücksichtigen. Diese Futtermittel können trotz ihrer Verdaulichkeit von über 90 % nicht als alleiniges Futter eingesetzt werden, da durch den hohen Wassergehalt die erforderli-

Übersicht 6.5–8: **Verdaulichkeit der organischen Substanz einiger Futtermittel in der Schweinemast**

Verdaulichkeit der org. Substanz	Futtermittel
≧95 %	Futterzucker, Maniokschnitzel Typ 65, Magermilch, Molke, Hafer (geschält), Melasse
94–90 %	Weizen, Maniokmehl Typ 65, Zuckerrüben, Gehaltsrüben, Roggen, Buttermilch, Mais, Kartoffeln (frisch, siliert, getrocknet), Fischmehl (> 55 % Rohprotein), Erbsen, Sorghumsaatflocken
89–85 %	Maniokmehl Typ 60, Sojaextraktionsschrot, Roggenfuttermehl, Reisfuttermehl (weiß), Erdnußextraktionsschrot (enthülste Frucht), Massenrüben
84–80 %	Weizenfuttermehl, Tiermehl (> 55 % Rohprotein), Trockenschnitzel, Leinextraktionsschrot, Küchenabfälle, Gerste, Ackerbohnen, Maiskolbenschrotsilage (6–8 % Rohfaser), Maisfuttermehl, Melasseschnitzel
79–75 %	Tiermehl (< 55 % Rohprotein), Kartoffelschlempe (getrocknet), Maiskolbenschrotsilage (8–11 % Rohfaser)
74–70 %	Blutmehl, Reisfuttermehl, Maiskolbenschrotsilage (12–14 % Rohfaser), Rapsschrot (extr.)
69–65 %	Hafer, Weizenkleie (8–12 % Rohfaser), Maiskeimschrot (extr.), Roggenkleie (< 8 % Rohfaser)
64–55 %	Luzerne (grün und getrocknet), Rotklee (Beginn bis Mitte der Blüte, frisch und siliert), Maissilage, Zuckerrübenblattsilage, Mais-Gerste-Schlempe (getr.), junges Weidegras
≦54 %	Biertreber (frisch, eingesäuert oder trocken), Luzernesilage, Luzerne-Trockengrünfutter (< 19 % Rohprotein)

che Nährstoffkonzentration nicht erreicht wird. In Übersicht 6.5–8 sind die wichtigsten Futtermittel, geordnet nach ihrer Verdaulichkeit, zusammengestellt. Dabei zeigt sich, daß bisher häufig eingesetzte Futtermittel nur bedingt für die Schweinemast geeignet sind.

6.5.3 Fütterungshinweise zur Schweinemast

Ziel der Schweinemast ist die Produktion von Schweinen mit großer Fleischfülle und einem besonders hohen Anteil wertvoller Teilstücke am Schlachtkörper. Das sogenannte Fleischschwein mit gut ausgebildeten Rücken- und Schinkenpartien und wenig Bindegewebe dürfte für die Ansprüche unseres Marktes die beste Schlachtreife bei 100 – 110 kg Lebendgewicht erreichen. Auch für die Erzeuger ist die Erzielung einer optimalen Fleischentwicklung wirtschaftlich gesehen äußerst vorteilhaft, da eine Gewichtseinheit Fett 6- bis 8mal soviel Energie enthält wie die gleiche Gewichtseinheit Muskel. Aus diesen Gründen müssen alle Mastmethoden auf eine optimale Fleischbildung hinzielen. Die verschiedenen Mastmethoden werden meistens nach den Futtermitteln eingeteilt, die in der Ration vorherrschen und die meiste Energie bereitstellen. In manchen Fällen kennzeichnen auch Futtermittel aufgrund ihrer besonderen Beschaffenheit die Mastmethode (z. B. Biertreber, Molke u. a.).

.1 Getreidemast

Die Getreidemast erfordert den geringsten Arbeitsaufwand aller Verfahren, gute Mastleistungen können relativ sicher erwartet werden. Wegen der arbeitswirtschaftlichen Vorteile gegenüber den anderen Mastmethoden gewinnt die Mast mit Getreide als Hauptfuttermittel der Ration immer mehr an Bedeutung. Bei der Getreidemast müssen die Futtermischungen zugeteilt werden. Für die Menge an Futter dient das jeweilige Lebendgewicht der Masttiere als Anhaltspunkt. Der Übergang vom Ferkel- zum Mastfutter soll im Gewichtsbereich von 20 – 25 kg erfolgen. Zukaufsferkel mit niedrigerem Gewicht sind demnach vorerst mit Ferkelaufzuchtfutter zu füttern. Die Futterumstellung kann im Zeitraum von einer Woche vorgenommen werden, in der Ferkelaufzuchtfutter und die Mastmischung zusammen gefüttert werden.

Mastmethoden

Der Nährstoffbedarf wachsender Schweine ändert sich während der Mast laufend. Das Verhältnis von verd. Rohprotein : Gesamtnährstoffen erweitert sich kontinuierlich von 1:4,2 zu Beginn auf nahezu 1:8 gegen Ende der Mast. In praktischen Mastbetrieben kann man die Futtermischung jedoch nicht stets an diesen Bedarf anpassen. Aus diesen Gründen wurden Mastmethoden entwickelt, die einerseits den physiologischen Anforderungen der Schweine möglichst nahe kommen, die aber andererseits auch den Gegebenheiten des Betriebes Rechnung tragen. Die verschiedenen Fütterungsmethoden bei der Getreidemast kann man etwa wie folgt schematisieren:

Getreidemast

Mast mit Alleinfutter   Kombinierte Mastmethoden

                                              a) Grundstandard + Getreide
                                              b) Schweinemast-Ergänzungsfutter + Getreide
                                              c) Eiweißfutter + Getreide

Mast mit Alleinfutter. – Alleinfutter sind Mischfutter, die alle für den betreffenden Nutzungszweck erforderlichen Bestandteile in einer Mischung aufweisen; sie dürfen deshalb nur als alleiniges Futter gegeben werden. In der Schweinemast unterschei-

Übersicht 6.5–9: **Inhalts- und Zusatzstoffe von Alleinfuttermittel für Mastschweine nach Normtyp**

	Alleinfutter I	Alleinfutter II	Alleinfutter von 35 kg an
Inhaltsstoffe, %			
Rohprotein min.	16	13	14
darunter:			
Lysin min.	0,75	0,55	0,65
Rohfett max.	8	10	9
Rohfaser max.	6	7	6
Rohasche max.	7	7	7
Stärke min.	33	33	33
Stärke/Zucker/Rohfett min.	47	48	48
Calcium min.	0,7	0,6	0,7
Phosphor min.	0,5	0,4	0,5
Natrium min.	0,15	0,1	0,1
Zusatzstoffe je kg			
Kupfer, mg min.	20		20
Zink, mg min.	50	50	50
Vitamin A, I. E. min.	4000		4000
Vitamin D, I. E. min.	500		500

det man drei verschiedene Alleinfuttertypen, das Alleinfutter I und II und das Alleinfutter von 35 kg Lebendgewicht an. In Übersicht 6.5–9 sind die jeweils erforderlichen Inhalts- und Zusatzstoffe dieser Alleinfutter, wie sie die Futtermittelverordnung für den Normtyp vorsieht, aufgeführt. Normalerweise erfolgt die Mast mit Alleinfutter I und II, wobei bis zu einem Lebendgewicht von 50 – 60 kg Alleinfutter I und anschließend bis Mastende Alleinfutter II eingesetzt wird. Der Einsatz dieser beiden Futtertypen hat den großen Vorteil, daß die Anforderungen an den Proteinbedarf besser erfüllt werden können. Allerdings sind die geforderten 16 % Rohprotein in Alleinfutter I für den ersten Mastabschnitt im Mittel nicht bedarfsdeckend. Hier wären Alleinfutter mit einem höheren Rohproteingehalt (17 – 18 %) vorzuziehen. Im zweiten Mastabschnitt entspricht der Gehalt von 13 % Rohprotein im Alleinfutter II in etwa dem mittleren Proteinbedarf dieses Mastabschnittes.

Die Verwendung einer gleichbleibenden Futtermischung während der gesamten Mast, wie sie mit dem Alleinfutter von 35 kg Lebendgewicht an vorgesehen ist, bedeutet zu Mastbeginn ein erhebliches Unterangebot und ab der Mastmitte eine Überversorgung an Protein. Dieses Alleinfutter gewinnt an Bedeutung, weil Ferkel vermehrt erst mit 35 kg Lebendgewicht zur Mast aufgestallt werden. Der fütterungstechnische Vorteil eines einzigen Alleinfutters, der sich vor allem in automatisierten Fütterungsanlagen bei größeren Mastbeständen auswirkt, muß aber in der ersten

Übersicht 6.5–10: **Mischungsbeispiele für Schweinemast-Alleinfutter I und II, Anteile in %**

Futtermittel	Mischung					
	a	b	c	d	e	f
Alleinfutter I						
Fischmehl (Typ 60)	5	5	5	–	–	–
Tiermehl (Typ 55)	–	–	–	–	6	–
Eiweißkonzentrat	–	–	–	20	–	–
Sojaextraktionsschrot	15	12	13	–	12	20
Mais	–	–	45	–	–	40
Weizen	18	48	–	20	45	–
Gerste	40	–	–	40	–	–
Hafer	–	20	15	20	–	10
Roggenkleie	–	13	20	–	20	20
Weizenkleie	10	–	–	–	–	–
Melasseschnitzel	–	–	–	–	15	7,5
Maniokmehl (Typ 60)	10	–	–	–	–	–
Mineralstoffe	2	2	2	–	2	2,5
Alleinfutter II						
Fischmehl (Typ 60)	3	3	3	–	–	–
Tiermehl (Typ 55)	–	–	–	–	3	–
Eiweißkonzentrat	–	–	–	9	–	–
Sojaextraktionsschrot	8	4	5	–	4	10
Mais	–	–	50	–	–	43
Weizen	15	50	–	20	46	–
Gerste	40	–	–	50	–	–
Hafer	–	25	16	20	–	15
Roggenkleie	–	16,5	24,5	–	25	20
Weizenkleie	15	–	–	–	–	–
Melasseschnitzel	–	–	–	–	20,5	10
Maniokmehl (Typ 60)	17,5	–	–	–	–	–
Mineralstoffe	1,5	1,5	1,5	1	1,5	2

Masthälfte mit geringeren täglichen Zunahmen erkauft werden und dürfte insgesamt infolge der späteren Eiweißüberversorgung zu höheren Futterkosten führen. Als vernünftiger Kompromiß erscheint daher der Einsatz von Alleinfutter I und II angezeigt, vor allem, wenn Ferkel bereits mit 20 – 25 kg Lebendgewicht zur Mast verwendet werden.

Fertig zugekaufte Alleinfutter werden im praktischen Betrieb vor allem dann für die Schweinemast eingesetzt, wenn kein wirtschaftseigenes Getreide zur Verfügung steht. Alleinfutter können natürlich auch im landwirtschaftlichen Betrieb selbst hergestellt werden. Allerdings setzt dies voraus, daß hofeigene Mahl- und Mischanlagen vorhanden sind, deren Wirtschaftlichkeit jedoch vorher genau zu kalkulieren ist. Außerdem sind gute Kenntnisse über den Einkauf von Futtermitteln, die Rohstoffbeurteilung und die Rationsgestaltung erforderlich. Vorschläge für das Mischen der Alleinfutter im Betrieb sind in Übersicht 6.5–10 zusammengestellt. Durch die sich laufend ändernde Preiswürdigkeit der einzelnen Futtermittel können diese Beispiele jedoch nur Anhaltspunkte für Mischungen darstellen. Die Mineral- und Wirkstoffversorgung muß durch das Einmischen von 1,5 – 2 % eines vitaminierten Mineralfutters für Schweine gesichert werden. Wird anstelle einzelner Eiweißfuttermittel Eiweißkonzentrat im Alleinfutter verwendet, so erübrigt sich die Beimischung von Mineralfutter. Alleinfutter mit zugekauftem Eiweißkonzentrat bieten außerdem den großen Vorteil, daß sie als „Schaufelmischungen" hergestellt werden können, das heißt durch die hohen Anteile der einzelnen Bestandteile reicht eine Mischgenauigkeit, wie sie beim Mischen von Hand erzielt werden kann, aus.

Die Mast mit Alleinfutter erfolgt am besten nach Zuteilungstabellen. In Übersicht 6.5–11 ist eine solche Rationsliste aufgrund des Energiebedarfes (Übersicht 6.5–5) und des daraus resultierenden Gewichtszuwachses zusammengestellt. Bei der jeweils zugeteilten Futtermenge wurde davon ausgegangen, daß 1 kg Alleinfutter etwa 700 GN enthält. Bei einer Mastperiode von 20 – 100 kg Lebendgewicht ist dann

Übersicht 6.5–11: **Rationsliste für Getreidemast**

Gewichts-bereich kg	Mast-woche	Allein-futter	Tägliche Futterzuteilung je Schwein in kg					
			Grund-standard	+ Getreide	Schweine-mast Ergänzungsfutter I	+ Getreide	Eiweiß-konzentrat	+ Getreide
20,0 – 23,5	1	1,10	1,10	–	0,75 + 0,35		0,30 + 0,80	
23,5 – 27,0	2	1,25	1,25	–	0,75 + 0,50		0,30 + 0,95	
27,0 – 31,0	3	1,35	1,35	–	0,75 + 0,60		0,30 + 1,05	
31,0 – 35,0	4	1,50	1,50	–	0,75 + 0,75		0,30 + 1,20	
35,0 – 39,5	5	1,60	1,50 + 0,10		0,75 + 0,85		0,30 + 1,30	
39,5 – 44,0	6	1,75	1,50 + 0,25		0,75 + 1,00		0,30 + 1,45	
44,0 – 48,5	7	1,85	1,50 + 0,35		0,75 + 1,10		0,30 + 1,55	
48,5 – 53,5	8	2,00	1,50 + 0,50		0,75 + 1,25		0,30 + 1,70	
53,5 – 58,5	9	2,10	1,50 + 0,60		0,75 + 1,35		0,30 + 1,80	
58,5 – 64,0	10	2,25	1,50 + 0,75		0,75 + 1,50		0,25 + 2,00	
64,0 – 69,5	11	2,35	1,50 + 0,85		0,75 + 1,60		0,25 + 2,10	
69,5 – 75,0	12	2,50	1,50 + 1,00		0,75 + 1,75		0,25 + 2,25	
75,0 – 80,5	13	2,65	1,50 + 1,15		0,75 + 1,90		0,25 + 2,40	
80,5 – 86,5	14	2,75	1,50 + 1,25		0,75 + 2,00		0,25 + 2,50	
86,5 – 92,0	15	2,85	1,50 + 1,35		0,75 + 2,10		0,25 + 2,60	
92,0 – 97,0	16	2,95	1,50 + 1,45		0,75 + 2,20		0,25 + 2,70	
97,0 – 102,0	17	3,00	1,50 + 1,50		0,75 + 2,25		0,25 + 2,75	

mit einem Verbrauch von etwa 100 kg Alleinfutter I und 150 kg Alleinfutter II je Schwein zu rechnen. Dabei können mittlere Tageszunahmen von 670 – 700 g erwartet werden.

Mast nach der Grundstandardmethode. – Bei dieser Form der Mast wird das Schweinemast-Alleinfutter I, das auch unter der Bezeichnung DLG-Grundstandard bekannt ist als Beifutter für die Getreidemast eingesetzt. Es wird ab Anfang der Mast in steigenden Mengen bis täglich 1,5 kg je Tier zugeteilt und diese Menge dann bis Mastende konstant beibehalten. Der restliche Nährstoffbedarf des Mastschweines wird über eine Getreideschrotmischung oder über eine „Sättigungsmischung" aus Getreide, Mühlennachprodukten oder anderen Energieträgern gedeckt. Die Zuteilung dieser Mischungen ergibt sich aus der Rationsliste in Übersicht 6.5–11. Der Gesamtbedarf für eine Mastperiode bis 100 kg Lebendgewicht beträgt etwa 170 kg Schweinemast-Alleinfutter I (Grundstandard) und 80 kg „Sättigungsmischung". Diese Mastmethode ist nur zu empfehlen, wenn wenig Futtergetreide auf dem Betrieb vorhanden ist.

Mast mit Ergänzungsfutter. – Bei hohen Mengen eigenen Getreides im Betrieb kann die Verwendung von Ergänzungsfutter vorteilhaft sein. Es ergänzt die Eiweißmenge und -qualität sowie die Mineral- und Wirkstoffgehalte des Grundfutters. Außerdem enthalten Ergänzungsfutter preiswerte Energieträger, die somit nicht einzeln zugekauft werden müssen.

Nach der Futtermittelverordnung unterscheidet man zwischen Schweinemast-Ergänzungsfutter I und II mit einem Rohproteingehalt von 22 – 26 und 26 – 30 % und dem eiweißreichen Ergänzungsfutter, für das 34 – 38 % Rohprotein vorgeschrieben sind. Die entsprechenden Inhalts- und Zusatzstoffe dieser Mischfuttertypen nach Normtyp zeigt Übersicht 6.5–12. Dabei wurden die Gehalte an Mineralstoffen und Vitaminen so dosiert, daß Mischungen aus Getreide und Ergänzungsfutter den jeweils für Alleinfutter erforderlichen Inhalts- und Zusatzstoffen entsprechen. Unter-

Übersicht 6.5–12: **Inhalts- und Zusatzstoffe von Ergänzungsfuttermittel für Mastschweine nach Normtyp**

	Ergänzungsfutter für Mastschweine		Eiweißreiches Ergänzungsfutter
	I	II	
Inhaltsstoffe, %			
Rohprotein	22 – 26	26 – 30	34 – 38
darunter:			
Lysin min.	1,2	1,4	1,8
Rohfett max.	12	12	
Rohfaser max.	7	8	
Rohasche max.	13	14	19
Calcium min.	2,2	2,5	3,7
Phosphor min.	0,7	0,8	1,1
Natrium min.	0,25	0,3	0,4
Zusatzstoffe je kg			
Kupfer, mg min.	40	60	80
Zink, mg min.	200	200	300
Vitamin A, I. E. min.	8 000	12 000	16 000
Vitamin D, I. E. min.	1 000	1 500	2 000

stellt man in Getreidekomponenten einen mittleren Rohproteingehalt von 10 %, dann berechnen sich für die Herstellung von Alleinfutter I und II (17 bzw. 13 % Rohprotein) folgende Mischungsanteile aus Ergänzungsfutter und Getreide:

	Ergänzungsfutter für Mastschweine		Eiweißreiches Ergänzungs- futter
	I	II	
Alleinfutter I:			
Ergänzungsfutter, %	50	40	25
Getreidemischung, %	50	60	75
Alleinfutter II:			
Ergänzungsfutter, %	25	20	15
Getreidemischung, %	75	80	85

In Abhängigkeit vom Proteingehalt der Ergänzungsfutter ergeben sich demnach deutlich unterschiedliche Mischungsverhältnisse. Deshalb sind auch die jeweiligen Mischungsanweisungen der Hersteller neben dem Nährstoffgehalt des wirtschaftseigenen Futters besonders zu beachten.

Neben der Verwendung von Schweinemast-Ergänzungsfutter zur Mischung eines Alleinfutters kann man es auch für sich allein von Beginn bis Ende der Mast in täglich gleichbleibenden Mengen einsetzen. Dabei werden täglich 750, 550 bzw. 400 g Ergänzungsfutter I, II bzw. eiweißreiches Ergänzungsfutter verabreicht. Die Menge der „Getreidemischung" wird bis zur Höhe der gesamten täglichen Futterzuteilung, die für die Alleinfuttermethode jeweils gültig ist, nach Rationsliste ergänzt (s. Übersicht 6.5–11). Dadurch ist eine bedarfsgerechte Proteinversorgung während des gesamten Mastverlaufs möglich.

Das Ergänzungsfutter muß bei zweimaliger Fütterung nicht gleichmäßig auf die Futterzeiten aufgeteilt werden. Wie Untersuchungen zeigen (MENKE u. Mitarb.), kann ohne negativen Einfluß auf tägliche Zunahmen, Futterverwertung und N-Bilanz alternierend morgens oder abends Ergänzungsfutter oder „Getreidemischung" verfüttert werden. Bei dieser Mastmethode werden je Schwein im Mastabschnitt 20 – 100 kg Lebendgewicht 90, 70 und 50 kg Ergänzungsfutter I, II und eiweißreiches Ergänzungsfutter und dementsprechend 160, 180 und 200 kg „Getreidemischung" verbraucht. Insgesamt kann man also das Schweinemast-Ergänzungsfutter als „erweitertes Eiweißkonzentrat" ansprechen.

Das eiweißreiche Ergänzungsfutter wurde eingeführt, um die in den letzten Jahren oftmals auftretende Knappheit an wertvollen pflanzlichen und tierischen Eiweißfuttermitteln leichter überbrücken zu können. Aufgrund des im Vergleich zu Eiweißkonzentrat geringeren Proteingehaltes lassen sich hierfür Eiweißträger verwenden, die für das Eiweißkonzentrat weniger geeignet erscheinen. Eiweißreiches Ergänzungsfutter stellt somit einen zeitlich vorübergehenden Ersatz für Eiweißkonzentrat dar.

Mast mit Eiweißfuttermitteln und Getreide. – Für die Verwertung von wirtschaftseigenem Getreide in der Schweinemast kommt der Mastmethode mit Eiweißkonzentrat und Getreide eine immer größere Bedeutung zu. Diese Methode ist relativ sicher und einfach durchzuführen. Eiweißkonzentrat enthält sowohl tierische als auch pflanzliche Eiweißfuttermittel in einem günstigen Verhältnis, was preislich und ernährungsphysiologisch Vorteile bietet. Außerdem sind die für eine optimale Versorgung nötigen Mineral- und Wirkstoffe beigemischt. Für das Eiweißkonzentrat für Schweine sind nach der Futtermittelverordnung folgende Gehalte an Inhalts- und Zusatzstoffen vorgeschrieben:

Rohprotein	44 – 48 %	Kupfer min.	80 mg/kg
darunter:		Zink min.	300 mg/kg
Lysin min.	2,6 %	Vitamin A min.	16 000 I. E./kg
Rohasche max.	24 %	Vitamin D min.	2 000 I. E./kg
Calcium min.	5 %		
Phosphor min.	1,3 %		
Natrium min.	0,6 %		

Von diesem Eiweißkonzentrat werden im ersten Mastabschnitt täglich 300 g pro Mastschwein verfüttert. Ab 60 kg Lebendgewicht kann man auf eine Menge von täglich 250 g Eiweißkonzentrat je Tier zurückgehen. Neben dem Eiweißkonzentrat wird Getreideschrot bzw. eine Grundmischung aus Getreide, Maniokmehl, Mühlennachprodukten und anderes verfüttert. Die tägliche Futterzuteilung geht aus Übersicht 6.5–11 hervor. Für die Mast von 20 – 100 kg kann man mit einem gesamten Verbrauch von 210 kg Grundmischung und 40 kg Eiweißkonzentrat je Schwein rechnen. Die Menge an Eiweißkonzentrat verringert sich bei höherem Rohproteingehalt entsprechend. Bei einem Eiweißkonzentrat mit 50 % und mehr Rohprotein reicht eine tägliche Gabe von 200 g gegen Ende der Mast aus.

Eiweißkonzentrat läßt sich auch mit Getreideschrot zu einem Alleinfutter mischen. Die Mischung für die Anfangsmast muß hierbei etwa 20 %, das Alleinfutter für die Endmast 8 – 10 % Eiweißkonzentrat enthalten (s. auch Übersicht 6.5–10). Anstelle des Eiweißkonzentrates können auch einzelne Eiweißfuttermittel wie Fischmehl, Sojaschrot, Magermilch usw. eingesetzt werden. Dann ist aber eine zusätzliche Mineralstoffversorgung zu berücksichtigen, die über 1 – 2 % Mineralfutter für Schweine je kg Gesamtfutter vorgenommen werden kann. Weitere Angaben über die Verwendung einzelner Eiweißfuttermittel finden sich im nächsten Abschnitt.

Futtermittel

Eiweißfuttermittel. – An Eiweißfuttermitteln werden in der Schweinemast vor allem Fischmehl, Sojaextraktionsschrot, Magermilch, Blutmehl, Tiermehl, Erdnußextraktionsschrot und Ackerbohnen eingesetzt.

Fischmehl ist ein Sammelbegriff für Futtermittel, die bei der Verarbeitung aus mindestens zwei verschiedenen Fischarten und Fischabfällen entstehen. Wird das Fischmehl nur aus einer Fischart hergestellt, so wird diese für die Benennung des Futtermittels herangezogen, und man erhält zum Beispiel Dorschmehle oder Heringsmehle. Fischvollmehle sind Fischmehle, denen das beim Herstellungsprozeß anfallende Preßwasser (Fischpreßsaft) später wieder beigegeben wurde. Aufgrund des sehr unterschiedlichen Ausgangsmaterials und der Verarbeitung schwankt der Rohproteingehalt dieser Futtermittel sehr stark. Gute Fischmehle enthalten 58 % und mehr Rohprotein, das sich durch eine hohe biologische Eiweißwertigkeit und eine hervorragende Ergänzungswirkung auszeichnet. Deshalb kann Fischmehl ausschließliches Eiweißfuttermittel für Schweine sein, jedoch kommt das aus preislichen

Gründen weniger in Frage. Wegen der guten Ergänzungswirkung (siehe Abschnitt 3.4.5.2) sollten jedoch mindestens 15 % des Eiweißgehaltes praktischer Schweinemastrationen aus Fischmehlen stammen.

Magermilch ist ein ausgezeichnetes tierisches Eiweißfuttermittel mit einem relativ hohen Ergänzungswert für Getreide. Allerdings bringt der Einsatz frischer oder dicksaurer Magermilch eine erhöhte Arbeitsbelastung der Getreidemast. Wird Magermilch anstelle von Eiweißkonzentrat eingesetzt, so sind 100 g Eiweißkonzentrat durch 1,5 kg Magermilch zu ersetzen. Das ergibt dann zu Beginn der Mast 5 l und im 2. Mastabschnitt 4 l Magermilch täglich je Schwein. Die Verfütterung von Trockenmagermilch scheidet aus wirtschaftlichen Gründen aus.

Blut- und Fleischfuttermehle enthalten hohe Rohproteinmengen von guter Qualität. Sie spielen aber als alleiniges Eiweißfuttermittel in der Schweinemast nur eine untergeordnete Rolle. Dies gilt auch für Tiermehl. Infolge der unterschiedlichen Ausgangsprodukte des Tiermehls und der zum Teil ungünstigen Herstellungsbedingungen schwankt dessen Proteinqualität sehr stark. Auch ist die Ergänzungswirkung des Tiermehls für Lysin im Vergleich zu Fischmehl wesentlich schlechter. Aus diesen Gründen eignet sich Tiermehl hauptsächlich nur als Bestandteil des Eiweißkonzentrates, sofern es preisgünstig angeboten wird.

Sojaextraktionsschrot weist, wenn es dampferhitzt wurde, von allen pflanzlichen Eiweißfuttermitteln die beste Proteinqualität auf. In der Schweinemast läßt sich deshalb Sojaextraktionsschrot sehr gut einsetzen. Wenn auch unter Versuchsbedingungen beim Einsatz von Sojaextraktionsschrot als alleinigem Eiweißfuttermittel gute Mastergebnisse erzielt wurden, so dürfte es dennoch für praktische Verhältnisse ratsam sein, nur zwei Drittel des Eiweißbedarfs über Sojaextraktionsschrot zu decken und das restliche Drittel durch tierische Eiweißfuttermittel zu ergänzen. Bei Einsatz von Sojaextraktionsschrot als alleinige Eiweißkomponente kann nämlich eine unzureichende Versorgung mit schwefelhaltigen Aminosäuren, Vitamin B_{12}, Natrium und Calcium auftreten. Dies ist bei der Gestaltung solcher Mischungen besonders zu berücksichtigen.

Erdnußextraktionsschrot unterliegt sehr großen Qualitätsschwankungen (unterschiedlicher Schalenanteil, möglicher Pilzbefall und Aflatoxingehalt). Auch die biologische Eiweißwertigkeit ist nicht sehr hoch einzuschätzen, der Ergänzungswert ist wesentlich schlechter als bei Sojaextraktionsschrot. Erdnußextraktionsschrot kann deshalb nur stark begrenzt als Eiweißfuttermittel in der Schweinemast eingesetzt werden (siehe Übersicht 6.5–13).

Ackerbohnen weisen mit etwa 27 % Rohprotein einen beachtlichen Eiweißgehalt auf, der jedoch wie auch bei anderen Leguminosen durch eine geringe biologische Wertigkeit gekennzeichnet ist. Besonders die Gehalte an Methionin und Cystin sind limitierend. Allerdings erreicht der Lysingehalt mit 6,6 g/100 g Protein insbesondere gegenüber Getreide, aber auch im Vergleich zu Sojaextraktionsschrot einen hohen Wert. Wie unsere neueren Untersuchungen ergaben, können Ackerbohnen als Protein- und Energiekomponente mit gutem Erfolg in der Schweinemast verwendet werden. So läßt sich bei geringen Fischmehlanteilen von 5 und 3 % in der Anfangs- und Endmast Sojaextraktionsschrot teilweise oder ganz durch Ackerbohnenschrot ersetzen, ohne daß die Mast- und Schlachtleistung negativ beeinflußt wird. Dabei sind in der Anfangsmast 30 und in der Endmast 20 % Ackerbohnen in die Futterration einzusetzen. Bei diesen Anteilen und mit 15/10 % Sojaextraktionsschrot ist es sogar möglich, ohne tierisches Eiweiß auszukommen und eine der Vergleichsration

(5/3 % Fischmehl) entsprechende Mastleistung zu erzielen. Die energetische Verwertung von Ackerbohnen kann bis zu einem Gehalt von 30 % in der Ration der Gerste gleichgesetzt werden; erst bei sehr hohen Anteilen von 60 % traten nachteilige Effekte auf Gewichtszuwachs und Futterverwertung auf. Ackerbohnen in den angegebenen Mengen werden von den Schweinen gerne aufgenommen und ohne gesundheitliche Schäden vertragen. Zu beachten ist allerdings eine ausreichende Zinkversorgung.

Energiefuttermittel. – Zur Deckung des Energiebedarfs von Mastschweinen werden im wesentlichen neben den verschiedenen Getreideschroten auch Maniokmehl, Mühlennachprodukte und Nebenprodukte der Zuckerfabrikation verwendet. Dabei sollen diese Futtermittel in die Ration grundsätzlich nach der Preiswürdigkeit ihrer Nährstoffe aufgenommen werden. Allerdings können aufgrund der physiologischen Ansprüche des Mastschweines und aufgrund ungünstiger Wirkungen einzelner Rohstoffe diese nur in begrenzten Mengen in der Ration enthalten sein. Solche Restriktionen sind vor allem dann zu berücksichtigen, wenn bei der linearen Programmierung von Futterrationen alle preislichen Vorteile voll ausgenützt werden. In Übersicht 6.5–13 sind die Höchstmengen einiger Futtermittel für Schweinemastrationen angegeben. Allerdings sind diesen Angaben gewisse Einschränkungen beizufügen. Sie sind oft nur im Austausch mit der gleichen Menge an Getreide zu sehen. Wurde nämlich die Begrenzung von zwei Futtermitteln aus denselben Gründen (Verdaulichkeit, Beeinträchtigung der Freßlust u. a.) vorgenommen, so können sie nicht zusammen in einer Ration aufgenommen werden, auch wenn man die zulässige Höchstmenge berücksichtigt.

Getreideschrote guter Qualität bilden in den praktischen Schweinemastrationen die Grundlage der Energieversorgung. Gerste und Weizen können auch als alleinige Energiefuttermittel in einer Ration eingesetzt werden, wobei Weizen einen etwa 10 % höheren Nährstoffgehalt als Gerste aufweist. Roggen darf in der Gesamtration höchstens bis zum Anteil von 60 % verwendet werden. Sorgfältig getrocknetes Auswuchsgetreide kann ohne weiteres verfüttert werden, dagegen sollte man schlecht getrocknetes wegen des möglichen Schimmelbefalls nur in geringen Mengen einsetzen.

Übersicht 6.5–13: **Höchstmengen einiger Einzelfuttermittel in Schweinemastrationen**

Futtermittel	Höchstanteil in der Gesamtration (%)	
	Mastabschnitt 20–50 kg	Mastabschnitt 50–100 kg
Roggen	40	60
Hafer	20	30
Maniokmehl	20	30
Weizen- oder Roggenkleie (bis 12 % Rohfaser)	20	30
Futtermehle und Grießkleie	20	30
Kartoffelschnitzel und -preßschrot	30	50
Zuckerrübenvollschnitzel	30	40
Trockenschnitzel (melassiert)	15	20
Futterzucker	15	20
Trockengrünfutter	10	15
Erdnuß- bzw. Leinschrot, extr.	10	10
Ackerbohnen	30	30
tierische und/oder pflanzliche Fette	6	8

Auch Mais kann als alleiniger Energieträger in der Schweinemast verwendet werden. Bei der Zuteilung ist der um 10 % höhere Nährstoffgehalt im Vergleich zu Gerste zu berücksichtigen. Maiskörnersilage enthält je nach Trockensubstanzgehalt (55–65 %) sehr unterschiedliche Nährstoffmengen. Im allgemeinen dürfte die Nährstoffkonzentration um ein Drittel geringer sein als bei getrockneten Maiskörnern, dadurch erhöhen sich die zugeteilten Mengen entsprechend. Wegen des relativ hohen Rohfettgehaltes im Mais werden dem Tier auch höhere Mengen an mehrfach ungesättigten Fettsäuren verabreicht als zum Beispiel bei Verfütterung von Gerste. Dies beeinflußt die Qualität des Depotfettes, das dadurch bei starker Maisfütterung erhöhte Gehalte an mehrfach ungesättigten Fettsäuren vor allem im Rückenspeck aufweist. Solche Änderungen in der Zusammensetzung des Fettes sind aber bei der Erzeugung von Dauerware unerwünscht. In diesem Fall sollte der Maisanteil 50 % in der Ration nicht überschreiten.

Der Futterwert der bei der Müllerei anfallenden Nebenprodukte hängt weitgehend vom Ausmahlungsgrad des Getreides ab. Bei den Mühlennachprodukten fällt mit steigendem Ausmahlungsgrad der Gehalt an Stärke, der Gehalt an Rohfaser steigt an, und die Verdaulichkeit geht zurück. Deshalb müssen diese Futtermittel mehr oder weniger stark in den Schweinemastrationen begrenzt werden (s. Übersicht 6.5–13).

Von den Nebenprodukten der Zuckerfabrikation können Trockenschnitzel und melassierte Trockenschnitzel, obwohl sie zu über 80 % verdaulich sind, nur in begrenzten Mengen in die Mastrationen aufgenommen werden, da durch den hohen Cellulose- und Pektingehalt die entsprechende energetische Verwertung in Mastversuchen nicht erreicht wurde. Der Anteil an gemahlenen Trockenschnitzeln in Futterrationen sollte deshalb 20 % nicht übersteigen, weil sonst auch die Futteraufnahme verzögert und ungenügend erscheint. Zuckerrübenvollschnitzel können dagegen in wesentlich höheren Mengen verfüttert werden (siehe Übersicht 6.5–13). Auch Futterzucker, der mit 900 Gesamtnährstoffen je kg lufttrockener Substanz einen sehr hohen Energiegehalt aufweist, eignet sich für die Verfütterung an Mastschweine gut. Die Gesamtmenge an zuckerhaltigen Futtermitteln sollte aber nicht über einen Anteil von 30 bzw. 40 % in der Ration hinausgehen.

Fütterungstechnik

Mast- und Schlachtleistungen werden durch eine Reihe von fütterungstechnischen Maßnahmen beeinflußt. Auch die Wasserversorgung hat bei der Getreidemast eine besondere Bedeutung, da in den meisten Fällen das Kraftfutter trocken oder feuchtkrümelig verfüttert wird. Die sicherste Wasserversorgung erfolgt über Selbsttränken. Die Gefahr der zu hohen Wasseraufnahme besteht in der Schweinemast nicht. Wird im Futtertrog getränkt, so kann dies vor oder nach dem Füttern erfolgen. Als Bedarf können je kg lufttrockenes Futter etwa 2–3 l Wasser eingesetzt werden.

Rationierte Fütterung. – Allgemeine Angaben über die Futterrationierung können nur sehr schwer gemacht werden, da unterschiedliche Wachstumsrhythmen einzelner Rassen und Typen die Mastleistung und Schlachtqualität verschieden beeinflussen und damit eigentlich auch eine unterschiedliche Futterrationierung erfordern. Durch die Futterrestriktion können die täglichen Zunahmen gesenkt, die Futterverwertung aber verbessert werden, wenn durch das geringere Nährstoffangebot ein erhöhter Fettansatz vermieden wird. Aus diesem Grunde muß möglichst nach Zuteilungstabellen gefüttert werden. Die gewichtsmäßige Steigerung der Ration erfolgt wöchentlich, da es keine Vorteile bringt, die Futtermenge in kürzeren Intervallen zu erhöhen. Ein vereinfachtes Verfahren der Futterrationierung stellt die Fütterung auf „blanken Trog" dar. Hierbei soll bei täglich zweimaligem Füttern die Ration in jeweils 15–20 Minuten aufgefressen sein.

Ausfall von Futterzeiten. – Wegen arbeitswirtschaftlicher und sozialer Vorteile kann die Fütterung am Sonntagnachmittag ausfallen. Die Futtermenge dieser ausgefallenen Mahlzeit darf dann aber nicht in der vorhergehenden oder folgenden Futterzeit zusätzlich verabreicht werden. Da die Tiere nämlich die plötzlich größere Futtermenge nicht gewöhnt sind, verschlechtert sich die Futterverwertung. Deshalb ist es günstiger, diese eine Mahlzeit ohne Ausgleich wegfallen zu lassen. Zwar werden die täglichen Zunahmen geringer, die Futterverwertung kann jedoch besser werden. In den meisten Fällen verlängert sich die Mastdauer jedoch nicht um die ausgefallene Fütterungszeit. Damit ist zwischen dem Nachteil der geringeren Zunahmen und den arbeitswirtschaftlichen Vorteilen abzuwägen.

Sollte an einem Tag überhaupt nicht gefüttert beziehungsweise wöchentlich mehr als eine Futterzeit eingespart werden, so ist es vorteilhaft, grundsätzlich täglich nur einmal zu füttern. Dabei wird die übliche gesamte Tagesmenge je Schwein zu einer Futterzeit – meist morgens – verabreicht. Entsprechende Versuche zeigten, daß durch diese Fütterungsmaßnahme in der Getreidemast die Futterverwertung und die Tageszunahmen bis 5 % schlechter sein können.

In einigen Versuchen wurden keine Unterschiede im Masterfolg bei ein- und zweimaliger Fütterung beobachtet. Wesentlich erscheint, daß bei täglich nur einer Futterzeit die Zuteilung des Futters sehr genau nach Rationsliste durchgeführt werden muß. Genügend lange Futtertröge und die ständige Möglichkeit zur Aufnahme von frischem Tränkwasser sind wesentliche Voraussetzungen. Je sorgfältiger die Mast und Fütterungstechnik bei einmaliger Fütterung eingehalten wird, um so geringere Unterschiede dürften sich zu den Mastergebnissen bei zweimaligem Füttern ergeben.

Futterkonsistenz. – Im Zusammenhang mit der Fütterungstechnik wird häufig der Einfluß unterschiedlich starker Futterbefeuchtung auf die Mastleistung herausgestellt. Angefeuchtetes Futter kann man nach der hierzu verwendeten Wassermenge folgendermaßen schematisieren:

naß oder suppig	etwa 3 l Wasser je kg Trockenfutter
dickbreiig	etwa 1,5 l Wasser je kg Trockenfutter
feuchtkrümelig	etwa 1 l Wasser je kg Trockenfutter
krümelig	etwa 0,5 l Wasser je kg Trockenfutter

Bei nasser oder suppiger Fütterung ist gleichzeitig der mittlere Wasserbedarf von Mastschweinen gedeckt. Bei den anderen Arten der Futterzubereitung muß Wasser zusätzlich verabreicht werden. Suppiges Futter weist eine kürzere Verweildauer im Verdauungstrakt auf, was jedoch bei den in der Schweinemast verwendeten hochverdaulichen Futtermitteln ohne Einfluß auf die Mastleistungen sein dürfte. Im allgemeinen scheint die Futterkonsistenz die täglichen Zunahmen nur wenig zu beeinflussen, jedoch wird bei extrem nasser Zubereitung (> 5 l Wasser je kg Trockenfutter) die Mastleistung geringer. Dies ist besonders für Fütterungsanlagen, die mit pumpfähigem Futter arbeiten, zu beachten. Bereits ab 2,5 l Wasserzusatz je kg Trockenfutter ist das Futter fließfähig. Das Einweichen des Futters einen Tag vor dem Verfüttern hat keinen Einfluß auf die Mast- und Schlachtleistung der Tiere.

Trockenfütterung kann dann Nachteile gegenüber der Naßfütterung zeigen, wenn das Futter mehlförmig verabreicht wird. Dabei verstreuen nämlich die Schweine oft erhebliche Futtermengen. Hingegen bestehen keine Unterschiede zwischen der Verdauung und Verwertung von Trocken- und Naßfutter.

Pelletiertes Futter. – Pelletiertes Futter bietet produktionstechnisch einige Vorteile, da es besser schütt- und fließfähig ist und leichter gelagert werden kann. Für die Mastleistung von Schweinen dürften sich bei normaler Trogfütterung nur geringe Unterschiede ergeben. Allerdings lassen die bisherigen Versuchsergebnisse hierüber noch kein eindeutiges Urteil zu. In einigen Versuchen hat sich gezeigt, daß Pellets im Vergleich zu Futter in Mehlform bis zu 5 % bessere Mastergebnisse brachten. Eine solche Verbesserung der Mastleistung kann eigentlich nur durch die Veränderungen im Futter bei der Pelletierung erklärt werden. Durch das Pressen bei erhöhter Temperatur steigt der Trockensubstanzgehalt der Futtermittel, damit sind mehr Nährstoffe je Gewichtseinheit enthalten. Beim Preßvorgang wird aber auch die Rohfaser verändert. Damit dürften auch die geringfügigen Veränderungen der Verdaulichkeit der organischen Substanz und des Eiweißes zusammenhängen. Schließlich kann auch verpilztes Futter durch die Einwirkung des Dampfes beim Pelletieren teilweise entkeimt werden. Die Aflatoxine dagegen sind hitzebeständig und bleiben somit auch im pelletierten Futter aktiv. Für den praktischen Einsatz pelletierten Futters in der Schweinemast muß aber neben den vorwiegend fütterungstechnischen Vorteilen vor allem der durch den Preßvorgang höhere Preis für dieses Futter in Rechnung gesetzt werden.

Fütterungsverfahren. – Der Begriff Fütterungsverfahren soll ausdrücken, wie und wo den Mastschweinen das Futter vorgelegt wird. Neben der Fütterung über den Trog kann das Futter über Vorratsbehälter (nicht regulierbare Selbstfütterung), automatische Fütterungsanlagen und damit auch auf dem Boden der Bucht verabreicht werden.

Bei der Vorratsfütterung wird ein Behälter in jeder Bucht mit etwa einer Wochenration für die ganze Mastgruppe gefüllt. Bei der einfachsten Ausführung rutscht das Futter von selbst aus dem Vorratsbehälter in die Freßmulde nach, eine Zuteilung ist in diesem Fall nicht möglich. Deshalb muß bei der Verwendung dieser einfachen Vorratsbehälter ein sehr gutes Wachstumsvermögen der Tiere vorausgesetzt werden, da sie sonst durch die unkontrollierte Aufnahme von Futter sehr stark verfetten und die Futterverwertung schlechter wird. Am besten kann daher die Vorratsfütterung noch in der Anfangsmast angewendet werden.

Jede automatische Fütterungsanlage muß deshalb eine rationierte Fütterung ermöglichen. Die Zuteilung wird dabei entweder nach dem Gewicht oder Volumen der Futtermischung eingestellt. Die Wirtschaftlichkeit einer Automatenfütterung hängt von der Arbeitsersparnis, vom Preis und von der Haltbarkeit des Gerätes ab. Futterautomaten lohnen sich erst bei entsprechend großer Tierzahl. Da bei den automatischen Anlagen immer nur eine Mischung verfüttert werden kann, verlangt ihr Einsatz, daß die Tiere eines Mastbestandes der gleichen Altersgruppe angehören. Bei den mechanisierten Futteranlagen wird das Futter vom Vorratslager durch Bänder, Schnecken und Rohrförderung automatisch in den Trog oder auf den Boden der Bucht abgeworfen. Damit kann man auch mehr als zweimal täglich füttern, ohne die Arbeitszeit zu erhöhen.

Bei der Bodenfütterung wird das Futter auf die Liegefläche der Bucht abgeworfen. Damit wird Stallfläche eingespart. In den bisherigen Versuchen war die Futterverwertung durch höhere Futterverluste gegenüber der normalen Trogfütterung nur gering-

fügig schlechter, vor allem bei Verwendung von pelletiertem Futter nur um 2–3 %.
Bei Schrotfütterung auf dem Boden sind hingegen die Futterverluste wesentlich
höher (etwa 5–8 %). Deshalb ist für die Bodenfütterung der Einsatz von Pellets eine
wichtige Voraussetzung. Auf jeden Fall muß das Futter rationiert verabreicht werden.
Es sollte sogar 3–4mal je Tag gefüttert werden, weil dann das Futter sorgfältiger
aufgenommen wird. Die Wasserversorgung muß bei Bodenfütterung über Selbsttränken erfolgen.

.2 Mast mit Maiskolbenschrotsilage

Die Ernte von Maiskolben zur Erzeugung von Maiskolbenschrotsilage wird bei uns
aus technischer Sicht im wesentlichen nach zwei Verfahren durchgeführt: nach dem
Pflück-Drusch-Verfahren (Mähdrescher mit Pflückvorsatz) und dem Pflück-Häcksel-
Verfahren (Pflückhäcksler oder Lieschkolbenpflückschroter). Das anfallende Erntegut ist beim Pflück-Drusch ein Gemisch aus Körnern und Spindelbruchstücken –
häufig auch als Corn-cob-mix bezeichnet –, das nochmals zerkleinert werden muß.
Der Rohfasergehalt des pflückgedroschenen Gutes kann durch Siebwahl auf 4–8 %
in der Trockensubstanz und mehr eingestellt werden. Das nach dem Pflück-Häcksel-
Verfahren gewonnene, bereits ausreichend zerkleinerte Gut wird heute meist als

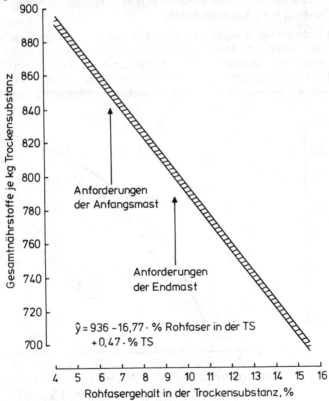

Abb. 6.5–6: **Gesamtnährstoffgehalt von Maiskolbenschrotsilagen mit 45–55 % Trockensubstanz in Abhängigkeit vom Rohfasergehalt**

Lieschkolbenschrot bezeichnet. Dieses setzt sich aus den gesamten Körnern und Spindeln, je nach Reifegrad verschieden hohen Lieschblattanteilen und gelegentlich aus mitverarbeiteten oberen Stengelanteilen zusammen. Der Rohfasergehalt des Lieschkolbenschrotes, das mit den derzeitigen Maschinen gewonnen wird, liegt bei 10–15 % in der Trockensubstanz. Durch nachträgliches Absieben rohfaserreicher Pflanzenteile können die höheren Rohfasergehalte noch bis auf etwa 8 % in der Trockensubstanz gesenkt werden. Trotz dieser hohen Rohfasergehalte von Maiskolbenschrotsilage wurde in unseren Untersuchungen eine überraschend günstige Verdaulichkeit der Rohnährstoffe beim Schwein ermittelt. Die Ursache hierfür liegt in der Zusammensetzung der Rohfaser, da die NDF-Fraktion der Maiskolbenschrotsilage verhältnismäßig wenig an Lignin enthält. So war bei Corn-cob-mix die organische Substanz bei einem Rohfasergehalt von 8 % in der Trockensubstanz zu 80 % verdaulich, bei der abgesiebten Lieschkolbenschrotsilage mit einem Rohfaseranteil von 10 % in der Trockensubstanz waren die Nährstoffe insgesamt zu 77 % verdaulich. Die Verdaulichkeit der organischen Substanz (y) läßt sich aus der Regressionsgleichung $y = 92{,}32 - 1{,}41 \cdot \%$ Rohfaser in der TS schätzen. Entsprechend hoch lag in diesen Versuchen auch der Energiegehalt, der je nach Rohfasergehalt einen Bereich von etwa 880–710 Gesamtnährstoffen je kg Trockensubstanz umfaßt (siehe Abb. 6.5–6) und der Regressionsgleichung $y = 936 - 16{,}77 \cdot \%$ Rohfaser in der TS $+ 0{,}47 \cdot \%$ TS folgt. Der Gehalt an verdaulichem Rohprotein ist niedrig und liegt im Mittel bei 50–60 g je kg Trockensubstanz.

Aus der Sicht der Fütterung können damit sowohl mit dem Pflückdrescher als auch mit dem Pflückhäcksler gewonnene Maiskolbenschrotsilagen als Energiefuttermittel in der Schweinemast eingesetzt werden. Dabei hängt es vor allem vom Rohfasergehalt und Trockensubstanzgehalt dieser Silagen ab, ob sie als alleiniges Grundfutter verfüttert werden können oder ob sie mit Getreide energetisch zu ergänzen sind.

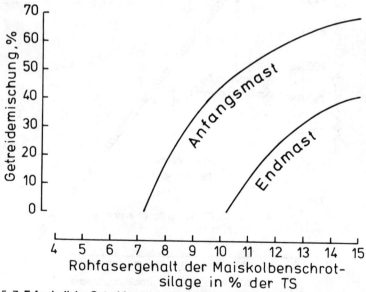

Abb. 6.5–7: **Erforderliche Getreidemenge (% der Rationsliste) bei Fütterung von Maiskolbenschrotsilage ad lib.**

Dies ist in Abb. 6.5–7 für die Anfangs- und Endmast dargestellt. In der Anfangs- bzw. Endmast können somit Maiskolbenschrotsilagen, die bis zu 7 bzw. 10 % Rohfaser in der Trockensubstanz enthalten, als alleiniges Energiefutter gegeben werden. Alle Chargen, die höhere Rohfasergehalte aufweisen, sind mit Getreide zu ergänzen, wobei sich der Getreideanteil bei steigendem Rohfasergehalt der Silage erhöht. Als Getreideergänzung wurde in dieser Darstellung eine relativ energiereiche Mischung aus 50 % Mais und 50 % Gerste (VQ 86, 872 GN/kg TS) zugrunde gelegt. Energiearme Komponenten, wie Mühlennachprodukte, sollten in einer solchen Mischung zur Energieergänzung nicht verwendet werden. Liegt nun der Rohfasergehalt der Maiskolbenschrotsilage beispielsweise bei 15 % in der Trockensubstanz, so sind in der Anfangsmast 70 % des Energiebedarfs der Tiere aus Getreide zu decken. Welche tägliche Getreidemenge hierzu für das jeweilige Lebendgewicht der Schweine erforderlich ist, läßt sich aus der Rationsliste für die Getreidemast (Übersicht 6.5–11) aus den dort angegebenen Getreidemengen für die Mast mit Eiweißkonzentrat + Getreide berechnen. So erhält z. B. ein Schwein mit rd. 40 kg Lebendgewicht 1 kg energiereiche Getreidemischung, Maiskolbenschrotsilage (15 % Rohfaser in der Trockensubstanz) ad lib. sowie 300 g Eiweißkonzentrat. Aus diesen Zusammenhängen lassen sich aber auch einfache Fütterungsbeispiele ableiten (siehe Übersicht 6.5–14), die in Anlehnung an die bekannten Mastmethoden erarbeitet wurden. Auch hieraus ist ersichtlich, wie mit steigendem Rohfasergehalt die Energieergänzung zu Maiskolbenschrotsilage erhöht werden muß und demzufolge den Einsatz eines bestimmten Futtertyps erfordert.

Diese aufgezeigten Futterrationen liefern die Nährstoffe für 700 g tägliche Zunahmen über die gesamte Mast von 30–100 kg Lebendgewicht. Maiskolbenschrotsilagen in Mastrationen für Schweine sollten mindestens 45 % Trockensubstanz aufweisen und unter 15 % Rohfaser bleiben. Alle Maiskolbenschrotsilagen mit über 8 % Rohfaser werden ad libitum vorgelegt (etwa 1,5–4,2 kg bei 50 % TS). Mit der Mast kann man allmählich ab 25 kg Lebendgewicht der Tiere beginnen, wobei aber bei Silagen mit starker Kraftfutterbeifütterung erst ab 35–40 kg Lebendgewicht der Tiere eine beachtenswerte Energielieferung aus der Silage anfängt. Bei der erforderlichen ad libitum Aufnahme von Maiskolbenschrotsilage sollten die Tiere über mehrere Stunden fressen können.

Übersicht 6.5–14: **Rationsbeispiele für die ad libitum Fütterung von Maiskolbenschrotsilage bei unterschiedlichem Rohfasergehalt**

Rohfasergehalt in % der TS	Mastabschnitt	Menge und Art des täglichen Beifutters
bis 7	Anfangsmast Endmast*	300 g **Eiweißkonzentrat** (EWK)
7–10	Anfangsmast	750 g (300 g EWK + 450 g Getreide) ≙ **Schweinemast-Ergänzungsfutter II**
	Endmast	300 g **Eiweißkonzentrat**
10–11	Anfangs- u. Endmast	1000 g (300 g EWK + 700 g Getreide) ≙ **Schweinemast-Ergänzungsfutter I**
12–13	Anfangs- u. Endmast	1500 g (300 g EWK + 1200 g Getreide) ≙ **Alleinfutter I**
14–15	Anfangs- u. Endmast	1800 g (300 g EWK + 1500 g Getreide) ≙ **Alleinfutter I**

* Maiskolbenschrotsilage auf 3,8–5,2 kg begrenzen

Alle Beifuttermischungen sollten hohe Mineralstoff- und Spurenelementgehalte aufweisen und außerdem gut vitaminiert sein, da man bei der Maiskolbenschrotsilage ähnlich wie beim Mais von geringen Mineralstoff- und Spurenelementgehalten auszugehen hat.

.3 Hackfruchtmast

Die Hackfruchtmast, insbesondere die Mast mit Kartoffeln, kann trotz ihres hohen Arbeitsaufwandes nach wie vor noch Bedeutung haben, wenn Hackfrüchte auf dem Betrieb anfallen und aus wirtschaftlichen Gründen veredelt werden sollen. Dies trifft zu, wenn Hackfrüchte aus Fruchtfolgegründen oder im Familienbetrieb mit relativ hohem Arbeitskräftebesatz zur Erzielung einer höheren Flächenproduktivität und damit einem verbesserten Arbeitseinkommen angebaut werden müssen. Dabei lassen sich mit der Kartoffelmast durchaus ähnliche Mastleistungen erzielen wie mit der Getreidemast. Die Hackfruchtmast kann man in Form der Kartoffel-, der Kartoffel-Rüben- sowie als reine Rübenmast durchführen.

Beifutter

Hackfrüchte sind sehr hoch verdaulich (meist über 90 %). Die Nährstoffkonzentration je kg Futtermittel ist infolge des hohen Wassergehaltes jedoch sehr gering. Auch die angebotene Menge und Qualität des Proteins sind für die Schweinemast nicht ausreichend. Aus diesen Gründen muß in der Hackfruchtmast stets ein Beifutter verabreicht werden, das die fehlende Proteinmenge deckt und die Nährstoffkonzentration der Gesamtration verbessert. Aufgrund der unterschiedlichen Gehaltswerte der verschiedenen Grundfuttermittel ändern sich Menge und Zusammensetzung des Beifutters. Im allgemeinen beträgt die tägliche Beifuttergabe 1 bzw. 1,5 kg je Schwein, der Eiweißfutteranteil liegt meistens bei 300 g je Tier und Tag. Will man ein Fertigfutter einsetzen, so verwendet man bei täglichen Mengen von 1 kg je Schwein das Schweinemast-Ergänzungsfutter I, bei 1,5 kg das Schweinemast-Alleinfutter I.

Beifutter für die Hackfruchtmast läßt sich sehr leicht selbst mischen. Hierzu werden neben den 300 g Eiweißfuttermitteln, wovon 100 g tierischen Ursprungs sein sollen, Getreide, Mühlennachprodukte sowie sonstige Energieträger verwendet. Rohfaserreiche Einzelkomponenten können dabei etwas stärker als zum Beispiel in der Getreidemast vertreten sein.

Kartoffelmast

Eine wesentliche Voraussetzung für einen gleichmäßigen Verlauf der Kartoffelmast ist ein hoher Gehalt an Stärke in den Kartoffeln. Dann kann die Kartoffelmast bereits erfolgreich bei etwa 25 kg Lebendgewicht begonnen werden. Ein solch früher Beginn der Kartoffelfütterung hat auch den Vorteil, daß nach dem Ferkelaufzuchtfutter für die gesamte Mast dasselbe Beifutter verwendet werden kann. Stellt man erst bei einem höheren Lebendgewicht auf die Kartoffelmast um, so muß zuvor noch ein Mischfutter von der Art des Schweinemast-Alleinfutters I verwendet werden, da bei Verwendung von Beifutter den Tieren sonst zuviel Eiweiß angeboten wird. Bis 25 kg Lebendgewicht wird das Kraftfutter nach Zuteilungstabelle gefüttert. Im Anschluß daran wird bei gleichbleibenden Beifuttermengen der zunehmende Nährstoffbedarf über steigende Kartoffelgaben gedeckt.

Kartoffeln werden nicht nach Rationsliste zugeteilt, da ihr Nährstoffgehalt je nach Sorte und Jahr sehr stark schwanken kann. Viele Kartoffelsorten müssen sogar ad libitum vorgelegt werden, wenn ihre Nährstoffkonzentration gering ist. Nur bei sehr stärkereichen Kartoffeln wird die Freßzeit bei täglich zweimaligem Füttern auf jeweils 30 Minuten begrenzt. Aus der Entwicklung des Zuwachses kann man sehr leicht überprüfen, ob die angebotene Futtermenge ausreichend ist.

Die tägliche Beifuttermenge beträgt bei stärkereichen Kartoffeln (> 16 % Stärke) 1 kg, bei stärkearmen Kartoffeln ist die Beifuttergabe auf 1,5 kg zu erhöhen. Der gesamte Futterverbrauch in einer Mastperiode beträgt demnach je Schwein etwa 125 kg Schweinemast-Ergänzungsfutter I (Hackfruchtbeifutter) bzw. 185 kg Schweinemast-Alleinfutter I. Die erforderliche Menge an Kartoffeln richtet sich nach dem Stärkegehalt. In Abbildung 6.5–8 sind diese Zusammenhänge dargestellt.

Zur Zubereitung der Kartoffeln. – Kartoffeln werden frisch gedämpft oder gedämpft siliert verfüttert. Das Dämpfwasser kann nicht verwendet werden, da sehr leicht gesundheitliche Störungen durch den Solaningehalt, der besonders in den Kartoffelkeimen sehr hoch ist, hervorgerufen werden können. Um das Keimen der Kartoffeln und überhaupt Lagerungsverluste weitgehend zu vermeiden, müssen Kartoffeln bei niedrigen Temperaturen (um 5 °C) aufbewahrt werden. Bei höheren Temperaturen nehmen die Nährstoffverluste rasch zu, sie können 5 Monate nach der Ernte 20 % übersteigen. Das Ankeimen kann durch Keimhemmungsmittel weitgehend unterbunden werden.

Werden Kartoffeln einsiliert, so muß dies unmittelbar nach der Ernte vorgenommen werden. Dabei sind die üblichen gärtechnischen Voraussetzungen zu beachten: zügiges Befüllen, festes Einfüllen, dichte Behälter und luftdichtes Abdecken, kein Besatz mit Schmutz. Vor dem Einfüllen in die Behälter sollten die Kartoffeln bis auf etwa 30 °C abgekühlt werden. Außerdem soll der Sickersaft im Behälter aufgestaut werden. Unter diesen Voraussetzungen liegen die Verluste an Nährstoffen bei etwa 10 %. Unter praktischen Bedingungen dürften Verluste von 20 % und mehr nicht

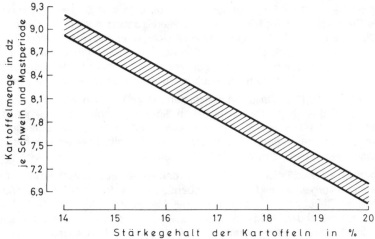

Abb. 6.5–8: **Kartoffelmenge je Mastperiode bei unterschiedlichem Stärkegehalt der Kartoffeln**

selten sein. Silierte Kartoffeln lassen sich mit gleichem Masterfolg wie frisch gedämpfte Kartoffeln einsetzen.

Um die Aufwendungen für das Dämpfen einzusparen, wurde versucht, roh gemuste bzw. roh silierte Kartoffeln in der Schweinemast einzusetzen. Da die Freßlust der Schweine und die Verdaulichkeit roher Kartoffeln aber verringert sind, werden die Mastergebnisse unbefriedigend. Rohe Kartoffeln lassen sich deshalb nur in begrenzten Mengen einsetzen, wenn mit der Mast nicht vor 40 kg Lebendgewicht begonnen wird. Die Beifuttermenge ist mit mindestens 1,5 kg je Tier zu veranschlagen.

Die Verwertung getrockneter Kartoffeln ist dagegen gut. Im ersten und zweiten Mastabschnitt können ohne weiteres 30 bzw. 50 % Trockenkartoffeln in die Mastmischung aufgenommen werden. Auf diese Weise läßt sich auch die Kartoffel in die arbeitswirtschaftlich günstigere Form der Getreidemast einbeziehen.

Rübenmast

Zuckerrüben. – Die Mast mit Zuckerrüben kann, wenn sie richtig durchgeführt wird, in der Mastleistung der Kartoffelmast gleichgesetzt werden. Allerdings muß bei dieser Methode die tägliche Menge an Beifutter während der gesamten Mast 1,5 kg betragen. Da die Zuckerrübe nur einen sehr geringen Proteingehalt mit einem hohen Anteil an NPN-Verbindungen aufweist, muß dieses Beifutter 30 % Eiweißkonzentrat enthalten oder dem Schweinemast-Ergänzungsfutter I entsprechen.

Zuckerrüben werden erst ab einem Lebendgewicht von 35 kg eingesetzt und im weiteren Mastverlauf ad libitum angeboten. Sorgfältig gereinigte Zuckerrüben müssen für den Einsatz in der Schweinemast gemust werden, schnitzeln reicht nicht aus. Dämpfen erübrigt sich. Zu Beginn der Mast kann man Schweinemast-Alleinfutter I oder entsprechende eigene Mischungen verfüttern. Solange keine Zuckerrüben gefüttert werden, ist Schweinemast-Ergänzungsfutter nämlich weniger geeignet, da es als alleiniges Futter zu eiweißreich ist. Bis die Tiere 1,5 kg aufnehmen, erfolgt die Zuteilung nach Rationsliste.

Zuckerrüben sind bis Ende Januar zu verfüttern, da eine längere Lagerung nicht nur die Beschaffenheit der Rüben verschlechtert, sondern auch die Verluste ansteigen. Das Silieren von Zuckerrüben empfiehlt sich bisher noch nicht, da die Gärverluste sehr hoch sind. Dies gilt auch für Gemische aus Zuckerrüben und Kartoffeln. Inwieweit der erfolgversprechende Zusatz von 0,2 % Natriumbenzoat für praktische Verhältnisse geeignet ist, muß erst noch in weiteren Versuchen geprüft werden.

Einige Zuckerfabriken stellten in den letzten Jahren Vollschnitzel aus Zuckerrüben her. Diese Zuckerrübenvollschnitzel haben einen sehr hohen Energiegehalt (800 GN/kg). Da sie sehr rasch Wasser anziehen, sind sie bei hoher Luftfeuchtigkeit allerdings nicht mehr lagerfähig. Zuckerrüben-Vollschnitzel lassen sich fütterungstechnisch ebenso einsetzen wie frische Zuckerrüben.

Neben 1,5 kg eiweißreichem Beifutter werden Zuckerrübenvollschnitzel in steigenden Mengen vorgelegt. Bei 25–30 kg Lebendgewicht wird mit 100 g begonnen und die tägliche Gabe dann bis zum Ende der Mast auf 1,5 kg Vollschnitzel je Tier gesteigert. Eine andere Möglichkeit ist, sie in Kraftfuttermischungen aufzunehmen, wobei im 1. Mastabschnitt nicht über 30 % und im 2. Abschnitt bis zu 40 % eingemischt werden können. Für beide Mastmethoden werden je Schwein und Mastperiode etwa 120 kg Vollschnitzel benötigt.

Gehaltsrüben. – Anstelle der Zuckerrüben können auch Gehaltsrüben in der Schweinemast verwendet werden. Allerdings ist es besser, sie mit Kartoffeln zu mischen, da die Nährstoffkonzentration der Gehaltsrübe geringer ist als die der Zuckerrübe. Dabei sollten zwei Teile Gehaltsrüben mit mindestens einem Teil Kartoffeln verabreicht werden.

Massenrüben, Kohlrüben oder Stoppelrüben sollten in der Schweinemast weniger eingesetzt werden. Ist für diese Hackfrüchte keine andere Verwendung möglich, so darf höchstens 1 Teil dieser Rüben auf 2 bis 3 Teile Kartoffeln kommen. Die Fütterungshinweise entsprechen denen der Zuckerrüben. Das gemeinsame Silieren von Massen-, Kohl- oder Stoppelrüben mit Kartoffeln sollte man besser unterlassen.

Fütterungstechnik

Die Futterzuteilung in der Hackfruchtmast ist meist ausschließlich Handarbeit. Hackfrüchte, Beifutter und Wasser werden in getrennten Arbeitsgängen verabreicht. Bei halbmechanischer, fließender Futterzubereitung wird versucht, die silierten Kartoffeln mit dem Beifutter in einem Mischbehälter zu einem fließ- und pumpfähigen Brei anzurühren und zu den Futtertrögen zu pumpen. Solche mechanischen Anlagen erfordern einen größeren Mastbestand. Die Schwierigkeit liegt dabei vor allem darin, daß sich durch Beimischung von Wasser die Nährstoffkonzentration des Futterbreies verringert. Das Gewichtsverhältnis von Wasser zu Futter darf deshalb 1,5 : 1 nicht überschreiten. Aus diesem Grunde sind auch stärkereiche Kartoffeln für dieses Verfahren besser geeignet.

Die zeitliche Begrenzung der Fütterungszeit richtet sich bei der Kartoffelmast nach dem Stärkegehalt der Kartoffeln. Bei stärkereichen Sorten soll nach etwa 30 Minuten bei zweimaligem Füttern der Futtertrog blank gefressen sein. Bei allen anderen Hackfrüchten wird die Futterzeit nicht begrenzt.

Bei Hackfruchtmast sollte man grundsätzlich zweimal am Tag füttern. Der Ausfall von Futterzeiten ist bei der Hackfruchtmast viel schwieriger zu beurteilen als bei der Getreidemast. Bei der Kartoffelmast kann auch eine Mahlzeit je Woche (sonntags) ausfallen. Auch hier wird die eingesparte Futtermenge nicht mit einer anderen Mahlzeit gegeben. Eine einmal tägliche Fütterung kommt nur für sehr stärkereiche Kartoffeln und dann nur im 2. Mastabschnitt in Frage. Allerdings wird man auch hier noch geringfügige Einbußen in der Mastleistung im Vergleich zur zweimal täglichen Fütterung in Kauf nehmen müssen.

.4 Molkenmast

Der bei der Käse- oder Quarkherstellung anfallende Rückstand ist die Molke. Bei ihrer Verfütterung ist zwischen Süß- und Sauermolke zu unterscheiden. Die Molkenmast gilt allgemein als die Mastmethode mit den geringsten Futterkosten je kg Zunahme. Mit zunehmender Entfernung vom Molkereibetrieb können jedoch die Transportkosten sehr rasch die Futterkosten der Molke übersteigen, da die Frischmolke mit durchschnittlich nur 6,4 % Trockensubstanz das wasserreichste Futtermittel für die Schweinemast darstellt.

Molke ist ein hochverdauliches Futtermittel. Durch den hohen Wassergehalt ist jedoch die Nährstoffkonzentration sehr gering, in 1 kg Molke sind nur 6 g verdauliches Eiweiß in 56 Gesamtnährstoffen enthalten. Die Schweine müssen also große

Mengen aufnehmen, um ihren Nährstoffbedarf zu decken. Bei eingedickter Molke ist bereits die Aufnahme geringerer Mengen ausreichend. Dieses konzentriertere Futtermittel ist auch länger haltbar.

Molke kann nicht als Eiweißfuttermittel betrachtet werden. Auf gleiche Trockensubstanz bezogen entspricht die Molke im Nährstoffgehalt etwa dem Getreide. 1000 g Trockensubstanz in der Molke enthalten nämlich 94 g verdauliches Eiweiß in 875 Gesamtnährstoffen. Allerdings sind diese Nährstoffmengen bei frischer Molke in etwa 16 kg, beim Roggen hingegen in nur 1,2 kg Futter enthalten.

Da Molke des öfteren als Eiweißfuttermittel in der Schweinemast eingesetzt wird, soll in Übersicht 6.5–15 Molke hinsichtlich ihres Eiweißgehaltes und ihrer Eiweißqualität mit Magermilch und Fischmehl verglichen werden. Demnach entsprechen 100 g Fischmehl bzw. 2 kg Magermilch etwa 10 kg Molke. Die biologische Wertigkeit des Molkeneiweißes ist hoch, Molke kann deshalb ohne weiteres andere Eiweißfuttermittel tierischer Herkunft ersetzen. Der Bedarf der Mastschweine an tierischem Eiweiß kann über 10 kg Molke gedeckt werden, der Gesamteiweißbedarf dagegen nicht.

Fütterungsempfehlungen. – Zu Beginn der Mast muß entschieden werden, ob Molke nur als Ersatz für tierische Eiweißfuttermittel dient, oder ob eine Mast mit soviel Molke wie möglich durchgeführt werden soll. Aufgrund des Eiweißgehaltes und der Nährstoffkonzentration der Molke muß auf jeden Fall noch Kraftfutter beigefüttert werden. Die Molkenmast soll etwa wie folgt durchgeführt werden: Bis zu 40 kg Lebendgewicht wird eine Getreidemast nach den bekannten Empfehlungen vorgenommen. Dann wird Molke in steigenden Mengen zugefüttert und die Kraftfuttermengen gleichbleibend bis auf 1,2 kg je Tier gesenkt. Sobald die Schweine täglich 15 kg Molke aufnehmen (etwa bei 60 kg Lebendgewicht), kann auf ein Kraftfutter umgestellt werden, das bei 16 % Rohprotein nur noch pflanzliche Eiweißfuttermittel enthält. Ein vitaminiertes Mineralfutter, möglichst auch mit einem antibiotischen Zusatz, darf in diesem Kraftfutter nicht fehlen. In Übersicht 6.5–16 sind 3 entsprechende Mischungen zusammengestellt.

Von diesem Kraftfutter werden täglich in einem nur dafür bestimmten Futtertrog 1,2 kg je Tier gefüttert. In einem anderen Trog wird frische Molke zur laufenden freien Aufnahme bereitgestellt. Es wäre falsch, das Kraftfutter mit der gesamten Molkenmenge zu vermischen. Während der vorletzten Mastwoche wird die tägliche Molkenmenge auf 15 kg reduziert, die tägliche Kraftfuttergabe dagegen auf 2,2 kg gesteigert. Der Gesamtbedarf an Futter beträgt je Schwein bei dieser Mastmethode für den Abschnitt 20 – 100 kg etwa 100 kg Schweinemast-Alleinfutter I und 70 kg Kraftfutter (Zusammensetzung siehe Übersicht 6.5–16) und etwa 1500 l Molke. Damit werden etwa $^1/_3$ der Nährstoffe aus Molke bereitgestellt. Der zu erwartende Zuwachs dürfte bei etwa 580 g täglich liegen.

Übersicht 6.5–15: **Gehalt und Qualität von Molkeneiweiß**

Futtermittel	verd. Eiweiß %	Anteil verd. Eiweiß am GN-Gehalt in %	sind enthalten in ... kg	ca. 60 g verdauliches Eiweiß enthalten		
				Lysin g	Methionin g	Tryptophan g
Molke	0,6	10,7	10,0	7,0	1,3	1,3
Magermilch	3,2	40,0	1,9	5,0	1,4	0,9
Fischmehl	60,8	93,0	0,1	5,3	1,6	0,6

Wird Molke in der Kartoffelmast eingesetzt, so sind die Tagesmengen auf etwa 10 kg zu begrenzen. Dadurch kann man im Beifutter zur Kartoffelmast auf tierische Eiweißfuttermittel verzichten und außerdem etwa 2,5 bis 3 kg Kartoffeln einsparen.

Für den Erfolg der Molkenmast ist entscheidend, daß Molke immer in frischem, einwandfreiem Zustand verfüttert wird. Deshalb muß auch sehr auf die Sauberkeit der Tröge geachtet werden.

.5 Mast mit sonstigen Futtermitteln

Biertreber. – Frische oder silierte Biertreber weisen für Schweine eine Verdaulichkeit der organischen Substanz unter 50 % auf. Sie können deshalb nur in geringen Mengen in der Schweinemast eingesetzt werden. Auf keinen Fall darf mit der Verfütterung von Biertrebern vor 40 kg Lebendgewicht begonnen werden. Bei der Mast mit stärkereichen Kartoffeln kann ein Viertel der Kartoffelmenge durch Biertreber ersetzt werden, auch mit Getreide u. a. hochverdaulichen Energieträgern lassen sich Biertreber zusammen verabreichen. Über eine ganze Mastperiode können jedoch höchstens 2 dt Biertreber je Schwein veranschlagt werden.

Grünfutter. – Auch junges Gras, Klee oder Luzerne sollten in der Schweinemast eigentlich nicht verwendet werden, da die schlechtere Verdaulichkeit von Grünfutter bei Mastschweinen nur eine Verfütterung sehr geringer Mengen erlaubt. Sind die übrigen Bestandteile der Ration sehr energiereich, so können bis zu 20 % der verfütterten Trockensubstanz als Grünfutter verabreicht werden. Zusammen mit stärkereichen Kartoffeln kommt damit nur 1 Teil sehr junger Leguminosen auf 4 Teile Kartoffeln. Da Rübenblatt eine höhere Verdaulichkeit aufweist, kann sein Anteil etwas höher liegen, ein Verhältnis von 1 Teil Rübenblatt und 2 – 3 Teilen gedämpfter Kartoffeln ist möglich. Kartoffeln lassen sich zusammen mit jungem Grünfutter und Zuckerrübenblatt auch in den angegebenen Mischungsverhältnissen einsilieren. Dabei ist auf gute Durchmischung der Futtermittel zu achten.

Schlempe. – Die verschiedenen Schlempen eignen sich sehr wenig für die Schweinemast, Getreideschlempe noch am ehesten, Kartoffelschlempe wegen ihrer geringen Nährstoffkonzentration weniger. Schlempen sollten grundsätzlich frisch gegeben werden, da sie sehr leicht verderben. Deshalb ist auch sehr auf Sauberkeit, vor allem der Tröge, zu achten. Getreideschlempe darf erst ab 50 – 60 kg Lebendge-

Übersicht 6.5–16: **Kraftfuttermischungen für die Molkenmast**

Futtermittel	Mischung (Anteile in %)		
	I	II	III
Mais	–	35	–
Hafer	–	35	30
Gerste	50	–	45
Roggenkleie	30	–	–
Sojaextraktionsschrot	18	8	13
Ackerbohnen	–	20	10
Mineralfutter, vit.	2	2	2

wicht eingesetzt werden, die Menge kann von 2 auf 5 kg gesteigert werden. Trockenschlempen hingegen können aufgrund ihrer höheren Nährstoffkonzentration bereits bei Mastbeginn verfüttert werden. Sie stellen relativ eiweißreiche Futtermittel dar, und bei schonend durchgeführter Trocknung enthält vor allem Kartoffelschlempe günstige Gehalte an limitierenden Aminosäuren. In der Trockensubstanz liegt der Gehalt an verd. Rohprotein bei der Kartoffel- bzw. Maisschlempe bei 17,3 bzw. 14 %. An verdaulicher Energie wurden für Kartoffelschlempe 650 und für Maisschlempe aufgrund des hohen Fettgehaltes (16,2 %) 980 GN je kg TS ermittelt. Als Mischungsanteile in der Getreidemast lassen sich für Kartoffelschlempe etwa 30 und für Maisschlempe rund 40 % (Fettgehalt) angeben.

Küchenabfälle. – Da es sich hier meist um ein äußerst uneinheitliches Futter handelt, wird man ohne Nährstoffanalyse aus einer mehrtägigen Sammelprobe nicht auskommen. Für die Mast mit Küchenabfällen, die abgekocht sein müssen, eignet sich am besten der Gewichtsabschnitt von 40–80 kg Lebendgewicht. Vorher sollte man sie nicht einsetzen. Bis 40 kg Lebendgewicht wird man nur Kraftfutter entsprechend der Rationsliste für die Getreidemast zuteilen. Zwischen 40 und 80 kg wird das Beifutter (Schweinemast-Alleinfutter I) auf 1,2 kg begrenzt. Im letzten Mastabschnitt sollte auf die doppelte Menge Kraftfutter (Schweinemast-Alleinfutter II) übergegangen werden und wegen ihres hohen Fettgehaltes weniger Küchenabfälle angeboten werden. Bei dieser Art der Fütterung dürfte die Fleischqualität solcher Schweine gut sein und keine Absatzschwierigkeiten auftreten.

.6 Haltungseinflüsse in der Schweinemast

Außer der Fütterung können auch verschiedene Haltungsfaktoren wie Stallklima, Gruppengröße, Aufstallungsart u. a. die Leistungen in der Schweinemast wesentlich beeinflussen.

Stallklima

Das Stallklima wird durch die Faktoren Temperatur, relative Luftfeuchte, Luftbewegung und durch die Konzentration an verschiedenen Gasen bestimmt. Ein erwiesener Einfluß auf die Mastleistung ist vor allem durch die Stalltemperatur gegeben. Nach zahlreichen Untersuchungen liegt der günstigste Temperaturbereich im Maststall zwischen 20 und 16 °C, wobei die höheren Angaben für den Mastbeginn gelten. Bei geringeren Temperaturen steigt der Futterverbrauch an, und die Gewichtszunahmen gehen zurück. Bei 10 °C war z. B. in einem Versuch die Gewichtsentwicklung um 13 %, die Futterverwertung um 14 % ungünstiger als bei optimalen Temperaturen. Insbesondere bei neuzeitlichen, einstreulosen Aufstallungen zeigen sich die negativen Einflüsse niedriger Temperaturen sehr rasch. Auf der anderen Seite wirken sich aber auch Temperaturen von 25 °C und mehr negativ auf die täglichen Zunahmen aus. Bei dichter Belegung des Stalles und mangelnder Lüftung werden solche Temperaturen leicht erreicht. Die Tiere reagieren mit Appetitlosigkeit und erhöhter Puls- und Atemfrequenz auf diese klimatische Belastung. Etwas Abhilfe kann durch eine möglichst starke Luftumwälzung geschaffen werden. Luftzug muß aber auf jeden Fall vermieden werden. Die optimale relative Luftfeuchte liegt für Mastschweine zwischen 60 und 80 %.

Gruppengröße und Mastleistung

Mit zunehmender Tierzahl je Mastbucht verschlechtern sich die Mastleistungen. Nach Untersuchungen an einem umfangreichen Feldmaterial bestand bei den wichtigsten Mastmethoden eine ausgeprägte negative Beziehung zwischen Gruppengröße und Tageszunahmen (Übersicht 6.5–17). Dies gilt vor allem bei den verhaltenen Fütterungsmethoden. Bei Sattfütterung dagegen verschlechtert sich hauptsächlich die Futterverwertung.

Übersicht 6.5–17: **Größe der Mastgruppen und tägliche Zunahmen der Schweine**

Tierzahl je Mastgruppe	tägliche Zunahmen in g	
	Kartoffelmast	Getreidemast
bis 5	680	672
6–10	660	626
11–15	645	638
16 und mehr	625	598

Für den Einfluß der Gruppengröße auf den Masterfolg sind folgende Ursachen möglich:
a) Tierzahl und Buchtengröße sind nicht aufeinander abgestimmt. Dadurch steht nicht jedem Tier eine ausreichende Troglänge zur Verfügung. Gerade bei der rationierten Fütterung wirkt sich das negativ aus, da schwächere Tiere häufig vom Futter abgedrängt werden.
b) Eine größere Anzahl an Mastschweinen je Bucht verringert den je Tier verfügbaren Stallraum. Zu dichte Belegung kann das Stallklima verschlechtern und zu verstärkter Unruhe im Stall beitragen.

Aus diesen Gründen sollte man auch bei größeren Beständen nur etwa 10 Tiere je Bucht aufstallen, wobei je Mastschwein mindestens 30 cm Troglänge vorhanden sein müssen.

Aufstallungsart

Kontrollergebnisse aus den Erzeugerringen für Schweine zeigten unterschiedliche Mastleistungen bei verschiedenen Aufstallungsarten. Die Daten sind jedoch nicht ohne weiteres auf die Praxis übertragbar, da der scheinbare Einfluß verschiedener Aufstallungsformen auch durch andere Faktoren verursacht sein kann. So kann zum Beispiel ein unterschiedlicher Masterfolg bei dänischer Aufstallung und einem Vollspaltenboden zum Teil dadurch erklärt werden, daß in einer Bucht mit Spaltenboden die Zahl der Mastschweine erhöht ist. Trotzdem können die Aufstallungsformen die Mastleistung beeinflussen. In Übersicht 6.5–18 sind anhand von Kontrollergebnissen des Jahres 1979 an über 800 000 Mastschweinen der bayerischen Erzeugerringe

Übersicht 6.5–18: **Mittlere Tageszunahmen bei Hackfrucht- und Getreidemast in Abhängigkeit von der Aufstallungsart**

Aufstallungsart	Zunahmen in der	
	Hackfruchtmast, g	Getreidemast, g
Dänische Aufstallung	617	634
Teilspaltenboden	602	618
Vollspaltenboden	590	614

solche Unterschiede aufgezeigt. Diese Differenzen in den mittleren Tageszunahmen entsprechen auch in etwa den Ergebnissen aus Versuchen. Im Vergleich zur dänischen Aufstallung dürften bei der Haltung auf Vollspaltenboden geringere Zunahmen von 3–5 % zu erwarten sein. In ähnlichem Maße wird auch die Futterverwertung bei Vollspaltenboden verschlechtert.

Diese negativen Einflüsse einzelner Aufstallungsarten auf die Mastleistung gehen auf viele Ursachen zurück. Beim Vollspaltenboden können zum Beispiel schlechte Balken, falsches Verlegen, zu dichtes Belegen der Bucht und dadurch gegenseitige Beunruhigung der Tiere die Mastleistung verschlechtern. Deshalb sollte bei der zukünftigen Entwicklung von Haltungsformen mehr das Tier als Mittelpunkt der Produktion gesehen werden.

7 Rinderfütterung

Die energetische Verwertung der verdaulichen Nährstoffe ist beim Rind ungünstiger als beim Schwein (Übersicht 4.3–4). Dies wird durch die Energieverluste bei den mikrobiellen Umsetzungen in den Vormägen des Wiederkäuers bedingt. Andererseits vermag aber das Rind die Rohfaser durch diesen bakteriellen Abbau weit besser auszunutzen als monogastrische Tiere. Viele wirtschaftseigene Futtermittel können dadurch vom Wiederkäuer am besten verwertet werden.

7.1 Fütterung laktierender Kühe

Milchkühe haben bei hohen Leistungen einen sehr intensiven Stoffwechsel. So scheidet eine Kuh mit einer Jahresleistung von 5000 kg durch die Milch jährlich mehr als das 2½fache ihrer Körpertrockensubstanz aus. Da zur Bildung von einem kg Milch 400 l Blut das Euter durchströmen, so sind demnach bei Hochleistungskühen täglich mehr als 10 000 l erforderlich. Wegen dieser großen physiologischen Belastungen stellen laktierende Kühe besondere Anforderungen an die Fütterung.

7.1.1 Nährstoffbedarf laktierender Kühe

Die Milchkuh kann die Nahrung für die Erhaltung, für die Milchbildung und bei positiver Energiebilanz für die Produktion von Körpersubstanz verwenden.

.1 Erhaltungsbedarf

Als Erhaltungsbedarf wird diejenige Nährstoffmenge bezeichnet, die eine ausgewachsene, nicht laktierende und nicht trächtige Kuh bei ausgeglichener Ernährungsbilanz benötigt. Im einzelnen siehe hierzu 4.3 bzw. auch 4.2.3.2.

Bei einem in Leistung stehenden Tier ist es sehr schwierig zu unterscheiden, welcher Anteil des Futters für die Erhaltung und welcher für die Leistung verwendet wird, da die gesamten physiologischen Vorgänge in **einem** Stoffwechsel ablaufen. Trotzdem ist zwischen dem Bedarf für Erhaltung und für Produktion zu trennen. Der Erhaltungsbedarf ist nämlich eine Funktion des Lebendgewichts, während der Produktionsbedarf von der produzierten Leistung abhängt. Dies gilt besonders für verschiedene Berechnungen, so für die Ableitung des Leistungsbedarfs, für die Aufstellung von Futterrationen und für betriebswirtschaftliche Kalkulationen.

Als Energiebedarf für die Erhaltung laktierender Kühe wurde in vielen Versuchen im Durchschnitt 0,488 MJ ME · Lebendgewicht kg ^{0,75} und Tag gefunden (VAN ES). Er liegt damit um etwa 10 – 20 % höher als für nicht laktierende, nicht trächtige Kühe. Die experimentellen Daten weisen jedoch, bedingt durch Alter, Rasse und Ernährungszustand eine gewisse Schwankung auf. Da hinsichtlich des Teilwirkungsgrades der ME für Erhaltung und Milchbildung in Abhängigkeit von der Umsetzbarkeit der Energie (q-Wert) Proportionalität besteht (siehe Abb. 4.4–1), kann der Energiebedarf für Erhaltung in NEL ausgedrückt werden:

Erhaltungsbedarf (MJ NEL/Tag) = 0,293 · Lebendgewicht kg ^{0,75}

Weil der Erhaltungsbedarf in NEL ausgedrückt wird, ergibt sich dieser Wert, indem man die 0,488 MJ ME mit 0,6, dem Teilwirkungsgrad k_l für Milchbildung bei einem q-Wert von 57, multipliziert. Der jeweils erforderliche Erhaltungsbedarf wurde in

Übersicht 7.1–1: **Erhaltungsbedarf der Milchkühe**

Lebendgewicht kg	verd. Rohprotein g/Tag	Rohprotein g/Tag	NEL MJ/Tag
400	250	350	26,2
450	280	390	28,6
500	300	420	31,0
550	320	450	33,3
600	340	480	35,5
650	360	500	37,7

Übersicht 7.1–1 für Milchkühe mit einem Lebendgewicht von 400 – 650 kg zusammengestellt.

Der Eiweißbedarf für die Erhaltung ist ebenfalls in Übersicht 7.1–1 aufgezeigt. Diese Angaben sind aus Fütterungsversuchen abgeleitet. Das Proteinoptimum dürfte demnach bei 2,8 g verdaulichem Rohprotein je Lebendgewicht kg ^{0,75} liegen. Diese Menge ist unbedingt erforderlich, da bei geringeren Gaben krankhafte Veränderungen der Haut und der Haare hervorgerufen werden. Daraus errechnen sich die in Übersicht 7.1–1 zusammengestellten Bedarfsangaben. Der Quotient verdauliches Rohprotein/NEL beträgt etwa 9,5. Der Eiweißbedarf kann auch in Rohprotein anstatt in verdaulichem Rohprotein angegeben werden. Hierzu sind die Werte für verdauliches Rohprotein (Übersicht 7.1–1) mit dem Faktor 1,4 zu multiplizieren, da man von einer durchschnittlichen Rohproteinverdaulichkeit von etwa 70 % ausgehen kann (1,4 ist der reziproke Wert von 0,71). Die Eiweißbewertung nach verdaulichem Rohprotein genügt nämlich beim Wiederkäuer den neueren Erkenntnissen nicht mehr, weshalb in naher Zukunft ein neues Bewertungssystem erarbeitet werden muß. Dies ist jedoch schwierig, da die komplexen Zusammenhänge der Eiweißverdauung und -verwertung (siehe 3.4.3.2 und 3.4.4.2) zwar in den Grundzügen geklärt sind, aber es noch an ausreichendem experimentellen Datenmaterial fehlt.

.2 Zusammensetzung der Kuhmilch

Die Qualität von Kuhmilch wird weitgehend durch Menge und Beschaffenheit der einzelnen Milchbestandteile festgelegt. Aus ernährungsphysiologischer Sicht sind vor allem der Gehalt an Eiweiß, aber auch an Fett und den verschiedenen Vitaminen hervorzuheben. Insgesamt stellt die Kuhmilch für die menschliche Ernährung eines der vollwertigsten Nahrungsmittel dar. In Übersicht 7.1–2 ist die mittlere Zusammensetzung von Kuhmilch aufgezeigt. Die einzelnen Bestandteile können in ihren

Übersicht 7.1–2: **Mittlere Zusammensetzung von Normalmilch und Kolostralmilch**

	Normalmilch %	Kolostralmilch %
Trockensubstanz	13,1	25,3
Gesamteiweiß	3,6	17,6
Casein	2,8	4,0
Albumin + Globulin	0,5	13,6
Fett	4,0	3,6
Lactose	4,8	2,7
Asche	0,7	1,6
Calcium	0,12	0,20
Phosphor	0,10	0,20

Anteilen sehr stark schwanken. Vor allem gilt dies für den Gehalt an Fett, dann folgt Casein, die übrigen Milchproteine und die Lactose. Die geringste Streubreite weist der Gehalt an Milchsalzen auf.

Die Qualität von Milch wird aber nicht nur durch die Menge, sondern auch durch die Zusammensetzung der einzelnen Bestandteile bestimmt. Dies gilt vor allem für das Milchfett, für das mehr als 60 Fettsäuren nachgewiesen wurden. Im Vergleich zu anderen Fetten ist im Milchfett vor allem der Gehalt an kurzkettigen Fettsäuren erhöht. Dies ist auch durch die Pansentätigkeit bedingt. Je nach dem Anteil an gesättigten und ungesättigten Fettsäuren ist das Milchfett härter oder weicher. Das charakteristische Protein der Kuhmilch ist das Casein, wie auch aus Übersicht 7.1–3 zu ersehen ist.

Zwischen dem Fett- und Eiweißgehalt der Milch wurde in vielen Fällen eine Wechselbeziehung gefunden. Daraus wird oft gefolgert, daß sich der Eiweißgehalt bei ansteigendem Fettgehalt um etwa ein Drittel des Fettanstiegs erhöht. Das ist jedoch sehr stark verallgemeinert, da dieser Zusammenhang nicht für alle Rassen und auch nicht für alle Kühe in gleichem Maße gültig ist.

Übersicht 7.1–3: **Relative Aufteilung der N-Verbindungen von Milch (Gesamt-N = 100)**

Casein	78	
α-Casein		55
β-Casein		18
γ-Casein		5
Milchserumproteine	17	
Albumin		9,2
Globulin		3,3
Proteose-Pepton		4,5
Nichteiweißverbindungen (Aminosäuren, Ammoniak, Harnstoff u. a.)	5	

Kolostrum

Wie sehr die Zusammensetzung der Milch auf den physiologischen Bedarf des Kalbes eingestellt ist, wird vor allem bei der unmittelbar nach der Geburt abgesonderten Milch, der Kolostralmilch deutlich. In Übersicht 7.1–2 sind die entsprechenden Gehalte im Vergleich zur normalen Milch aufgezeigt.

Die Kolostralmilch zeichnet sich durch einen besonders hohen Eiweißanteil aus. Dieses Eiweiß besteht in den ersten Stunden nach der Geburt zu mehr als der Hälfte aus Globulinen, und zwar besonders aus γ-Globulinen. In dieser Fraktion finden sich vorwiegend Immunglobuline, das heißt Antikörper gegen verschiedene Infektionskrankheiten. Mit zunehmender Milchsekretion nimmt die Globulinkonzentration stark ab. Bereits drei Tage nach dem Abkalben nähern sich die Gehalte der einzelnen Nährstoffe stark denen der Normalmilch, das typische Verhältnis der Nährstoffe wird jedoch erst zehn Tage nach der Geburt erreicht.

Das Kolostrum weist auch einen hohen Mineral- und Wirkstoffgehalt auf, der mit zunehmender Milchleistung ebenfalls rasch absinkt. Neben einer Reihe von Vitaminen (D, E, C, B_{12}, Cholin) gilt dies auch für die Vitamine A und B_2, wie die Übersicht 7.1–4 nach Untersuchungen von HANSEN und Mitarbeitern beziehungs-

Übersicht 7.1–4: **Gehalt an Vitamin A und Vitamin B$_2$ in Kolostral- und Normalmilch**

Gemelk	Tausend I. E. Vitamin A je kg	mg Vitamin B$_2$ je kg
1.	11,6	6,2
2.	7,8	3,4
3.	4,3	2,4
5.	2,1	2,2
Normalmilch	0,7	1,8

weise SUTTON und KAESER zeigt. Auch der Gehalt an Spurenelementen, wie Eisen, Kupfer, Zink, Kobalt und Jod, ist in der ersten Kolostralmilch um ein Vielfaches gegenüber der Normalmilch erhöht.

.3 Energiebedarf für die Milchproduktion

In einem Bewertungssystem Nettoenergie-Laktation ist der Energiebedarf für die Milchproduktion gleich dem Energiegehalt der Milch. Er läßt sich aus der Milchzusammensetzung wie folgt errechnen:

Energie der Milch (MJ) =
 0,024 · g Eiweiß + 0,039 · g Fett + 0,017 · g Lactose

Der Energiegehalt von einem kg Milch mit 4 % Fett (= FCM fat corrected milk) und 12,8 % Trockensubstanz beträgt 3,1 MJ. Bei abweichender Zusammensetzung kann der Energiegehalt der Milch auch nach folgenden Regressionen geschätzt werden:

bei bekanntem Fettgehalt:
 Energie (MJ/kg) = 0,4 · % Fett + 1,5   (= FCM)
bei bekanntem Fett- und Proteingehalt:
 Energie (MJ/kg) = 0,37 · % Fett + 0,21 · % Protein + 0,95
bei bekanntem Fett- und Trockensubstanzgehalt:
 Energie (MJ/kg) = 0,18 · % Fett + 0,2 · % TS – 0,24

Im gegenwärtigen NEL-System werden bei der Bedarfsermittlung zum Energiegehalt je kg Milch noch 0,07 MJ addiert. Dies hat folgenden Grund: Die ME pro kg eines Futtermittels nimmt wegen des Rückgangs der Verdaulichkeit mit steigendem Ernährungsniveau ab, im Durchschnitt um 1,8 % je Vielfaches des Erhaltungsbedarfes. Die ME in der Formel zur Berechnung der NEL ist aber auf dem Ernährungsniveau des Erhaltungsbedarfes bestimmt. In der Leistungsfütterung müßte also die ME um diesen Einfluß korrigiert werden. Um aber der NEL-Formel die übersichtliche Form zu belassen, wurde diese Korrektur am Bedarf je kg Milch vorgenommen. Für Milch mit unterschiedlichem Fettgehalt ergibt sich somit folgender NEL-Bedarf:

Fettgehalt der Milch %	Bedarf an NEL MJ/kg
3,0	2,77
3,5	2,97
4,0	3,17
4,5	3,37
5,0	3,57

.4 Eiweißbedarf für die Milchproduktion

Für den Aufbau des Milcheiweißes müssen neben einer ausreichenden Energieversorgung auch entsprechende Eiweißmengen mit dem Futter zugeführt werden. Das für die Milchproduktion verfügbare Eiweiß ergibt sich aus dem verdaulichen Eiweiß minus dem für den Erhaltungsbedarf und eventuellen Eiweißansatz verwendeten Protein. Allerdings geht der für die Milchproduktion verfügbare Proteinanteil keineswegs vollständig in die Milch über. Betrachtet man nur das zugeführte Protein, so kann bei sehr mangelnder Proteinversorgung für kurze Zeit eine Ausnutzung bis 100 % erzielt werden, da zur Milchbildung zusätzlich Körperprotein herangezogen wird. Bei dieser hohen Ausnutzung zeigt sich jedoch ein ungünstiger Einfluß auf Milchmenge und Fettgehalt, und die Gesundheit der Tiere wird beeinträchtigt. Erst bei einer Ausnutzung von 60 – 70 % traten auch nach einer Versuchsdauer über mehrere Jahre keine Krankheitssymptome mehr auf. Dies stimmt auch mit neueren Versuchen von FRENS (1969) überein.

Die Höhe der Ausnutzung wird maßgebend durch die Verwertungsverluste bei der Bildung des Milcheiweißes bestimmt. Bei hochlaktierenden Kühen kann bei rohfaserreichen Rationen ein nicht unbeträchtlicher Teil der Aminosäuren zur Bildung von Lactose verwendet werden.

Übersicht 7.1–5: **Eiweißgehalt und Eiweißbedarf je kg Milch**

Fett %	Eiweiß %	Bedarf bei 60 % Ausnutzung g verd. Rohprotein je kg Milch	Richtzahl
3,5	3,4	57	55
4,0	3,6	60	60
4,5	3,8	63	65
5,0	4,0	67	70

Wenn der Eiweißgehalt in der Milch nicht bestimmt wird, kann er auch aus der Korrelation zum Fettgehalt errechnet werden. Zwischen Fett und Eiweiß sind schon viele solcher Beziehungen berechnet worden. In etwa kann man bei den unterschiedlichen Fettgehalten die in Übersicht 7.1–5 zusammengestellten Eiweißgehalte zugrunde legen. 1 kg Milch (FCM) enthält demnach 36 g Eiweiß. Daraus errechnet sich bei einer 60prozentigen Ausnutzung ein Bedarf von 60 g verdaulichem Rohprotein je kg Milch. Auch für die anderen Fett- beziehungsweise Eiweißgehalte läßt sich der Bedarf entsprechend ableiten (siehe hierzu Übersicht 7.1–5).

.5 Richtzahlen für den Nährstoffbedarf laktierender Kühe

In den beiden vorausgegangenen Abschnitten wurde der Energie- und Eiweißbedarf laktierender Kühe für verschiedene Fettgehalte der Milch abgeleitet. Die sich daraus ergebenden Richtzahlen für den Nährstoffbedarf sind in Übersicht 7.1–6 zusammengestellt. Die Bedarfszahlen je kg Milch enthalten keinen Sicherheitszuschlag. Wegen der kurzfristigen Veränderungen der Milchmenge und des Fettgehaltes sowie wegen des schwankenden Nährstoffgehaltes im Futter ist es daher sinnvoll, die Bedarfswerte aufzurunden.

Übersicht 7.1–6: **Zum Nährstoffbedarf von Milchkühen**

I. Nährstoffnormen für die Produktion von 1 kg Milch

Fettgehalt der Milch %	verd. Rohprotein g	Rohprotein g	NEL MJ	Quotient verd. Rohprotein/NEL
3,0	50	70	2,77	18,1
3,5	55	77	2,97	18,5
4,0	60	84	3,17	18,9
4,5	65	91	3,37	19,3
5,0	70	98	3,57	19,6

II. Richtzahlen für verschiedene Milchleistungen

	Trockensubstanz kg	verd. Rohprotein g	NEL MJ	Quotient verd. Rohprotein/NEL ca.
Erhaltung bei 650 kg	12 – 16	360	37,7	9,5
Milch, 3,8 % Fett				
Erhaltung + 5 kg Milch		650	53,2	12
10		940	68,6	13
15	14 – 22	1230	84,1	14
20		1520	99,5	15
25		1810	115,0	15
30		2100	130,4	15
Milch, 4 % Fett				
Erhaltung + 5 kg Milch		660	53,6	12
10		960	69,4	13
15	14 – 22	1260	85,3	14
20		1560	101,2	15
25		1860	117,0	15
30		2160	132,9	15
Milch, 4,2 % Fett				
Erhaltung + 5 kg Milch		670	54,0	12
10		980	70,2	13
15	14 – 22	1290	86,5	14
20		1600	102,7	15
25		1910	119,0	15
30		2220	135,2	15
Milch, 4,4 % Fett				
Erhaltung + 5 kg Milch		680	54,4	12
10		1000	71,0	13
15	14 – 22	1320	87,7	14
20		1640	104,3	15
25		1960	121,0	15
30		2280	137,6	16

.6 Nährstoffkonzentration

Ein sehr wesentliches zusätzliches Kriterium zur Beurteilung von Futtermitteln und Futterrationen für die Milchviehfütterung ist die Nährstoffkonzentration. Einen Maßstab dafür bildet die Verdaulichkeit der organischen Substanz. Bei gleichbleibendem Fassungsvermögen des Pansens stehen der Milchkuh nämlich je nach Höhe der

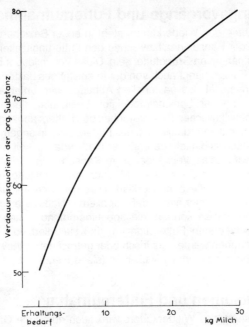

Abb. 7.1–1: **Anforderung an die Verdaulichkeit bei unterschiedlichen Milchleistungen**

Verdaulichkeit der Futtermittel verschieden große Nährstoffmengen für die Milchleistung zur Verfügung. Daraus läßt sich aber auch folgern, daß mit steigender Milchleistung die Nährstoffkonzentration des Futters ansteigen muß, wie es auch in Abb. 7.1–1 dargestellt ist. Liegt die Verdaulichkeit des Futters niedriger als es für die jeweilige Leistung erforderlich ist, so wird der Nährstoffbedarf nicht gedeckt, die Leistung verringert sich oder Körperreserven werden mobilisiert.

.7 Futteraufnahme

Für eine ausreichende Nährstoffversorgung ist neben der Nährstoffkonzentration auch das Futteraufnahmevermögen der Milchkühe zu beachten. Vor allem bei hochlaktierenden Kühen ist eine bedarfsgerechte Nährstoffaufnahme wegen des begrenzten Futterverzehrs erschwert. Dies gilt besonders für die Aufnahme wirtschaftseigener Futtermittel.

Grundsätzlich wird die Futteraufnahme und damit auch die Sättigung der Tiere durch die sogenannte physiologische und mechanische Regulation gesteuert. Für die physiologische Sättigung spielt die thermische Energie des Stoffwechsels, die Konzentration der Glucose im Blut sowie die Fettablagerung im Körper eine große Rolle. Diese physiologischen Regulationsmechanismen wirken sich jedoch bei monogastrischen Tieren wesentlich stärker als beim Wiederkäuer aus, wo sie nur bei sehr konzentrierten Rationen (Verdaulichkeit > 70 %) wirksam sind. Für die Grundfutteraufnahme des Wiederkäuers sind vorwiegend physikalisch-mechanische Faktoren zu nennen.

Verdauungsvorgänge und Futteraufnahme

Die Futteraufnahme des Wiederkäuers steht in enger Beziehung zur Pansenfüllung. Je schneller der Panseninhalt zwischen den Fütterungszeiten abnimmt, desto größer wird die Aufnahme an Grundfutter sein. Diese Verweildauer bzw. Passagegeschwindigkeit des Futters hängt auch von der Intensität des bakteriellen Abbaues im Pansen ab. Die Intensität des bakteriellen Abbaues wird unter anderem von der Vormagenmotorik und der Speichelproduktion beeinflußt, die ihrerseits von der Struktur bzw. der physikalischen Beschaffenheit des Futters abhängen (KAUFMANN und Mitarbeiter). Auch die Verdaulichkeit des Futters steht in engem Zusammenhang mit der Passagegeschwindigkeit. Je geringer die Verdaulichkeit eines Futtermittels ist, desto länger wird seine Verweildauer im Pansen sein. Damit wird auch zum Beispiel die größere Verzehrsleistung der Milchkuh an einem jungen blattreichen und damit hochverdaulichen Wiesenheu erklärt. Dies gilt auch für die Aufnahme von Silagen. Allerdings kommt hier hinzu, daß vor allem in Naßsilagen gewisse N-haltige Abbauprodukte vorkommen können, die appetithemmend wirken. Allgemein zeigt sich bei den verschiedenen Futterpflanzen, daß sie siliert vom Rind wesentlich schlechter aufgenommen werden als frisch oder getrocknet. Angewelkte Silage wird in größeren Mengen gefressen als Naßsilage (siehe hierzu Abb. 7.1–2).

Pansenvolumen und Futteraufnahme

Die Verzehrsleistung des Wiederkäuers wird auch durch die Größe des Vormagensystems beeinflußt. Da das Pansenvolumen in gewisser Beziehung zum Körpergewicht steht, steigt auch die Futteraufnahme mit zunehmendem Körpergewicht an. In mehreren Untersuchungen erhöhte sich mit einer Lebendgewichtszunahme von 100 kg die Grundfutteraufnahme um 300 – 1000 g Trockensubstanz. Das Ausmaß des Einflusses war dabei von der Qualität des Grundfutters und der Auswahl der

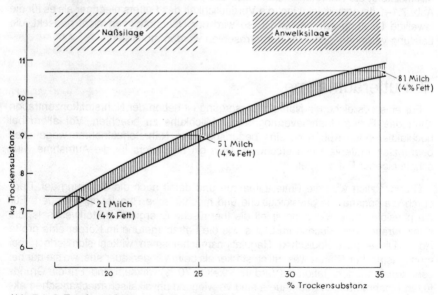

Abb. 7.1–2: **Trockensubstanzaufnahme bei Naß- und Anwelksilage**

Versuchstiere abhängig. Die Höhe der Milchleistung hatte dagegen kaum einen Einfluß auf die Grundfutteraufnahme. Diese Mehraufnahme an Futter deckt aber lediglich den höheren Erhaltungsbedarf, und zwar auch nur bei guter Zusammensetzung und Nährstoffkonzentration. Die Korrelation zwischen Futteraufnahme und Körpergewicht hängt dabei sehr stark von der Art des verabreichten Futters ab. Prozentual zum Körpergewicht geht jedoch die Futteraufnahme mit steigendem Lebendgewicht zurück. Daraus folgt, daß größere Kühe absolut zwar mehr, relativ zu ihrem Körpergewicht aber weniger Futter aufnehmen als kleinere.

Wie sehr die Futteraufnahme vom Pansenvolumen abhängt, ergibt sich auch daraus, daß Kühe gegen Ende der Trächtigkeit ein verkleinertes Pansenvolumen haben und dadurch weniger Grundfutter aufnehmen.

In diesem Zusammenhang soll noch auf den Einfluß der Kraftfutteraufnahme auf den Grundfutterverzehr hingewiesen werden. Bei guter Grundfutterversorgung kann unter günstigen praktischen Verhältnissen mit einer mittleren Aufnahme von 11,5 kg Trockensubstanz gerechnet werden. Unter solchen Bedingungen dürfte in den meisten Fällen die Grundfutteraufnahme durch Kraftfuttermengen von 6 – 8 kg kaum verändert werden. Erst ab dem neunten kg Kraftfutter ist mit einer Verdrängung von 0,35 kg Grundfutter je kg Kraftfutter zu rechnen. Die Grundfutteraufnahme kann aber auch um 15 – 20 % niedriger sein, was bei qualitativ schlechtem Grundfutter, bei nur einer Grundfutterkomponente, bei einseitig Silage, vor allem Naßsilage oder auch bei zu geringen Freßzeiten der Fall ist. Hier kann man schon ab dem fünften kg Kraftfutter mit einer teilweisen Verdrängung des Grundfutters rechnen. Erst in diesem Fall ist durch eine Erhöhung der Fütterungsfrequenz, also eine öftere als zweimalige Verabreichung des Kraftfutters ein positiver Effekt auf die Grundfutteraufnahme zu erwarten.

Der Futterverzehr von Milchkühen wird also sowohl durch das Futter (Art und Beschaffenheit des Futters, Rationszusammensetzung) als auch durch das Tier (Veranlagung, Kondition, Körpergewicht, Leistung) beeinflußt. Deshalb wird es auch immer schwierig sein, einen allgemein gültigen Maßstab für die Futteraufnahme der Milchkühe zu finden.

Im allgemeinen wird deshalb der Futterverzehr nur durch die Aufnahme an Trockensubstanz gekennzeichnet. Für laktierende Kühe sind je nach Größe und Leistung 14–22 kg Trockensubstanz zur Sättigung und zu einem normalen Ablauf der Verdauungsvorgänge erforderlich.

7.1.2 Ernährung und Milchmenge sowie Milchzusammensetzung

In der Milchviehhaltung sind aus wirtschaftlichen Gründen hohe Leistungen anzustreben. Milchmenge und Milchzusammensetzung werden dabei sehr wesentlich durch eine vollwertige und rationelle Ernährung der Kuh beeinflußt.

.1 Laktationsverlauf

Die Höhe der Milchleistung hängt vom genetischen Leistungsvermögen der Kuh und von einer Reihe weiterer Faktoren ab. Dazu gehört auch der Verlauf der Laktation, der die tägliche Milchleistung und damit die Höhe der Milchmenge

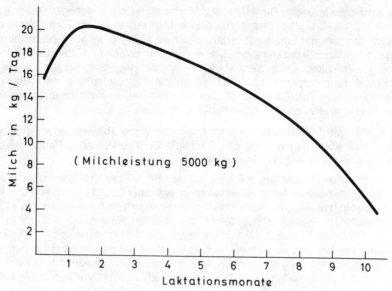

Abb. 7.1–3: **Verlauf einer Laktationskurve**

wesentlich beeinflußt. Er weist allerdings rassenmäßig und individuell bedingte Unterschiede auf. In der Abbildung 7.1–3 ist der Verlauf einer normalen Laktationskurve schematisch dargestellt.

In gewissem Maße ist die Laktationskurve auch genetisch festgelegt, sie wird jedoch durch die hormonalen Einflüsse der neuen Trächtigkeit gesteuert. Dabei herrscht nach dem Abkalben zunächst die Wirkung des Prolaktins (Luteotropes Hormon) vor. Mit zunehmender Trächtigkeitsdauer dominiert der Einfluß des nunmehr stärker ausgeschütteten Progesterons mehr und mehr. Gegen Ende der Laktation vermindert sich auch das Drüsengewebe des Euters, das erst gegen Ende der Gravidität wieder stärker aufgebaut wird.

Der Verlauf der Laktation war ursprünglich dem Bedarf des Kalbes angepaßt, wie auch Abbildung 7.1–3 zeigt. Der zunehmenden Milchsekretion in den ersten 3–6 Wochen folgt ein allmähliches, später ein starkes Absinken der Leistung, bis der Milchfluß am Ende versiegt beziehungsweise durch das Trockenstellen abgebrochen wird. Dabei wirkt sich der Zeitpunkt des Deckens' auf den Abfall der Laktationskurve stark aus, da die Leistung etwa fünf Monate nach erfolgter Konzeption erheblich zurückgeht. Die Abweichungen von diesem Laktationsverlauf sind groß, der Leistungsabfall kann steiler oder flacher sein. Ein Maßstab hierfür ist das sogenannte Durchhaltevermögen (Persistenz). Darunter wird das Verhältnis zwischen der Leistung der zweiten 100 Tage und der Leistung der ersten zeitgleichen Periode verstanden. Für die Milchviehfütterung ist dabei interessant, daß ein Tier um so rationeller gefüttert werden kann, je flacher die Laktationskurve verläuft beziehungsweise je größer die Persistenz ist. Dagegen ist es um so schwieriger, den täglichen Nährstoffbedarf der Kuh zu decken, je steiler und höher die Laktationskurve zu Beginn der Laktation ansteigt.

Die Höhe der Laktationsleistung wird auch durch die Länge der Trockenstellzeit beeinflußt. Ein Trockenstellen von etwa 6–8 Wochen bringt die günstigsten Erträge an Milch und Fett. Auch mit der Zahl der Laktationen steigt die Leistung an, der Laktationsverlauf ändert sich. Bedingt durch das Wachstum junger Milchkühe und somit der Milchdrüse steigt die Milchleistung im Mittel in den ersten 4–5 Laktationen noch an, später bleibt die Leistung bei entsprechender Fütterung etwa gleich.

.2 Ernährung und Laktation

Die Milchleistung wird durch das genetische Leistungsvermögen begrenzt. Darüber hinaus kann sie nicht gesteigert werden. Da jedoch die Erblichkeitsanteile für die Leistung sehr gering sind, wird die Milchmenge auch sehr stark durch die Fütterung beeinflußt.

Unterschiedliche Ernährung und Milchproduktion

Auf mangelnde Nährstoffzufuhr reagiert die Milchkuh mit geringer Leistung. Dabei hängt die Reaktion der Kuh von der Art des Nährstoffmangels ab. MÖLLGAARD hat die darüber vorliegenden Versuche zusammengefaßt und nach folgenden Mangelsituationen gegliedert: a) Energiemangel bei ausreichender Eiweißversorgung, b) Eiweißmangel bei ausreichender Energieversorgung und c) gleichzeitiger Mangel an Energie und Eiweiß.

a) Bei mangelnder Energieversorgung und ausreichender Eiweißzufuhr reagiert die Kuh zunächst mit einer negativen Energiebilanz. Daraufhin verringert sich die Milchmenge. Sind größere Energiereserven vorhanden, sinkt die Leistung nur langsam ab.

b) Mangelnde Eiweißversorgung bei ausreichender Energiezufuhr führt zu einer negativen N-Bilanz. Davon wird die Milchmenge zunächst nur wenig beeinflußt. Sie geht jedoch erheblich zurück, wenn die negative N-Bilanz stärker ausgeprägt ist und einen größeren Wert erreicht hat. Besteht der Eiweißmangel über längere Zeit, so läßt sich die Milchmenge auch bei reichlicher Eiweißzufuhr nicht mehr wesentlich steigern.

c) Bei gleichzeitiger Verminderung der Eiweiß- und Energiezufuhr reagiert die Milchkuh mit negativer N- und Energie-Bilanz. Die Milchmenge nimmt sehr schnell und stark ab.

Bei Nährstoffmangel geht die Milchmenge keineswegs im gleichen Verhältnis zurück, wie die Nährstoffe reduziert werden, da Körpersubstanz als Nährstoffquelle für die Milchproduktion mobilisiert wird.

Nährstoffverwertung bei der Milchproduktion

Der Energiebedarf für die Milchproduktion läßt sich am besten aus vollständigen Stoffwechselversuchen ableiten. Neben dem Energiegehalt der Milch und dem Erhaltungsbedarf muß vor allem erfaßt werden, ob eine Retention von Energie stattfindet oder ob Körpergewebe zur Milchbildung mobilisiert wird. Der Nettoenergiebedarf für die Milchproduktion läßt sich dementsprechend wie folgt ausdrücken:

$$\text{Energiebedarf für die Milchproduktion} = \frac{\text{Energie im Futter} - \text{Energie für Erhaltung} - (\pm \text{Energiebilanz})}{\text{Energie der Milch}}$$

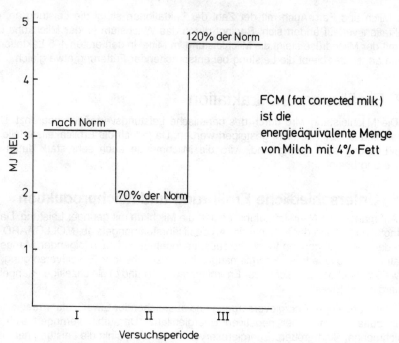

Abb. 7.1–4: Verwertung des Leistungsfutters je kg FCM bei unterschiedlichem Fütterungsniveau

Durch die unterschiedliche Nährstoffversorgung und Mobilisierung von Körperreserven wird die Verwertung des verabreichten Futters für die Milchbildung stark beeinflußt. In Abbildung 7.1–4 sind unsere Untersuchungsergebnisse über den Energieverbrauch je kg FCM bei Fütterung nach der Norm und abweichend von der Norm dargestellt. Dabei wurde von der Nährstoffaufnahme der Erhaltungsbedarf der Kuh abgezogen und die verbleibende Energie zur Milchmenge in Relation gebracht. Der so berechnete Energieaufwand je kg FCM lag bei Mangelversorgung wesentlich niedriger als bei Fütterung nach der Bedarfsnorm. Dies liegt nicht daran, daß die ME bei Unterversorgung besser verwertet würde, sondern daran, daß zusätzlich Energie aus Körperreserven mobilisiert wird. Bei Überversorgung erhöht sich dagegen der Verbrauch an Energie sowohl gegenüber der Mangelperiode als auch im Vergleich zur Bedarfsnorm sehr stark. In diesem Fall wird überschüssige Energie in Form von Körperfett retiniert. Diese Speicherung von Energie im Depotfett und die spätere Mobilisierung von Energie aus dem Depotfett ist im Zusammenhang mit dem Verlauf der Laktationskurve als normal anzusehen. Besonders bei Hochleistungskühen muß zur Deckung des hohen Leistungsbedarfs im ersten Laktationsdrittel Energie aus Körperdepots herangezogen werden. Diese Energie muß aber zuvor im letzten Drittel der vorausgegangenen Laktation gespeichert werden (Trächtigkeitsanabolismus). Dabei ist zu bedenken, daß bei der laktierenden Kuh 1,61 MJ ME notwendig sind, um 1 MJ Körperfett zu bilden (k-Wert für Körperfettsynthese der laktierenden Kuh im Durchschnitt 0,62), während 1,25 MJ aus dem Depotfett nötig sind, um 1 MJ Milchenergie zu bilden (k-Wert 0,80). Auf diesem Umweg über das Depotfett beträgt die Verwertung der ME für Milchbildung aufgrund des „doppelten Transformationsverlustes" nur mehr 50 %. Für eine ökonomische Fütterung von Hochleistungskühen ist also ein möglichst flacher Verlauf der Laktationskurve (hohe Persistenz) anzustreben. Beim Proteinverbrauch je kg FCM liegen die Verhältnisse ähnlich. Die Verwertung des Leistungsanteiles der Ration kann also bei der Milchproduktion sehr stark durch Abbau oder Anlagerung von Körpersubstanz beeinflußt werden.

Der physiologische Nährstoffbedarf je Leistungseinheit ist jedoch unter den eben genannten Bedingungen wie auch unter verschiedenen anderen Verhältnissen als konstant anzusehen. So ist nach Stoffwechselversuchen von FLATT und anderen (1966) sowie von VAN ES und NIJKAMP (1967) die Verwertung der Energie unabhängig von der Höhe der Milchleistung, der Energiebedarf je kg FCM ist also auch bei steigender Milchleistung gleichbleibend. Auch das Niveau der Fütterung, das mit zunehmender Milchleistung ansteigen muß, beeinflußt den Energiebedarf je Leistungseinheit wenig. Zwar vermindert sich mit steigender Futtermenge die Verdaulichkeit der Energie, diese Verluste werden jedoch durch geringere Energieausscheidung im Harn und in Form von Methan aus dem Pansen weitgehend ausgeglichen. Liegt das Fütterungsniveau im Bereich des 1–3fachen Erhaltungsbedarfs, so bleibt bei Kraftfutter- und Heufütterung der Anteil der umsetzbaren Energie an der Bruttoenergie relativ konstant. Die Futterzusammensetzung, ausgedrückt durch die Umsetzbarkeit der ME (q-Wert), beeinflußt die Ausnutzung der ME für die Milchproduktion nicht so sehr wie für die Körperfettsynthese. Der Zusammenhang kommt in der Formel zur Berechnung der NEL zum Ausdruck (siehe 4.4.3).

Ohne Einfluß auf den Energiebedarf für die Milchproduktion sind schließlich nach HOFFMANN und KORIATH (1969) die Fütterungsintensität in der Aufzucht (100 oder 70 %) und das Zulassungsalter (15 oder 21 Monate).

Ernährungsbilanz bei Hochleistungskühen

Das Ausmaß der Mobilisation von Körpergewebe zur Milchproduktion wurde in verschiedenen Respirationsversuchen gezeigt. Eine ausreichende Ernährung besonders von Hochleistungskühen ist demnach zu Beginn der Laktation kaum durchzuführen. Die Nährstoffaufnahme bleibt oft hinter dem steigenden Energiebedarf der Kühe zurück. Das Tier muß deshalb, wenn die Leistung nicht rasch sinken soll, das Nährstoffdefizit vorübergehend durch Körperreserven ausgleichen können. FLATT (1966) fand in Respirationsversuchen mit Hochleistungskühen (etwa 7000 kg Milch je Laktation), daß auch bei ad libitum Fütterung mit Kraftfutter zur Zeit des Laktationsmaximums mit über 40 kg Milch täglich für die Milchproduktion 42–63 MJ aus den Körperreserven beigesteuert wurden. Dieser tägliche Abbau von Körpersubstanz entspricht etwa 1–2 kg Körperfett. Nach dieser negativen Phase ist die Energiebilanz in der Mitte der Laktation relativ ausgeglichen. Im späteren Laktationsabschnitt können wieder etwa 42–63 MJ täglich im Körper angelagert werden. Mit diesen Versuchen wird sehr deutlich gezeigt, daß Hochleistungskühe für hohe Leistungen Energie aus dem Körper mobilisieren und umgekehrt bei geringerer Leistung Energie speichern können. Dabei dürften Tiere mit einem hohen Körpergewicht den leichteren Kühen überlegen sein.

Diese starken Änderungen in der Zusammensetzung des Körpers spiegeln sich vielfach nicht im Körpergewicht wider, da eine Zu- oder Abnahme des Wassergehaltes in den Geweben möglich ist. Praktische Fütterungsversuche können daher trotz der Kontrolle des Körpergewichtes diese Vorgänge nicht erfassen.

Diese Ergebnisse verdeutlichen, daß hochlaktierende Kühe zu Beginn der Laktation bei normaler Fütterung kaum im Ernährungsgleichgewicht gehalten werden können. Auf jeden Fall muß versucht werden, mit soviel Kraftfutter wie möglich den hohen Nährstoffbedarf gerade im ersten Drittel der Laktation zu decken. Dies ist besonders deshalb bei Laktationsbeginn wichtig, da eine zu späte höhere Energiezufuhr eine bereits gesunkene Leistung wenig steigern kann und die Energie vermehrt zum Körperansatz verwendet wird.

.3 Fütterung und Milchzusammensetzung

Durch die Fütterung können viele Milchbestandteile quantitativ und qualitativ verändert werden. Der Einfluß unterschiedlicher Futterrationen ist dabei im wesentlichen auf die Gehalte des Futters an den einzelnen Nährstoffen (Cellulose, Zucker, Stärke, Eiweiß u. a.) zurückzuführen. Vor allem sind Menge und Beschaffenheit des Milchfettes, aber auch des Milcheiweißes, sehr stark von der Ernährung abhängig. Der Lactosegehalt kann durch die Fütterung nur sehr wenig und nur in extremen Fällen beeinflußt werden.

Ernährungseinflüsse auf die Milcheiweißmenge

Ernährungsphysiologisch gesehen sind vor allem die Ernährungseinflüsse auf den Eiweißgehalt, insbesondere auf den Caseingehalt der Milch von großer Bedeutung. Vor allem durch die Kohlenhydrat- und damit Energiezufuhr läßt sich der Eiweißgehalt verändern. Bei hoher Energieversorgung nimmt der Gehalt an Eiweiß zu, bei Energiemangel nimmt er ab. Eine Unterversorgung an Energie liegt in der Praxis vor allem zu Beginn der Laktation, im Spätsommer und gegen Ausgang der Winterfütterung vor.

Der Einfluß der Energie auf die Milcheiweißsynthese ist teilweise durch die Energieabhängigkeit der mikrobiellen Proteinsynthese in den Vormägen zu erklären. Umgekehrt ist der weitgehende Abbau von Futtereiweiß durch die Mikroorganismen des Pansens der Grund, warum in vielen Versuchen eine erhöhte Eiweißversorgung den Milcheiweißgehalt nicht wesentlich steigern konnte. Ammoniak, der über die Synthesekapazität der Mikroorganismen hinaus anfällt, kann nicht für die intermediäre Proteinsynthese genutzt werden und muß als Harnstoff ausgeschieden werden. Zusätzliches Eiweiß kann also nur wirksam werden, wenn der Abbau im Pansen umgangen wird. So konnte in Versuchen mit Infusion von Casein oder Gemischen von Aminosäuren in den Labmagen der Eiweißgehalt der Milch gesteigert werden. Eine Möglichkeit für die Praxis könnte in der Fütterung von geschütztem Protein liegen, bei dem der Abbau im Pansen herabgesetzt ist.

Ernährungseinflüsse auf die Milchfettmenge

Nicht nur die Milchmengenleistung, sondern auch die Höhe des Fettgehaltes wird in erster Linie durch eine ausreichende Versorgung der Kuh mit Eiweiß und Energie bestimmt. Für die Bildung des Milchfettes müssen aber auch ausreichend Bausteine zur Verfügung stehen. Dabei sind insbesondere Essig- und Buttersäure für die Milchfettsynthese von Bedeutung. Durch zuviel Propionsäure wird der Milchfettgehalt gesenkt. Alle Faktoren, die bei den mikrobiologischen Prozessen in den Vormägen das Angebot an diesen kurzen Fettsäuren verändern, beeinflussen dadurch auch den Fettgehalt der Milch.

Kohlenhydrate und Milchfettgehalt

Die Gesamtsäurekonzentration sowie die relativen Anteile der einzelnen Fettsäuren werden weniger durch die Futtermittel als vielmehr durch die Nährstoffzusammensetzung des verabreichten Futters beeinflußt. Wie in den Grundlagen ausführlicher beschrieben, wird die Cellulose vor allem zu Essigsäure abgebaut, während Stärke und Zucker das Fettsäurenmuster in Richtung Butter- und Propionsäure verschieben. Diese Zusammenhänge sind in Übersicht 7.1–7 nach ORTH und KAUFMANN nochmals zusammengestellt.

Übersicht 7.1–7: **Zusammensetzung der Futtermittel, Pansenvorgänge und Milchfettgehalt**

	Cellulose (Heu)	Stärke (Getreide)	Zucker (Rüben)
Pansen	rel. kleine Keimzahl hoher pH (6,5) langsamer Abbau rel. viel Essigsäure wenig Buttersäure	rel. hohe Keimzahl tiefer pH (5,7) schneller Abbau rel. wenig Essigsäure rel. mehr Butter- und Propionsäure	rel. kleine Keimzahl sehr tiefer pH (5,1) schneller Abbau mehr Gesamtsäure rel. wenig Essigsäure sehr viel Buttersäure auch Milchsäure
Milch	rel. hoher Fettgehalt (Milchmenge vermin.)	niedriger Fettgehalt	leicht erhöhter Fettgehalt

Der Einfluß der Kohlenhydrate auf den Milchfettgehalt hängt davon ab, ob sie als Zucker, Stärke oder Rohfaser vorliegen. Die wichtigste Voraussetzung für den maximalen Milchfettgehalt ist eine ausreichende Zufuhr von Rohfaser. Ihren optimalen Anteil kann man in der Milchviehfütterung mit 18–22 % der Trockensubstanz angeben. Die physikalische Struktur der Rohfaser ist dabei von besonderer Bedeutung. Gemahlenes und pelletiertes Heu verschiebt im Pansen das Verhältnis von Essigsäure : Propionsäure zugunsten der Propionsäure. Für die Praxis ist daher zu fordern, daß der größere Teil der Rohfaser in ausreichend strukturierter Form vorliegt. Ein zufriedenstellendes Maß für „Struktur" konnte noch nicht gefunden werden. Die physiologische Wirkung der Struktur beruht auf der Stimulierung des Wiederkauens und damit der Speichelproduktion (siehe 2.1.1). Durch die puffernde Wirkung des Speichels wird ein für die cellulolytischen Bakterien günstiger pH aufrechterhalten. Stärke senkt im allgemeinen den Milchfettgehalt, da das Essigsäure-Propionsäure-Verhältnis enger wird. Diese Wirkung dürfte aber praktisch erst zum Tragen kommen, wenn der Rohfasergehalt der Ration unter 16 % fällt. In diesem Fall kann eine Milchfettdepression möglicherweise durch häufigere Verabreichung des Kraftfutters verhindert werden. Zuckergaben bis zu 200 g können den Fettgehalt steigern. Größere Gaben verhalten sich neutral oder können den Fettgehalt auch senken.

Eiweiß- sowie Energieversorgung und Milchfettgehalt

Mangelnde Energieversorgung beeinflußt den Fettgehalt wenig. Bei Eiweißunterversorgung hängt die Wirkung von der Höhe des Fettgehaltes ab. Ein relativ hoher Fettgehalt der Milch wird sofort gesenkt. Ist der Fettgehalt dagegen niedrig, so bleibt er bei Eiweißmangel mehr oder weniger konstant. Werden die Eiweiß- und Energiezufuhr gleichzeitig vermindert, so wird der Milchfettgehalt ähnlich beeinflußt wie bei mangelnder Energieversorgung. Überernährung an Eiweiß und Energie verändert den Fettgehalt nur wenig.

Futterfett und Milchfettgehalt

Der Einfluß des Fettanteils der Futterration auf den prozentischen Fettgehalt der Milch hängt von der Art (gesättigte und ungesättigte Fettsäuren), von der Menge des Futterfettes und von der Zusammensetzung der Grundfutterration mit ihrer Auswirkung auf die Säureproduktion im Pansen ab.

In den meisten Versuchen konnte mit einer Zulage bis zu 7 %, teilweise bis zu 10 % pflanzlicher oder tierischer Fette zur Futterration kein Einfluß auf den Fettgehalt erzielt werden. Dagegen zeigten die Ölfruchtrückstände – Palmkern-, Kokos- und Babassukuchen – einen sehr günstigen Einfluß.

Allerdings hängt der Erfolg einer solchen Maßnahme von verschiedenen Voraussetzungen ab. Es muß sich um Kuchen bzw. Expeller der genannten Ölfrüchte handeln, die im Vergleich zu Extraktionsschroten mehr Fett enthalten, außerdem muß die Futtermenge und damit auch die Fettzufuhr hoch genug sein. Günstig sind mindestens 1,5 kg und größere Mengen von diesen Ölfruchtrückständen. In Übersicht 7.1–8 ist hierzu ein entsprechender Versuch aufgeführt.

In neueren Untersuchungen blieb diese fettsteigernde Wirkung aus. Dies erklärt sich aus den Pansenvorgängen. Palmkern-, Kokos- und Babassurückstände enthalten relativ hohe Anteile einer Reihe kurzer Fettsäuren. Dadurch werden reichlich Bausteine für die Milchfettsynthese bereitgestellt. Da andererseits auch das Grundfutter diese Bausteine für die Milchfettsynthese liefern kann, hängt die Wirkung dieser Futterfette von der Zusammensetzung der Grundfutterration ab. In harmonischen Futterrationen mit genügend Rohfaser wird deshalb die Wirkung der Futterfette geringer sein als in Rationen mit hoher Propionsäurebildung. Im übrigen kommt hinzu, daß in manchen Jahren die Preiswürdigkeit dieser Futtermittel schlechter ist als bei anderen Kraftfuttermitteln, das heißt, daß durch die starke Nachfrage nach diesen Futtermitteln ihre Nährstoffe erheblich teurer wurden. Außerdem ist die ketogene Wirkung dieser Futterfette mit ihren hohen Anteilen an kürzeren Fettsäuren zu beachten.

Übersicht 7.1–8: **Palmkernrückstände (1,5–2 kg) und Milchfettgehalt**

Fettgehalt der Rückstände %	Fettgehalt der Milch
Kontrolle	100
0,9	101
5,4	107
11,5	113

Hohe Mengen von Futterfetten mit mehrfach ungesättigten Fettsäuren führen meist zur Senkung des Milchfettgehaltes. Dabei ist der Rückgang um so stärker, je größer die aufgenommene Menge und je höher die Jodzahl des Futterfettes ist. Zu dieser Gruppe der flüssigen Fette gehören die Fischfette, aber auch das Fett in Lein, Raps, Senf, Soja, Mais und Reis. Diese nachteilige Wirkung steht in engem Zusammenhang mit dem Gehalt an ungesättigten Fettsäuren, ihrer Depression der Celluloseverdauung und damit einer verminderten Essigsäureproduktion.

Ernährung und Qualität des Milchfettes

Ein wesentliches Qualitätsmerkmal für die Verarbeitung des Milchfettes ist dessen Konsistenz, die eindeutig von der Zusammensetzung der Futterration und von Art und Menge des verabreichten Futterfettes abhängig ist (s. hierzu 3.3.5).

Aufgrund dieser Zusammenhänge können die verschiedenen Futtermittel hinsichtlich ihrer Wirkung auf die Zusammensetzung des Milchfettes wie folgt geordnet werden:
1. Hohe Jodzahlen, das heißt weiches Milchfett, werden von Futtermitteln verursacht, die reich an flüssigen Fetten sind, wobei die fettgehaltsmindernde Wirkung starker Gaben zu beachten ist:
    a) Sonnenblumen-, Raps-, Sesam-, Leinsamenkuchen, Sojabohnen, Reisfuttermehl, Mais, Maisrückstände, Schlempe, Fischfette.
    b) Weidegang und unbeschränkte Aufnahme frischen Grünfutters.
2. Niedrige Jodzahlen, das heißt hartes Milchfett, bewirken Futtermittel mit einem sehr geringen Fettgehalt oder auch solche mit einem höheren Gehalt bei Überwiegen gesättigter Fettsäuren. Hoher Rohfaser- und Zuckergehalt wirken in gleicher Richtung. Hier sind zu nennen:
    a) Heu, Stroh, Rüben, Rübenblatt in größeren Mengen, überständiges Gras, Roggen, Weizen, Erbsen, Bohnen, Wicken. Allgemein fettarme Futtermittel mit hohem Rohfaser-, Stärke- oder Zuckergehalt.
    b) Sojaschrot, Baumwollsaatschrot und andere Extraktionsschrote mit sehr niedrigem Fettgehalt.
    c) Kokos-, Palmkern-, Babassukuchen, also Ölsaatrückstände mit höherem Gehalt an gesättigten Fettsäuren. Die mögliche Steigerung des prozentischen Fettgehaltes ist zu beachten.
3. Mittlere Jodzahlen, das heißt normales Milchfett, werden erzielt bei Verfütterung von folgenden Futtermittteln:
    a) Gerste, Hafer, Maniokmehl, Erdnußkuchen, Baumwollsaatkuchen, Sojakuchen, getrockneter Kartoffelschlempe und Biertreber.
    b) Grünfutter und Rübenblatt in beschränktem mittleren Anteil am Gesamtfutter.
    c) Silagen.
    d) Kombination der unter 1 und 2 genannten Futtermittel.

Ernährung und Gehalt der Milch an Mineral- und Wirkstoffen

Während alle Mengenelemente im wesentlichen unabhängig von der Zufuhr im Futter stets einen konstanten Gehalt in der Milch aufweisen, zeigen die Spurenelemente, und zwar besonders Kobalt, Mangan, Zink, Jod und Molybdän eine deutliche Abhängigkeit von der Zufuhr. Der Vitamingehalt der Milch wird durch eine Reihe von Faktoren in sehr unterschiedlichem Ausmaß beeinflußt. Bei den Vitaminen K, C und den B-Vitaminen kann man jedoch kaum von einem Fütterungseinfluß sprechen. Da diese Vitamine im Verdauungstrakt oder im Stoffwechsel synthetisiert werden, ist ihr Vorkommen im Futter für den Vitamingehalt der Milch praktisch bedeutungslos.

Dagegen ist der Gehalt der Milch an den fettlöslichen Vitaminen A und E zu einem sehr hohen Grade an die Zufuhr dieser Vitamine oder ihrer Provitamine im Futter gebunden.

Kuhmilch enthält sowohl Carotin als auch Vitamin A. Da Futterpflanzen kein Vitamin A enthalten, ist das Rind als Pflanzenfresser in seiner Vitamin-A-Versorgung auf die Carotinzufuhr über die pflanzlichen Futtermittel angewiesen. Deshalb hängt die Vitamin-A-Wirksamkeit der Milch weitgehend vom Carotingehalt der verwendeten Futterpflanzen ab (s. hierzu 5.3.1). Entsprechend der Carotinverluste bei der Konservierung und Lagerung ist der Vitamin-A- und Carotingehalt bei Heu am geringsten und bei Weide und Grünfutter am höchsten. Silage liegt etwa dazwischen. Allerdings steigt der Gehalt der Milch an Carotin und Vitamin A nicht linear mit dem Carotinangebot. Mit steigender Carotinzufuhr nimmt nämlich die Verwertung ab, wie dies auch in der folgenden Übersicht 7.1–9 nach Untersuchungen von HAUGE zusammengestellt ist.

Übersicht 7.1–9: **Vitamin-A-Wirksamkeit der Milch bei steigender Carotinzufuhr**

mg Carotin täglich	I. E. Vitamin A je g Butterfett
130	19
200	32–34
300	36–37

Eine Anreicherung von Vitamin A in der Kuhmilch läßt sich durch Vitamin-A-Zulagen viel effektiver gestalten als durch Carotingaben. Dabei hängt die Wirkung solcher Zulagen im wesentlichen von der Höhe der Dosierung ab.

Durch eine reichliche Zufuhr von Carotinen oder Vitamin A während der letzten Trächtigkeitswochen wird eine Reservebildung an Vitamin A im tierischen Organismus ermöglicht. Im Vergleich zur normalen Milch enthält die Kolostralmilch im ersten Gemelk eine etwa 20mal höhere Vitamin-A-Konzentration. Diese Vitamin-A-Konzentration ist jedoch stärker von der Vitamin-A- als von der Carotinzufuhr abhängig.

.4 Fütterung und Geruch, Geschmack sowie Keimgehalt der Milch

Die Milchqualität wird nicht nur durch die Anteile und Zusammensetzung der einzelnen Milchbestandteile, sondern auch durch die organoleptischen und mikrobiologischen Eigenschaften der Milch bestimmt. Geruch und Geschmack sowie der Keimgehalt der Milch können nämlich direkten und indirekten Fütterungseinflüssen unterliegen.

Futter und Geschmacks- sowie Geruchsfehler

Geschmack und Geruch der Milch können sich sehr leicht verändern. Die zahlreichen Ursachen von Geschmacks- und Geruchsfehlern der Milch sind: Änderung der Gehalte an natürlichen Milchbestandteilen, Übergang fremder Substanzen mit geruchs- und geschmackswirksamen Eigenschaften, chemische Veränderungen einzelner Milchbestandteile durch oxydative und hydrolytische Vorgänge (Wärmebehandlung, Sonnenlichteinwirkung u. a.) sowie Veränderungen von Milchbestandteilen durch mikrobiologische Prozesse.

Die Übertragung fremder geruchs- und geschmackswirksamer Substanzen in die Milch erfolgt auf verschiedene Art und Weise:
a) durch direkten Kontakt der Milch mit dem Futter, dem Futtergeruch und der Stalluft. Besonders in kuhwarmem Zustand nimmt die Milch leicht fremde Geruchs- und Geschmacksstoffe auf. Stärke und Dauer der Geruchseinwirkung beeinflussen das Ausmaß der Veränderungen.
b) Mit der Atemluft über die Atemwege ins Blut und damit auch in die Milch. Auf diesem Wege entstandene Milchfehler können schon wenige Minuten nach der Inhalation der Substanzen durch die Kuh festgestellt werden.
c) Mit dem Futter in den Verdauungstrakt und von hier durch direkte Absorption oder über Pansengase in das Blut und damit in die Milch.

Geruchs- und Geschmacksstoffe dürften meist auf den letzteren Wegen in die Milch gelangen. Wie stark das Futter den Geschmack und Geruch der Milch beeinflußt, wird von mehreren Faktoren bestimmt:
a) Art und Menge des verabreichten Futters sind wirksam.
b) Futtermittel, aus denen die Geruchs- und Geschmacksstoffe leicht und damit schnell freigesetzt werden, haben einen stärkeren, jedoch nur kürzere Zeit andauernden Einfluß als solche Futtermittel, aus denen diese Stoffe nur allmählich während der Verdauung frei werden.
c) Das Zeitintervall zwischen Fütterung und Milchgewinnung besitzt große Bedeutung, weil die für die Geruchs- und Geschmacksfehler verantwortlichen Substanzen außerordentlich rasch in die Milch übertreten. Im allgemeinen werden Geruch und Geschmack der Milch am stärksten beeinflußt, wenn die Kühe eine halbe bis zwei Stunden vor dem Melken gefüttert werden. Wird nach dem Melken gefüttert, so ist anzunehmen, daß die meisten Geruchs- und Geschmacksstoffe während der folgenden Stunden zum großen Teil auf fermentativem Wege im intermediären Stoffwechsel zerstört werden.
d) Bei niedrigen Milchleistungen und/oder hohem Fettgehalt können Geruchs- und Geschmacksfehler stärker auftreten, auch zeigen sie sich in der Abendmilch ausgeprägter als in der Morgenmilch.

Geruch und Geschmack der Milch werden demnach sehr stark von der Spezifität und Konzentration der in den einzelnen Futtermitteln enthaltenen Stoffe beeinflußt. Unter den Gramineen sind es vor allem Grünroggen, Grünhafer und Grünmais, bei den Leguminosen besonders Luzerne, aber auch Klee, Erbsen, Wicken und Bohnen, die Milchfehler verursachen können. Dies trifft auch dann zu, wenn diese Arten als Heu verfüttert werden. Auch bei starker oder alleiniger Verfütterung von Stoppelrüben, Kohlrüben, Raps, Rübsen und Markstammkohl kann die Milch einen scharfen, rettichartigen Geschmack und einen stechenden Geruch bekommen. Eine Reihe dieser Futtermittel (Leguminosen) lassen sich im silierten Zustand gefahrloser und in größeren Mengen verfüttern. Dies gilt jedoch nicht für alle Futterpflanzen. So werden z. B. die Geschmacksstoffe in Laucharten durch die Gärprozesse im Silo nicht abgebaut. Andererseits wird in der Milch das typische Silagearoma durch Stoffe hervorgerufen, die erst während des Gärprozesses entstehen. Dabei können Naßsilagen den Milchgeruch und -geschmack wesentlich stärker nachteilig verändern als Anwelksilagen.

Im allgemeinen beeinflussen aber selbst schlecht riechende Silagen die organoleptischen Eigenschaften der Milch über Fütterung und Blutbahn nur wenig, wenn sie nach dem Melken gefüttert werden. Weit stärker wirken sich die Bedingungen der Stall-, Tier- und Melkhygiene bei Silagefütterung auf Geruch und Geschmack der Milch aus.

Zur Verhütung von Geschmacks- und Geruchsfehlern

Um Geschmacks- und Geruchsfehler der Milch zu vermeiden, muß folgendes beachtet werden:

a) Futtermittel, durch deren Verfütterung geschmacks- und geruchsaktive Stoffe in die Milch gelangen können, müssen stets nach dem Melken verfüttert werden. Bei Weidegang auf Kleeweide muß eventuell 3–4 Stunden vor dem Melken abgetrieben werden.

b) Derartige Futtermittel sollen nur in geringen Mengen an die Tiere verfüttert werden.

c) Futtermittel – vor allem Silage, säuernde Schlempe u. a. – dürfen grundsätzlich nicht im Stall gelagert werden. Dies gilt auch dann, wenn Absaugmelkanlagen vorhanden sind, da eine schlechte Stalluft auch über die Atmungsorgane der Tiere auf die Milch einwirken kann.

d) Verschmutztes, gefrorenes oder verschimmeltes Futter ist in der Fütterung abzulehnen, da es leicht Durchfall hervorrufen kann, der zu größerer Unsauberkeit im Stall und damit auch zu erhöhter Infektionsgefahr der Milch durch schädliche Mikroorganismen führt.

Ernährung und Keimgehalt der Milch

Nicht nur für Vorzugsmilch und Milch, die zu Käse verarbeitet wird, sondern für die gesamte Trink- und Werkmilch ist die Gesamtkeimzahl qualitätsbestimmend. Der Mikroorganismengehalt der Milch ist dabei eine Funktion der Gesundheit von Tier und Milchdrüse sowie der Stall- und Melkhygiene. Die größte Keimzahl gelangt durch Kontaktinfektion über Melkgeschirr, Transportkannen, Milchleitungen, Seiher, Kühler und anderes in die Milch. Unter ungünstigen Umständen, zum Beispiel bei starker Infektion der Milch über Luft, Staub, Kot und Futter können schädliche Bakterien in großer Zahl auftreten und dadurch ihren Wert stark herabsetzen.

Futter und Fütterung beeinflussen die Mikroorganismenflora der Milch in verschiedener Hinsicht. Einmal kann das Futter Träger bestimmter Keimarten sein, die von außen in die Milch gelangen. Durch Arbeiten, die im Stall starken Staub aufwirbeln, wird die Infektionsgefahr noch erhöht, da der Keimgehalt der Luft stark ansteigt. Zum anderen können die hygienischen Verhältnisse durch das Futter oder die Art der Fütterung so negativ beeinflußt werden, daß dadurch die Gesamtkeimzahl der Milch beträchtlich erhöht wird, zum Beispiel durch Verdauungsstörungen. Die Verunreinigungen der Milch mit frischem oder getrocknetem Kot treten nämlich besonders bei einer weichen Kotkonsistenz oder Durchfall auf. Hierfür sind meist folgende Fütterungsfehler verantwortlich: zu rascher Übergang von der Trocken- zur Grünfütterung; Verfütterung sehr jungen Klees oder Grases ohne Beifutter; einseitige Gaben von Grüngetreide; Verfütterung von gefrorenem, nassem oder warmem Grünfutter, gefrorenen oder angefaulten Rüben, stark erdig verunreinigten Futtermitteln (Rübenblatt, Rüben, Kartoffeln und anderes), verdorbenen Futtermitteln; extrem hohe Schlempefütterung. Bei der Verfütterung von Silage kann es ebenfalls zu höheren

Keimzahlen in der Milch, besonders zu einem stärkeren Vorkommen von Buttersäurebazillen kommen. Eine solche Milch kann vor allem bei der Herstellung von fettem und halbfettem Hartkäse Schwierigkeiten bereiten. Im Emmentaler-Käsereigebiet ist deshalb die Verfütterung von Silage verboten.

Der Gehalt der Silage an Buttersäurebazillen hängt von der Beschaffenheit des Futters, von der Siliertechnik und vom Gärverlauf ab. Wird schlechtes Gärfutter verfüttert, so steigt der Gehalt des Rinderkotes an Buttersäurebazillen sprunghaft an und geht nach dem Absetzen der Silage nur allmählich zurück. Wieweit es jedoch zu einer Infektion der Milch mit Buttersäurebazillen kommt, hängt aber nicht nur von der Qualität der Silage, sondern auch von den hygienischen Verhältnissen, nämlich der Tier-, Stall- und Melkhygiene ab. Je reinlicher und hygienischer die Milch gewonnen wird, desto weniger Buttersäurebazillen enthält sie. Bei Verfütterung einwandfreier Silagen sowie besten Methoden der Milchgewinnung läßt sich demnach Milch erzeugen, die nicht mehr Buttersäurebazillen enthält als bei Heufütterung.

7.1.3 Hinweise zur praktischen Milchviehfütterung

Die Wirtschaftlichkeit einer Futterration kann weitgehend von den Kosten je MJ NEL abgelesen werden. Zweifellos können bei entsprechender Produktionstechnik die Nährstoffe aus dem Grundfutter am billigsten bereitgestellt werden. Hohe Leistungen lassen sich jedoch nur erzielen, wenn die Ration mit konzentrierten Kraftfuttermitteln ergänzt wird. Im folgenden soll deshalb zunächst auf das Grundfutter, dann auf das Kraft- und Mineralfutter und abschließend auf verschiedene fütterungstechnische Punkte eingegangen werden.

.1 Berechnung von Futterrationen

Eine rationelle und vollwertige Fütterung der Milchkühe nach Leistung setzt voraus, daß der Futterwert der einzelnen Futterrationen berechnet wird. Dabei wird versucht, den Nährstoffgehalt der zu verfütternden Futtermengen mit dem Nährstoffbedarf für Erhaltung und Leistung in Übereinstimmung zu bringen. Grundlage für solche Berechnungen sind die aufgezeigten Bedarfsnormen, die Angaben über den Nährstoffgehalt der Futtermittel für Wiederkäuer (siehe Anhang) und der Futtervoranschlag des Betriebes, aus dem Art und Menge der vorhandenen Futtermittel je Tier und Tag ersichtlich sind. Die Futterration wird dabei zunächst durch die Angaben über Trockenmasse, verdauliches Rohprotein und NEL gekennzeichnet. Für eine optimale Fütterung muß aber neben der Forderung nach einer angemessenen Nährstoffzufuhr die Futterration auch hinsichtlich der Verdaulichkeit, des Futteraufnahmevermögens und auch der Gehalte an Rohfaser, Mineral- und Wirkstoffen beurteilt werden.

Grundfutter

Die Futtermittel werden im wesentlichen aufgrund ihrer Nährstoffkonzentration in Grund- und Kraftfuttermittel eingeteilt. In der Milchviehfütterung wird dabei zunächst eine Ration aus Grundfutter zusammengestellt, die in der Winterfütterung mindestens den Bedarf für die Erhaltung und 10 kg Milchleistung decken soll. Hierfür ist bereits in der Grundfutterration ein Quotient verd. Rohprotein/NEL von 13 anzustreben. Ist dies durch die vorhandenen Grundfuttermittel nicht möglich, so muß das

Nährstoffverhältnis der Grundfutterration gegebenenfalls mit eiweiß- bzw. stärkereichen Futtermitteln ausgeglichen werden. Das bietet den Vorteil, daß alle über die Grundration hinausgehenden Milchleistungen mit einem Kraftfutter gleicher Zusammensetzung erzielt werden können. Bei Leistungsänderungen wird nur die Kraftfuttermenge verändert. Durch dieses Vorgehen sind für die Milchviehfütterung unabhängig von den verschiedenen Leistungen der Tiere nur mehr zwei verschiedene Kraftfutter nötig, nämlich eines zum Ausgleich des Grundfutters (Ausgleichskraftfutter) und ein zweites für die höheren Leistungen (Aufbaukraftfutter).

Dagegen sind nach den bisher üblichen Vorstellungen für die verschiedenen Leistungen 4 – 5 Milchleistungsfuttermittel nötig. Jedes im Nährstoffverhältnis unausgeglichene wirtschaftseigene Grundfutter wird mit einem entsprechenden Standard ergänzt, der darüber hinaus auch die Nährstoffe für die höhere Milchleistung bereitstellt. Dadurch sind bei unausgeglichenen Futterrationen für die unterschiedlichen Leistungen verschiedene Standards einzusetzen. Durch das oben aufgezeigte System wird hingegen die Anzahl der in einer Milchviehherde nötigen Mischungen reduziert, die praktische Fütterung wird rationeller und wesentlich einfacher.

Im folgenden Rechenbeispiel in Übersicht 7.1–10 soll der Gang einer solchen Rationsberechnung für eine Leistung von 10 kg Milch aus dem Grundfutter aufgezeigt werden. Zunächst wird der Gehalt der Ration an verdaulichem Rohprotein und an NEL errechnet und vom Bedarf der Kuh für Erhaltung und 10 kg Milch abgezogen. (Selbstverständlich kann der Grundfutterausgleich auch bei einer anderen Milchleistung vollzogen werden.) Aus der Differenz und dem daraus errechneten Nährstoffverhältnis ergeben sich die für den Ausgleich erforderlichen Kraftfuttermittel.

Übersicht 7.1–10: **Grundration für 10 kg Milch, 4 % Fett, 650 kg Lebendgewicht**

Futtermittel	in 1000 g des Futtermittels			in der Ration		
	TS g	verd. Rohprot. g	NEL MJ	TS kg	verd. Rohprot. g	NEL MJ
4 kg Wiesenheu 1. Schnitt, Beginn d. Blüte	860	52	4,17	3,4	208	16,68
20 kg Wiesengrassilage im Ährenschieben	200	21	1,05	4,0	420	21,00
20 kg Gehaltsrüben	180	7	1,42	3,6	140	28,40
a) Aus der Ration stehen zur Verfügung:				11,0	768	66,08
b) Bedarf für Erhaltung und 10 kg Milch					960	69,40
c) Erforderlicher Nährstoffausgleich (= b – a)					192	3,32
Quotient verd. Rohprotein/NEL					58	
Erforderliches Kraftfutter: z. B. 0,5 kg Sojaextraktionsschrot					211	3,56

Kraftfutterzuteilung

Leistungen über dem Grundfutterniveau lassen sich nur mit Kraftfutter erzielen. Durch die oben aufgezeigte Art der Rationsberechnung gestaltet sich der Einsatz von Kraftfutter sehr einfach. Für die verschiedenen Milchleistungen muß die Kraftfuttermischung einen Quotienten verd. Rohprotein/NEL von etwa 19 aufweisen. Je nach Nährstoffkonzentration reicht 1 kg dieser Kraftfuttermischung für 2 – 2,2 kg Milch. Siehe hierzu auch Übersicht 7.1–18.

.2 Weide

Intensivweiden stellen eine wirtschaftliche und optimale Haltungsform dar. Weide liefert nämlich die Nährstoffe relativ preiswürdig. Auch muß der Weidegang für die Gesundheit der Tiere günstig beurteilt werden. Andererseits bringt diese Fütterungsart aber einige physiologische Probleme mit sich.

Vorbereitungsfütterung

Schroffe Futterumstellungen von der Winterfütterung zur Weide können zu Störungen in der Verdauung führen. Die bei Weideauftrieb veränderte Säureproduktion im Pansen ist die Ursache für den stark absinkenden Fettgehalt der Milch. Gesundheit und Leistung der Tiere verlangen deshalb, daß sie in den letzten Wochen vor dem Weideaustrieb auf das hochverdauliche junge Grünfutter vorbereitet werden. Während dieser Vorbereitungsfütterung sollen vor allem größere Mengen Saftfutter verabreicht werden, wozu Silagen besonders gut geeignet sind. Ist nicht genügend Saftfutter vorhanden, so kann die Vorbereitungsfütterung auch mit steigenden Mengen von jungem Frühjahrsgrünfutter durchgeführt werden. Auf jeden Fall muß zu Beginn des Weideauftriebs die Vorbereitungsfütterung beibehalten werden, und es darf nur kurz und zusätzlich geweidet werden. Erst allmählich sollte die Nährstoffaufnahme auf der Weide gesteigert werden, so daß nach einigen Tagen zu einer intensiven Beweidung übergegangen werden kann.

Futterwert und Nährstoffaufnahme

Eine intensive Nutzung der Umtriebsweiden liefert während der ganzen Weideperiode ein relativ junges Futter. Weidegras ist somit reich an Wasser, Rohprotein und leichtverdaulichen Kohlenhydraten, aber arm an Rohfaser. Mit fortschreitendem

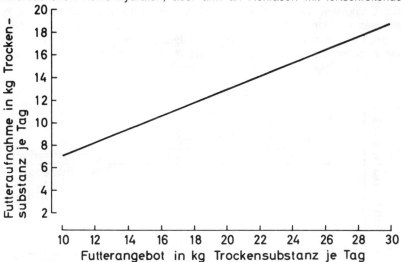

Abb. 7.1–5: **Beziehungen zwischen Futterangebot und Futteraufnahme bei weidenden Milchkühen**

Wachstum ändert sich der Nährstoffgehalt relativ schnell. Während der Proteingehalt abnimmt, steigt der Gehalt an Rohfaser an (s. hierzu auch Abb. 7.1–7). Der Quotient verd. Rohprotein/NEL liegt im Weidegras bei 17 – 28 und ist damit zu hoch.

Die Futteraufnahme auf der Weide ist sehr unterschiedlich. Sie wird im wesentlichen durch die angebotene Menge (Abb. 7.1–5) und Qualität des Aufwuchses, das heißt durch den Pflanzenbestand, den Gehalt an Trockensubstanz und an Rohfaser bestimmt. Die Futteraufnahme ist aber auch sehr wesentlich von der Verdaulichkeit der Nährstoffe im Weidegras abhängig. Die tägliche Aufnahme an Trockensubstanz liegt im Mittel bei 12 bis 14 kg, das sind bei einem Trockensubstanzgehalt von 20 % bis zu 70 kg Weidegras. Diese Futtermenge deckt einen Bedarf an Energie für etwa 15 kg Milch, während das aufgenommene Rohprotein eine Leistung von 24 kg ermöglicht. Teilweise werden höhere Mengen Weidefutter verzehrt, jedoch hängt dies auch sehr stark von der Weideführung ab.

Zur Weideführung

Neuzeitliche Weidewirtschaft ist gekennzeichnet durch Weiden,
die im Wechsel als Mäh- und Weidefläche genutzt werden,
die in viele Koppeln (Elektrozaun) eingeteilt sind,
die durch gute Pflege, harmonische Düngung und durch Nutzung zum richtigen Zeitpunkt zu höchsten Weideerträgen führen.

Der Weideauftrieb erfolgt im Frühjahr normalerweise bei einer Grashöhe von etwa 20 cm. Häufig wird zu lange gewartet, so daß später, durch das Wachstum bedingt, überständiges Gras abgeweidet werden muß. Aus dem Verlauf des Weideaufwuchses ergibt sich auch, daß bei gleicher Besatzstärke während der Weideperiode zu Beginn der Weidezeit ein Futterüberschuß in jungem Zustand gemäht und konserviert werden muß (Abbildung 7.1–6). Bei abnehmender Weideleistung ist zusätzlich Futter zu verabreichen.

Die Grundlagen einer optimalen Weideführung sind hohe Besatzdichte, kurze Freßzeiten und lange Ruhezeiten. Dies setzt aber voraus, daß die Weidefläche entsprechend dem Nährstoffbedarf der aufgetriebenen Tiere zugemessen wird. Dabei sollte jeweils nur soviel Weide zugeteilt werden, wie die Kühe an einem Tag

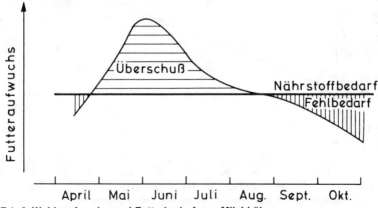

Abb. 7.1–6: **Weideaufwuchs und Futterbedarf von Milchkühen**

abfressen. Auf keinen Fall sollten die Tiere die Möglichkeit haben, auf frisch abgeweideten Stellen nochmals zu fressen. Bei einer Aufwuchshöhe von etwa 20 cm und einem Grasverzehr von 70 kg beträgt der tägliche Flächenbedarf je Kuh 70 – 80 m^2. Je nach Graslänge ist die Fläche kleiner oder größer zu wählen.

Auf Halbtagsweiden, bei denen die Kühe nur soviel Fläche zugeteilt bekommen, wie sie zwischen zwei Melkzeiten abweiden, lassen sich höhere Leistungen erzielen als auf extensiveren Umtriebsweiden. Bei der intensivsten Weideform, der Stundenweide, kommen die Tiere täglich nur 2 x 3 Stunden, das heißt lediglich zur eigentlichen Futteraufnahme, auf die Weide.

Weidebeifütterung

Durch die Aufnahme jungen Weidegrases mit einem einseitigen Nährstoffangebot werden die physiologischen Vorgänge im Pansen der Kühe verändert oder sogar gestört. Bei erhöhter Produktion an Gesamtsäure ist besonders der Essigsäureanteil vermindert (Übersicht 7.1–11). In diesem Zusammenhang müssen die Veränderungen des Fettgehaltes der Milch, insbesondere der Fettabfall (bis 0,5 %) eine Woche nach Beginn der Weidezeit gesehen werden.

Übersicht 7.1–11: **Kurze Fettsäuren im Pansen bei Weidegang**

	Winterfütterung	Weidegang
Essigsäure, %	62 – 69	50 – 62
Propionsäure, %	16 – 19	20 – 23
Buttersäure, %	(10)	14 – 21

Menge und Art des Beifutters ergeben sich aus der Nährstoffzusammensetzung des Weidegrases. Durch die Weidebeifütterung muß das mangelnde Angebot an Rohfaser ausgeglichen werden, damit die mikrobielle Verdauung normal ablaufen kann. Gleichzeitig soll aber auch durch Weidebeifutter das Eiweiß-Energie-Verhältnis in der Gesamtration verbessert werden. Aus diesen Gründen sind Trockenschnitzel, Melasse sowie alle Stärketräger ungeeignet, wenn sie als einziges Beifutter gegeben werden. Das gleiche gilt auch für entsprechend industriell hergestellte Weideergänzungsfutter.

Die Weidebeifütterung muß auf rohfaserreichen Futtermitteln aufgebaut sein. Je nach den betrieblichen Verhältnissen können hierzu die verschiedenen Halmfruchtsilagen sowie alle Gras- und Maissilagen eingesetzt werden. Auch bis zu 4 kg Wiesenheu täglich werden von den Tieren neben dem Weidegang aufgenommen. Älteres Grünfutter und Heu sowie gutes Futterstroh eignen sich als Beifutter nur bei geringer Milchleistung (Verdaulichkeit).

In Übersicht 7.1–12 sind für die Weidebeifütterung einige Vorschläge aufgezeigt. Dabei läßt sich ein gewisser Eiweißüberschuß nicht vermeiden, da sonst nur geringe Mengen des billigen Weidegrases eingesetzt werden könnten. Diese Beispielrationen reichen für 16 kg Milch. Darüber hinausgehende Leistungen müssen durch Kraftfutter, wie sie auch in der Winterfütterung üblich sind, gedeckt werden (s. hierzu 7.1.3.6). Gegen Ende der Vegetationszeit, wenn die Weideleistung abnimmt, wird dieses Kraftfutter schon ab einer entsprechend geringeren Leistung eingesetzt.

Beweidet man ab einem späteren Vegetationszeitpunkt, bei dem das Weidegras eine ausgeglichenere Nährstoffzusammensetzung aufweist, so kann auf die Weidebeifütterung verzichtet werden. Allerdings führt eine solche Maßnahme zu erheblichen Nährstoff- und Leistungseinbußen und damit zu wirtschaftlichen Verlusten.

Übersicht 7.1–12: **Futterrationen für 16 kg Milch bei Weidegang mit Weidebeifütterung (Futtermittel in kg/Tag)**

Futtermittel	Ration					
	I	II	III	IV	V	VI
Weidegras	70	70	70	70	60	60
Wiesenheu	4	–	–	–	–	–
Maissilage	–	10	–	–	15	–
Grassilage	–	–	12	–	–	18
Futterstroh	–	–	–	3	–	–
Trockenschnitzel	–	–	–	1	1	1
Mineralfutter	0,15	0,15	0,15	0,15	0,15	0,15

.3 Sommerfütterung im Stall

Bei ungünstiger Flurlage und starkem Ackerfutterbau erfolgt die Sommerfütterung im Stall. Aus wirtschaftlichen Gründen wird dabei dem Einsatz von Grünfutter gegenüber der Fütterung von silierten und getrockneten Wirtschaftsfuttermitteln der Vorzug gegeben. Um möglichst lange Grünfutter geben zu können, werden Futterzwischenfrüchte angebaut. Im Frühjahr werden vorwiegend Futterpflanzen wie Winterrübsen, Winterraps, Futterroggen und Landsberger Gemenge verfüttert. Anschließend gelangen die Hauptfutterpflanzen Luzerne, Rotklee, die verschiedenen Kleegrasgemische und mitunter Wiesengras, im Herbst dann stärker Rübenblätter, Leguminosenuntersaaten, Lihoraps, Markstammkohl und Stoppelrüben zum Einsatz.

Futterwert und Schnittzeitpunkt

Ähnlich wie der Aufwuchs von Intensivweiden sind auch diese Futterpflanzen im jungen Wachstumsstadium reich an leicht verdaulichen Nährstoffen und reich an Protein. Mit einem Quotienten verd. Rohprotein/NEL von 27–33 enthält besonders die Luzerne, wie auch verschiedene Kleearten, eine im Vergleich zum Bedarf sehr einseitige Nährstoffzusammensetzung. Mit fortschreitendem Wachstum ändern sich Verdaulichkeit und Zusammensetzung der Futterpflanzen ganz erheblich. Wie Abb. 7.1–7 zeigt, steigt mit Zunahme der Vegetation der Rohfaseranteil in verschiedenen Gräsern, während der Eiweißgehalt abnimmt. Der höhere Rohfasergehalt bewirkt jedoch eine geringere Verdaulichkeit und damit eine geringere Nährstoffleistung der verschiedenen Futtergräser.

Übersicht 7.1–13: **Futterwert der Luzerne (frisch) in Abhängigkeit vom Schnittzeitpunkt**

Schnittzeitpunkt	Verdaulichkeit d. org. Substanz %	1000 g Trockensubstanz enthalten verd.		NEL MJ
		Rohfaser g	Rohprotein g	
1. Schnitt				
vor der Knospe	73	212	194	5,95
in der Knospe bis vor der Blüte	66	287	150	5,17
Beginn bis Mitte der Blüte	64	298	133	5,01
Ende bis nach der Blüte	54	347	108	4,05

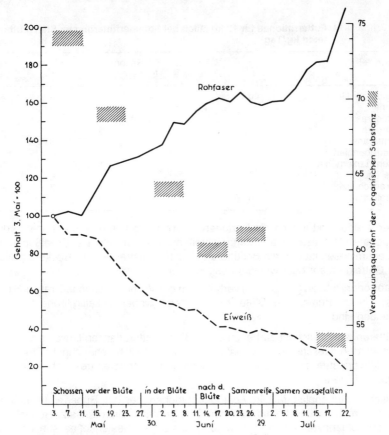

Abb. 7.1–7: **Vegetationsstadium und Futterwert einiger Gräser**

Auch der Futterwert der Leguminosen, wie Luzerne und Rotklee, wird durch das Vegetationsstadium stark beeinflußt. Dies geht aus Übersicht 7.1–13 hervor. Um die deutliche Minderung des Futterwertes mit fortschreitendem Wachstum zu erkennen, wurden die Nährstoffgehalte der Luzerne auf die Trockensubstanz bezogen.

Hohe Nährstofferträge wie auch die bessere Verwertung durch die Milchkuh bedingen also einen rechtzeitigen Schnitt des Grünfutters. Durch den Einfluß des Vegetationsstadiums ist es jedoch bei der Stallfütterung schwierig, ständig etwa gleich junges Grünfutter bereitzustellen. Vielfach muß das Grünfutter in einem zu jungen oder zu alten Stadium und daher mit einer geringen Produktivität verabreicht werden. Dies kann man weitgehend vermeiden, wenn man verschiedene Futterpflanzen anbaut, statt Reinsaaten Gemische verwendet und Futterflächen für das Winterfutter mit in die Grünfütterungsperiode einbezieht.

Praktische Grundfutterrationen

Die Möglichkeiten für den Einsatz verschiedener Grünfutterpflanzen beim Milchvieh sind in Übersicht 7.1–14 dargestellt. Aus physiologischen Gründen ist besonders junges Grünfutter mit Rohfaser (Heu, Silagen) zu ergänzen. Im Vergleich zu

Übersicht 7.1–14: **Futterrationen für 12 kg Milch bei Sommerfütterung im Stall (Futtermittel in kg/Tag)**

Futtermittel	Ration					
	I	II	III	IV	V	VI
Landsberger Gemenge	40	–	–	–	–	–
Luzerne	–	45	–	–	–	–
Rotkleegras	–	–	55	–	27	–
Wiesengras	–	–	–	65	–	–
Sommerraps	–	–	–	–	30	–
Zuckerrübenblatt	–	–	–	–	–	55
Wiesen-/Luzerneheu	2	–	2	1	–	5
Maissilage	15	10	–	–	–	–
Trockenschnitzel	–	2,5	–	1	3,5	–
Mineralfutter	0,15	0,15	0,15	0,15	0,15	0,15

junger Weide wirkt jedoch die Verfütterung vor allem von Klee und Luzerne durch den höheren Rohfasergehalt (Stengelanteil) nicht so einseitig. Der Eiweißüberschuß der Leguminosen muß durch Beifütterung von Energieträgern wie Trockenschnitzeln oder Getreide mehr oder weniger ausgeglichen werden.

Raps oder Rübsen (Cruciferen) verholzen in der Vollblüte besonders rasch. Sie sind daher bis zu Beginn der Blüte zu verfüttern, wobei einseitig hohe Gaben zu vermeiden sind.

Fütterungstechnisch ist zu beachten, daß alle Futterpflanzen täglich frisch verabreicht werden. Geschnittenes Grünfutter verdirbt nämlich sehr schnell. Das führt zu Nährstoffverlusten, zur Gefahr des Blähens und zu anderen gesundheitlichen Störungen der Tiere.

Frisches Rübenblatt fällt in Ackerbaubetrieben bei der Rübenernte in großen Mengen an. Dies führt häufig zu einem recht unrationellen Einsatz. Rübenblatt ist reich an Kohlenhydraten, die bis zu 40 % aus Zucker bestehen, es ist hochverdaulich und damit arm an Rohfaser. Häufig ist es stark verschmutzt. Durch diese Eigenschaften werden bei einseitiger Verfütterung die normalen Pansenvorgänge gestört. Außerdem sind gesundheitliche Störungen möglich (Acidose, Ketose). Gegenmaßnahmen sind der Rohfaserausgleich (Heu, Silagen) und die Begrenzung der Tagesgaben.

Für das Laxieren sind hohe Mengen an Rübenblatt, starke Verschmutzung, ein zu geringes Angebot an Rohfaser und die hohen Mengen leichtlöslicher Kohlenhydrate verantwortlich. Abhilfe ist möglich durch:
a) Langsame Gewöhnung der Tiere an das Rübenblatt durch steigende Mengen
b) Begrenzung der täglichen Menge auf höchstens 50 kg
c) Beifütterung von Heu zum Rohfaserausgleich
d) Saubere Gewinnung
e) Verfütterung von antilaxierendem Mineralfutter.

.4 Winterfütterung

Der Futterwert von Grünfutter ist in getrocknetem oder siliertem Zustand zumeist geringer, da die Verdaulichkeit der Nährstoffe und damit auch die Nährstoffkonzentration durch die Konservierung und den vielfach späten Schnittzeitpunkt abnehmen. Dadurch ist oft eine hohe Milchleistung aus dem Grundfutter nicht mehr möglich.

Zur Konservierung

Die entstehenden Substanzverluste und die Kosten der Konservierung verteuern die Nährstoffe. Für die Winterfütterung muß die Konservierungsform mit den geringsten Verlusten angestrebt werden. In Abb. 7.1–8 ist der Milchertrag von einem ha guter Wiese bei verschiedenen Methoden der Konservierung aufgetragen. Danach ermöglicht die Grünfütterung die höchste Leistung je ha. Da sich jedoch mit zunehmender Vegetationszeit der Futterwert vermindert, bleibt dieser Milchertrag nur kurze Zeit auf gleicher Höhe. Die erzeugte Milchmenge je Flächeneinheit kann innerhalb weniger Wochen sogar so stark zurückgehen, daß eine Silierung des Futters zum richtigen Zeitpunkt einen höheren Milchertrag ermöglicht hätte.

Die Konservierungsverluste sind bei der Gärfutterbereitung im allgemeinen geringer als bei den verschiedenen Methoden der Heuwerbung. Unter ungünstigen Bedingungen können nämlich die Werbungsverluste des Heues 50–60 % betragen. Für die Silagegewinnung spricht außerdem, daß die Arbeitsgänge weitgehend

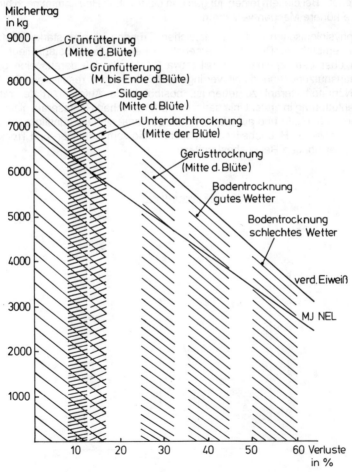

Abb. 7.1–8: **Milchertrag je ha bei verschiedenen Konservierungsmethoden**

mechanisiert werden können und daß Futterreserven aus zeitweiligen Überschüssen bei jeder Witterung gewonnen werden können. Silagen, aber auch Heu, Produkte der Heißlufttrocknung und Rüben bilden somit die wirtschaftseigene Futtergrundlage in der Winterfütterung des Milchviehs.

Heu in der Winterfütterung

Bei der Konservierung zu Heu wird die Verdaulichkeit der organischen Substanz und die Nährstoffkonzentration verringert. Dadurch werden bei starker Heufütterung für hohe Leistungen zu wenig Nährstoffe angeboten. In Abb. 7.1–9 ist die Milchleistung bei Verfütterung verschiedener Arten von Wiesenheu dargestellt. Schlechtes Wiesenheu deckt bei alleiniger Verfütterung etwas mehr als den Erhaltungsbedarf. Sehr gutes Wiesenheu liefert bei einer maximalen Aufnahme von 14–16 kg nur die Nährstoffmenge, die für Erhaltung plus ca. 8 kg Milch ausreicht. Dagegen kann Almenheu durch seine hohe Nährstoffkonzentration Leistungen bis zu 18 kg Milch ermöglichen. Bei diesem feinen, jungen und blattreichen Heu kommt noch hinzu, daß die Tiere höhere Mengen verzehren.

Aus physiologischen und wirtschaftlichen Gründen ist eine starke Heufütterung nicht zu empfehlen. Der Rohfasergehalt in der Trockensubstanz liegt bei Heu vielfach über dem optimalen Anteil (etwa 20 %), so daß daraus eine geringere Energieausnutzung und damit verringerte Milchmengen resultieren. Da Heu als reiner Nährstofflieferant zu teuer ist, besteht seine Aufgabe in der rationellen Milchviehfütterung in erster Linie darin, den erforderlichen Rohfaserausgleich herbeizuführen (Fettgehalt) und auf die Struktur des Panseninhalts günstig zu wirken. Die Höhe der täglichen Heugabe ist deshalb abhängig vom Rohfaser- und Trockenmassegehalt der übrigen Rationsbestandteile.

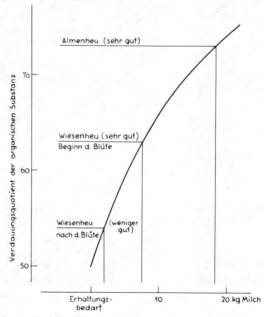

Abb. 7.1–9: **Milchleistung bei Verfütterung verschiedener Arten von Wiesenheu**

Die Funktion des Rohfaserausgleichs kann bei Heumangel auch von Futterstroh übernommen werden. Die niedrige Verdaulichkeit des unbehandelten Strohs kann mit Hilfe chemischer Aufschlußverfahren von etwa 45 auf 60 % erhöht werden. Stroh wird damit im Nettoenergiegehalt einem mittleren Wiesenheu vergleichbar. Die gängigsten Verfahren sind die Behandlung mit NaOH in verschiedenen Varianten und der Aufschluß mit Ammoniak-Gas in gasdichten Folienstapeln.

Produkte der Heißlufttrocknung in der Milchviehfütterung

Produkte moderner Heißlufttrocknungsanlagen lassen sich nach ihrer Herstellung und der daraus resultierenden physikalischen Struktur deutlich unterscheiden. Wird das Grüngut nach der Trocknung gemahlen, so entsteht Grünmehl mit einer Partikelgröße von durchschnittlich 1–2 mm. Die ursprüngliche makroskopische Struktur ist damit weitgehend zerstört, und eine Verfütterung in größeren Mengen an Wiederkäuer führt aufgrund der geringen Struktur zu Verdauungsstörungen. Wird das Grünmehl durch eine Matrizenpresse gepreßt, so entstehen Pellets. Sie besitzen zwar eine höhere spezifische Dichte, eine sekundäre technische Struktur, führen aber ebenso wie Grünmehl zu mikrobiellen Störungen im Pansen. Cobs entstehen, wenn unvermahlenes Grüngut nach der Trocknung in Matrizenpressen verarbeitet wird. Dabei bleibt die ursprüngliche Struktur wesentlich besser erhalten. Noch am günstigsten beurteilt werden kann die physikalische Rauhfutterstruktur von Briketts, die aus unvermahlenem Ausgangsmaterial und in Kolbenpressen hergestellt werden. Die Produkte der Heißlufttrocknung zeichnen sich gegenüber der konventionellen Heuwerbung durch geringe Nährstoffverluste aus, die für Kohlenhydrate und Rohprotein im Bereich von 5–10 % liegen. Da gleichzeitig ein früher Schnittzeitpunkt für das Grüngut gewählt werden kann, besitzen die Trocknungsprodukte hohe Rohproteingehalte, relativ viele leicht lösliche Kohlenhydrate und geringe Rohfaserwerte bei einer hohen Verdaulichkeit der organischen Substanz von etwa 80 %. Allerdings können höhere Trocknungstemperaturen und ein Vorwelken die Verdaulichkeit der Nährstoffe, insbesondere von Rohprotein, deutlich vermindern.

Aufgrund der physikalischen Struktur ist vor allem der Einsatz von Briketts in der Milchviehfütterung möglich. Neben den hohen Futterqualitäten wurde dabei eine bis zu 40 % höhere Trockensubstanzaufnahme bei alleiniger Brikettfütterung gegenüber Heu- und Silagerationen gefunden. Dies ermöglicht Milchmengenleistungen bis zu 18 kg aus dem Grundfutter und damit eine deutliche Kraftfuttereinsparung. Allerdings ist aufgrund der ungünstigeren Futterstruktur im Vergleich zu herkömmlichen Milchviehrationen und des hohen Angebots an leichtlöslichen Kohlenhydraten ein leichter Abfall im Milchfettgehalt zu verzeichnen. Im Pansen wurde eine verstärkte Bildung von Propionat und Butyrat und damit eine Verengung des Acetat-Propionat-Verhältnisses beobachtet. Dies erklärt auch, warum in weiteren Versuchen neben einer höheren Milchmengenleistung ein erhöhter Eiweißgehalt in der Milch festgestellt wurde. Um gleichzeitig auch den Fettabfall zu verhindern, sind die Briketts mit Heu oder Silage (Halmfrucht) kombiniert zu verfüttern. Für den zukünftigen Einsatz von Briketts in der Milchviehfütterung dürfte die Entwicklung der Energiekosten für die Trocknung entscheidend sein.

Silage in der Winterfütterung

Kombinierte Grundfutterrationen aus Silage und Heu sind in den verschiedenen Wirtschaftsgebieten weit verbreitet. Gärfutter hat im Vergleich zu Heu den Vorzug, daß es die Nährstoffe konzentrierter und billiger bereitstellt. Im Mittel kann man damit rechnen, daß in einer Anwelksilage (30 % TS) im Vergleich zu Heu aus demselben Futter etwa 20 % höhere Eiweiß- und Energiegehalte je kg Trockensubstanz enthalten sind. Diese höhere Nährstoffversorgung über Silage setzt allerdings auch voraus, daß das Gärfutter in genügenden Mengen aufgenommen wird. Hierzu ist das Grünfutter vor der Silierung auf etwa 30 % Trockensubstanz anzuwelken. Keinesfalls darf aber der höhere Trockensubstanzgehalt des Gärfutters auf einem späten Schnitt beruhen.

Aus physiologischer Sicht bestehen keine grundsätzlichen Bedenken gegen die Verfütterung von Silage an Milchvieh. Im Vergleich zu Grünfutter unterscheidet sich Gärfutter, einwandfreie Qualität vorausgesetzt, nur durch den Gehalt an organischen Säuren, die sowieso bei der Pansengärung im Tier entstehen. Die im Gärfutter überwiegend vorhandene Milchsäure wird im Pansen sehr rasch in Propionsäure umgewandelt.

Die Essigsäure der Silage kann sogar den Fettgehalt der Milch erhöhen, wenn die übrige Ration eine geringere Essigsäureproduktion im Pansen verursacht, als sie für die Milchfettsynthese notwendig wäre. Ist das Nährstoffangebot der Ration jedoch optimal, so hat die Silage keine fettsteigernde Wirkung.

Gutes Gärfutter kann also ebenso physiologisch sein wie Grünfutter oder Heu. Deshalb ist auch eine ausschließliche Silagefütterung ohne Heu beim Milchvieh durchaus möglich. Voraussetzung wäre allerdings, daß Gärfutter aus zwei verschiedenen Früchten gleichzeitig verabreicht wird und die Gärfutterqualität einwandfrei ist. Daher kommen hierfür nur Anwelksilagen in Frage. Die Kombination der zwei verschiedenen Silagen sollte so erfolgen, daß sie sich in der Zusammensetzung hinsichtlich des Nährwertes und in der physiologischen Wirkung optimal ergänzen. Beispiele hierfür sind: Grassilage mit Maissilage (Übersicht 7.1–15) oder Kleegrassilage mit Rübenblattsilage. In der breiten Praxis muß jedoch, bevor Silage als alleiniges Grundfutter eingesetzt werden kann, die Siliertechnik zumeist noch verbessert werden, damit den Tieren auch Silagen einwandfreier Qualität angeboten werden können.

Übersicht 7.1–15: **Futterrationen für 10 kg Milch in der Winterfütterung** (Futtermittel in kg/Tag)

Futtermittel	I	II	III	IV	V	VI	VII	VIII
Wiesenheu, 1. Schnitt	5,0	5,0	5,0	5,0	1,0	2,0	–	–
Luzerneheu, 1. Schnitt	–	–	–	–	–	–	4,0	5,0
Grassilage, angewelkt	30,0	20,0	–	10,0	25,0	23,0	–	–
Maissilage, Teigreife	–	12,0	–	–	15,0	–	20,0	25,0
Rübenblattsilage	–	–	50,0	–	–	–	25,0	–
Gehaltvolle Futterrüben	–	–	–	30,0	–	20,0	–	15,0
Milchleistungsfutter C	–	–	–	0,75	0,5	0,5	–	–
Mineralfutter	0,15	0,15	0,15	0,12	0,12	0,12	0,15	0,15

Von den vielen möglichen Futterbeispielen mit Silagen in der Milchviehfütterung ist in Übersicht 7.1–15 der Einsatz von Gras-, Mais- und Rübenblattsilage aufgezeigt. Im Gegensatz zur Grassilage mit einem für die Milcherzeugung relativ günstigen Nährstoffverhältnis stellt die Maissilage ein sehr kohlenhydratreiches (Quotient verd. Rohprotein/NEL von 8–10) und konzentriertes Grundfuttermittel dar. Maissilage wird daher bevorzugt in der Rindermast verwendet. Aber auch beim Milchvieh ist sie mit Erfolg einzusetzen, wenn nicht zu hohe Mengen verfüttert werden und der Nährstoffausgleich mit Rauhfutter und eiweißreichen Kraftfuttermischungen hergestellt wird.

Siliertes Zuckerrübenblatt mit Köpfen bildet in vielen Ackerbaubetrieben neben Silomais die überwiegende Grundlage der Winterfütterung. Dieses zuckerreiche, rohfaserarme Futter ist ernährungsphysiologisch ungünstig zusammengesetzt. Hohe Schmutzgehalte und ungenügende Siliertechnik, besonders im Freigärhaufen, führen zu schlechten Gärfutterqualitäten, wodurch die normalen Pansenvorgänge noch mehr gestört werden. Deshalb ist es notwendig, daß das Rübenblatt sauber gewonnen und sorgfältig siliert wird, Heu oder entsprechende Silagen zugefüttert werden und die täglichen Rübenblattgaben auf 40–50 kg begrenzt werden.

Bei den in Übersicht 7.1–15 aufgezeigten Beispielen für verschiedene Futterrationen wurde versucht, Grundfutterleistungen von 10 kg Milch zu erreichen. Praktische Erfahrungen zeigen, daß mit Heu und Silagen durchschnittlicher Güte allein zumeist keine höheren Leistungen erzielt werden. Ausnahmen davon sind bei ausgezeichnetem Heu oder bei der gleichzeitigen Verfütterung von zwei verschiedenen Silagen möglich. Dadurch wird nämlich eine höhere Grundfutteraufnahme und damit eine bessere Nährstoffversorgung erzielt.

Rüben in der Winterfütterung

Im Vergleich zu Heu und Silagen sind Rüben wesentlich höher verdaulich. Sie werden auch dann noch aufgenommen, wenn die Tiere den Heu- und Silageverzehr bereits einstellen. Im Durchschnitt werden durch 1 kg TS aus Rüben nur 0,4 kg TS aus Heu und Silage verdrängt. Dadurch erhöht sich mit einem Rübenanteil der Futterration der Grundfutterverzehr und somit die aus dem Grundfutter erzielbare Milchleistung.

Futterrüben sind arm an Trockenmasse, wobei Massenrüben 8–13 %, Mittelrüben 13–16 % und Gehaltsrüben 16–19 % enthalten. Der Futterwert dieses rohfaserarmen Saftfutters ist im wesentlichen durch einen hohen Gehalt an Kohlenhydraten, die zu 60–70 % aus Zucker bestehen, gekennzeichnet. Aus dieser Nährstoffzusammensetzung ergibt sich bei der „Heu-Rüben-Fütterung" ein sehr einseitiges Fütterungssystem. Mit hohen Rübengaben werden beträchtliche Zuckermengen verabreicht. Werden höhere Gaben an Rübenblatt sowie andere zuckerreiche Futtermittel wie Schnitzel und Melasse neben großen Rübenmengen verfüttert, so ist sogar besondere Vorsicht geboten, da die Pansenvorgänge sowie die Gesundheit und Fruchtbarkeit der Kühe sehr nachteilig beeinflußt werden. Auf jeden Fall ist auf einen Rohfaserausgleich zu achten. Hierzu ist auch Heu aus älterem Material geeignet. Noch günstiger ist jedoch eine Futterration, die außer Heu und Rüben auch noch Silage enthält. Die tägliche Rübengabe sollte 40 kg nicht übersteigen. In Übersicht 7.1–15 sind dazu einige Beispiele aufgezeigt. Wird bei Rübenfütterung nicht zusätzlich ein eiweißreiches Grundfutter eingesetzt, so muß der erforderliche Eiweißausgleich mit Kraftfutter vorgenommen werden.

Für Zuckerrüben und deren Vollschnitzel gelten diese Zusammenhänge durch den höheren Zuckergehalt in noch stärkerem Maße. Die tägliche Höchstmenge sollte bei frischen Zuckerrüben 15 kg und bei Vollschnitzeln 2 kg nicht überschreiten. Allerdings soll nochmals auf die im Vergleich zum monogastrischen Tier schlechtere energetische Verwertung des Zuckers durch den Wiederkäuer hingewiesen werden.

.5 Biertreber und Schlempen

Unter den verschiedenen Nebenprodukten des Gärungsgewerbes spielt der Einsatz von Biertrebern und Schlempen dem Umfang nach die größte Rolle in der Milchviehfütterung. Infolge des Gärvorganges weisen beide Futtermittel im Vergleich zum Ausgangsprodukt einen wesentlich höheren Proteingehalt auf. Biertreber und Schlempe werden daher in erster Linie in der Milchviehfütterung eingesetzt.

Biertreber

Mit einem Quotienten verd. Rohprotein/NEL von etwa 34 sind frische Biertreber ein ausgesprochenes Eiweißfuttermittel. Wegen der geringen Verdaulichkeit der organischen Substanz (etwa 60 %) sind sie im wesentlichen über den Wiederkäuer zu verwerten. Aufgrund des Nährstoffgehaltes wird man Biertreber bevorzugt in stärkereichen Futterrationen mit hohen Anteilen von Maissilage, Futterrüben und ähnlichen Futtermitteln einsetzen. An eine Milchkuh können täglich 15–20 kg frische Biertreber verabreicht werden. Von getrockneten Biertrebern sollten nicht mehr als 2–3 kg täglich gegeben werden.

Höhere Trebermengen senkten in verschiedenen Untersuchungen den Fettgehalt der Milch. Dies dürfte jedoch weniger eine Eigenart der Biertreber sein, sondern vielmehr die Folge einer unharmonischen Futterration. Bei entsprechender Heu- und Silagefütterung haben Biertreber keinen nachteiligen Einfluß. Nasse Biertreber sind aufgrund ihres hohen Wassergehaltes besonders im Sommer leicht verderblich und nicht länger als einen Tag haltbar. Am besten verfüttert man sie in noch warmem Zustand.

Schlempen

Frische Schlempen sind wasserreich (mehr als 90 %) und rohfaserarm. Auch sie sind mit einem Quotienten verd. Rohprotein/NEL von 20–30 noch zu den Eiweißfuttermitteln zu rechnen. Allerdings weisen sie eine geringe Nährstoffkonzentration auf. Der Futterwert von Weizen- und Maisschlempe ist im Vergleich zu Kartoffelschlempe beinahe doppelt so hoch. Der physiologisch richtige Einsatz der Schlempen in der Milchviehfütterung erfordert neben einer Begrenzung der täglichen Menge den Ausgleich der Futterration mit rohfaserhaltigem Material, z. B. mit älterem Heu und Silagen. Da Schlempe in der Futterration relativ viel Eiweiß liefert, eignet sie sich sehr gut in der Kombination mit Maissilage. Höhere Saftfuttergaben wie Grünfutter, Rüben und Rübenblatt sind dagegen weniger vorteilhaft. Als Kraftfuttermittel bieten sich zum Ausgleich besonders Getreideschrote und Trockenschnitzel an.

Besondere Beachtung verdient die tägliche Aufnahme an Schlempe. In Zuchtbetrieben kann man an Milchkühe nach langsamer Gewöhnung bis zu 40 kg Kartoffelschlempe und bis zu 50 kg Getreideschlempe täglich verfüttern. Daraus ergibt sich schon, daß Getreideschlempen in etwas höheren Gaben vertragen werden als Kartoffelschlempen. Entsprechend diesen Mengen kann man Grundfutterrationen mit Schlempe, Heu und Trockenschnitzel aufstellen, aus denen bei Getreideschlempe etwa 12–15 kg und aus Kartoffelschlempe etwa 5–6 kg Milch erzeugt werden. In Abmelkbetrieben kann die tägliche Schlempegabe je Kuh sogar um 10–20 kg höher liegen.

Höhere Mengen an Schlempe können zu gesundheitlichen Störungen führen, bei Kartoffelschlempe vor allem zu Mauke. Schlempe soll stets frisch, möglichst noch warm (50–60° C) verfüttert werden. Dadurch wird die Gefahr der Säuerung vermieden. Aus diesem Grunde ist auch stets auf die Sauberkeit der Tröge und Leitungen zu achten.

.6 Kraftfutter

Die hohe Belastung der Milchviehhaltung durch Festkosten sinkt mit zunehmender Milchleistung je kg Milch stark ab. Auch die Fütterung gestaltet sich bei Kraftfuttereinsatz durch steigende Leistungen rationeller. Bezieht man nämlich den täglichen Erhaltungsbedarf auf unterschiedlich hohe Milchleistungen, dann wird der Anteil des Erhaltungsfutters an der Gesamtmenge der aufgenommenen Nährstoffe um so kleiner, je höher die Milchleistung der Kuh ist. Dies geht aus der linken Darstellung in Abbildung 7.1–10 hervor.

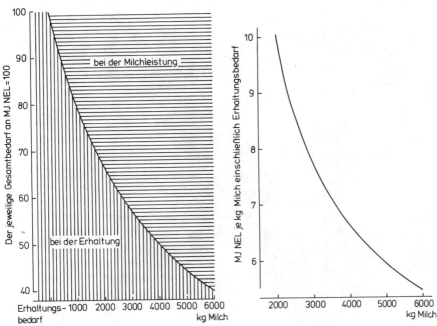

Abb. 7.1–10: **Relativer Energiebedarf für Erhaltung und Milchleistung sowie Gesamtenergiebedarf**

Danach werden bei einer Jahresleistung von 3000 kg Milch nur etwa 40 % der aufgenommenen Nettoenergie für die Milchbildung genutzt, während eine Kuh mit 6000 kg Jahresleistung rund 60 % der Nettoenergie produktiv verwertet. Dies kann auch auf anderem Wege erklärt werden: Vier Kühe mit je 3000 kg Jahresleistung produzieren dieselbe Milchmenge wie drei Kühe mit je 4000 kg. Bei einer Jahresleistung von 3000 kg ist aber einmal zusätzlich der Erhaltungsbedarf erforderlich. Rechnet man den anteiligen Erhaltungsbedarf zum Energiebedarf je kg Milch bei verschiedener Milchleistung hinzu, so ergibt sich die in Abb. 7.1–10 rechts dargestellte Situation. Der Energiebedarf je kg Milch einschließlich Erhaltung beträgt bei einer Jahresleistung von 2000 kg über 10, die 6000-kg-Kuh kommt dagegen schon mit weniger als 5,5 MJ NEL aus.

Aus der Preisrelation zwischen Grundfutter und Kraftfutter ergibt sich als Konsequenz, daß wirtschaftseigenes Futter soviel wie möglich und vom Kraftfutter soviel wie nötig eingesetzt werden sollte, das heißt, Kraftfutter wird streng nach Leistung verfüttert. Die ernährungsphysiologische Bedeutung des Kraftfutters in der Milchviehfütterung liegt dabei nicht nur in der Möglichkeit, das Nährstoffverhältnis auszugleichen, die Säureverhältnisse im Pansen zu verbessern, sondern durch den Kraftfuttereinsatz wird auch die Nährstoffkonzentration der Gesamtration erhöht. Im Vergleich zum Grundfutter liegt nämlich die Verdaulichkeit der organischen Substanz im Kraftfutter wesentlich höher, bei Getreide und den meisten Rückständen der Ölgewinnung zwischen 85 und 90 %. Gutes Grundfutter weist in getrockneter und silierter Form meist eine Verdaulichkeit um 60–70 % auf.

In Abbildung 7.1–11 ist aufgezeigt, wie durch den Kraftfuttereinsatz die Verdaulichkeit der Gesamtration insgesamt erhöht wird. Zur Vereinfachung der Futterration

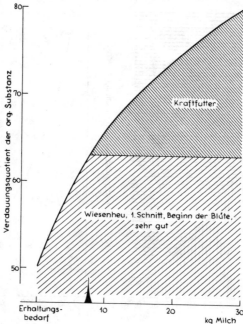

Abb. 7.1–11: **Erhöhung der Verdaulichkeit der Gesamtration durch Einsatz von Kraftfutter**

wurde dabei als Grundfutter nur Wiesenheu eingesetzt, das trotz frühen Schnittes und guter Konservierung lediglich eine Milchleistung von 8 kg ermöglicht. Durch den zusätzlichen Kraftfuttereinsatz werden nicht nur die fehlenden Nährstoffe ergänzt, sondern es wird auch die Nährstoffkonzentration dem Gesamtbedarf angepaßt.

Milchleistungsfutter

Die Verwendung von nur einem Futtermittel als Kraftfutter kommt für eine rationelle Milchviehfütterung grundsätzlich nicht in Frage. Nur zum Ausgleich der Grundfutterration kann fehlendes Eiweiß durch Nebenprodukte aus der Ölgewinnung, durch verschiedene Leguminosensamen und auch durch Milchleistungsfutter ergänzt werden. Eiweißüberschuß in der Grundfutterration kann durch Energieträger wie Trockenschnitzel, aber auch durch Getreide und Mühlennachprodukte ausgeglichen werden.

Für die Leistungsfütterung oberhalb des ausgeglichenen Grundfutterniveaus lassen sich verschiedene Milchleistungsfutter einsetzen. Die Typenliste für Mischfuttermittel des Futtermittelgesetzes kennt zwei Normtypen für Milchleistungsfutter, die DLG unterscheidet die Standards A, B und C. In der Übersicht 7.1–16 sind die verschiedenen Typen in ihrer Nährstoffzusammensetzung zusammengestellt.

Übersicht 7.1–16: **Milchleistungsfutter**

in %	Typenliste Ergänzungsfuttermittel für Milchkühe	Typenliste Eiweißreiches Ergänzungsfuttermittel für Milchkühe	DLG-Standard A	DLG-Standard B	DLG-Standard C
Rohprotein	18–24	25–37	18 (16)	25	32
darunter: Rohprotein aus NPN	max. 3	max. 6	3	6	6
Rohfett	2–6	2–8	2–6	2–8	2–8
Rohfaser	max. 12	max. 14	max. 12	max. 12	max. 14
Rohasche	max. 9	max. 12	max. 9	max. 12	max. 12
Calcium	0,8–1,2	1,5–2,3	0,8–1,2	1,5–2,3	2,2–3,4
Phosphor	0,5–0,8	0,7–1,3	0,5–0,8	0,7–1,3	0,9–1,4
Natrium	min. 0,2	min. 0,4	min. 0,2	min. 0,4	min. 0,6

Für den Kraftfuttereinsatz bieten sich folgende Möglichkeiten an:
a) Mischungen der Milchleistungsfutter nach DLG-Standard B und C mit wirtschaftseigenem Getreide bzw. anderen stärkehaltigen Futtermitteln
b) Mischungen von Einzelfuttermitteln
c) Milchleistungsfutter nach DLG-Standard A

Sofern kein wirtschaftseigenes Getreide zur Verfügung steht, wird man den Standard A einsetzen. 1 kg dieses Milchviehfutters deckt den Bedarf an Eiweiß und Energie für 2–2,2 kg Milch, je nach Fettgehalt. Bei diesem Milchviehfutter ist besonders darauf zu achten, daß das Verhältnis aus verdaulichem Rohprotein und Nettoenergie-Laktation genau dem Bedarf für die Milchleistung entspricht (19 für eine Milch mit 4 % Fett). Aus den verschiedenen Mischfuttertypen lassen sich mit wirtschaftseigenem Getreide, aber auch mit Trockenschnitzeln, Mühlennachprodukten und Maniokmehl Mischungen herstellen, die im Nährstoffgehalt dem Milchleistungsfutter A entsprechen. Wegen des Nährstoffbedarfs und der Futteraufnahme sollten jedoch Hochleistungskühe stets energiereiche Milchleistungsfutter erhalten (6,5–7,0 MJ NEL). Siehe hierzu auch Übersicht 7.1–18.

Kraftfuttermischungen, die dem Milchleistungsfutter A nach DLG-Standard entsprechen, können auch durch Mischungen aus einzelnen Eiweißfuttermitteln mit wirtschaftseigenem Getreide hergestellt werden. Für Sojaschrot ist ein solches Mischungsverhältnis in Übersicht 7.1–17 aufgezeigt. Werden an Milchvieh sehr hohe Kraftfuttermengen eingesetzt, so können bestimmte Eiweißfuttermittel nicht in beliebigen Mengen verwendet werden. So dürfen einzelne Rückstände aus der Ölgewinnung wie Rapsextraktionsschrot oder Baumwollsaatextraktionsschrot nur in Mengen bis 1,5 kg, Ackerbohnen aber auch zu höheren Anteilen verfüttert werden. Bei geringerem Kraftfuttereinsatz können die genannten Futtermittel jeweils bis zu einem Anteil von 20 %, Ackerbohnen bis zu 40 % enthalten sein. Auch Leinextraktionsschrot läßt sich sehr günstig in der Milchviehfütterung einsetzen. Allerdings ist wie bei allen diesen Futtermitteln die Preiswürdigkeit zu beachten. Ferner muß bei Mischungen mit einzelnen Futtermitteln sehr darauf geachtet werden, daß 1–2 % eines Mineralfutters eingemischt werden.

Übersicht 7.1–17: **Mischungsverhältnisse für Milchleistungsfutter zum Einsatz bei ausgeglichenem Grundfutter**

Milchleistungsfutter B nach DLG-Standard	+ Getreide im Verhältnis von 1:1
Milchleistungsfutter C nach DLG-Standard	+ Getreide im Verhältnis von 1:2
Sojaextraktionsschrot	+ Getreide im Verhältnis von 1:4

Zum Kraftfuttereinsatz

Fütterungstechnisch setzt man Kraftfutter für Leistungen über dem Grundfutterniveau so ein, daß mit 1 kg Kraftfutter der Nährstoffbedarf für jeweils 2 beziehungsweise 2,2 kg Milch gedeckt wird. Die erforderlichen Eiweiß- und Energiemengen für Milch unterschiedlichen Fettgehalts sind in Übersicht 7.1–18 zusammengestellt.

Übersicht 7.1–18: **Nährstoffnormen für die Zusammensetzung des Kraftfutters**

Fettgehalt %	... kg Milch aus 1 kg Kraftfutter	Nährstoffgehalt des Kraftfutters je kg	
		verd. Rohprotein, g	NEL, MJ
3,8	2,0	115	6,2
	2,2	130	6,8
4,0	2,0	120	6,3
	2,2	132	6,9
4,2	2,0	125	6,5
	2,2	138	7,2
4,4	2,0	130	6,7
	2,2	143	7,4

Allerdings wird man nicht immer Kraftfuttermischungen herstellen können, die diese Normen erreichen. Aus der Milchleistung abzüglich der Leistung aus dem Grundfutter und dem Milcherzeugungswert des Kraftfutters läßt sich durch Division die Kraftfutterzuteilung errechnen. Beispielsweise ergeben sich für die Winterfütterung bei einer Milchleistung von 18 kg und einem Kraftfutter, das je kg für 2,2 kg Milch ausreicht: 18–10 = 8; 8 : 2,2 = 3,6 kg Kraftfutter. Einfacher ist die Rechnung, wenn aufgrund der Nährstoffzusammensetzung des Kraftfutters 1 kg Milch durch etwa 0,5 kg Kraftfutter zu erzeugen ist. In Übersicht 7.1–19 ist ein entsprechendes Beispiel zusammengestellt. Daraus läßt sich auch ersehen, daß bis zur maximalen Leistung die Kraftfutterzuteilung für 2 kg Milch vorgehalten wird. Bei Beginn der Laktation wird Kraftfutter nach der zu erwartenden Einsatzleistung zugeteilt.

Übersicht 7.1–19: **Laktationsverlauf und tägliche Kraftfutterzuteilung**
(**Grundration reicht für 10 kg Milch**)

nach Laktationsbeginn Woche	tägliche Milchleistung kg	Kraftfutter kg
1.	16	3 + 1
3.	18	4 + 1
5.	20,5	5,5 + 1
7.	20	5 + 1
9.	20	5
11.	19,5	5
13.	19	4,5
25.	16	3
27.	14	2

.7 Mineral- und Wirkstoffergänzung

Der Mineralstoffgehalt des Grundfutters reicht für die heute angestrebten Leistungen nicht aus. Insbesonders ist die sehr erhebliche Streuung der einzelnen Futterkomponenten im Mineralstoffgehalt bei der Berechnung von Futterrationen anhand von mittleren Tabellenwerten zu berücksichtigen. Vielfach liegen die Mineralstoffe auch nicht in einem bedarfsgerechten Verhältnis in den wirtschaftseigenen Futtermitteln vor. Um Mangelerscheinungen und Leistungseinbußen zu vermeiden, müssen zum Grundfutter täglich 150 g Mineralfutter verabreicht werden. Dieses Mineralfutter wird am besten zusammen mit dem Kraftfutter, das zum Grundfutterausgleich gegeben wird, eingesetzt.

Allerdings sind entsprechend der Grundfutterkombination unterschiedliche Mineralfuttertypen zu wählen, die vor allem im Calcium- bzw. Phosphorgehalt variieren. In Übersicht 7.1–20 sind drei verschiedene Mineralfuttertypen zusammengestellt, die mit ihren unterschiedlichen Gehalten an Calcium, Phosphor und Magnesium das Grundfutter ausgleichen.

In der Sommerstallfütterung ist die Mineralstoffversorgung vor allem bei Verfütterung von Leguminosen problematisch. Luzerne und Klee weisen nämlich im Vergleich zum Phosphorgehalt sehr hohe Gehalte an Calcium und Kalium und damit einen beträchtlichen Basenüberschuß auf. In solchen Fällen ist deshalb der Einsatz eines phosphorreichen, aber calciumarmen Mineralfutters besonders wichtig.

Alle Grundfutterkombinationen, auch die Weide, weisen ebenso wie die Kraftfuttermischungen insgesamt eine starke Unterversorgung an Natrium auf. Aus diesem Grunde sollten unabhängig von der Mineralstoffergänzung täglich 25 bis 50 g Viehsalz verabreicht werden. Eine Ausnahme stellt Zuckerrübenblatt dar, das reichlich Natrium enthält.

Übersicht 7.1–20: **Mineralfuttertypen zum Ausgleich des Grundfutters an Calcium, Phosphor und Magnesium**

Typ	Gehalte in %			Quotient	hauptsächliche Rationen
	Ca	P	Mg	Ca/P	
I	8	12	3	0,7	Wiesengras mit Heu, Luzerne, Zuckerrübenblatt, Kleegras, Grassilage
II	11	8	3	1,4	Weidegras mit Maissilage, Grassilage mit Maissilage
III	16	5	3	3,2	Ca-armes Grundfutter, Futterrüben, extreme Weideverhältnisse, Getreide, Ölschrote

Die im Milchleistungsfutter enthaltenen Mineralstoffmischungen decken nur den Mineralstoffbedarf für die höheren, über dem Grundfutterniveau erzielten Milchleistungen. Bei Verwendung von hofeigenen Kraftfuttermischungen ist die entsprechende Mineralstoffergänzung einzumischen. Fehlende Mineralstoffe im Grundfutter können damit aber nicht ausgeglichen werden. Die Spurenelementversorgung ist über das Mineralfutter gesichert, da dieses einen entsprechenden Zusatz enthält. Da vor allem bei der Winterfütterung der Bedarf an Vitamin A beziehungsweise dessen Vorstufe Carotin und an den Vitaminen D und E nicht gedeckt wird, ist zumindest in dieser Zeit ein vitaminiertes Mineralfutter zu verwenden.

Auch bei der Weide müssen zusätzlich 100–150 g Mineralfutter täglich je Kuh verabreicht werden. Ein Vitaminzusatz ist hier nicht erforderlich. Mineralfutter kann zum Beifutter im Stall oder in Form von Lecksteinen gegeben werden, wobei besonders eine gute Natriumversorgung zu gewährleisten ist. Bei der Umstellung auf Weidegang ist insbesondere bei grasreichen, tetaniegefährdenden Weidebeständen ein Mg-reiches Mineralfutter zu verabreichen.

.8 Zur Fütterungstechnik

Beim Füttern und beim Zusammenstellen der Futterrationen sind in der Milchviehfütterung folgende Gesichtspunkte zu beachten:
a) Bei zweimaligem Füttern am Tage ist eine genügend lange Freßzeit einzuhalten, damit die Tiere die erforderliche Futtermenge aufnehmen können. Dreimaliges Füttern bringt keine wesentliche Steigerung des Futterverzehrs.
b) Es sollte stets zur gleichen Zeit gefüttert werden.
c) Grundsätzlich muß jedes einzelne Tier nach Leistung gefüttert werden. Da die Grundfutterration für alle Tiere gleich ist, gilt dies besonders für die Leistungsfütterung mit Kraftfutter.
d) Das Grünfutter sollte nach Möglichkeit nicht in einer einmaligen Gabe vorgelegt werden.
e) Silagen und kohlartige Futterpflanzen sind grundsätzlich erst nach dem Melken zu verabreichen.
f) Es ist darauf zu achten, daß die angebotenen Futtermittel schmackhaft, bekömmlich und von einwandfreier Qualität sind. Verdorbenes, gefrorenes und zu stark erwärmtes Futter führt zu Störungen der Gesundheit.

g) Starke Futterumstellungen sollten nicht schlagartig, sondern kontinuierlich erfolgen. Vor allem ist beim Einsatz extrem hoher Mengen einseitig zusammengesetzter Futtermittel langsam (innerhalb einer Woche) auf die Höchstmenge zu steigern.
h) Eine bekömmliche Milchviehfutterration setzt voraus, daß sie auch Saftfutter enthält.
i) Besonders bei hohen Milchleistungen und damit starkem Kraftfuttereinsatz sollte das Kraftfutter aus mehreren Komponenten zusammengesetzt sein.
k) Aus pansenphysiologischen Gründen ist in der Milchviehfütterung die Reihenfolge Heu, dann Saftfutter und zuletzt Kraftfutter einzuhalten. Allerdings hat die Reihenfolge der Futtermittel keinen Einfluß auf die Höhe der Futteraufnahme.
l) Kraftfutter sollte nach Möglichkeit sowohl zur Morgen- als auch zur Abendfütterung verabreicht werden. Wenn der Rohfasergehalt der Gesamtration unter 16 % sinkt, kann durch häufigere Kraftfuttervorlage (z. B. über Futterautomaten) ein positiver Effekt auf Milchmenge und Milchinhaltsstoffe erreicht werden.
m) Kraftfutter sollte stets trocken verfüttert werden.
n) Für die Wasserversorgung der Milchkühe eignen sich am besten Selbsttränken. Auf jeden Fall müssen die Kühe bereits vor und während des Fütterns genügend Tränkwasser aufnehmen können.

Bei richtiger Rationalisierung der Milchviehhaltung dürfen arbeitswirtschaftliche Vorteile nicht auf Kosten einer optimalen Fütterungstechnik gehen. Manche Arbeitsvereinfachungen können nämlich fütterungstechnischen Maßnahmen entgegenstehen. So werden zum Beispiel die Futterkosten durch eine hohe Grundfutteraufnahme reduziert, was durch die gleichzeitige Verfütterung zweier verschiedener Silagen beziehungsweise durch eine Kombination mit Rüben möglich ist. Durch gute Grundfutterqualität kann der Einsatz von Kraftfutter verringert werden. Häufige Kraftfuttervorgabe und damit verbundene technische Investitionen werden dadurch erst bei Jahresmilchleistungen von über 7000 kg notwendig.

7.2 Fütterung trockenstehender Kühe

In den letzten 6 – 8 Wochen der Trächtigkeit der Kühe erreichen der Fötus und die Reproduktionsorgane die höchsten Massenzunahmen, es erfolgt eine stärkere Mineralisierung des fötalen Skeletts, die Milchdrüse wird voll entwickelt und eine eventuelle Reservebildung für die kommende Laktation ist möglich.

7.2.1 Zur speziellen Ernährungsphysiologie bei der Reproduktion

Während der Trächtigkeit wird der gesamte Stoffwechsel des weiblichen Tieres durch die Aktivität des endokrinen Systems tiefgreifend verändert. Dabei sind der Grundumsatz und gegen Ende der Trächtigkeit auch der Stoffansatz beträchtlich gesteigert. Daraus ergibt sich ein erhöhtes Blutvolumen und eine verstärkte Herztätigkeit (um 20 – 30 %). Diese Umstellungen und Anforderungen bei der Reproduktion erfordern eine entsprechende Nährstoffversorgung in den letzten beiden Trächtigkeitsmonaten.

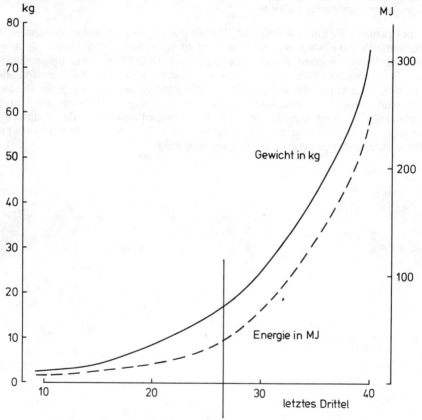

Abb. 7.2–1: **Veränderung des Gewichtes und Energiegehaltes von Fötus und Uterus im Verlauf der Trächtigkeit**

Übersicht 7.2–1: **Eiweißgehalt und Eiweißansatz im Fötus und in den Reproduktionsorganen**

Trächtig-keits-monat	Gewicht des Fötus kg	Gewicht von Uterus, Frucht-wasser, Placenta kg	Eiweiß-gehalt des Fötus %	Eiweiß im Fötus g	Eiweiß in Fötus und Uterus g
4.	1	6	7,5	70	440
6.	5	10	9,4	470	1060
7.	10	14	11,9	1200	2200
8.	20	22	14,4	2900	4400
9.	45	35	16,3	7400	9900

.1 Entwicklung des Fötus und der Reproduktionsorgane

Die Trächtigkeit dauert beim Rind durchschnittlich 285 Tage. In dieser Zeit nimmt der Uterus mit dem gesamten Inhalt um 70 – 80 kg zu. Davon entfallen auf den Fötus etwa 45 kg, der Rest verteilt sich auf Uterus, Fruchtwasser und Placenta. In Abbildung 7.2–1 ist nach MOUSTGAARD die Entwicklung des Gewichtes von Uterus und Fötus sowie der Energiegehalt während der gesamten Trächtigkeit aufgezeigt. Daraus ergibt sich, daß der wesentliche Gewichtszuwachs im letzten Drittel der Trächtigkeit erfolgt, weshalb in dieser Zeit auch eine zusätzliche Ernährung erfolgen muß. Uterus und Fötus entwickeln sich jedoch nicht gleichmäßig. In den ersten zwei Dritteln der Gravidität werden vorwiegend Uterus und Placenta ausgebildet, während das intrauterine Wachstum des Fötus noch sehr gering ist. Er erreicht in den ersten 6 Monaten der Trächtigkeit nur etwa 10 % seines Endgewichtes, Uterus, Placenta und Fruchtwasser dagegen schon etwa 30 % (siehe hierzu Übersicht 7.2–1). Der höchste Zuwachs an Masse erfolgt beim Fötus erst im letzten Drittel der Tragezeit, wobei er in den letzten 6 Wochen noch über 65 % seines Endgewichtes zunimmt.

Das fötale Gewebe besteht vorwiegend aus Eiweiß. Zunächst weist der Fötus bei einem sehr hohen Wassergehalt zwar nur etwa 8 % Protein auf, jedoch steigt der Proteingehalt bis zum Zeitpunkt der Geburt auf das Doppelte an. Ähnlich erhöht sich auch der Gehalt an Fett und Mineralstoffen im Verlauf der Trächtigkeit, während der Anteil an Wasser abnimmt. Diese Veränderungen im intrauterinen Wachstum werden als physiologische Austrocknung bezeichnet. In Übersicht 7.2–1 ist dies nach JAKOBSEN (1957) für den Eiweißgehalt aufgezeigt. Gleichzeitig ist die entsprechende Eiweißmenge im Fötus sowie die gesamte Eiweißmenge in Uterus mit Inhalt dargestellt. Auch hier zeigt sich, daß im letzten Drittel der Trächtigkeit Eiweiß im Fötus stärker angesetzt wird, während der Eiweißansatz in Uterus, Fruchtwasser und Placenta relativ geringer ist.

Aus diesem Energie- und Eiweißansatz läßt sich die täglich retinierte Menge in Uterus und Inhalt errechnen. Hierzu wurde in Abbildung 7.2–2 nach MOUSTGAARD (1959) der tägliche Eiweiß- und Energieansatz in Fötus, Uterus und Milchdrüse trächtiger Rinder aufgezeigt. Auch für Calcium und Phosphor ergeben sich ähnliche Verhältnisse, da erst im letzten Drittel der Trächtigkeit die eigentliche Mineralisierung des fötalen Skeletts einsetzt.

Die Milchdrüse wird ebenfalls in der letzten Trächtigkeitsphase stark ausgebildet. Die Nährstoffmengen, die zur Entwicklung des Drüsengewebes erforderlich sind,

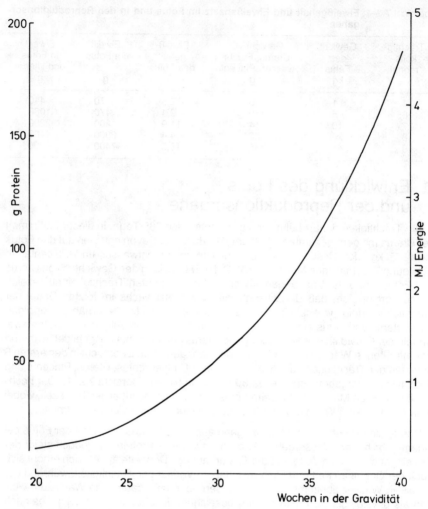

Abb. 7.2–2: **Täglicher Protein- und Energieansatz in Fötus, Uterus und Milchdrüse**

sind nicht allzu hoch. Selbst bei einer Kalbin werden im Euter in den letzten 14 Tagen vor der Geburt nicht mehr als 45 g Protein täglich eingelagert.

.2 Trächtigkeitsanabolismus

Wie beim Schwein (6.1.1.2), so können auch beim Rind während der Trächtigkeit mehr Nährstoffe im Körper retiniert werden als für die Entwicklung des Fötus und der Reproduktionsorgane notwendig sind. Diese erhöhte Nährstoffspeicherung („Superretention") und die nach der Geburt folgende Ausscheidungsphase hängt sehr stark vom Ernährungsniveau ab. Die negative Bilanz nach der Geburt ist in der Regel um so ausgeprägter, je höher die Retention während der Trächtigkeit war. Dies gilt ganz besonders für das Protein (siehe auch Abbildung 6.1–1). Beim Rind scheinen sich jedoch Retentions- und Ausscheidungsphase nicht so stark auszuwirken wie bei Sauen. Doch vermag auch das Rind mit fortschreitender Trächtigkeit vor allem Energie in höherem Umfang als Körpersubstanz anzusetzen.

Die Bedeutung des Trächtigkeitsanabolismus liegt vor allem darin, daß neben einer optimalen Entwicklung des Fötus und der Reproduktionsorgane einschließlich der Milchdrüse auch noch Reserven für die folgende Laktation geschaffen werden. Dies ist vor allem bei Hochleistungskühen erforderlich, da bei sehr hoher täglicher Milchproduktion erhebliche Körperreserven mobilisiert werden müssen. Allerdings werden die Nährstoffe, die für den Protein- beziehungsweise Energieansatz des graviden Tieres ausgenützt wurden, einen weiteren Transformationsverlust aufweisen, wenn sie in der Laktation für die Milchbildung mobilisiert werden. Aus diesem Grunde dürfte in den meisten Fällen eine dem Nährstoffbedarf entsprechende Zufuhr am zweckmäßigsten sein. Hinsichtlich der Mineralstoffe sollte allerdings der Anabolismus ausgenutzt werden, um für die erste Laktationshälfte eine ausreichende Reservebildung und deren spätere Mobilisierung zu gewährleisten.

.3 Ernährungsintensität und Leistung

Der Einfluß der Vorbereitungsfütterung auf die folgende Laktation wird sehr unterschiedlich beurteilt. Im allgemeinen wird er sicherlich überschätzt. In vielen Untersuchungen folgte auf eine intensive Ernährung während der Trächtigkeit keine höhere Einsatzleistung. Anders dürften die Verhältnisse bei Kalbinnen zu beurteilen sein. Hier wird oft der hohe Bedarf für das Wachstum des Muttertieres und auch für die Entwicklung der Milchdrüse nicht genügend berücksichtigt, und eine mangelnde Ernährung in dieser Zeit wirkt sich dann auf die folgende Laktation aus.

Durch eine intensive Nährstoffversorgung in den letzten 8 Wochen der Trächtigkeit werden natürlich die Lebendgewichte der Muttertiere erhöht. Wenn auch die Milchleistung dadurch wenig beeinflußt wird, so kann doch durch die reichliche Kraftfutterzufuhr während des Trockenstehens der Fettgehalt zu Beginn der Laktation erhöht sein. Über die gesamte Laktationsperiode ist jedoch nur ein geringer Unterschied zugunsten der reichlichen Vorbereitungsfütterung zu verzeichnen.

Nährstoffzufuhr und Geburtsgewicht

Eine erhöhte Energie- und Proteinversorgung der Kuh in der trockenstehenden Zeit verändert das Geburtsgewicht der Kälber nicht. Auch eine mangelnde Nährstoffversorgung ist ohne Einfluß, da der mütterliche Organismus Körpersubstanz für die Entwicklung des Fötus abbauen kann. Der Bedarf für die Entwicklung von Fötus und Uterus besitzt nämlich Priorität und wird damit ziemlich unabhängig von der Nährstoffversorgung der Mutter gedeckt. Dies geht natürlich nur bis zu einer gewissen Grenze. Je größer die Reserven des Muttertieres sind, um so länger kann eine mangelnde Unterversorgung ausgeglichen werden. Bei längerer, extremer Mangelernährung (unter dem Erhaltungsbedarf) wird allerdings nicht nur die Gesundheit des Muttertieres gefährdet, sondern es werden Kälber mit geringer Lebensfähigkeit geboren, das Geburtsgewicht kann verringert sein, und es können sogar Totgeburten auftreten. Am meisten wirkt sich dabei eine starke Unterversorgung gegen Ende der Trächtigkeit aus.

Dies steht im Gegensatz zu den Verhältnissen beim Schwein. Bei multiparen Tieren wirkt sich nämlich bereits eine geringe Mangelernährung auf das Geburtsgewicht aus.

7.2.2 Nährstoffbedarf trockenstehender Kühe

Der Bedarf trockenstehender Kühe an Protein und Energie ergibt sich aus dem Erhaltungsbedarf des Muttertieres und der erforderlichen Nährstoffversorgung für Fötus, Uterus, Placenta und Milchdrüse. Da das Konzeptionsprodukt und die Reproduktionsorgane sich im Verlaufe der Trächtigkeit verschieden stark entwickeln, ändert sich der Nährstoffbedarf der Kuh laufend.

In den ersten zwei Dritteln der Trächtigkeit liegt für den Fötus kein nennenswerter Nährstoffbedarf vor. Die Fütterung richtet sich deshalb in dieser Zeit nach der täglichen Milchleistung. Allerdings kann es in den ersten Trächtigkeitsmonaten zu Fehlentwicklungen im Embryo kommen, wenn zum Beispiel die Vitamin-A-Versorgung unzureichend ist. Erst mit der zunehmenden Wachstumsintensität des Fötus in den letzten beiden Trächtigkeitsmonaten kommt es zu einem deutlich ansteigenden Eiweiß- und Energiebedarf.

.1 Protein

Da beim fötalen Wachstum in starkem Maße Protein angesetzt wird, steht die Proteinzufuhr trockenstehender Kühe innerhalb der Nährstoffversorgung im Vordergrund. Der Eiweißbedarf läßt sich aus dem N-Ansatz in Fötus, Uterus, Placenta und Milchdrüse ableiten (siehe Abbildung 7.2–2). Für das fötale Wachstum kann mit einer Ausnutzung des verd. Proteins von 40 % gerechnet werden. Durch die laufenden Zunahmen des Fötus im Verlauf der Trächtigkeit steigt der N-Ansatz und damit der Bedarf an Eiweiß sehr stark an.

Der so errechnete Eiweißbedarf reicht allerdings nur für das fötale Wachstum und die entsprechenden Reproduktionsorgane. Er enthält keinen Zuschlag für den Trächtigkeitsanabolismus. Aus 75 Einzelbilanzversuchen von SCHIEMANN und Mitarbeitern (1973) läßt sich entnehmen, daß für Hochleistungskühe die dafür erforderlichen Mengen nicht unerheblich sind. In Übersicht 7.2–2 sind die ermittelten positiven Eiweißbilanzen zusammengestellt. Daraus ergeben sich bei einer Ausnutzung von 40 % die aufgezeigten Richtzahlen. Obwohl sich der Eiweißbedarf während der Trächtigkeit laufend ändert, ist diese Vereinfachung auf zwei größere Zeitabschnitte notwendig, da die Futterration nicht von Woche zu Woche umgestellt werden kann.

Übersicht 7.2–2: **Der tägliche Proteinbedarf trockenstehender Kühe (ohne Erhaltungsbedarf)**

Abschnitt	Wochen vor Geburt	Eiweiß-bilanz g	Bedarf bei 40 % Ausnutzung g verd. Rohprotein	Richtzahl
I	6–4	125 – 190	310 – 470	400
II	3–0	200 – 250	500 – 620	600

Aus diesem Grunde sollte für die landwirtschaftliche Praxis der unterschiedliche Bedarf der trockenstehenden Kuh in mindestens zwei Abschnitten berücksichtigt werden. Auf keinen Fall dürfte es richtig sein, für die gesamte trockenstehende Zeit nur eine Bedarfsangabe zugrunde zu legen. In Übersicht 7.2–2 sind entsprechende Richtzahlen für die letzten drei und für die 4. – 6. Woche vor dem Abkalben aufgezeigt.

.2 Energie

Die für trächtige Kühe erforderliche Energie setzt sich im wesentlichen aus dem Bedarf für Fötus und Reproduktionsorgane sowie dem Erhaltungsbedarf zusammen. Dabei ist allerdings zu beachten, daß vor allem gegen Ende der Trächtigkeit der Grundumsatz der Kuh erhöht ist. Dies ist weniger auf die Abgabe des Fötus an thermischer Energie zurückzuführen als auf den intensiven Grundumsatz mütterlicher Gewebe infolge des veränderten Hormonstoffwechsels im fortschreitenden Verlauf der Trächtigkeit.

Neben diesem erhöhten Grundumsatz wird der Energieumsatz trächtiger Kühe vor allem durch den Ansatz im fötalen Gewebe bestimmt, dessen Energieansatz in erster Linie durch das angesetzte Eiweiß bedingt ist. Im letzten Trächtigkeitsmonat werden etwa 85 % der gesamten Energieretention in Form von Eiweiß angesetzt. Der tägliche Energieansatz in Fötus, Uterus und Milchdrüse liegt in den letzten 6 Wochen der Trächtigkeit zwischen 2,0 – 4,5 MJ (Abbildung 7.2-2). Dafür müssen sehr hohe Energiemengen im Futter aufgewendet werden. Die Verwertung der umsetzbaren Energie für den Ansatz in Fötus und Reproduktionsorganen ist sehr schlecht und wird in der Literatur mit 10–25 % angegeben. Im Durchschnitt kann man von einem $k_k = 0,2$ ausgehen. Entsprechende Umrechnungen sind in Übersicht 7.2–3 zusammengestellt.

Übersicht 7.2–3: **Der tägliche Energiebedarf trockenstehender Kühe (ohne Erhaltungsbedarf)**

Abschnitt	Wochen vor Geburt	Energie-ansatz MJ	Bedarf an ME MJ	Bedarf an NEL MJ	Richtzahl NEL MJ
I	6–4	2,0–3,0	10,0–15,0	6,0– 9,0	15
II	3–0	3,1–4,5	15,5–22,5	9,3–13,5	20

Demnach müssen für den Fötus und die Reproduktionsorgane in den letzten 6 Wochen vor dem Abkalben etwa 6,0–13,5 MJ NEL aufgewendet werden. Da diese Zahlen jedoch keine Energiemengen für den Trächtigkeitsanabolismus enthalten, müssen für praktische Fütterungsverhältnisse die Richtzahlen mit 15–20 MJ NEL entsprechend höher festgelegt werden.

.3 Nährstoffnormen

In Übersicht 7.2–4 ist der gesamte Nährstoffbedarf (einschließlich der Erhaltung) für trockenstehende Kühe aufgezeigt.

Die Nährstoffzufuhr wird dabei in zwei Abschnitte unterteilt, was sowohl praktischen als auch in etwa den physiologischen Erfordernissen gerecht wird. Die

Übersicht 7.2–4: **Richtzahlen für den täglichen Nährstoffbedarf trockenstehender Kühe**

Gewicht kg	Abschnitt	Wochen vor Geburt	verd. Rohprotein g	Rohprotein g	NEL MJ
550	I	6–4	720	1000	48
	II	3–0	920	1290	53
650	I	6–4	760	1060	52
	II	3–0	960	1340	58

Fütterung entspricht damit hinsichtlich der energetischen Versorgung dem Bedarf für eine Tagesleistung von 5 kg Milch im ersten und 7 kg im zweiten Abschnitt. Die Eiweißversorgung entspricht einem Bedarf für 7 bzw. 10 kg Milch. Wird 7–8 Wochen trockengestellt, so sollten vor allem für Hochleistungskühe auch in dieser Zeit die in Abschnitt I aufgezeigten Nährstoffmengen verfüttert werden.

7.2.3 Fütterungshinweise

Bei der Fütterung trockenstehender Kühe bilden die wirtschaftseigenen Futtermittel die Futtergrundlage. Durch die starke räumliche Ausdehnung des Fötus in der letzten Zeit der Trächtigkeit ist aber das Fassungsvermögen des Magen-Darm-Traktes verringert. Dies bedingt im Vergleich zu laktierenden Kühen eine verminderte Trockensubstanzaufnahme. Die Ansprüche an die Verdaulichkeit der organischen Substanz steigen entsprechend an und sollten bei 70 % liegen. Dies entspricht der Nährstoffkonzentration, die für eine Milchleistung von 15 kg erforderlich ist. Nur in seltenen Fällen wird das Rauh- und Saftfutter so hohe Verdaulichkeit aufweisen. Daher muß der trockenstehenden Kuh zumindest in den letzten drei Wochen vor dem Abkalben zusätzlich Kraftfutter verabreicht werden. Zum anderen ergibt sich daraus aber auch die Forderung, Heu und Silagen wegen der geforderten hohen Verdaulichkeit rechtzeitig zu schneiden.

Das Grundfutter hochträchtiger Kühe muß von einwandfreier Qualität sein. Gefrorene oder verdorbene Futtermittel wie zum Beispiel verschimmeltes Heu, in Fäulnis übergegangene Silagen und erhitztes Grünfutter dürfen nicht verabreicht werden. Sie beeinträchtigen nicht nur die Gesundheit des Muttertieres, sondern können auch zu embryonaler Mortalität führen.

In der Sommerfütterung stellt die Weide gerade für hochtragende Kühe bei entsprechendem Nährstoff- und Rohfaserausgleich ein ideales Fütterungssystem dar. Gegen Durchfall und einseitige Ernährung ist bei jungem Weidefutter eine tägliche Heugabe von etwa 3–4 kg oder 10 kg Maissilage beziehungsweise Silage aus rohfaserreicherem Material erforderlich. Bei guter Weide dürfte kein Bedarf an Kraftfutter während der Trockenzeit bestehen. Auch beim Einsatz von jungem Grünfutter, das zu Beginn der Blüte geschnitten wurde, ist in den meisten Fällen ohne Kraftfutter auszukommen. Nur bei geringer Nährstoffaufnahme auf der Weide oder bei älterem Grünfutter ist zusätzlich Kraftfutter zu verabreichen.

In der Übergangs- und Winterfütterung ist beim Einsatz von Heu, Rüben und Silagen infolge der Konservierungsverluste stärker auf die Nährstoffkonzentration zu achten. Altes, ballastreiches Heu bzw. Gärfutter scheiden bei der Rationsgestaltung aus, da sonst erhebliche Kraftfuttermengen eingesetzt werden müssen.

Die erforderliche Nährstoffkonzentration des Grundfutters beträgt in den ersten drei Wochen der Trockenperiode etwa 4,0–4,5 MJ NEL/kg TS, drei Wochen vor dem Abkalben muß sie auf über 5,0 MJ NEL/kg TS ansteigen. Futterrationen mit Rüben, zeitig geschnittenem Heu und Silagen erfüllen zwar für den ersten Abschnitt der Trockenstellzeit diese Forderung, jedoch nicht in den letzten drei Wochen der Trächtigkeit. Deshalb muß in dieser Zeit zusätzlich Kraftfutter eingesetzt werden.

In Übersicht 7.2–5 sind für den Abschnitt I der Vorbereitungsfütterung verschiedene Futterbeispiele dargestellt. Für die letzten drei Wochen vor dem Abkalben muß entsprechend dem erhöhten täglichen Nährstoffbedarf von etwa 200 g verd. Roh-

Übersicht 7.2–5: **Futterrationen für die Fütterung trockenstehender Kühe**
(Futtermittel in kg/Tag)

Futtermittel	Ration							
	I	II	III	IV	V	VI	VII	VIII
Wiesenheu	3	2	3	3	1	1	–	–
Luzerneheu	–	–	–	–	–	–	2	4
Grassilage, angewelkt	23	17	–	16	18	20	–	–
Maissilage, Teigreife	–	10	–	–	11	–	14	10
Rübenblattsilage	–	–	35	–	–	–	20	–
Gehaltsfutterrüben	–	–	–	10	–	10	–	15
Mineralfutter	0,15	0,15	0,15	0,15	0,15	0,15	0,15	0,15

protein und 6,0 MJ NEL zu den angegebenen Futtermengen zusätzlich 1 kg Kraftfutter gegeben werden. Hierfür ist eine Kraftfuttermischung mit einem Quotienten verd. Rohprotein/NEL von 33 zu verwenden. Für Hochleistungskühe mit über 5000 kg Jahresleistung und einem sehr hohen Laktationsmaximum kann zusätzlich 1 kg Futtergetreide (Hafer) während der gesamten trockenstehenden Zeit verabreicht werden.

Mineral- und Wirkstoffversorgung

Bei der Fütterung trockenstehender Kühe ist es sehr wesentlich, daß auch in dieser Zeit täglich 150 g Mineralfutter zusätzlich zur Futterration verabreicht werden. Dies ist nicht nur wegen der stärkeren Mineralisierung des Fötus-Skeletts im letzten Drittel der Trächtigkeit, sondern auch für den Trächtigkeitsanabolismus notwendig. Dadurch ist es auch möglich, eine vorausgegangene Mangelversorgung wieder zu regulieren. Ungenügende Mineralstoffversorgung während der Trächtigkeit beeinträchtigt die Gesundheit des Muttertieres und die Fruchtbarkeit in der folgenden Laktation.

Während der Winterfütterung ist ein vitaminiertes Mineralfutter zu verwenden. Ungenügende Vitamin-A-Versorgung während der Trächtigkeit führt nämlich zu lebensschwachen Kälbern. Reichliche, ordnungsgemäße Vitamin-A-Zufuhr während der Trächtigkeit ermöglicht nicht nur den Aufbau einer Vitamin-A-Reserve des Kalbes im Mutterleib, sondern führt auch zu einer Vitamin-A-reichen Kolostralmilch. Gleichzeitig sollten aber auch die Vitamine D und E in ausreichender Höhe im Mineralfutter enthalten sein.

7.3 Fütterung von Aufzuchtkälbern

Leistungsfähige Milchkühe und Mastrinder setzen voraus, daß sie bereits als Kälber vollwertig ernährt wurden. Dabei kann die Widerstandskraft der neugeborenen Kälber gegen verschiedene Erkrankungen bereits durch eine richtige und zweckmäßige Ernährung des Muttertieres während der Trächtigkeit stark gefördert werden. Im letzten Drittel der Trächtigkeit ist der Zuwachs des Fötus so groß, daß das Muttertier dafür zusätzlich Energie und Eiweiß erhalten muß. Erfolgt dies nicht, so kann das Kalb dennoch mit annähernd normalem Gewicht geboren werden, da bis zu einer bestimmten Grenze der Fötus in der Nährstoffversorgung Vorrang vor der Mutter genießt. Dies geht aber auf Kosten der Gesundheit der Kuh, oft aber auch des Kalbes. Bei starker Unterernährung während der Trächtigkeit werden jedoch die Kälber mit unterdurchschnittlichen Gewichten geboren und sind wesentlich krankheitsanfälliger. Über den Bedarf hinausgehende Energie- und Eiweißzufuhr verändert den Nährstoffgehalt des Fötus kaum, macht sich aber bei den Muttertieren in einer stärkeren Verfettung, insbesondere der Geburtswege, und in Wehenschwächen bei der Geburt bemerkbar. Auch Überfütterung ist deshalb zu vermeiden.

Außerdem ist im letzten Trächtigkeitsdrittel auch eine vollwertige Mineral- und Wirkstoffversorgung erforderlich. Damit kann das Muttertier nicht nur erschöpfte Reserven an den verschiedenen Mineral- und Wirkstoffen wieder auffüllen, sondern auch die Krankheitsresistenz des neugeborenen Kalbes wesentlich fördern. Dies gilt vor allem für das Vitamin A. Die frühzeitige und optimale Versorgung der Kälber erfolgt nämlich bereits über die Vitamin-A-Versorgung des Muttertieres während der Trächtigkeit. Allerdings werden nennenswerte Mengen an Vitamin A im Fötus nur dann gespeichert, wenn das Muttertier über längere Zeit sehr hohe Vitamin-A-Gaben erhält. Eine überhöhte Carotinversorgung hat diesbezüglich nur eine geringe Wirkung. Außerdem beeinflußt die Vitamin-A-Versorgung der Kuh auch den Vitamin-A-Gehalt der Kolostralmilch. Über diese wird der Vitamin-A-Bedarf des neugeborenen Kalbes sichergestellt, da ein beträchtlicher Teil der Vitamin-A-Reserven des Muttertieres über das Kolostrum abgegeben wird. Der Vitamin-A-Gehalt der Kolostralmilch hängt infolgedessen davon ab, inwieweit die tragende Kuh Vitamin A speichern kann. Mangelhafte Carotin- bzw. Vitamin-A-Versorgung, wie das gerade in der zweiten Winterhälfte vielfach zutrifft, führt dann auch zu einem äußerst geringen Vitamin-A-Gehalt der Kolostralmilch. Die erhöhte Kälbersterblichkeit bei Abkalbung in der zweiten Winterhälfte und im zeitigen Frühjahr kann hiermit in Zusammenhang gebracht werden.

7.3.1 Grundlagen zur Ernährung des Kalbes

.1 Ernährung in der Kolostralmilchphase

Während der ersten Lebenswoche bildet die Kolostralmilch die ausschließliche Nahrung, unabhängig davon, ob das neugeborene Kalb zur Aufzucht oder zur Mast verwendet wird und wie die daran anschließende Ernährung gestaltet wird. Für praktische Verhältnisse kommt eine Aufzucht mit anderer Futterbasis für diesen Zeitraum noch nicht in Frage. Die Umstellung auf andere Futtermittel und andere Fütterungsmethoden erfolgt normalerweise erst während der zweiten Lebenswoche.

Die Kolostralmilch ist unter normalen Bedingungen in ihrer Zusammensetzung auf die Bedürfnisse des neugeborenen Kalbes abgestimmt und zeichnet sich durch hohe Gehalte an leicht verdaulichen Nährstoffen sowie erhöhten Mineral-, Wirk- und Schutzstoffgehalt aus. Auffallend und besonders abweichend von der Normalmilch ist ihr hoher Gehalt an Globulinen. Über die Hälfte des Eiweißes besteht nämlich aus der Globulinfraktion, besonders aus γ-Globulinen. Die Bedeutung dieser γ-Globuline liegt weniger in ihrer Ernährungs-, sondern vielmehr in ihrer möglichen Schutzwirkung, da sie als sogenannte Immunglobuline dem neugeborenen Kalb einen passiven Infektionsschutz verleihen können. Durch Fütterungsmaßnahmen dürfte die Schutzwirkung der Kolostralmilch nicht zu beeinflussen sein, vielmehr hängt sie vom Immunisierungsgrad des Muttertieres ab. Die mütterliche Immunisierung wird aber vorwiegend stallspezifisch sein, d. h. Immunkörper sind nur gegen solche Infektionskrankheiten vorhanden, mit denen sich das Muttertier aktiv auseinandergesetzt hat. Immunkörper der Kolostralmilch wirken vorwiegend nur gegen zyklische Infektionen, bei denen der Erreger über die Blutbahn im ganzen Körper verteilt wird und nicht gegen das örtliche Infektionsgeschehen an Haut und Schleimhäuten. In erster Linie sind an den tödlich verlaufenden Erkrankungen der ersten Lebenstage Bakterien beteiligt, gegen die über das Kolostrum ein wirksamer Infektionsschutz gegeben sein kann. Mütterliche Schutzstoffe können weder beim Rind noch bei anderen Huf- und Klauentieren bereits während der Trächtigkeit auf den Embryo übertragen werden.

Nach MAYR kann die Kolostralmilch anfangs den zehn- bis zwölffachen spezifischen Antikörpergehalt des mütterlichen Blutes aufweisen. Mit zunehmender Milchsekretion wird die Konzentration jedoch stark vermindert, und nach 24 Stunden sind nur noch knapp die Hälfte der ursprünglichen Antikörper enthalten. Hinzu kommt, daß die Durchlässigkeit des Kälberdarmes für die großmolekularen Immun-Gammaglobuline bereits nach 24 Stunden stark zurückgegangen ist und nach 36 Stunden ein Übertritt vom Darm in die Blutbahn des Kalbes kaum mehr möglich ist (s. hierzu auch Abb. 6.2–1). Aus diesen Gründen ist die erste Kolostralmilch möglichst rasch, also innerhalb der ersten drei Lebensstunden, dem neugeborenen Kalb zu verabreichen. Bereits 2 – 7 Stunden nach ihrer Verfütterung sind auch im Blut des Kalbes wesentliche Antikörpermengen nachweisbar, ein Zeichen, daß durch diese Maßnahme am ehesten die Gewähr eines wirksamen Infektionsschutzes gegeben ist. Trinkt ein Kalb in den ersten Lebensstunden noch nicht freiwillig, so ist ihm unter allen Umständen während dieser Zeit Kolostralmilch einzugeben.

Erfahrungsgemäß sind Erstlingskälber gegen Infektionen anfälliger als Kälber älterer Mutterkühe. Anscheinend ist die immunbiologische Funktionsfähigkeit der Erstlingskuh noch nicht voll entwickelt. In diesen Fällen und auch bei laufendem Zukauf hochtragender Tiere besteht die Möglichkeit, nicht verbrauchtes Erstgemelk älterer Kühe durch Tiefgefrieren zu konservieren. Neugeborene Kälber erhalten dann ein Gemisch von mütterlichem und konserviertem Kolostrum. Allerdings erfordert diese Maßnahme entsprechend große Sorgfalt beim Auftauen und Aufwärmen.

Das Kolostrum ist aber auch aus anderen Gründen frühzeitig zu verfüttern. Der Wirkstoffgehalt nimmt rasch ab, wie Übersicht 7.1–4 für die Vitamine A und B_2 zeigt. Ähnlich verhält es sich mit anderen fettlöslichen Vitaminen wie D und E, einer Reihe anderer B-Vitamine wie B_1, B_{12}, Cholin, Vitamin C und einigen wichtigen Spurenelementen wie Eisen, Kupfer, Zink, Kobalt und Jod. Je später die Kolostralmilch verabreicht wird, desto weniger Wirkstoffe erhält das Neugeborene. Ebenso scheint nach neueren Untersuchungen der Magnesiumgehalt der Kolostralmilch für das Kalb bedeutsam. Dieser ist ebenfalls im Erstgemelk höher als in den folgenden.

Für praktische Verhältnisse sind also sowohl aus dem Verlauf der Konzentrationsverhältnisse von Nähr-, Schutz- und Wirkstoffen im Kolostrum als auch nach deren Absorptionsfähigkeit durch die Darmwand des Kalbes rechtzeitige Kolostralmilchgaben notwendig. Frühzeitiges Abmelken geringer Mengen Erstgemelk dürfte den Abgang der Nachgeburt nicht verzögern (s. hierzu 6.2.1). Auch das Auftreten von Milchfieber ist mit dem frühzeitigen Melken nach der Geburt in Zusammenhang gebracht worden. Stellt man jedoch die eigentlichen Ursachen des Milchfiebers ab, so ist höchstens bei stark zu Milchfieber neigenden Kühen die sehr frühzeitig abzumelkende Kolostralmilchmenge auf das Notwendigste zu begrenzen.

.2 Enzymaktivitäten im Verdauungstrakt und Verdauung der Nährstoffe

Aus physiologischen und anatomischen Gründen ist ein einwöchiges Kalb auf flüssige, im wesentlichen aus Milchprodukten bestehende Nahrung angewiesen. Die Vormägen des Kalbes sind noch klein und kaum funktionsfähig. Die Nahrung wird vorwiegend enzymatisch im Labmagen und Dünndarm abgebaut. Dementsprechend werden auch Milch und Milchersatztränken an den Vormägen vorbei direkt in den Labmagen geleitet. Da nun sowohl bei der Aufzucht als auch bei der Mast Vollmilch und andere Milchprodukte aus wirtschaftlichen Gründen immer stärker von teilweise milchfremden Nahrungsbestandteilen verdrängt werden, ist vorerst die Frage nach deren Verträglichkeit zu stellen. Futterstoffe, die aufgrund der physiologischen Verhältnisse nicht verwertet werden können, führen nämlich unweigerlich zu gesundheitlichen Störungen, besonders wenn sie in größeren Mengen in der Tränke enthalten sind. Die Aktivität der körpereigenen Enzyme spielt dabei eine bedeutende Rolle (s. hierzu auch Abb. 6.2–3). Deshalb sollen im folgenden die einzelnen Nährstoffe in der Tränke hinsichtlich ihrer Verdaulichkeit und Verträglichkeit näher erläutert werden.

Eiweiß

Die Verwertbarkeit der verschiedenen Nährstoffe und ganz besonders auch des Eiweißes hängt mit der kaum entwickelten Mikroorganismentätigkeit und den Enzymverhältnissen im Magen-Darm-Trakt des Kalbes zusammen. Das Kalb ist auf die essentiellen Aminosäuren im Futter angewiesen, das heißt, nicht nur die mengenmäßige Versorgung mit verdaulichem Eiweiß, sondern auch seine biologische Wertigkeit muß berücksichtigt werden. Dabei dürften Milch und Milchprodukte den Anforderungen an die Eiweißqualität am besten entsprechen. Die rasche Gerinnung der körperwarmen Milchtränke durch die anfänglich hohe Renninaktivität (Labwirkung) macht dabei das Milcheiweiß den proteolytischen Enzymen besser zugänglich.

Die proteolytischen Enzymaktivitäten im Verdauungstrakt des Kalbes sind jedoch in den ersten Wochen noch relativ gering. Wohl ist in der ersten Lebenswoche im Labmagengewebe bereits eine hohe Proteaseaktivität vorhanden. Die Wirkung der Salzsäure-Pepsin-Funktion des Labmagens wird aber erst mit zunehmendem Alter verstärkt. Auch die Aktivität der Pankreas-Proteasen steigt erst nach und nach an. So läßt sich auch erklären, daß pflanzliche und andere tierische Eiweißträger vom Kalb in den ersten Lebenswochen schlecht verwertet werden. Pflanzliche Eiweißträger als alleinige Proteinquellen in der Kälbernahrung führen in den ersten 3 Lebenswochen sogar zu negativer Eiweißbilanz, das heißt, zur Aufrechterhaltung der Lebensvorgänge wird Eiweiß aus dem Körper des Tieres herangezogen. Das Kalb kann erst mit zunehmendem Alter vermehrt milchfremdes Protein in der Tränke verwerten.

Kohlenhydrate

Die Enzymverhältnisse des Magen-Darm-Traktes bestimmen auch für die Kohlenhydrate das Verdauungsvermögen des jungen Kalbes. Sie sind gekennzeichnet durch anfangs hohe Aktivität der Darmlactase, in den ersten Wochen ansteigende Pankreasamylaseaktivität, geringe Darmmaltaseaktivität während der reinen Tränkeperiode und fehlende Saccharaseaktivität.

Als einzige Kohlenhydrate werden deshalb anfangs Lactose (Milchzucker), bzw. deren Monosaccharide Glucose und Galaktose gut verwertet. Andere Kohlenhydrate kommen zu diesem Zeitpunkt noch nicht in Frage. Für Stärke hat das junge, noch nicht ruminierende Kalb nur ein geringes Verdauungsvermögen, Saccharose kann sogar nur mikrobiell abgebaut werden. Erst durch die allmählich einsetzende Pansentätigkeit, wie sie aber nur bei Aufzuchtkälbern erwünscht ist, können Stärke und Zucker verdaut werden.

Selbst der ausgewachsene Wiederkäuer ist bei Umgehung der Pansenverdauung nicht in der Lage, nennenswerte Mengen Stärke und Saccharose zu verwerten. Nicht absorbierte Zucker rufen aber nicht nur Durchfall hervor, sondern erleichtern infektiösen Keimen die Ansiedlung im Darmkanal, da sie ein leicht zugängliches Nährsubstrat bilden. Die Verfütterung von wässerigen Lösungen reiner Stärke, Saccharose, Maltose oder Fructose ruft beim jungen Kalb innerhalb weniger Stunden erheblichen Durchfall hervor.

Fett

Die Fettverwertung ergibt sich einerseits aus dem Verdauungsvermögen des jungen Kalbes, andererseits aus dem Bearbeitungs- und Qualitätszustand der Futterfette.

Die Fettverdauung wird beim Saugkalb durch prägastrische Esterasen eingeleitet. Nach den bisherigen Kenntnissen wird dadurch in erster Linie die Verdaulichkeit des Milchfettes günstig beeinflußt. Ähnlich den anderen Pankreasenzymen ist auch die Aktivität der Pankreaslipase beim neugeborenen Kalb gering, erhöht sich aber bereits bis Ende der ersten Lebenswoche und verändert sich in den folgenden Wochen nur mehr geringfügig. Da die Pankreaslipase nicht substratspezifisch ist, kann vom jungen Kalb bereits eine Reihe von Fetten verdaut werden.

Die Verdaulichkeit des Fettes und damit auch die Verträglichkeit stehen in enger Beziehung zum Verteilungszustand, das heißt zur Größe der Fettpartikelchen in der zugeführten Nahrung. Lipasen als Proteinkörper sind wasserlöslich, Fette dagegen nicht. Die Einwirkung der fettspaltenden Enzyme kann daher nur an der Oberfläche der Fetttröpfchen wirksam werden. Je besser nun der Verteilungszustand des Fettes ist, desto größer ist auch dessen Oberfläche und desto wirksamer die Enzymreaktion. Außerdem unterstützt die Feinverteilung die Emulgierbarkeit der Fette.

In zahlreichen Versuchen wurde festgestellt, daß eine Verteilungsgröße von etwa 2 µm bei milchfremden Fetten Verdaulichkeit und Verträglichkeit stark fördert. So ist allgemein zu erwarten, daß mit der Verkleinerung der Fetttröpfchen die Absorption dieser Fette zunimmt und dadurch Verdauungsstörungen weitgehend vermieden werden können. Ein zu feiner Verteilungszustand milchfremder Fette würde jedoch deren Oxydationsempfindlichkeit erhöhen. Störungen in der Fettverdauung wirken nicht nur negativ auf die Aufnahme anderer Nährstoffe, sondern vermindern auch die Absorption von Wirkstoffen.

Weiterhin beeinflussen Schmelzpunkt, Kettenlänge und Sättigungsgrad der Verdaulichkeit und die Verträglichkeit milchfremder Fette für das Kalb. Allerdings müssen steigende Schmelzpunkte bis etwa 45 °C nicht unbedingt mit abfallender Verdaulichkeit verbunden sein. Vielmehr wird in diesem Bereich die Fettverdaulichkeit vom Anteil des Fettes an langkettigen Fettsäuren beeinflußt. Solche gesättigten und ungesättigten, langkettigen Fettsäuren mit 20 C-Atomen und mehr wirken verdauungshemmend. Bei einem Vergleich von Milchfett mit anderen tierischen oder pflanzlichen Fetten fällt auf, daß Milchfett einen hohen Anteil an kurzkettigen Fettsäuren enthält.

Die Frage, ob tierisches oder pflanzliches Fett in der Kälberernährung besser sei, ist nicht richtig gestellt, da der Sättigungsgrad der verwendeten Fette für deren Bekömmlichkeit maßgebend ist. Ungesättigte Fette, wie sie rohe Pflanzen- und Tieröle darstellen, können zu Wachstumsstörungen, kümmerhaftem Aussehen, Durchfall, Schwund der Skelett- und Herzmuskulatur, erhöhter Anfälligkeit für Pneumonien und sogar zum Tod führen. Hydrierte Pflanzenöle zeigen dagegen eine erheblich bessere Verträglichkeit und Wachstumswirkung. So nimmt z. B. die Bekömmlichkeit von Sojaöl vom rohen über den raffinierten zum hydrierten Zustand zu. Für die nachteiligen Auswirkungen roher Öle kann neben eventuellen Verunreinigungen auch der hohe Anteil ungesättigter und daher sehr oxydationsempfindlicher Fettsäuren verantwortlich sein. Für die Verträglichkeit von milchfremden Fetten in Kälberrationen ist außerdem deren Frischezustand von maßgebender Bedeutung. Dabei genügt es selbstverständlich nicht, daß Fette zum Zeitpunkt der Verarbeitung frisch sind, sondern sie müssen im Futter über einen gewissen Zeitraum frisch bleiben. Bei fütterungstauglichen Fetten darf die Peroxydzahl nicht über 8, die Anisidinzahl (ein Maß für den Gehalt an Aldehyden im Fett) nicht über 25 und die Säurezahl muß unter 5 liegen. Bei fortschreitendem Verderb treten Polymerisationsprodukte auf, die Fette sind dann für die Verfütterung an Kälber bereits untauglich.

Der Bedarf des Kalbes an essentiellen Fettsäuren (Linol-, γ-Linolen- und Arachidonsäure) wird sowohl über das Milchfett als auch über das in der Nahrung vorhandene Fett gedeckt sein. Hinzu kommt noch, daß durch die Kolostralmilchfütterung eine gewisse Reservebildung des Kalbes an essentiellen Fettsäuren erzielt wird. Es wäre also falsch, der Nahrung größere Mengen ungesättigter Fette zuzusetzen, um dadurch den Bedarf an den essentiellen Fettsäuren zu decken, da die Instabilität dieser Fette eine wesentliche Gefahr gesundheitlicher Schädigungen der Kälber mit sich bringt.

.3 Pansenentwicklung

Das Aufzuchtkalb sollte sich so rasch wie möglich zum Wiederkäuer entwickeln. Deshalb ist im folgenden beschrieben, wie die Pansenentwicklung schon frühzeitig stimuliert werden kann.

Zur Zeit der Geburt ist der einzige funktionsfähige Teil des Kälbermagens der Labmagen, während sich der Pansen erst allmählich entwickelt. Dabei steht die

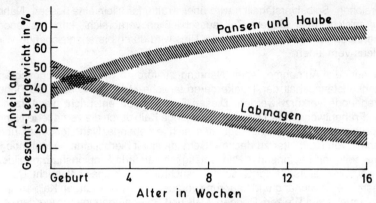

Abb. 7.3–1: **Relativer Anteil von Pansen (mit Haube) und Labmagen am Leergewicht des Gesamtmagens in Abhängigkeit vom Alter des Kalbes**

zeitliche Entwicklung des Pansens in sehr engem Zusammenhang mit Art und Menge des verabreichten Futters. In Abb. 7.3–1 ist nach Untersuchungen von WARNER und FLATT aufgezeigt, wie sich Pansen und Labmagen mit fortschreitendem Alter des Kalbes gewichtsmäßig verändern.

Ein wesentliches Kennzeichen für die Stoffwechselbereitschaft des Pansens sind die Pansenzotten. Diese sind beim neugeborenen Kalb gut entwickelt vorhanden, bilden sich aber während der Milchfütterungsperiode zahlen- und längenmäßig zurück. In Übersicht 7.3–1 ist das Längenwachstum der Pansenzotten bei ausschließlicher Milchgabe und bei Fütterung von Milch mit Kraftfutter und Heu ad libitum nach Untersuchungen von TAMATE und Mitarbeitern wiedergegeben.

Die angegebenen Zahlen zeigen sehr deutlich den Einfluß der Fütterung auf das Längenwachstum der Pansenzotten. Dieses ist nämlich von der Produktion flüchtiger Fettsäuren abhängig, und zwar in der Wirkungsreihe Buttersäure > Propionsäure > Essigsäure. Milch gelangt beim Saugen infolge des Schlundrinnenreflexes vorwiegend in den Labmagen, sie kann also das Pansenzottenwachstum nicht anregen.

Die intensivste Stimulierung der gesamten Pansenentwicklung bringt eine gemischte Futterration von Kraftfutter und Heu. Chemische Reize sind dabei in erster Linie für die Entwicklung der Pansenmucosa und der Pansenzotten verantwortlich. Die mechanischen Reize, wie sie besonders durch Heugaben hervorgerufen werden, fördern das Wachstum des Muskelgewebes, also die Größe des Pansens. Deshalb ist zu empfehlen, neben Kraftfutter auch laufend bestes Kälberheu zu

Übersicht 7.3–1: **Längenwachstum der Pansenzotten in Abhängigkeit vom Fütterungsregime**

Alter	Mittlere Länge der Pansenzotten in mm	
	bei Milch	bei Milch, Kraftfutter und Heu
1 – 3 Tage	1,0	1,0
4 Wochen	0,5	0,8
8 Wochen	0,5	1,5
12 Wochen	0,5	2,5

verabreichen. Selbstverständlich wird über Kraftfutter allein eine bessere Nährstoffzufuhr erreicht, über längere Zeit ausschließlich verabreicht, kann es jedoch zu Parakeratose der Pansenwand führen. Dies wird durch die ausgleichende Wirkung des Heus vermieden.

Um nun die Aufnahme fester Nahrung zu fördern, muß bei eingeschränktem Trockensubstanzgehalt der Tränke deren tägliche Menge und auch die Dauer der Tränkeperiode verkürzt werden. Diesen Forderungen entspricht die Aufzuchtmethode „Frühentwöhnung". Dabei wird das junge Kalb durch die verringerte Nährstoffzufuhr über die Tränke angeregt, das sich ergebende Nährstoffdefizit über die Aufnahme von Kraftfutter zu decken. Getreide spielt hierbei eine bedeutende Rolle, da einerseits mit beginnender Pansentätigkeit verstärkt Propionsäure gebildet wird und es auch andererseits der Geschmacksrichtung des Kalbes entspricht. Dabei soll, sachgemäße Gewinnung und Lagerung vorausgesetzt, vom jungen Kalb am liebsten Gerste, gefolgt von Weizen, Roggen, Mais und Hafer aufgenommen werden. Ausreichende frühzeitige Kraftfutteraufnahme entscheidet letztlich für das Gelingen dieser Aufzuchtmethode.

Bei zu geringer Kraftfutteraufnahme zum Zeitpunkt des Absetzens ist nämlich ein Wachstumsrückgang unvermeidlich, und es ergibt sich die in Abb. 7.3-2 stark vereinfachte Situation. Werden dagegen bei kombinierter Kraftfutter-Heu-Fütterung zur Zeit des Wegfalls der Tränke 800 – 1000 g eines hochwertigen Kraftfutters täglich aufgenommen, so reicht die gesamte Nährstoffmenge für ein gleichmäßiges Wachstum aus, und es tritt kein Abfall in den täglichen Gewichtszunahmen ein.

Bei sachgemäßer Anwendung der Methode der Frühentwöhnung kann anhand der Entwicklung des Pansens, der Pansenflora und -fauna sowie der Wiederkauhäufigkeit gezeigt werden, daß die Kälber mit dem Absetzen von der Tränke im Alter von etwa 7 Wochen bereits als Wiederkäuer bezeichnet werden können.

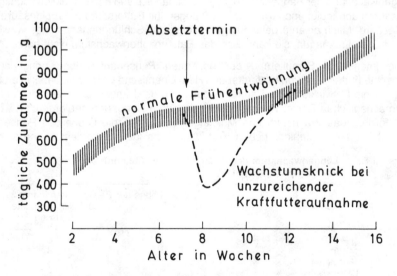

Abb. 7.3–2: **Mittlerer Zunahmeverlauf bei Frühentwöhnung**

7.3.2 Fütterungshinweise zu den verschiedenen Aufzuchtmethoden

Das Ziel der Aufzucht ist die Heranzucht von Milchkühen, Zuchtbullen und Tieren für die Jungrindermast. Unabhängig von der Aufzuchtmethode erhalten die Kälber in der ersten Lebenswoche Kolostralmilch. Anschließend unterscheidet sich die Kälberaufzucht nach Art und Dauer der Tränkefütterung.

.1 Kolostralmilch

Die alleinige Verfütterung von Kolostralmilch während der ersten Lebenswoche ist nicht nur ernährungsphysiologisch notwendig, sondern auch wirtschaftlich vertretbar, da Kolostralmilch ohnehin nicht molkereitauglich ist. Die verabreichten Kolostralmilchgaben sind an das Fassungsvermögen des Labmagens anzupassen. Die erste Gabe erfolgt bereits innerhalb der ersten Lebensstunden (siehe 7.3.1.1). Anhaltspunkte über die tägliche Tränkehäufigkeit und die Menge je Mahlzeit zeigt Übersicht 7.3–2. Der Gesamtverbrauch an Kolostrum beträgt in der ersten Lebenswoche etwa 25–30 kg je Kalb.

Übersicht 7.3–2: **Kolostralmilchmenge und Tränkehäufigkeit während der ersten Lebenswoche**

Alter der Kälber	Menge je Mahlzeit (l)	Tränkehäufigkeit
1. Tag	0,75–1	4–3 mal
2. und 3. Tag	1 –1,5	3 mal
4. bis 7. Tag	2 –3	2 mal

Die richtige Temperatur der Kolostralmilch ist eine wesentliche Voraussetzung für deren Bekömmlichkeit. Bekanntlich ist die Gerinnung des Milcheiweißes im Labmagen temperaturabhängig, das heißt, nur bei Tränketemperaturen von etwa 35° C wird sie rasch erfolgen. Bei tieferen Temperaturen dauert die Gerinnung zu lange, und ungeronnene Milch tritt vom Labmagen in den Darm über. Durchfall kann die Folge sein. Wenn Verdauungsstörungen auch während der gesamten Tränkezeit entwicklungshemmend wirken, so sind sie gerade in den ersten Lebenstagen lebensgefährlich und deshalb unbedingt zu vermeiden.

.2 Kälberaufzucht mit einer Tränkeperiode von 12 Wochen

Nach der Kolostralmilchperiode erhalten die Kälber bis zur 12. Lebenswoche oder auch länger als Tränke entweder Vollmilch, aufgewertete Magermilch oder Milchaustauschfutter. Die Verwendung von frischer Süßmolke ist auch bei einwandfreier Qualität nicht empfehlenswert. Durch den hohen Wassergehalt und den geringen Eiweißgehalt der Molke (nur $1/5$ der Magermilch) müßten noch hohe Vollmilchmengen eingesetzt werden.

Zur Förderung der Vormagenentwicklung erhalten die Kälber als trockenes Beifutter bestes Heu und ein Kälberaufzucht-Kraftfutter. Kälbernährmehl eignet sich aufgrund der enthaltenen Nährstoffträger nur für den Einsatz als Trockenfutter (siehe hierzu 7.3.1.2). Im Vergleich zum Aufzuchtfutter hat es jedoch einen wesentlich höheren Rohproteingehalt (min. 28 %).

Vollmilch

Obwohl Vollmilch aus ernährungsphysiologischer Sicht zweifellos ein ausgezeichnetes Futtermittel ist und damit die Aufzucht mit Vollmilch ein sehr sicheres Verfahren darstellt, muß der Einsatz von Vollmilch aus kostenmäßigen Überlegungen auf das Notwendigste beschränkt bleiben. Eine Aufzucht mit 300 l Vollmilch und mehr ist nach dem bestehenden Vollmilchpreis wirtschaftlich nicht vertretbar. Außerdem sind so hohe Vollmilchgaben für die Aufzucht auch nicht erforderlich. In der einschlägigen Literatur findet man jedoch noch immer Empfehlungen, nach denen etwa 300 l Vollmilch und 400–600 l Magermilch als ,,normale" Tränkegaben für eine Aufzuchtperiode angegeben werden. Bei Bullenkälbern für Zuchtzwecke sollen sogar die Vollmilchmengen 400–500 l nicht unterschreiten. In Zuchtbetrieben werden oft noch höhere Vollmilchmengen an die Kälber verfüttert und für notwendig gehalten. Solch hohe Gaben an Vollmilch sind aber nur dann notwendig, wenn als Ersatz für Vollmilch keine Milchaustauscher eingesetzt werden beziehungsweise keine Aufwertung der Magermilch erfolgt. Bei den heutigen Möglichkeiten der vollwertigen Kälberernährung ist jedoch eine Aufzucht auch von Bullenkälbern mit vollmilchsparenden Fütterungsmethoden erforderlich und zweckmäßig. Dabei ist die vollmilchsparende Kälberaufzucht heute im wesentlichen nur noch eine Frage der sachgemäßen Durchführung.

Als Aufzuchtverfahren mit Vollmilch als alleiniger Tränke haben unter bestimmten Voraussetzungen lediglich die verschiedenen Formen der Mutterkuh- beziehungsweise Ammenkuhhaltung ihre Berechtigung. Bei Spezialmastrassen (z. B. Aberdeen Angus, Charolais) können die Muttertiere aufgrund ihrer geringen Milchleistung nur ein Kalb ernähren (Mutterkuh). Kühe von Zweinutzungsrassen können dagegen je nach Milchleistung 2–4 Kälber aufziehen (Ammenkuh). Die Zahl der Kälber wird der Milchleistung der Kuh in etwa angepaßt. Da in den ersten Lebenswochen der Kälber Zunahmen um 600 g genügen dürften, können 6–8 kg Milch je Kalb und Tag gerechnet werden, daß heißt Kühe mit einer täglichen Milchleistung von 20 kg können etwa 3 Kälber ernähren. Die Kälber werden nach der Kolostralmilchperiode an die Ammenkuh gegeben und bleiben mehrere Monate an der Kuh. Neben der Milch steht den Kälbern von Anfang an Heu beziehungsweise Weide, Kraftfutter und Wasser zur Verfügung. Beide Formen der Kälberaufzucht sind sehr arbeitsextensiv, sie haben jedoch aus wirtschaftlichen Gründen nur geringe Bedeutung.

Magermilch

Ein weitgehender Ersatz von Vollmilch durch Magermilch ist um so leichter möglich, als heute der Bedarf der Kälber an Nähr-, Mineral- und Wirkstoffen recht gut bekannt ist und dementsprechend über zusätzliche Verfütterung von Mischfutter berücksichtigt werden kann. In letzter Zeit haben sich Aufzuchtmethoden bewährt, bei denen für die normale Aufzucht nur 100 l Vollmilch eingesetzt werden. Nach verschiedenen Versuchen kann die erforderliche Vollmilchmenge weiter eingeschränkt, im Extremfall sogar auf die Kolostralmilchperiode begrenzt werden. Die Anforderungen an die Qualität des Ersatzfutters und die Fütterungstechnik sind dann allerdings sehr hoch.

Neben der Vollmilch werden 500 l Magermilch eingesetzt. Dabei wird die Vollmilch auf die ersten 5 Wochen und die Magermilch auf die gesamte Tränkezeit von 12 Wochen verteilt. Im Anschluß an die Kolostralmilchperiode können bei täglich zweimaligem Tränken die in Übersicht 7.3–3 angegebenen Mengen je Kalb und Tag als Anhaltspunkte dienen.

Die Fortführung der Tränke bis zu 16 Wochen oder gar bis zu einem halben Jahr kommt sowohl aus arbeitswirtschaftlichen als auch aus ernährungsphysiologischen Überlegungen nicht mehr in Frage. Die Tränke wird vielmehr in der 12. bzw. 13. Woche von anfangs 8 l Magermilch auf 6 bzw. gegen Ende auf 4 l zurückgenommen und dann völlig abgesetzt. Als Flüssigkeitsausgleich erhält das Aufzuchtkalb frisches Wasser, das schon etwa ab der 4. Woche zur Verfügung stehen muß. Durch die auf 8 l täglich begrenzte Milchtränkemenge soll vor allem eine hohe Trockenfutteraufnahme angestrebt werden.

Übersicht 7.3–3: **Fütterungsplan ab der 2. Lebenswoche, je Kalb und Tag in l**

Lebenswoche	normale Aufzucht		für Zuchttiere		
	Vollmilch	Magermilch	Vollmilch	Magermilch	
2.	5	2	6	1	ab der 2. bis
3.	3	5	5	3	3. Woche
4.	2	6	5	3	Kraftfutter
5.	1	7	4	4	und Heu,
6.	–	8	3	5	ab der 4.
7.	–	8	2	6	Woche
8.–12.	–	8	–	8	Wasser
(13.–15.)	–	(8–6)	–	(8–6)	
Gesamtverbrauch	100	500	200	400	

Magermilch enthält mit Ausnahme des entzogenen Fettes und der fettlöslichen Vitamine alle Nähr- und Wirkstoffe der Vollmilch. Da im Gegensatz zur Mast in der Aufzucht keine so hohen Zunahmen erforderlich sind und damit die Energiezufuhr über das Fett nicht so notwendig ist, müssen hierbei in erster Linie die fettlöslichen Vitamine über ein „Ergänzungsfutter zu Magermilch für Aufzuchtkälber" zugefüttert werden. Ein solches Mischfutter nach Normtyp enthält je kg mindestens 80 000 I. E. Vitamin A, 10 000 I. E. Vitamin D, 160 mg Vitamin E, 16 g Natrium, 240 mg Eisen und höchstens 120 mg Kupfer. Außerdem dürfen bis zum Fünffachen des für entsprechende Alleinfutter festgesetzten Höchstgehaltes eines antibiotischen Zusatzes enthalten sein. Dieses Mischfutter darf täglich bis zu 200 g je Tier verfüttert werden. Aufgrund des Fütterungsplanes in Übersicht 7.3–3 entspricht dies dann je Liter Tränke einer Menge von bis zu 25 g.

Eine nährstoffmäßige Ergänzung der Magermilch wäre über das „Energiereiche Ergänzungsfutter zu Magermilch für Mastkälber" möglich. Neben min. 30 % Rohfett und max. 3 % Rohfaser enthält dieses Mischfutter nach Normtyp je kg min. 20 000 I. E. Vitamin A, 2500 I. E. Vitamin D, 40 mg Vitamin E, 1,5 g Magnesium, 60 mg

Eisen, 8–30 mg Kupfer und einen entsprechend erhöhten Antibioticazusatz. Durch die stärkere Dosierung von 100 g je Liter Magermilch wird die Wirkstoffergänzung ähnlich hoch wie über das Ergänzungsfutter zu Magermilch für Aufzuchtkälber. Darüber hinaus erfolgt aber noch eine beachtliche Nährstoffaufwertung der Magermilch. Da aber für das Aufzuchtkalb damit ein unnötig hoher Fettansatz und folglich auch erhöhte Futterkosten verbunden sind, sollte dieses Mischfutter in erster Linie der Magermilchaufwertung bei der Kälbermast vorbehalten bleiben. Empfehlungen, für die Aufzucht die Dosierung des „Energiereichen Ergänzungsfutters zu Magermilch für Mastkälber" um ein Drittel bis zur Hälfte zu reduzieren, sind abzulehnen, da damit eine zu geringe Wirkstoffversorgung der Kälber verbunden ist. Aus ähnlichen Überlegungen heraus ist auch die Aufwertung mit Milchaustauschfutter in geringeren Dosierungen als normalerweise üblich nicht empfehlenswert.

Bei allen diesen Aufzuchtverfahren darf die Magermilch nur in frischem oder einwandfrei dicksaurem Zustand verfüttert werden. Besonders im Sommer wird die Aufzucht durch ansaure Milch gefährdet. Einwandfreie Säuerung ist mit Buttermilch oder Sauermolke (1 l auf etwa 20 l Magermilch) oder mit Zitronensäurepulver (20–30 g auf 10 l Magermilch) möglich. Die Säuerung erfolgt am schnellsten bei Temperaturen um 20–25 °C, dann ist die Milch am Tage nach dem Ansetzen richtig dicksauer. Auch durch Zusatz von 3–5 % bereits dickgelegter Milch zu Magermilch ist eine Dicklegung zu erreichen. Von Zeit zu Zeit sollte aber wieder mit frischem „Säurewekker" begonnen werden. Die Dicklegung der Magermilch mit Labpulver schließt eine Ansäuerung und ihre Gefahren nicht aus. Zinkgefäße dürfen bei der Säuerung der Magermilch nicht verwendet werden.

Die Tränketemperatur frischer Magermilch muß im normalen Aufzuchtverfahren während der ersten Lebenswochen mindestens 35 °C betragen. Kühlere Milch gerinnt im Labmagen des Kalbes wesentlich langsamer und verursacht dadurch leicht Durchfälle. Dicksaure Magermilch kann bei einer Temperatur wie sie der Stalltemperatur entspricht verfüttert werden. Ab der 5. Lebenswoche darf die Temperatur frischer Magermilch allmählich auf etwa 20 °C zurückgehen. Solange Vollmilch gegeben wird, kann diese ohne weiteres unmittelbar vor dem Tränken mit der angewärmten Magermilch vermischt werden.

Getrocknete Magermilch zu einer Tränke anzurühren und sie anstelle flüssiger Magermilch zu füttern, ist nicht zu empfehlen, auch nicht, wenn diese Trockenmagermilch vom Hersteller bereits mit Vitaminen und mit einem Antibioticum aufgewertet wurde. Der Einsatz von Magermilchpulver allein verursacht höhere Futterkosten, da es mit erheblichen Trocknungskosten belastet ist. Wenn Magermilch fehlt, ist es ernährungsphysiologisch besser und rationeller, die Aufzucht mit Milchaustauscher durchzuführen.

Milchaustauschfutter

Für die vollmilcharme Kälberfütterung wurden hochwertige Mischfutter, sogenannte Milchaustauschfutter, entwickelt. Diese Mischfutter können um so früher eingesetzt werden, je besser ihre Zusammensetzung den physiologischen Verhältnissen des jungen Kalbes gerecht wird (siehe hierzu 7.3.1.2). Als wesentlicher Bestandteil wird daher auch Magermilchpulver verwendet. Insgesamt sind nach den Mindestanforderungen des Normtyps mindestens 35 % Milchpulver in dieses Mischfutter aufzunehmen, wobei der Anteil an Buttermilchpulver 20 % nicht überschreiten darf. In Übersicht 7.3–4 sind die vorgeschriebenen Mindest- und Höchstgehalte aufgezeigt. Als Sicherungszusatz kann ein für die Kälberfütterung zugelassenes

Antibioticum enthalten sein. Für 1 l Tränke sind je nach Nährstoffgehalt 100–125 g Milchaustauschfutter erforderlich. Ein Tränkeplan für eine Kälberaufzucht mit Milchaustauschfutter ist in Übersicht 7.3–5 aufgezeigt.

Übersicht 7.3–4: **Inhalts- und Zusatzstoffe von Milchaustauschfuttermittel für Aufzuchtkälber nach Normtyp**

Inhaltsstoffe, %		Zusatzstoffe je kg	
Rohprotein	min. 20	Eisen	min. 60 mg
darunter:		Kupfer	4–15 mg
Lysin	min. 1,45	Vitamin A	min. 12 000 I. E.
Rohfett	5 bis 30	Vitamin D	min. 1500 I. E.
Rohfaser	max. 3	Vitamin E	min. 20 mg
Calcium	min. 0,9		
Phosphor	min. 0,7		
Milchpulver	min. 35		
darunter:			
Buttermilchpulver	max. 20		

Die Umstellung auf Milchaustauschtränke erfolgt frühestens im Anschluß an die Kolostralmilchperiode. Bei betriebseigenen Kälbern erfolgt sie innerhalb von 3–4 Tagen, indem man allmählich die Vollmilch durch Austauschtränke ersetzt. Bei Zukaufskälbern ist dagegen meist eine plötzliche Umstellung notwendig, da im Zukaufsbetrieb Vollmilch vielfach gar nicht vorhanden ist. Am Umstellungstag erhalten die jungen Tiere nur lauwarmes Wasser oder Tee. Erst am zweiten Tag wird mit etwas reduzierter Menge von Milchaustauschtränke weitergefüttert. Nach der Umstellung erhalten die Kälber keine weitere Voll- noch Magermilch.

Zugekaufte Tiere sind durch den Transport und die Futterumstellung oft anfällig. Ein Vitamin-Antibiotica-Stoß am Ankunftstag ist deshalb vorteilhaft. Ob dieser über die Tränke verabreicht oder eingespritzt wird, richtet sich nach den gegebenen Verhältnissen. Bei Verabreichung über den Verdauungsweg dürfte eine Wiederholung nach einigen Tagen angebracht sein. Wichtig ist auch, daß die Tiere möglichst auf einmal angekauft werden und nicht einzeln über mehrere Tage, um laufende neue Infektionsmöglichkeiten zu vermeiden.

Milchaustauschtränke muß klumpenfrei zubereitet werden. Dazu wird das Pulver am besten mit etwas heißem Wasser zu einem gleichmäßigen Brei angerührt und anschließend mit warmem Wasser auf die gewünschte Konzentration verdünnt. Dabei sind die Herstellungsvorschriften stets einzuhalten und die Anrühr- und Tränketemperatur mit einem Thermometer zu überprüfen. Bei kleinen Mengen kann gut mit einem Schneebesen angerührt werden, für größere Milchmengen empfiehlt sich die Anschaffung eines Milchmixers.

Übersicht 7.3–5: **Kälberaufzucht mit Milchaustauschfutter**

Lebenswoche	Liter Milchaustauschtränke	g Milchaustauscher je l	
2.	6–7	100–125	Kälberaufzuchtfutter,
3.–12.	8	100–125	Heu und Wasser zur
13.	6–4	100–125	freien Aufnahme
Gesamtverbrauch	600	60–75 kg	

Übersicht 7.3–6: **Inhalts- und Zusatzstoffe von Ergänzungsfuttermittel für Aufzuchtkälber nach Normtyp**

Inhaltsstoffe, %		Zusatzstoffe je kg	
Rohprotein	min. 18	Vitamin A	8000 I. E.
Rohfaser	max. 10	Vitamin D	1000 I. E.
Rohasche	max. 10		

Bei dieser Methode werden etwa 40 l Kolostral- bzw. Vollmilch und bei einer 12wöchigen Tränkeperiode etwa 60–75 kg Milchaustauschfutter verbraucht. Da bei den begrenzten Tränkemengen von maximal 8 l/Tag der Flüssigkeitsbedarf nicht immer gedeckt sein dürfte, müssen Aufzuchtkälber ab der 4. Woche die Möglichkeit zur Wasseraufnahme haben. Temperiertes Wasser ist gegenüber kaltem Wasser in den ersten Wochen vorteilhafter. Die Beifütterung von Kraftfutter und Heu gestaltet sich wie bei den übrigen Aufzuchtverfahren.

Kraftfutter und Heu

Bei der Kälberaufzucht sollte das ganze Bestreben dahin gerichtet sein, über trockenes Futter, wie Heu und Kraftfutter, die Pansenentwicklung anzuregen. Dem Aufzuchtkalb wird man daher ab der 2.–3. Lebenswoche hochverdauliches Kraftfutter und bestes Kälberheu zur beliebigen Aufnahme vorlegen.

Ein gutes Kraftfutter für die ersten 8–10 Wochen der Aufzucht sollte an wertbestimmenden Bestandteilen mindestens 18 % Rohprotein und höchstens 10 % Rohfaser enthalten. Ein Zusatz von 2 % einer Mineralstoffmischung für Rinder sowie mindestens 8000 I. E. Vitamin A und 1000 I. E. Vitamin D je kg sollte nicht fehlen. Diesen Anforderungen entsprechen Ergänzungsfuttermittel für Aufzuchtkälber, die nach den Richtlinien des Normtyps der Futtermittelverordnung (Übersicht 7.3–6) zusammengesetzt sind. Ein antibiotischer Zusatz ist zugelassen und dürfte sich für die erste Hälfte der Aufzuchtperiode vorteilhaft auswirken. Insofern wird es zweckmäßig sein, für diese Zeit ein Ergänzungsfutter für Aufzuchtkälber zuzukaufen. Dadurch ist eine gleichmäßige Versorgung der Kälber mit Wirkstoffen gewährleistet. Industriell hergestelltes Ergänzungsfuttermittel sollte auch pelletiert sein, wodurch besonders anfangs die Nährstoffaufnahme über das Kraftfutter erhöht werden kann. In Übersicht 7.3–7 sind einige Beispiele für selbstgemischte Kraftfutter zusammengestellt. Als Hauptbestandteile für die Mischung eignen sich vor allem gängige Ölkuchen- oder Extraktionsschrote, Getreideschrote und Mühlennachprodukte.

Übersicht 7.3–7: **Verschiedene Kraftfuttermischungen für die Kälberaufzucht, Anteile in %**

Futtermittel	Mischung			
	I	II	III	IV
Leinkuchen oder Leinextraktionsschrot	20	10	10	–
Hafer	10	35	20	30
Gerste	20	–	25	20
Weizen	25	35	20	–
Mais	–	–	–	20
Weizenkleie	10	–	10	–
Trockenschnitzel	–	–	–	8
Sojaextraktionsschrot	13	18	13	20
vit. Mineralfutter	2	2	2	2

Wird Kraftfutter von der zweiten, dritten Woche an laufend frisch zur freien Aufnahme vorgelegt, so steigt der Verzehr in der 10. Woche auf etwa 1,0 kg täglich und in der 13. Woche auf 1,5 kg. Ab dieser Menge wird die tägliche Kraftfuttergabe nicht mehr weiter gesteigert. Mit diesem Zeitpunkt wird ein Kraftfutter mit geringerem Rohproteingehalt eingesetzt, wie dies bei den Mischungen III und IV in Übersicht 7.3–7 der Fall ist. Solche Mischungen können auch mit Ergänzungsfutter für Aufzuchtkälber und Getreide im Verhältnis 2 : 1 hergestellt werden. Kälbernährmehl ist aufgrund seiner Zusammensetzung nicht anstelle des Ergänzungsfutters als alleiniges Kraftfutter einzusetzen.

Nicht aufgefressenes Kraftfutter muß täglich entfernt werden, da es sonst eine Ursache zu Verdauungsstörungen bilden kann. Für die ersten 12 Wochen der Aufzucht werden etwa 60 bis 80 kg, für die folgenden 4 Wochen etwa 40 kg Kraftfutter gebraucht.

Bestes Kälberheu wird ab derselben Zeit wie Kraftfutter zur freien Aufnahme gegeben. Dieses „Kälberheu" muß zart, blattreich und vom 1. Schnitt sorgfältig geworben sein. Grummet ist weniger geeignet, da es Durchfall fördern kann. Blattreiches Luzerneheu kann verwendet werden. Bis zur 10. Lebenswoche werden die Tiere etwa ½ kg Heu täglich aufnehmen. Die Heuaufnahme darf aber keineswegs die Kraftfutteraufnahme beeinträchtigen. Ist dies der Fall, so ist die Heumenge vorübergehend entsprechend zu reduzieren. Verbleibende Heureste sind ebenfalls täglich aus dem Futtertrog zu entfernen.

Ab der 10. Woche können geschnitzelte Rüben zusätzlich angeboten werden. Beste Anwelksilagen und körnerreiche Maissilagen werden bei den üblichen Aufzuchtverfahren nicht vor der 12. Woche vorgelegt. Rübenblattsilage und andere Naßsilagen sollten im ersten Halbjahr nach Möglichkeit nicht verfüttert werden. Wichtig ist gerade beim Kalb, daß die Futterübergänge allmählich durchgeführt werden. Je besser und frühzeitiger es gelingt, über das aufgenommene Kraftfutter und Heu eine schnelle Pansenentwicklung beim Kalb zu erreichen, um so frühzeitiger kann die Tränkeperiode beendet werden. Der Verzehr von Trockenfuttermitteln steigt mit der Kapazität und dem Verdauungsvermögen des Pansens an. Als sichtbares Zeichen eines funktionierenden Vormagensystems setzt das Wiederkauen ein. Bis zum Ende der Aufzuchtperiode mit 4 Monaten sollte der mittlere Tageszuwachs 700–800 g betragen.

.3 Frühentwöhnung

Im Sinne einer beschleunigten Pansenentwicklung ist das frühzeitige Absetzen der Kälber von der Tränke, die sogenannte Frühentwöhnung, zu verstehen. Sie unterscheidet sich von den übrigen Aufzuchtverfahren dadurch, daß die tägliche Tränkegabe nährstoff- und mengenmäßig begrenzt wird. Durch Hunger angeregt, nehmen die Kälber zeitiger als sonst Trockenfutter auf. Dies führt zu einer so frühzeitigen Pansenentwicklung, daß bereits nach 7–8 Wochen das Tränken eingestellt werden kann. Den Fütterungsplan für diese Aufzuchtmethode zeigt Übersicht 7.3–8.

Die Umstellung von Vollmilch (= Kolostralmilch) auf Milchaustauschtränke erfolgt innerhalb von wenigen Tagen zu Beginn der 2. Woche. In Betrieben mit Kälberzukauf hat sich die übergangslose Umstellung auf Milchaustauschtränke gut bewährt, wobei am Umstellungstag nur lauwarmes Wasser oder Tee und in den folgenden zwei

Übersicht 7.3–8: **Tränk- und Fütterungsplan bei Frühentwöhnung**

Alter	Tränke	Kraftfutter	Heu	Wasser
1. Woche	Kolostralmilch (s. Übersicht 7.3–2)	–	–	
2. – 7. Woche	2mal täglich je 3 l Milchaustauschtränke (100 g Pulver/ 1 l Wasser)	zur beliebigen Aufnahme	zur beliebigen Aufnahme	von Anfang an zur freien Aufnahme
8. – 16. Woche	–	zur beliebigen Aufnahme, ab 1,5 kg täglich zugeteilt	zur beliebigen Aufnahme	

Tagen reduzierte Tränkemengen verabreicht werden. Insbesondere bei Zukauf ist es notwendig, den Übergang durch einen Vitamin-Antibiotica-Stoß – über die Tränke oder injiziert – zu erleichtern. Mit der Umstellung auf die Milchaustauschtränke ist auch frisches Wasser, anfangs leicht temperiert, laufend bereitzustellen.

Durch die gleichbleibende Tränkemenge von 2mal 3 l Milchaustauschtränke wird die Aufzucht stark vereinfacht. Größere Tränkemengen und mehr als 100 g Milchaustauschfutter/l Tränke dürfen nicht verabreicht werden. Dies würde die Aufnahme von Kraftfutter und Heu vermindern und dadurch die Pansenentwicklung verzögern.

An die Güte des Kraftfutters werden bei der Frühentwöhnung erhöhte Anforderungen gestellt. Etwa für die ersten zehn Wochen soll es daher pelletiert, mit vitaminiertem Mineralfutter und Antibiotica angereichert sein und einen hohen Getreideanteil aufweisen. Zum besseren Anlernen an die Kraftfutteraufnahme kann nach dem Tränken dem Kalb eine Handvoll Kraftfutter in das Maul gegeben werden. Diese Maßnahme lenkt außerdem vom gegenseitigen Besaugen der Kälber ab. Ebenso fördert Gruppenhaltung im Gegensatz zur Einzelhaltung die Trockenfutteraufnahme. Nehmen die Kälber täglich mindestens 800 g Kraftfutter auf, was normalerweise ab der 7.–8. Woche der Fall sein wird, so kann von der Tränke abgesetzt werden. Einige Wochen nach diesem Zeitpunkt kann auch auf ein hofeigenes Kraftfutter umgestellt werden, für dessen Zusammensetzung in Übersicht 7.3–7 einige Beispiele aufgezeigt sind.

Die Aufnahme von Kraftfutter wird auf 1,5 kg je Tier und Tag begrenzt. Sind höhere Zunahmen erwünscht, so können bis zu 2,0 kg zugeteilt werden.

Neben Kraftfutter muß den Kälbern von der 2. Lebenswoche an Kälberheu zur Verfügung stehen. Beste Silagen mit höheren Trockensubstanzgehalten können bereits gegen Ende der Tränkezeit eingesetzt werden. „Naßsilagen" sollten aber auch bei dieser Aufzuchtmethode im ersten Halbjahr kaum verfüttert werden.

Fütterungsbedingt nehmen die Kälber bei der Frühentwöhnung in den ersten 7–8 Wochen etwa 400–600 g täglich zu. Während der Tränkeperiode sehen sie dadurch etwas leer aus, zeigen dabei aber beste Gesundheit. Im 3. und 4. Monat steigen die Tageszunahmen mit der besseren Trockenfutteraufnahme auf 900–1100 g, so daß in den ersten vier Monaten mittlere Tageszunahmen von etwa 700–800 g erreicht werden. Diese Gewichtsentwicklung wird den Erfordernissen bei der Kälberaufzucht gerecht. Der größte Vorteil der Frühentwöhnung zeigt sich, wenn Kälber in gleichaltrigen Gruppen, also beim Zukauf, aufgezogen werden. Nach den bisherigen Erfahrungen ist diese Methode sowohl zur Aufzucht von Kälbern für die Jungrindermast als auch von späteren Zuchttieren geeignet.

.4 Kalttränkeverfahren

Die Kälberaufzucht nach dem sog. Kalttränkeverfahren wird mit 12–20° C relativ kalter Milchaustauschtränke, die für 2–3 Tage im voraus angerührt und mit einem Säurezusatz versehen wird, durchgeführt. Über Gummisauger, die mit Schläuchen zu einem Vorratsbehälter verbunden sind, steht die Tränke den Tieren ständig zur freien Aufnahme bereit. Daneben werden Kraftfutter, Heu und Wasser ad libitum angeboten. Je Sauger rechnet man mit drei Kälbern, die zur besseren Beobachtung in Gruppen von maximal 10 Tieren je Bucht auf Stroheinstreu gehalten werden. Arbeitsersparnis ist der wesentliche Vorteil dieser in neuerer Zeit für die Praxis entwickelten Aufzuchtmethode. Allerdings verlangt das Kalttränkeverfahren eine besonders sorgfältige Tierbeobachtung.

In diesem Zusammenhang erhebt sich die Frage nach der physiologischen Verträglichkeit der Kaltmilchtränke, da in den bisher besprochenen Aufzuchtmethoden die Tränketemperatur mit 35° C empfohlen wird, was für eine rasche Gerinnung des Milchcaseins durch das Labenzym beim Kalb erforderlich ist. Ernährungsphysiologisch betrachtet könnte man nämlich einwenden, daß bei der angesäuerten Kalttränke die enzymatisch ablaufenden Verdauungsvorgänge entsprechend der Reaktionsgeschwindigkeit-Temperatur-Regel erheblich verlangsamt werden. Als Folge davon können nicht völlig hydrolisierte Nährstoffe in die unteren Darmabschnitte gelangen und durch bakterielle Fermentation Durchfälle hervorrufen. Tatsächlich wird in der Praxis auch von einer weicheren Kotbeschaffenheit und von durchfallartiger Konsistenz vor allem über 10–14 Tage nach Umstellung auf dieses Tränkesystem berichtet. Nach entsprechender Anpassung des tierischen Organismus wirkt sich jedoch der Säuregrad der Tränke stabilisierend auf die Verdauungsvorgänge aus. Infolge des Säurezusatzes werden die Eiweißstoffe denaturiert und ausgefällt. Die saure und geronnene Tränke unterstützt damit die beim Kalb noch geringe HCl-Sekretion im Magen und fördert auf diese Weise die Pepsinwirkung. Da der normalerweise bei Aufnahme nichtgesäuerter Tränke zu beobachtende Anstieg des pH-Wertes des Magensaftes beim Kalttränkeverfahren unterbleibt, können günstigere Wirkungsverhältnisse für die peptische Hydrolyse vorliegen. Die niedrigere Temperatur und der Säuregrad begünstigen dabei eine häufigere Aufnahme kleinerer Tränkeportionen, die Tränke erreicht dadurch sehr rasch die Körpertemperatur, eine Überfüllung des Labmagens wird vermieden. Insgesamt können somit nach einer Übergangszeit die Verdauungsstörungen sogar vermindert werden.

Voraussetzung des Kalttränkeverfahrens ist also eine genügende Ansäuerung der Tränke, wobei ein pH von 4,2–4,8, im Mittel 4,5 anzustreben ist. Dieser Säuregrad ist auch deshalb erforderlich, um die Tränke sicher zu konservieren und die Gefahr, daß sich unerwünschte Mikroorganismen vermehren, zu verhindern. Die Herstellung der Tränke erfolgt gewöhnlich mit 100 g Milchaustauschfutter je 1 l Wasser, wobei ein Viertel der Wassermenge die vorgeschriebene Anrührtemperatur aufzuweisen hat; die restliche Wassermenge wird als Kaltwasser zugegeben. Als Konservierungszusatz werden 0,3 % Ameisensäure empfohlen. Andere organische Säuren wie Propion-, Fumar- oder Zitronensäure kommen ebenfalls in Frage. Als Milchaustauschfutter eignen sich vor allem magermilchpulverarme Produkte, da das Casein der

Milch durch den Säurezusatz grobflockig ausfällt, wodurch Schläuche und Ventile der Tränkezuführung verstopfen. Solche Spezialmilchaustauscher enthalten als Hauptkomponenten bis zu 70–80 % Molken- und Molkeneiweißpulver, 10 % Fett und Fisch- oder Sojaproteinhydrolysate. Solche Milchaustauscher werden auch als Nullaustauscher bezeichnet. Durch die hohen Molkeanteile besteht jedoch die Gefahr einer Elektrolytbelastung für das Tier. Deshalb ist auf eine freie Wasseraufnahme besonders zu achten. Bei Einsatz konventioneller Milchaustauschfutter, die gewöhnlich etwa 60 % Magermilchpulver aufweisen, sind Dickungsmittel oder Rührwerke zu verwenden, um eine störungsfreie Tränkeversorgung zu gewährleisten.

Kalttränke muß wegen der Aufnahme in kleinen Portionen ad libitum angeboten werden. Der Tränkeverzehr ist dadurch jedoch höher als bei der Frühentwöhnungsmethode. Er steigt von anfangs 6 l/Tag und nach Gewöhnung bis auf 12 l/Tag und beträgt nach von BOTHMER im Mittel etwa 9 l täglich. In der letzten Tränkewoche wird die Konzentration des Milchaustauschfutters von 100 auf 50 g/l gesenkt. Bei einer Tränkedauer von 7–8 Wochen beläuft sich der Verbrauch an Milchaustauschfutter auf etwa 45 kg je Kalb. Die Aufnahme an Kraftfutter und Heu wird hierdurch nicht wesentlich eingeschränkt. Infolgedessen entsprechen auch die Tageszunahmen der Kälber weitgehend den Verhältnissen bei der Frühentwöhnungsmethode. Zum Einfluß der Kalttränke auf die Nährstoffverwertung liegen bislang noch nicht genügend Ergebnisse vor.

Nach den bisherigen Erfahrungen wird die Kalttränke von den Kälbern insgesamt gut vertragen. Qualitativ hochwertige Milchaustauschfutter sind hierbei eine wichtige Voraussetzung. Das gelegentliche Muskelzittern nach Aufnahme der Kalttränke ist als reflektorischer Vorgang für die chemische Wärmeregulation zu deuten. Es wird auch bei anderen Aufzuchtverfahren und bei Aufnahme größerer Wassermengen festgestellt. Die durch die Ansäuerung aufgenommenen H^+-Ionen dürften über den Säure-Basen-Haushalt der Kälber ausreichend neutralisiert werden können. Für den Erfolg dieses Tränkesystems ganz besonders zu berücksichtigen ist das Alter der Tiere bei Aufzuchtbeginn. Ältere Kälber gewöhnen sich weniger gut an angesäuerte Kalttränke, die Nährstoffaufnahme ist deshalb zunächst nicht ausreichend. Bei kurzen Tränkeperioden, wie sie sich bei Zukauf älterer Kälber ergeben (ab 65 kg), dürfte das Kalttränkeverfahren weniger geeignet sein.

.5 Aufzucht der Zuchtbullenkälber

Für die Aufzucht von Bullenkälbern, die später zur Zucht verwendet werden sollen, werden immer wieder sehr hohe Vollmilchmengen gefordert. Solche Empfehlungen sind jedoch unbegründet. Versuche zeigen, daß sich für die spätere Zuchttauglichkeit keinerlei Nachteile ergeben, wenn die Vollmilchmenge je Aufzuchtperiode unter 100 kg liegt und eine entsprechende Nähr- und Wirkstoffergänzung erfolgt. Bullenkälber können also grundsätzlich nach denselben Methoden aufgezogen werden wie Kuhkälber.

Entsprechende Fütterungspläne sind in Übersicht 7.3–3 aufgezeigt. Für die Aufzucht von Bullenkälbern dürfte der Einsatz von 200 l Vollmilch und 400 l Magermilch zur Ergänzung angebracht sein. Soll aus tierzüchterischen Gründen die hohe Wachstumsintensität von Jungbullen sehr frühzeitig ausgenutzt werden, so empfiehlt sich bei magermilchreicher Aufzucht, weniger die reine Wirkstoffaufwertung zur Ergänzung als vielmehr das ,,Energiereiche Ergänzungsfutter zu Magermilch für

Mastkälber" zu benutzen. Bei der Aufzucht mit Milchaustauschfutter wird die Nährstoffkonzentration nicht erhöht. Ein Mästen der männlichen Tiere dürfte sich für die spätere Zuchtverwendung nachteilig auswirken.

Wie in der normalen Aufzucht, so erhalten ganz besonders auch die Bullenkälber ab der 2./3. Lebenswoche Kraftfutter, bestes Heu und Wasser zur freien Aufnahme. Um allerdings dem stärkeren Wachstumsvermögen männlicher Kälber gerecht zu werden, wird unter normalen Verhältnissen das Kraftfutter erst ab einer täglichen Menge von etwa 2 kg begrenzt.

Mit einer Tagesration von 2 kg Kälberaufzuchtfutter (siehe Übersicht 7.3–7), 2 kg bestem Kälberheu und eventuell etwas Silage oder Rüben wird der Nährstoffbedarf eines 3–4 Monate alten Zuchtbullenkalbes voll gedeckt.

.6 Verdauungsstörungen in der Kälberaufzucht

Fehler in Fütterung und Haltung werden von den Kälbern durch Erkrankungen sehr schnell beantwortet. Am meisten treten Verdauungsstörungen (Durchfall) auf. Dies kann die verschiedensten Ursachen haben: zu niedrige Tränketemperatur, nicht einwandfreie Beschaffenheit der Magermilch, Molke, Klumpenbildung in der Milchaustauschtränke, ungleichmäßige Dosierung, verschmutzte Milchgefäße, unregelmäßige Fütterungszeiten (Feiertage) oder Überfütterung, zu schnell vorgenommene Futterübergänge, nicht einwandfreies Heu (Schimmel!), zu einseitiges Verhältnis von Heu und Kraftfutter; hinzu kommen noch Zugluft und Infektionen. Jedenfalls muß bei den geringsten Anzeichen von Störungen sofort Abhilfe geschaffen werden. Je nach Stärke des Durchfalls kann man bis zu drei Mahlzeiten aussetzen und vor allem Kamillen- und Fencheltee oder Tränke von Leinsamen verabreichen und pulverisierte Holzkohle oder erprobte Medikamente, Vitamine und Antibiotica geben.

In der Kälberfütterung wird oft auch der Wasserversorgung zu wenig Beachtung geschenkt, obwohl sich geringe Flüssigkeitsmengen sehr ungünstig auf Freßlust und Gewichtszunahme auswirken können. Am besten ist, wenn man den Tieren einwandfreies Wasser laufend zur Verfügung stellt. Auf jeden Fall aber muß den Kälbern Wasser angeboten werden, wenn sie weniger als 8 l Flüssigkeit in Form von Tränke bekommen.

7.4 Aufzuchtfütterung weiblicher Jungrinder

Das genetisch bedingte Wachstumsvermögen der einzelnen Tiere kann durch die Fütterung mehr oder weniger ausgeschöpft werden. Jede Nährstoffzufuhr, die über den Bedarf des Tieres hinausgeht, führt jedoch zu verstärkter Fettablagerung im Tierkörper und damit zu verminderter Zuchttauglichkeit. Eine zu intensive Aufzucht von Jungrindern kann sich darüber hinaus auch auf die spätere Leistungsfähigkeit negativ auswirken. Allerdings kann eine allzu knappe Nährstoffzufuhr die Leistung ebenfalls ungünstig beeinflussen. Damit sind der Aufzucht weiblicher Jungrinder gewisse Grenzen in der Gewichtsentwicklung vorgegeben. Neben diesen physiologischen Aspekten dürfen natürlich auch ökonomische Gesichtspunkte nicht vernachlässigt werden.

7.4.1 Aufzuchtintensität und Bedarfsnormen

.1 Ernährungsniveau und Leistung

Die Gewichtsentwicklung eines Tieres ist in hohem Maße von der Art und Menge der erhaltenen Nahrung abhängig. Unterschiedliches Fütterungsniveau wird daher entsprechende Gewichtszunahmen zur Folge haben. Gerade bei weiblichen Rindern ist jedoch ein erhöhter Zuwachs mit einer verstärkten Fetteinlagerung verbunden. Daher wird mit zunehmender Fütterungsintensität der Nährstoffaufwand je Einheit Zuwachs steigen (siehe auch Übersicht 7.4-1). Vermindertes Ernährungsniveau bedingt dagegen eine verbesserte Futterverwertung des wachsenden Rindes, wie HANSSON und Mitarbeiter mit Versuchen an eineiigen Zwillingen zeigen konnten. Allerdings hat der energetische Erhaltungsbedarf am Gesamtbedarf je nach Gewichtsentwicklung einen Anteil von 60–80 %, so daß bei einer zu extensiven Aufzucht diese Kosten insgesamt erheblich ansteigen werden.

Die Fütterungsintensität beeinflußt aber auch den Zeitpunkt der ersten Brunst. Reichlich ernährte Tiere sind wesentlich früher geschlechtsreif als schwach ernährte, da die erste Brunst nicht mit einem bestimmten Alter der Jungtiere, sondern normalerweise bei einem bestimmten Gewicht eintritt. Dieses kann wegen individueller und rassebedingter Unterschiede im Bereich zwischen 200 und 250 kg angenommen werden. Die Zuchtreife wird jedoch erst bei einem gewissen Entwicklungszustand des Jungrindes erreicht. Als Anhaltspunkt gelten etwa 70 % des Gewichtes ausgewachsener Rinder. Für unsere Zweinutzungsrassen entspricht dies einem Gewicht von etwa 400 kg und mehr.

Unter praktischen Verhältnissen ist es jedoch üblich, die erste Paarung in einem bestimmten Alter vorzunehmen. Bei übermäßiger Ernährung der Jungtiere ergibt sich dadurch eine Tendenz zu herabgesetzter Fruchtbarkeit, wie verschiedene Untersuchungen zeigten. Außerdem wurde in den Versuchen von HANSSON und Mitarbeitern bei intensiver Aufzuchtfütterung eine verstärkte Zystenbildung festgestellt. Reichlich ernährte Färsen hatten infolge der vorverlegten Geschlechtsreife bis zum ersten Decken schon mehrere Brunstzyklen, was die Gefahr von zystösen Störungen am Ovar erhöht. Da anscheinend eine Tendenz vorliegt, daß sich solche Störungen wiederholen, könnte damit die geringere Nutzungsdauer nach intensiver

Aufzucht teilweise erklärt werden. Jedenfalls schieden in diesen Versuchen bei gleichen Umweltverhältnissen während der Laktationen die intensiv aufgezogenen Zwillingspartner mit einem Alter von 75 Monaten aus der Nutzung aus, während die mit geringerer Fütterungsintensität aufgezogenen Partner ein durchschnittliches Lebensalter von 95 Monaten erreichten. Andererseits lassen sich bei zu extensiver Fütterung auch negative Einflüsse auf die Fruchtbarkeitsmerkmale feststellen, da die Tiere schon relativ alt oder noch untergewichtig bei der Erstbesamung sind. Geburtsschwierigkeiten bei der Erstabkalbung sind zudem denkbar.

Der Einfluß der Aufzuchtintensität auf die Milchleistung in den folgenden Laktationen ist relativ gering. Zwar soll sich nach einigen Untersuchungen an eineiigen Zwillingspaaren die intensive Aufzucht negativ auf die Milchleistung in späteren Laktationen auswirken, doch dürften diese Unterschiede unter praktischen Verhältnissen weitgehend durch leistungsgemäße Fütterung überdeckt werden. Dies gilt auch für die Einsatzleistung nach dem ersten Abkalben, die durch die Vorbereitungsfütterung wesentlich bestimmt wird.

.2 Bedarfsnormen

Grundlage zur Angabe von Bedarfsnormen soll, ähnlich wie bei anderen Leistungsrichtungen oder Tierarten, die faktorielle Bedarfsableitung sein. Der Gesamtbedarf untergliedert sich dabei zunächst in den Erhaltungsbedarf und Leistungsbedarf für das Wachstum. Die energetische Futterbewertung und die Angabe des Energiebedarfes erfolgen in der Einheit Nettoenergie-Laktation (NEL). Damit wird verhindert, daß in dem praxisüblichen Haltungsverfahren der Milchkuhhaltung mit Aufzucht zwei verschiedene Energiebewertungssysteme (Laktation und Wachstum) angewandt werden müssen.

Nach den Angaben des Ausschusses für Bedarfsnormen der Gesellschaft für Ernährungsphysiologie kann pro Lebendgewicht kg^{0,75} ein Erhaltungsbedarf während der Aufzucht von 0,317 MJ NEL unterstellt werden. Er wird damit geringfügig über der der ausgewachsenen Rinder angesetzt. Allerdings dürften unter praktischen Bedingungen erhebliche Abweichungen (z. B. je nach Haltungsverfahren usw.) auftreten. Auch wird der Erhaltungsbedarf während des Wachstums keine Konstante darstellen, sondern sich mit zunehmendem Gewicht eher verringern (HOFFMANN und Mitarbeiter, 1977). Der Leistungsbedarf ergibt sich aus der Höhe des täglichen Protein- und Fettansatzes. Beide Größen werden – bezogen auf die Einheit Zuwachs – in Abhängigkeit von der Fütterungsintensität (siehe auch 7.4.1.1)

Übersicht 7.4–1: **Angaben zum energetischen Gesamtbedarf weiblicher Zuchtrinder bei unterschiedlichem Lebendgewicht und Zuwachs (in MJ NEL/Tag)**

Lebendgewicht kg	Gewichtszunahmen, g				
	400	500	600	700	800
150	–	–	19,4	21,2	23,2
200	–	–	23,0	24,9	27,0
250	–	25,1	27,0	28,6	30,7
300	27,3	29,3	31,3	33,4	35,6
350	30,3	32,3	34,5	36,7	38,9
400	33,0	35,2	37,4	39,8	–
450	36,8	39,3	41,8	–	–
500	40,5	43,3	46,1	–	–

Übersicht 7.4–2: **Tägliche Trockensubstanzaufnahme und täglicher Nährstoffbedarf in der Aufzucht weiblicher Rinder**

Alter Monate	Gewicht kg	tägl. Zuwachs g	Trockensubstanz kg	NEL MJ	verd. Rohprotein g
5– 6	130–175	750	3– 4	22–24	380–420
6–12	175–300	700	4– 6	24–33	420–450
12–18	300–410	600	6– 8	33–37	450–480
18–24	410–500	500	8–10	37–43	480–510

und vom Lebendgewicht erheblich schwanken. Auch rassenspezifische Einflüsse sind zu erwarten. Der Ausschuß für Bedarfsnormen konnte daher für den energetischen Gesamtbedarf nur Richtwerte errechnen. Diese Angaben sind in Übersicht 7.4–1 in Abhängigkeit von Lebendgewicht und täglichem Zuwachs aufgeführt. Für den Bedarf an verdaulichem Rohprotein kann ein Erhaltungsbedarf von 3 g · $kg^{0,75}$ unterstellt werden (JENTSCH und Mitarbeiter, 1975). Über die Höhe des täglichen Proteinansatzes und die Verwertung des verdaulichen Rohproteins liegen bislang erst wenige Angaben vor. Unter Berücksichtigung eines gewissen Sicherheitszuschlages ergeben sich die in Übersicht 7.4–2 angegebenen Richtwerte für den täglichen Bedarf an verdaulichem Rohprotein.

In Abhängigkeit von den gewünschten Tageszunahmen können nun Angaben über die tägliche Nährstoffzufuhr vorgenommen werden. Dabei ist das Ziel der Aufzuchtfütterung, bei nicht zu starker Fütterung eine rechtzeitige Zuchtbenutzung zu gewährleisten. Als Anhaltspunkt dafür kann die Gewichtsentwicklung herangezogen werden; ein einjähriges Tier soll bis zu 50 % seines Endgewichtes erreicht haben, das heißt, daß Tageszunahmen von 750 g und in der zweiten Hälfte des

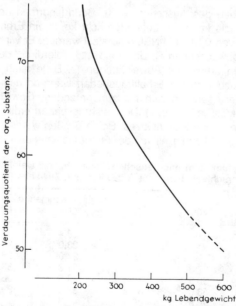

Abb. 7.4–1: **Anforderungen von Zuchtrindern an die Verdaulichkeit der organischen Substanz**

ersten Lebensjahres von 700 g erforderlich sind. Im 2. Lebensjahr sinken die täglichen Zunahmen weiter von 600 auf 500 g. Diese Zuwachsraten wurden für den in Übersicht 7.4–2 angeführten Nährstoffbedarf unterstellt. Damit ergibt sich ein Erstabkalbealter im Bereich von 25 bis 27 Monaten. Allerdings liegt das mittlere Erstabkalbealter in der Praxis mit etwa 30 Monaten noch immer recht hoch.

Wie Übersicht 7.4–2 zeigt, erhöht sich beim Zuchtrind der tägliche Nährstoffbedarf mit steigendem Gewicht nur wenig. Demgegenüber steigt die Trockensubstanzaufnahme relativ stärker an. Daher kann die Nährstoffkonzentration im verabreichten Futter laufend abnehmen. Dieser Zusammenhang ist auch aus Abb. 7.4–1 ersichtlich, da als Maßstab für die Nährstoffkonzentration im Futter auch die Verdaulichkeit der organischen Substanz benützt werden kann. Je kg Trockensubstanz sollen im 5. und 6. Monat noch etwa 6–7 MJ NEL für eine normale Nährstoffversorgung enthalten sein; gegen Ende des ersten Lebensjahres sind mehr als 5 MJ NEL und gegen Ende des zweiten Lebensjahres etwa 4,3 MJ NEL je kg Trockensubstanz ausreichend. Durch eine entsprechende Kälberaufzucht wird zusätzlich die Pansenentwicklung gefördert, so daß Jungtiere heute in zunehmendem Maße auch in der Winterfütterung ihren Nährstoffbedarf weitgehend über wirtschaftseigene Rauh- und Saftfutter allein decken können. Erst die Vorbereitungsfütterung hochtragender Rinder stellt wieder erhöhte Anforderungen an die Nährstoffversorgung und damit an die Verdaulichkeit der organischen Substanz in der Tagesration.

7.4.2 Fütterungshinweise zur Rinderaufzucht

.1 Fütterung im ersten Lebensjahr

Über eine gute Weide erfolgt eine geradezu ideale Nährstoffversorgung des Jungrindes. Voraussetzung dafür ist allerdings eine die Pansenfunktion fördernde Aufzuchtmethode. Gegen Ende des ersten Lebensjahres kann bei bester Weide und Weideführung sogar auf eine Beifütterung an Kraftfutter verzichtet werden. Dabei wird unterstellt, daß ein 9–12 Monate altes Rind etwa 20 bis 25 kg Weidegras aufnehmen kann. Bei mäßiger Weide wird jedoch eine Beifütterung eines eiweißarmen Kraftfutters bis zu 1 kg täglich über die gesamte Weideperiode hinweg notwendig sein. Die Mineralstoffversorgung muß aber auch während der Weidezeit sichergestellt sein. Sie erfolgt entweder zusammen mit dem Weidebeifutter oder über „Leckschüsseln".

Nicht ganz so einfach liegen die Verhältnisse in der Winterfütterung, da Winterfutter zu einem späteren Zeitpunkt geerntet wird als das Weidefutter und bei der Konservierung größere Nährstoffverluste in Kauf genommen werden müssen. Dadurch sinkt die Verdaulichkeit der vorhandenen Rohnährstoffe, und die Nährstoffmenge je kg Trockensubstanz verringert sich.

Im ersten Lebensjahr kommt unmittelbar nach dem Absetzen nur bestes Kälberheu in Frage, das auch bereits während der Tränkeperiode gefüttert wurde. Blattreiches Luzerneheu ist ebensogut verwendbar. Älteres oder verregnetes Wiesenheu sollte im ersten Jahr nicht eingesetzt werden. Silagen sind in der Winterfütterung sehr gut zu verwenden. Körnerreiche Maissilagen sowie gute Anwelksilagen aus frühzeitig geschnittenem Gras können bereits während des ersten Halbjahres der Kälberaufzucht (siehe 7.3.2) in geringen Mengen verfüttert werden. Neben Silagen soll die Ration auch Heu enthalten, da sonst die Freßlust der Tiere beeinträchtigt ist und höhere Kraftfuttermengen erforderlich sind. Sauber geerntetes, frisches Rübenblatt und Rübenblattsilagen können ab einem Alter von ½ Jahr eingesetzt werden, und zwar in ansteigenden Mengen bis etwa 10 kg bis zum Ende des ersten Jahres. Gehaltvolle Futterrüben sind ein bewährtes Aufzuchtfutter. Ihre Nährstoffe sind hoch verdaulich, außerdem fördern sie den Appetit der Tiere.

Im ersten Aufzuchtjahr kann die erforderliche Nährstoffmenge, besonders in der Winterfütterung, meist nur mit Hilfe von zusätzlichem Kraftfutter bereitgestellt werden. Die Zusammensetzung des Kraftfutters richtet sich grundsätzlich nach dem verwendeten Rauh- und Saftfutter. Werden zum Beispiel größere Mengen körnerreicher Maissilage verfüttert, so muß ein sehr eiweißreiches Kraftfutter gegeben werden. Daneben können aber in dieser Mischung energieärmere Futterkomponenten enthalten sein als beispielsweise in einem Kraftfutter bei Grassilage als Grundfutter. Die bedarfsgerechte Anpassung des Kraftfutters im Eiweiß-Energiegehalt gelingt dem praktischen Landwirt durch Verwendung von eiweißreichem Ergänzungsfutter für Milchkühe und dessen „Verschneiden" mit eigenem Getreide. Auch Trocken-

Übersicht 7.4–3: **Beispielsrationen für die Winterfütterung weiblicher Rinder im ersten Aufzuchtjahr (Futtermittel in kg/Tag)**

Futtermittel	Ration				
	I	II	III	IV	V
für Rinder im 5. und 6. Lebensmonat					
Wiesenheu (Beginn d. Blüte)	2–2,5	2–2,5	1	1	
Grassilage (Beginn d. Blüte, 30 % TS)	4	–	3	–	
Maissilage (27 % TS)	–	4	4	4	
Futterrüben	–	–	–	6	
Getreide	0,5	0,2	0,5	0,2	
Eiweißreiches Ergänzungsfutter f. Milchkühe (32 % Rohprotein)	0,5	0,8	0,5	0,8	
vit. Mineralfutter	0,04	0,05	0,08	0,08	
für Rinder von 6 bis 12 Monate					
Wiesenheu (Beginn d. Blüte)	3	3	1	2	3
Grassilage (Beginn d. Blüte, 30 % TS)	7	–	4	–	–
Maissilage (27 % TS)	–	7	6	4	–
Futterrüben	–	–	–	10	–
Rübenblattsilage	–	–	–	–	10
Trockenschnitzel	–	–	–	–	0,7
Getreide	0,5	–	0,4	–	–
Eiweißreiches Ergänzungsfutter f. Milchkühe (32 % Rohprotein)	–	0,7	0,6	0,7	0,4
vit. Mineralfutter	0,05	0,06	0,10	0,10	0,06

schnitzel können selbstverständlich für solche Mischungen verwendet werden, wenn sie die erforderliche Nährstoffergänzung zur übrigen Futterration gewährleisten. Daneben können natürlich auch hofeigene Mischungen aus Getreide und Sojaextraktionsschrot hergestellt werden. Allerdings werden einerseits Rationen, die nur aus Heu und Grassilage bestehen, nur die Beifütterung von Getreide benötigen, während andererseits Rationen, die nur Heu und Maissilage enthalten, des Ausgleichs ausschließlich mit einem eiweißreichen Ergänzungsfutter oder Sojaextraktionsschrot bedürfen. Die Mineral- und Wirkstoffversorgung erfolgt am sichersten durch Beimischung eines Mineralfutters, das im Winter vitaminiert sein soll.

Die Fütterung des Jungrindes im ersten Lebensjahr muß auf die erforderliche Gewichtszunahme ausgerichtet sein. Berücksichtigt man die relativ geringe Trockensubstanzaufnahme und den Nährstoffbedarf der Tiere, so können im ersten Jahr vorwiegend nur gut verdauliche, nährstoffreiche Futtermittel verwendet werden. Übersicht 7.4–3 zeigt einige Rationen, wie sie für Jungrinder im 5. und 6. Lebensmonat und an ½- bis 1jährige Tiere empfohlen werden können. Die verschiedenen Futtermittelkombinationen wurden nach dem Futteranfall einiger typischer Anbaugebiete abgestimmt. Daraus leiten sich für die Aufzuchtfütterung folgende Grundfuttertypen ab:

I = Wiesenheu + Grassilage
II = Wiesenheu + Maissilage
III = Wiesenheu + Gras-/Maissilage
IV = Wiesenheu + Futterrüben
V = Wiesenheu + Rübenblattsilage

Die angeführten Fütterungsbeispiele sind aus einer Vielzahl von Möglichkeiten herausgegriffen. Dabei wird sich letztlich die Rationsgestaltung nach dem jeweiligen Grundfutteranfall richten. Der notwendige Nährstoffausgleich wird dann die Wahl des Kraftfutters und Mineralfutters bestimmen. Dazu ist bei einseitig zusammengesetzten Rationen im Vergleich zu vielseitigeren Rationen erhöhte Sorgfalt angebracht.

.2 Fütterung im zweiten Lebensjahr

Wie Abbildung 7.4–1 zeigt, fallen bei der Aufzucht die Ansprüche an die Verdaulichkeit der organischen Substanz mit zunehmendem Lebendgewicht. Dies führt unter praktischen Verhältnissen vielfach dazu, daß Jungrinder im zweiten Lebensjahr nur noch minderwertige Futtermittel bekommen. Infolge des zunehmenden Fassungsvermögens der Vormägen und der geringeren Leistungsansprüche des Aufzuchtrindes kann die Nährstoffkonzentration der gesamten Ration zwar auf etwa 4,3 MJ NEL je kg Trockensubstanz fallen. Das erlaubt aber nicht, Jungrinder während des Winters mit „minderwertigem" Heu allein zu füttern. Ein solches Futter enthält nämlich nur etwa 3,8–4,0 MJ NEL/kg TS. Maissilage oder Rüben liefern dagegen etwa 6,5–7,4 MJ NEL/kg TS. In der Kombination mit diesen nährstoffreicheren Futtermitteln ist es also möglich, minderwertige Futtermittel noch wirtschaftlich unterzubringen, während dies bei anderen Nutzungsrichtungen der Rinderhaltung infolge der hohen Leistungsansprüche nicht möglich ist. Kraftfutter muß im zweiten Lebensjahr sowohl bei Weide- als auch bei Stallhaltung im allgemeinen nicht verabreicht werden, es sei denn, einseitige Futterrationen erfordern einen Nährstoffausgleich. Insbesondere bei höherem Maissilageeinsatz ist ein Eiweißausgleich notwendig.

Für eine ausreichende Mineral- und Wirkstoffversorgung müssen vitaminierte Mineralfutter verabreicht werden. Dies ist bei Maissilage besonders wichtig, da sie relativ arm an Mineralstoffen ist. Andere wirtschaftseigene Grundfuttermittel sind zwar meist Ca-reich, aber fast durchwegs P-arm. Dadurch liegt im Futter nicht nur ein ungünstiges Ca : P-Verhältnis vor, sondern auch die absolute P-Menge ist zu gering. Hinzu kommt, daß tragende Jungrinder während der Winterfütterung einer zusätzlichen Vitaminversorgung über das Mineralfutter bedürfen. Abgesehen von wenigen Rationen muß stets ein sehr phosphorreiches Mineralfutter zur Ergänzung ausgewählt werden.

Übersicht 7.4–4: **Beispielsrationen für die Winterfütterung weiblicher Rinder im zweiten Aufzuchtjahr (Futtermittel in kg/Tag)**

Futtermittel	Ration				
	I	II	III	IV	V
für Rinder von 12 bis 18 Monate					
Wiesenheu (Beginn d. Blüte)	3	3	1	2	2
Grassilage (Beginn d. Blüte, 30 % TS)	13	–	9	–	–
Maissilage (27 % TS)	–	11	9	8	–
Futterrüben	–	–	–	12	–
Rübenblattsilage	–	–	–	–	20
Trockenschnitzel	–	–	–	–	1
Getreide	–	–	–	–	0,6
Eiweißreiches Ergänzungsfutter f. Milchkühe (32 % Rohprotein)	–	0,5	–	0,6	–
vit. Mineralfutter	0,05	0,07	0,07	0,10	0,07
für Rinder von 18 bis 24 Monate					
Wiesenheu (Beginn d. Blüte)	3,5	3	1	2	2,5
Grassilage (Beginn d. Blüte, 30 % TS)	15	–	10	–	–
Maissilage (27 % TS)	–	14	11	9	–
Futterrüben	–	–	–	15	–
Rübenblattsilage	–	–	–	–	23
Trockenschnitzel	–	–	–	–	1,5
Getreide	–	0,2	–	–	–
Eiweißreiches Ergänzungsfutter f. Milchkühe (32 % Rohprotein)	–	0,4	–	0,6	–
vit. Mineralfutter	0,06	0,08	0,07	0,10	0,08

In Übersicht 7.4–4 sind einige Beispielsrationen für die Winterfütterung im zweiten Lebensjahr zusammengestellt. Für die eingesetzten Futtermittel sind dabei mittlere Nährstoffgehalte unterstellt. Allerdings könnte die Futteraufnahme der weiblichen Rinder in diesem Lebensjahr um 2 bis 3 kg TS höher liegen. Bei einer ad libitum Fütterung oder bei Selbstfütterungseinrichtungen ist damit die Gefahr einer überhöhten Nährstoffversorgung und einer Verfettung besonders groß. Hochwertige Futtermittel sind daher restriktiv zu verabreichen. Um stets eine Sättigung der Tiere zu erhalten, sollte unter diesen Fütterungsbedingungen Stroh zusätzlich angeboten werden. Bei Einsatz nährstoffärmerer Komponenten sind natürlich höhere Futtermengen, als in Übersicht 7.4–4 angeführt, zu verwenden.

.3 Vorbereitungsfütterung des hochtragenden Jungrindes

Zwei Monate vor dem Abkalben muß das Jungrind wieder intensiver ernährt werden. Es ist eindeutig erwiesen, daß die Vorbereitungsfütterung einen wesentlichen Einfluß auf die Höhe der Einsatzleistung der Jungkuh hat. Damit die Nährstoff-

Übersicht 7.4–5: **Täglicher Nährstoffbedarf während der Vorbereitungszeit hochtragender Jungrinder (mittleres Lebendgewicht von etwa 550 kg)**

Zeit vor dem Abkalben	NEL MJ	verd. Rohprotein, g
60–30 Tage	56	680
30– 0 Tage	62	780

versorgung vom relativ niedrigen Ernährungsniveau gegen Ende des 2. Lebensjahres nicht plötzlich stark ansteigen muß, werden für die Vorbereitungsfütterung des tragenden Jungrindes zwei Abschnitte empfohlen. Vor allem in der Woche acht bis sechs soll eine langsame Angewöhnung an konzentrierte Futtermittel vorgenommen werden. Als Anhaltspunkte für den täglichen Nährstoffbedarf sollen die in Übersicht

Übersicht 7.4–6: **Beispielsrationen für die Vorbereitungsfütterung von Jungrindern im vorletzten Trächtigkeitsmonat (Futtermittel in kg/Tag)**

Futtermittel	I	II	Ration III	IV	V
Wiesenheu (Beginn d. Blüte)	4	3	2	3	3,5
Grassilage (Beginn d. Blüte, 30 % TS)	17	–	10	–	–
Maissilage (27 % TS)	–	19	14	10	–
Futterrüben	–	–	–	20	–
Rübenblattsilage	–	–	–	–	25
Trockenschnitzel	–	–	–	–	2
Getreide	0,5	–	–	–	–
Eiweißreiches Ergänzungsfutter f. Milchkühe (32 % Rohprotein)	–	0,5	–	0,5	0,1
vit. Mineralfutter	0,10	0,15	0,10	0,15	0,15
8–4 Wochen vor dem Abkalben Getreide	1	1	1	1	1
4–0 Wochen vor dem Abkalben Getreide	2	2	2	2	2

7.4–5 angegebenen Zahlen dienen. Die hohe Nährstoffversorgung in der letzten Periode soll nicht nur das Wachstum des Fötus, sondern auch die starke Drüsenentwicklung des Euters ermöglichen.

Durch das zunehmende Volumen von Fötus und Fruchtwasser ist das Fassungsvermögen des Pansens vermindert. Deshalb muß gerade für noch wachsende Rinder bei der Zusammenstellung der Futterration eine höhere Nährstoffkonzentration berücksichtigt werden, das heißt die Verdaulichkeit der organischen Substanz soll etwa 70 % betragen.

In Übersicht 7.4–6 sind einige Futterrationen für den vorletzten Trächtigkeitsmonat angegeben. Dabei sind nur qualitativ einwandfreie Futtermittel einzusetzen, um damit auch die gewünschte Nährstoffkonzentration zu erreichen. Je nach Grundfutteranteil ist ein geringfügiger Ausgleich mit einem energiereicheren oder eiweißreicheren Kraftfutter notwendig. Mit den angegebenen Rationen wird eine mittlere TS-Aufnahme von 8,5 kg erreicht. Hinzu kommt in den ersten acht bis vier Wochen vor dem Abkalben 1 kg Kraftfutter und ab der vierten Woche bis zum Abkalbetermin noch 1 weiteres kg Kraftfutter. Dieses Kraftfutter kann ausschließlich aus Getreide bestehen. Falls ein energiereiches Ergänzungsfutter für Milchkühe verfüttert wird, muß eine geringe Eiweißüberversorgung in Kauf genommen werden. Der laufende Mineral- und Wirkstoffbedarf ist je nach Rationszusammensetzung über täglich 150 g eines hoch vitaminierten Mineralfutters sicherzustellen, wobei entsprechende Anteile in einem Mischfutter berücksichtigt werden können.

7.5 Fütterung von Jung- und Deckbullen

Die Fütterung männlicher Rinder in der Aufzucht muß eine gleichmäßige, normale Gewichtsentwicklung gewährleisten. Gleichzeitig sind auch die Voraussetzungen für eine spätere lange Nutzungsdauer zu schaffen. Dieser Grundsatz gewinnt bei Verwendung zuchtwertgeprüfter Bullen immer mehr an Bedeutung.

7.5.1 Grundlagen zur Zuchtbullenfütterung

.1 Aufzuchtintensität und Leistungsfähigkeit

Die Intensität der Aufzuchtfütterung kann die geschlechtliche Entwicklung, die Fruchtbarkeit und die Langlebigkeit der Zuchtbullen beeinflussen.

Die intensive Aufzucht fördert die Geschlechtsreife, eine verminderte Nährstoffversorgung verzögert sie. Die unterschiedlich einsetzende Geschlechtsreife fällt aber noch in den Zeitraum des ersten Lebensjahres. Nur bei sehr niedrigem Ernährungsniveau – etwa 70 % einer normalen Ernährung – wird die Geschlechtsreife einige Wochen später einsetzen. Da der früheste Zeitpunkt der Zuchtbenutzung jedoch später liegt, ergibt eine Vorverlegung der Geschlechtsreife durch sehr starke Nährstoffversorgung während des ersten Lebensjahres keine züchterischen Vorteile.

Auch die Fruchtbarkeit der Zuchtbullen wurde in keinem der bekannten Versuche durch eine begrenzte Aufzuchtfütterung geschädigt. So zeigten auch Untersuchungen von BRATTON und Mitarbeitern an Bullen bei unterschiedlichem Fütterungsniveau (60 %, 100 % und 160 % der Standardfütterung von Geburt bis 80. Lebenswoche), daß bei 82 000 Erstbesamungen der Anteil der nicht mehr zu einer Zweitbesamung gemeldeten Kühe durch die unterschiedliche Aufzuchtintensität nicht beeinflußt worden war.

Im Zusammenhang mit der künstlichen Besamung ist auch der Einfluß der Fütterung auf die Lebensdauer der Spermien zu diskutieren. KORDTS und HILDEBRANDT brachten mit Zwillingen den Nachweis, daß eine knappe Aufzuchtfütterung im 1. Lebensjahr die Lebensdauer der Spermien verlängert und die Zahl der Spermien je Ejakulat erhöht. Daraus wird geschlossen, daß die Funktionsfähigkeit des spermabildenden Epithels in den Hodenkanälchen bei knapper Ernährung besser ist als bei intensiver.

Durch eine intensive Aufzucht, deren sichtbares Zeichen sehr hohe tägliche Zunahmen sind, wird aber auch die Langlebigkeit beeinträchtigt. Vielfach wurde aufgezeigt, daß infolge einer zu starken Jugendentwicklung der Alterungsprozeß früher einsetzt. Da durch die Bullenprüfprogramme relativ lange Wartezeiten nach dem Probeeinsatz erforderlich sind, muß die Leistungsfähigkeit zuchtwertgeprüfter Bullen lange Zeit erhalten bleiben.

Insgesamt bringt also eine hohe Aufzuchtintensität für die spätere Zuchtbenutzung keine Vorteile. Allerdings hat die Fleischleistung insbesondere bei den fleischbetonten Zweinutzungsrassen in den letzten Jahren zunehmend an Bedeutung gewonnen. Damit spielt für den genetischen Fortschritt auch die Eigenleistungsprüfung, die auf hohe Zunahmen und eine gute Futterverwertung während der Aufzucht abzielt, eine

Übersicht 7.5–1: **Mittelwerte von Alter, Gewicht und Tageszunahmen bei Auktionsbullen der wichtigsten deutschen Rinderrassen**

Rasse	mittl. Alter bei der Auktion Tage	mittl. Lebendgewicht kg	mittl. Tageszunahmen seit Geburt g
Fleckvieh	458	600	1227
Gelbvieh	451	600	1249
Braunvieh	418	487	1076
Schwarzbunte	437	516	1094
Rotbunte	447	494	1024

immer größere Rolle. In Übersicht 7.5–1 sind einige mittlere Angaben über Alter, Gewicht und Tageszunahmen der wichtigsten deutschen Rinderrassen der zu den bayerischen Zuchtviehauktionen 1980 aufgetriebenen Jungbullen zusammengestellt. Demnach liegen die Tageszunahmen von Geburt an gerechnet bei Fleckvieh und Gelbvieh im Mittel deutlich über 1200 g und dürften in der mit der Rindermast vergleichbaren Phase von 150 kg ab weit über 1300 g betragen.

.2 Bedarfsangaben

Bei der Aufzucht von Jungbullen zur späteren Zuchtbenutzung werden je nach Rassenzugehörigkeit im Mittel tägliche Zunahmen von 1000 bis 1200 g erreicht werden. Am Ende des ersten Lebensjahres wiegt der Jungbulle im Durchschnitt der deutschen Zweinutzungsrassen etwa 440 kg. Werden aus züchterischen Gründen noch höhere Tageszunahmen für erforderlich erachtet, so muß ein entsprechend höheres Ernährungsniveau gewählt werden. Deshalb sind in Übersicht 7.5–2 Bedarfszahlen für eine mittlere tägliche Gewichtsentwicklung von 1100 g und von 1300 g ab einem Lebendgewicht von 160 kg aufgezeigt.

Bei der Nährstoffversorgung der Deckbullen ist in erster Linie zu berücksichtigen, ob es sich um noch wachsende oder bereits ausgewachsene Tiere handelt. Bei den sogenannten „Wartebullen" nach dem Prüfungseinsatz ist deshalb zum Erhaltungsbedarf der Bedarf für das Wachstum hinzuzurechnen. Bullen der deutschen Rinderrassen sind mit etwa 4–5 Jahren weitgehend ausgewachsen. Weitere Gewichtszunahmen sind dann vorwiegend Fettanlagerungen, die vermieden werden sollten.

Übersicht 7.5–2: **Richtzahlen für den täglichen Nährstoffbedarf von Zuchtbullen bei unterschiedlicher Gewichtsentwicklung**

Alter in Monaten	Lebendgewicht kg	Trockensubstanz kg	verd. Rohprotein g	StE
Mittlere Tageszunahmen von 1100 g				
5– 6	160–220	4– 5	460–530	2400–3000
7–11	220–400	5– 8	550–680	3400–4700
12–15	400–520	8–10	680	4700–5200
Mittlere Tageszunahmen von 1300 g				
5– 6	160–235	4– 5	520–570	2600–3400
7–11	235–450	5– 9	620–720	3600–5600
12–15	450–600	9–11	720	5600–6000

Für gute Zuchtleistungen ist besonderer Wert auf eine bedarfsdeckende Protein- und Energieversorgung zu legen. Dabei dürfte für die Spermaqualität und die Auslösung der sexuellen Reflexe die optimale Proteinzufuhr wichtiger sein als die Qualität der verfütterten Proteine. In Übersicht 7.5–3 sind Richtzahlen zum Nährstoffbedarf von Deckbullen angegeben. Die mittleren Gewichtsbereiche deuten die unterschiedliche Wachstumsintensität zwischen und innerhalb der deutschen Zweinutzungsrassen an.

Neben der Nährstoffversorgung ist bei der Fütterung von Jung- und Deckbullen auf eine ausreichende Versorgung mit Mineralstoffen (insbesondere P, Na, Mg), Spurenelementen (Zn, Co, Mn, Cu) und Vitaminen (A, D, E) zu achten. Vitamin-A-Mangel kann beispielsweise zu verminderter Samenkonzentration und erhöhter Anzahl pathologisch veränderter Spermien sowie zur Degeneration des Keimepithels führen. Mangelnde Libido wie auch teilweise oder vollständige Deckunfähigkeit werden als Folge von Vitamin-A-Unterversorgung angeführt. Da für Zuchtbullen die Bedarfsangaben sehr lückenhaft sind, hält man sich an die Bedarfsangaben für Milchkühe.

Übersicht 7.5–3: **Richtzahlen für den täglichen Nährstoffbedarf von Deckbullen**

Alter Jahre	Gewicht kg	Trockensubstanz kg	verd. Rohprotein g	StE
etwa 2	700– 750	11	800	5000
etwa 3	900– 950	13	900	6000
4 und mehr	1050–1100	15	1000	6500

7.5.2 Fütterungshinweise

In der Zuchtbullenfütterung müssen einseitige Futterrationen, aber auch mangelnde Nährstoffversorgung vermieden werden. Bereits das Grundfutter soll vielseitig zusammengesetzt sein. Dieser Forderung entspricht gutes, artenreiches Wiesenheu am besten, das bis zur Sättigung gegeben werden kann. Einseitige Futtermittel wie Luzerneheu sollen durch gleichzeitiges Verfüttern mehrerer Grundfutterarten ausgeglichen werden.

Grundlage der Winterfütterung ist neben Heu aber auch Saftfutter. Dabei ist auf eine einwandfreie Qualität besonders des Gärfutters zu achten, bei dem auch schädliche Nachgärungen weitgehend zu vermeiden sind. Silagen oder Rüben sollten zugeteilt werden, wobei etwa 3–4 kg Saftfutter je 100 kg Lebendgewicht die obere Grenze darstellen. Selbstverständlich können solche Mengen nur verfüttert werden, wenn mindestens 2 verschiedene Saftfuttermittel vorhanden sind. Dies gilt ganz besonders für Mais- und auch für Rübenblattsilage. Ebenso dürfen Rüben höchstens bis zu 2,5 kg je 100 kg Lebendgewicht angeboten werden, also täglich höchstens 20–25 kg.

Das Kraftfutter für Zuchtbullen sollte etwa 12 % verdauliches Rohprotein enthalten. Ferner müssen mindestens 2–3 % Mineralfutter für Rinder sowie 10 000 I. E. Vitamin A, 1000 I. E. Vitamin D und mindestens 10 mg Vitamin E je kg beigemischt sein. Außerdem ist ein Energiegehalt von etwa 650 StE/kg anzustreben. Ein solches

Mischfutter läßt sich auch aus eigenem Getreide, wobei einem hohen Haferanteil besondere Bedeutung zugemessen wird, und zugekauftem Eiweiß- und Mineralfutter herstellen. Etwa $1/4$ eiweißreiches Milchleistungsfutter und $3/4$ Getreide oder $1/5$ Sojaschrot und $4/5$ Getreide ergeben die erforderliche Mischung. Mehr als $1/5$ des Getreides sollte nicht durch Trockenschnitzel oder Maniokmehl ersetzt werden. Damit läßt sich jederzeit eine sinnvolle, leistungsgerechte Kraftfutterergänzung durchführen.

Bei einer täglichen Gabe von mehr als 10 kg Maissilage wird man zum Nährstoffausgleich auf eiweißreichere Kraftfuttermittel zurückgreifen müssen. Zusätzliche Gaben tierischer Eiweißfuttermittel (Blutmehl bzw. Fischmehl) bis zu 250 g täglich an Zuchtbullen sollen sich bewährt haben. Sicherlich dürfte jedoch der ausreichenden Eiweiß-, Energie- und Mineralstoffversorgung für eine gute Zuchtleistung mehr Bedeutung zukommen. Als Anhaltspunkt für die Zusammenstellung der Futterration für Zuchtbullen sind in Übersicht 7.5–4 einige Beispiele aufgezeigt. Den Fütterungsbeispielen für Jungbullen liegen die Bedarfsangaben für normale Aufzucht zugrunde (siehe 7.7.1.3).

Übersicht 7.5–4: **Rationsbeispiele für Jung- und Deckbullen (Futtermittel in kg/Tag)**

Futtermittel	Jungbullen mit 400 kg Lebendgewicht			Deckbullen mit 1050 kg Lebendgewicht		
	I	II	III	I	II	III
Wiesenheu (Beginn bis Mitte d. Blüte)	4	–	–	5	–	–
Kleegrasheu (Beginn d. Blüte)	–	4	3	–	6	8
Maissilage (27 % TS)	–	8	10	–	12	–
Grassilage (30 % TS)	15	–	–	25	–	15
Zuckerrübenblattsilage	–	–	10	–	13	–
Futterrüben	–	6	–	–	–	10
Kraftfutter	2	3,0	2,5	1,5	2,5	1
vitam. Mineralfutter	0,12	0,12	0,12	0,15	0,15	0,15

Krasse Futterumstellungen während der Deckperiode haben meist Störungen in der Deck- und Befruchtungsfähigkeit zur Folge. Futterplanung und wiederkehrende Probewägungen der vorgesehenen Tagesration sind deshalb notwendig. Auch bei der Grünfütterung werden vielfach grobe Fütterungsfehler gemacht. Vor allem in der Übergangsphase im Herbst kommt es auch bei der Bullenfütterung leider oft zu einseitigen Futterrationen mit großen Mengen Rübenblatt, Stoppelrüben und anderen Zwischenfrüchten, die zudem meist noch stark verschmutzt sind. Eine solche Fütterungsweise wird unweigerlich zu Schädigungen im Deckvermögen führen.

Im Grunde genommen gilt die Gefahr der einseitigen Fütterung aber auch für die Weide, auch wenn sie immer wieder als die natürlichste und gesündeste Form für die Fütterung und Haltung von Deckbullen angesehen wird. Neben den weidetechnischen Schwierigkeiten muß bei der Bullenernährung vor allem auf die botanische Zusammensetzung der Narbe und auf das richtige Vegetationsstadium geachtet werden. Bei stark gedüngten und jungen Weiden tritt sehr leicht Durchfall auf, der sich negativ auf Decklust und Spermaqualität auswirkt. Deshalb sollen Bullen nur kurzfristig geweidet werden und im Stall noch Heu und gute Silage erhalten.

Der Bedarf an Mineralstoffen und Vitaminen wird unter normalen Fütterungsbedingungen gedeckt, wenn je nach Alter und Leistungsbeanspruchung der Zucht- und Deckbullen 120–150 g eines vitaminierten Mineralfutters je Tier und Tag verfüttert werden. Ob dieses Mineralfutter in das Kraftfutter eingemischt oder allein verabreicht wird, entscheidet die angewandte Fütterungstechnik.

7.6 Kälbermast

Die Kälbermast läßt sich nach dem angestrebten Mastendgewicht in zwei Arten unterscheiden:
a) Die Kälberschnellmast bis zum Mastendgewicht von 160 kg.
b) Die verlängerte Kälbermast bis zum Mastendgewicht von 180–200 kg.

7.6.1 Kälberschnellmast

Bei der Mast von Kälbern dominiert die Schnellmast bis zu einem Mastendgewicht von 160 kg, da sie den Wünschen der Verbraucher nach weißem Fleisch am besten gerecht wird. Die Kälberschnellmast wird auch als „Weißfleischmast" bezeichnet. Eine ernährungsphysiologische Notwendigkeit der „Weißfleischigkeit" des Mastkalbes läßt sich allerdings nicht beweisen. Für die menschliche Diät nimmt Kalbfleisch eine Sonderstellung ein.

.1 Allgemeine Aspekte der Kälbermast

Tiermaterial

Tiere aller deutschen Zweinutzungsrassen sind für die Kälberschnellmast gleich gut geeignet. Die individuellen Unterschiede innerhalb derselben Rasse sind sogar größer als zwischen den Rassen. Jedoch erzielen nicht alle Kälber gute Mastergebnisse. Kälber mit unterdurchschnittlichen Geburtsgewichten sollten nicht zur Mast verwendet werden, da sie während der Mast geringeres Wachstum zeigen. Weibliche Kälber haben im allgemeinen geringere Zunahmen bei etwas schlechterer Futterverwertung als Bullenkälber. Die Unterschiede können bis zu 10 % betragen. Dies schließt jedoch ein erfolgreiches Ausmästen weiblicher Kälber nicht aus.

Mastendgewicht

Ziel der Kälberschnellmast sind voll ausgemästete Kälber bester Handelsklasse mit gleichmäßiger Oberflächenfettabdeckung des Schlachtkörpers bei ausreichender Bildung weißlichen Nierenfettes und heller Fleischfarbe. Die besten Schlachtqualitäten werden allgemein erst mit höherem Mastendgewicht erreicht. Die Abhängigkeit der Schlachtqualität vom Mastendgewicht zeigen nach SOMMER und Mitarbeitern (1966) die Ergebnisse in Übersicht 7.6–1, die an einigen Hundert Mastkälbern aus demselben Betrieb ermittelt wurden.

Aus wirtschaftlichen Gründen werden heute Kälber auf Endgewichte von 160 kg und mehr ausgemästet, da hohe Einstandskosten des nüchternen Kalbes und beste Schlachtqualität dies erfordern. Der Beginn der Mast liegt in der Regel bei 60 kg. Die

Übersicht 7.6–1: **Mastendgewicht und Schlachtqualität bei der Kälberschnellmast**

Mastendgewicht kg	Anteil an Handelsklasse A %
100	74
125	88
140	90

hohen Endgewichte können in einer 10wöchigen Mast bei bester Schlachtqualität erreicht werden. Dabei müssen allerdings im Mittel tägliche Zunahmen von etwa 1400 g erzielt werden. Dementsprechend hoch sind die Ansprüche der Mastkälber an die Nährstoffversorgung.

Fleischfarbe

Die Fleischfarbe übt als Qualitätsmerkmal immer noch einen relativ starken Einfluß auf die Beurteilung des Schlachtkörpers und damit auf die Preisbildung aus. Sie dürfte jedoch in diesem Fall kein echtes Qualitätsmerkmal darstellen, da sie weder geschmackliche noch ernährungsphysiologische Vorteile bringt. Um eine möglichst helle Fleischfarbe zu erhalten, dürfen in der Kälbermast nur Futtermittel mit einem relativ geringen Eisengehalt eingesetzt werden. Voraussetzung für eine „Weißfleischmast" ist daher die Tränke aus Milch oder Milchersatzpräparaten. Ein zu starker Eisenmangel kann aber die Gewichtszunahmen und die Futterverwertung nachteilig beeinflussen. Insofern sollten Mastkälber wenigstens soviel Eisen erhalten, daß die Hämoglobingehalte im Blut nicht wesentlich unter 8 g/100 ml absinken, um eine anämisch bedingte Wachstumsdepression zu vermeiden. Bei gut verwertbarem Eisen dürfte der optimale Gehalt im Milchaustauschfutter nach unseren Untersuchungen im ersten Mastabschnitt um 50 mg und im zweiten Mastabschnitt um 30 mg Fe je kg Futter liegen. Diese Eisengehalte beeinflussen die helle Fleischfarbe bei Schnellmastkälbern noch nicht nachteilig. Dies tritt erst bei Verfütterung von Grund- und Kraftfutter ein, da diese Futtermittel sehr hohe Fe-Gehalte aufweisen. Außerdem fördern sie auch die Entwicklung des Pansens und damit die Entwicklung des Kalbes zum Wiederkäuer.

.2 Ernährungsgrundlagen

Körperzusammensetzung

Die Neubildung von Körpersubstanz in der Mast von Kälbern ist durch eine hohe Proteinsynthese und eine vergleichsweise niedrige Fettbildung gekennzeichnet. Wie aus Abb. 7.6–1 hervorgeht, verändert sich der Proteingehalt von Kälbern im Gewichtsbereich von 60–160 kg nur wenig, während der Fettgehalt, allerdings von einem sehr tiefen Ausgangswert von 5 % auf 12,4 % zunimmt. Mit steigendem Körpergewicht vermindert sich der Wasseranteil von 71,3 auf 65,5 %. Der zunehmenden Fetteinlagerung entsprechend erhöht sich der Energiegehalt je kg Körpergewicht von 6,8 auf 9,4 MJ. Trotz dieser Nährstoffverschiebungen ist Kalbfleisch als relativ fett- und energiearmes Nahrungsmittel einzustufen.

Nährstoffretention

Aus der Körperzusammensetzung läßt sich die Retention an Nährstoffen und Energie je kg Gewichtszunahme ermitteln und damit die Voraussetzung für eine faktorielle Bedarfsableitung schaffen. Nach unseren Untersuchungen ergibt sich bei intensiver Mast mit durchschnittlichen Tageszunahmen von 1400 g im Abschnitt 60–160 kg Lebendgewicht die in Übersicht 7.6–2 aufgezeigte Nährstoff- und Energieretention je kg Gewichtszunahme.

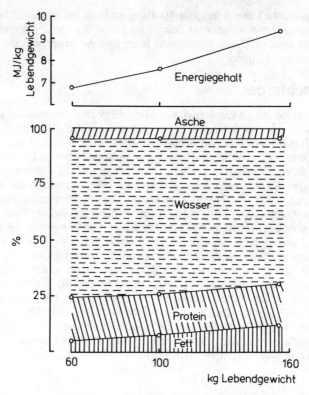

Abb. 7.6–1: **Veränderung der Körperzusammensetzung beim Mastkalb**

Energiebedarf

Mastkälber sind aufgrund ihres Verdauungssystems, das allein auf die Wirksamkeit der körpereigenen Enzyme ausgerichtet ist und daher den Einsatz hochverdaulicher Milchprodukte erfordert, in der Ausnutzung der Energie den bereits zum Wiederkäuer sich entwickelnden Aufzuchtkälbern deutlich überlegen. Die Verdaulichkeit der Milchprodukte beträgt rund 95 %, verglichen mit der Verdaulichkeit des Kraftfutters von max. bis 82 % beim Aufzuchtkalb. Zum zweiten treten keine Energieverluste durch die Pansenfermentation auf. Das bedeutet, die umsetzbare Energie (ME) wird beim Mastkalb nur durch die Energieausscheidung im Harn beeinflußt. Da nur etwa 2 % der Energie im Harn erscheinen, können 93 % der Bruttoenergie für die Erhaltung und Neusynthese von Körpersubstanz umgesetzt werden.

Übersicht 7.6–2: **Nährstoff- und Energieretention je kg Körpergewichtszunahme beim Mastkalb**

Lebendgewicht, kg	60–100	100–160	60–160
Rohprotein, g	167	185	174
Rohfett, g	111	203	162
Energie, MJ	8,5	12,6	10,7

Der Aufwand an ME für die Erhaltungsfunktionen beim Mastkalb läßt sich nach unseren und anderen Untersuchungen (VAN ES) je kg metabolisches Körpergewicht (kg^{0,75}) mit 460 kJ angeben. Der Bedarf an Energie für den Zuwachs bemißt sich nach der Energieretention, wobei entscheidend ist, wieviel Energie in Form von Protein und Fett angesetzt wird. So betragen nach unseren Untersuchungen die Energiekosten beim Mastkalb für den Ansatz von 1 g Protein 52,7 kJ ME und für 1 g Fett 45,6 kJ ME. Da der Energiegehalt je g Protein 23,8 kJ und je g Fett 39,7 kJ beträgt, wird damit die umsetzbare Energie für die Proteinbildung nur zu 45 % und für den Fettansatz zu 85 % ausgenutzt. Die Verwertung der umsetzbaren Energie für die Energieretention (partieller Wirkungsgrad) ist damit abhängig von der Relation Protein- zu Fettsynthese. Entsprechend der zunehmenden Fettsynthese verbessert sich deshalb im Lebendgewichtsbereich von 60–160 kg der partielle Wirkungsgrad. Im Durchschnitt des gesamten Mastbereiches ergibt sich nach diesen Untersuchungen eine mittlere Verwertung der umsetzbaren Energie für die Retention von 68 %. Der Energiebedarf des Mastkalbes läßt sich somit mit folgender Gleichung formulieren, wobei RE die Energieretention darstellt:

$$\text{ME (MJ)} = 0{,}46 \text{ (MJ)} \cdot \text{kg}^{0,75} + \frac{\text{RE (MJ)}}{0{,}68}$$

Zur Ableitung des Energiebedarfes kann die in Übersicht 7.6–2 aufgezeigte Energieretention je kg Körpergewichtszunahme zugrunde gelegt werden. Interpoliert man die in den beiden Mastabschnitten ermittelte Energieretention auf die verschiedenen Lebendgewichte, so ergibt sich nach Übersicht 7.6–3 eine von 60–160 kg Lebendgewicht zunehmende Energieretention von 6,7 MJ auf 15,1 MJ je kg Zuwachs. Daraus errechnet sich je kg Zuwachs ein Bedarf an ME von 9,9 bei 60 kg ansteigend auf 22,2 MJ bei 160 kg Lebendgewicht. Durch Division mit dem Faktor 0,0184 (1 StE ≈ 18,4 kJ ME) läßt sich für praktische Verhältnisse auch der jeweilige Bedarf an StE annähernd ermitteln, der demnach zwischen 530 und 1200 StE/kg Zuwachs beträgt. Aus diesen Zahlen wird ersichtlich, wie die zunehmende Fetteinlagerung im Verlaufe der Mast den Energiebedarf je kg Zuwachs erhöht. In Übersicht 7.6–3 ist zur Errechnung der Energiestandards der jeweilige Erhaltungsbedarf mitaufgeführt. Auf dieser faktoriellen Basis läßt sich nun der Energiebedarf einschließlich Erhaltung in den einzelnen Gewichtsabschnitten und für unterschiedliche

Übersicht 7.6–3: **Energiebedarf für Erhaltung und 1 kg Zuwachs von Mastkälbern**

Lebendgewicht	Erhaltung			je kg Zuwachs	
	ME	StE/d	Energie-retention	ME	StE
kg	MJ/d		MJ	MJ	
60	9,9	540	6,7	9,9	530
80	12,3	670	8,4	12,4	670
100	14,5	790	10,1	14,9	800
120	16,7	910	11,7	17,2	940
140	18,7	1020	13,4	19,7	1070
160	20,7	1130	15,1	22,2	1200

Übersicht 7.6–4: **Täglicher Bedarf an ME und StE bei Tageszunahmen von durchschnittlich 1400 g und erforderlicher Verzehr an Milchaustauschfutter oder Vollmilch**

Lebendgewicht kg	Tägliche Zunahmen g	ME MJ	StE	Milchaustauschfutter kg	Vollmilch l
60	1000	19,8	1070	1,1	6,6
80	1450	30,3	1640	1,6	10,1
100	1550	37,6	2030	1,9	12,5
120	1600	44,2	2410	2,2	14,7
140	1650	51,2	2790	2,6	17,1
160	1650	57,3	3110	2,9	19,1

Zuwachsraten angeben. In Übersicht 7.6–4 ist für eine Gewichtsentwicklung von 60–160 kg mit durchschnittlichen Tageszunahmen von rund 1400 g der Energiebedarf zusammengestellt. Unter Berücksichtigung des Futteraufnahmevermögens des Mastkalbes erfordert dieser Energiebedarf eine Energiekonzentration im Futter von 19 MJ ME oder 1020 StE/kg Milchaustauschfutter (95 % TS) bis zu einem Lebendgewicht von 100 kg und ab 100 kg Lebendgewicht ist die Energiekonzentration auf 20 MJ ME oder 1080 StE/kg Milchaustauschfutter zu erhöhen. Daraus berechnet sich ein täglicher Verzehr an Milchaustauschfutter von 1,1 kg bei Mastbeginn, der bis auf 2,9 kg bei Mastende ansteigt. Würde als Energieträger Vollmilch eingesetzt werden, so müßte bei einem Gehalt von 3,0 MJ ME/l (4 % Fett) der tägliche Verzehr an Vollmilch von 6,6 auf 19,1 l im Verlauf der Mast ansteigen.

Proteinbedarf

Der Bedarf an verdaulichem Rohprotein setzt sich aus den verschiedenen Teilbedürfnissen für Erhaltung und Zuwachs zusammen. Die faktorielle Bedarfsermittlung berücksichtigt die einzelnen Teilbedürfnisse nach folgendem Schema:

verdauliches Rohprotein (g/d) = $6{,}25 \left(\dfrac{1}{BW} (UN_e + RN + FN_e \cdot ITS) - FN_e \cdot ITS \right)$

Dabei bedeuten BW biologische Wertigkeit als Koeffizient, UN_e endogene N-Ausscheidung im Urin und FN_e endogene N-Ausscheidung im Kot, RN N-Retention und ITS TS-Aufnahme. Für die Erhaltung ist nach ROY (1980) bei Mastkälbern eine endogene N-Ausscheidung im Harn von 184,4 mg/kg^{0,73} und im Kot von 1,9 g/kg TS-Aufnahme zu veranschlagen. Hinsichtlich des Zuwachses ergibt sich aus Übersicht 7.6–2 ein Proteinansatz über die gesamte Mastperiode von 175 g, entsprechend 28 g N/kg Zunahme. Besteht die Proteinquelle im wesentlichen aus Milchprotein, so läßt sich ein hoher Ausnutzungsgrad des Proteins von 80 % (BW als Koeffizient = 0,8) unterstellen. Bei verstärktem Einsatz milchfremder Proteine und schlechterer Proteinqualität ist mit einem Ausnutzungsgrad von etwa 70 % zu rechnen. Aus den angegebenen Faktoren berechnet sich nach obigem Schema z. B. für ein Lebendgewicht von 60 kg, einem täglichen Zuwachs von 1000 g und damit einer N-Retention von 28 g, einer TS-Aufnahme von 1,05 kg ein täglicher Gesamtbedarf an verdaulichem Rohprotein von 251 g:

verdauliches Rohprotein (g/d) = $6{,}25 \left(\dfrac{1}{0{,}8} (3{,}66 + 28 + 1{,}9 \cdot 1{,}05) - 1{,}9 \cdot 1{,}05 \right)$

Übersicht 7.6–5: **Täglicher Bedarf an verdaulichem Rohprotein bei Tageszunahmen von durchschnittlich 1400 g und erforderliche Proteingehalte im Milchaustauschfutter**

Lebend-gewicht kg	Tägliche Zunahmen g	Milchaustauschfutter kg/d	verdauliches Rohprotein g/d	verdauliches Rohprotein %	Rohprotein %
60	1000	1,1	250	22,7	23,9
80	1450	1,6	360	22,5	23,6
100	1550	1,9	380	20,0	21,1
120	1600	2,2	400	18,2	19,3
140	1650	2,6	420	16,2	17,3
160	1650	2,9	420	14,5	15,7

Aus den einzelnen Faktoren wird ersichtlich, daß der Proteinbedarf vor allem durch die Höhe des Zuwachses (N-Retention) bestimmt wird, während der Erhaltungsbedarf von untergeordneter Bedeutung ist. So erhöht sich der tägliche Erhaltungsbedarf an verdaulichem Rohprotein von 60–160 kg Lebendgewicht lediglich von 30 auf 60 g. Der Gesamtbedarf an verdaulichem Rohprotein für die verschiedenen Lebendgewichte bei durchschnittlichen täglichen Zunahmen von 1400 g ist in Übersicht 7.6–5 angegeben. Demnach steigt die erforderliche Zufuhr an verdaulichem Rohprotein von 250 auf 420 g täglich an, während in % des Milchaustauschfutters der Anteil von 22,7 % bei Mastbeginn auf 14,5 % bei Mastende abfällt. Die erforderliche Zufuhr an Rohprotein, die sich um die jeweilige endogene N-Ausscheidung im Kot erhöht, läßt sich bis zu einem Lebendgewicht von 100 kg mit 24 % und ab 100 kg mit 20 % im Futter ableiten.

Letztlich ist jedoch für den Proteinbedarf das Aminosäurenangebot ausschlaggebend. Nach VAN WEERDEN und HUISMAN (1980) sind beim Mastkalb als erste limitierende Aminosäuren Methionin + Cystin, Lysin, Threonin, Isoleucin und Leucin anzusprechen. Bei 5–7 Wochen alten Mastkälbern beträgt nach diesen Untersuchungen, gemessen an der N-Bilanz, der erforderliche Gehalt an Methionin + Cystin 0,70–0,72 % und an Lysin 1,8 % im Milchaustauschfutter. Bei einem Gehalt von 22 % Rohprotein in Form von Magermilchpulver werden diese Gehaltswerte erreicht.

.3 Praktische Fütterungshinweise zur Kälbermast

Aufgrund des hohen Nährstoffbedarfs erfordert die Kälbermast eine sehr intensive Nährstoffversorgung über geeignete Futtermittel. Im wesentlichen müssen dies Milchprodukte und Fette sein, die als Tränke eingesetzt werden. Während der Proteinbedarf je kg Lebendgewichtszunahme im Verlauf der Mast konstant bleibt, wird der Energiebedarf mit steigendem Gewicht der Tiere immer größer, da zunehmend mehr Fett eingelagert wird. Dies bedingt auch einen vermehrten Futteraufwand je kg Zuwachs mit steigendem Mastgewicht. Wesentlich ist dabei, daß mit einem einzigen Mastfutter für die gesamte Mastperiode eine bedarfsgerechte Nährstoffversorgung nicht möglich ist. Auch reine Vollmilchmast bringt bei höherem Lebendgewicht ein erhebliches Überangebot an teurem Eiweiß. Eine gute Anpassung an den sich ändernden Nährstoffbedarf des Mastkalbes erlaubt dagegen die Unterteilung der Mast mit Milchaustauschfutter in zwei Abschnitte. Während im Anfangsabschnitt durch die hohen Anforderungen an die Qualität des Milchaustauschfutters durchwegs teure Rohstoffe verwendet werden müssen, können im späteren Mastverlauf, wenn dann der Futterverbrauch ansteigt, verstärkt milchfremde, kostengünstigere Protein- und Energieträger eingesetzt werden.

Nach der ersten Lebenswoche muß entschieden werden, ob ein Kalb aufgezogen oder gemästet werden soll. Nur während dieser Zeit ist die Ernährung von Mast- und Aufzuchtkälbern gleich (siehe hierzu 7.3). Bereits ab der 2. Lebenswoche werden Mast- und Aufzuchtkälber unterschiedlich gefüttert. Während bei der Aufzucht eine rasche Pansenentwicklung angestrebt wird, muß dies bei der Kälberschnellmast verhindert werden. Dazu gehört auch, daß die Tiere keine Einstreu fressen können. Allerdings dürften Maulkörbe, deren laufende Bedienung sehr arbeitsaufwendig ist, nicht erforderlich sein, wenn eine ausreichende Versorgung der Tiere mit Nährstoffen gewährleistet ist. Gegebenenfalls muß die Energieaufwertung der Tränke erhöht werden. Andererseits darf jedoch die Tränkemenge das Fassungsvermögen des Magen-Darm-Traktes nicht übersteigen. Solche Überfütterung bringt Verdauungsstörungen mit sich. Tritt ein fütterungsbedingter Durchfall ein, so muß die Tränke eingeschränkt, zumeist sogar für ein oder zwei Mahlzeiten ganz entzogen werden. Gegebenenfalls kann statt dessen schwarzer Tee oder Haferschleim verabreicht werden. Das Verdauungsvermögen der Kälber und die Verträglichkeit des Futters kann an der Beschaffenheit des Kotes sehr gut abgeschätzt werden. Deshalb darf die Tränkemenge erst dann auf ihre ursprüngliche Höhe gebracht werden, wenn der Kot normale Beschaffenheit zeigt. Auf die bekannten Forderungen in der Fütterungstechnik wie Einhaltung der Tränkezeiten, Tränketemperatur, Sorgfalt und Sauberkeit usw. sei nochmals hingewiesen (s. 7.3). Bei der Kälbermast dürfte aber auch noch wichtig sein, daß zwischen den beiden täglichen Futterzeiten gleiche Abstände eingehalten werden.

Besonders sorgsam sind zugekaufte Mastkälber zu behandeln, da sie durch Stallwechsel und Transport in ihrer Entwicklung gefährdet sind. Deshalb wird bei der Umstellung der Kälber ein Vitamin-Antibiotica-Stoß verabreicht. Die Anfütterung muß vorsichtig erfolgen. Am 1. Tag erhalten die Kälber lediglich 1–1,5 l warmes Wasser oder Tee je Mahlzeit. Am nächsten Tag beginnt man mit der Tränke und steigert die Menge allmählich. Besonders während dieser Umstellungsphase sollten die Kälber laufend beobachtet werden.

Im Rahmen der praktischen Fütterung ist auch auf das Stallklima hinzuweisen. Hierbei ist zu beachten, daß der starke Zuwachs den Stoffwechsel des Mastkalbes sehr beansprucht. Es wird viel thermische Energie frei. Da diese vorwiegend zusammen mit der Wasserverdunstung über Atemluft und Haut an die Umwelt abgegeben wird, wirken Umgebungstemperatur und relative Luftfeuchte des Stalles auf den Wasserhaushalt des Kalbes ein. So kann eine zu hohe relative Luftfeuchtigkeit die Wasser- und Wärmeabgabe erschweren und damit zu einem Wärmestau im Tier führen. Die relative Luftfeuchte sollte daher in einem Kälbermaststall 80 % möglichst nicht überschreiten, die Stalltemperatur zwischen 16 und 22 °C liegen.

.4 Mast mit Vollmilch

Die reine Vollmilchmast ist ohne Zweifel das einfachste und sicherste Mastverfahren, da sie weniger Sorgfalt als andere Mastmethoden erfordert. Wirtschaftlich gesehen ist diese Mast nicht mehr zu vertreten, auch ernährungsphysiologisch ist es heute nicht mehr notwendig, große Mengen Vollmilch zu verfüttern. Für 1 kg Zuwachs müssen etwa 11 l Vollmilch aufgewendet werden. Dadurch ergeben sich Futterkosten, die über dem Verkaufserlös von 1 kg Lebendgewicht liegen.

Eine andere Art der Vollmilchmast könnte durch Saugenlassen der Mastkälber am Muttertier, bei der sogenannten Mutterkuhhaltung bzw. an einer leistungsstarken Kuh bei der sogenannten Ammenkuhhaltung, erfolgen. Nach verschiedenen betriebswirtschaftlichen Berechnungen erzielen jedoch beide Formen unter westdeutschen Verhältnissen kaum wirtschaftliche Vorteile. Die Qualität solcher Mastkälber ist für unsere Marktverhältnisse auch nicht befriedigend, da das Endgewicht zu gering ist und durch zusätzliche freie Futteraufnahme die notwendige Schlachtqualität nicht erreicht wird.

.5 Mast mit Magermilch

In Betrieben, in denen frische Magermilch zur Verfügung steht, kann die Kälberschnellmast auf der Grundlage einer Magermilchtränke durchgeführt werden. Über eine reine Magermilchfütterung oder kombinierte Vollmilch-Magermilch-Mast werden aber nicht die erforderlichen Zunahmen und Schlachtqualitäten erzielt, sofern nur die fehlenden Wirkstoffe ergänzt werden. Denn Magermilch enthält infolge des Fettentzugs nur noch etwa die Hälfte der Energie von Vollmilch. Die Energie- und Wirkstoffaufwertung erfolgt über ,,Energiereiches Ergänzungsfutter zu Magermilch für Mastkälber". Dieses ist durch einen hohen Fettgehalt und hohe Wirkstoffdosierungen gekennzeichnet. Die Futtermittelverordnung sieht für ein solches Mischfutter 30–60 % Fett, mindestens 20 000 I. E. Vitamin A, 2500 I. E. Vitamin D, 40 mg Vitamin E und einen entsprechenden antibiotischen Zusatz vor. Zum einwandfreien Auflösen dieses ,,Fettkonzentrates" muß die Magermilch auf etwa 50 °C erwärmt werden. Deshalb treten hier mit dickgelegter Magermilch vermehrt Schwierigkeiten auf. Nicht dickgelegte Milch wird aber leicht ansauer, was bei den Kälbern nach Verfütterung Verdauungsstörungen hervorruft.

Die Wirtschaftlichkeit dieser Mastmethode wird in erster Linie vom Preis der Frischmagermilch bestimmt. Der Vollmilchverbrauch sollte möglichst gering gehalten werden. Bei sorgfältiger Umstellung kann die Vollmilchfütterung bereits in der zweiten Lebenswoche eingestellt werden. Einer Mastperiode von 13 Wochen und einem Mastendgewicht von 160 kg entsprechen tägliche Zunahmen von etwa 1250 g. Die einzumischende Menge an Ergänzungsfutter richtet sich in erster Linie nach dessen Energie, das heißt Fettgehalt, weshalb man sich in der Dosierung nach den Angaben der Hersteller richten muß. Strebt man mindestens die gleiche Energiekonzentration wie in der Vollmilch an, so müßten etwa 35 g Fett/l Tränke über das Ergänzungsfutter beigefügt werden. Je nach Fettgehalt wären dies 60–120 g Ergänzungsfutter je l Tränke. Der Einsatz von Magermilchpulver zur Aufwertung der Magermilch ist ernährungsphysiologisch und wirtschaftlich unzweckmäßig. Der Proteinbedarf wird durch die steigenden Tränkemengen der Frischmagermilch bereits abgedeckt. Magermilchpulver ist mit zusätzlichen Trocknungskosten belastet und verteuert dadurch die Futterkosten.

Bei zweimaligem Tränken werden in der ersten Mastwoche etwa 6 l Tränke je Tag verabreicht, die um 1 l je Tag in jeder weiteren Lebenswoche gesteigert wird. Gegen Ende der Mast können dann Tränkemengen bis zu 18 l verabreicht werden. Bei Verdauungsstörungen ist die Tränkemenge zu reduzieren und erst wieder innerhalb einiger Tage auf die normale Höhe zu bringen (s. 7.6.1.3).

.6 Mast mit Milchaustauschfutter

Mit der Verteuerung der Vollmilch und der Verknappung der frischen Magermilch hat der Einsatz von Milchaustauschfutter in der Kälbermast stark an Bedeutung gewonnen. Mit Milchaustauschfutter können heute im allgemeinen bessere Gewichtszunahmen erzielt werden als bei der Mast mit Vollmilch. Allerdings werden dabei an Qualität und Auswahl der Rohnährstoffkomponenten hohe Anforderungen gestellt. Die Futtermittelverordnung sieht zwei ,,Milchaustauschfuttermittel für Mastkälber" vor, die sich vor allem im Protein- und Energiegehalt unterscheiden. In Übersicht 7.6–6 sind die für die Anforderungen des Normtyps notwendigen Inhalts- und Zusatzstoffe zusammengestellt.

Der wichtigste Proteinträger ist das Milchpulver. Im Milchaustauschfutter I muß es zu mindestens 50 % enthalten sein. Im Milchaustauschfutter II beträgt der Mindestanteil 25 %. Dies erlaubt, daß andere, preisgünstigere Proteinkomponenten vor allem im Milchaustauschfutter II aufgenommen werden können. Mit einem Anteil von mindestens 12 % bzw. 15 % bis zu 30 % sind Fette die wesentlichen Energieträger. Milchaustauschfutter können die Vollmilch bereits ab der 2. Lebenswoche der Kälber vollständig ersetzen. Die Tränke mit Milchaustauschfutter wird mit heißem Wasser nach den jeweiligen Vorschriften der Herstellerfirma angerührt und mit einer Temperatur von 35–40 °C dem Kalb verabreicht. Weitere Angaben hinsichtlich der Technik der Zubereitung siehe 7.3.2.2.

Bei der Mast mit Milchaustauschfutter kann das Nährstoffangebot über die Konzentration des Milchaustauschfutters in der Tränke sowie über die Tränkemenge gesteuert werden. Da der Gewichtszuwachs in enger Relation zur Nährstoffaufnahme steht, andererseits aber das Aufnahmevermögen des Kalbes begrenzt ist, müssen im Milchaustauschfutter ausreichende Protein- und Energiemengen enthal-

Übersicht 7.6–6: **Inhalts- und Zusatzstoffe von Milchaustauschfuttermittel für Mastkälber nach Normtyp**

		Milchaustauschfuttermittel	
		I	II
Inhaltsstoffe, %			
Rohprotein	min.	22	17
darunter:			
Lysin	min.	1,75	1,25
Rohfett		12–30	15–30
Rohfaser	max.	1,5	2
Rohasche	max.	10	10
Calcium	min.	0,9	0,9
Phosphor	min.	0,7	0,7
Magnesium	min.	0,13	0,13
Natrium		0,25–0,7	0,25–0,7
Milchpulver	min.	50	25
darunter:			
Buttermilchpulver	max.	25	25
Zusatzstoffe je kg			
Eisen, mg	min.	30	–
Kupfer, mg		4–15	max. 15
Vitamin A, I. E.	min.	10000	8000
Vitamin D, I. E.	min.	1250	1000
Vitamin E, mg	min.	20	20

ten sein. Ein Tränkeplan für die Kälbermast muß eine möglichst hohe Aufnahme an Milchaustauschfutter gewährleisten. Legt man für den ersten Mastabschnitt bis etwa 100 kg Lebendgewicht rund 1020 StE (etwa 16 % Rohfett) und für den zweiten Mastabschnitt rund 1080 StE (etwa 20 % Rohfett) je kg Milchaustauschfutter zugrunde, so ergibt sich aus den in Übersicht 7.6–4 aufgeführten Bedarfswerten für die Mast von 60 bis 160 kg der in Übersicht 7.6–7 zusammengestellte Tränkeplan. Die Tränkemenge beträgt etwa 8–10 % des Körpergewichtes. Nach zehnwöchiger Mastdauer wird mit männlichen Kälbern bei Tageszunahmen von rund 1400 g ein Endgewicht von etwa 160 kg erreicht. Der gesamte Verbrauch an Milchaustauschfutter beträgt dabei etwa 145 kg. Dies entspricht einem mittleren Futterverbrauch von 1,45 kg je kg Zuwachs. Die Fütterung der Mastkälber muß auch den Entwicklungszustand (Körpergewicht) und die Mastveranlagung der Tiere berücksichtigen. Insofern kann jeder Tränkeplan nur ein Anhaltspunkt sein. Sorgfältiges Beobachten der Masttiere ist jedenfalls Voraussetzung für eine erfolgreiche Mast.

Auch bei der Mast mit Milchaustauschfutter ist in den ersten Tagen nach dem Zukauf der Kälber besondere Sorgfalt beim Anfüttern geboten. Als erste Mahlzeit soll warmes Wasser oder Tee verabreicht werden (siehe hierzu 7.6.1.3). Es ist zweckmäßig, vor die eigentliche Mastperiode eine Vorperiode von etwa zehn Tagen zu legen, während der die Kälber allmählich (von etwa 0,3 kg auf 1,1 kg je Tier und Tag) steigende Mengen an Milchaustauschfutter erhalten. Die Umstellung vom Milchaustauschfutter I auf II kann abrupt geschehen, sofern diese sich im Fettgehalt nicht wesentlich unterscheiden.

Es ist nicht empfehlenswert, Milchaustauschfutter anstelle von Wasser mit Frischmagermilch anzurühren und dabei nur die Hälfte der Dosierungsmenge zu nehmen. Eine Aufwertung der Magermilch mit einem ,,Energiereichen Ergänzungsfutter für Mastkälber" entspricht den Nährstoffansprüchen des Mastkalbes mit hohem Gewichtszuwachs besser.

Übersicht 7.6–7: **Tränkeplan je Tier und Tag für die Kälberschnellmast mit Milchaustauschfutter (MAT)**

MAT	Mastwoche	MAT kg	Wasser l	MAT zu 1 l Wasser g
I	1.	1,1	6	180
	2.	1,3	7	190
	3.	1,5	8	190
	4.	1,8	9	200
II	5.	1,9	9	210
	6.	2,1	10	210
	7.	2,3	10	230
	8.	2,5	11	230
	9.	2,7	11	250
	10.	2,9	11	260

.7 Mast am Automaten

In Betrieben mit großen Kälberbeständen kann der Einsatz von Tränkeautomaten in Erwägung gezogen werden. Allerdings bringt die Mast am Automaten ein größeres hygienisches Risiko mit sich und verlangt eine perfekte Beherrschung der Fütterungstechnik. Da die Futteraufnahme nicht mehr festgestellt und die Entwicklung nicht mehr so oft kontrolliert wird, können sich Futterverwertung und Masterfolg sehr schnell verschlechtern. Die Mast mit dem Fütterungsautomaten setzt einen guten Gesundheitszustand der Tiere und eine große Gleichmäßigkeit voraus.

In den letzten Jahren sind einige Tränke-Automaten auf den Markt gekommen. Als Vorteile werden neben dem Wegfall der zeitaufwendigen Eimertränke insbesondere das verminderte Risiko durch konstante Temperatur- und Konzentrationsverhältnisse und die Möglichkeit zum oftmaligen Saugen angegeben. Der bisher noch relativ hohe Preis macht einen wirtschaftlichen Einsatz aber nur dort möglich, wo Kälberbestände von 50 und mehr Tieren zur gleichen Zeit gemästet werden und ein zuverlässiger Wartungsdienst vorhanden ist. Durch den Automateneinsatz ändert sich die übliche Haltungsform, da Gruppenhaltung in eingestreuten Laufboxen notwendig ist. Die Strohaufnahme hat nach den bisherigen Beobachtungen und Ausschlachtungen keinen erkennbaren Einfluß auf die Mast- und Schlachtqualität solcher Kälber, allerdings wird die Schlachtausbeute durch erhöhte Magen-Darm-Füllung etwas verschlechtert.

Die Angewöhnung der Kälber an den Automaten ist sorgfältig durchzuführen, damit ein Übersaufen besonders am Anfang weitgehend vermieden wird. Es gelten auch hier die vorher aufgezeigten Anfütterungsbedingungen.

7.6.2 Verlängerte Kälbermast

Durch die ständige Verknappung der Kälber bei anhaltender Nachfrage nach Kalbfleisch gewann die Mast auf ein höheres Schlachtgewicht an Bedeutung. Bei der verlängerten Kälbermast kann man zwei Formen unterscheiden:
    a) Tränkemast
Die Kälber werden nur mit einer Milchaustauschtränke bis zu einem Endgewicht von 170–200 kg gemästet.
    b) Mast mit Tränke und Kraftfutter
Neben der Tränke erhalten die Kälber noch ein Kraftfutter für Kälberaufzucht und etwas gutes Heu. Die Mast erfolgt auf ein Endgewicht von etwa 180–200 kg.

In mehreren Versuchen zeigte sich, daß die Gesamtschlachtkörperqualität, insbesondere die Muskelfülle, mit steigendem Endgewicht bis 180 kg noch verbessert werden kann. Bei der Tränkemast verändert sich die Fleischfarbe nicht wesentlich. Solche Kälber zeichnen sich durch beste Schlachtqualität aus. Allerdings ist Voraussetzung, daß die täglichen Zunahmen während der gesamten Mastperiode hoch sind (1400 g). Am besten wird die erforderliche Schlachtqualität mit der reinen Tränkemast erreicht. Bis zum Lebendgewicht von 160 kg wird nach dem Tränkeplan in Übersicht 7.6–7 verfahren. Anschließend kann unter Beibehaltung der Tränkekonzentration die Tränkemenge erhöht werden.

Das optimale Endgewicht läßt sich nicht generell festlegen, da neben den Marktverhältnissen die Mastfähigkeit der Tiere mitbestimmend ist. Mit zunehmendem Futteraufwand je kg Gewichtszuwachs in der Endmast steigen auch die Futterkosten verstärkt an.

Um die steigenden Futterkosten in den höheren Gewichtsabschnitten bei der Tränkemast zu senken, wurde von HAVERMANN und Mitarbeitern versucht, die Energie auch über andere Trockenfuttermittel zu liefern. Dabei wurden bei reduziertem Anteil Fettkonzentrat ab der 8.–9. Lebenswoche 30–40 g Maniokmehl je l Magermilch beigegeben.

Übersicht 7.6–8: **Tägliche Futterzuteilung bei verlängerter Kälbermast mit Tränke und Kraftfutter**

Gewichts-abschnitt von ... bis ... kg	Mast mit Tränke und Kraftfutter				
	Vollmilch l	Magermilch l	Ergänzungsfutter*	Kraftfutter kg	Heu g
50– 60	2	4– 6	70	–	–
60– 80	–	7– 9	60	angewöhnen	–
80–100	–	9–11	60	bis 0,8	50
100–125	–	10–12	50	0,5–1,5	100
125–150	–	8	–	bis 2,5	150
150–180	–	6	–	bis 4,0	150

* „Energiereiches Ergänzungsfuttermittel zu Magermilch für Mastkälber" in g/l Magermilch

Die Mast mit größeren Mengen Kraftfutter bringt eine weitere Kostenersparnis, wobei allerdings die Schlachtqualität im Vergleich zur reinen Tränkemast durch Fleischfärbung verringert wird und die Schlachtausbeute zurückgeht. In Übersicht 7.6–8 ist nach den Versuchen von WENIGER und ENGELKE ein entsprechendes Fütterungsbeispiel aufgezeigt.

Bei den meisten Versuchen wird in der 7./8. Lebenswoche mit der Beifütterung von Kraftfutter begonnen und steigende Mengen bis zu 4–5 kg täglich verfüttert. Die tägliche Tränkemenge geht analog der erhöhten Kraftfutteraufnahme ab der 13. Woche von 10–12 l bis auf etwa 6 l bei Mastende zurück. Gleichzeitig mit Kraftfutter werden geringe Mengen bestes Kälberheu angeboten, wobei eine tägliche Menge von 150 g auch gegen Ende der Mast nicht überschritten werden soll. Das Kraftfutter muß in seiner Zusammensetzung einem „Ergänzungsfutter für Aufzuchtkälber" nach Normtyp entsprechen. Bis zum Mastende von 180 kg beläuft sich der Gesamtverbrauch auf etwa 1000 l Magermilch, 60 kg Ergänzungsfutter zu Magermilch, 120 kg Kraftfutter und 7 kg Heu.

7.7 Jungrindermast

Vom Konsumenten gewünschtes zartes, feinfaseriges Rindfleisch läßt sich nur über das wachsende Rind erzeugen. Während bei der Mast ausgewachsener Rinder der Gewichtszuwachs zum größten Teil aus Fettablagerungen in Körperdepots besteht, wird beim wachsenden Rind vorrangig Eiweiß in Form von Muskelgewebe angesetzt, das je nach Alter und Nährstoffzufuhr unterschiedlich stark mit Fettgewebe durchsetzt ist. Eine solche Mast von Jungrindern beginnt nach der Aufzuchtperiode im Alter von 4–5 Monaten mit einem mittleren Gewicht von 125 bis 150 kg. Im Alter von etwa 14 bzw. 18 Monaten erreichen die männlichen Tiere 500 bzw. 600 kg Lebendgewicht. Die Fütterungsintensität hat dabei einen entscheidenden Einfluß auf den Verlauf des Zuwachses.

7.7.1 Grundlagen zur Jungrindermast

.1 Körperzusammensetzung wachsender Rinder

Die Körperzusammensetzung ändert sich beim wachsenden Rind im Laufe des Wachstums sehr stark. In Abb. 7.7–1 sind diese Verhältnisse schematisch nach den Untersuchungen von SCHULZ und Mitarbeitern (1974) am schwarzbunten Rind dargestellt. Im Bereich der Mast bleibt die Höhe des Eiweißansatzes annähernd gleich, der Wassergehalt nimmt mit zunehmendem Alter ab, und entgegengesetzt dazu nimmt der Fettgehalt stark zu. Entsprechend der zunehmenden Einlagerung von Fett in das Körpergewebe im Verlauf des Wachstums steigt auch der Energiegehalt je kg Körpergewicht an. Während zu Beginn der Mast 1 kg Körpersubstanz nur 6,7–7,1 MJ enthält, so ist gegen Ende der Mast (550 kg) nahezu mit dem doppelten Energiegehalt zu rechnen. Für den Leistungsbedarf des wachsenden Rindes ist jedoch vor allem die in den einzelnen Gewichtsabschnitten unterschiedliche Protein- und Fettretention pro Einheit Zuwachs von Bedeutung. Dazu sind in Übersicht 7.7–1 die Versuchsergebnisse zu obiger Untersuchung aufgeführt. Mit zunehmendem Lebendgewicht fällt bezogen auf die Zuwachsrate der Proteinanteil, während der Fettanteil um ein Mehrfaches ansteigt. Entsprechend erhöht sich auch der Energiegehalt unter diesen Versuchsbedingungen um den Faktor 3. Das Ausmaß solcher Veränderungen im Zuwachs wird allerdings sehr deutlich von der Fütterungsintensität, der Rasse und dem Geschlecht abhängen. Anhand neuerer Ergebnisse von ROBELIN (1979) lassen sich diese Zusammenhänge eindeutig demonstrieren (Abb. 7.7–2). Demnach erhöht sich der relative Fettgehalt im Zuwachs bei steigenden Tageszunahmen nahezu linear, gleichzeitig verringert sich der relative Proteingehalt

Übersicht 7.7–1: **Protein-, Fett- und Energiegehalt des Körperzuwachses mit zunehmendem Lebendgewicht bei schwarzbunten Rindern**

Lebendgewicht kg	Proteingehalt g/kg Zuwachs	Fettgehalt g/kg Zuwachs	Energiegehalt MJ/kg Zuwachs
150–270	200	90	7,6
270–370	190	220	12,9
370–480	165	285	15,2
480–580	125	500	21,4

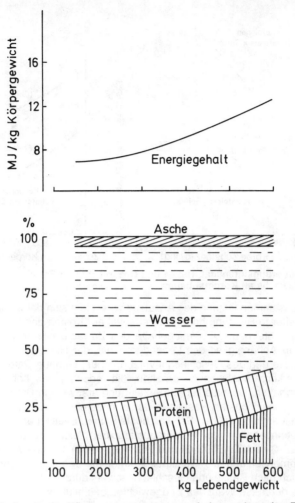

Abb. 7.7–1: **Veränderung der Körperzusammensetzung beim wachsenden Rind**

kurvilinear. Dabei haben die Bullen der milchbetonten Zweinutzungsrasse (Friesian) insgesamt einen deutlich höheren Fett- und einen geringeren Proteinanteil im Vergleich zu der spätreifen Fleischrasse (Charolais x Salers). Diese relative Ände-

Übersicht 7.7–2: **Zusammensetzung der Körpersubstanz von Mastbullen der Rasse deutsche Schwarzbunte und deutsches Fleckvieh bei gleichen Fütterungsbedingungen**

Endgewicht	kg	565		615	
Rasse		Schwarzbunte	Fleckvieh	Schwarzbunte	Fleckvieh
Protein	%	17,6	19,2	17,0	18,8
Fett	%	21,7	16,4	24,3	19,0
Asche	%	4,5	4,0	4,3	3,9
Wasser	%	56,2	60,4	54,4	58,3

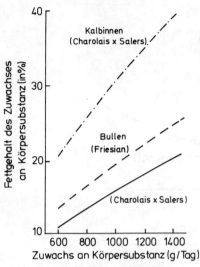
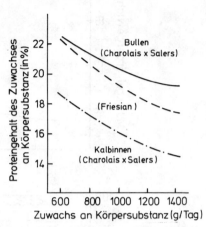

Abb. 7.7–2: **Fütterungsintensität, Rasse und Geschlecht und Protein- und Fettgehalt im Zuwachs an Körpersubstanz**

rung in der Zusammensetzung des Ansatzes verschiebt sich bei weiblichen Rindern nochmals weiter in Richtung höherem Fettanteil auf Kosten des Proteinanteils. Für die mittleren Protein- und Energiegehalte des Zuwachses sind daher erhebliche Korrekturen in Abhängigkeit des Lebendgewichts, der Höhe der täglichen Zunahmen, der Rasse und des Geschlechts vorzunehmen. Genaue Daten dazu sind nur über Schlachtkörperanalysen zu erhalten, die jedoch einen hohen analytischen Aufwand beinhalten. Deshalb liegen derzeit auch erst wenige Untersuchungen vor. Bei den beiden wichtigsten Rassen in der Bundesrepublik Deutschland weist das Fleckvieh im Vergleich zu den Schwarzbunten einen deutlich geringeren Fett- und höheren Proteingehalt in der Körpersubstanz bei gleichen Lebendgewichten auf (Übersicht 7.7–2 nach DAENICKE und OSLAGE, 1980). Eine gewünschte Schlachtkörperzusammensetzung als Qualitätsmerkmal für den Verbraucher kann daher unterschiedlich nach Rasse und Geschlecht sowohl durch die Höhe der Fütterungsintensität als durch die Wahl des Endgewichtes beeinflußt werden.

.2 Zur Fütterungsintensität

Im allgemeinen wird in der landwirtschaftlichen Praxis die Mast männlicher Tiere bei den deutschen Höhenviehrassen bis zu Gewichten von 550–600 kg durchgeführt, beim deutschen Niederungsvieh liegt das Mastendgewicht etwa 50 kg tiefer.

Zunahmen von etwa 1000 g bei den Rassen deutsche Schwarzbunte oder Braunvieh bzw. von 1200 g und mehr bei deutschem Fleckvieh oder Gelbvieh können in der Jungrindermast nur über eine intensive Nährstoffversorgung erzielt werden. Dies spiegelt Übersicht 7.7–3 wider, in der die erforderlichen Verdaulichkeiten der organischen Substanz für die verschiedenen Mastabschnitte zusammengestellt wurden.

Für die Anfangsmast bis etwa 300 kg Lebendgewicht kann die hohe Verdaulichkeit der organischen Substanz nur über einen relativ höheren Nährstoffanteil aus dem Kraftfutter – bezogen auf den Gesamtbedarf – im Vergleich zu der Nährstofflieferung

Übersicht 7.7–3: **Erforderliche Verdaulichkeit der organischen Substanz bei der Jungrindermast (1000–1200 g tägl. Zunahmen)**

Lebendgewicht kg	Verdaulichkeit der organischen Substanz %
200	76
300	69
400	67
500	66

aus dem Grundfutter erreicht werden. Trotz der besseren Nährstoffverwertung in diesem niedrigen Gewichtsbereich ist das nämlich wegen des begrenzten Fassungsvermögens des Verdauungsapparates erforderlich. Gegen Ende der Mast werden die Nährstoffe dann zwar schlechter verwertet, das Fassungsvermögen des Pansens wird aber größer. Deshalb ist dann der Einsatz wirtschaftseigener Futtermittel stärker möglich. Dieser Bereich, in dem die Fütterung billig gestaltet werden kann, wird aber nicht in vollem Umfang erreicht, wenn bereits durch eine intensive Ernährung bis zum Gewicht von 300 kg auf Zunahmen deutlich über 1000–1200 g gefüttert wird. Die Tiere verfetten nämlich dann bereits zu einem früheren Zeitpunkt und sind bei einem niedrigeren Lebendgewicht schlachtreif.

Sollen aus wirtschaftlichen Gründen die höheren Mastendgewichte von 550 kg und mehr, dabei aber außerdem eine gute Schlachtqualität erreicht werden, so ist dies sehr gut möglich, und zwar über eine unterschiedliche Nährstoffzufuhr in den verschiedenen Mastabschnitten. Über die Fütterungsintensität kann nämlich ein entscheidender Einfluß auf den Zunahmeverlauf ausgeübt werden. Bei intensiver Fütterung, wie zum Beispiel bei der Mast mit körnerreicher Maissilage und hohen Kraftfuttergaben, liegen die höchsten täglichen Zunahmen in einem wesentlich niedrigeren Gewichtsbereich als bei geringerer Nährstoffversorgung. Das hat aber auch zur Folge, daß der Abfall der Tageszunahmen in höheren Gewichtsbereichen bei vorher intensiver Ernährung absolut und relativ bedeutend stärker ist als bei einer schwachen Nährstoffversorgung, die Futterverwertung schlechter wird und die Futterkosten steigen. Allerdings deutet sich aufgrund neuerer Versuche an, daß auch rassenspezifische Unterschiede in der Wachstumsintensität in den verschiedenen Lebendgewichtsbereichen vorliegen.

In Abb. 7.7–3 sind diese Verhältnisse auf der Basis Maissilage und unterschiedlichen Kraftfuttergaben bei Jungbullen des deutschen Fleckviehs dargestellt. Die höchsten Tageszunahmen werden zumeist im Abschnitt von 300–400 kg erreicht.

Das Verfüttern von hohen Kraftfuttermengen im ersten Teil der Mast läßt sich bei Verwendung von Grundfuttermitteln geringer Nährstoffkonzentration durch Zwischenschalten einer Vormastperiode umgehen. Da hierbei tägliche Zunahmen von 800–900 g bis zu einem Lebendgewicht von etwa 300 kg als ausreichend angesehen werden können, sind die in Übersicht 7.7–3 angegebenen Verdaulichkeitswerte nicht erforderlich. Der angegebene Zuwachs kann dann vorwiegend mit wirtschaftseigenem Futter wie Weide, Silage oder gutem Heu erreicht werden. In der anschließenden Endmast müssen dann aber tägliche Zunahmen um 1200–1300 g angestrebt werden. Deshalb fallen die Anforderungen an die Verdaulichkeit der organischen Substanz nur geringfügig unter 70 %, obwohl das Fassungsvermögen des Pansens beträchtlich zugenommen hat. Damit ist aber bereits die Möglichkeit gegeben, große

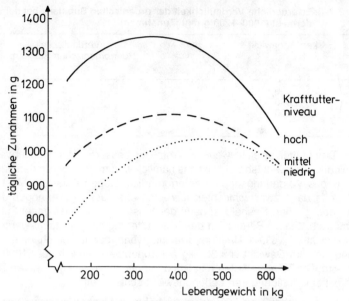

Abb. 7.7–3: **Beziehung zwischen Lebendgewicht und täglichen Zunahmen in Abhängigkeit von unterschiedlichen Kraftfuttergaben bei der Mast mit Maissilage**

Mengen hochverdaulicher wirtschaftseigener Futtermittel mit relativ geringer Kraftfutterergänzung einzusetzen. Die Zusammensetzung des Kraftfutters, besonders auch des Eiweißgehaltes, richtet sich nach der Art des Grundfutters. Für die Mastration ist insgesamt eine Nährstoffkonzentration von 580–650 StE je kg Trockenmasse anzustreben.

.3 Nährstoffbedarf in der Jungrindermast

Der wirtschaftliche Erfolg der Jungrindermast wird durch die täglichen Zunahmen und durch den Futterverbrauch bestimmt. Günstige Gewichtsentwicklung und Futterverwertung setzen eine ausreichende Zufuhr an Nähr-, Mineral- und Wirkstoffen voraus. Dabei sollte die Bedarfsableitung wie bei den anderen Tierarten und Leistungsrichtungen faktoriell erfolgen. Dies erfordert genaue Kenntnisse über den Erhaltungs- und Leistungsbedarf sowie der Verwertung der umsetzbaren Energie für die einzelnen Teilbereiche bzw. des verdaulichen Rohproteins für den Proteinansatz.

Aufgrund neuerer Literaturübersichten (ROHR, 1980) ist für den Erhaltungsbedarf von Mastrindern ein Wert von 0,45–0,50 MJ ME pro Lebendgewicht kg^{0,75} anzunehmen. Allerdings deutet sich an, daß der Erhaltungsbedarf jüngerer Tiere bzw. im unteren Lebendgewichtsbereich relativ höher anzusetzen ist als der älterer Rinder. Wachstumsintensität, und damit der Grad der Verfettung, sowie Haltungsform können graduelle Unterschiede erbringen (siehe auch 6.5.2.1).

Der Leistungsbedarf ergibt sich aus der Höhe des täglichen Ansatzes in Form von Protein und Fett. Wie in den vorausgehenden Abschnitten bereits besprochen, liegen in den verschiedenen Lebendgewichtsbereichen sowohl sehr unterschiedliche Zunahmen als auch differierende Zusammensetzung des Zuwachses vor, die aber auch durch die Intensität der Mast, Rasse und Geschlecht erheblich beeinflußt

Übersicht 7.7–4: Richtwerte zum Energiebedarf bei unterschiedlichem Lebendgewicht und unterschiedlichen Tageszunahmen (in StE pro Tier und Tag)

Lebendgewicht kg	Tageszunahmen, g			
	800	1000	1200	1400
150	2200	2400		
200	2550	2800	3100	
250		3200	3550	3950
300		3600	4000	4500
350		4000	4400	4900
400		4300	4750	5250
450	4250	4600	5100	5700
500	4600	5000	5550	
550	4950	5400	6000	
600	5300	5800		

werden. Umfangreiche experimentelle Untersuchungen dazu sind jedoch noch nicht vorhanden. Ebenso ist eine exakte Bestimmung des Teilwirkungsgrades der umsetzbaren Energie für das Wachstum (k_g), der sich aus den Teilwirkungsgraden für den Protein- (k_p) und Fettansatz (k_f) zusammensetzt, erforderlich. Dabei ist die Verwertung der umsetzbaren Energie für den Proteinansatz deutlich schlechter als für den Fettansatz, so daß je nach Mastbedingungen k_g variieren wird. Hinzu kommt, daß im Wachstum die partielle Verwertung der umsetzbaren Energie durch die Höhe der Umsetzbarkeit der Energie (q) möglicherweise nicht linear verändert wird.

Aufgrund dieser Schwierigkeiten ist derzeit eine faktorielle Ermittlung des Energie- und Proteinbedarfs in der Rindermast nur bedingt möglich. Der Energiebedarf wird zunächst weiter in Stärkeeinheiten angegeben. Entsprechende Richtwerte für die Mast männlicher Rinder sind nach den Vorschlägen der DLG in Übersicht 7.7–4 angeführt. Dabei erfolgt eine Differenzierung nach dem Lebendgewicht und den Tageszunahmen. Allerdings sind bei unterschiedlicher Fütterungsintensität in bestimmten Lebendgewichtsbereichen (z. B. Vormast) und vor allem aufgrund rassenspezifischer Voraussetzungen größere Abweichungen zu erwarten. So deutet sich auch für Fleckvieh gegenüber den Schwarzbunten trotz höherer Tageszunahmen ein geringerer Energiebedarf an. Die Abb. 7.7–4, in der eine grobe Aufgliederung des energetischen Gesamtbedarfs in Erhaltungs- und Leistungsbedarf vorgenommen wurde, unterstreicht den hohen Schwankungsbereich im Bedarf. Insbesondere mit höherem Lebendgewicht wird entsprechend des sehr unterschiedlichen Protein- und Fettansatzes der Leistungsbedarf und damit der Gesamtbedarf variieren. Dabei übertrifft in der Rindermast der Energiebedarf für die Erhaltung stets den Leistungsbedarf. Im Mittel der Mastperiode wird eine Relation beider Größen von 60 : 40 vorliegen. Die Abbildung zeigt ferner, daß durch den zunehmenden Erhaltungsbedarf und den ansteigenden Energiegehalt des Zuwachses im Verlauf der Mast umso mehr Energie pro kg Zuwachs benötigt wird, je schwerer die Tiere werden. Der Produktionswert einer Nährstoffeinheit wird deshalb laufend geringer. In der praktischen Fütterung ist es allerdings möglich, in den hohen Gewichtsbereichen verstärkt größere Mengen billiger wirtschaftseigener Futtermittel einzusetzen.

Aufgrund der Untersuchungen zum Proteinansatz am schwarzbunten Rind kann in Anlehnung an ROHR (1980) eine faktorielle Ableitung zum Bedarf an verdaulichem Rohprotein erfolgen. Als Erhaltungsbedarf wird ein Wert von 3 g verdaulichem Rohprotein pro Lebendgewicht kg^{0,75} (siehe auch Abschnitt 7.4.1.2) unterstellt. Damit

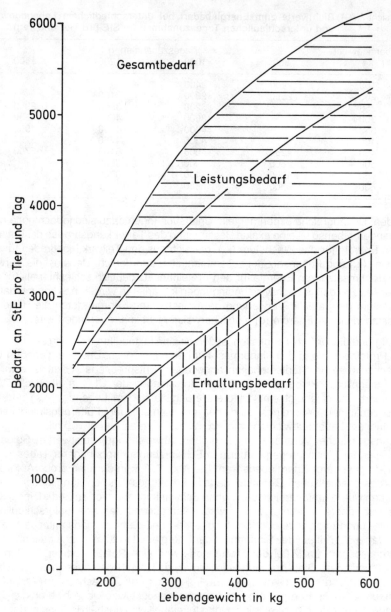

Abb. 7.7–4: **Zum Erhaltungs- und Leistungsbedarf in der Jungbullenmast**

steigt die notwendige Menge an verdaulichem Rohprotein für die Erhaltung mit zunehmendem Lebendgewicht von 200 kg auf 500 kg von 160 g auf 320 g um das Doppelte. Der Leistungsbedarf errechnet sich aus dem Proteinansatz bei einer Verwertung des verdaulichen Proteins von 60 %. Da bei fleischbetonten Zweinutzungsrassen, wie z. B. dem Fleckvieh, im Mittel über den gesamten Mastabschnitt

Übersicht 7.7-5: **Richtwerte zum Bedarf an verdaulichem Rohprotein bei unterschiedlichem Lebendgewicht und unterschiedlichen Tageszunahmen (in g pro Tier und Tag)**

Lebendgewicht kg	Tageszunahmen, g			
	800	1000	1200	1400
150	410	460	510	
200	450	510	550	
250		550	590	620
300		600	640	670
350		630	670	710
400		640	680	720
450	620	650	690	720
500	620	650	690	
550	630	660	700	
600	630	660	700	

mit einem um 1,7% höheren Proteinansatz (siehe Übersicht 7.7-2) gegenüber dem schwarzbunten Rind zu rechnen ist, sollte dieser höhere Leistungsanteil in die Bedarfsermittlung miteinbezogen werden. In Übersicht 7.7-5 sind auf dieser Basis Richtwerte zum Bedarf an verdaulichem Rohprotein in Abhängigkeit des Lebendgewichts und der Tageszunahmen angegeben, die darüberhinaus noch einen 5%igen Sicherheitszuschlag enthalten. Der Bedarf liegt zu Mastbeginn bei etwa 400 bis 500 g verdaulichem Rohprotein und zu Mastende bei etwa 600 bis 700 g. Selbst bei sehr hohen Tageszunahmen von 1400 g sind rund 700 g ausreichend. Neuere praktische Fütterungsversuche mit Braun- und Fleckvieh bestätigen diese Werte (Burgstaller und Mitarbeiter, 1980).

Auch im Bruttobedarf der Mengenelemente Calcium, Phosphor, Magnesium und Natrium ergeben sich erhebliche Unterschiede in Abhängigkeit von Lebendgewicht und Leistung (Übersicht 7.7-6). Demnach muß sich die Ca-Zufuhr von etwa 35 g auf über 50 g und die P-Zufuhr von knapp 20 g auf 35 g täglich erhöhen. Auch der Bruttobedarf an Magnesium und Natrium steigt um das Doppelte an. Eine ausreichende Bedarfsdeckung wird nur bei zusätzlicher Mineralstoffbeifütterung ermöglicht werden. Damit ist auch die Spurenelement- und Vitaminversorgung (Vitamin A, D und E) sicherzustellen.

Für die praktische Rationsgestaltung sind neben dem Nährstoffbedarf auch sichere Kenntnisse über die Höhe der täglichen Futteraufnahme nötig. Als wichtigste Einflußfaktoren auf den Futterverzehr dürften das Lebendgewicht und die Umsetzbarkeit der Energie (Energiedichte der Ration) anzusehen sein. Einige Schätzwerte

Übersicht 7.7-6: **Angaben zum Bruttobedarf der Mengenelemente in Abhängigkeit von Lebendgewicht und Tageszunahmen (in g pro Tier und Tag)**

	Calcium		Phosphor		Magnesium		Natrium	
Tageszunahmen g	1000	1200	1000	1200	1000	1200	1000	1200
Lebendgewicht kg								
150–200	38		19		5		4	
200–300	44	52	23	26	7	8	5	6
300–400	48	56	29	31	9	10	6	7
400–500	49	56	33	35	11	12	7	8
über 500	52		33		12		8	

Übersicht 7.7–7: **Schätzwerte zur Futteraufnahme wachsender Rinder bei unterschiedlichem Lebendgewicht und unterschiedlicher Energiedichte (in kg TS pro Tier und Tag)**

	Umsetzbarkeit der Energie q	Lebendgewicht, kg				
		200	300	400	500	600
Grundfutter (z. B. Rauhfutter, Silage u. a.)	0,4	3,5	4,8	6,0	7,1	8,1
	0,5	4,1	5,6	6,9	8,2	9,4
	0,6	4,7	6,3	7,9	9,3	10,7
Kraftfutter und pellet. Grundfutter	0,7	4,5	6,1	7,5	8,9	10,2

dazu sind nach Angaben des ARC (1980) in Übersicht 7.7–7 zusammengestellt. Demnach erhöht sich die Aufnahme nach Futtertrockensubstanz im Mastverlauf von etwa 4–5 kg auf 10–11 kg, was einem relativen Verzehr von 2,5 % des Lebendgewichts zu Mastbeginn und 1,7 % zu Mastende entspricht. Allerdings wird auch die Fütterungsintensität während des Mastverlaufs die nachfolgende Futteraufnahme wesentlich beeinflussen. Daher ist bei einer durchgehenden Intensivmast mit körnerreicher Maissilage bereits ab einem Lebendgewicht von etwa 450 kg mit einer Stagnation des Futterverzehrs zu rechnen. Eine verstärkte Nährstoffzufuhr ist dann meist nur über eine höhere Nährstoffkonzentration zu erzielen.

7.7.2 Fütterungshinweise zu den Mastmethoden

Die Wahl der Mastmethode richtet sich in erster Linie nach dem vorhandenen Grundfutter; sie wird aber auch von Rasse und Geschlecht der zu mästenden Rinder und den gegebenen Erfordernissen des Marktes bestimmt. Die folgenden Ausführungen betreffen die Mast von Jungbullen. Die Mast weiblicher und kastrierter Jungrinder schließt sich daran an.

Über die Mastmethode sollte man sich auf jeden Fall zu Beginn der Mast entschieden haben, da nach Möglichkeit kein größerer Futterwechsel während der Mast stattfinden sollte. Ob sich die Mast unmittelbar an die Aufzuchtperiode anschließt oder ob eine sogenannte Vormastperiode einzulegen ist, wird durch die Art des Grundfutters und die Wirtschaftlichkeit des Kraftfuttereinsatzes bestimmt. Außerdem müssen lange Freßzeiten gewährleistet sein, um eine erhöhte Grundfutteraufnahme zu erreichen.

Treten bei gleicher Fütterung sehr große Unterschiede im Zuwachs zwischen Jungbullen derselben Rasse auf, so sind diese hauptsächlich auf unterschiedliche Futteraufnahme und auf das genetisch bedingte unterschiedliche Wachstumsvermögen der Tiere zurückzuführen. Voraussetzung für einen guten Mastverlauf sind daher gesunde, entwicklungsfreudige Bullenkälber. Schmale, hochwüchsige Tiere zeigen meist ein schlechtes Fleischbildungsvermögen, neigen zu starker Verfettung und sind daher meist auch schlechte Futterverwerter. Durch Gewichtskontrollen während der Mast kann aus den Zunahmen die Fütterung laufend überprüft werden.

.1 Maissilage

Durch die Erfolge der Hybridmaiszüchtung und die arbeitswirtschaftlichen Vorteile hat sich der Maisanbau in der Bundesrepublik stark ausgedehnt. Bei richtiger Sortenwahl und verbesserter Anbautechnik ist heute ein höherer Kolbenansatz

Übersicht 7.7–8: **Änderung des Nährstoffgehaltes von Maissilage in Abhängigkeit des Reifestadiums**

	Trocken-substanz %	Verdaulichkeit d. org. Substanz %	StE/kg Frisch-substanz	StE/kg Trocken-substanz
Milchreife	20	69,6	114	572
	23	70,0	134	584
Teigreife	27	70,5	162	599
	30	71,1	183	611
Ende der Teigreife	33	71,6	205	622

erreichbar. Etwa 50 % der Gesamttrockensubstanz von in der Teigreife geerntetem Mais-Siliergut entfallen auf den Kolben, wobei sogar etwa zwei Drittel aller Nährstoffe vom Kolbenanteil geliefert werden. Dazu ist jedoch neben anbautechnischen Maßnahmen vor allem die Wahl des richtigen Erntezeitpunktes wesentlich. Höchste Nährstofferträge lassen sich nur erzielen, wenn Mais nicht in der Milchreife, sondern in der Teigreife geerntet wird. Im Gegensatz zu anderen Futterpflanzen steigt nämlich beim Mais die Verdaulichkeit der Nährstoffe mit dem zunehmenden Gehalt an Trockensubstanz bei fortschreitendem Vegetationsstadium an, bedingt durch die starke Einlagerung von Stärke und Fett in den Körneranteil des Kolbens. Die Rohnährstoffanalyse zeigt demnach abnehmende Rohfasergehalte und zunehmende Gehalte an N-freien Extraktstoffen in der generativen Phase dieser Futterpflanze. In Übersicht 7.7–8 wird dies nach einer Zusammenstellung von GROSS (1979) durch die Änderung im Energiegehalt von Maissilagen in Abhängigkeit des Reifestadiums belegt. Bezogen auf einen gleichen TS-Gehalt erhöhen sich die Stärkeeinheiten von Beginn der Milchreife bis Ende der Teigreife von etwa 570 auf 620 StE je kg Trockensubstanz. Unter Berücksichtigung des steigenden TS-Gehaltes werden sich die Stärkeeinheiten von 1 kg Maissilage bei diesen unterschiedlichen Erntezeitpunkten nahezu verdoppeln (Übersicht 7.7–8).

Gute Fütterungserfolge mit Maissilage setzen aber auch eine einwandfreie Silagequalität voraus. Dazu muß Silomais möglichst kurz (etwa 6–8 mm) gehäckselt werden. Dann läßt er sich fest lagern und wird von den Tieren gut aufgenommen. Zur einwandfreien Konservierung der Maissilage muß auch der Silobehälter luftdicht abgeschlossen sein. Aufgrund seiner Nährstoffzusammensetzung gilt Silomais als gut silierbare Futterpflanze. Durch die höhere Gesamtkeimzahl und den Besatz an Hefen neigt er jedoch stärker als andere Silagen zu den sogenannten „Nachgärungen", die richtiger als Selbsterwärmung (aerober Prozeß) bezeichnet werden. Absätziges Silieren, ungenaues Häckseln, zu lockere Lagerung, schlechte Abdeckung, zu hoher Reifegrad (über 30 % TS) und zu langer Luftzutritt, wenn nur geringe Mengen entnommen werden, führen zu einer geringen Haltbarkeit der Maissilage. Durch starke Selbsterwärmung können sehr schnell hohe Temperaturen auftreten, die auch hohe Nährstoffverluste bedingen. Insgesamt setzen sich die Silierverluste aus den eigentlichen Gärungs-, Sickersaft-, Abraum- und Nachgärungsverlusten zusammen. Je nach dem TS-Gehalt der Maispflanze sowie der Silier- und Entnahmetechnik werden unter praktischen Bedingungen sehr unterschiedliche Nährstoffverluste auftreten. Da neben dieser Nährstoffminderung schlechte Silage zumeist auch von den Tieren ungern gefressen wird, ist dann in zweifacher Hinsicht mit einer ungünstigeren Nährstoffversorgung der Jungbullen zu rechnen.

Übersicht 7.7–9: **Futterplan für die Mast mit Maissilage**

Lebendgewicht Tageszunahmen	kg g	150 1000	250 1200	350 1400	450 1200	550 1000
Maissilage (27 % TS)	kg	8	13	21	23	25
Weizen	kg	0,7	1,2	1,2	1,3	1,4
Sojaextraktionsschrot	kg	0,8	0,8	0,8	0,7	0,6

Die erforderliche tägliche Menge an Maissilage mit beispielsweise 27 % TS beträgt je Mastbulle bei ad libitum Fütterung und einem Lebendgewicht von 150 kg etwa 8 kg und steigt bis auf etwa 25 kg bei 550 kg Lebendgewicht an (siehe auch Übersicht 7.7–9). Das entspricht einem Gesamtverbrauch von etwa 60–65 dt Maissilage je Mastperiode. Somit können mit dem Ertrag von 1 ha Silomais und entsprechender Beifütterung etwa 6 Jungbullen von 150 auf 550 kg Lebendgewicht gemästet werden.

Hohe Zunahmen in der Bullenmast werden nur bei einer ausreichenden Energieversorgung erreicht. Der Fütterungserfolg ist daher überwiegend von der Bereitstellung einer qualitativ hochwertigen Maissilage abhängig. Neben der erwähnten notwendigen Siliertechnik ist ein TS-Gehalt der Maissilage im Bereich von 27 % (26–30 %) Voraussetzung. In Übersicht 7.7–9 ist ein Futterplan für mittlere tägliche Zunahmen von 1200 g während der gesamten Mastperiode aufgeführt. Während bis zu einem Lebendgewicht von etwa 400 kg die Futteraufnahme relativ rasch steigt, nimmt der Verzehr bei höheren Gewichten geringer zu. Der notwendige Energiebedarf ist daher mit steigenden Mengen von Getreide (z. B. etwa 0,7–1,4 kg Weizen), eines handelsüblichen Ergänzungsfutters oder anderer Energieträger auszugleichen. Diese zusätzliche Energieversorgung richtet sich nach der gewünschten Gewichtsentwicklung und dem Nährstoffgehalt der Maissilage. Verringern sich die mittleren täglichen Zunahmen auf etwa 1000 g, so werden bei gleicher Maissilage nur etwa 0,5 kg Getreideergänzung benötigt. Verschlechtert sich andererseits die Maissilage auf TS-Gehalte unter 25 %, so muß bei gleichbleibenden Tageszunahmen von 1200 g zum Energieausgleich über 2 kg Getreide beigefüttert werden, zumal bei diesen hohen Kraftfuttermengen auch noch mit einer gewissen Grundfutterverdrängung zu rechnen ist.

Eiweißergänzung

Maissilage ist bei einem sehr hohen Energiegehalt arm an Eiweiß, so daß sich ein Eiweiß-StE-Verhältnis von etwa 1 : 10–12 ergibt. Mit dem Beifutter muß deshalb im wesentlichen auch die fehlende Eiweißmenge der Maissilage gedeckt werden. Je nach der Preiswürdigkeit der Nährstoffe in den einzelnen Futtermitteln gibt es folgende Möglichkeiten der Proteinergänzung zu körnerreicher Maissilage:
a) Je Tier und Tag werden zusätzlich zum Getreide bis zu einem Lebendgewicht von 400–450 kg 0,8 kg Sojaextraktionsschrot verabreicht. Bei höheren Gewichten kann diese Menge auf etwa 0,6 kg reduziert werden (siehe Übersicht 7.7–9).
b) Anstelle der alleinigen Verabreichung von Sojaextraktionsschrot kann auch ein Gemisch mehrerer Extraktionsschrote treten. Dabei sollte jedoch Erdnuß- und Rapsextraktionsschrot im ersten Teil der Mast nur bis zur Hälfte in der gesamten Mischung enthalten sein. Im späteren Mastabschnitt kann sogar Rapsextraktions-

schrot auch als alleiniger Eiweißträger eingesetzt werden. Die neueren erucasäurefreien und glucosinolatarmen Sorten dürfen bereits ab Mastbeginn zur ausschließlichen Eiweißergänzung verfüttert werden. Grundsätzlich sollte jedoch Rapsextraktionsschrot auf blankem Trog vor dem Füttern mit Maissilage vorgelegt werden. Damit wird die Gefahr des Anfeuchtens und damit die Spaltung der Glucosinolate durch die Myrosinase verringert. Aufgrund der dabei entstehenden stechend riechenden und bitter schmeckenden Senföle kann nämlich bei Verwendung höherer Mengen Rapsextraktionsschrot die Futteraufnahme insgesamt deutlich absinken.

c) Die Ackerbohne, die einen Gehalt an verdaulichem Rohprotein von etwa 22 % aufweist, kann ebenfalls zur Eiweißergänzung herangezogen werden. Dabei werden neben 0,8 kg Getreide steigende Mengen von 0,8 bis 1,2 kg verfüttert. Allerdings sind zu einer ausreichenden Eiweißversorgung zu Mastbeginn bei einem Lebendgewicht von 150 – 200 kg zusätzlich noch 400 g Sojaextraktionsschrot nötig, abfallend auf 100 g bei einem Lebendgewicht von 400 kg.

d) Die Nebenprodukte des Brauereigewerbes, flüssige Bierhefe und Biertreber, frisch oder siliert, können vorteilhaft in Verbindung mit Maissilage eingesetzt werden. Sie werden zu Beginn der Mast einen Teil der Eiweißergänzung abdecken und können im späteren Mastverlauf sogar die alleinige Ergänzung übernehmen. Bierhefe, die pro kg etwa 80 g verdauliches Rohprotein enthält, kann in Mengen bis zu 1,5–2 % des Lebendgewichts eingesetzt werden. Allerdings reichen ab 250 kg Lebendgewicht bis zum Mastende bereits Mengen von 4 kg täglich aus, um den Eiweißbedarf zu decken. Die Getreidemenge ist dabei auf etwa 1,6 kg täglich anzuheben. Auch Biertreber (siehe auch Abschnitt 7.7.2.5) sollte bei höheren Lebendgewichten von 350 kg ab nur in Mengen von 7 kg täglich eingesetzt werden, um damit einerseits die Eiweißzufuhr sicherzustellen und andererseits nicht allzuviel Maissilage zu verdrängen. Werden diese beiden Futtermittel gezielt zur Eiweißergänzung eingesetzt, muß eine sichere Aufnahme der geforderten Futtermengen gewährleistet sein. Ebenso dürfen keine größeren Abweichungen in der Nährstoffzusammensetzung auftreten.

e) Industriell hergestelltes Rindermastfutter ist entweder als Ergänzungsfutter für Mastrinder mit einem Rohproteingehalt von 15 bis 25 % oder als eiweißreiches Ergänzungsfutter für Mastrinder mit einem Rohproteingehalt von 30–40 % auf dem Markt. Eiweißreiches Ergänzungsfutter (etwa 35 % verd. Rohprotein) kann anstelle von Sojaextraktionsschrot zusätzlich zu Getreide in Mengen von knapp 1 kg bzw. zu Mastende abnehmend auf 0,7–0,8 kg verfüttert werden. Das Ergänzungsfutter für Mastrinder dagegen wird als alleiniges Kraftfutter eingesetzt. Neben dem Rohproteingehalt ist dabei der Energiegehalt für die täglichen Futtermengen entscheidend. Im Mittel dürften etwa 2,5 kg zur Eiweiß- und Energieergänzung notwendig sein.

f) Bei Verwendung von eiweißarmen Kraftfutterkomponenten kann es ab einem Lebendgewicht von rund 300 kg wirtschaftlich vorteilhaft sein, wenn Futterharnstoff eingemischt und damit eine teilweise Eiweißergänzung vorgenommen wird. Aufgrund ihrer Zusammensetzung erfüllt nämlich gerade körnerreiche Maissilage auch die ernährungsphysiologischen Voraussetzungen, die bei der Verfütterung von Futterharnstoff zu beachten sind (siehe 3.4.4.2). Nach entsprechender Gewöhnungszeit sollten jedoch täglich je 100 kg Lebendgewicht höchstens 100 g Rohprotein in Form von NPN-Verbindungen verfüttert werden.

Aus arbeitswirtschaftlichen Gründen wurde die Zugabe von Harnstoff bereits während der Silobefüllung erwogen. Durch eine solche Kombination ist es gleichzeitig möglich, das sehr weite Rohprotein-Stärkeeinheiten-Verhältnis der Maissilage zu verengen. In einigen Versuchen bewährte sich eine Beimischung von 5 kg Futterharnstoff zu 1000 kg Frischmasse. Allerdings muß sehr darauf geachtet werden, daß der Futterharnstoff beim Einbringen gleichmäßig verteilt wird. Außerdem muß der Trockensubstanzgehalt der Maissilage bei mindestens 25 % liegen, um ein Wandern des wasserlöslichen Harnstoffes zu vermeiden. Da bei verzögerter Vegetation oder in ungünstigen Klimagebieten diese Voraussetzung nicht gegeben ist, kann der Futterharnstoff dann erst bei der Verfütterung der Maissilage zugemischt werden. Entsprechende Versuchsdosierungen lagen bei maximal 150 g Futterharnstoff je Tier und Tag, die dann noch durch die Hälfte des unter a) und b) aufgezeigten Eiweißfutters ergänzt werden müssen.

Die bedarfsgerechte Ergänzung der Maissilage erfordert zu Mastbeginn eine hohe Proteinzufuhr, die sich zu Mastende hin verringern kann. Demgegenüber hat sich die energetische Ergänzung stetig zu erhöhen. Für die praktische Fütterung bedeutet dies bei exakter Nährstoffzuteilung eine mehrmalige Änderung in der Beifutterzusammensetzung während des Mastverlaufs. Aus fütterungstechnischen Gründen wird jedoch bei ad libitum Vorlage von Maissilage meist Kraftfutter in konstanter Menge und Zusammensetzung eingesetzt. Dabei ist jedoch mit einer Eiweißüberversorgung in der zweiten Hälfte der Mast zu rechnen. Die Relation der Eiweiß-Energiekosten im Futtermittel wird jeweils bestimmen, ob eine bessere fütterungstechnische Anpassung erfolgen muß.

Neben der Eiweiß- und Energiezufuhr muß auch die Mineral- und Wirkstoffversorgung sichergestellt werden. Das Grundfuttermittel Maissilage beansprucht dabei besondere Sorgfalt, da Maissilage geringe Mineralstoffgehalte – insbesondere an Calcium – aufweist. Je nach Alter und Gewichtsentwicklung ist daher ein Ca-reiches, vitaminiertes Mineralfutter in Mengen von mindestens 100 bis 120 g täglich beizufüttern. Bei Einsatz von Ergänzungsfutter für Mastrinder kann je nach Zusammensetzung des Zukaufsfuttermittels diese Ergänzung nur noch in geringerem Umfang notwendig sein bzw. entfallen.

.2 Rübenblattsilage

Nach verschiedenen betriebswirtschaftlichen Berechnungen liefert Rübenblattsilage neben Weidegras und Maissilage von allen zur Verfügung stehenden Grundfuttermitteln die Nährstoffeinheit am billigsten. Dies darf jedoch keineswegs dazu führen, daß die Bergung und Silierung von Rübenblatt ohne Sorgfalt durchgeführt wird. Rübenblatt mit Köpfen läßt sich wegen seines hohen Zuckergehaltes leicht silieren, bei starker Verschmutzung treten jedoch Infektionen mit Coli-Arten und Buttersäurebildnern auf, und die Rübenblattsilage wird buttersäurehaltig. Dies trifft auch besonders bei der weit verbreiteten Siliertechnik im „Freigärhaufen" zu. Bei guter Bergung und Siliertechnik können Ernte- und Konservierungsverluste gering gehalten werden. Legt man 20 % Nährstoffverluste zugrunde, dann entspricht eine mittlere Blatternte von 340 dt einem Nährstoffertrag von 2300 kStE je ha. Bei einem Gesamtbedarf von knapp 4 kStE je kg Zuwachs über die gesamte Mastdauer lassen sich damit 550 bis 600 kg Zuwachs erzielen.

Im allgemeinen wird Rübenblattsilage gut aufgenommen. Da die Nährstoffkonzentration je kg Rübenblattsilage aber geringer als bei Maissilage ist, wird damit keineswegs eine bessere Nährstoffversorgung erzielt. Im Mittel kann man rechnen, daß mit Rübenblattsilage zwei Drittel des Nährstoffbedarfes in der Rindermast zu

Übersicht 7.7–10: **Futterplan für die Mast mit Rübenblattsilage**

Lebendgewicht	kg	150	250	350	450	550
Tageszunahmen	g	900	1000	1200	1100	1000
Rübenblattsilage	kg	5	16	26	30	33
Heu	kg	1	1	1	1	1
Trockenschnitzel	kg	0,5	1	2	3	3
Getreide	kg	0,9	1	0,7	0,4	0,5
Sojaextraktionsschrot	kg	0,6	0,4	0,3	0,1	–

decken sind. In Übersicht 7.7–10 ist ein Futterplan aufgezeigt. Für den Nährstoffgehalt der Rübenblattsilage wurden pro kg Futtermittel 84 StE und 13 g verdauliches Rohprotein bei einem TS-Gehalt von 15 % unterstellt. Bedingt durch einen unterschiedlichen Verschmutzungsgrad dürfte der TS-Gehalt meist zwischen 15 und 20 % liegen. Damit ist im allgemeinen bei Rübenblattsilage mit einem zunehmenden TS-Gehalt nicht gleichzeitig ein ansteigender Nährstoffgehalt zu erwarten. Für den aufgeführten Futterplan wurde eine mittlere tägliche Gewichtsentwicklung über die gesamte Mastperiode von etwa 1050 g angenommen. Geringe Verschiebungen könnten sich ergeben, falls eine stärkere Vormast eingeschaltet und hohe Mastendgewichte von 600 kg angestrebt werden. Unter diesen Bedingungen werden auch sehr große Mengen Rübenblattsilage pro Bulle und Mastperiode verzehrt. Auf jeden Fall sollte zu Rübenblattsilage täglich mindestens 1 kg Heu verfüttert werden. Auch Stroh kann eingesetzt werden, um die Wiederkautätigkeit und das Pansenmilieu zu verbessern.

Zur Kraftfutterergänzung lassen sich sehr gut Trockenschnitzel in ansteigenden Mengen von 1 bis über 3 kg einsetzen. Darüberhinaus muß jedoch noch ein Ergänzungsfutter mit mindestens 18 % verd. Rohprotein verabreicht werden. Dieses Kraftfutter kann entweder ein handelsübliches Rindermastfutter oder eine hofeigene Mischung aus Getreide und Sojaextraktionsschrot sein. Es wird mit zunehmender Nährstoffaufnahme aus dem Grundfutter in abnehmenden Mengen von 1,5 kg auf 0,5 kg während des Mastverlaufs verfüttert.

Rübenblattsilage weist ebenso wie Trockenschnitzel überaus hohe Ca-Gehalte bei einem extrem weiten Ca : P-Verhältnis von 5–8 : 1 auf. Mit Ausnahme des Mastbeginns bis etwa 250 kg Lebendgewicht wird im späteren Mastverlauf stets ein hoher Ca-Überschuß und ein P-Fehlbedarf auftreten. Zur P-Abdeckung und zum Ausgleich der Ration müssen täglich etwa 80–120 g eines Ca-armen, aber P-reichen Mineralfutters verabreicht werden. Über dieses Mineralfutter wird gleichzeitig die Spurenelement- und Vitaminversorgung sichergestellt.

.3 Grassilage

Die Mast mit Grassilage als Grundfutter wird in erster Linie als sogenannte Wirtschaftsmast durchgeführt. Erst im höheren Gewichtsbereich von 400–600 kg Lebendgewicht werden nämlich durch das größere Fassungsvermögen des Pansens bei Tageszunahmen von über 1000 g etwa $3/4$ bis $4/5$ des Nährstoffbedarfes über die Grassilagen gedeckt, während es im Gewichtsabschnitt von 200–400 kg nur etwa $1/2$ bis $2/3$ sind. Diese relativ hohe Nährstoffversorgung über das Grundfutter ist jedoch nur dann möglich, wenn Gras zur Silierung vor der Blüte geschnitten und auf etwa

Übersicht 7.7–11: **Futterplan für die Mast mit Grassilage**

Lebendgewicht	kg	350	450	550
Tageszunahmen	g	1100	1100	1000
Grassilage (v. d. Blüte, 30 % TS)	kg	15	22	27
Ergänzungsfutter f. Rinder	kg	1,5	–	–
Trockenschnitzel	kg	1,3	2	2

30–35 % Trockensubstanz angewelkt wird. Keineswegs dürfen die erforderlichen hohen TS-Gehalte durch einen späteren Schnitt erreicht werden, da die Nährstoffkonzentration dann sehr stark vermindert ist. Auch Kleegras wird deshalb zur Gärfutterbereitung bereits bei Blühbeginn des Klees geschnitten und leicht angewelkt. Kleegrassilage ist im Nährstoffgehalt einer Anwelksilage aus Wiesengras gleichzusetzen.

Eine Anwelksilage mit einem Trockensubstanzgehalt von 30 % enthält je kg etwa 27 g verdauliches Rohprotein und 160 StE. Die Aufnahme dieser Anwelksilage dürfte im Gewichtsbereich von 300–600 kg von 15 auf 30 kg ansteigen. Übersicht 7.7–11 gibt einen entsprechenden Fütterungsplan für diesen Mastbereich wieder. Dabei werden mittlere Tageszunahmen von 1070 g unterstellt.

Zur ausreichenden Nährstoffversorgung muß neben Grassilage Kraftfutter eingesetzt werden. Dabei muß im Gewichtsbereich von 300–400 kg noch der Rohproteingehalt des Ergänzungsfutters, im höheren Gewichtsbereich ausschließlich der Energiegehalt berücksichtigt werden. Das Kraftfutter kann demnach z. B. zunächst aus einem Ergänzungsfutter für Mastrinder (12 % verd. Rohprotein, 650 StE), sowie Getreide oder Trockenschnitzel, gegen Ende der Mast vollständig aus Getreide oder Trockenschnitzel bestehen. Ein teilweiser Austausch der Energieträger durch Maniokmehl, Mühlennachprodukte u. a. richtet sich nach der Preiswürdigkeit dieser Produkte und ihrem Nährstoffgehalt. Die Höhe der täglichen Kraftfuttergabe ist abhängig von der Intensität der Mast und von der Nährstoffkonzentration der Grassilage. Bei frühem Schnitt des Grases und entsprechendem Anwelkgrad sind mit 2 bis 2,5 kg Kraftfutter gute Mastergebnisse zu erzielen. Mangelnde Nährstoffversorgung aus dem Grundfutter muß durch höhere Kraftfutterbeifütterung ausgeglichen werden. In dem vorgelegten Futterplan wird bei Unterstellung mittlerer Ca- und P-Gehalte stets eine ausreichende Bedarfsdeckung für Calcium und Phosphor erreicht. Allerdings sollten zur Absicherung etwaiger Abweichungen sowie zur Na-, Spurenelement- und Vitaminversorgung wenigstens 50 g eines hochvitaminierten Mineralfutters mit einem ausgeglichenen Ca : P-Verhältnis pro Tier und Tag verabreicht werden.

.4 Schlempe

Für die Verwertung der im Betrieb anfallenden Schlempe eignet sich am besten der Wiederkäuer, insbesondere das Mastrind. Vor allem bei „Magervieh" oder bei Mastbullen mit höheren Lebendgewichten können sehr hohe Schlempemengen eingesetzt werden. Für eine intensive Rindermast eignet sich am besten Getreideschlempe. Ihr Nährstoffgehalt liegt, frisch verfüttert, um 70 % höher als in Kartoffelschlempe, wobei die Tiere von Getreideschlempe auch etwas höhere Mengen vertragen. Im Mittel kann eine Aufnahme von etwa 10 kg Schlempe je 100 kg

Übersicht 7.7–12: **Futterplan für die Mast mit Maisschlempe**

Lebendgewicht	kg	350	450	550
Tageszunahmen	g	1100	1000	900
Maisschlempe	kg	30	45	55
Maissilage (27 % TS)	kg	9	12	16
Wiesenheu	kg	1	1	1
Weizen	kg	1,5	0,5	–

Lebendgewicht zugrunde gelegt werden. Charakteristisch für alle Schlempen ist ein enges Rohprotein-StE-Verhältnis unter 1 : 5 und geringe Trockensubstanzgehalte zwischen 5 und 8 %. Somit enthält die Schlempe relativ viel Eiweiß bei allerdings geringer Nährstoffkonzentration. Aus diesem Grunde läßt sich mit ihr allein keine Rindermast durchführen. Bei Berücksichtigung der verträglichen Gesamtmengen wird mit Maisschlempe etwas mehr als $1/3$ des Nährstoffbedarfs, mit Kartoffelschlempe etwa $1/4$ gedeckt. Eine ausgeglichene und dem Nährstoffbedarf entsprechende Mastration erfordert daher noch in erster Linie den Einsatz von Energieträgern wie körnerreicher Maissilage, Grassilage und entsprechender Kraftfuttermittel. In Übersicht 7.7–12 ist eine Ration mit Maisschlempe dargestellt, mit der, bei nur geringem Kraftfutteraufwand, tägliche Zunahmen um 1000 g zu erzielen sind. Als Kraftfutter kann hofeigenes Getreide benützt werden, wobei in dem Gewichtsabschnitt bis etwa 350 kg auf eine ausreichende Eiweißzufuhr zu achten ist. Eine Heugabe von 1 kg dürfte sich günstig auswirken. Wird allerdings anstelle von Maisschlempe Kartoffelschlempe verwendet, so ist der Kraftfuttereinsatz um 1–1,5 kg zu erhöhen. Auch bei Ersatz der Maissilage durch anderes Gärfutter ist etwa 0,5 kg Kraftfutter mehr zu verabreichen.

Besondere Beachtung erfordert bei hohem Schlempeeinsatz die Mineralstoffergänzung. Für Calcium ergibt sich eine extreme Unterversorgung, während Phosphor bedarfsdeckend enthalten ist. Damit liegt in Schlemperationen ein Ca : P-Verhältnis von etwa 0,7 : 1 vor. Auffällig ist zudem die hohe Mg-Versorgung. Als Ergänzung ist daher ein Ca-reiches, vitaminiertes Mineralfutter (etwa 20 % Ca) in Mengen von 150 bis 100 g (Lebendgewichtsbereich 350 bis 550 kg) täglich zu verabreichen.

.5 Biertreber

In der Jungrindermast können Biertreber bis zu 4 kg pro 100 kg Lebendgewicht verfüttert werden. Allerdings setzen solche hohen Mengen voraus, daß Biertreber frisch sind beziehungsweise Biertrebersilage einwandfrei konserviert ist. Biertreber sind sehr proteinreich. Der Rohproteingehalt beträgt etwa $1/4$ der Trockensubstanz. Daher ist dieses Futtermittel als Eiweißergänzung des Grundfutters, besonders zu Maissilage, sehr gut geeignet, wobei jedoch bereits Mengen von etwa 7 kg täglich in der zweiten Masthälfte ausreichen (siehe 7.7.2.1). Steht mehr Biertreber pro Mastbulle zur Verfügung, so wird Maissilage verstärkt aus der Ration verdrängt. Dabei ist jedoch insbesondere auf die Gesamtfutteraufnahme zu achten, da mit sehr hohen Biertrebermengen eine deutliche Eiweißüberversorgung auftritt. Depressionen in der Futteraufnahme können die Folge sein. Zu einer ausgeglichenen Nährstoffversorgung muß daher in erster Linie noch energiereiches Kraftfutter eingesetzt werden. Je nach beigefüttertem Grundfutter kommen hierfür besonders Getreide, Maniokmehl, zum Teil auch Trockenschnitzel in einer Menge bis zu 2 kg in Frage.

.6 Weide

Hohe Anteile absolutes Grünland oder nicht ackerfähige Restflächen in Ackerbaugebieten führen auch zur Rindermast auf der Weide. Mehr und mehr setzt sich dabei die Mast von Jungbullen gegenüber der Ochsen- oder Färsenmast durch. Allerdings müssen dann einige wichtige Voraussetzungen erfüllt sein, andernfalls ist eine Jungochsen- bzw. Stallmast vorzuziehen. Insbesondere sind alle Kriterien, die zu einer Beunruhigung der Tiere führen, auszuschalten. Dazu gehören vorausgehend ein Enthornen der Kälber und gruppenweise, gemeinsame Haltung bzw. Aufzucht im Laufstall. Bullen, die aus dem Anbindestall kommen, zeigen zunächst deutlich niedrigere Gewichtszunahmen auf der Weide, die sie im Weidesommer nicht mehr aufholen. Jegliche Unruhe auf der Weide hat zu unterbleiben. Deshalb sollten auch die Koppeln nicht direkt an verkehrsreichen Straßen oder stark begangenen Wegen liegen. Die Koppeleinzäunung muß besonders stabil ausgeführt sein. Da Jungbullen witterungsempfindlicher sind als andere Rinder, sollte nicht zu früh ausgetrieben werden. Weidehütten sind auf jeden Fall nötig.

Wirtschaftliche Rindermast auf der Weide erfordert eine konsequente Durchführung der Umtriebsweide. Standweiden scheiden aus. Entscheidend ist für eine ausreichende Gewichtsentwicklung eine beständige hohe Futteraufnahme. Sie wird primär durch das Futterangebot und die Futterqualität bestimmt. Bezeichnend für die Mast wachsender Rinder auf der Weide ist, daß zur Zeit des größten Grasaufwuchses das Gewicht und damit der Nährstoffbedarf der Weidetiere geringer ist als in den folgenden Weidemonaten. Während nämlich zu Beginn der Weideperiode der Grasaufwuchs den Nährstoffbedarf bei einer durchschnittlichen Besatzstärke von 3 Bullen mit 330–500 kg beziehungsweise von 5 Bullen mit 170–320 kg Lebendgewicht weit übertrifft, muß bereits ab Ende Juli bei gleicher Tierzahl ein fehlender Betrag an Nährstoffen ausgeglichen werden. Die Bereitstellung von Nährstoffen und der Nährstoffbedarf laufen also entgegengesetzt. In Abbildung 7.7–5 ist dieser Zusammen-

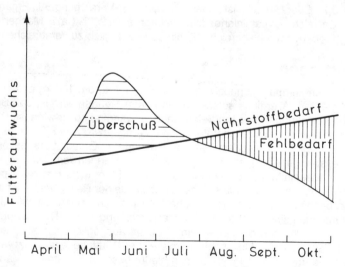

Abb. 7.7–5: **Futteraufwuchs auf der Weide und Nährstoffbedarf für die Bullenmast**

hang aufgezeigt. Daraus ergeben sich folgende Möglichkeiten für die Weideführung:
a) Der „Grasberg" wird gemäht und für die Winterfütterung konserviert.
b) Mit nachlassendem Aufwuchsvermögen wird die Zahl der Weidetiere durch frühzeitigen Verkauf laufend dezimiert.
c) Der geringere Aufwuchs und der steigende Nährstoffbedarf der Bullen werden über steigende Kraftfuttergaben ausgeglichen.

Unter den vorherrschenden praktischen Verhältnissen wird meistens die erste Lösung gewählt, wobei zumeist noch entsprechend zugefüttert werden muß. Wie hoch der Aufwuchs des Weidegrases sein soll, ist umstritten. Wenn auch zusätzlich die botanische Zusammensetzung der Grasnarbe eine Rolle spielt, so wird man als optimale Aufwuchshöhe mindestens 20 cm annehmen müssen. In diesem Vegetationsstadium ist der Rohfaseranteil pansenphysiologisch günstig. Dadurch werden Durchfälle und somit geringere Nährstoffverwertung vermieden. Aufgrund des Nährstoffgehalts im Weidegras wird unter diesen Bedingungen der Bedarf an verd. Rohprotein stets gedeckt werden, limitierend für den Zuwachs ist die Energieversorgung. Im Mittel sollten während der Weideperiode Tageszunahmen von 900–1000 g angestrebt werden. Allerdings zeigen neuere Auswertungen, daß in der Hälfte aller Betriebe Zunahmen von 800 g nicht überschritten werden.

Die Gewichtsentwicklung auf der Weide wird auch sehr stark von der Höhe der Nährstoffversorgung und damit dem Wachstum in der Winterperiode bestimmt. Eine zu intensive Winterfütterung wird bei Weidebeginn Gewichtseinbußen und nur allmählich steigende Zunahmen hervorrufen. Andererseits werden auch bei Rindern durch das Auftreten des kompensatorischen Wachstums geringe Tageszunahmen in der Winterfütterung durch höhere in der Sommerfütterung ausgeglichen. Damit wird auch das Ziel der Weidemast, die kostengünstigen Nährstoffeinheiten des Weidegrases am besten zu verwerten, am ehesten verwirklicht. Allerdings sind derzeit noch zu wenig fundierte Daten über die Höhe der Nährstoffversorgung in der Winterfütterung vor der sich anschließenden Weidemast vorhanden. Vielfach leitet man Erfahrungen noch aus der früheren Mast älterer Ochsen ab, die in der folgenden Weideperiode meist am besten zunahmen, wenn sie in der vorhergegangenen Winterfütterungsperiode nur etwa ihren Erhaltungsbedarf decken konnten. Eine solche Fütterungsweise wird jedoch dem Wachstumsverlauf von Jungbullen nicht gerecht. Diese sollen auch während der Stallperiode so gefüttert werden, daß tägliche Zunahmen von 500 bis 600 g erreicht werden.

Auch je nach dem Geburtstermin der Kälber werden sich unterschiedliche Verfahren der Weidemast ergeben. Herbstkälber sollen schon mit einem möglichst hohen Gewicht – jedoch ohne „Intensivmast" im Stall – auf die Weide kommen, um so bereits im 1. Weidesommer viel voluminöses Weidegras aufnehmen zu können. Je nach den betrieblichen Gegebenheiten können sie dann im Stall ausgemästet werden. Dieses Verfahren kann deshalb auch als Vormast für eine übliche Stallfütterung angesehen werden. Im allgemeinen werden diese Bullen aber für eine zweite Weideperiode durchgefüttert. Im 2. Weidesommer sind dann je nach Futterangebot Zunahmen von 900–1000 g zu erwarten. Allerdings wird nur bei diesen guten Bedingungen die Schlachtreife bis zum Weideabtrieb erreicht werden.

Frühjahrskälber, nach der tränkesparenden Aufzuchtmethode aufgezogen, können zwar bereits im Geburtsjahr geweidet werden, verlangen aber eine laufende Kraftfutterzugabe von etwa 1,0 kg täglich. In der Winterperiode kann die Fütterung ausschließlich mit Grundfutter erfolgen. Mit etwa 300 kg Lebendgewicht kommen die

Jungbullen zum zweiten Mal auf die Weide. Je nach Gewichtsentwicklung kann die Ausmast anschließend im Stall oder erneut auf der Weide (3. Weidesommer) erfolgen. Im 3. Weidesommer können diese Masttiere frühzeitig verkauft werden. Man erreicht dadurch eine Anpassung an den Weideaufwuchs und erzielt meist bessere Verkaufserlöse als in der Hauptabtriebszeit. Durch diese Art der Mast wird pro Bulle am meisten Weidegras verzehrt. Jedoch ergibt sich auch eine überaus lange Mastdauer.

Die Bekämpfung von Parasiten ist bei der Weidemast besonders zu beachten. Die gefährlichsten Schädlinge sind Dasselfliege, Leberegel, Lungen-, Magen- und Darmwürmer. Während die Larven der Dasselfliege am wirkungsvollsten im Herbst direkt mit entsprechenden Insektiziden bekämpft werden, sind gegen die übrigen Schädlinge vorbeugende Maßnahmen wichtiger. Hierzu gehören hygienisch einwandfreie Weidetränkanlagen, Beseitigung von Tümpeln und schlammigen Bachrändern als Brutstätten für den Zwischenwirt des Leberegels sowie richtige Weideführung zur Vorbeuge gegen Infektionen. Eine Behandlung gegen Wurmbefall erfolgt sowohl im Winter als auch während der Weidezeit über Verabreichung entsprechender Mittel, am besten über das Kraftfutter.

.7 Kraftfutter

Die Kraftfuttermast ist wegen der gegenwärtigen Kostenverhältnisse zwischen der Nährstoffeinheit im Kraftfutter und im wirtschaftseigenen Grundfutter wenig verbreitet. Nur bei einer veränderten Kostenrelation kann diese Art der Mast Bedeutung gewinnen.

Die Kraftfuttermast schließt sich als Intensivmast unmittelbar an die Aufzuchtperiode bis zu einem Mastendgewicht von etwa 350 kg an. Die Mast ist bereits bei diesem niedrigen Lebendgewicht abzubrechen, da durch die konzentrierte Nährstoffversorgung über Kraftfutter, durch den steigenden Nährstoffbedarf und durch die relativ hohen Nährstoffpreise der Grenzertrag im Vergleich zum Aufwand im unteren Gewichtsbereich liegt. Durch die rohfaserarmen, stärkereichen Futterrationen der Kraftfuttermast erhöht sich im Pansen die Keimzahl und damit auch die Säurenproduktion. Da außerdem der Speichelfluß vermindert ist, liegt der pH-Wert im Pansen nicht mehr im physiologisch normalen Bereich. Deshalb werden bei überwiegendem Kraftfuttereinsatz alkalisch wirkende Substanzen, zum Beispiel 1–2 % Natriumbicarbonat, dem Futter beigemischt.

Die Ansprüche der Bullen an den Eiweiß- und Energiegehalt in der Futterration ändern sich im Laufe der Mast und erfordern eigentlich mehrere, verschieden zusammengesetzte Kraftfuttermischungen. Fütterungstechnisch einfacher ist es jedoch, den hauptsächlichen Eiweißbedarf über eine für die gesamte Mast gleichbleibende „Grundmischung" zu decken und diese mit einer proteinarmen „Sättigungsmischung", dem steigenden Energiebedarf entsprechend, zu ergänzen. Die „Grundmischung" kann aus Getreide und Sojaextraktionsschrot bzw. einem handelsüblichen Rindermastfutter bestehen, während die „Sättigungsmischung" neben Getreide vornehmlich Mühlennachprodukte, Trockenschnitzel, Maniokmehl und ähnliche Energieträger enthält. Die täglichen Kraftfuttergaben betragen etwa 4 bis 7 kg mit steigendem Lebendgewicht. Eine zusätzliche gleichbleibende Heumenge von 0,5–1,0 kg je Tier und Tag beugt Störungen im Speichelfluß, in der mikrobiellen

Verdauung und in der Vormagenmotorik vor und kann sogar den täglichen Zuwachs erhöhen. Höhere Mengen an Wiesenheu sind jedoch für eine solch intensive Mastform nicht empfehlenswert.

Aufgrund steigender Trocknungskosten kommen in der Nähe von Zuckerfabriken verstärkt Preßschnitzel (Naßschnitzel) bzw. Preßschnitzelsilage zum Einsatz. Der TS-Gehalt liegt bei etwa 20 % und ihr Nährstoffgehalt ist – bezogen auf einen vergleichbaren TS-Gehalt – dem von Trockenschnitzeln vergleichbar. Bei ausschließlichem Einsatz in Mastrationen kann das Verfahren den Bedingungen der Kraftfuttermast gleichgesetzt werden.

Nach neueren Fütterungsversuchen von BURGSTALLER (1980) kann auch heißluftgetrocknetes Gras – Cobs oder Briketts – mit gutem Erfolg als überwiegende Rationskomponente in der Mast eingesetzt werden. Die Gewichtsentwicklung bzw. der Mastverlauf entspricht einer Intensivmast. Die Mast mit diesem Futtermittel ist daher der mit Kraftfutter zuzuordnen. Allerdings werden zunehmende Trocknungskosten eine wirtschaftliche Verwendung in der Mast nicht ermöglichen.

.8 Mast von Jungochsen

Innerhalb der Rindfleischerzeugung spielt die Mast von Jungochsen nur noch eine untergeordnete Rolle. Im Vergleich zu Jungbullen besitzen nämlich kastrierte Tiere ein viel geringeres Wachstumsvermögen und dadurch eine frühere Fetteinlagerung. Dies führt zu bis zu 20 % geringeren Tageszunahmen bei gleichem Nährstoffangebot und zu einem um bis zu 15 % höheren Futterverbrauch je kg Zuwachs. Die Futterverwertung ist also entsprechend schlechter. In Abbildung 7.7–6 ist der Nähr-

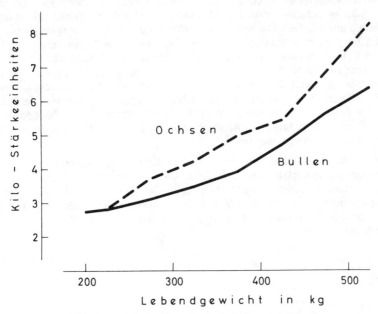

Abb. 7.7–6: **Nährstoffverbrauch je kg Zuwachs bei Bullen und Ochsen**

stoffverbrauch je kg Zuwachs bei Bullen und Ochsen nach Versuchsergebnissen (siehe hierzu JUNGEHÜLSING, 1965) dargestellt. Danach ist die Futterverwertung bei Ochsen etwa ab 200 kg Lebendgewicht deutlich verschlechtert.

Jungochsen werden vor allem auf der Weide gemästet. Aber auch hier wird heute zum Großteil die Mast von Jungbullen vorgezogen, da diese ihre höhere Wachstumsintensität, also ihr höheres Fleischbildungsvermögen gegenüber Jungochsen auch auf der Weide zur Geltung bringen. Allerdings haben Jungochsen bei begrenzter Nährstoffversorgung, wie sie auf der Weide im Vergleich zur intensiven Stallmast auftreten kann, den Vorteil, daß sie die geforderte Schlachtreife auf der Weide erreichen, während Mastbullen die für eine gute Schlachtqualität erforderliche subcutane und intramuskuläre Fettablagerung unter solchen Nährstoffbedingungen nicht aufweisen. Jungochsen müssen deshalb nicht mehr im Stall ausgemästet werden. Dadurch wird die Haltung kastrierter männlicher Rinder einfacher, weshalb in manchen Weidegebieten der Mast von Jungochsen der Vorrang gegeben wird.

.9 Mast weiblicher Jungrinder

Wegen der zunehmenden Nachfrage nach Rindfleisch werden auch Färsen zur Mast aufgestellt. Die Mast weiblicher Tiere erfordert aber eine große Sorgfalt und planvolle Durchführung. Normalerweise werden Färsen bei einem Lebendgewicht von 380–450 kg marktreif. Die anschließende zunehmende Verfettung vermindert die Mast- und Schlachtleistung. Ähnlich wie bei der Mast von Jungochsen werden durch die frühere Fetteinlagerung die Tageszunahmen geringer und die Futterverwertung wesentlich schlechter als bei Jungbullen. Somit ist es wenig sinnvoll, auf höhere Gewichte zu mästen. Ein stärkerer Fettansatz läßt sich vermeiden, wenn die Nährstoffversorgung entsprechend dem Lebendgewicht und der Gewichtsentwicklung genau eingehalten wird. Für Mastfärsen sind mittlere Tageszunahmen von 700–900 g anzustreben. Die notwendige Nährstoffzufuhr liegt damit deutlicher unter der von Jungbullen (siehe Übersicht 7.7–4 und 7.7–5). Mastfärsen nehmen bei einer solchen Fütterungsintensität zwischen 700–900 g täglich zu. Weibliche Jungtiere lassen sich wie Jungochsen ebenfalls auf der Weide mästen. Bei guter Weide und entsprechender Weideführung können sie ohne Endmast im Stall und ohne wesentliche Beifütterung während der Weidezeit bereits schlachtreif werden. Auch etwas geringere Zunahmen während der Winterfütterung können in der Weideperiode bei entsprechend nährstoffreichem Aufwuchs durch das sogenannte kompensatorische Wachstum ausgeglichen werden.

Den Erfordernissen des Rindfleischmarktes kommt die verlängerte Färsenmast sehr entgegen. Je nach Entwicklung werden die Färsen mit 14–18 Monaten gedeckt. Sie bringen somit vor dem Schlachten zusätzlich ein Kalb. Nach dem Abkalben werden die Kalbinnen noch 2–5 Monate entsprechend ihrer Leistung gefüttert und liefern im Alter von etwa 30 Monaten bei etwa 480 – 520 kg Lebendgewicht beste Schlachtqualität.

8 Schaffütterung

Das Schaf kann ebenso wie das Rind durch die mikrobielle Verdauung rohfaserreiche Futtermittel sehr gut ausnützen. In der Verdaulichkeit der Rohnährstoffe und auch in der energetischen Verwertung verdaulicher Nährstoffe für den Fettansatz bestehen zwischen Rind und Schaf gewisse Unterschiede, die sich aber insgesamt gesehen in etwa ausgleichen. So kann auch beim Schaf eine hohe Wachstums- und Reproduktionsleistung nicht mit geringwertigen Futterstoffen, sondern erst mit einer leistungsgerechten Ernährung über energie- und eiweißreiche Futterrationen erzielt werden.

8.1 Fütterung von Mutterschafen

In der Schafhaltung steht heute weniger die Woll- als vielmehr die Fleischproduktion im Vordergrund. Deshalb sind für eine wirtschaftliche Schafhaltung gute Ablamm- und Aufzuchtergebnisse der Mutterschafe erforderlich. Diese sind durch Zuchtmaßnahmen in den einzelnen Schafrassen und Kreuzungen sehr unterschiedlich. Ablamm- und Aufzuchtergebnisse können aber auch sehr stark durch die Fütterung beeinflußt werden.

8.1.1 Leistungsstadien und Nährstoffbedarf

Der Nährstoffbedarf der Mutterschafe ist vor und während der Zeit des Deckens, während der Trächtigkeit und in der Laktation sehr unterschiedlich. Hohe Fruchtbarkeit und optimale Aufzuchtleistungen setzen deshalb auch voraus, daß die Mutterschafe in den einzelnen Leistungsstadien entsprechend diesen Ansprüchen vollwertig ernährt werden.

.1 Zeit des Deckens

Die Fruchtbarkeit von Mutterschafen wird sehr stark durch die Ernährung vor der Paarung beeinflußt. Eine gezielte zusätzliche Nährstoffzufuhr vor dem Decken bzw. auch eine sehr gute Zuchtkondition (Lebendgewicht) können zu höherer Ovulationsrate und damit zu einem größeren Prozentsatz an Zwillingslämmern führen. Diese zusätzliche Fütterung bewirkt auch, daß die Brunst nach der Laktation wieder früher einsetzt und intensiver in Erscheinung tritt. Dieser Effekt wird als Flushing (Auffüttern, Aufheizen) bezeichnet. Er läßt sich mit steigenden Mengen energiereichen Kraftfutters oder mit junger, nährstoffreicher Weide erzielen. Im wesentlichen scheint es auf eine erhöhte Energiezufuhr anzukommen (siehe auch 6.1.1.1).

Übersicht 8.1–1: **Flushing und Ovulationsrate beim Schaf**

Dauer des Flushing in Wochen	Änderung des Körpergewichts in %	Ovulationsrate
Kontrolle	–	1,50
4	+ 16,4	2,17
8	+ 27,5	2,17
12	+ 30,7	2,00

Nach Untersuchungen von ALLEN und LAMMING wird die Zahl der zur Reifung gelangenden Eier auch von der Dauer des Flushing beeinflußt (Übersicht 8.1-1). Demnach bringt eine zusätzliche Fütterung, die früher als 4 Wochen vor der Paarungszeit beginnt, keine weiteren Vorteile. Innerhalb des Zeitraumes von 4 Wochen vor der Paarung steigt die Ovulationsrate mit zunehmender Dauer an. Allerdings dürfen dann die Mutterschafe nach dem Absetzen der Lämmer bis zur nächsten Decksaison keineswegs zu reichlich ernährt werden. Ein Gewichtsverlust in dieser Zeit kann sogar durchaus günstig für die Wirksamkeit des Flushing sein.

Im allgemeinen werden erhöhte Konzeptionsraten beim Mutterschaf erzielt, wenn, 4 Wochen vor der Paarungszeit beginnend, zusätzlich 70 Stärkeeinheiten je Tier und Tag verabreicht werden. Diese Menge wird bis eine Woche vor dem Decken auf etwa 300 Stärkeeinheiten gesteigert und in dieser Höhe noch zwei Wochen nach Beginn der Deckzeit beibehalten.

.2 Trächtigkeit

Der Bedarf an Nährstoffen für die Trächtigkeit ergibt sich auch beim Schaf im wesentlichen aus dem Stoffansatz des gesamten Konzeptionsproduktes. In der durchschnittlich 150 Tage dauernden Trächtigkeit beträgt die Zunahme der gesamten Reproduktionsorgane bei einem Fötus etwa 10 kg, bei 2 Föten dürfte der Ansatz um etwa zwei Drittel höher liegen. Das Geburtsgewicht des Lammes beträgt bei Einlingen um 5,5 kg, Zwillingslämmer werden mit einem um 10–20 % geringeren Gewicht geboren. Die restliche Gewichtszunahme erstreckt sich auf Uterus, Placenta und Fruchtwasser.

Übersicht 8.1-2 enthält die aus Untersuchungen von WALLACE geschätzte tägliche Proteinretention im Uterus von Schafen.

Übersicht 8.1-2: **Täglicher Proteinansatz im Fötus und in den Reproduktionsorganen beim Schaf**

Trächtigkeits- monat	Proteinansatz in g/Tag	
	Einling 5,9 kg Geburtsgewicht	Zwillingslämmer 10,0 kg Geburtsgewicht
2.	1	2
3.	3	6
4.	10	20
5.	30	50

Entsprechend dem geringen Ansatz im gesamten Konzeptionsprodukt in den ersten 3 Monaten der Trächtigkeit liegt der Nährstoffbedarf von Mutterschafen in dieser Zeit nur unwesentlich über dem Erhaltungsbedarf. Erst in den letzten 6 Wochen der Gravidität muß eine zusätzliche Nährstoffversorgung für die stärkere Ausbildung der Föten und der Milchdrüse erfolgen. Gerade in dieser Zeit der Trächtigkeit ist auch die ausreichende Nährstoffversorgung für günstige Geburtsgewichte und für die Gesundheit der Muttertiere besonders wichtig. Übersicht 8.1-3 zeigt nach Untersuchungen von GILL und THOMSON den Einfluß unterschiedlicher Energieaufnahmen in den letzten 6 Wochen der Trächtigkeit auf die Geburtsgewichte der Lämmer sehr deutlich auf. Folgen einer Unterernährung der trächtigen Mutterschafe können Frühgeburten und dadurch erhöhte Lämmerverluste sowie verminderte Milchleistung durch eine schlechte Euterentwicklung sein. Mangelnde Nährstoffzufuhr in den letzten Wochen der Gravidität kann auch zur sogenannten Trächtigkeitstoxämie der Mutterschafe führen. Dabei liegt ähnlich der Acetonämie bei Milchkühen (siehe 3.2.4) eine Stoffwechselstörung durch Mangel an Glucose bzw. glucoplastischen Substanzen vor; die Gehalte an Ketonkörpern im Blut sind erhöht. Glucose ist die wichtigste Energiequelle für das Wachstum der Föten und der Glucosebedarf ist bei Zwillings- und Mehrlingsträchtigkeiten besonders hoch. Vorbeugend wirken daher ausreichende Ernährung und Futterrationen, die im Stoffwechsel genügend Glucose bzw. Propionsäure liefern.

Übersicht 8.1–3: **Energieaufnahme in der Trächtigkeit von Schafen und Geburtsgewicht der Lämmer**

Tägliche Energie- aufnahme StE	Gewichtszunahme des Mutterschafes kg	Geburtsgewicht je Lamm kg
590	0	4,4
780	1,8	4,8
880	7,2	5,1
1175	10,4	5,3

.3 Laktation

Die Aufzuchtleistung von Mutterschafen wird sehr stark durch die Säugeleistung bestimmt. Deshalb müssen laktierende Mutterschafe ausreichend mit Nährstoffen entsprechend ihrer Milchmenge, dem Laktationsverlauf und der Milchzusammensetzung versorgt werden.

Die Laktation dauert beim Schaf etwa 16 Wochen. Die durchschnittliche Milchmenge beträgt mit Ausnahme von reinen Milchrassen 100–150 kg. Die Milchleistung weist jedoch sehr große rassenbedingte und individuelle Unterschiede auf. Neben

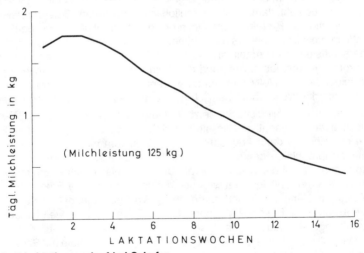

Abb. 8.1–1: **Laktationsverlauf bei Schafen**

Übersicht 8.1–4: **Nährstoffgehalte von Schafmilch**

Trockensubstanz %	Protein %	Fett %	Lactose %	Asche %	Energiegehalt kJ je kg
17–20	5,5–6	7–7,5	4,4–4,8	0,9	um 5000

Erbanlage und Fütterung wird die Milchmenge auch stark von der Zahl der säugenden Lämmer beeinflußt. Zwillingslämmer saugen nämlich öfter als Einlinge, sie entleeren das Euter dadurch stärker, wodurch die Milchsekretion auch mehr angeregt wird. Man kann annehmen, daß Mutterschafe mit Zwillingslämmern etwa 50 % mehr Milch geben als Einlingsmütter. Die durchschnittliche tägliche Milchleistung in den ersten 2 Monaten der Laktation beträgt bei Mutterschafen mit Zwillingen etwa 1,5 kg, bei Einlingsmüttern rund 1 kg.

Die tägliche Milchleistung ist aber auch vom Laktationsverlauf sehr stark abhängig. In Abb. 8.1–1 ist nach WALLACE eine Laktationskurve von Suffolkschafen aufgezeigt. Sie kann jedoch wegen der großen Unterschiede zwischen den Rassen nur als Anhaltspunkt dienen. Im allgemeinen kann man rechnen, daß von der gesamten Milchmenge im ersten Monat der Laktation etwa 40 %, im zweiten 30 %, im dritten 20 % und im vierten Monat 10 % ausgeschieden werden; das heißt, in der zweiten Hälfte der Laktation wird nur etwa halb soviel Milch produziert wie in den ersten 8 Wochen.

Schafmilch weist ähnliche Nährstoffgehalte wie Sauenmilch auf (Übersicht 8.1–4). Der Protein- und Fettgehalt in Schafmilch dürfte durch die Fütterung wahrscheinlich ebenso zu beeinflussen sein wie in Kuhmilch (s. hierzu 7.1.2.3).

.4 Wollwachstum

Die jährliche Wollproduktion von Schafen mit 50–60 kg Lebendgewicht liegt je nach Rasse bei 4–6 kg Schurgewicht. Das entspricht etwa 2–4 kg reiner Wolle. Auf tägliches Wollwachstum umgerechnet, ergibt dies 6–10 g. Wolle enthält etwa 16,3 % Stickstoff und besteht damit fast ausschließlich aus Protein (Skleroproteine). Die tägliche Retention an Protein für die Wollproduktion beträgt demnach ebenfalls 6–10 g. Das Wollprotein ist besonders durch hohe Gehalte an schwefelhaltigen Aminosäuren charakterisiert. Der Anteil an Cystin ist im Vergleich zu den Gehalten im Muskelprotein verzehnfacht. Aufgrund der Zusammensetzung der Wolle ergibt sich der Energiebedarf für Wollwachstum im wesentlichen aus dem Proteinbedarf. Der Energieansatz der Wolle dürfte nämlich nur bei 200 kJ je Tier und Tag liegen.

Wolle wächst kontinuierlich. Sie setzt, im Gegensatz zum Muskel, ihr Wachstum auch noch etwas bei negativer Stickstoff- und Energiebilanz fort, da andere Proteingewebe des Körpers dafür abgebaut werden. Trotzdem müssen natürlich für eine optimale Wollproduktion genügend Nährstoffe verabreicht werden. Mit steigender Nährstoffzufuhr nimmt die Wachstumsrate der Wolle bis zur genetisch festgelegten Grenze zu. Auch die Wollqualität wird durch eine ausreichende Ernährung verbessert. Mangel an Nährstoffen führt zu brüchiger Wollfaser, Mangel an Kupfer verringert ihre Kräuselung. Besonders unzureichende Gehalte an Schwefel in der Ration und damit ungenügende Synthese an schwefelhaltigen Aminosäuren im Pansen stören das Wollwachstum. Durch eine Überversorgung der Schafe mit Schwefel oder Cystein kann die Wollproduktion nicht gesteigert werden.

.5 Nährstoffnormen

Der Nährstoffbedarf von Schafen ist keine feststehende Größe, da er durch einige Umweltfaktoren wie Temperatur und Bewegung stark beeinflußt wird. Je nach Vlieslänge ist zum Beispiel die kritische Temperatur sehr unterschiedlich. Nach ARMSTRONG und Mitarbeitern liegt diese Temperatur für Schafe bei Erhaltungsniveau und
einer Vlieslänge von 0,1 cm bei + 32 °C,
mit einem Vlies von 2,5 cm Länge bei + 13 °C
und mit einem Vlies von 12 cm Länge bei 0 °C.

Nach verschiedenen Untersuchungen liegt der Grundumsatz ausgewachsener Schafe bei etwa 210 kJ/kg$^{0.75}$ Lebendgewicht und Tag. Wenn man für die größere Bewegungsaktivität der Schafe bei freier Stallhaltung und für das Wollwachstum einen um 25 % höheren Energieaufwand annimmt, ergibt sich ein Erhaltungsbedarf von 26,5 StE/kg$^{0.75}$ Lebendgewicht. Mit diesem Wert erhält man den in Übersicht 8.1–5 angegebenen Erhaltungsbedarf ausgewachsener Schafe.

Wenn die Schafe bei Weidegang größere Strecken, insbesondere an Hanglagen, zurücklegen, erhöht sich der Erhaltungsbedarf. Der zusätzliche Energieaufwand beträgt nach Untersuchungen von CORBETT und Mitarbeitern (1969) etwa 10 StE je km in der Ebene und liegt bei Vertikalbewegung um etwa das 10fache höher.

Übersicht 8.1–5: **Täglicher Nährstoffbedarf von Mutterschafen**

Leistungsstadien	Gewicht kg	verd. Rohprotein g	Rohprotein g	StE
Erhaltung (einschl. Wollwachstum)	50	50	70	500
	60	55	77	570
	70	60	85	640
	80	65	90	710
Zusätzlicher Bedarf für **Trächtigkeit** niedertragend		entsprechend dem Erhaltungsbedarf		
hochtragend (6 Wochen vor Geburt)				
vorwiegend Einzelgeburten		+ 50	+ 70	+ 250
vorwiegend Zwillingsgeburten		+ 80	+ 110	+ 400
Zusätzlicher Bedarf für **Laktation** 1. – 8. Woche				
tägl. Milchleistung 1,0 kg		+ 100	+ 140	+ 430
tägl. Milchleistung 1,5 kg		+ 140	+ 195	+ 650
9. – 16. Woche				
tägl. Milchleistung 0,5 kg		+ 50	+ 70	+ 210
tägl. Milchleistung 0,75 kg		+ 75	+ 105	+ 320

Nach JAHN (1970) beträgt die minimale N-Ausscheidung bei ausgewachsenen Schafen etwa 0,26 g N/kg$^{0.75}$. Etwa 60 % dieses endogenen N-Verlustes werden über den Darm ausgeschieden. Bei einer biologischen Wertigkeit des absorbierten Protein-N von 60 % und einem täglichen N-Ansatz von 10 g Protein in der Wolle ergibt sich der in Übersicht 8.1–5 aufgezeigte Erhaltungsbedarf an verdaulichem Rohprotein bei unterschiedlichem Lebendgewicht.

Da beim Schaf Laktation und eine neue Trächtigkeit zeitlich meistens getrennt sind, werden Mutterschafe zwischen diesen Leistungsstadien entsprechend dem Erhaltungsbedarf gefüttert. Auch der Bedarf niedertragender Schafe wird mit dieser Nährstoffnorm gedeckt. Für hochtragende Tiere sind in Übersicht 8.1–5 zwei Nährstoffnormen angegeben, die sich nach der Zahl der zu erwartenden Lämmer unterscheiden. Aus dem Proteinansatz des Fötus und der Reproduktionsorgane läßt sich nämlich bei einer Ausnutzung von 60 % des zugeführten verdaulichen Rohproteins ein zusätzlicher Proteinbedarf des Mutterschafes gegen Ende der Trächtigkeit von 50 g für einen Fötus und von 80 g für zwei Föten errechnen. Die Nährstoffnormen laktierender Schafe wurden entsprechend der unterschiedlichen Milchleistung getrennt aufgeführt. Diesen Richtzahlen liegt ein Bedarf von 90–100 g verdaulichem Rohprotein und 430 Stärkeeinheiten für die Erzeugung von 1 kg Schafmilch zugrunde. Die Richtzahlen für Rohprotein ergeben sich aus dem Bedarf an verdaulichem Rohprotein multipliziert mit dem Faktor 1,4 entsprechend der mittleren Verdaulichkeit des Rohproteins von etwa 70 % (s. 7.1.1.1).

8.1.2 Praktische Fütterungshinweise

Der unterschiedliche Nährstoffbedarf von Mutterschafen in den verschiedenen Leistungsstadien erfordert in der praktischen Fütterung den Einsatz von Grund- und Kraftfuttermitteln. Während bei güsten und niedertragenden Schafen die Nährstoffversorgung ausschließlich über das Grundfutter erfolgt, müssen bei hochtragenden und säugenden Tieren wegen der erhöhten Anforderungen an die Nährstoffkonzentration Kraftfuttermittel eingesetzt werden.

.1 Grundfutter

Je mehr Grundfutter eingesetzt werden kann, desto wirtschaftlicher wird die Fütterung. Voraussetzung hierfür ist aber, daß Grundfutter mit hoher Verdaulichkeit angeboten wird. Rechtzeitiger Schnitt von Futterpflanzen ist deshalb auch bei der Fütterung von Schafen erforderlich. In der Winterfütterung werden vor allem Heu, Silagen und Rüben angeboten. Silage muß von einwandfreier Qualität sein, besonders wenn sie an hochträchtige und säugende Mutterschafe verabreicht wird. Nach verschiedenen Versuchen können je Tier und Tag 7–8 kg Naßsilage bzw. 5 kg Anwelksilage verfüttert werden, allerdings sollte sich diese hohe Menge aus verschiedenen Silagen zusammensetzen. Besonders Zuckerrübenblattsilage wird, einseitig verfüttert, von Schafen weniger gut vertragen. Bei Schlempe ist eine mittlere Menge von 2–3 kg je Tier und Tag einzuhalten. Rohe Kartoffeln können höchstens in einer Menge von 1–2 kg je Tier und Tag gegeben werden.

In Übersicht 8.1–6 sind einige Grundfutterrationen für die Winterfütterung von Mutterschafen in den verschiedenen Leistungsstadien angegeben. Güste und niedertragende Schafe können damit ihren Nährstoffbedarf decken, da die Rationen bei guten Futterqualitäten mindestens 70 g verdauliches Rohprotein und 570 Stärkeeinheiten liefern. Hochtragende und säugende Tiere nehmen aus den angegebenen Grundfuttermengen bei 1,5 kg Trockensubstanz etwa 100 g verdauliches Rohprotein und 700 Stärkeeinheiten auf. Der restliche Nährstoffbedarf muß über Kraftfutter gedeckt werden. Der Mineralstoffversorgung wird für güste und niedertragende Schafe mit 10 g bzw. für hochtragende und laktierende mit 20 g Mineralfutter

Rechnung getragen. Mineralfutter für Rinder eignet sich wegen der vorgesehenen Ergänzung mit Kupfer (min. 700 mg/kg) nicht für Schafe. Während der Wintermonate sollte das Mineralfutter vitaminiert (A, D) sein.

Während der Vegetationszeit erfolgt die Grundfutterversorgung von Mutterschafen meistens über Weide. In neuerer Zeit werden Schafe auch in zunehmendem Maße in Koppeln gehalten. Dies hat nicht nur arbeitswirtschaftliche Vorteile, sondern es lassen sich auch höhere Leistungen erzielen. Die Dauergrünland- oder Ackerfutterflächen müssen hierbei „schafsicher" eingezäunt werden. Hierzu ist vor allem ein gut gespanntes Knotengitter geeignet.

Wird eine Grünlandfläche nur über Schafe genutzt, so rechnet man im Durchschnitt mit einer Besatzstärke von 10 Mutterschafen einschließlich Nachzucht je ha. Gleichzeitig kann noch das Winterfutter (Heu, Silage) für die Mutterschafe gewonnen werden. Abwechselndes Mähen und Weiden liefert auch auf der Schafweide bessere Futterqualitäten und höhere Weideerträge. Außerdem wird mit dieser Maßnahme der Gefahr der Verwurmung vorgebeugt. Die Koppelflächen werden am besten durch Portions- oder Umtriebsweide genützt. Durch einen Kriechzaun können die Lämmer bis zum Absetzen den Mutterschafen vorausweiden. Die täglich Aufnahme an Trockensubstanz liegt bei 60 bis 70 kg schweren Schafen im Mittel bei etwa 1,8 kg. Bei einem Trockensubstanzgehalt von 20 % sind dies bis zu 9 kg Weidegras. Schafe können auch gemeinsam mit Rindern weiden. Bei diesem gemeinsamen Auftrieb wird durch das gute Ausnutzungsvermögen der Weidenarbe durch die Schafe nur ein geringer zusätzlicher Flächenbedarf erforderlich, wenn ein Verhältnis von einer Großvieheinheit Rind zu einem Mutterschaf eingehalten wird.

Übersicht 8.1–6: **Grundfutterrationen für Mutterschafe (Futtermittel in kg)**

Futtermittel	I	II	III	IV	V	VI
Güst und niedertragend						
Wiesenheu	0,5	1	0,25	0,5	–	–
Luzerneheu	–	–	–	–	0,25	0,5
Grassilage	2	–	1,5	–	–	–
Rübenblattsilage	–	2,5	–	1,5	2	–
Maissilage	–	–	2	–	2	3,5
Futterrüben	–	–	–	3	–	–
Futterstroh	0,5	–	–	0,5	0,5	–
Mineralfutter	0,01	0,01	0,01	0,01	0,01	0,01
hochtragend und säugend						
Wiesenheu	0,75	0,75	0,5	1	–	–
Luzerneheu	–	–	–	–	0,5	0,75
Grassilage	3	1,5	2	–	–	–
Rübenblattsilage	–	2,5	–	2	2	–
Maissilage	–	–	2	–	3	4
Futterrüben	–	–	–	2,5	–	–
Mineralfutter	0,02	0,02	0,02	0,02	0,02	0,02

Schafe sollten ähnlich wie Rinder zu Beginn der Weidezeit auf die Futterumstellung vorbereitet werden (s. 7.1.3.2). Auch während der Weidezeit wirkt sich eine Beifütterung von rohfaserreichem Material (Heu, Silagen) günstig auf die Leistung und Gesundheit der Tiere aus. Bei Verwendung von Maissilagen u. a. wird zugleich das Nährstoffverhältnis verbessert. Es ist zu beachten, daß nur sehr nährstoffreiche Weide den Nährstoffbedarf von hochträchtigen Tieren deckt. Grundsätzlich muß bei allen Tieren zusätzlich Mineralfutter am besten über Lecksteine verabreicht werden.

.2 Kraftfutter

Güste und niedertragende Schafe erhalten kein Kraftfutter. Eine Ausnahme bildet die Zeit des Deckens. Etwa 4 Wochen vor dem Decken werden zum Grundfutter noch täglich 100 g Getreideschrot verabreicht. Diese Menge wird bis eine Woche vor dem Decktermin auf 450 g gesteigert und in dieser Höhe auch noch zwei Wochen nach Beginn der Deckperiode beibehalten.

Bei hochtragenden und säugenden Schafen hängt die erforderliche Kraftfuttergabe von der Aufnahme und Qualität des Grundfutters ab. Bei üblichen Grundfutterrationen, wie sie auch in Übersicht 8.1–6 aufgezeigt sind, kommt ein Kraftfutter, das in seiner Zusammensetzung dem Ergänzungsfutter für Zuchtschafe mit mindestens 15 % Rohprotein entspricht, dem Nährstoffbedarf von Mutterschafen am nächsten. Entsprechende Kraftfuttermischungen können auch aus eigenem Getreide und Eiweißfuttermitteln (s. 7.1.3.6) hergestellt werden. Für Rinder bestimmte Ergänzungsfutter sind für Schafe weniger geeignet, da sie mit Kupfer ergänzt sind. Bei Grundfutterrationen mit einem engeren Verhältnis von verd. Rohprotein : StE als 1 : 6 eignen sich vor allem energiereichere Ergänzungsfutter. Kraftfuttermischungen mit wesentlich höherem Rohproteingehalt als 15 % sind nur bei eiweißarmem Grundfutter berechtigt, wenn also z. B. in der Futterration große Anteile Stroh, Trockenschnitzel, Futterrüben oder Maissilage enthalten sind. Die erforderlichen Kraftfuttermengen sind in Übersicht 8.1–7 aufgezeigt.

Übersicht 8.1–7: **Tägliche Kraftfutterzuteilung für Mutterschafe, in kg**

Leistungsstadien	Schafe mit	
	Einzelgeburten	Zwillingsgeburten
Zeit des Deckens	0,1–0,45	0,1–0,45
hochtragend	0,3	0,6
Laktation		
1. – 8. Woche	0,4	0,75
9. – 16. Woche	–	0,2

8.2 Aufzucht von Lämmern

Voraussetzung für eine erfolgreiche Aufzucht von Lämmern ist, daß sie mit einem normalen Geburtsgewicht von etwa 4,5 – 5,5 kg geboren werden. Dies wird nur erreicht, wenn Mutterschafe in den letzten Wochen der Trächtigkeit vollwertig ernährt werden (s. hierzu Übersicht 8.1–3). Nur bei einem ausreichenden Geburtsgewicht sind die Lämmer lebenskräftig.

Bei der Aufzucht von Lämmern gelten aufgrund der physiologischen Ähnlichkeiten analoge Grundlagen wie bei der Kälberaufzucht (s. 7.3.1). Auch Lämmer sind deshalb in den ersten Stunden und Tagen auf die Kolostralmilch angewiesen. Ebenso ist auch bei den Lämmern in den ersten Lebenswochen die Vormagenregion nicht voll ausgebildet und funktionsfähig, die Nahrung wird demnach vorwiegend enzymatisch im Labmagen und Dünndarm abgebaut. Für die Aufzucht, vor allem beim Ersatz von Milch, muß daher die Entwicklung der Verdauungsenzyme berücksichtigt werden. Allerdings fehlen beim Lamm noch so weitgehende Untersuchungen, wie sie für das Kalb bereits vorliegen. Aus wirtschaftlichen Gründen sollte jedoch auch bei der Aufzucht von Lämmern möglichst eine frühzeitige Entwicklung des Pansens durch die Fütterung angestrebt werden. Sicherlich dürfte die mutterlose Aufzucht diesem Grundsatz am ehesten entsprechen.

8.2.1 Bedarfsnormen

Lämmer besitzen eine hohe Wachstumsintensität. In etwa 5 Wochen verdreifachen sie ihr Geburtsgewicht. Dieses rasche Wachstum wird aber nur bei ausreichender Versorgung mit biologisch hochwertigem Protein und leichtverdaulicher Energie erzielt. Rassebedingte Unterschiede erschweren es, allgemeingültige Nährstoffbe-

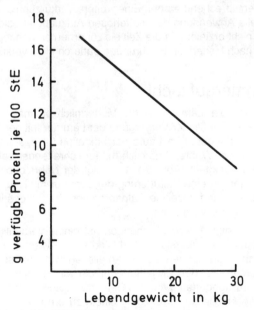

Abb. 8.2–1: **Proteinbedarf je 100 StE bei Sauglämmern**

darfsnormen anzugeben. Der tägliche Nährstoffbedarf steht in enger Beziehung zum Protein- und Energieansatz je Einheit Gewichtszuwachs. Während der Proteinansatz zu Beginn des postnatalen Wachstums etwa 16 % des Zuwachses beträgt und mit fortschreitendem Alter der Lämmer abfällt, steigt der Energieansatz durch die ständig zunehmende Fetteinlagerung. Abb. 8.2–1 zeigt nach Untersuchungen von BLACK und Mitarbeitern (1973), wie mit steigendem Lebendgewicht der Lämmer der Bedarf an intermediär verfügbarem Protein für den Stoffwechsel je 100 StE-Aufnahme abnimmt. Daraus leitet sich für das mit Milch ernährte Lamm bei einem Lebendgewicht von 5 kg ein Bedarf von etwa 20 g verdaulichem Rohprotein je 100 StE und bei einem Lebendgewicht von 20 kg ein Bedarf von etwa 17 g ab.

8.2.2 Aufzuchtmethoden

Nach der Länge der Säugezeit können bei der Aufzucht von Lämmern drei Methoden unterschieden werden:
a) Säugeperiode von 16 Wochen (Sauglämmeraufzucht),
b) verkürzte Säugezeit von 5 – 6 Wochen (Frühentwöhnung),
c) mutterlos mit Milchaustauschtränke (mutterlose Aufzucht).

Die Aufzucht mit einer Säugeperiode von 16 Wochen ermöglicht im allgemeinen nur eine Ablammung im Jahr. Dagegen kann die Reproduktionsrate von Mutterschafen durch das Frühabsetzen der Lämmer nach einer 5 – 6wöchigen Säugezeit erhöht werden, wobei auch die Pansenfunktion beim Lamm durch die stärkere Beifütterung und die geringere Milchversorgung früher beginnen kann. Die mutterlose Aufzucht mit Milchaustauschtränke ist vorwiegend nur auf jene Fälle beschränkt, in denen die Zahl der Lämmer das Aufzuchtvermögen der Mutterschafe übersteigt. Damit werden die mit steigender Geburtsrate zunehmenden Aufzuchtverluste vermindert und die Aufzuchtleistung entsprechend erhöht. Eine weitere Verkürzung der Zwischenlammzeit durch generelle Anwendung der mutterlosen Aufzucht läßt sich gegenüber der Frühentwöhnung nicht erzielen, da die Zeit bis zur erneuten Konzeptionsbereitschaft der Mutterschafe nach bisherigen Erfahrungen dadurch nicht verkürzt werden kann.

.1 Sauglämmeraufzucht

Für die Ernährung der Lämmer ist die Muttermilch optimal zusammengesetzt. Allerdings ist bei ausschließlicher Versorgung der Lämmer mit der Milch des Mutterschafes das Nährstoffangebot im Laufe der Laktation für das schnelle Wachstum nicht völlig ausreichend. Während nämlich mit fortschreitender Laktation die Milchmenge sehr stark zurückgeht (Abb. 8.1–1), steigt der Nährstoffbedarf der Lämmer laufend an. Dies erfordert eine Beifütterung der Lämmer mit Heu und Kraftfutter ab der 3. Lebenswoche. Eine frühzeitige Aufnahme von Kraftfutter stimuliert auch eine raschere Entwicklung der Vormägen.

Für das Kraftfutter eignen sich Mischungen mit einem verdaulichen Rohprotein-StE-Verhältnis von 1:5. In Übersicht 8.2–1 sind einige Mischungsbeispiele aufgezeigt. In die Mischungen können starke Anteile an wirtschaftseigenem Getreide aufgenommen werden. Bei den Eiweißfuttermitteln wird im wesentlichen auf Ölextraktionsschrote zurückgegriffen. Wird das Getreide teilweise durch Trockenschnitzel ersetzt, so sind die Anteile an Eiweißfuttermitteln zu erhöhen. An Mineralfutter für Schafe sollten insgesamt 2,5 % mit einem möglichst hohen Ca-Gehalt beigemischt

Übersicht 8.2–1: **Kraftfuttermischungen für Sauglämmer**

Futtermittel	Mischung (Anteile in %)			
	I	II	III	IV
Gerste	35	26	17	30
Hafer	–	45	–	12
Mais	30	–	–	–
Weizen	–	10	30	25
Weizenkleie	12	–	–	–
Trockenschnitzel	–	–	20	10
Rapsextraktionsschrot	5	–	–	–
Sojaextraktionsschrot	14	15	10	20
Ackerbohne	–	–	20	–
vit. Mineralfutter und kohlens. Futterkalk	4	4	3	3

werden, so daß im Kraftfutter ein Ca:P-Verhältnis von mindestens 2:1 vorliegt. Der Cu-Gehalt sollte im Futter höchstens 12 mg je kg Trockensubstanz betragen, da sonst toxische Schäden auftreten können. Für Rinder und Schweine bestimmte Ergänzungsmischfutter und Mineralfutter enthalten in der Regel Cu-Zusätze und sind daher für Schafe langfristig nicht verwendbar.

Kraftfutter muß den Lämmern in einem eigenen Trog, getrennt von den Mutterschafen, verabreicht werden. Die täglich notwendigen Mengen je Lamm sind in Übersicht 8.2–2 zusammengestellt, sie entsprechen zusammen mit der Muttermilch und dem Grundfutter der Nährstoffnorm. Als Grundfutter erhalten Lämmer Heu zur freien Aufnahme. Nach etwa 2½ Lebensmonaten können kleine Mengen an Grünfutter, Rüben und Silagen einwandfreier Qualität angeboten werden.

Übersicht 8.2–2: **Tägliche Futterzuteilung in der Aufzucht von Sauglämmern**

	Lebenswoche			
	3. – 5.	7.	9.	11. – 15.
Kraftfutter in g	50 – 150	300	400	500
Heu		ad libitum		

.2 Frühentwöhnung

Bereits eine Woche nach dem Ablammen erhalten die Lämmer neben der Muttermilch pelletiertes Kraftfutter zur freien Aufnahme. Nach insgesamt 5 – 6 Wochen sollte die Kraftfutteraufnahme etwa 300 g betragen. Um dies zu erreichen, werden die Lämmer, damit sie weniger Milch saufen können, ab der 4. Woche für einige Stunden am Tag von den Muttertieren getrennt. Auch Heu wird anfangs nur in sehr geringen Mengen angeboten. Außerdem wird über eine verringerte Fütterung der Muttertiere die Milchproduktion etwas vermindert.

Etwa 5 – 6 Wochen nach dem Ablammen, wenn die Lämmer mindestens 15 kg wiegen, können sie von den Muttertieren abgesetzt werden. Dies erfolgt über eine Zeitspanne von einer Woche, in der die Mutterschafe trockengestellt werden. Voraussetzung ist jedoch, daß die Lämmer zum Beginn des Absetzens 300 g Kraftfutter aufnehmen. Die Nährstoffversorgung aus dem Beifutter reicht dann für ein kontinuierliches Wachstum aus.

Übersicht 8.2–3: **Kraftfuttermischungen für die Frühentwöhnung und mutterlose Aufzucht von Lämmern**

Futtermittel	Mischung (Anteile in %)				
	I	II	III	IV	V
Gerste	20	25	30	25	–
Hafer	14	20	18	20	–
Mais	30	–	–	16	–
Weizen	–	17	20	15	–
Weizenkleie	10	–	–	–	–
Trockenschnitzel	–	15	10	–	–
Leinextraktionsschrot, Leinkuchen	5	–	–	–	–
Sojaextraktionsschrot	17	20	19	20	9,5
Ergänzungsfutter für Schafe	–	–	–	–	90
vit. Mineralfutter und kohlens. Futterkalk	4	3	3	4	0,5

Nach dem Absetzen erhalten die Lämmer das gleiche Kraftfutter wie in der Säugezeit. Da die Muttermilch ersetzt werden muß, ist ein Verhältnis von verdaulichem Rohprotein zu Stärkeeinheiten von 1 : 4,5 einzuhalten. Dieser Nährstoffgehalt entspricht dem von Kälberaufzuchtfutter (vgl. Übersicht 7.3–7). Einige Kraftfuttermischungen aus Getreide und vorwiegend Sojaextraktionsschrot als Eiweißquelle sind in Übersicht 8.2–3 aufgezeigt. Dieses Kraftfutter wird bis zu einem Lebendgewicht von 20 kg (etwa 9. – 10. Woche) eingesetzt. Richtwerte für die tägliche Zuteilung des Kraftfutters nach dem Absetzen bis einschließlich der 9. Lebenswoche dürften die Mengen, wie sie in Übersicht 8.2–4 angegeben sind, darstellen. Aus physiologischen Gründen muß bestes Heu verabreicht werden. Es wird in dieser Zeit ad libitum vorgelegt. Sollten Lämmer nach der Aufzuchtperiode von 20 kg zur Zucht verwendet werden, so sind sie in den letzten 14 Tagen an die vorhandenen Grundfutterarten langsam zu gewöhnen.

Aus arbeitswirtschaftlichen Gründen werden die abgesetzten Lämmer in Gruppen von 30 – 40 Tieren gehalten. Auf gleichmäßig entwickelte Lämmer in der Gruppe ist dabei zu achten.

Übersicht 8.2–4: **Tägliche Futterzuteilung für frühentwöhnte Lämmer, in g**

	Lebenswoche		
	5.	7.	9.
Kraftfutter	300	500	600
Heu und Wasser		ad libitum	

.3 Mutterlose Aufzucht

Bei der mutterlosen Aufzucht werden die Lämmer bereits nach einer Kolostralmilchperiode von 1 – 3 Tagen abgesetzt und danach die Muttermilch durch Milchaustauschfutter ersetzt. Längeres Säugen am Muttertier sollte bei dieser Aufzuchtmethode vermieden werden, da sonst die Gewöhnung der Lämmer an die Aufnahme der Milchersatztränke erschwert wird. Beim Umstellen auf Milchaustauschfutter läßt man die Lämmer am besten einen halben Tag hungern und bietet ihnen dann über

Sauger warme Milchaustauschtränke an. Dies bewirkt eine schnellere Annahme der Tränke. Beim Einstallen ist es auch zweckmäßig, die Tiere vorsorglich mit einem Multivitamin-Antibiotica-Präparat zu behandeln.

Wie beim Kalb sind für die Qualität des Milchersatzes hohe Anteile an Milchpulver sowie einwandfreie Qualität und physikalische Verteilung des Fettzusatzes (etwa 25 % Fett) sehr entscheidende Kriterien. Abgesehen vom Milchzucker und den Monosacchariden ist die Verwertung von Stärke und Zucker durch das junge Lamm noch sehr begrenzt. Insofern kann auch Milchaustauschfutter I für Kälbermast (max. 12 mg Kupfer je kg) mit gutem Erfolg als Milchersatz eingesetzt werden, wenn kein Milchaustauschfutter für Lämmer zur Verfügung steht. Ein Nährstoffverhältnis von verdaulichem Rohprotein : StE von etwa 1 : 4,8 im Milchaustauscher entspricht dem Nährstoffbedarf des Lammes am ehesten. Für einen Milchaustauscher mit 1100 StE (20,7 MJ ME) je kg leitet sich daraus ein Rohproteingehalt von rund 24 % ab. Ein zu weites Eiweiß-Energie-Verhältnis wirkt sich nachteilig auf Gewichtsentwicklung und Futterverwertung der Lämmer aus.

Milchaustauschtränke wird bei der mutterlosen Aufzucht der Lämmer bis zu einem Alter von 5 bis 6 Wochen verabreicht. Dabei ist vor allem in den ersten Wochen darauf zu achten, daß wegen der guten Gewichtsentwicklung auch entsprechende Mengen an Milchaustauscher mit der Tränke aufgenommen werden. Als Konzentration der Tränke haben sich 160 bis 200 g Milchaustauscher je l Wasser zur Aufnahme ad libitum bewährt. Bei kalter Tränke empfiehlt sich eine Tränkekonzentration von mindestens 200 g je Liter. Die Tränkemenge beträgt dabei etwa 1,6 – 2,2 l je Tier und Tag. Für die gesamte Tränkeperiode kann man mit einem Verbrauch von 9 – 10 kg Milchaustauschfutter rechnen. Durch eine starke Verkürzung der Tränkezeit auf drei Wochen ist es möglich, den Verbrauch an Milchaustauschfutter auf etwa 5 kg zu senken. Hierdurch werden die Lämmer angeregt, entsprechend früher größere Mengen an Kraftfutter aufzunehmen.

Als technische Möglichkeiten für die Verabreichung der Tränke bieten sich die „Lammbar", Halb- und Vollautomaten an. Die Frage der Tränketemperatur ist bei Lämmern von geringerer Bedeutung. Im Gegensatz zum Kalb muß nicht unbedingt körperwarm getränkt werden. Kalte Tränke wird von den Lämmern im allgemeinen langsamer aufgenommen. Die Milchaustauschfutter müssen jedoch unabhängig von der Tränketemperatur stets bei einer bestimmten Temperatur, die aufgrund der Fettzusammensetzung vorgeschrieben ist, angerührt werden. Anfangs sollten die Lämmer die Möglichkeit haben, mindestens drei- bis viermal am Tage Tränke aufzunehmen, später genügt zweimaliges Tränken. Zu hohe Tränkeaufnahmen je Mahlzeit erhöhen aber das Risiko, daß Blähungen auftreten.

Den Lämmern wird bereits ab der 2. Lebenswoche pelletiertes Kraftfutter und Heu zur freien Aufnahme angeboten. Solange aber hohe Milchgaben verabreicht werden, bleibt die Kraftfutteraufnahme meist gering. Deshalb muß die Tränkemenge oder -konzentration vor dem Absetzen allmählich verringert werden, um die Lämmer durch das erhöhte Hungergefühl zur Kraftfutteraufnahme anzuregen. Damit setzt aber auch die Pansentätigkeit stärker ein. Die Lämmer sollten beim Absetzen täglich bereits mindestens 100 g Kraftfutter aufnehmen und ein Lebendgewicht von 10 kg aufweisen. Es ist darauf zu achten, daß die Lämmer mit dem Tränkeentzug genügend frisches Wasser aufnehmen. Nach dem Absetzen erhalten die Lämmer dann bis zu einem Lebendgewicht von etwa 20 kg nur noch das während der Tränkeperiode verabreichte Kraftfutter und Heu.

Die Zusammensetzung des Kraftfutters entspricht einem Verhältnis von verdaulichem Rohprotein zu Stärkeeinheiten von 1 : 4,5. Es sollte wegen der besseren Aufnahme pelletiert oder zumindest grob geschrotet sein. Geeignet ist gepreßtes Lämmeraufzuchtfutter mit einem Rohproteingehalt von mindestens 17 %. Das Kraftfutter sollte sehr energiereich sein. Beispiele für Eigenmischungen zeigt Übersicht 8.2–3. Ein Anteil an Trockenmagermilch ist nicht erforderlich. 2,5 % eines möglichst calciumreichen Mineralfutters für Schafe müssen eingemischt werden.

8.2.3 Fütterung junger Zuchtschafe

Mit der Fütterung junger Zuchtschafe wird im Anschluß an die Aufzuchtperiode begonnen. Frühentwöhnte oder mutterlos aufgezogene Lämmer weisen zu dieser Zeit ein Lebendgewicht von etwa 20 kg auf, Sauglämmer sind bereits 25 bis 30 kg schwer. Dabei kommt es bei den zur Zucht bestimmten Tieren nicht wie bei Mastlämmern auf hohe tägliche Zunahmen an. Für eine gute spätere Zuchtleistung sollten nämlich weibliche Zuchtlämmer im Alter von 6 Monaten ein Gewicht von 35 kg erreichen, wozu durchschnittliche tägliche Zunahmen von etwa 100–150 g erforderlich sind. Dies gilt nicht für sehr intensive Fütterung und für sehr frühreife Rassen wie zum Beispiel die Texelschafe. Sie können bereits nach 6–7 Monaten ein Lebendgewicht von 50 kg aufweisen. Dazu sind nach der eigentlichen Aufzuchtperiode tägliche Zunahmen von etwa 250 g notwendig.

Der Nährstoffbedarf junger Zuchtschafe mit Tageszunahmen von 150 g im Gewichtsabschnitt 30–40 kg ist in Übersicht 8.2–5 aufgezeigt. Die sich daraus ergebende Nährstoffkonzentration der Ration kann mit Grundfutter allein nicht immer erreicht werden. Deshalb muß in diesen Fällen bei der Fütterung junger Zuchtschafe bis zum Alter von einem halben Jahr noch zusätzlich Kraftfutter verabreicht werden. Bei den meisten Grundfutterarten, die in der Winterfütterung eingesetzt werden, kann man dabei von einem Kraftfutter mit einem verdaulichen Rohprotein – StE – Verhältnis von etwa 1:5 ausgehen. Damit eignen sich die für die Sauglämmer eingesetzten Kraftfuttermischungen (s. Übersicht 8.2–1) sehr gut.

Übersicht 8.2–5: **Täglicher Nährstoffbedarf junger Zuchtschafe**

Gewicht kg	Trockenmasse kg	verd. Rohprotein g	Rohprotein g	Stärkeeinheiten
30–40	1,2–1,4	100–120	140–170	590–730

Als Kraftfutter läßt sich auch das Ergänzungsfutter für Zuchtschafe einsetzen. Werden vorwiegend Rüben, Rübenblattsilage und Maissilage als Grundfutter verfüttert, kommt es vor allem auch auf eine Eiweißergänzung an, so daß ein Kraftfutter mit einem engen Verhältnis von verdaulichem Rohprotein zu Stärkeeinheiten von etwa 1:4,5 (siehe Übersicht 8.2–3) erforderlich ist.

Bei Sauglämmern kann die tägliche Kraftfuttergabe von 500 g am Ende der 15wöchigen Aufzuchtperiode (siehe Übersicht 8.2–2) mit der steigenden Grundfutteraufnahme stark eingeschränkt werden und bei nährstoffreichem Grundfutter schließlich ganz entfallen. Dies gilt vor allem bei Weidegang mit jungem Weideaufwuchs. Auch bei den frühentwöhnten und mutterlos aufgezogenen Lämmern kann die Kraftfutterzuteilung im Verlauf der weiteren Aufzuchtfütterung entsprechend der Grundfutteraufnahme reduziert werden. Aufgrund der notwendigen höheren Zunahmen dieser Lämmer empfiehlt sich hier jedoch, bis zum Alter von 6 Monaten je nach Grundfutterqualität eine tägliche Kraftfuttermenge von etwa 200–300 g je Lamm beizubehalten.

In der Winterfütterung wird neben gleichbleibenden Kraftfuttermengen der ansteigende Nährstoffbedarf durch zunehmende Grundfuttergaben gedeckt. Im allgemeinen werden Tagesrationen mit etwa 250–500 g Heu und 2–4 kg Silage oder Rüben eingesetzt. Je höher die Nährstoffkonzentration dieses Grundfutters ist (z. B. nährstoffreiche Maissilage), desto früher gelingt es, die Kraftfuttermengen zu reduzieren.

Im zweiten halben Lebensjahr bis zum Decken (12–15 Monate) genügt ein täglicher Zuwachs von 80 g je Tier und Tag. Bei der Zuchtreife beträgt dann das Gewicht 50–55 kg. Entsprechend diesem geringen Zuwachs und der zunehmenden Aufnahme an Grundfutter dürfte in dieser Zeit kaum Kraftfutter erforderlich sein. Dies setzt allerdings voraus, daß junge Zuchtschafe für eine vollwertige Ernährung nährstoffreiches Grundfutter erhalten. Zeiten mit zu knappem Grundfutterangebot (beispielsweise geringe Weideleistung) lassen sich durch Kraftfuttergaben überbrücken. Wie hoch dabei die Kraftfuttermenge bemessen werden soll, kann durch laufende Gewichtskontrollen überprüft werden. Die trächtigen Jungschafe werden dann wie die Mutterschafe gefüttert (s. hierzu 8.1.2).

Bei Weide- und Stallhaltung junger Zuchtschafe ist Vorsorge zu treffen, daß sie zur Mineralstoffversorgung täglich 15 bis 20 g Mineralfutter für Schafe aufnehmen. In den Wintermonaten sollte dieses Mineralfutter mit Vitamin A und D ergänzt sein.

Bei der Fütterung von Jungböcken ist die schnellere Gewichtsentwicklung im Vergleich zu den weiblichen Tieren zu beachten. Im Alter von einem Jahr sollten männliche Tiere nämlich etwa 80–90 kg wiegen. Das erfordert nach der Aufzuchtperiode einen täglichen Zuwachs von etwa 200–250 g. Aufgrund dieses Wachstums müssen junge Zuchtböcke bereits nach der Aufzuchtperiode zum Grundfutter etwa 0,5–1 kg Kraftfutter erhalten. Frühreife Rassen (Texelschafe), die wesentlich früher zur Zucht eingesetzt werden, sollten mit einem guten halben Jahr etwa 60 kg erreichen. Das entspricht nach der Aufzuchtperiode einem täglichen Zuwachs von etwa 300–350 g. Damit kommt diese Fütterung einer intensiven Lämmermast gleich.

8.3 Zur Fütterung von Zuchtböcken

Die Fütterung von Zuchtböcken muß so durchgeführt werden, daß eine lange Zuchtbenutzung, hohe Potenz und optimale Spermaqualität erwartet werden können. Mangelnde als auch überreichliche Fütterung (Fettansatz) wirken sich nämlich sehr ungünstig auf die Reproduktionsleistung aus. Grundsätzlich gilt dies ja für alle männlichen Zuchttiere, siehe hierzu auch 6.4.1 und 7.5.1. Bei Böcken muß jedoch ganz besonders auf eine vielseitige und hochwertige Futterration geachtet werden, da sich die Deckperiode innerhalb einer kurzen Zeitspanne zusammendrängt.

Vor allem die Eiweiß- und Mineralstoffversorgung ist für die Geschlechtsfunktion und die Spermaqualität von großem Einfluß. Berücksichtigt man, daß die Zuchtböcke ein höheres Körpergewicht als Mutterschafe aufweisen und damit der Erhaltungsbedarf höher ist und daß die entsprechende Fütterung die Zuchtkondition erhalten muß, so kann man etwa von einer Bedarfsnorm von 70–80 g verdaulichem Rohprotein und 750–850 Stärkeeinheiten je Tier und Tag ausgehen. Aus den Angaben von POPOW läßt sich ableiten, daß in der Deckzeit normalerweise täglich 60 g verdauliches Rohprotein und 120 Stärkeeinheiten zusätzlich verabreicht werden müssen. Bei mehr als 3 Sprüngen am Tag verdoppelt sich diese Menge.

Zuchtböcke erhalten ähnliche Grundfutterrationen, wie sie in Übersicht 8.1–6 für Mutterschafe zusammengestellt sind. Eine starke P-Überversorgung der Böcke sollte man vermeiden, da sie die Bildung von Harnsteinen begünstigt. Zusätzlich zum Grundfutter wird Kraftfutter gegeben, wobei man wegen der erfahrungsgemäß günstigen Wirkung auf die Zuchtleistung Hafer verwendet, und zwar in Mengen von 500 g täglich. Auch während der Decksaison wird häufig eine verstärkte Haferfütterung empfohlen. Im wesentlichen erfordert aber die Belastung durch das Decken neben einer ausreichenden Energiezufuhr vor allem eine erhöhte Eiweißversorgung. Deshalb sollten Zuchtböcke bei normaler Zuchtbenutzung entsprechend dem in dieser Zeit höheren Bedarf noch zusätzlich täglich 150 g Sojaextraktionsschrot bekommen. Bei starker Deckbeanspruchung (mehr als 3 Sprünge je Tag) verdoppelt sich diese Menge an Eiweißfuttermitteln. Bereits 4 Wochen vor der Deckperiode wird die Zulage an Kraftfutter langsam gesteigert, um die Böcke auf die Zuchtbenutzung entsprechend vorzubereiten. Zur Rekonvaleszenz der Böcke sollte diese zusätzliche Kraftfuttergabe auch noch 2–3 Wochen nach der Rittzeit beibehalten werden.

8.4 Lämmer- und Hammelmast

Für die Mast junger Schafe ergeben sich je nach Mastdauer und angestrebtem Mastendgewicht folgende Möglichkeiten:
a) Lämmerschnellmast bis zu einem Alter von etwa 4 Monaten und einem Lebendgewicht von 35–40 kg. Sie erfolgt als Sauglämmermast, wobei die Tiere neben Muttermilch noch Kraftfutter und Heu erhalten, oder als Intensivlämmermast, die nach einer verkürzten Aufzuchtperiode im wesentlichen mit Kraftfutter bei starker Begrenzung der Rauhfuttergabe durchgeführt wird.
b) Verlängerte Lämmermast bis zu einem Alter von 7 Monaten und einem Lebendgewicht von 45–50 kg. Diese Art der Mast wird sehr häufig als Weidelämmermast durchgeführt.
c) Hammelmast bis zu einem Alter von 10–11 Monaten und einem Lebendgewicht von 55–60 kg.

Die Hammelmast ermöglicht einen stärkeren Einsatz wirtschaftseigener Grundfuttermittel. Sie wird deshalb auch noch manchmal in Betrieben mit starkem Futteranfall im Herbst durchgeführt. Wenn die Hammel dabei in den letzten beiden Monaten noch intensiv mit Kraftfutter gemästet werden, besteht der Nährstoffansatz im wesentlichen aus Fett.

Der Konsument bevorzugt aus dem Angebot an Schaffleisch in zunehmendem Maße junges Lammfleisch. Seine Erzeugung ist auch sehr wirtschaftlich, da die hierfür benötigten jungen Mastlämmer eine hohe Wachstumsintensität bei günstiger Futterverwertung aufweisen. Deshalb nimmt auch die Lämmerschnellmast bis zu einem Lebendgewicht von 35–40 kg ständig zu. Daneben bestehen außerdem Absatzchancen für noch jüngeres Lammfleisch, wozu man z. B. auch die „Osterlämmer" rechnen kann. Dieses sehr junge Fleisch stammt von Lämmern, die bereits mit einem Lebendgewicht von 20 kg geschlachtet werden. Hierbei wird die Mast auch nach den Methoden der Lämmerschnellmast durchgeführt, wobei der größte Teil der Nährstoffversorgung aus der Muttermilch oder aus Milchaustauschern stammt. Dadurch ist dieses sehr junge Lammfleisch auch weißfleischig. Nach französischem Vorbild könnte man dabei von sogenannten „weißen Lämmern" sprechen, deren Auflagefett weiß bis rosa gefärbt ist.

Die Mast von Hammeln und älteren Tieren ist rückläufig, da Hammelfleisch den veränderten Qualitätswünschen der Verbraucher nicht mehr entspricht. Auf lange Sicht dürfte dies auch für die verlängerte Lämmermast zutreffen.

8.4.1 Lämmerschnellmast

Bei der Lämmerschnellmast sollen die Lämmer in etwa 4 Monaten bei täglichen Zunahmen von 300–350 g ein Mastendgewicht von 35–40 kg aufweisen. Es wird dabei ein fettdurchsetztes Fleisch von möglichst hellroter Farbe und zarter Beschaffenheit angestrebt. Die Lämmerschnellmast kann nach zwei Mastmethoden durchgeführt werden, und zwar als Sauglämmer- oder als Intensivlämmermast.

Für die Intensivlämmermast sprechen wesentliche Vorteile. Durch die verkürzte Säugeperiode von 5–6 Wochen bzw. durch eine mutterlose Aufzucht der Lämmer können die Mutterschafe wieder früher trächtig werden, da der mit der Laktation verbundene Anöstrus verkürzt wird. Damit wird das Ablammintervall von asaisonal brünstigen Mutterschafen kürzer, die Reproduktionsrate höher. Auch der Futteraufwand liegt bei der Intensivmast im Vergleich zur Mast mit Muttermilch günstiger, da durch die direkte Nährstoffversorgung der Lämmer der Transformationsverlust von Nährstoffen über die Milchproduktion entfällt.

.1 Sauglämmermast

Bei der Sauglämmermast wird die angestrebte Mastleistung nur erreicht, wenn zusätzlich zur Muttermilch noch eine intensive Beifütterung der Lämmer mit Kraftfutter erfolgt. Dabei wird eine sehr gute Fleischqualität erreicht. Bei der Sauglämmermast ist die Entwicklung der Lämmer sehr stark von der Milchleistung der Muttertiere abhängig. Auch wenn Mutterschafe deshalb so gefüttert werden müssen, daß sie über die gesamte Mastperiode von 16 Wochen eine möglichst große Milchmenge produzieren, reicht die Nährstoffaufnahme mit der Muttermilch für ein intensives

Wachstum von Sauglämmern keineswegs aus. Deshalb sollen sie bereits ab der 2. Lebenswoche noch Kraftfutter und Heu ad libitum erhalten. Entsprechend der abnehmenden Milchleistung des Mutterschafes und dem zunehmenden Nährstoffbedarf der Mastlämmer muß dann die Menge an Beifutter im Verlauf der Mast stark ansteigen (Übersicht 8.4–1).

In Übersicht 8.2–1 sind hierzu Kraftfuttermischungen zusammengestellt, die ein Verhältnis an verdaulichem Rohprotein : Stärkeeinheiten von etwa 1 : 5,0 aufweisen. Auch Ergänzungsfutter für Schafe mit entsprechendem Nährstoffgehalt kann als Beifutter für die Sauglämmer eingesetzt werden.

Übersicht 8.4–1: **Tägliche Futterzuteilung in der Mast von Sauglämmern**

Woche	Kraftfutter g	Heu g
1.	–	–
3.	50	
5.	200	
7.	400	ad libitum
9.	600	
11.	800	bis 400 g
13.	1000	
15.	1200	

.2 Intensivlämmermast

Die Intensivmast von Lämmern ist eine Kraftfuttermast. Sie schließt sich an eine Aufzuchtperiode an und beginnt mit einem Lebendgewicht von etwa 20 kg. Bei durchschnittlichen täglichen Zunahmen von mehr als 300 g wird das Mastendgewicht von 35–40 kg im Alter von 4 Monaten erreicht. Bocklämmer erzielen durchschnittlich 15–20 % höhere Tageszunahmen und zeigen bei Mastende einen wesentlich niedrigeren Verfettungsgrad als weibliche Lämmer.

Bis zu Beginn der Mast mit 20 kg werden die Lämmer entsprechend der verschiedenen Aufzuchtmethoden gefüttert. Besonders eignet sich die verkürzte Aufzucht am Muttertier mit einer Säugeperiode von 5–6 Wochen (s. hierzu 8.2.2). Nach dem Absetzen der Lämmer von der Milch bzw. der Milchaustauschtränke wird bis zum Mastbeginn das Beifutter der Tränkeperiode als alleiniges Futter verabreicht.

Die hohe Wachstumsgeschwindigkeit von Lämmern in der Mast erfordert eine intensive Nährstoffversorgung. Der Nährstoffbedarf solch intensiv gemästeter Lämmer bedarf allerdings noch einiger Untersuchungen. Nach Untersuchungen von SCHLOLAUT u. Mitarbeitern (1974) beträgt die tägliche Aufnahme an Stärkeeinheiten bei Mast mit Kraftfutter zur freien Aufnahme im Gewichtsabschnitt von 20–40 kg etwa 3,1 bis 2,9 % des Lebendgewichtes in g.

In Übersicht 8.4–2 ist die tägliche Futteraufnahme im Verlauf der Intensivlämmermast aufgezeigt. Im wesentlichen wird mit Kraftfutter gemästet, das zur freien Aufnahme vorgelegt wird. Dieses wird so zusammengestellt, daß es ein verdauliches Rohprotein-StE-Verhältnis von 1 : 4,5–5,0 aufweist. Für die Herstellung eines solchen Mischfutters eignet sich sehr gut wirtschaftseigenes Getreide und als Eiweißfuttermittel vor allem Sojaextraktionsschrot. In Übersicht 8.2–3 sind entsprechende Mischungen zusammengestellt. Neben der Kraftfuttermischung erhalten die Lämmer

Trockenschnitzel, und zwar in steigenden Gaben, bis zum Ende der Mast etwa 450 g. Auf diese Weise wird das Nährstoffverhältnis der gesamten Ration entsprechend den physiologischen Bedürfnissen im Verlauf des Wachstums bis auf etwa 1 : 6 gegen Ende der Mast erweitert. Anstelle der Trockenschnitzel läßt sich dazu auch eine Getreidemischung verwenden, vor allem, wenn in der Kraftfuttermischung bereits ein hoher Anteil an Trockenschnitzel enthalten ist. Neben dem Kraftfutter wird aus physiologischen Gründen auch noch eine geringe Heumenge von täglich etwa 100 g verabreicht. Höhere Grundfuttergaben, auch in Form von Silagen oder Rüben, sollte man vermeiden, da sonst die Aufnahme an Kraftfutter und damit die Zunahmen zurückgehen.

Übersicht 8.4–2: **Tägliche Futteraufnahme von Intensivmastlämmern**

Woche	Gewicht	Kraftfutter- mischung	Trocken- schnitzel	Heu
	kg	g	g	g
9.	20	900	–	begrenzt
11.	24	1100	–	auf 100 g
13.	28	1150	150	
15.	33	1200	300	
17.	38	1200	450	

Pelletiertes Kraftfutter hat den Vorteil, daß die Lämmer die härteren Teile nicht ausselektieren können. Aus diesem Grunde sollte auch nicht gepreßtes Kraftfutter für Lämmer zumindest grob geschrotet oder auf „blanken Trog" gefüttert werden. Wegen der Bildung von Harn- bzw. Blasensteinen (Urolithiasis) bei männlichen Tieren und der damit verbundenen hohen Verluste soll das Kraftfutter bei der Lämmermast ein weiteres Ca : P-Verhältnis aufweisen, als es für Rinder üblich ist. Dazu eignet sich am besten ein sehr calciumreiches, phosphorarmes Mineralfutter, das dem Kraftfutter in Anteilen von 2–2,5 % beigemischt wird. Aufgrund des mangelnden Calciumgehaltes in Getreide und Ölsaatrückständen läßt sich damit allerdings das für die Lämmerfütterung empfohlene weite Ca : P-Verhältnis von 2,5 : 1 in der Kraftfutterration der Mastlämmer nicht erreichen. Vielmehr sind dazu noch Anteile von 1–1,5 % kohlensaurem Futterkalk oder anderen Ca-Trägern erforderlich. Trockenschnitzel sind vergleichsweise calciumreich und tragen dazu bei, die Ca-Versorgung der Mastlämmer merklich zu verbessern. Dies gilt auch für Grünmehle. Bei akuten Harnsteinerkrankungen lassen sich durch Zugabe von 1–2 % Kochsalz Besserungen erzielen.

8.4.2 Verlängerte Lämmermast

Die verlängerte Lämmermast, die auch als Wirtschaftsmast von Lämmern oder als **Absatzlämmermast** bezeichnet wird, ist auf einen stärkeren Einsatz von wirtschaftseigenen Futtermitteln als die Methoden der Lämmerschnellmast ausgerichtet. Da mit zunehmendem Alter der Lämmer die Ansprüche an die Verdaulichkeit der organischen Substanz sinken, kann bei dieser Mast, bei der in 6–7 Monaten Endgewichte von 45–50 kg erwünscht sind, neben Kraftfutter auch zunehmend Grundfutter eingesetzt werden. Im Vergleich zur Intensivlämmermast werden bei geringeren Kraftfuttermengen in Höhe von 500 bis 600 g vor allem 2 bis 4 kg Silage (Mais-, Rübenblatt- und Grassilage) je Tier und Tag eingesetzt.

Eine besondere Form der verlängerten Lämmermast ist die **Weidelämmermast**. Wegen der Ansprüche des Marktes an die Qualität von Lammfleisch sollte auch bei der Mast von Lämmern auf der Weide das Gewicht der Tiere niedrig gehalten werden. Für die Weidelämmermast kommen nur intensive Weiden und Koppelschafhaltung in Frage. Im Frühjahr geborene Lämmer bleiben bis zu einem Lebendgewicht von etwa 30 kg an der Mutter. Für das sogenannte Kriechgrasen können die Lämmer durch einen besonderen Schlupf im Weidezaun den Mutterschafen vorausweiden. Nach dem Absetzen im Alter von 14–16 Wochen werden den Lämmern die besten Weiden zugeteilt, sie können so bis Ende August/Anfang September schlachtreif sein. Eine Zufütterung von Kraftfutter ist nur erforderlich, wenn die Weideleistung zurückgeht. Andererseits kann aber auch bei normaler Weideleistung Kraftfutter zugefüttert werden, damit die Lämmer das Mastendgewicht in kürzerer Zeit erreichen und sich entsprechend früher vermarkten lassen. Bei der verlängerten Lämmermast wird nicht die Weißfleischigkeit wie bei Schnellmastlämmern erreicht. Man spricht hier von sogenannten ,,grauen Lämmern", deren Fettabdeckung angefärbt ist.

9 Pferdefütterung

Das Pferd gehört ebenso wie Rind und Schaf zu den Herbivoren. Cellulosereiche pflanzliche Futtermittel können in den großen Gärkammern von Blinddarm und Grimmdarm mikrobiell aufgeschlossen werden. Im Gegensatz zum Wiederkäuer erfolgt dieser mikrobielle Aufschluß beim Pferd jedoch erst nach der enzymatischen Verdauung im Dünndarm. Je nach der Zusammensetzung des Futters überwiegen deshalb Verdauungs- und Stoffwechselprozesse, die den monogastrischen Tieren oder den Wiederkäuern entsprechen.

9.1 Fütterung von Zug- und Sportpferden

Viele Pferde werden heute außerhalb landwirtschaftlicher Betriebe gehalten. Da der Einsatz wirtschaftseigener Futtermittel dabei oft begrenzt ist, sollen im folgenden neben dem Nährstoffbedarf vor allem auch die verdauungsphysiologischen Unterschiede im Nährstoffabbau bei Grund- und Kraftfutter besprochen werden.

9.1.1 Zur Verdauungsphysiologie der Nährstoffe beim Pferd

Kohlenhydrate

In Rationen mit hohem Anteil leichtverdaulicher Kohlenhydrate sind bereits mehr als 70 % der Kohlenhydrate absorbiert (HINTZ und Mitarbeiter, 1971), bevor der Nahrungsbrei in das Caecum weiterbefördert wird. Der energetische Wirkungsgrad dieser Kohlenhydrate ist beim Pferd somit wesentlich höher als beim Wiederkäuer, da die Energieverluste durch mikrobielle Umsetzungen entfallen. Ähnlich wie beim Schwein werden diese Kohlenhydrate als Glucose absorbiert; der Glucosespiegel im Blut liegt deshalb auch deutlich höher als beim Wiederkäuer.

Der nichtverdaute rohfaserangereicherte Nahrungsbrei wird im Blinddarm und anschließend im Grimmdarm mikrobiell aufgeschlossen. Cellulose und Hemicellulose werden dabei ebenso wie die noch nicht verdauten restlichen Kohlenhydrate zu Essig-, Propion- und Buttersäure abgebaut. Je nach dem Anteil an Rohfaser oder N-freien Extraktstoffen verändert sich vor allem im Blinddarm das Verhältnis der drei Fettsäuren zueinander. Ähnlich wie beim Wiederkäuer führen steigende Rohfasergehalte zu vermehrten Anteilen an Essigsäure und zu verminderten Propionsäuregehalten. Die kurzen Fettsäuren dienen der Energiegewinnung. Die Methanproduktion ist beim Pferd wesentlich geringer als beim Wiederkäuer. Im Mittel dürften etwa 3–4 % der verdaulichen Energie als Methan verlorengehen.

Die celluloseabbauenden Bakterien des Pferdedickdarms weisen eine deutlich höhere cellulolytische Aktivität auf als die Pansenbakterien des Wiederkäuers. Allerdings ist die Passagerate des Nahrungsbreis im Darmtrakt des Pferdes etwa dreimal so groß wie beim Wiederkäuer; die Rohfaser wird deshalb beim Pferd insgesamt schlechter verdaut. In Rationen mit einem Rohfasergehalt über 15 % ist die entsprechende Verdaulichkeit etwa 25–30 % geringer als bei Wiederkäuern. Auch ein physikalisch ungünstig strukturiertes Futter beschleunigt die Passagerate und verschlechtert dadurch den mikrobiellen Abbau. Da hierbei gleichzeitig die Darmperistaltik verringert wird, nimmt die Gefahr von Fehlgärungen und damit die Kolikneigung zu. Ein überhöhter Rohfasergehalt in der Gesamtration vermindert andererseits die Verdaulichkeit der Nährstoffe. Nach AXELSSON fällt beim Pferd die Verdaulichkeit der organischen Substanz je 1 % Rohfaser um 1,26 Einheiten (Übersicht 2.2–3).

Protein

Das Nahrungsprotein wird überwiegend im Magen und Dünndarm verdaut (HINTZ und Mitarbeiter, 1971). Das unverdaute Futterprotein wird im Blind- und Grimmdarm von den Mikroorganismen weitgehend zu Ammoniak, Kohlendioxyd und Fettsäuren abgebaut. Das Ammoniak wie überhaupt NPN-Verbindungen können ähnlich wie beim Wiederkäuer im gastroenterohepatischen Kreislauf zur Proteinversorgung beitragen. Im Blind- und Grimmdarm verwenden die Mikroorganismen das unverdaute Protein zum Aufbau ihres Mikrobeneiweißes. Die biologische Proteinqualität kann dadurch im Dickdarm höher liegen als im Futterprotein. Wie weit NPN-Verbindungen jedoch vom Pferd zur Proteinversorgung herangezogen werden, ist noch zu wenig geklärt, um daraus praktische Fütterungskonsequenzen zu ziehen.

9.1.2 Nährstoffbedarf von Zug- und Sportpferden

In älteren Arbeiten wurden die Bedarfsnormen meist von Rindern abgeleitet. Inzwischen liegen auch einige entsprechende experimentelle Untersuchungen beim Pferd vor. Anhand dieser Versuche hat der Ausschuß für Bedarfsnormen der Gesellschaft für Ernährungsphysiologie Empfehlungen zur Nährstoffversorgung beim Pferd (1981) erarbeitet, die auch als Grundlage zur vorliegenden Bedarfsermittlung dienen.

.1 Energiebedarf

Der Energiebedarf des erwachsenen Arbeitspferdes setzt sich aus dem Erhaltungsbedarf und dem Leistungsbedarf für Bewegung und Zug zusammen. Eine genaue Kenntnis des Erhaltungsbedarfs ist in der Pferdefütterung besonders wichtig, da nichtarbeitende Pferde möglichst exakt nach dem Erhaltungsbedarf gefüttert werden sollten. Aufgrund der Ergebnisse verschiedener Arbeitsgruppen sieht der Ausschuß für Bedarfsnormen die Zufuhr von 600 kJ verdaulicher Energie mal Lebendgewicht kg^{0,75} und Tag als bedarfsdeckend an. Entsprechend dem Körpergewicht ergeben sich die in Übersicht 9–1 dargestellten Richtzahlen. Individuelle

Übersicht 9–1: **Erhaltungsbedarf von Zug- und Sportpferden**

Lebendgewicht, kg	verd. Energie MJ/Tag	verd. Protein g/Tag
100	19	95
200	32	160
300	43	220
400	54	270
500	64	320
600	73	360
700	82	410

Übersicht 9–2: **Bedarf an verdaulicher Energie (kJ/kg Körpergewicht/h) für Bewegungsleistungen ohne Erhaltungsbedarf**

Schritt	2,1
leichter Trab	21,3
schneller Trab, kurzer schneller Galopp	52,3
Galopp, Springen	100,5
extreme Bewegungsleistung	163,3

Einflüsse, Rasse und Temperament können neben Alter, Geschlecht, Haltungsform und Ernährungszustand gewisse Abweichungen bedingen.

Während in früheren Jahren die Zugleistung des Pferdes mehr im Vordergrund stand, äußert sich die Arbeitsleistung heute vor allem beim Reiten des Pferdes. Dabei wird durch Muskelkontraktionen chemische Energie in mechanische Arbeit unter Wärmeproduktion umgesetzt. Der energetische Wirkungsgrad ändert sich für die insgesamt im Stoffwechsel umgesetzte Energie in Abhängigkeit von Bewegungsrichtung und Bewegungsart. Während bei der Bewegung in der Ebene der Nutzeffekt bei etwa 31 % liegt, werden bei sehr anstrengendem Trab bzw. Bewegung mit Anstieg etwa 23 % der Energie ausgenutzt; der Rest geht als Wärme verloren. Aus diesem energetischen Wirkungsgrad und der geleisteten Arbeit läßt sich der Energiebedarf theoretisch berechnen. Demnach ergibt sich für horizontale und vertikale Bewegungen im Schritt, Trab und Galopp ein unterschiedlicher Energiebedarf. In Übersicht 9–2 sind für die verschiedenen Bewegungsformen experimentelle Schätzwerte von HINTZ und Mitarbeitern (1971) zusammengestellt. Kennt man Dauer und Art der häufig wechselnden Bewegungsabläufe, läßt sich durch einfache Addition der Bedarf errechnen.

In Übersicht 9–3 sind unter Berücksichtigung des Erhaltungsbedarfs entsprechende Richtzahlen an verdaulicher Energie für ein Pferd mit 550 kg Lebendgewicht errechnet. Dabei wurden für leichte Arbeit 17, für mittlere Arbeit 38 und für schwere Arbeit 67 kJ je kg Körpergewicht und Stunde zugrunde gelegt. Neben der Leistungsdauer ist jedoch auch der jeweilige Trainingszustand zu berücksichtigen.

Als Energielieferant für die Muskelkontraktion dient vor allem Glykogen, das kurzfristig verfügbar ist, aber insgesamt nur in relativ geringen Mengen gespeichert wird. Bei Dauerbelastung werden die Fettdepots abgebaut, die aber im Vergleich zu Kohlenhydraten eine um etwa 10 % schlechtere Ausnutzung aufweisen.

Übersicht 9–3: **Richtzahlen zum Leistungsbedarf von Arbeitspferden (einschließlich Erhaltungsbedarf, 550 kg Lebendgewicht)**

	verd. Energie MJ/Tag	verd. Protein g/Tag
Reitpferde		
leichte Arbeit (2 h/Tag)	75– 87	450
mittlere Arbeit (2 h/Tag)	88–110	550
schwere Arbeit (2 h/Tag)	111–142	650
Rennsport	134–142	650–700
Zugpferde	117–150	550–750

.2 Eiweißbedarf

Der Bedarf an Eiweiß zur Aufrechterhaltung einer ausgeglichenen Stickstoffbilanz ist beim ausgewachsenen Tier relativ niedrig. Das Pferd benötigt als Erhaltungsbedarf pro Lebendgewicht kg $^{0{,}75}$ 3 g verdauliches Rohprotein. Ein 500 kg schweres Pferd sollte demnach für die Erhaltung etwa 320 g verdauliches Rohprotein aufnehmen (Übersicht 9–1). Bei einer ausgeglichenen Grundfutter-Kraftfutter-Ration kann eine Verdaulichkeit des Rohproteins von etwa 60 % unterstellt werden.

Die Muskeltätigkeit als Arbeitsleistung ist energieabhängig, erfordert aber auch eine zusätzliche Eiweißzufuhr. Mit Aufnahme des Trainings nimmt nämlich das Muskelwachstum stark zu. Außerdem ist eine erhöhte Energieumsetzung mit einer verstärkten Enzymaktivität verbunden. Auch die Erregbarkeit des Nervensystems soll durch eine hohe Eiweißaufnahme verbessert werden. Weiterhin entstehen erhebliche zusätzliche Stickstoffverluste über die Schweißabsonderung und über erhöhte Darmzellverluste. Auch benötigen die Mikroorganismen des Dickdarms für ein ausreichendes Wachstum ein ausgeglichenes Energie-Stickstoff-Verhältnis. Für die einzelnen Leistungsstufen von leichter, mittlerer und schwerer Arbeit sollte daher die Eiweißzufuhr pro Tag etwa um 100 g verdauliches Rohprotein erhöht werden (s. Übersicht 9–3). Das Eiweiß-Energie-Verhältnis bleibt daher insgesamt in etwa konstant. Das ausgewachsene Pferd ist dabei weitgehend unabhängig von der Qualität des zugeführten Eiweißes.

.3 Mineral- und Wirkstoffbedarf

Mengen- und Spurenelemente

Die Versorgung des Pferdes mit Calcium und Phosphor für ein kräftiges, gut ausgebildetes Skelett spielt für den gesamten Bewegungsablauf eine überragende Rolle. Von den Mengenelementen werden aber auch noch Leistungseigenschaften, die insbesondere für Zug- und Sportpferde zutreffen, wie die Erregbarkeit der Nerven, die Muskelkontraktionen, die Bereitstellung energiereicher Phosphate u. a. beeinflußt (s. auch 5.1). Richtzahlen für den Bruttobedarf einiger Mengenelemente zur Deckung des Erhaltungsbedarfs erwachsener Pferde sind in Übersicht 9–4 zusammengestellt. Dabei wurde von einer täglichen endogenen Ausscheidung eines 550 kg schweren Pferdes von 13,8 g Calcium, 5,5 g Phosphor und 3,3 g Magnesium und einer mittleren Absorption von 60 % bei Calcium, 40 % bei Phosphor, 65 % bei Natrium und der im Vergleich zum Wiederkäuer hohen Absorption an Magnesium

Übersicht 9–4: **Richtwerte zum Bedarf an Mengenelementen und fettlöslichen Vitaminen je Pferd und Tag (550 kg Lebendgewicht)**

	Erhaltungsbedarf	Bedarf bei mittlerer Arbeit
Calcium	23 g	26 g
Phosphor	14 g	17 g
Magnesium	8 g	11 g
Natrium	9 g	30 g
Vitamin A		30 000–50 000 I.E.
Vitamin D		3 000– 5 000 I.E.
Vitamin E		300 mg

Übersicht 9–5: **Schweißmenge und -zusammensetzung bei Pferden**

	Schweißmenge kg/100 kg Lebendgewicht	Schweißzusammensetzung g/kg	
Geringe Arbeit (1h)	0,3	Calcium	0,20
Mittlere Arbeit (1h)	0,6	Phosphor	0,15
Schwere Arbeit (1h)	1–2	Magnesium	0,20
		Natrium	3–4

von 40 % ausgegangen. Bei älteren Pferden sollte auf eine bedarfsgerechte Versorgung besonders geachtet und diese evtl. sogar geringfügig erhöht werden, da die Absorptionsrate und die schnelle Mobilisierung aus dem Skelett vermindert sind. Das Ca:P-Verhältnis sollte im Bereich von 1,5–2:1 liegen. Während ein Ca-Überschuß, etwa bei einem Ca:P-Verhältnis von 3–5:1, kurzfristig ohne Schäden toleriert wird, reagiert das Pferd auf ein zu enges Ca:P-Verhältnis von weniger als 1:1 sehr empfindlich. Dies trifft vor allem bei Stallhaltung und Kraftfuttereinsatz zu. Hält die Unterversorgung an Calcium längere Zeit an, führt dies zur Demineralisierung der Knochen.

Der Leistungsbedarf an Mengenelementen liegt mit Ausnahme von Natrium nur geringfügig über dem in Übersicht 9–4 aufgezeigten Erhaltungsbedarf. Dabei wird der Mehrbedarf in erster Linie von der Schweißabsonderung beeinflußt. Schweißmenge und -zusammensetzung sind dazu in Übersicht 9–5 zusammengestellt (WEIDENHAUPT, 1977; WINKEL, 1977). Während pro Stunde nur geringe Mengen an Calcium, Phosphor bzw. Magnesium ausgeschwitzt werden, liegt die Na-Ausscheidung insbesondere bei hohen Umgebungstemperaturen wesentlich höher. Bei leichter und mittlerer Belastung steigt deshalb der in Übersicht 9–4 aufgezeigte Na-Bedarf bis 30 g an und dürfte bei höherer Belastung noch darüber liegen. Fehlende Na-Ergänzung führt bald zu Ermüdung und Überhitzung. Es empfiehlt sich deshalb eine ständige Versorgung an Natrium über Lecksteine oder Viehsalz.

Richtwerte zum Spurenelementbedarf in der Pferdefütterung sind in Übersicht 9–6 gegeben. Diese Angaben gelten neben dem Sportpferd auch für wachsende Pferde und Zuchtstuten.

Übersicht 9–6: **Richtwerte zum Spurenelementbedarf in der Pferdefütterung (Angaben in mg/kg Futter-TS der Gesamtration)**

Eisen	80–100
Kupfer	10
Zink	50
Mangan	40
Kobalt	0,05–0,1
Selen	0,10–0,2
Jod	0,10–0,3

Vitamine

Mangelerscheinungen an fettlöslichen Vitaminen sind beim ausgewachsenen Pferd selten. Dagegen treten in den Winter- und Frühjahrsmonaten sowie bei ganzjähriger Stallhaltung suboptimale Versorgungszustände häufiger auf. Richtwerte für den Bedarf an fettlöslichen Vitaminen sind in Übersicht 9-4 zusammengestellt. Der Vitamin-E-Bedarf hängt sehr stark von der Zusammensetzung der Ration ab (s. 5.3).

Die wasserlöslichen Vitamine der B-Gruppe können von den Mikroorganismen im Dickdarm des Pferdes synthetisiert werden. Voraussetzung ist jedoch, daß die Mikroorganismen optimal wachsen. Verdauungsstörungen, krasse Futterumstellungen, einseitige Fütterung, insbesondere von Kraftfutter oder schlechtem Rauhfutter, mindern diese Synthese sehr stark. Hinzu kommt, daß die Absorptionsrate im Dickdarm relativ gering sein dürfte. Die Richtwerte für den Bedarf des Organismus an diesen Vitaminen schwanken deshalb auch sehr. Die Gefahr einer mangelnden Versorgung ist besonders im Rennsport gegeben. Dies gilt vor allem für das Vitamin B_1, das in den Kohlenhydratstoffwechsel eingreift, aber auch für Riboflavin und Pantothensäure.

9.1.3 Praktische Fütterungshinweise

Trotz vieler experimenteller Daten zur Pferdefütterung lassen sich die traditionsgebundenen Vorurteile einer Heu-Hafer-Fütterung nur schwer beseitigen. Auch die unterschiedlichen Fütterungen in einzelnen Ländern und Erdteilen zeigen, daß das Pferd sehr viele Futtermittel günstig verwerten kann.

.1 Grundfutter
Weide- und Grünfutter

Der Weidegang gehört zu den natürlichsten Haltungsformen des Pferdes, da neben der selbständigen Futtersuche auch eine ausreichende Bewegung sichergestellt ist. Die aufgenommene Futtermenge auf der Weide wird ähnlich dem Rind (s. 7.1.3) vor allem durch das Futterangebot und die Länge der Freßzeiten bestimmt. Zug- und Sportpferde sollten jedoch täglich nicht mehr als 30-35 kg Weide- oder Wiesengras aufnehmen (EHRENBERG, 1954). Da Weidefutter ein hochverdauliches, proteinreiches Futter mit geringen Gehalten an verdaulicher Energie darstellt, wird damit der Erhaltungsbedarf an verdaulicher Energie gerade gedeckt, während die Versorgung mit verdaulichem Protein weit über das Doppelte des Bedarfs hinausgeht. Bei stärkerer Arbeitsbelastung muß deshalb energiereiches Kraftfutter (Getreide) beigefüttert werden (Übersicht 9-7).

Der hohe Eiweißüberschuß auf der Weide zeigt, daß an Pferde keinesfalls zu junges, proteinreiches und rohfaserarmes Weidegras verfüttert werden soll. Geeignete Weideführung verlangt aber auch, daß kein überständiges Grüngut angeboten wird. Die Rohfaserverdaulichkeit ist nämlich beim Pferd deutlich geringer als beim Rind. Für Pferde haben sich deshalb Umtriebsweiden als günstig erwiesen, wobei mit einer Besatzdichte von etwa 5 Pferden je ha gerechnet wird (MEYER, 1979).

Übersicht 9-7: **Kraftfutterbeifütterung von Pferden (550 kg Lebendgewicht) bei Weidegang**

leichte Arbeit (2 h/Tag)	2 kg pro Tag
mittlere Arbeit (2 h/Tag)	4 kg pro Tag
schwere Arbeit (2 h/Tag)	6 kg pro Tag

Dabei ist die Forderung nach großer Weidefläche für Pferdeweiden noch erfüllt. Standweiden zeigen häufig starke Verbißschäden und Narbenverletzungen. Für Pferdeweiden empfiehlt sich deshalb auch ein häufiger Nutzungswechsel. Der Flächenbedarf liegt bei Standweiden mit 2–4 Pferden pro ha und Vegetationsperiode auch relativ hoch (MOTT, 1979). Das gleichzeitige Mitbeweiden von einzelnen Pferden in Rinderherden bzw. der Wechsel von Rinder- und Pferdeweiden hat sich ebenfalls gut bewährt. Bei abnehmender Weideleistung (Herbst) muß zusätzlich Grund- bzw. Kraftfutter beigefüttert werden.

Anstelle des Weidegangs kann dem Pferd im Stall auch Wiesengras, Luzerne oder Rotklee vorgelegt werden. Allerdings ist die Futtermenge bei den Leguminosen auf 25 kg pro Tier und Tag zu begrenzen. Klee-Gras-Gemische sind dabei günstiger zu beurteilen als reiner Klee. Frisch gemähtes Grüngut darf sich bei der Lagerung nicht erwärmen, da seine Verfütterung sehr leicht zu Fehlgärungen im Verdauungstrakt des Pferdes und damit zu Blähungen führt. Auch überständiges Leguminosengrüngut sollte wegen Kolikgefahr nicht im Pferdestall eingesetzt werden. Schwedenklee und Inkarnatklee dürfen nach MEYER (1979) ebenfalls nicht in größeren Mengen an Pferde verfüttert werden.

Der Übergang von der Winterfütterung zur Weide- und Grünfütterung sollte auch beim Pferd allmählich erfolgen. Eine entsprechende Vorbereitungsfütterung – falls möglich mit größeren Mengen Silage und allmählich steigenden Mengen an frischem Grünfutter – hat sich bewährt. Die Weidezeiten sind deshalb auch zunächst nur kurz zu bemessen; sofortiges ganztägiges Weiden führt zu Verdauungsstörungen, da sich vor allem die Mikroorganismen dem veränderten Nährstoffangebot nicht so schnell anpassen können. Auch besteht durch eine plötzliche Futterumstellung die Gefahr des Auftretens von Hufrehe, wobei diese Krankheit u. a. mit einem übermäßigen, nicht bedarfsgerechten Angebot von leicht löslichen Kohlenhydraten in Verbindung gebracht wird (MEYER, 1979). Entsprechende Rauhfuttergaben sollten zu Weidebeginn in jedem Fall beibehalten werden. Die bessere Nährstoffversorgung über das Grundfutter kann durch eine geringfügige Reduzierung des Kraftfutters ausgeglichen werden.

Silagen

Silagen von Gras, Leguminosen und Mais können ohne weiteres im Winter und beginnenden Frühjahr an Pferde verfüttert werden. Allerdings muß dieses Saftfutter von einwandfreier Qualität sein. Bei Gras soll es sich dabei um Anwelksilage handeln, Mais wird am besten in der Teigreife geschnitten. Auch Zuckerrübenblätter können verfüttert werden, sie müssen jedoch wegen der Kolikgefahr ohne jede Verschmutzung sein. Der sichere Einsatz von Silage setzt allerdings größere Pferdebestände oder die gleichzeitige Verabreichung an andere Tierarten voraus, da Nachgärungen nur dann zu vermeiden sind, wenn stets eine größere Futtermenge aus dem Silobehälter entnommen wird. In der warmen Jahreszeit treten solche Nachgärungen besonders leicht auf; aus diesem Grunde ist ein ganzjähriger Einsatz von Silage in der Pferdefütterung nicht zu empfehlen.

HELFERICH und GÜTTE (1972) setzen als Höchstmenge an Silage pro Tier und Tag je nach Körpergewicht 15–18 kg Grassilage, 15–18 kg Maissilage oder 10–12 kg Zuckerrübenblattsilage ein. Um die Pferde an die Silage zu gewöhnen, wird die Menge nur langsam gesteigert. Kombinierte Rationen aus Silage und Heu decken

Übersicht 9–8: **Beispiele für die Pferdefütterung (Erhaltungsbedarf, 550 kg Lebendgewicht), kg Futtermittel je Tag**

Futtermittel	Rationen						
	I	II	III	IV	V	VI	VII
Wiesenheu	4	–	7	9	4	3,5	–
Leguminosenheu	–	3,5	–	–	–	2,5	4,5
Grassilage (30 % TS)	15	–	–	–	–	–	–
Maissilage (26 % TS)	–	15	–	–	–	–	–
Zuckerrübenblattsilage	–	–	10	–	–	–	–
Massenrüben	–	–	–	–	–	–	20
Kraftfutter	–	–	–	–	3,5	2	–

den Energiebedarf für die Erhaltung (Übersicht 9–8). Der Rohproteinbedarf ist in den meisten Fällen mit Ausnahme des Einsatzes von Maissilage mehr als ausreichend gedeckt. Anstelle von Heu kann auch Stroh zur Sättigung eingesetzt werden, wobei allerdings je kg Stroh zusätzlich 250 g eiweißreiches Kraftfutter zu empfehlen sind. Auch ist die Strohmenge auf etwa 3 kg pro Pferd (500–600 kg Lebendgewicht) zu begrenzen (siehe auch 9.1.3.3). Bei leichter bis schwerer Belastung der Pferde wird energiereiches Kraftfutter entsprechend der in Übersicht 9–7 aufgeführten Menge beigefüttert.

Rauhfutter

Als Rauhfutter werden dem Pferd meist Wiesen- und Leguminosenheu angeboten. Der Futterwert des Heues unterliegt je nach der botanischen Zusammensetzung, dem Schnittzeitpunkt und der Konservierungsart erheblichen Schwankungen. Bei spätem Schnitt oder schlechter Werbung steigt der Rohfasergehalt, die Verdaulichkeit der Nährstoffe sinkt. Wird überwiegend solches Heu als Grundfutter eingesetzt, muß zum Ausgleich mehr Kraftfutter gegeben werden. Dabei darf frisch geerntetes sowie verdorbenes Heu (z. B. durch Schimmel) unter keinen Umständen an Pferde verfüttert werden, da dies Verdauungsstörungen und Koliken verursacht.

Zur Deckung des Erhaltungsbedarfs sind in Übersicht 9–8 einige Rationsbeispiele mit Heu von mittlerer bis guter Qualität zusammengestellt. Kombinationen von Wiesen- und Leguminosenheu werden sehr gerne aufgenommen. Der Bedarf an verdaulichem Rohprotein wird stets gedeckt. Zusätzliche Leistungen sind durch Beifütterung von energiereichen Getreidemengen zu erzielen (Übersicht 9–8). Bei stärkerer Belastung wird die Heumenge zugunsten des Kraftfuttereinsatzes zurückgenommen. Große Heumengen erfordern nämlich lange Freßzeiten, belasten den Verdauungstrakt und liefern nur wenig schnell verfügbare Energie. Die Höhe des Rauhfuttereinsatzes ist aber nicht nur von der Arbeitsleistung des Pferdes, sondern auch von wirtschaftlichen Gesichtspunkten abhängig. Landwirtschaftliche Betriebe werden versuchen, möglichst viel Rauhfutter einzusetzen.

Neben der reinen Nährstoffversorgung kommen dem Rauhfutter auch Aufgaben im Zusammenhang mit einem gesunden Mikroorganismenwachstum, dem Speichelfluß, der Darmperistaltik, Passagerate und der Sättigung zu. Deshalb muß auch jedem Pferd täglich eine Mindestmenge von etwa 3 kg Rauhfutter vorgelegt werden. Bei sachgerechtem Einsatz übernimmt das Rauhfutter im wesentlichen strukturelle Aufgaben im Verdauungstrakt, in solchen Fällen kann deshalb der Rohfasergehalt auch wesentlich höher sein. Je stärker jedoch das Heu an der Gesamtration beteiligt ist, desto mehr ist auch auf eine höhere Qualität zu achten. Für strukturelle Aufgaben im Verdauungstrakt läßt sich Heu auch durch Stroh ersetzen. Allerdings ist der Futterwert aufgrund des hohen Rohfasergehaltes (bis zu 45 % in der Trockensubstanz) geringer. Durch die Rohfaser wird nicht nur die Gesamtverdaulichkeit der Ration, sondern auch die energetische Verwertung der verdaulichen Energie vermindert (siehe 4.4). Der Strohanteil an der Gesamtration ist daher auf 2–3 kg zu begrenzen, kann jedoch bei geringer Arbeitsbelastung der Pferde etwas höher liegen. Gersten- und Haferstroh sind Weizen- und Roggenstroh vorzuziehen. Auf keinen Fall darf verunreinigtes, staubiges, verschimmeltes oder feuchtes Stroh verfüttert oder eingestreut werden; Einstreu wird häufig auch zur Sättigung aufgenommen. Das Häckseln von Stroh und Heu und das Vermischen mit Getreide wird heute aus arbeitswirtschaftlichen Gründen meist unterlassen.

Hackfrüchte

Aufgrund ihres relativ hohen Gehaltes an leichtverdaulichen Kohlenhydraten können Kartoffeln, Zuckerrüben und Massenrüben als Saftfuttermittel an Pferde verfüttert werden. Das Pferd verwertet diese Futtermittel aufgrund der enzymatischen Verdauung im Dünndarm ähnlich gut wie das Schwein. Allerdings sind Hackfrüchte sehr wasserreich und damit stark voluminös, arm an Rohfaser und Protein; deshalb sind sie in Kombinationen mit Luzerne- und Kleeheu besonders geeignet. Leguminosenheu liefert dabei zusätzlich Eiweiß und sorgt auch für einen entsprechenden Rohfaserausgleich. Der Einsatz von Hackfrüchten ist sehr arbeitsaufwendig, da die Früchte nur sauber gewaschen, frei von erdigen Bestandteilen und gut zerkleinert bzw. gemust zu verfüttern sind. Kartoffeln können roh oder gedämpft eingesetzt werden. Bei Trockenschnitzeln ist darauf zu achten, daß sie vor dem Verfüttern eingeweicht werden, um der Gefahr von Schlundverstopfungen zu entgehen. In Übersicht 9–9 sind die Höchstmengen für Hackfrüchte und ihre Nebenprodukte nach MEYER (1979) zusammengestellt, die auf keinen Fall überschritten werden sollen.

Übersicht 9–9: **Höchstmengen an Hackfrüchten und deren Nebenprodukten in der Pferdefütterung (kg pro Tier und Tag)**

	Reitpferde	Zugpferde
Kartoffeln, gedämpft oder roh	10–15	20
Zuckerrüben	10	15
Massenrüben	10–20	25
Trockenschnitzel/ Melasseschnitzel	2	6
Melasse	1–1,5	3
Futterzucker	1–3	3
Zuckerrübenblattsilage	10	10

.2 Kraftfutter

Pferde müssen durch Training in gute Kondition gebracht werden und dürfen dabei nicht zu fett sein. Überfütterung kann außerdem zu den verschiedensten Störungen führen. Die Fütterung der Pferde hat sich deshalb ausschließlich nach der Leistungsbeanspruchung zu richten. Der Erhaltungsbedarf sollte dabei stets durch die Zufuhr von strukturiertem, rohfaserreichem Futter sichergestellt sein. Die Zufütterung des Kraftfutters (Krippenfutters) hat entsprechend der Beanspruchung im Reit- und Rennsport bzw. bei Zugleistung zu erfolgen. In Übersicht 9–7 sind für verschiedene Leistungen die notwendigen Kraftfuttermengen zusammengestellt. Diese Kraftfuttermengen lassen sich durch stärkeren Einsatz von Grundfutter verringern, wobei etwa 1,5 kg gutes Heu notwendig sind, um 1 kg Kraftfutter einzusparen. Für dieses Kraftfutter wurde ein Nährstoffgehalt von 11,3 MJ je kg und 7,0 % verdaulichem Protein zugrunde gelegt. Der in der Pferdefütterung so beliebte Hafer erreicht in etwa diese Gehaltswerte. Hafer läßt sich jedoch ohne weiteres zum Teil durch andere Getreidekörner ersetzen. Allerdings darf bei der in Übersicht 9–10 in Anlehnung an HELFERICH und GÜTTE (1972) aufgezeigte Höchstanteil in % des Kraftfutters nicht überschritten werden. Zu berücksichtigen ist, daß Mais, Gerste und Futterzucker wesentlich energiereicher sind als Hafer und deshalb vor allem bei stärkerer Belastung der Pferde in das Kraftfutter eingemischt werden sollen. Energieärmere Futtermittel, wie z. B. Weizenkleie, können in einem geringeren Anteil beispielsweise zusammen mit Hafer und Gerste als Kraftfutter eingesetzt werden. Allerdings darf der Anteil an Weizenkleie in der gesamten Mischung nicht über 20 % liegen (siehe Übersicht 9–10). Die anderen Mühlennachprodukte eignen sich nicht zur Verfütterung an Pferde. Dies gilt auch für weitere mehlige Futtermittel (z. B. Maniokmehl), da sie im Magen verkleistern können. Eiweißreiche Kraftfuttermittel können bei der Fütterung von Zug- und Reitpferden in der Regel fehlen.

Übersicht 9–10: **Höchstmengen einiger Futtermittel im Kraftfutter von Pferden**

Energiereiche Futtermittel	Höchstanteil in % des Kraftfutters	Eiweißreiche Futtermittel	Höchstanteil in % des Kraftfutters
Hafer	90	Ackerbohnen	20
Gerste	40	Malzkeime	10
Weizen	20	Sojaextraktionsschrot	20
Mais	40		
Leinsamen, gekocht	10	Erdnußrückstände (beste Qualität)	10
Weizenkleie	20		
Zuckerrübenvollschnitzel	30	Leinsaatrückstände	10
Trockenschnitzel	20	Rapsextraktionsschrot	0
Troblako	20		
Futterzucker	20	Sonnenblumensaatrückstände	20
Melasse	20	Trockenhefe	5
Haferschalen	10	Magermilchpulver	25

Für diese Kraftfuttermischungen gibt es handelsübliche pelletierte Mischungen. Ihr Futterwert ist primär aufgrund des Gehaltes an verdaulicher Energie einzuschätzen. In der Typenliste für Mischfuttermittel wird ein Ergänzungsfuttermittel für Pferde mit min. 10 % Rohprotein, min. 0,6 % Calcium bzw. max. 0,6 % Phosphor und Gehalten an den Vitaminen A, D und E von min. 5000 I. E., 625 I. E. und 25 mg geführt. Der Rohfasergehalt ist als wertbestimmender Inhaltsstoff mitanzugeben. Er sollte 10 % nicht überschreiten, um eine ausreichende Energiedichte zu gewährleisten. Das in der Typenliste für Mischfuttermittel ebenfalls angeführte Ergänzungsfuttermittel für Zuchtpferde weist mit einem Gehalt von min. 15 % Rohprotein als Kraftfutter für Reit- und Zugpferde einen deutlich zu hohen Eiweißgehalt auf. In hofeigenen Mischungen kann der Hafer ohne weiteres als ganzes Korn verfüttert werden. Gerste, Mais oder Ackerbohnen sind dagegen gequetscht oder grob geschrotet zu verabreichen. Für Jungpferde oder ältere Pferde trifft dies auch für den Hafer zu. Stärkeres Schroten ist jedoch nicht angebracht, da die Kraftfuttermischungen nicht staubig sein sollen.

.3 Pferdealleinfutter

Arbeitswirtschaftliche Vorteile, Schwierigkeiten bei der Beschaffung und Lagerung ausreichender Mengen qualitativ einwandfreien Rauhfutters sowie die größere Sicherheit einer ausgewogenen Nährstoffzufuhr erbrachten vor allem in der Hobby-Pferdehaltung den verstärkten Einsatz eines sogenannten „Pferdealleinfutters". Dieses Futtermittel wird den Pferden in pelletierter Form als einzige Rationskomponente zur Deckung des Erhaltungs- und Leistungsbedarfs bei leichter und mittlerer Arbeit verabreicht. Dabei ist pro kg Futter ein Gehalt an verdaulicher Energie von etwa 9,5 MJ und an verdaulichem Rohprotein von rund 7 % ausreichend. Der Rohfasergehalt sollte in einem Bereich von min. 15 % bis max. 20 % liegen. Aufgrund der enthaltenen Mineralstoffe (min. 0,5 % Calcium, 0,3 % Phosphor) und Vitaminzusätze (Vitamin A und D) ist eine ausreichende Mineralstoff- und Vitaminversorgung bei einem ausgeglichenen Ca:P-Verhältnis gewährleistet. An ein 550 kg schweres Pferd sind davon etwa 7 kg täglich zu verfüttern. Bei leichter bis mittlerer Beanspruchung sind zusätzlich 2 bzw. 4 kg Alleinfutter einzusetzen. Bei einem darüber hinausgehenden Bedarf für schwere Arbeit ist allerdings ein energiereicheres Kraftfutter zur Deckung des Leistungsbedarfs einzusetzen.

Handelsübliches Pferdealleinfutter enthält in der Regel vor allem hohe Anteile an Hafer, Trockengrünmehl oder Weizenkleie, aber auch Gerste, Mais oder Trockenschnitzel. Dementsprechend weisen diese Mischfuttermittel in der Praxis Gehalte von 9,6–11,3 MJ verdauliche Energie, 80–100 g verdauliches Rohprotein und nur 110–140 g Rohfaser/kg auf (AHLSWEDE, 1977; PFERDEKAMP, 1979). Bei Reitpferden dürfte damit die Eiweißversorgung mehr als ausreichend sichergestellt sein. Der im Vergleich zur vorliegenden Empfehlung etwas höhere Energiegehalt und niedrigere Rohfaseranteil der Futtermittel erfordert bei bedarfsgerechtem Einsatz eine etwas geringere Futtermenge. Damit kann aber das mechanische Sättigungsgefühl der Pferde unter Umständen nur mangelhaft sein. Da auch die Futteraufnahmezeit bei pelletiertem Alleinfutter im Vergleich zu herkömmlichen Rationen mit Rauhfutter deutlich verkürzt ist (MEYER, 1979), lassen sich Verhaltensstörungen wie Holzbeißen, Lecksucht oder eine starke Unruhe der Pferde bei ausschließlichem Einsatz von Alleinfutter beobachten. Die Strukturarmut der Ration kann zudem zu verdauungsphysiologischen Schwierigkeiten führen, die sich u. a. in verstärkter Kolikneigung äußern. Daher sollten zusätzlich zum Alleinfutter stets geringe Mengen an Heu (etwa 2–3 kg) oder Stroh zugefüttert werden. Nach GÜLDENHAUPT (1979) werden etwa 0,50–0,60 kg Stroh/100 kg Lebendgewicht/Tag benötigt, um diese Probleme zu beseitigen. Ein höherer Stroheinsatz (1 kg/100 kg Lebendgewicht/Tag) ruft vermehrt Verstopfungskoliken hervor. Unter diesen Fütterungsbedingungen kann allerdings nicht mehr eindeutig von einem Pferdealleinfutter gesprochen werden.

Im Vergleich zu dem pelletierten Futter bleibt in heißluftgetrockneten Cobs oder Briketts die physikalische Struktur des Rauhfutters noch am ehesten erhalten, so daß mikrobielle Störungen noch am wenigsten zu erwarten sind. Da Cobs oder Briketts zudem einen sehr hohen Nährstoffgehalt aufweisen, können sie als alleiniges Futtermittel in der Pferdefütterung eingesetzt werden.

.4 Mineral- und Wirkstoffergänzung

Eine bedarfsgerechte Versorgung der Zug- und Sportpferde mit Calcium und Phosphor ist beim Einsatz hoher Mengen an Grundfutter meistens gegeben. Bei schlechten Weiden, geringen Mengen Heues, Verfütterung von Maissilagen und Hackfrüchten sind die Pferde an Calcium unterversorgt. Bei hohen Gaben von Maissilagen und Heu ist auch die P-Versorgung möglicherweise mangelhaft. Bei ständigem Einsatz von Kraftfutter kann jedoch das Ca:P-Verhältnis in der Gesamtration zu eng werden, da im Getreide ein Ca:P-Verhältnis von 0,3–0,1:1 vorliegt. Auch Leguminosen verändern aufgrund ihres hohen Ca-Gehaltes das Ca : P-Verhältnis ungünstig. Für eine gesicherte Bedarfsdeckung und vor allem zum Ausgleich der unterschiedlichen Ca- und P-Mengen sollte deshalb auch Zug- und Sportpferden ein Mineralfutter für Pferde zugeführt werden, was sich allerdings bei Grünfütterung und Weidegang erübrigt. Am besten verabreicht man täglich pro Pferd 75 g Mineralfutter zusammen mit dem Kraftfutter. Je höher der Kraftfutteranteil in der Ration ist, desto höher sollte der Ca-Gehalt des Mineralfutters sein. In kraftfutterreichen Rationen ist ein Mineralfutter mit 20 % Calcium zu verwenden. Zum Ausgleich des Ca : P-Verhältnisses kann auch zusätzlich kohlensaurer Futterkalk eingemischt werden.

Die Na-Versorgung der Pferde über Grund- und Kraftfutter ist stets sehr mangelhaft. Dies gilt ganz besonders bei Leistungsbeanspruchung. Da im Mineralfutter nur geringe Mengen an Natrium enthalten sind, müssen stets Viehsalz oder Lecksteine zusätzlich angeboten werden. Dies gilt auch bei Weidegang. Als Sicherungszusätze sollten im Mineralfutter für Pferde die Spurenelemente Kupfer, Zink, Jod und evtl. Selen mitaufgenommen werden. Der Eisenbedarf wird normalerweise über Grund- und Kraftfutter ausreichend gedeckt. Im Rennsport und bei sehr konzentrierter energiereicher Fütterung, evtl. auch bei Saug- und Absatzfohlen (siehe 9.3.2), kann jedoch eine zusätzliche Eisengabe notwendig werden.

Mit Ausnahme bei Grünfütterung und Weidegang ist in der Fütterung der Zug- und Sportpferde stets eine suboptimale Versorgung an Vitamin A und D gegeben. Die Versorgung an diesen Vitaminen muß deshalb in den Winter- und Frühjahrsmonaten sowie bei ganzjähriger Stallhaltung über ein vitaminiertes Mineralfutter sichergestellt werden. Allerdings sollten dazu mindestens 500 000 J. E. Vitamin A je kg und 60 000 I. E. Vitamin D je kg Mineralfutter enthalten sein. Bei sehr starker Beanspruchung der Pferde kann die zusätzliche Zufuhr von B-Vitaminen und vor allem von Vitamin E notwendig werden. Als Sicherungszusatz zur Versorgung von B-Vitaminen hat sich auch die Verwendung von getrockneter Bierhefe recht gut bewährt.

.5 Fütterungstechnik

Bei der Rationsgestaltung und der Fütterungstechnik für Pferde müssen besondere Gesichtspunkte beachtet werden. In Übersicht 9–11 sind nach MEYER (1979) die häufigsten Fütterungsfehler bei Pferden aufgezeigt, die zu den verschiedensten Erkrankungen führen.

Da die Aufnahmekapazität des Pferdemagens relativ gering ist, müssen ausreichend lange Freßzeiten von mindestens 1½ Stunden eingehalten werden. Insbesondere bei hoher Leistungsbeanspruchung sollte dreimal täglich gefüttert werden. Auch beim Einsatz von hohen Kraftfuttermengen sind nach Möglichkeit mehrere Mahlzeiten anzustreben.

Grundsätzlich dürfen in der Pferdefütterung nur einwandfreie und saubere Futtermittel eingesetzt werden. Vor allem Verunreinigungen mit Erde oder Sand setzen sich am Magengrund ab, da der Magenbrei wenig durchmischt wird und der Magenausgang sehr hoch liegt.

Bei der Rationsgestaltung ist die Schmackhaftigkeit verschiedener Futtermittel zu berücksichtigen. An neue Futtermittel sind die Pferde langsam zu gewöhnen; Futterumstellungen sollten kontinuierlich vorgenommen werden.

Übersicht 9–11: **Fütterungsfehler bei Pferden (MEYER, 1979)**

1. Fehler in der Rationszusammensetzung
a) zu rohfaserarme, stärkereiche Futtermittel wie Weizen, Roggen (Verkleisterungen im Magen, Fehlgärungen, Magen- und Darmkatarrhe, Tympanien, Magenüberladungen)
b) einseitige Verwendung rohfaserreicher, sperriger, eiweißarmer Futtermittel wie Stroh (Obstipationen im Blinddarm und Kolon)
c) langfaseriges Futter wie Rotklee in der Blüte (Faserkonglobate im kleinen Kolon)
d) blähendes Futter wie junges Grünfutter, Leguminosen, Klee, Luzerne, Kohlgewächse, Äpfel, Brot (Tympanien im Blinddarm und Kolon)
e) überhöhte Mengen an Magnesium und Phosphor (Darmsteinbildung)

2. Mangelnde Futterqualität
a) verschimmeltes Futter: Stroh, Einstreu, Getreide, Brot, Mischfutter (spastische Kolonobstipationen, Magentympanien und -rupturen, Magen- und Darmkatarrhe, Hufrehe)
b) ungenügend abgelagertes Heu bzw. Hafer (Magen- und Darmkatarrhe, Hufrehe)
c) Grünfutter, das in Haufen gelegen und sich erwärmt hat (Tympanien)
d) angefaulte oder gefrorene Futtermittel: Rüben, Kartoffeln, Silage (Magen- und Darmkatarrhe, Hufrehe)
e) stark verschmutzte Futtermittel: Rüben, Kartoffeln (Sandkolik, Magen- und Darmkatarrhe)

3. Fehler in der Futterzubereitung
a) zu kurz gehäckseltes Stroh unter 3 cm (Blinddarm-, Kolon-, Hüftdarmobstipationen)
b) zu kurz geschnittenes Gras (Hüftdarmobstipationen)
c) Zucker- oder Trockenschnitzel nicht eingeweicht (Quellung – Schlundverstopfung, primäre Magenüberladung)

4. Fehler in der Fütterungstechnik
a) zu große Futtermengen pro Mahlzeit, insbesondere an hochverdaulichen Futtermitteln
b) unregelmäßige Futterzeiten
c) unkontrollierter Zugang zum Kraftfutter (primäre Magenüberladung)
d) plötzlicher Futterwechsel, besonders beim Übergang zum Grünfutter (Hufrehe)
e) zu starke körperliche Belastung unmittelbar nach der Fütterung
f) zu wenig Bewegung bei guter Fütterung
g) zu große oder mangelnde Wasseraufnahme

9.2 Die Fütterung von Stuten

9.2.1 Leistungsstadium und Nährstoffbedarf

Bei der Stute sind als Leistungsstadien mit unterschiedlichen Nährstoffansprüchen vor allem die Zeiten der Trächtigkeit und der Laktation zu unterscheiden. Der Zeitpunkt des Belegens fällt meist mit der Phase höchster Milchleistung zusammen. Der Deckerfolg ist jedoch gerade in der Pferdezucht mit 50–70 % sehr niedrig, was auch mit einer Unterversorgung an Nährstoffen, insbesondere an Vitamin A und E, zusammenhängen dürfte. Da die Deckperiode meistens ausgangs des Winters und im Frühjahr liegt, kann mangelnde Versorgung an diesen Vitaminen gehäuft auftreten. Die optimale Vitaminversorgung muß jedoch auch während der frühembryonalen Phase sichergestellt sein.

.1 Trächtigkeit

Die Trächtigkeitsdauer der Stute beträgt im Mittel etwa 11 Monate. Neben dem Wachstum des Fötus sind auch die Entwicklung des Uterus, der Placenta und der Milchdrüse sowie die Zunahme des Fruchtwassers zu berücksichtigen. Für die Gesamtzunahme der Konzeptionsprodukte können am Ende der Trächtigkeit rund 10–12 % des Lebendgewichtes der Stute veranschlagt werden. Das Geburtsgewicht der Fohlen schwankt dann je nach Rasse zwischen 45 und 55 kg, Kaltblutfohlen wiegen meist über 60 kg. Die Entwicklung der Konzeptionsprodukte mit etwa 70 % des Endgewichts findet in den letzten drei Monaten der Trächtigkeit statt. Deshalb ist gerade in diesen Trächtigkeitsmonaten eine zusätzliche Nährstoffversorgung für den Fötus und die Reproduktionsorgane notwendig. Der zusätzliche tägliche Bedarf in der Trächtigkeit an verdaulichem Protein und verdaulicher Energie kann aus der Zusammensetzung des fötalen Gewebes und der Höhe des Ansatzes abgeleitet werden. Der Energie- und Proteingehalt neugeborener Fohlen wird bei MEYER und AHLSWEDE (1976) mit 5,48 MJ und 171 g/kg angegeben. Für die in Übersicht 9–12 aufgezeigten Richtzahlen wurde eine Verwertung der verdaulichen Energie von 0,2 und des verdaulichen Rohproteins von 0,5 für den Ansatz unterstellt. Insbesondere der Eiweißbedarf steigt in den letzten Monaten der Trächtigkeit durch die hohen Zunahmen sehr stark an. Für den Mehrbedarf an verdaulicher Energie wurde neben dem Energieansatz auch der durch die Umstellung des endokrinen Systems erhöhte Grundumsatz berücksichtigt. In den letzten Wochen der Trächtigkeit weist der Fötus eine hohe Mineralisierung auf. Angaben zum Mineralstoff- und auch Vitaminbedarf hochträchtiger Stuten sind in Übersicht 9–13 zusammengestellt.

Übersicht 9–12: **Täglicher Energie- und Eiweißbedarf trächtiger Stuten (ohne Erhaltung)**

Trächtigkeitsmonat	verdauliche Energie MJ	verdauliches Protein g
9.	12	150
10.	13	160
11.	17	220

Übersicht 9-13: **Mineralstoff- und Vitaminbedarf hochtragender und laktierender Stuten (550 kg Lebendgewicht)**

Mineralstoffe in g und Tag	Ca	P	Mg	Na
hochtragend (8.–11. Monat)	33–42	19–28	10	13
laktierend:				
1. und 2. Monat	50–55	35–40	10	15–20
3. und 4. Monat	45–50	35	9	15–20

Vitamine in I.E. und Tag	Vitamin A	Vitamin D	Vitamin E
hochtragend bzw. laktierend	60 000–80 000	8000–10 000	300

.2 Laktation

Die Milchleistung weist auch bei Pferden je nach Rasse größere Unterschiede auf. Die mittlere tägliche Milchleistung von Warmblutstuten beträgt in den ersten 5 Laktationsmonaten 14–15 kg. Bei Kaltblutstuten wurde im Durchschnitt eine um 3 kg höhere Leistung festgestellt. Die individuelle Schwankungsbreite um diese Mittelwerte ist jedoch mit 7–8 kg sehr hoch. Die Milchleistung während der gesamten Laktationsphase liegt demnach bei 2100–2300 kg. Bis zu Beginn des 3. Laktationsmonats nimmt die Milchsekretion zu, sinkt dann aber wieder ab (Abbildung 9-1).

Die Zusammensetzung der Stutenmilch verändert sich im Verlauf der Laktation; in Übersicht 9–14 sind hierzu nach Untersuchungen von ULLREY und Mitarbeitern (1966) entsprechende Zahlen zusammengestellt. Die Kolostralmilch zeichnet sich, ähnlich wie bei den anderen Haustieren, durch einen besonders hohen Eiweißgehalt mit einem starken Globulinanteil aus. Dies gilt jedoch nur unmittelbar nach der

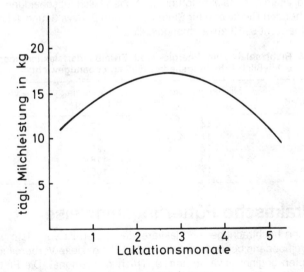

Abb. 9–1: **Durchschnittlicher Laktationsverlauf bei Stuten**

Übersicht 9–14: **Zusammensetzung von Stutenmilch und deren Veränderung im Laktationsverlauf**

	Trockensubstanz %	Protein %	Fett %	Lactose %	Energie MJ/kg
Kolostrum	25,2	19,1	0,7	4,6	5,6
12 Stunden	11,5	3,8	2,4	4,8	2,7
3 Wochen	11,3	2,7	2,0	6,1	2,3
3 Monate	10,4	2,0	1,4	6,6	2,2

Geburt, bereits 12 Stunden danach ist der Eiweißgehalt nahezu auf die normale Höhe abgesunken. Stutenmilch ist eiweiß- und fettarm, hat jedoch einen relativ hohen Lactosegehalt. Sie kommt damit der Humanmilch am nächsten. Der Energiegehalt liegt mit etwa 2,3 MJ pro kg Milch um etwa 30 % unter dem der Kuhmilch (3,1 MJ) und um weit mehr als 50 % unter dem der Sauenmilch (5,2 MJ). Analog zu anderen laktierenden Tieren kann bei der Stute für die Milchbildung eine 50%ige Ausnutzung des verdaulichen Proteins und 66%ige Ausnutzung der verdaulichen Energie unterstellt werden. Entsprechend dem sich ändernden Eiweiß- und Energiegehalt der Milch ergeben sich unterschiedliche Richtzahlen zum Nährstoffbedarf pro kg Milchmenge. Der Bedarf an verdaulichem Eiweiß nimmt dabei im Laufe der Laktation pro kg Milch von 54 auf 40 g und der Bedarf an verdaulicher Energie geringfügig von etwa 3,55 auf 3,30 MJ ab. In Übersicht 9–15 sind die aus diesen Bedarfswerten und der entsprechenden Milchmenge berechneten Richtzahlen zum Eiweiß- und Energiebedarf laktierender Stuten in den verschiedenen Laktationsmonaten aufgeführt. Im Vergleich zum Erhaltungsbedarf der Stuten (Übersicht 9–1) steigt dabei der Bedarf an verdaulichem Protein auf etwa das Dreifache, der Energiebedarf nahezu auf das Doppelte. Bei Arbeitsbeanspruchung ist zusätzlich der dadurch bedingte Energiebedarf zu berücksichtigen. Auch der Bedarf an Mineralstoffen und Vitaminen steigt aufgrund der hohen Milchausscheidung erheblich an. Die entsprechenden Richtwerte für Stuten im 1. und 2. bzw. 3. und 4. Laktationsmonat sind in Übersicht 9–13 zusammengestellt.

Übersicht 9–15: **Richtzahlen zum Energie- und Eiweißbedarf laktierender Stuten einschließlich Erhaltungsbedarf (550 kg Lebendgewicht)**

Laktationsmonat	Milchmenge, kg	verd. Energie MJ je Tag	verd. Eiweiß g je Tag
1	14	117	1090
2	17	127	1200
3	17	125	1020
4	15	118	940
5	11	105	780

9.2.2 Praktische Fütterungshinweise

Die Fütterung hochträchtiger und laktierender Stuten ist vor allem aufgrund des erhöhten Eiweißbedarfs besonders zu beachten. Die gezielte Vorbereitungsfütterung trächtiger Stuten beginnt etwa ab dem 9. Trächtigkeitsmonat. Die Futtergrundlage besteht wie bei den Sport- und Zugpferden aus wirtschaftseigenem Grundfutter. Die verabreichten Grundfuttermittel sollten etwa den Erhaltungsbedarf decken, weshalb die in Übersicht 9–8 zusammengestellten Rationen auch Beispiele für die Fütterung trächtiger Stuten darstellen. Allerdings sind sehr hohe Anforderungen an die Qualität der Futtermittel zu stellen, da bei Verfütterung von verdorbenem und verschmutztem Heu, Silagen oder Rüben die Gefahr des Verfohlens besteht. Neben dem Grundfutter müssen für eine ausreichende Nährstoffversorgung täglich 1–1,5 kg Kraftfutter zugelegt werden. Diese Kraftfuttermenge ist bei der Trächtigkeit kleiner als bei mittlerer oder starker Arbeitsbeanspruchung. Dies ist besonders zu beachten, da die Pferde in dieser Zeit nicht verfetten dürfen. Während der Trächtigkeit kann dabei das gleiche Kraftfutter verwendet werden wie in der Laktation, so daß zu Beginn der Laktation keine Futterumstellung vorzunehmen ist.

Auch in der Laktation sind die in Übersicht 9–8 aufgeführten Beispiele an Grundfutterrationen geeignet. Die Kraftfuttermenge wird innerhalb von 1–2 Wochen nach der Geburt allmählich auf 5–6 kg täglich gesteigert (siehe Übersicht 9–16). Ein mehrmaliges tägliches Füttern des Kraftfutters ist vorteilhaft. Die Gesamtaufnahme an Trockensubstanz beträgt bei 550 kg Lebendgewicht etwa 12 kg. Die Kraftfuttermenge kann daher durch Einsatz höherer Mengen Grundfuttermittel noch reduziert werden, wobei z. B. für 1 kg Kraftfutter 1½ kg Heu zu verabreichen sind. Ab dem 4.–5. Laktationsmonat, wenn die Arbeitsbeanspruchung wieder einsetzt, müssen je nach Leistung höhere Mengen an Kraftfutter berücksichtigt werden. Nach dem Absetzen der Fohlen sind die Stuten wieder entsprechend dem Bedarf der Sport- und Zugpferde zu füttern.

Das in Trächtigkeit und Laktation zu verfütternde Kraftfuttergemisch kann ein handelsübliches Ergänzungsfutter für Pferde sein. Voraussetzung ist jedoch, daß dieses Ergänzungsfutter bzw. die entsprechenden Mischungen aus Getreide und Sojaextraktionsschrot mindestens 12 % verdauliches Protein und 11,3 MJ verdauliche Energie aufweisen. Die genaue Höhe des Eiweißgehaltes in diesem Kraftfuttergemisch hat sich dabei nach der Eiweißzufuhr über das Grundfutter zu richten. Nach Normtyp ist das Ergänzungsfuttermittel für Zuchtpferde mit min. 15 % Rohprotein und max. 10 % Rohfaser gekennzeichnet. Zusätzlich werden in der Trächtigkeit täglich etwa 100 g, in der Laktation etwa 150 g eines hochvitaminierten, Ca-reichen Mineralfutters gefüttert. Sind im Ergänzungsfutter Calcium und Phosphor nach dem Normtyp (min. 0,8 % Ca, max. 0,6 % P, Ca : P-Verhältnis 1,5–3 : 1) enthalten, so reicht dies zur Deckung des Bedarfs in der Laktation aus; in der Trächtigkeit müssen noch zusätzlich 70 g verabreicht werden.

Übersicht 9–16: **Kraftfuttermengen für hochtragende und laktierende Stuten**

	Monat	kg je Tag
hochtragend	9.	1,0
	10.	1,5
	11.	1,5
laktierend	1.	4,5
	2.	5,5
	3.	5,0
	4.	4,5
	5.	3,5

Weide

Optimale Haltungsform für laktierende Stuten bietet die Weide. Um jedoch den gesamten Nährstoffbedarf über Weidegras zu decken, müssen etwa 60 kg Grüngut täglich aufgenommen werden. Dies dürfte jedoch nur bei sehr gutem Weideaufwuchs und ganztägigen Weidezeiten zu erreichen sein. Während die Eiweißzufuhr aufgrund des hohen Rohproteingehalts der Weide stets ausreicht, ist die Energieversorgung nur in den seltensten Fällen bedarfsdeckend. Je nach Weideleistung sind deshalb 1–3 kg eines energiereichen Kraftfutters zu verfüttern. Anstelle des vitaminierten Mineralfutters müssen für die Na-Versorgung Lecksteine oder Viehsalz angeboten werden. Für den Weidegang ist auch eine sorgfältige Vorbereitungsfütterung durchzuführen (siehe 9.1.3.1).

9.3 Fütterung von Fohlen und Jungpferden

9.3.1 Wachstum und Nährstoffbedarf

Die Gewichtsentwicklung wachsender Pferde wird sehr wesentlich von der Nährstoffversorgung beeinflußt. Hohes Ernährungsniveau in der Aufzucht ermöglicht eine frühe Nutzung; allerdings setzt dies eine ausgeglichene Nähr- und Wirkstoffversorgung voraus. Insbesondere mangelhaftes und unausgeglichenes Mineralstoffangebot führt in der Aufzuchtphase zu Schäden am Skelett, die die spätere Leistung mindern. Das Wachstum von Fohlen und Jungpferden in den verschiedenen Altersabschnitten in Prozent des Endgewichts ist in Übersicht 9-17 zusammengestellt. Die größte Wachstumsintensität besitzen die Saugfohlen. Innerhalb von etwa 6-8 Wochen verdoppeln sie ihr Geburtsgewicht, nach einem ½ Jahr sind bereits 40 % des Endgewichts erreicht. Für die normale Aufzucht werden im ersten halben Jahr mittlere tägliche Zunahmen von 800-900 g und im zweiten halben Jahr von 500-600 g angestrebt. Jährlinge nehmen täglich noch etwa 250 g und Zweijährige 200 g zu. Mit 3 Jahren sind damit 90-95 % des Endgewichts erreicht.

Mit zunehmendem Lebendgewicht erhöht sich der Erhaltungsbedarf entsprechend der metabolischen Körpergröße. Beim Leistungsbedarf ist bei jüngeren Pferden zusätzlich zum Gewichtszuwachs die stärkere Bewegungsaktivität zu berücksichtigen. Entsprechende Untersuchungen zur sicheren Ableitung des Nährstoffbedarfs wachsender Pferde fehlen bislang jedoch weitgehend. Der Nährstoffbedarf für den Zuwachs ergibt sich aus der täglichen Gewichtszunahme und der chemischen Zusammensetzung dieses Zuwachses. Im Mittel können dabei je kg Zuwachs ein N-Ansatz von 29 g und ein Energieansatz von 11,4 MJ unterstellt werden. Allerdings dürfte der Energiegehalt im Laufe der Aufzucht von etwa 9 auf 14 MJ je kg Körperzuwachs zunehmen. Damit ist der Energiegehalt je Einheit Zuwachs vergleichbar mit dem des Rindes.

Legt man beim Protein eine Ausnutzung von 45 % zugrunde – während des Saugens dürfte sie um 20 % höher liegen – und veranschlagt bei der Energie eine Ausnutzung von 60 %, so lassen sich entsprechend dem aufgezeigten Gewichtszuwachs die in Übersicht 9-18 angegebenen Bedarfswerte errechnen. Dabei ist die starke Bewegungsintensität, wie sie bei Jungpferden, aber auch bei Zwei- und Dreijährigen bei Trainingsaufnahme oder bei verstärkter Arbeitsbeanspruchung auftritt, in diesen Richtzahlen weitgehend berücksichtigt.

Übersicht 9-17: **Gewichtsentwicklung wachsender Pferde**

Alter (Monat)	Gewichtsentwicklung in % des Endgewichts
6.	38–44
12.	56–64
18.	70–76
24.	76–86
36.	90–95

Übersicht 9–18: **Richtzahlen zum Nährstoffbedarf wachsender Pferde**

Endgewicht, kg: Alter (Monat)	400		500		600	
	verd. Energie MJ	verd. Rohprotein g	verd. Energie MJ	verd. Rohprotein g	verd. Energie MJ	verd. Rohprotein g
3.– 6.	51	470	60	570	70	670
7.–12.	52	380	62	460	72	540
13.–18.	55	360	66	430	76	510
19.–24.	58	340	68	410	79	470
25.–36.	61	330	72	390	82	450

Wachsende Pferde haben auch einen hohen Mineralstoffbedarf. Im Altersabschnitt 3–24 Monate sind deshalb täglich 36–30 g Calcium, 24–18 g Phosphor, 4–8 g Magnesium und 6–8 g Natrium zu verabreichen. Das Ca : P-Verhältnis sollte dabei nicht wesentlich unter 1,4 : 1 liegen. Der Vitaminbedarf der Fohlen und Jungpferde beträgt rund 8000–10 000 I. E. Vitamin A, 1200 I. E. Vitamin D und 50–80 mg Vitamin E je 100 kg Körpergewicht.

9.3.2 Fütterungshinweise zur Aufzucht

.1 Saugfohlen

Ausreichende passive Immunisierung der Fohlen gegen verschiedene Infektionskrankheiten kann nur durch eine rechtzeitige Versorgung mit Kolostralmilch erreicht werden. Bereits 2–3 Stunden nach der Geburt müssen Fohlen Kolostralmilch aufnehmen. Ähnlich wie bei Schwein und Rind nimmt nämlich in der Kolostralmilch der Anteil an γ-Globulinen, Mineral- und Wirkstoffen nach der Geburt laufend ab. Auch die Möglichkeit, diese hochmolekularen Globuline zu absorbieren, geht beim Fohlen nach der Geburt ständig zurück (siehe hierzu 6.2). Da die Kolostralmilch von erstfohlenden, aber auch von sehr alten Stuten einen sehr niedrigen Gehalt an γ-Globulinen aufweist, kann in diesen Fällen zusätzlich eingefrorene Kolostralmilch von Stuten in der 3.–5. Laktation verwendet werden.

In den ersten 4–6 Lebenswochen wird der Nährstoffbedarf des Fohlens in der Regel über die Muttermilch gedeckt. Ab dem 2. Lebensmonat reichen Eiweiß- und Energiegehalt der Stutenmilch für die hohe Wachstumsintensität nicht mehr aus. Ab diesem Zeitpunkt ist daher gezielt bestes Heu und Kraftfutter zur beliebigen Aufnahme vorzulegen, zumal das Fohlen bereits frühzeitig Beifutter aufnimmt. Ein solches Fohlenaufzuchtfutter sollte mindestens 15 % verdauliches Protein und 11,7–12,6 MJ verdauliche Energie/kg Futter enthalten. Neben Getreide – einem hohen Anteil an gequetschtem Hafer – und Sojaextraktionsschrot werden oft auch noch 10–15 % tierische Eiweißfuttermittel wie Trockenmagermilch und Fischmehl eingemischt. Der Lysinbedarf scheint zwar recht hoch zu liegen, genaue Untersuchungen zum Aminosäurenbedarf des Fohlens liegen jedoch nicht vor. Für eine ausreichende Mineral- und Wirkstoffversorgung sollten dem Fohlenaufzuchtfutter 2,5–3 % einer hochvitaminierten, Ca-reichen Mineralstoffmischung beigemischt werden. Hafer ist wegen des zu geringen Eiweiß-, Mineral- und Wirkstoffgehaltes als alleiniges Beifutter abzulehnen. Das in der Typenliste für Mischfuttermittel geführte Ergänzungsfuttermittel für Fohlen weist einen Gehalt von min. 15 % Rohprotein, max. 10 % Rohfaser, min. 1,2 % Calcium und max. 1,0 % Phosphor (Ca : P-

Verhältnis 1,5–3 : 1) auf, wobei min. 20 % Milchpulver enthalten sein müssen. Die zu verabreichende Menge an Fohlenaufzuchtfutter richtet sich nach der Höhe der Milchleistung der Stuten. Normalerweise geht man davon aus, daß die Kraftfuttermenge in kg der halben Anzahl an Lebensmonaten entsprechen soll. Demnach sind einem fünf Monate alten Saugfohlen 2,5 kg Kraftfutter zu verabreichen. Saugfohlen, die zusammen mit der Mutterstute auf die Weide gehen, sollten zusätzlich ein energiereiches Kraftfutter erhalten.

In Ausnahmesituationen können Fohlen auch mutterlos aufgezogen werden, wobei sich zunächst für die ersten Tage nach der Geburt eingefrorene Kolostralmilch am besten eignet. Anschließend gelangt ein Milchaustauschfutter I für Kälbermast zum Einsatz. Konzentrationen von etwa 120 g/l Wasser und zusätzlich 30 g Lactose kommen der Muttermilch am nächsten. Bei natürlichem Saugverhalten wird ein Fohlen im Mittel 60 mal täglich saugen und bei jedem Saugakt durchschnittlich 0,2 l aufnehmen. Die Ersatztränke sollte deshalb in der ersten Lebenswoche mindestens 10 mal täglich verabreicht werden. Ab der zweiten Lebenswoche ist die Anzahl der Tränkegaben bei gleichzeitiger Steigerung der Tränkemenge zu reduzieren. Bei ausreichender Aufnahme an Fohlenaufzuchtfutter (etwa 3 kg) kann im Alter von etwa drei Monaten von der Milchaustauschtränke entwöhnt werden.

.2 Absatzfohlen

Saugfohlen werden in der Regel 5–6 Monate nach der Geburt von der Mutterstute abgesetzt. Stuten, die schon frühzeitig zur Arbeit herangezogen werden, sollten nur etwa 4 Monate säugen. Reine Zuchtstuten können Fohlen bis zu 7 Monaten führen. Der Zeitpunkt des Absetzens wird von der Entwicklung des Saugfohlens bestimmt, die vor allem auch von der Höhe der aufgenommenen Beifuttermenge abhängt. Fohlen, die im Alter von 4–5 Monaten 2–2,5 kg Kraftfutter aufnehmen, können ohne größere Schwierigkeiten entwöhnt werden. Auf keinen Fall darf jedoch zum Absetzzeitpunkt ein Futterwechsel erfolgen. Das Fohlenaufzuchtfutter der Säugeperiode ist deshalb auch im Übergang kontinuierlich weiterzufüttern.

Fohlen im 7.–12. Lebensmonat müssen neben bestem Wiesen- oder Leguminosenheu (2–2,5 kg) insgesamt 3 kg Kraftfutter aufnehmen. Rund zwei Drittel dieses Kraftfutters bestehen aus Ergänzungsfutter zur Fohlenaufzucht, da der für das Wachstum notwendige Bedarf an qualitativ hochwertigem Eiweiß gedeckt werden muß. Für eine ausgeglichene Mineralstoffversorgung ist eine Ca-reiche Mineralstoffmischung von 75 g pro Tag beizufüttern, die in der Winterfütterung noch vitaminiert sein muß. Absatzfohlen können je nach dem Zeitpunkt der Geburt und des Absetzens auch auf die Weide geführt werden. Die Aufnahme an Weidegras ist jedoch noch beschränkt, so daß mindestens 3 kg Kraftfutter beigefüttert werden müssen. Da der Eiweißgehalt des Grases sehr hoch ist, kann jedoch der Anteil an Fohlenaufzuchtfutter auf 1 kg zurückgehen.

.3 Fütterung von Jährlingen und Zweijährigen

Der Energiebedarf von Jährlingen und Zweijährigen liegt im Vergleich zu dem der Fohlen um 20 % höher. Der Bedarf an verdaulichem Rohprotein ist jedoch aufgrund des langsameren Wachstums verringert. Allerdings steigt mit zunehmendem Lebendgewicht die Futteraufnahme von etwa 3,5–4,5 kg Trockensubstanz bei

Übersicht 9–19: **Rationsbeispiele zur Fütterung von Jährlingen und Zweijährigen (Endgewicht 500 kg)**

Monate:	12–18		18–24		24–36	
Ration:	I	II	I	II	I	II
Futtermittel, kg und Tag						
Wiesenheu	–	4	–	3	–	3
Leguminosenheu	3	–	3	–	3	–
Grassilage (30 % TS)	–	–	–	5	–	8
Maissilage (26 % TS)	5	–	6	–	10	–
Kraftfutter	2,5	3	2,5	3	2	2,5
Sojaextraktionsschrot	0,1	0,2	–	–	–	–
vitaminierte Mineralstoffmischung, g	75	75	75	75	75	75

Absatzfohlen auf 7–8 kg Trockensubstanz täglich beim Zweijährigen an. Damit fallen die Ansprüche an die Nährstoffkonzentration und entsprechend an die Verdaulichkeit der organischen Substanz.

Die beste Futtergrundlage für Jungpferde bietet die Weide. Der Übergang von der Winterfütterung zum Weidegang hat allmählich zu erfolgen (siehe auch 9.1.3.1). Zu Beginn des Weidegangs sollte noch Heu beigefüttert werden, ebenso dürfte Kraftfutter während der gesamten Weideperiode zum Ausgleich der fehlenden Energie nötig sein. Um den Energiebedarf ausschließlich über Weidegras zu decken, müssen Jungpferde im 2. bzw. 3. Lebensjahr nämlich 30–35 kg Weidegras aufnehmen. Je nach Qualität der Weide sollten deshalb etwa 1–2 kg Getreide (Hafer) bzw. Mischungen von Getreide und Trockenschnitzeln zusätzlich verabreicht werden. Um kein zu enges Ca : P-Verhältnis zu erhalten, ist in das Kraftfutter etwa 1 % kohlensaurer Futterkalk einzumischen. Die Versorgung mit Natrium ist über Viehsalz oder Lecksteine sicherzustellen.

Für die Winterfütterung sind in Übersicht 9–19 Rationsbeispiele zusammengestellt. Bereits im Alter von 12 Monaten wird mit der Verfütterung einwandfreier, gehaltvoller Silage bis zu einer Menge von 5 kg begonnen. Im Laufe eines weiteren Jahres fressen Pferde zusätzlich zu 2–3 kg Heu bereits 5–10 kg Silage. Auch Rüben können verstärkt eingesetzt werden.

Zum Eiweiß- und Energieausgleich werden in der Regel 2–3 kg Kraftfutter verabreicht (siehe Übersicht 9–19). Bei Jährlingen ist allerdings darauf zu achten, daß dieses Kraftfutter nicht ausschließlich aus Getreide besteht, da sonst die Eiweißversorgung mangelhaft ist. Es ist deshalb ratsam, 12–18 Monate alten Pferden zusätzlich Sojaextraktionsschrot zu verabreichen. Im Austausch mit Sojaextraktionsschrot kann auch Fohlenaufzuchtfutter dem Getreide zugemischt werden, wobei allerdings durch den Anteil an tierischem Eiweiß der Preis zu beachten ist. In das Kraftfutter sind jeweils etwa 75 g einer vitaminierten Mineralstoffmischung einzubringen. Soweit die Pferde im 3. Lebensjahr bereits eingeritten, trainiert oder an Zugarbeit gewöhnt werden, ist die Fütterung derjenigen von Sport- und Zugpferden anzupassen.

9.4 Fütterung von Deckhengsten

Die Decksaison in der Pferdezucht erstreckt sich in der Regel vom ausgehenden Winter bis Sommerbeginn. Bereits 6–8 Wochen vor der Deckperiode erhalten die Hengste langsam steigende Futtermengen. Nach HENNIG (1972) und MEYER (1979) liegt der Energiebedarf in der Deckperiode nur um etwa 25–30 %, der Eiweißbedarf jedoch um etwa 70 % über dem Erhaltungsbedarf. Demnach benötigt ein Hengst mit einem Lebendgewicht von 600–700 kg etwa 100–110 MJ verdauliche Energie und 630–650 g verdauliches Rohprotein. Zu eiweißreiche Fütterung mit Mengen von täglich 1000–1200 g verdaulichem Rohprotein scheint demnach deutlich überhöht zu sein.

Der Nährstoffbedarf kann mit 5 kg gutem Heu und 5–6 kg Kraftfutter gedeckt werden. Günstig hat sich dabei der Einsatz von 1–1,5 kg Leguminosenheu zusammen mit 4 kg Wiesenheu erwiesen. Geringe Mengen an Rüben, Silage oder Grünfutter können ebenfalls verfüttert werden. Das Kraftfutter setzt sich aus Getreide (Hafer, Gerste, Mais), Weizenkleie oder Trockenschnitzeln zusammen und wird mit 3–5 % Sojaextraktionsschrot und 100–150 g vitaminiertem Mineralfutter für Pferde ergänzt. Das zugesetzte Eiweiß kann auch in Form von tierischen Eiweißfuttermitteln (Fischmehl, Blutmehl) erfolgen, da diesem ein positiver Effekt zugeschrieben wird. Im Anschluß an die Decksaison werden die Hengste entsprechend ihrer Arbeitsbeanspruchung gefüttert.

10 Geflügelfütterung

Geflügel zählt zu den Omnivoren. Der Verdauungskanal ist im Verhältnis zur Körperlänge wesentlich kürzer als beim Wiederkäuer. Während der gesamte Verdauungskanal bei Schafen die 25–30fache Länge des Körpers, bei Schweinen die 15fache hat, ist er bei Geflügel nur etwa 6mal so lang wie das ganze Tier. Als Besonderheiten bei Hühnergeflügel sind der Kropf als eine drüsenlose, sackartige Erweiterung der Speiseröhre sowie das dem Dünndarm vorangestellte Drüsen-Muskelmagensystem hervorzuheben. Der Dünndarm selbst zeigt keine Abweichungen. Die Auswahl der Nahrung erfolgt beim Geflügel durch den Gesichts- und Tastsinn. In der zahnlosen Schnabelhöhle wird das Futter mit nur wenig muzinreichem Speichel vermischt und gelangt schnell in den Kropf, der als Nahrungsspeicher dient. Im Drüsenmagen wird das Futter mit Magensaft vermischt und dann im Muskelmagen zerkleinert. Der Hauptort der enzymatischen Verdauung sowie der Absorption der Nährstoffe ist der Dünndarm. Ein geringer Teil des Futters wird in den beiden Blinddärmen bakteriell ab- und umgebaut. Die Absorptionsrate dieser Nährstoffe ist allerdings niedrig. Der Blinddarm wird etwa mit jedem zehnten Absetzen von Darmkot entleert. In weiten Abständen erfolgt demnach auch die Befüllung, so daß Zeit für die bakteriellen Vorgänge vorhanden ist. Der Blinddarmkot hat eine dickbreiige Konsistenz, ist homogener als der Dünndarmkot und dunkel gefärbt.

Entsprechend dem relativ kleinen Intestinum ist die Verweildauer der Nahrung im Verdauungstrakt des Geflügels kurz. Sie hängt in erster Linie von der Futterbeschaffenheit ab. Deshalb muß den Tieren für optimale Leistungen auch ein hochverdauliches Futter mit nur geringem Rohfasergehalt angeboten werden. Die Futteraufnahme ist beim Geflügel wesentlich von der Energiekonzentration des Futters abhängig. Der Eiweißgehalt der Ration sollte deshalb auf den Energiegehalt abgestimmt sein, so daß für jede Leistung auch bei ad libitum Fütterung ein ausgeglichenes Eiweiß-Energie-Verhältnis vorliegt.

In der Landwirtschaft versteht man unter Geflügel neben Hühnern auch noch Gänse, Enten und Puten. Wegen der großen wirtschaftlichen Bedeutung von Legehennen und Broilern wird vor allem deren Fütterung besprochen.

10.1 Fütterung der Legehennen

Die zur Eiererzeugung gehaltenen Hochleistungshennen sind fast ausschließlich Hybrid-Hennen. Durch Fütterungsmaßnahmen können neben der Legeleistung vor allem die Beschaffenheit der Eischale, die Dotterfarbe sowie in geringem Maße die Eizusammensetzung und damit das Schlupfergebnis beeinflußt werden.

Ernährung und Eizusammensetzung

Das Hühnerei setzt sich im Mittel aus 32 % Eidotter, 58 % Eiklar und 10 % Schale zusammen. Die Zusammensetzung des Hühnereies ist in Übersicht 10–1 zusammengestellt. Ein mittleres Ei von 60–62 g enthält 7,3 g Eiweiß und 6 g Fett, wobei sich nahezu alles Fett im Dotter befindet. Der Gehalt an Kohlenhydraten beträgt etwa 0,3 g, so daß sich insgesamt ein Energiegehalt von rund 400 kJ ergibt. Der gesamte Ascheanteil eines solchen Eies liegt bei 6 g.

Je nach Rasse schwanken diese Gehalte. Sie sind durch die Fütterung nur wenig zu beeinflussen. Auch die Zusammensetzung der einzelnen Proteinmoleküle ist durch Fütterungsmaßnahmen nicht zu verändern, da sie genetisch determiniert ist. Die mittleren Gehalte eines Eies an für das Geflügel essentiellen Aminosäuren sind bereits im Abschnitt 3.4.5.1 zusammengestellt. Da diese im Tierkörper nicht synthetisiert werden können, müssen sie mit dem Futter zugeführt werden. Im Vergleich mit anderen Nahrungs- und Futterproteinen zeichnet sich das Eiweiß von Hühnereiern durch einen hohen Anteil an Cystin und Methionin aus. Da diese Aminosäuren außerdem zur Bildung des Federeiweißes benötigt werden, ist der Bedarf an diesen Aminosäuren relativ hoch. Der Anteil der nichtessentiellen Aminosäuren am gesamten Eiweißgehalt des Hühnereies beträgt etwa ein Drittel.

Übersicht 10–1: **Chemische Zusammensetzung und Energiegehalt des Frischeies**

	TS %	Rohasche %	Rohprotein %	Gesamtfett %	N-freie Extraktst. %	Energie kJ/g
mit Schale	32,0	9,9	12,0	9,7	0,4	6,5
ohne Schale	25,0	0,9	13,0	10,7	0,4	7,2

Die Zusammensetzung des Fettes wird weitgehend von den Fettsäuren des Futterfettes bestimmt. Entsprechend wird auch der Gehalt an ungesättigten Fettsäuren durch linol- und linolensäurereiche Futtermittel erhöht. Einzelne Fettsäuren erscheinen deshalb vermehrt im Fett des Eidotters. 1–2 % Linolsäure im Futter sind für ein gutes Schlupfergebnis und eine gesunde Entwicklung der Küken notwendig. Eine Unterversorgung an Linolsäure führt außerdem zu einer verringerten Eileistung bei niedrigerem Eigewicht.

Mineral- und Wirkstoffgehalt des Eies

Der Gehalt des gesamten Eies an Calcium wird hauptsächlich durch den hohen Anteil dieses Elementes in der Eischale bestimmt, die etwa 37 % Calcium enthält. Dies entspricht einem mittleren Ca-Gehalt des Eies von 2 g, im eßbaren Teil des Eies dürfte nur etwa der hundertste Teil (26 mg) davon enthalten sein. Die Qualität der Eischalen ist somit sehr stark von der Ca-Versorgung abhängig. Allerdings kann das Tier Unterversorgungen durch bessere Ausnutzung des Calciums im Futter und sehr schnelle Mobilisierung der Ca-Depots vor allem aus den Röhrenknochen kurzfristig ausgleichen. Bei lang andauerndem Ca-Mangel werden die Knochen demineralisiert und die Stabilität der Eischale vermindert. Mit zunehmendem Alter läßt zudem die Mobilisierbarkeit der Ca-Depots nach, die Bruchfestigkeit der Eischalen geht deshalb mit fortschreitender Legeperiode zurück. Auch mangelhafte Vitamin-D-Versorgung sowie zu geringe Mangan- und Zinkzufuhr können ebenso instabile und dünne Schalen bewirken wie ein zum sauren Milieu verschobenes Säure-Basen-Verhältnis des Blutes. Eine ausreichende Vitamin-C-Versorgung dürfte vor allem bei hohen Stalltemperaturen notwendig sein. Da die Mineralstoffversorgung der Tiere in der Regel optimal gestaltet werden kann, dürfte eine unter praktischen Verhältnissen auftretende schlechte Eischalenqualität insbesondere durch die genetische Veranlagung, aber auch durch Krankheiten der Tiere sowie extreme Umgebungstemperaturen verursacht sein.

Der Vitamin-Gehalt des Eies, der für die Entwicklung des Embryos und des späteren Kükens äußerst wichtig ist, wird sehr stark von den zugeführten Mengen beeinflußt. Bei den fettlöslichen Vitaminen A, D und E wird dieser Einfluß durch Mobilisierung bzw. Einlagerung etwas gemindert.

Farbe des Eidotters

Die zur Dotterfärbung notwendigen Farbstoffe müssen dem Tier mit dem Futter zugeführt werden. Dadurch ist je nach den Verbraucherwünschen (Frühstücks-, Industrieei) eine bestimmte Dotterfarbe zu erreichen. In der Regel wird eine kräftige Färbung gewünscht. Hierzu tragen vor allem zur Nährstoffversorgung eingesetzte Futterkomponenten wie Mais, Gelbmaiskleber, Luzerne- und Grasgrünmehl sowie nur zur Dotterfärbung verwendete pflanzliche Produkte oder aus diesen gewonnene stabilisierte und standardisierte Erzeugnisse wie Paprika und Grünmehlextrakte bei. Außerdem stehen synthetische Produkte wie Apocarotinester, Canthaxanthin und Citranaxanthin zur Verfügung.

Der Gehalt der Futtermittel an Carotinoiden schwankt stark und nimmt mit der Lagerungszeit ab, so daß im Laufe des Winters auch der Pigmentgehalt des Eidotters zurückgeht. Dies könnte zwar durch vermehrten Einsatz farbstoffgebender Futtermittel ausgeglichen werden, jedoch ist dies mit Rücksicht auf die Anforderungen an die Nährstoffkonzentration der Futtermittel nur begrenzt möglich. Deshalb werden synthetische Carotinoide eingesetzt, die stabilisiert sind und infolgedessen auch eine genaue Dosierung zulassen. Die Farbcarotinoide haben jedoch meist keine nennenswerte Vitamin-A-Wirksamkeit. Da andererseits die Verfütterung des Provitamins β-Carotin nur wenig Einfluß auf die Dotterfärbung hat, kann von der Dotterfarbe nicht auf die Vitamin-A-Wirksamkeit geschlossen werden.

Der Pigmentgehalt des Dotters kann vor allem durch stabilisierte, synthetische Pigmentträger genau festgelegt werden. So bewirkt beispielsweise Apocarotinester eine Gelbfärbung des Dotters, während Canthaxanthin und Citranaxanthin mehr eine rötliche Farbe verursachen. Je nach der Grundversorgung mit Farbstoffen aus den natürlichen Futterkomponenten kann deshalb ein Zusatz gelber oder roter Pigmente oder einer Mischung aus beiden Pigmenten erforderlich sein.

Geschmack und Geruch des Eies

Eier nehmen sehr leicht fremde Geruchs- und Geschmacksstoffe an. Solche Veränderungen können deshalb durch falsche Lagerung der Eier in der Nähe stark riechender Stoffe wie Kot, verschiedene Futtermittel, verdorbene Stoffe, Desinfektions- und Insektenbekämpfungsmittel auftreten. Da manche Hennen auch bei bestem Futter Eier mit Fischgeschmack legen, ist eine genetische Veranlagung anzunehmen. Die Verfütterung verdorbenen Fischmehls, insbesondere mit ranzigem Fischöl, führt natürlich auch bei den Eiern zu tranigem Fischgeschmack, der sich sofort verringert, wenn einwandfreies Futter verwendet wird. Das Auftreten von Geschmacks- und Geruchsfehlern bei Eiern läßt sich somit durch verbesserte Züchtungs- und Haltungsmaßnahmen sowie auch durch entsprechende Fütterung beseitigen.

10.1.1 Leistungsstadien und Nährstoffbedarf

Zur faktoriellen Ableitung der Bedarfsnormen muß zwischen Erhaltungs- und Leistungsbedarf unterschieden werden, obwohl im Stoffwechsel der Tiere selbst

Übersicht 10–2: **Täglicher Erhaltungsbedarf von Legehennen an Eiweiß und umsetzbarer Energie in Abhängigkeit vom Lebendgewicht**

Körpergewicht kg	Rohprotein g	Umsetzb. Energie kJ
1,50	4,1	630
1,75	4,6	700
2,00	5,0	770
2,25	5,5	840
2,75	6,4	980

keine Trennung vorhanden ist und bei Legehennen eine Fütterung auf Erhaltung in der Regel nicht in Frage kommt.

Legt man für den Erhaltungsbedarf von Hennen an Protein 3 g und an Energie 460 kJ umsetzbare Energie je $kg^{0,75}$ und Tag zugrunde, so kann der jeweilige Bedarf für

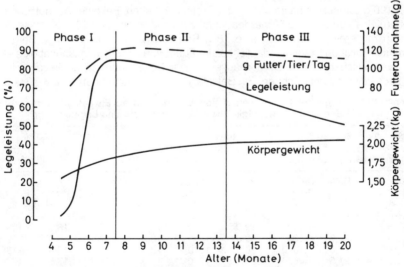

Abb. 10–1: **Veränderungen der Eiproduktion, des Körpergewichts und der Futteraufnahme von Legehennen während der Legeperiode**

die einzelnen Lebendgewichte der Hennen berechnet werden. In Übersicht 10–2 ist der Erhaltungsbedarf an Protein und N-korr. umsetzbarer Energie zusammengestellt.

Legehennen werden bei intensiven Haltungsformen selten länger als eine Legeperiode (12–15 Legemonate) gehalten. Daher sind Nährstoffnormen für Legehennen besonders für die Eiproduktion notwendig. Die Futtermischung muß während der Legeperiode der Legeleistung der Tiere angepaßt werden, was eine genaue Kenntnis von Gewichtsentwicklung, Legeleistung und Futteraufnahme der Tiere voraussetzt. In Abbildung 10–1 sind nach SCOTT, NESHEIM und YOUNG (1969) diese Zusammenhänge dargestellt. Der 1. Legemonat, der gewöhnlich bei 10 % Legeleistung festgelegt wird, beginnt zwischen der 23. und 25. Lebenswoche. Die Legeleistung steigt in den ersten 6–7 Legewochen auf 80–85 % an und sinkt dann allmählich bis zum Ende der Legeperiode auf rund 50 % ab. Eine 100 %ige Legeleistung eines Hennenbestandes bedeutet dabei die Produktion von einem Ei pro Henne und Tag. Während der ersten Legewochen nimmt außerdem der Futterverbrauch zu. Die Henne selbst befindet sich in dieser Legephase noch im Wachstum. Das Körpergewicht, das während der gesamten Legeperiode um insgesamt 500 g ansteigt, vermehrt sich vor allem zu Beginn der Legeperiode um etwa 2 g täglich. Mit fortschreitender Legeperiode nimmt das durchschnittliche Eigewicht laufend von etwa 55 g zu Beginn auf rund 65 g gegen Ende der Legezeit zu.

Der Energiegehalt je 100 g Eimasse beträgt 650 kJ. Die energetische Verwertung der umsetzbaren Energie für die Eisynthese liegt bei 65 %. Demnach werden 1000 kJ umsetzbare Energie im Futter für die Bildung von 100 g Eimasse benötigt. Für ein mittleres Ei entspricht dies etwa 600 kJ. Aus diesen Angaben läßt sich je nach der Höhe der Legeleistung der Leistungsbedarf berechnen. Die aufgewendete Energie für die Eiproduktion beträgt dabei selbst bei sehr hoher Legeleistung (90 %) nur 75 % des Erhaltungsbedarfs (1,75 kg Gewicht) oder etwa 45 % der Gesamtenergie; am Ende der Legeperiode sinkt der Anteil der Energie für die Eiproduktion an der Gesamtenergie sogar auf rund 30 %.

In 100 g Eimasse sind im Mittel 12 g Protein enthalten. Bei einer Ausnutzung des Rohproteins von etwa 40 % werden somit zur Produktion von 100 g Eimasse 30 g, für ein mittleres Ei von 60 g also 18 g Rohprotein im Futter benötigt. Bei einer durchschnittlichen Proteinverdaulichkeit im Futter von 75–80 % entspricht dies etwa 14 g verdaulichem Eiweiß. Daraus lassen sich die Bedarfsnormen für die verschiedenen Legeleistungen errechnen. Ein Beispiel für den Gesamtbedarf an Eiweiß und N-

Übersicht 10–3: **Täglicher Gesamtbedarf von Legehennen an Eiweiß und umsetzbarer Energie in Abhängigkeit von Lebendgewicht und Legeleistung**

Legeleistung	90 %		80 %		70 %		60 %	
Eigewicht	59 g		62 g		64 g		66 g	
tägl. Eimasse	53 g		50 g		45 g		40 g	
Körpergewicht kg	Rohprot. g	Umsetzb. Energie kJ	Rohprot. g	Umsetzb. Energie kJ	Rohprot. g	Umsetzb. Energie kJ	Rohprot. g	Umsetzb. Energie kJ
1,50	20,0	1200	19,0	1170	17,5	1100	16,0	1050
1,75	20,5	1270	19,5	1240	18,0	1170	16,5	1120
2,00	21,0	1340	20,0	1310	18,5	1240	17,0	1190
2,25	21,5	1410	20,5	1380	19,0	1310	17,5	1260
2,75	22,5	1550	21,5	1520	20,0	1450	18,5	1400

korr. umsetzbarer Energie für Legehennen ist in Übersicht 10–3 zusammengestellt, wobei neben dem Bedarf für Erhaltung und Leistung auch der für das geringe Wachstum berücksichtigt worden ist. Je 1 g täglichem Zuwachs werden dabei 20 kJ berücksichtigt. Zusätzlich zu dem Bedarf für Legehennen von 1,5–2,25 kg Lebendgewicht bei 4 verschiedenen Leistungsstadien ist auch noch der Bedarf für Broilerelterntiere (2,75 kg Lebendgewicht) aufgezeigt.

Da eine bedarfsdeckende Eiweißversorgung nur bei ausreichender Zufuhr von Aminosäuren sichergestellt werden kann, sind in Übersicht 10–4 die für Legehennenfutter empfohlenen Gehalte an wichtigen Aminosäuren zusammengefaßt. Wegen der Abhängigkeit der Futteraufnahme von der Energiekonzentration des Futters sind die Angaben auf 1 MJ umsetzbare Energie des Futters bezogen sowie für ein Beispiel angegeben.

Übersicht 10–4: **Richtzahlen zum Aminosäurenbedarf von Legehennen**

Aminosäure	g Aminosäure je 1 MJ umsetzbare Energie im Futter	% Aminosäure im Futter (bei 11,5 MJ umsetzbare Energie/kg)
Methionin	0,26	0,30
Methionin und Cystin	0,50	0,58
Lysin	0,61	0,70
Tryptophan	0,13	0,15

Bei der praktischen Fütterung sollte aus ökonomischen Gründen diesen Normen möglichst entsprochen werden. Hierzu muß vor allem das Eiweiß-Energie-Verhältnis berechnet werden. In Abbildung 10–2 sind für 90, 75 und 60 % Legeleistung die je 1 MJ umsetzbare Energie benötigten Rohproteinmengen aufgezeigt. Da für Wachstum und Legeleistung wesentlich mehr Eiweiß pro Energieeinheit benötigt wird als für die Erhaltung, nimmt mit steigendem Lebendgewicht und auch bei fallender Legeleistung der Eiweißbedarf je Energieeinheit ab (Abb. 10–2). Hieraus kann für verschiedene Energiegehalte in Legehennenrationen der jeweilige Eiweißbedarf errechnet werden. Beispielsweise sind bei einem Lebendgewicht von 1,75 kg und einer

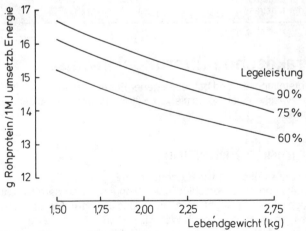

Abb. 10–2: **Eiweißbedarf je 1 MJ umsetzbare Energie im Futter von Legehennen in Abhängigkeit von Legeleistung und Lebendgewicht**

90%igen Legeleistung je 1 MJ 16,1 g Eiweiß nötig. Bei einem Futter mit 11,5 MJ umsetzbarer Energie je kg entspricht dies etwa 185 g und bei 12,5 MJ 200 g Rohprotein. Aus Fütterungsversuchen ergibt sich aber, daß Legehennen bei der praxisüblichen freien Futteraufnahme bis zu 10 % mehr Energie aufnehmen, als sie für ihre Erhaltung und Leistung benötigen. Aus diesem Grunde kann in der praktischen Fütterung der Rohproteingehalt im Vergleich zur Energie etwas verringert werden. Stark vereinfacht läßt sich dann ableiten, daß für Legehennen bei 11,5 MJ umsetzbarer Energie je kg Futter 17,5 % und bei 12,5 MJ 19 % Rohprotein erforderlich sind. Bei höherem Lebendgewicht (2 kg) und am Ende der Legeperiode können diese Gehalte auf 15,5 % bzw. 17 % reduziert werden.

Bei den Mineral- und Wirkstoffen kommt vor allem durch die hohe Ca-Ausscheidung in der Eischale dem Ca-Bedarf besondere Bedeutung zu. Bereits bei einer Legeleistung von 70 % scheidet eine Henne 500 – 600 g Calcium pro Jahr aus. Dies bedeutet bei einer mittleren Absorption und Verwertung, daß eine Legehenne täglich 3,5 – 4 g Calcium aufnehmen sollte. Eine stärkere Mobilisierung der Ca-Depots scheidet aus, da der gesamte Ca-Gehalt des Skeletts nur 20 g beträgt. Die sich daraus ergebenden Richtzahlen zum Ca-Bedarf sind zusammen mit den Bedarfswerten für andere Mengenelemente in Übersicht 10–5 nach den Empfehlungen der Gesellschaft für Ernährungsphysiologie der Haustiere (1978) aufgeführt. Zur optimalen Verwertung des Calciums muß auch ausreichend Vitamin D_3 zur Verfügung stehen. In der Typenliste für Mischfuttermittel werden deshalb 750 I. E. Vitamin D_3 je kg für Legehennen-Alleinfutter und 1125 I. E. je kg für Legehennen-Ergänzungsfutter vorgeschlagen. Außerdem müssen 6000 bzw. 9000 I. E. Vitamin A, 2,5 bzw. 4,0 mg Vitamin B_2 je kg, 60 bzw. 100 mg Zink je kg und 40 bzw. 60 mg Mangan je kg enthalten sein.

Übersicht 10–5: **Bedarf von Legehennen an Mengenelementen (in g/kg der lufttrockenen Gesamtmischung)**

	Ca	P	Na
Legehennen und Zuchthennen der Legerassen	30–40	5	1
Zuchthennen der Mastrassen	20	5	1

10.1.2 Praktische Fütterungshinweise

Je nach Aufstallungsart und betriebseigener Futtergrundlage muß in der Legehennenfütterung zwischen der kombinierten Fütterung und der Alleinfütterung unterschieden werden.

.1 Kombinierte Fütterung

Bei kombinierter Fütterung wird Legehennen-Ergänzungsfutter ad lib. angeboten, das je nach Leistung mit unterschiedlichen Mengen an Körnern eine ausgewogene und vollwertige Nahrung ergibt. Wird auch das Körnerfutter zur freien Aufnahme vorgelegt, fressen die Hennen nach WEGNER (1961) zuviel Getreide. Aufgrund des unausgewogenen Nährstoffangebots sinkt die Legeleistung. Legemehl und Körner sind am besten getrennt anzubieten, da sonst das Futter nach der Größe selektiert wird und die kleinen Teile im Trog zurückbleiben. Eine kombinierte Fütterung ist deshalb vor allem für die Bodenhaltung geeignet, wobei die Körner meistens auf die Einstreu gegeben werden. Wegen des Körneranteils ist außerdem unlöslicher Grit anzubieten, wodurch sich die Verdaulichkeit der Nährstoffe um etwa 10 % erhöht. Muschelgrit, der sich im sauren Milieu des Magens auflöst, dient dagegen einer verbesserten Ca-Versorgung. Bei der kombinierten Fütterung sollten 100 – 150 g Muschelschalen je Monat und Henne beigefüttert werden, da der Ca-Gehalt von Getreide und Legehennen-Ergänzungsfutter meist nicht völlig zur Bedarfsdeckung ausreicht.

In Legehennen-Ergänzungsfutter müssen nach der Typenliste für Mischfuttermittel mindestens 18 % Rohprotein enthalten sein, meist sind jedoch 20 – 21 % Protein beigemischt. Bei maximal 8 % Rohfaser dürfte der Gehalt dieses Futters an umsetzbarer Energie etwa 10,7 MJ betragen. Im Gegensatz zu Getreide enthält Legemehl also ein enges Eiweiß-Energie-Verhältnis. Bei geringer Legetätigkeit und auch relativ niedriger Raumtemperatur wird das Angebot an Körnern zur Steigerung des Energieanteils in der Gesamtration erhöht. Bei hoher Leistung muß entsprechend den größeren Anforderungen an den Eiweißgehalt mehr Legemehl verwendet werden. Legt man im Mittel für Getreide 10,5 % Protein und 12,6 MJ umsetzbare Energie zugrunde, so ergeben sich für Legehennen bei einer Legeleistung von 90 – 75 % (Lebendgewicht 1,75 kg) tägliche Futtermengen von 50 g Getreide und 70 g Ergänzungsfutter und bei einer Legeleistung von 70 % und weniger (Lebendgewicht 2 kg) von je 60 g Getreide und Ergänzungsfutter.

Diese Futtermengen sollten in der Regel von Legehennen aufgenommen werden. Als Getreide kommen hierfür Weizen, Mais und Gerste in Frage, ein Teil der Getreidemischung kann auch sehr gut aus Hafer bestehen. Roggen ist vor allem als ganzes Korn weniger geeignet, da er von den Hennen nur nach langer Gewöhnungszeit ausreichend aufgenommen wird. Sollen höhere Mengen an wirtschaftseigenem Getreide zum Einsatz kommen, so muß ein eiweißreiches Ergänzungsfutter für Legehennen mit mindestens 27 % Rohprotein beigefüttert werden. Allerdings empfiehlt es sich in diesem Fall, das Ergänzungsfutter mit Getreide zu einem Alleinfutter zu mischen.

.2 Alleinfütterung

Alleinfutter für Legehennen stellt eine vollwertige Mischung dar und deckt somit den gesamten Nähr- und Wirkstoffbedarf. Eine zusätzliche Beifütterung von Getreide ist überflüssig, da das ausgewogene Nährstoffverhältnis dadurch gestört und die Leistung negativ beeinflußt wird. Nach der Typenliste für Mischfuttermittel muß Legehennen-Alleinfutter I mindestens 15 % Rohprotein und Alleinfutter II mindestens 13,5 % Rohprotein aufweisen. Aus den Bedarfsnormen (siehe Abb. 10–2) läßt sich jedoch ableiten, daß im Alleinfutter I bei 11,3 – 11,7 MJ umsetzbarer Energie 17,5 % Protein, im Alleinfutter II bei gleichem Energiegehalt 15,5 % Protein enthalten sein sollten (siehe 10.1.1).

In der ersten Zeit der Legeperiode kommt für eine bedarfsgerechte Fütterung nur Alleinfutter I in Frage. Bei 80 – 90 % Legeleistung decken etwa 120 g dieses Futters den Eiweißbedarf einer 1,75 kg schweren Henne. Zu Beginn der Legeperiode ist trotz geringerer Futteraufnahme die Nährstoffversorgung sichergestellt, da in dieser Zeit die Legeleistung noch nicht maximal ist. Auch bei etwa 75 %iger Legeleistung wird Alleinfutter I verwendet. Bei weiter absinkender Legeleistung und höherem Lebendgewicht (2 kg) deckt das Alleinfutter II den Nährstoffbedarf bei einer täglichen Futteraufnahme von 115 g. Je nach dem Energiegehalt des Futters kann die Futteraufnahme jedoch schwanken. Sie ist im übrigen auch durch ein entsprechend gestaltetes Beleuchtungsprogramm zu verändern (siehe 10.5).

Ein Alleinfutter für Legehennen kann auch selbst zusammengestellt werden. Aus einer Mischung von 40 % eiweißreichem Ergänzungsfutter (mit 28 % Protein) und 60 % Getreideschrot ergibt sich ein Futter mit 17,5 % Protein und 11,7 MJ Energie, das etwa dem Alleinfutter I entspricht. Sämtliche Alleinfuttermischungen eignen sich sehr gut für die automatische Fütterung und sind deshalb vor allem in der Batterie-, aber auch in der Bodenhaltung zu finden. Sie werden den Legehennen meistens in Mehlform vorgelegt.

Für Zuchthennen sieht die Typenliste für Mischfuttermittel ein eigenes Futter vor, das dem Legehennen-Alleinfutter entspricht, jedoch eine um 30 % höhere Wirkstoffdosierung enthält, um die Schlupffähigkeit der Küken zu optimieren. Zuchthennen der Mastrassen erhalten aufgrund ihrer geringeren Legeleistung weniger Protein und Energie. Da solche Broilerelterntiere zu überhöhter Futteraufnahme neigen, müssen sie nach Leistung gefüttert werden, um eine Verfettung zu vermeiden.

Zur Deckung des Ca-Bedarfs sollte Alleinfutter bei einer Futteraufnahme von 115 g pro Tag 3,5 % Calcium enthalten. Im eiweißreichen Ergänzungsfutter für Legehennen sind entsprechend 9 % Calcium notwendig. Wegen des hohen Zerkleinerungsgrades von Alleinfutter muß Grit nicht zusätzlich verabreicht werden.

.3 Wasserversorgung

Eine um 20 % reduzierte Wasseraufnahme vermindert bereits die Futterverwertung und damit das Wachstum und die Legeleistung. Hühnergeflügel hat einen Wasserverbrauch, der etwa das Zweifache der Futteraufnahme beträgt. Demnach werden bei Legehennen zu etwa 120 g Futter täglich bis zu 0,3 l Wasser aufgenommen. Da das Wasser der Wärmeregulation dient, hängt die Höhe des Wasserverbrauchs von der Umgebungstemperatur und der Luftfeuchtigkeit ab. Die optimale Stalltemperatur für Legehennen bewegt sich zwischen 12 und 18 ° C. Auch die Menge an Futter, die Beschaffenheit und Zusammensetzung des Futters, wie Trockensubstanz, Eiweiß- und Mineralstoffgehalt, verändern die Wasseraufnahme. Die ausreichende Wasserversorgung wird ebenso wie bei anderen Tieren über Selbsttränken (Nippel-, Rund- und Rinnentränken) gewährleistet. Die Wasserzufuhr sollte aus Vorratsbehältern erfolgen. Dadurch wird auch die Möglichkeit zur Beimischung von Impfstoffen und Medikamenten geschaffen.

10.2 Küken- und Junghennenaufzucht

Ziel der Küken- und Junghennenaufzucht ist es, bei geringem Futteraufwand und niedriger Verlustrate die Voraussetzungen für eine hohe Legeleistung zu schaffen. Zu Beginn der Legereife mit dem 5.–6. Lebensmonat sollte je nach Linie ein Lebendgewicht der Tiere von etwa 1,5 kg erreicht sein. Dies entspricht täglichen Zunahmen von durchschnittlich 10 g. Im Vergleich zu den Broilern ist das genetische Leistungspotential der Legerassen in der Aufzuchtperiode wesentlich niedriger, so daß auch die Eiweiß- und Energiezufuhr geringer gehalten werden kann. Zur grundsätzlichen Ableitung des Bedarfs siehe 10.4. Allerdings wird nach SCOTT, NESHEIM und YOUNG (1969) bei der Geflügelaufzucht eine Verwertung des Futtereiweißes von 55 % angenommen. Demnach müssen für tägliche Zunahmen von 10 g, entsprechend 1,8 g Protein, 3,3 g Rohprotein sowie 125–290 kJ umsetzbare Energie verabreicht werden.

Zur ausreichenden Ernährung während der ersten Tage nach dem Schlupf sind die Küken mit einem Dottersack ausgestattet. Von den im Dottersack und auch in der Leber enthaltenen Mineral- und Wirkstoffen wird die Entwicklung der Tiere weitgehend bestimmt, da die Futteraufnahme noch gering ist. Die Einlagerung von Nährstoffen in die Depots hängt allerdings von der Versorgung der Henne sowie auch davon ab, in welchem Umfang die einzelnen Vitamine und Mineralstoffe in das Ei und Küken übergehen.

Zur optimalen Versorgung der Küken mit Nährstoffen sollten im Futter der Tiere während der ersten 14 Lebenstage 22 % Rohprotein und 11,7 MJ N-korr. umsetzbare Energie je kg enthalten sein. Dabei kommt es auch in der Aufzuchtfütterung auf ein ausgewogenes Eiweiß-Energie-Verhältnis an. Um nach der kritischen Startphase eine allzu rasche weitere Entwicklung der Tiere zu vermeiden, wird die Energiekonzentration anschließend auf 11,3 und mit zunehmendem Alter auf 10,9 MJ vermindert; auch der Rohproteinanteil im Futter liegt mit 16 bzw. 12 % sehr niedrig. Wegen des relativ geringen Eiweißanteils in Küken- und Junghennen-Aufzuchtfutter muß der Aminosäureanteil besonders ausbalanciert werden (siehe hierzu Übersicht 10–13). Dabei kommt den schwefelhaltigen Aminosäuren vor allem aufgrund des Federwachstums besondere Bedeutung zu.

Fütterungshinweise

Während der ersten 2 Wochen nach dem Schlupf erhalten die Küken ein Starterfutter (Übersicht 10–6), das in der Typenliste für Mischfuttermittel als Alleinfuttermittel für Hühnerküken in den ersten Lebenswochen bezeichnet wird. In diesem Futter dürfen wegen der unzureichenden mikrobiellen Aktivität in den Blinddärmen höchstens 3,5 % Rohfaser enthalten sein. Ab dem 10.–14. Lebenstag wird auf Alleinfutter für Hühnerküken umgestellt. In vielen Fällen erhalten die Küken zur Reduktion der Anzahl der Futtertypen kein Starterfutter, sondern sofort Küken-Alleinfutter. In der 9. Lebenswoche wird auf ein Aufzuchtfutter für Junghennen umgestellt, das bis kurz vor Beginn der Legereife im 5. Lebensmonat gefüttert wird. Dieses Futter, das relativ arm an Rohprotein, jedoch rohfaserreicher als die übrigen Rationen für Hühnergeflügel ist (Übersicht 10–6), soll neben einem entsprechenden Lichtprogramm (10.5) bewirken, daß sich die Junghennen langsam entwickeln. Durch eiweißreiche Rationen würde der Eintritt der Legereife zu stark gefördert. Bei Frühreife legen die Hühner jedoch

Übersicht 10–6: **Erforderliche Zusammensetzung von Küken- und Junghennenfutter**

	Küken-Starterfutter	Alleinfutter für Hühnerküken	Alleinfutter für Junghennen	Ergänzungsfutter für Junghennen
Umsetzbare Energie, MJ/kg Futter	11,7	11,3	10,9	10,7
Rohprotein, %, min.	22	16	12	15
Rohfaser, %, max.	3,5	7	9	9
Calcium, %	0,7–1,2	0,7–1,2	0,5–1,2	0,75–1,8
Phosphor, %, min.	0,6	0,6	0,4	0,6
Natrium, %	0,12–0,3	0,12–0,3	0,12–0,3	0,18–0,45
Mangan, mg/kg, min.	50	50	50	75
Zink, mg/kg, min.	50	50	50	75
Vitamin A, I.E./kg, min.	6000	4000	4000	6000
Vitamin D_3, I.E./kg, min.	750	500	500	750
Vitamin E, mg/kg, min.	10	–	–	–
Vitamin B_2, mg/kg, min.	4	4	2	3
Vitamin B_{12}, µg/kg, min.	10	–	–	–

kleine Eier, es kommt zu einer Leistungsminderung während der Legeperiode und zu einer hohen Ausfallquote. Sämtliche Futtermischungen für die Aufzucht sollten ein Coccidiostaticum enthalten.

Junghennen können nach der Methode der Alleinfütterung oder der kombinierten Fütterung aufgezogen werden. Junghennen-Alleinfutter (Übersicht 10–6) wird sowohl in der Aufzucht auf dem Boden als auch in Käfigen eingesetzt. Ab der 18.–20. Lebenswoche wird auf Legehennen-Alleinfutter umgestellt, was auch wegen des niedrigen Ca-Gehalts in Junghennen-Alleinfutter notwendig ist. Die Vorlage von Grit dürfte sich bei der Verabreichung von Alleinfutter erübrigen.

Die kombinierte Fütterung eignet sich nur für die Bodenhaltung. Bei dieser Aufzuchtmethode wird Junghennen-Ergänzungsfutter (Übersicht 10–6) ad lib. gefüttert und die Energiezufuhr über eine rationierte Körnergabe reguliert (Übersicht 10–7). Zusammen mit einem Lichtprogramm läßt sich dadurch die Entwicklung der

Übersicht 10–7: **Mittlere Körnerfuttergabe je Tier und Tag in der Junghennenaufzucht bei kombinierter Fütterung**

Lebenswoche	Getreidemischung g/Tier und Tag
9	5
10	10
11	15
12	20
13	25
14	30
15	30
16	35
17	35
18	40
19	40
20	45
21	50
22	50

Tiere sehr gut steuern. Zur besseren Verwertung des Körnerfutters sollte Grit mit einem Durchmesser von 3–4 mm angeboten werden. Ab der 18. Lebenswoche sind Muschelschalen zur freien Aufnahme vorzulegen.

Nach Möglichkeit sollte die für die Aufzucht gewählte Fütterungsmethode auch in der Legeperiode beibehalten werden, weil sich eine Änderung der Fütterung bei Legebeginn negativ auf die Leistung auswirkt. Da Aufzucht und Haltung der Legehennen meist in getrennten Betrieben erfolgen, ist diese Forderung jedoch nicht immer zu verwirklichen.

Haltungsbedingungen

Küken stellen in den ersten Wochen nach dem Schlupf hohe Ansprüche an Haltung und Fütterung. Grundsätzlich ist eine erfolgreiche Aufzucht nur durchzuführen, wenn gesunde Küken, genügend Luft, Licht und Bewegungsmöglichkeiten für die Tiere sowie ein gründlich desinfizierter Stall vorhanden sind. Die Stalltemperatur sollte wegen der starken Abhängigkeit der Körpertemperatur von der Umgebungstemperatur im Bereich der Küken je nach Alter die in Übersicht 10–8 angegebenen Werte erreichen. Dies kann durch Ganzraumheizung geschehen, erfolgt aber meist mit Hilfe von Wärmestrahlern. Außerhalb des Strahlerbereiches sind Temperaturen von 12–20° C günstig. Eine Luftfeuchtigkeit von 60–70 % sollte eingehalten werden, da größere Abweichungen hiervon zu stärkerer Anfälligkeit gegen Krankheiten der Atemwege und zu geringerer Leistung der Tiere führen. Die Futtertröge sind so zu bemessen, daß alle Tiere gleichzeitig fressen können. Während die Besatzdichte in den ersten acht Lebenswochen 12 Tiere/m^2 betragen kann, wird sie bis zur Legereife auf 6–8 Tiere/m^2 reduziert. Bei Käfighaltung sollte die Besatzdichte 27 kg/m^2 nicht überschreiten, das entspricht mindestens 370 cm^2/Junghenne.

Jede Krankheit der Hennen führt zu Leistungseinbußen. Durch mehrmaliges Impfen der Tiere im Rahmen sogenannter Impfprogramme kann eine Prophylaxe gegen verschiedene Seuchen (Newcastle Disease = ND, Infektiöse Bronchitis = IB, Pocken = PO) erreicht werden. Die Impfungen finden vor allem in der Aufzucht statt, während in der Legeperiode nur noch etwa alle 3 Monate eine Immunisierung gegen die Newcastle-Krankheit erfolgt. Die Impfstoffe werden meistens in das Trinkwasser gemischt. Am ersten Tag nach dem Schlupf erfolgt außerdem eine Schutzimpfung gegen die Mareksche Krankheit mit der Impfpistole.

Übersicht 10–8: **Temperaturprogramm für die Küken- und Junghennenaufzucht sowie Platzbedarf an Futtertrog und Tränke**

Zeitraum	Temperatur (° C)	Futtertrog Platz/Tier	Tränke
1. Woche	32	3 cm	2 Rundtränken pro 100 Tiere
2. Woche	30		
3. Woche	28		Rund- oder Rinnentränke, 1 cm/Tier
4. Woche	25		
5. Woche	22	6 cm	
6. Woche	20		Rund- oder Rinnentränke, 1,5 cm/Tier
7. Woche	18		
8. Woche	16		
9.–12. Woche	14–18	bis 15 cm	bis 3 cm/Tier bei Übergang zu Batteriehaltung mit Nippeltränke (1 Nippel für 5–6 Junghennen)

10.3 Fütterung der Zuchthähne

Leistungsmerkmale von Zuchthähnen sind Menge und Qualität des gebildeten Samens und somit die Anzahl befruchteter Eier. Obwohl über den Einfluß der Fütterung hierauf noch wenig Untersuchungen vorliegen, kann ähnlich wie bei Säugern auch bei Hähnen ein Mangel an Aminosäuren, Vitamin A und Vitamin E, aber auch an Vitamin C und Selen zu Störungen in der Spermaproduktion führen. Hähne reagieren sehr empfindlich auf Streßfaktoren; bei Verfütterung von im Nähr- und Wirkstoffgehalt unausgeglichenen Rationen wird dies noch verstärkt. Futtermischungen für Hähne müssen deshalb vielseitig zusammengesetzt sein. Futterumstellungen können nur sehr langsam durchgeführt werden.

Aufgrund empirischer Empfehlungen und neuerer Untersuchungen sollten Futtermischungen für Zuchthähne ähnliche Eiweiß-, Energie- und Vitamingehalte aufweisen wie Rationen für Zuchthennen. Eine Notwendigkeit für spezielle Futtermischungen für männliche Tiere besteht nicht. Die für Zuchthennen aufgestellten Normen gewährleisten nämlich hohe Spermaqualität und Befruchtungsfähigkeit. Der Ca-Gehalt kann jedoch um 1 % geringer sein. Der hohe Proteingehalt im Futter, wie er bei männlichen Zuchttieren empfohlen wird, dürfte mit der ausreichenden Versorgung an Aminosäuren in Zusammenhang zu bringen sein. Allerdings liegen bislang nur mangelhafte Informationen zum Aminosäurenbedarf von Zuchthähnen vor.

10.4 Broilerfütterung

Nach der Verordnung über gesetzliche Handelsklassen für Geflügel werden geschlachtete Broiler als Brathähnchen bezeichnet. Tiere bis etwa 1650 g Lebendgewicht werden bei einem Schlachtertrag für Broiler von ca. 70 % als Brathähnchen eingestuft. Tiere mit höherem Gewicht werden als Poularde klassifiziert.

Wachstum

Broiler wachsen in den ersten Lebenswochen bei ähnlichen Haltungsansprüchen wie Aufzuchtküken wesentlich schneller und müssen deshalb auch intensiver ernährt werden. Die Lebendgewichte von Broilern in Abhängigkeit von Alter und Geschlecht, wie sie aus Versuchsdaten mit etwa 40 000 Tieren gewonnen werden konnten, zeigt Abbildung 10–3. Die weiblichen Tiere weisen dabei während der gesamten Mastperiode etwas geringere Gewichte auf als die männlichen Tiere.

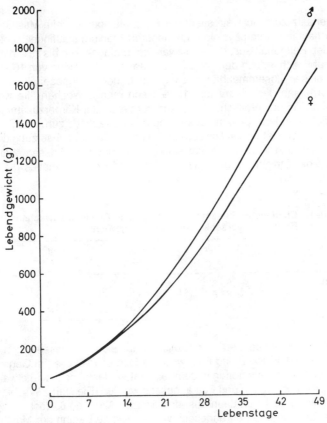

Abb. 10–3: **Gewichtsentwicklung von Broilern in Abhängigkeit von Alter und Geschlecht**

Chemische Zusammensetzung, Energie- und Eiweißansatz

Auch bei Broilern ändert sich wie bei allen wachsenden Tieren die chemische Zusammensetzung im Verlauf der Mast, allerdings wegen des unterschiedlichen physiologischen Alters, in dem die Mast beim Huhn stattfindet, auf etwas andere Weise. Dies ist in Übersicht 10–9 nach unseren Untersuchungen bei bedarfsgerechter Versorgung dargestellt. Der Wassergehalt geht als Folge der physiologischen Austrocknung bis zum Alter von 6 Wochen zurück.

Übersicht 10–9: **Chemische Zusammensetzung wachsender männlicher Broiler**

Alter	Gewicht g	Wasser %	Protein %	Fett %	Asche %	Energie kJ/g
Eintagsküken	38	74,5	16,0	5,3	4,2	6,1
2 Wochen alt	300	69,1	17,0	10,4	3,5	8,1
5 Wochen alt	1315	67,2	19,1	10,2	3,5	8,3
6 Wochen alt	1660	63,7	20,4	11,9	4,0	9,1

Im Gegensatz zum Schwein steigt der Rohproteingehalt beim Mastküken an, da die Broilermast in einem physiologisch jüngeren Stadium stattfindet. Dies wirkt sich auch auf den Fettgehalt aus, der sich zwar vom Eintagsküken bis zu 2 Wochen alten Küken erhöht, sich jedoch dann relativ konstant auf einer Höhe von 10 – 12 % hält. Aufgrund dieser Zusammenhänge steigt auch der Energiegehalt im gesamten Schlachtkörper an, jedoch nur um 13 % wenn man 2 Wochen alte Küken mit 6 Wochen alten Tieren vergleicht. Diese Änderungen in der Körperzusammensetzung sind auf die veränderte Zusammensetzung des Zuwachses zurückzuführen (Übersicht 10–10). Diese ist wesentlich stärker, als es der Zusammensetzung des Tierkörpers entspricht und wird von einem starken Rückgang im Wassergehalt um etwa 30 % und einer Steigerung des Eiweiß-, Fett- und Energiegehaltes um etwa 50 – 60 % charakterisiert.

Übersicht 10–10: **Chemische Zusammensetzung des Gewichtszuwachses männlicher Broiler bei verschiedenem Lebendgewicht**

Gewicht g	Wasser %	Protein %	Fett %	Energie kJ/g
40 – 300	68,3	17,2	11,6	8,2
600 – 1300	67,6	20,3	11,7	9,1
1300 – 1660	50,1	25,5	18,6	12,1

Der tägliche Energieansatz der Broiler ergibt sich im wesentlichen aus dem täglichen Ansatz an Eiweiß und Fett, wobei jedoch beim Broiler im Gegensatz zum Schwein von beiden Nährstoffen in dem relevanten Mastabschnitt in etwa gleich viel Energie täglich aus Protein und Fett angesetzt werden. Die starke Wachstumskapazität der Broiler drückt sich darin aus, daß bis zum Alter von 6 Wochen täglich etwa 3mal soviel Energie und Fett angesetzt werden wie zu Beginn der Mast (Übersicht 10–11).

Übersicht 10–11: **Täglicher Nährstoff- und Energieansatz von männlichen Broilern**

Altersabschnitt	Protein- ansatz g	Fettansatz g	Energieansatz kJ
0 – 2 Wochen	3,7	2,4	180
3 – 5 Wochen	9,7	5,6	450
5 – 6 Wochen	12,5	9,1	620

Futteraufnahme und Futterverwertung

Die Futteraufnahme und Futterverwertung sind in Abb. 10–4 dargestellt. Männliche Tiere verzehren etwas mehr Futter als weibliche Tiere, so daß die Futterverwertung bei männlichen und weiblichen Tieren, aufgrund des geringeren Wachstums weiblicher Tiere (siehe Abb. 10–3), etwa gleich ist.

In einigen Versuchen wurde allerdings bei weiblichen Tieren eine um 5 % schlechtere Futterverwertung festgestellt. Der mit zunehmendem Lebendgewicht ansteigende Futteraufwand je Zuwachseinheit ist zum einen damit zu erklären, daß der Erhaltungsbedarf der Tiere absolut größer wird. Zum anderen erhöht sich der

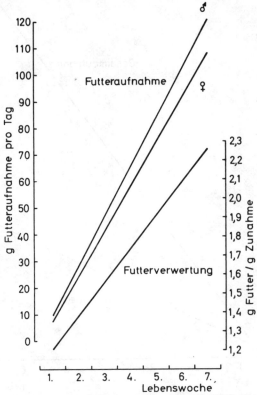

Abb. 10–4: **Futteraufnahme bei 13,4 MJ umsetzbarer Energie/kg Futter und Futterverwertung in den einzelnen Wochen von männlichen und weiblichen Broilern**

Energiegehalt des Zuwachses mit steigendem Gewicht deutlich (Übersicht 10–10). Dies läßt sich auch aus der gesamten Energieaufnahme (Abb. 10–5) im Vergleich mit den Zunahmen (Abb. 10–3) ableiten.

Energiebedarf

Aufgrund einer Reihe ausländischer Versuche ergibt sich der energetische Erhaltungsbedarf ME_m von Broilern an umsetzbarer Energie (kJ/d) aus der Funktion:

$$ME_m = 418 \cdot \text{Lebendgewicht kg}^{0.75}$$

Damit steigt der Erhaltungsbedarf für ein Eintagsküken mit 40 g Lebendgewicht von täglich etwa 40 kJ umsetzbarer Energie auf 600 kJ für ein 1650 g schweres Tier.

Beim wachsenden Broiler setzt sich der Energieansatz stofflich aus Protein und Fett zusammen. Der erforderliche Energieaufwand zur Bildung dieser Stoffe beträgt nach unseren Untersuchungen 55 kJ je g Proteinansatz und 42 kJ je g Fettansatz. Aufgrund des jeweiligen Energiegehaltes in Protein und Fett liegt der energetische

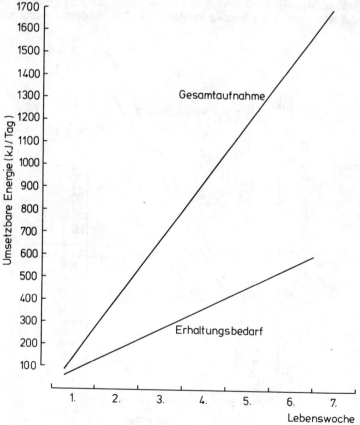

Abb. 10–5: **Erhaltungsbedarf und Gesamtaufnahme an umsetzbarer Energie von männlichen und weiblichen Broilern**

Teilwirkungsgrad für die Proteinsynthese relativ niedrig bei 44 %, für die Fettbildung hingegen mehr als doppelt so hoch bei 94 %. Der partielle energetische Wirkungsgrad für den gesamten Ansatz liegt mit steigendem Alter abnehmend bei 73 – 61 %.

Der Aufwand an umsetzbarer Energie für die täglichen Zunahmen ohne Erhaltung ergibt sich aus unseren faktoriellen Ableitungen und ebenso – sehr gut damit übereinstimmend – aus den Abbildungen 10–3 und 10–5, die praktische Versuchsergebnisse darstellen. Er steigt von anfangs etwa 10 kJ auf 19 kJ N-korr. umsetzbarer Energie je g Zunahme am Ende der Mast an. Im Lebensalter von 4 – 5 Wochen liegt bei Broilern der Aufwand an Energie zur Bildung von Körpersubstanz bei etwa 15 kJ je g. Daraus läßt sich der gesamte Energiebedarf für den mittleren täglichen Zuwachs beider Geschlechter in den einzelnen Mastwochen errechnen (Übersicht 10–12). Da die Futteraufnahme in gewissem Rahmen über den Energiegehalt reguliert wird, sind verschiedene Energiekonzentrationen in Broilerrationen möglich. Dabei ist der Eiweißgehalt auf den Energiegehalt abzustimmen.

Proteinbedarf

Der Eiweißbedarf setzt sich aus dem Bedarf für Erhaltung und für Wachstum von Gewicht und Federn zusammen. Nach SCOTT, NESHEIM und YOUNG (1969) beläuft sich der tägliche endogene Stickstoffverlust je kg Körpergewicht als Indikator des Erhaltungsbedarfes auf 250 mg N bzw. 1,6 g Eiweiß. Der Zuwachs besteht zu 17 – 25 % (Übersicht 10–10) aus Eiweiß. Das Wachstum des Federkleides macht in den ersten 3 Lebenswochen etwa 4 %, in der 4. – 7. Lebenswoche rund 7 % der gesamten Gewichtszunahmen aus. Da Federn zu 82 % aus Eiweiß bestehen, muß hierfür zusätzlich Eiweiß verabreicht werden.

Der gesamte tägliche Eiweißbedarf ergibt sich aus der Addition dieser drei Faktoren, wobei die Eiweißverwertung für Erhaltung und Eiweißansatz mit 60 % angenommen wurde: Proteinbedarf in g = (Lebendgewicht in g · 0,16 + tägl. Zunahme in g · 17 bis 25 + 0,04 bzw. 0,07 · tägl. Zunahme in g · 82) : 60.

Aus diesen Daten läßt sich anhand der mittleren Gewichtsentwicklung, wie sie in etwa für einen gemischtgeschlechtlichen Bestand zutrifft, der tägliche Eiweißbedarf errechnen (Übersicht 10–12). Demnach sind bei 1 g Gewichtszunahme für das Körperwachstum 0,3 – 0,6 g Protein und für das Federwachstum 0,05 bzw. 0,10 g Protein nötig. Der tägliche Gesamtbedarf steigt von etwa 6 g in der 1. Mastwoche auf 30 g in der 7. Mastwoche an. Wird der Eiweißbedarf auf die tägliche Energieauf-

Übersicht 10–12: **Bedarf von Broilern an Rohprotein und N-korr. umsetzbarer Energie**

Mastwoche	Mittleres Lebendgew. g	Tägliche Zunahme g	Täglicher Bedarf an Rohprotein g	umsetzbarer Energie MJ	g Rohprotein je 1 MJ umsetzb. Energie
1	95	17	6,3	0,37	17
2	220	20	7,7	0,44	17
3	410	31	12,1	0,69	18
4	650	38	18,0	0,91	20
5	945	47	22,7	1,16	20
6	1285	49	24,4	1,39	18
7	1635	49	29,4	1,63	18

nahme (Übersicht 10–12) bezogen, so zeigt sich, daß während der gesamten Mast im Futter 17 – 20 g Protein je 1 MJ umsetzbarer Energie enthalten sein müssen.

Die Höhe der Proteinversorgung entscheidet nicht nur über den Proteinansatz, sondern sie ist auch von großer Bedeutung für den Fettansatz. In Abbildung 10–6 ist dieser Zusammenhang nach unseren Untersuchungen aufgezeigt. Während der gesamten Mastdauer führt ein zu weites Eiweiß-Energie-Verhältnis im Futter stets zu einem hohen Fettgehalt des Tierkörpers.

Zusätzlich zur Höhe der Proteinversorgung ist auch die Proteinqualität zu beachten. Dabei müssen die im Broilerfutter oft limitierenden Aminosäuren ausreichend verabreicht werden. Dies sind im allgemeinen Methionin, Cystin und Lysin sowie bei hohen Maisanteilen in der Ration auch Tryptophan. Entsprechend dem Einfluß des Energiegehaltes des Futters auf die Futteraufnahme wird der Aminosäurenbedarf

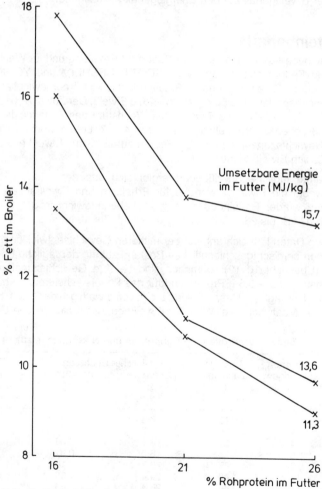

Abb. 10–6: **Fettgehalt von 5 Wochen alten Broilern**

Übersicht 10–13: **Richtzahlen zum Aminosäurenbedarf von Junghennen und Broilern**

Aminosäure	g Aminosäure je 1 MJ umsetzbarer Energie im Futter	% Aminosäure im Futter, umsetzbare Energie MJ/kg:		
		Junghennen 10,9	Broiler 12,1	13,8
Methionin	0,31	0,34	0,38	0,43
Methionin und Cystin	0,65	0,70	0,78	0,89
Lysin	0,88	0,96	1,07	1,22
Tryptophan	0,17	0,18	0,20	0,23

am besten der Energiekonzentration angepaßt. Deshalb ist in Übersicht 10–13 der Aminosäurenbedarf je 1 MJ umsetzbarer Energie angegeben. Zusätzlich wurde der Aminosäurenbedarf für Broiler bei zwei verschiedenen Energiestufen des Futters berechnet.

Fütterungshinweise zur Broilermast

Broilermast wird in der Regel mit Alleinfutter durchgeführt. Zur Deckung des Energiebedarfs von Broilern sollte das Futter zwischen 12,1 – 13,8 MJ N-korr. umsetzbarer Energie je kg enthalten. Der dem jeweiligen Energiegehalt entsprechende Eiweißbedarf ist in Übersicht 10–14 zusammengestellt. Es ist möglich, über die gesamte Mast die gleiche Futtermischung einzusetzen, wobei ein Energie-Protein-Verhältnis von etwa 540 : 1 (kJ N-korr. umsetzbare Energie : % Rohprotein) optimal ist. Allerdings kann von der 1. bis zur 6. Lebenswoche nicht die gleiche Pelletgröße verwendet werden, so daß in der Regel das gleiche Alleinfutter anfangs mit einem Durchmesser von etwa 2 mm, ab der 3. Woche mit einem Durchmesser von etwa 3 mm hergestellt wird. Diese Alleinfutter sollten ein Coccidiostaticum enthalten und müssen deshalb wenigstens 3 Tage vor dem Schlachten abgesetzt und durch eine Futtermischung ohne Coccidiostaticum ersetzt werden.

Laut Typenliste für Mischfuttermittel enthält das Geflügelmast-Alleinfutter I mindestens 22 % Rohprotein, das Geflügelmast-Alleinfutter II jedoch nur mindestens 18 % Rohprotein. Dieser Gehalt im Alleinfutter II ist jedoch zu gering, so daß damit nicht erfolgreich gemästet werden kann. Bei dem in der Broilermast häufig verwendeten Alleinfutter mit einem Energiegehalt von 13,4 MJ/kg Futter sind gemäß Übersicht 10–14 mindestens 24,5 % Rohprotein notwendig. Der Mineral- und Wirkstoffbedarf wird durch die in der Typenliste vorgeschriebenen wertbestimmenden Bestandteile des Geflügelmast-Alleinfutters gedeckt. Je kg Futter sind 0,7 – 1,2 % Calcium,

Übersicht 10–14: **Gehalt von Broilerfutter an Rohprotein bei unterschiedlich hohem Energiegehalt**

N-korr. umsetzbare Energie MJ je 1 kg Futter	Rohprotein %	Energie-Protein-Verhältnis kJ ME : % Rohprotein
11,7	21,5	544
12,1	22,5	538
12,5	23,0	543
13,0	24,0	542
13,4	24,5	547
13,8	25,5	541

mindestens 0,6 % Phosphor, 6000 I. E. Vitamin A, 750 I. E. Vitamin D_3, 4 mg Vitamin B_2, 50 mg Mangan und 50 mg Zink angeführt. Soweit Fett als Energieträger zugesetzt wird, sind Antioxydantien zur Aufrechterhaltung der Futterqualität beizumischen. Die Farbe von Haut und Fleisch des Geflügels ist durch den Farbstoffgehalt des Futters zu beeinflussen. Dies ist aber nur in wesentlich geringerem Umfang als beim Dotter möglich.

Männliche und weibliche Broiler erhalten gleich zusammengesetztes Futter, wobei allerdings die weiblichen Tiere etwas weniger fressen. Maximale Futteraufnahme wird durch Pelletieren des Futters sowie durch ganztägige Beleuchtung erreicht. Geringe Lichtintensität schafft dabei Ruhe unter den Tieren und verhindert Federfressen. Für Broiler beträgt entsprechend der hohen Stalltemperatur der Verbrauch an Trinkwasser etwa das Zweifache der Futteraufnahme. Zumindest in den ersten Wochen sollte das Trinkwasser eine Temperatur von 20 ° C nicht unterschreiten.

10.5 Mit der Fütterung zusammenhängende Besonderheiten beim Geflügel

Beleuchtungsprogramm

Beim Geflügel lassen sich Futteraufnahme und damit der Eintritt der Legereife über die Lichtzufuhr steuern. In Dunkelställen ist dies einfach durchzuführen. Während in der Broilermast ganztägig beleuchtet wird (1 Watt je m^2 Bodenfläche in der ersten Woche, anschließend allmähliche Reduktion auf 0,5 Watt/m^2), um den Tieren eine maximale Futteraufnahme zu ermöglichen, werden in der Legehennenhaltung Beleuchtungsprogramme angewendet. Ein Beispiel dafür ist in Abb. 10–7 angegeben. Zu Anfang der Aufzucht wird 20 Stunden und länger beleuchtet, um die Wirkung des Starterfutters auf Anfangsentwicklung und rasche Befiederung zu unterstützen. Durch nur kurzzeitige Beleuchtung während der Junghennenperiode läßt sich ein langsames Wachstum und ein gesundes Ausreifen der Tiere erzielen. Im 5. – 6. Lebensmonat wird die Beleuchtungsdauer wieder gesteigert; dies führt zum Eintritt der Legereife. Während der ersten 4 – 5 Legemonate beträgt die Beleuchtungsdauer 14 Stunden pro Tag; sie wird gegen Ende der Legeperiode allmählich auf 16 – 18 Stunden täglich gesteigert, um die Futteraufnahme zu erhöhen. Geringe Abweichungen von diesem Schema sind ohne nachteilige Folgen auf die Leistung. Es sollte jedoch gewährleistet sein, daß kein Störlicht (z. B. durch Belüftungsöffnungen) in den Stall gelangt. Die Beleuchtungsstärke sollte für Aufzuchtküken bis zum Alter von 14 Tagen 2 – 3 Watt/m^2 betragen, dann allmählich auf 1 Watt/m^2 gesenkt werden. Vor Produktionsbeginn wird die Lichtintensität wieder auf 2 – 3 Watt/m^2 erhöht. In Fensterställen werden auf die Tageslänge abgestimmte Beleuchtungsprogramme benötigt.

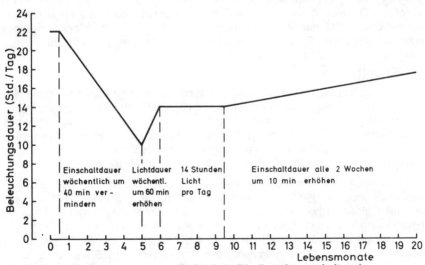

Abb. 10–7: **Beleuchtungsprogramm für Dunkelställe (Legehennenhaltung)**

Fettlebersyndrom

Beim Geflügel erfolgt die Fettsynthese vor allem in der Leber. Eine Störung des Fettstoffwechsels stellt das Fettlebersyndrom dar. Es tritt bei intensiver Haltung der Legehennen vor allem zu Beginn der Legeperiode, aber auch ab dem 9. – 10. Legemonat auf und äußert sich zunächst durch eine verringerte Eigröße. Wenige Tage später geht auch die Legeleistung zurück. Die Hennen zeigen hohes Gewicht bei Fettanreicherungen in Abdomen und Leber. Die Leber ist vergrößert, hellgrau bis gelb verfärbt und brüchig. Kreislaufstörungen und inneres Verbluten der Tiere sind die Folgen. Da zu Beginn nur wenige Tiere betroffen sind, wird die Erkrankung oft zu spät erkannt. Als diagnostisches Hilfsmittel kann der Trockensubstanzgehalt der Leber herangezogen werden, da zwischen dem Gehalt der Leber an Fett und an Trockensubstanz ein Zusammenhang besteht. Die normalen Gehalte liegen bei etwa 30 % Trockensubstanz, dagegen weisen 40 % und mehr auf Fettlebersyndrom hin.

Der Fettgehalt der Leber wird von der hormonellen Situation der Tiere beeinflußt. Hohe Östrogen- wie Insulinspiegel führen zu einer vermehrten Fettsynthese. Um dies zu verhindern, wurde in entsprechenden Versuchen der Östrogenstoffwechsel gestört. Dadurch wird jedoch nicht nur die Neigung zum Fettlebersyndrom, sondern auch die Eileistung reduziert. Zur Senkung des Insulinspiegels wurde die Kohlenhydrataufnahme entweder über eine begrenzte Futterzuteilung oder über einen Austausch von Kohlenhydratenergie gegen Fettenergie vermindert. Dabei zeigten sich keine Leistungseinbußen. Ein hoher Linolsäureanteil im Fett bewirkte sogar eine Leistungssteigerung, was mit der Wirkung von Linolsäure auf die katabol wirkenden Nebennierenrinden-Hormone zusammenhängen soll. Bei Batteriehaltung der Hennen ist unter optimalen Umweltbedingungen wegen der sehr geringen Bewegungsmöglichkeit der Tiere nur mit einer schwachen Nebennierenrinden-Aktivität zu rechnen, wodurch es zusätzlich zu einer Fettanreicherung in der Leber kommt.

Da eine begrenzte Fütterung in der Legehennenhaltung nicht ökonomisch ist, scheint zur Prophylaxe des Fettlebersyndroms am ehesten der Ersatz von Kohlenhydratenergie durch Fett geeignet zu sein. Gegenwärtig wird von SALLMANN (1973) empfohlen, Getreide durch 4 – 5 % Sojaöl isokalorisch zu ersetzen. Überhöhte Gaben lipotroper Substanzen wie Methionin, Folsäure, Vitamin B_{12}, Cholin und Inosit tragen nur in wenigen Fällen zur Verhinderung des Fettlebersyndroms bei.

Brustblasen

Die Bildung von Brustblasen bei Broilern ist oft auf ein ungenügendes Platzangebot in der Käfighaltung zurückzuführen, wodurch die Gefahr von Verletzungen und Infektionen vergrößert wird. Von der Krankheit betroffen ist die ventrale Seite des Brustbeinkammes, an der sich Zysten bilden, die oft erst nach dem Schlachten bemerkt werden. Die Brustblasen sind mit einer dunklen, oft blutigen und eitrigen Flüssigkeit gefüllt und vermindern die Qualität des Schlachtkörpers.

Die Prophylaxe der Brustblasenbildung sollte sich auf ein ausreichendes Platzangebot und genügend Hygiene für die Tiere sowie auf eine optimale Ernährung, vor allem mit Calcium, Phosphor und Vitamin D_3 erstrecken. Ein Mangel an Calcium, Phosphor und Vitamin D_3 führt nämlich zu Beinschwäche und somit indirekt zu der verstärkten Gefahr, daß sich die Tiere am Käfig verletzen. Zur Eindämmung von Infektionskrankheiten sollte zwischen jeder Neubelegung des Stalles eine Ruhepause eingelegt werden, in der eine gründliche Desinfektion des Stalles erfolgt.

Federfressen und Kannibalismus

Bei intensiver Geflügelhaltung können bei Küken das Zehenpicken sowie Federfressen und Kannibalismus auftreten. Die Ursachen hierfür sind sehr komplex. Sicherlich spielen dabei zu dichter Stallbesatz, zu hohe Temperatur und trockene Luft eine Rolle. Durch weniger intensive Beleuchtung (Rotlicht bzw. eine weitere Reduzierung der Lichtstärke) lassen sich diese Untugenden meist beseitigen. Verletzte Tiere müssen vom Bestand getrennt werden. Zusätzlich helfen verminderter Stallbesatz, Verbesserung des Stallklimas, eventuell auch eine Futterumstellung von pelletiertem Futter auf Mehl. Das Stutzen des Schnabels, das spätestens an Junghennen vorgenommen werden muß, sollte nur dann angewendet werden, wenn andere Maßnahmen nicht zum Erfolg führen.

Wiederkehrende Abkürzungen*

a	absorbiert
ADF	acid detergent fiber
ADL	acid detergent lignin
BW	biologische Wertigkeit des Proteins
d	Verdaulichkeit
DE	verdauliche Energie (digestible energy)
DF	verdauliche Rohfaser
DL	verdauliches Rohfett (Rohlipide)
DP	verdauliches Rohprotein
DX	verdauliche N-freie Extraktstoffe
e	endogen
E	Energie
EAAI	essential amino acid index
EPV	Eiproteinverhältnis
f	Fettansatz
F	Kot (Faeces)
FCM	fettkorrigierte Milch (4 %)
g	Wachstum (growth)
GE	Bruttoenergie (gross energy)
GN	Gesamtnährstoff
H	Wärme (heat)
I	Aufnahme (intake)
k	Wirkungsgrad
k	Subskript für Konzeptionsprodukte
l	Laktation
m	Erhaltung (maintenance)
ME	umsetzbare Energie (metabolizable energy)
MPV	Milchproteinverhältnis
NDF	neutral detergent fiber
NE	Nettoenergie
NEF	Nettoenergie – Fett
NEL	Nettoenergie – Laktation
NPN	Nicht-Protein-Stickstoff
NPU	net protein utilization
NPV	net protein value
p	Proteinansatz
PER	protein efficiency ratio
PPW	Produktiver Proteinwert
q	Umsetzbarkeit der Energie
R	Retention
RE	Energieretention
StE	Stärkeeinheit
TS	Trockensubstanz
U	Harn (Urin)
VK	Verdauungskoeffizient
VQ	Verdauungsquotient
XF	Rohfaser

XL	Rohfett (Rohlipide)
XP	Rohprotein
XS	Rohstärke
XX	N-freie Extraktstoffe
XZ	Zucker

* Symbole des SI-Systems sowie chemische Symbole wurden nicht aufgenommen

Literaturhinweise

Lehr- und Handbücher

BECKER, M., K. NEHRING (Hrsg.): Handbuch der Futtermittel. Verlag Paul Parey, Hamburg und Berlin, 1965 ff.
BELL, D. J., B. M. FREEMAN (Hrsg.): Physiology and Biochemistry of the Domestic Fowl. Academic Press, London, New York, 1971
BERGNER, H., H. A. KETZ: Verdauung, Resorption, Intermediärstoffwechsel bei landwirtschaftlichen Nutztieren. VEB Deutscher Landwirtschaftsverlag, Berlin, 1969
BLAXTER, K. L.: The Energy Metabolism of Ruminants. 2. Edition, Hutchinson, London, 1967
CREMER, H.-D. u. a. (Hrsg.): Ernährungslehre und Diätetik. Georg Thieme Verlag, Stuttgart, 1972 ff.
ENTEL, H. J., N. FÖRSTER, E. HINCKERS (Hrsg.): Futtermittelrecht. Verlag Paul Parey, Berlin und Hamburg, 1970 ff.
GIESECKE, D., H. K. HENDERICKX (Hrsg.): Biologie und Biochemie der mikrobiellen Verdauung. BLV-Verlagsgesellschaft, München, Bern, Wien, 1973
GROSS, F., K. RIEBE: Gärfutter. Verlag Eugen Ulmer, Stuttgart, 1974
HELFFERICH, B., J. O. GÜTTE: Tierernährung in Stichworten. Verlag Ferdinand Hirt, Kiel, 1972
HENNIG, A.: Grundlagen der Fütterung. VEB Deutscher Landwirtschaftsverlag, Berlin, 1971
HENNIG, A. (Hrsg.): Mineralstoffe, Vitamine, Ergotropika. VEB Deutscher Landwirtschaftsverlag, Berlin, 1972
HOCK, A. (Hrsg.): Vergleichende Ernährungslehre des Menschen und seiner Haustiere. Gustav Fischer Verlag, Stuttgart, 1966
JUNGERMANN, K., H. MÖHLER: Biochemie. Springer-Verlag, Berlin, Heidelberg, New York, 1980
KARLSON, P.: Kurzes Lehrbuch der Biochemie für Mediziner und Naturwissenschaftler. 11. Aufl., Georg Thieme Verlag, Stuttgart, 1980
KIRCHGESSNER, M., H. FRIESECKE: Wirkstoffe in der praktischen Tierernährung. Bayer. Landwirtschaftsverlag, München, Basel, Wien, 1966
KIRCHGESSNER, M., H. FRIESECKE, G. KOCH: Fütterung und Milchzusammensetzung. Bayer. Landwirtschaftsverlag, München, Basel, Wien, 1965
KLEIBER, M.: Der Energiehaushalt von Mensch und Haustier. Verlag Paul Parey, Hamburg und Berlin, 1967
KLING, M., W. WÖHLBIER: Handelsfuttermittel. Verlag Eugen Ulmer, Stuttgart, 1977 ff.
KOLB, E., H. GÜRTLER: Ernährungsphysiologie der landwirtschaftlichen Nutztiere. VEB Gustav Fischer Verlag, Jena, 1971
LENKEIT, W., K. BREIREM, E. CRASEMANN (Hrsg.): Handbuch der Tierernährung. Verlag Paul Parey, Hamburg und Berlin, 1969
LÖWE, H., H. MEYER: Pferdezucht und Pferdefütterung. Verlag Eugen Ulmer, Stuttgart, 1974
MC DONALD, P., R. A. EDWARDS, J. F. D. GREENHALGH: Animal Nutrition. Oliver and Boyd, Edinburgh and London, 1966

MENKE, K. H., W. HUSS: Tierernährung und Futtermittelkunde. 2. Aufl., Verlag Eugen Ulmer, Stuttgart, 1980
MORGAN, J. T., D. LEWIS (Eds.): Nutrition of Pigs and Poultry. Butterworths, London, 1962
Nutrient Requirements of Domestic Animals. No. 1 Poultry, No. 2 Swine, No. 3 Dairy Cattle, No. 4 Beef Cattle, No. 5 Sheep, No. 6 Horses. National Academy of Sciences, Washington, 1976 ff.
Nutrient Requirements of Farm Livestock, The. No. 2 Ruminants, No. 3 Pigs. Agricultural Research Council, London, 1967 ff.
PIATKOWSKI, B. (Hrsg.): Nährstoffverwertung beim Wiederkäuer. VEB Gustav Fischer Verlag, Jena, 1975
RAPOPORT, S. M.: Medizinische Biochemie. 7. Aufl., VEB Verlag Volk und Gesundheit, Berlin, 1977
SCHEUNERT, A., A. TRAUTMANN: Lehrbuch der Veterinär-Physiologie. 6. Aufl., Verlag Paul Parey, Hamburg und Berlin, 1976
SCHIEMANN, R. (Hrsg.): Energetische Futterbewertung und Energienormen. VEB Deutscher Landwirtschaftsverlag, Berlin, 1971
WIESNER, E.: Ernährungsschäden der landwirtschaftlichen Nutztiere. VEB Gustav Fischer Verlag, Jena, 1967
WÖHLBIER, W.: Die Futtermittel. 2. Aufl., DLG-Verlag, Frankfurt/Main, 1966

Zeitschriften für Originalarbeiten

Archiv für Geflügelkunde. Stuttgart
Archiv für Tierernährung. Berlin
Bayerisches Landwirtschaftliches Jahrbuch. München
Landwirtschaftliche Forschung. Darmstadt
Wirtschaftseigene Futter, Das. Frankfurt
Zeitschrift für Tierphysiologie, Tierernährung und Futtermittelkunde. Hamburg
Zentralblatt für Veterinärmedizin, Reihe A. Hamburg
Züchtungskunde. Stuttgart
Animal Feed Science and Technology. Amsterdam
Animal Production. Edinburgh and London
Biological Trace Element Research. Passaic, NJ, USA
British Journal of Nutrition, The. Cambridge
Canadian Journal of Animal Science. Ottawa
International Journal for Vitamin and Nutrition Research. Bern
Journal of Animal Science. Albany, USA
Journal of Dairy Science. Champaign, USA
Journal of Nutrition, The. Bethesda, USA
Nutrition and Metabolism. Basel

Zusammensetzung und Nährwert von Futtermitteln

Auszug aus den
Futterwerttabellen der DLG
und der Nährstofftabelle
zur Geflügelfütterung
(Jahrbuch für die Geflügelwirtschaft 1981)

A. Futterwerttabelle für Wiederkäuer

Futtermittel	Tr.-S.	Rohfaser	Rohprotein	verd. Rohprotein	NEL	StE	VQ org. Subst.
	g	g	g	g	MJ		
Grünfutter							
Ackerbohne							
Mitte der Blüte	167	41	29	21	0,84	81	65
Alexandrinerklee	170	42	33	25	0,99	96	72
Erbse (Futter)							
vor und Beginn der Blüte	123	40	25	21	0,72	69	74
Mitte und nach der Blüte	140	43	28	22	0,83	79	73
Esparsette	219	54	43	30	1,23	118	65
Futterrübenblätter	127	15	20	15	0,78	77	78
Gerste	154	39	25	20	0,98	95	79
Hafer, im Schossen	132	32	24	19	0,87	85	80
nach dem Schossen	197	59	21	14	1,16	110	71
in der Milchreife	275	92	21	11	1,33	116	59
Inkarnatklee							
1. Schnitt, Beginn der Blüte	121	27	24	18	0,71	69	71
Klee, persischer	116	25	22	18	0,78	76	81
Kohlrübenblätter	129	16	26	22	0,90	87	85
Landsbergergemenge	167	42	27	19	0,89	88	67
Lupine, gelb, süß							
vor der Blüte	112	34	23	18	0,70	68	76
Mitte der Blüte	146	48	27	21	0,77	74	67
Luzerne							
1. Schnitt							
vor der Knospe	176	31	46	39	1,09	108	76
in der Knospe	193	46	43	33	1,11	108	71
Beginn bis Mitte der Blüte	210	60	39	32	1,13	106	68
Ende der Blüte	218	73	37	28	1,05	95	62
2. Schnitt							
vor der Blüte	221	55	48	37	1,19	116	67
Mitte der Blüte	223	68	43	34	1,11	102	63
3. Schnitt							
vor der Blüte	218	54	47	36	1,12	108	65
Mähweide							
1. Aufwuchs							
vor Ähren-/Rispenschieben	190	36	43	34	1,29	126	80
im Ähren-/Rispenschieben	184	43	36	26	1,15	113	75
Beginn bis Mitte der Blüte	200	53	38	24	1,09	106	67
2. Aufwuchs							
unter 4 Wachstumswochen	170	35	41	30	1,02	101	74
4–6 Wachstumswochen	228	58	47	32	1,29	125	69
3. Aufwuchs							
unter 4 Wachstumswochen	198	41	46	33	1,18	117	74
4–6 Wachstumswochen	218	55	49	35	1,30	126	73
Mais							
Beginn der Kolbenbildung	145	40	15	9	0,81	79	68
in der Milchreife	167	44	17	10	0,95	94	69
in der Teigreife	245	52	21	11	1,57	153	72
Maiskolben							
mit Hüllblättern	388	45	37	24	3,22	284	83
ohne Hüllblätter	491	30	52	33	4,17	362	83
Markstammkohl	137	25	19	13	0,87	85	79
Ölrettich	119	27	20	16	0,66	64	80
Raps, in der Knospe	119	19	22	19	0,86	84	88
Beginn der Blüte	119	23	24	21	0,80	79	82

A. Futterwerttabelle für Wiederkäuer (Forts.)

Futtermittel	Tr.-S. g	Roh-faser g	Roh-protein g	verd. Roh-protein g	NEL MJ	StE	VQ org. Subst.
Roggen, im Schossen	167	48	24	18	1,06	103	76
nach dem Schossen	174	52	24	17	1,05	102	72
Rotklee							
1. Schnitt							
vor der Knospe	191	30	42	34	1,22	122	75
in der Knospe	207	44	37	27	1,20	119	70
Beginn bis Mitte der Blüte	199	50	33	23	1,13	109	68
Ende der Blüte	216	63	32	22	1,07	102	62
2. Schnitt							
in der Knospe	194	34	42	32	1,11	112	69
vor der Blüte	202	46	39	28	1,10	109	66
Beginn bis Mitte der Blüte	205	61	36	25	1,03	98	63
Rotkleegrasgemenge							
1. Schnitt							
vor der Knospe	179	22	41	34	1,26	124	80
Beginn bis Mitte der Blüte	212	54	31	22	1,23	119	70
2. Schnitt							
vor der Blüte	184	44	33	26	1,20	115	77
Rübsen	103	20	20	16	0,71	68	83
Senf, weißer	151	45	24	19	0,80	77	69
Serradella	125	33	26	20	0,66	64	67
Sonnenblume							
vor und Beginn der Blüte	127	29	16	11	0,73	71	72
Mitte und Ende der Blüte	134	32	19	11	0,69	67	66
Weide/Wiese, extensiv							
1. Aufwuchs							
vor Ähren-/Rispenschieben	206	42	29	23	1,42	138	81
Beginn bis Mitte der Blüte	231	63	26	16	1,31	124	67
2. Aufwuchs							
unter 4 Wachstumswochen	215	48	29	21	1,32	129	74
4–6 Wachstumswochen	233	60	29	20	1,33	128	69
Weidelgras, deutsches							
im Ähren-/Rispenschieben	174	35	32	25	1,12	110	75
Beginn bis Mitte der Blüte	219	55	29	18	1,26	122	69
Weidelgras, welsches							
im Ähren-/Rispenschieben	161	35	27	20	1,08	105	80
Beginn bis Mitte der Blüte	161	42	23	16	1,00	97	75
Wicke (Saat)	131	35	34	26	0,68	66	66
Wiese							
1. Schnitt							
vor Ähren-/Rispenschieben							
grasreich	184	38	36	28	1,28	125	81
klee- und kräuterreich	172	35	44	35	1,18	116	80
im Ähren-/Rispenschieben							
grasreich	190	45	32	23	1,22	119	76
klee- und kräuterreich	175	41	38	28	1,09	107	75
Beginn bis Mitte der Blüte							
grasreich	213	58	31	20	1,18	114	67
klee- und kräuterreich	191	52	35	22	1,04	101	67

A. Futterwerttabelle für Wiederkäuer (Forts.)

Futtermittel	Tr.-S. g	Roh-faser g	Roh-protein g	verd. Roh-protein g	NEL MJ	StE	VQ org. Subst.
2. Schnitt							
unter 4 Wachstumswochen							
grasreich	185	42	34	25	1,14	112	74
klee- und kräuterreich	203	45	47	34	1,23	122	74
4–6 Wachstumswochen							
grasreich	224	58	37	25	1,29	124	69
klee- und kräuterreich	207	53	44	30	1,18	115	69
3. Schnitt							
unter 4 Wachstumswochen							
grasreich	205	41	35	25	1,20	119	75
klee- und kräuterreich	187	39	46	33	1,14	114	74
4–6 Wachstumswochen							
grasreich	225	56	36	26	1,34	130	73
klee- und kräuterreich	205	51	44	32	1,24	121	73
Zuckerrübenblätter	145	17	20	16	0,94	92	82
Grünfutter-Silage							
Futterrübenblätter	136	21	19	13	0,69	69	71
Gerste	195	65	15	8	0,94	86	68
Hafer							
Beginn der Blüte	240	80	23	13	1,24	113	65
in der Milchreife	256	78	24	13	1,22	111	57
Landsbergergemenge	174	50	27	21	1,05	99	71
Luzerne							
1. Schnitt							
vor der Knospe	253	52	56	43	1,48	143	72
in der Knospe	219	57	44	33	1,15	109	67
Beginn bis Mitte der Blüte	246	73	43	29	1,24	114	65
2. Schnitt							
vor der Blüte	267	73	57	31	1,06	97	52
Mähweide							
1. Aufwuchs							
vor Ähren-/Rispenschieben	365	82	68	49	2,24	212	73
im Ähren-/Rispenschieben	348	89	57	37	1,99	186	69
Beginn bis Mitte der Blüte	344	99	52	33	1,90	171	68
2. Aufwuchs							
unter 4 Wachstumswochen	333	80	54	32	1,68	160	65
4–6 Wachstumswochen	389	107	60	31	1,79	160	58
3. Aufwuchs							
4–6 Wachstumswochen	407	111	66	38	2,21	198	66
Mais							
in der Milchreife	220	55	21	12	1,33	129	69
in der Teigreife	270	61	24	13	1,70	163	70
Ende der Teigreife	320	65	27	14	2,12	204	71
Maiskolben							
mit Hüllblättern	500	74	49	30	4,02	359	82
ohne Hüllblätter	600	44	58	38	5,16	457	84
Markstammkohl	156	36	18	13	0,93	89	73
Raps	143	29	25	17	0,86	84	77
Roggen	159	55	18	14	0,96	92	75
Rotklee							
1. Schnitt							
vor der Knospe	183	36	44	34	1,23	119	75
Beginn bis Mitte der Blüte	201	47	38	25	1,14	111	70

A. Futterwerttabelle für Wiederkäuer (Forts.)

Futtermittel	TrS.	1000 g Futtermittel enthalten					VQ org. Subst.
		Rohfaser	Rohprotein	verd. Rohprotein	NEL	StE	
	g	g	g	g	MJ		
2. Schnitt							
vor der Blüte	191	49	33	21	1,01	97	64
Beginn bis Mitte der Blüte	172	55	29	20	0,83	77	62
Rotkleegrasgemenge							
1. Schnitt							
vor der Blüte	214	51	42	30	1,30	126	71
2. Schnitt							
vor der Blüte	171	43	32	21	0,93	91	67
Rübsen	126	36	18	15	0,86	81	83
Weide/Wiese, extensiv							
1. Aufwuchs							
im Ähren-/Rispenschieben	362	94	52	34	2,08	192	69
Beginn bis Mitte der Blüte	354	102	46	29	1,96	176	68
2. Aufwuchs							
unter 4 Wachstumswochen	408	99	59	36	2,08	194	65
4–6 Wachstumswochen	407	112	52	27	1,87	164	58
Wiese							
1. Schnitt							
vor Ähren-/Rispenschieben							
grasreich	350	78	61	44	2,15	204	73
klee- und kräuterreich	366	82	79	57	2,24	212	73
im Ähren-/Rispenschieben							
grasreich	361	93	58	38	2,05	190	69
klee- und kräuterreich	378	97	73	48	2,12	196	69
Beginn bis Mitte der Blüte							
grasreich	364	105	51	32	2,01	180	68
klee- und kräuterreich	363	105	63	40	1,99	178	67
2. Schnitt							
unter 4 Wachstumswochen							
grasreich	365	88	57	35	1,86	176	65
klee- und kräuterreich	390	96	85	51	1,99	187	65
4–6 Wachstumswochen							
grasreich	411	115	59	31	1,90	167	58
klee- und kräuterreich	463	126	84	44	2,11	183	58
Zuckerrübenblätter	154	24	23	15	0,87	86	75

Grünfutter – getrocknet

Futtermittel	TrS.	Rohfaser	Rohprotein	verd. Rohprotein	NEL	StE	VQ org. Subst.
Grünmehl aus Gras							
19,1–21% Rohprotein	917	196	193	132	5,59	549	74
17,1–19% Rohprotein	927	197	179	133	5,70	559	75
15,1–17% Rohprotein	910	198	158	110	5,70	562	76
13,1–15% Rohprotein	913	229	141	90	5,11	475	69
Grünmehl aus Klee							
19,1–21% Rohprotein	880	182	198	156	5,27	518	73
17,1–19% Rohprotein	901	210	179	124	4,74	469	66
15,1–17% Rohprotein	885	212	164	109	4,57	447	65
Grünmehl aus Luzerne							
21,1–23% Rohprotein	899	207	217	175	5,42	533	75
19,1–21% Rohprotein	905	222	200	161	5,22	512	73
17,1–19% Rohprotein	906	239	177	125	4,66	454	65
15,1–17% Rohprotein	907	257	161	116	4,61	446	65
13,1–15% Rohprotein	896	271	141	97	4,45	396	62
Landsbergergemenge – Heu	847	245	133	96	4,88	401	71

A. Futterwerttabelle für Wiederkäuer (Forts.)

Futtermittel	Tr.-S.	Roh-faser	Roh-protein	verd. Roh-protein	NEL	StE	VQ org. Subst.
	g	g	g	g	MJ		
Luzerne – Heu							
1. Schnitt							
in der Knospe	865	247	169	135	4,65	376	67
Beginn bis Mitte der Blüte	878	287	162	114	4,15	314	61
Ende der Blüte	866	332	143	104	3,85	308	58
2. Schnitt							
vor der Blüte	907	251	174	126	4,31	345	61
Beginn bis Mitte der Blüte	856	306	148	110	3,82	292	57
Mähweide – natürlich getrocknet							
1. Aufwuchs							
im Ähren-/Rispenschieben	859	240	110	66	4,57	380	65
Beginn bis Mitte der Blüte	860	265	96	53	4,19	333	61
Ende der Blüte	859	296	86	45	4,01	316	59
2. Aufwuchs							
unter 4 Wachstumswochen	859	222	132	80	4,29	360	62
4–6 Wachstumswochen	858	251	118	71	4,36	354	63
Maispflanzen – künstlich getrocknet	880	226	73	36	5,38	464	71
Rotklee – Heu							
1. Schnitt							
in der Knospe	877	224	140	97	4,82	405	67
Beginn bis Mitte der Blüte	862	253	123	81	4,52	367	65
Ende der Blüte	869	308	119	72	3,90	305	58
2. Schnitt							
vor der Blüte	839	241	170	114	4,07	329	62
Beginn bis Mitte der Blüte	886	292	148	93	4,09	311	59
Rotkleegrasgemenge – Heu							
1. Schnitt							
in der Knospe	848	216	102	64	4,75	402	67
Beginn bis Mitte der Blüte	854	254	96	59	4,35	353	63
Ende der Blüte	855	297	100	58	3,88	301	58
2. Schnitt	838	282	135	83	3,79	288	58
Weide/Wiese, extensiv natürlich getrocknet							
1. Aufwuchs							
im Ähren-/Rispenschieben	861	239	92	55	4,60	382	65
Beginn bis Mitte der Blüte	862	268	80	44	4,21	333	61
Ende der Blüte	860	299	71	37	4,04	319	59
2. Aufwuchs							
unter 4 Wachstumswochen	863	221	112	68	4,32	363	62
4–6 Wachstumswochen	861	254	96	58	4,37	354	63
Wiese – natürlich getrocknet							
1. Schnitt							
vor Ähren-/Rispenschieben							
grasreich	861	209	124	80	4,99	432	70
klee- und kräuterreich	868	207	160	103	4,99	435	70
im Ähren-/Rispenschieben							
grasreich	860	238	107	65	4,57	380	65
klee- und kräuterreich	859	238	141	85	4,47	372	65
Beginn bis Mitte der Blüte							
grasreich	863	268	96	52	4,18	331	61
klee- und kräuterreich	862	263	119	65	4,09	324	60

A. Futterwerttabelle für Wiederkäuer (Forts.)

Futtermittel	Tr.-S.	Roh-faser	Roh-protein	verd. Roh-protein	NEL	StE	VQ org. Subst.
	g	g	g	g	MJ		
Ende der Blüte							
grasreich	863	303	82	43	4,02	319	59
klee- und kräuterreich	863	302	107	56	3,97	314	59
2. Schnitt							
unter 4 Wachstumswochen							
grasreich	856	219	132	80	4,29	361	66
klee- und kräuterreich	848	209	164	99	4,20	357	66
4–6 Wachstumswochen							
grasreich	872	255	116	70	4,40	357	64
klee- und kräuterreich	842	244	140	85	4,29	351	64
über 6 Wachstumswochen							
grasreich	873	286	108	67	4,35	339	62
klee- und kräuterreich	861	275	116	72	4,28	338	62
Wiese/Weide							
heißluftgetrocknet (Cobs)							
1. Schnitt							
vor dem Ähren-/Rispenschieben	881	181	179	127	5,72	508	77
im Ähren-/Rispenschieben	883	215	145	89	5,21	447	72
Beginn der Blüte	892	232	119	73	5,35	452	72
2. Schnitt							
unter 4 Wachstumswochen	883	198	152	95	5,13	447	71
4–6 Wachstumswochen	886	217	139	88	5,06	434	69
Zuckerrübenblätter							
künstlich getrocknet	880	121	110	63	5,27	487	75
Stroh							
Erbse	876	371	83	48	3,31	270	49
Gerste	881	387	33	6	3,52	310	52
Natronlauge aufgeschlossen	864	331	33	1	3,71	304	60
Ammoniak aufgeschlossen	878	346	65	17	3,81	320	57
Glatthafer	862	329	52	15	3,42	272	52
Hafer	883	395	31	8	3,26	286	49
Knaulgras	859	355	47	19	2,55	189	40
Mais	852	286	63	17	3,16	220	47
aus Lieschkolbenernte	167	47	13	6	0,91	88	64
aus Corn-Cob-Mix-Ernte	205	60	14	6	1,07	101	63
aus Körnerernte	273	85	18	6	1,31	118	59
Roggen	904	440	24	3	3,05	284	45
Rotschwingel	875	318	60	19	3,22	242	49
Weidelgras	861	329	49	24	3,36	268	52
Weizen	889	399	28	6	3,27	287	49
Natronlauge aufgeschlossen	895	408	35	25	4,01	366	60
Ammoniak aufgeschlossen	896	388	76	38	3,90	349	57
Wiesenlieschgras	874	300	30	13	3,39	235	47
Wiesenschwingel	855	338	50	9	3,07	253	50
Wurzeln und Knollen							
Gehaltsrüben	146	10	12	6	1,16	86	86
Kartoffel							
frisch	219	6	20	10	1,77	173	85
gedämpft	221	6	21	9	1,66	165	81
gedämpft und eingesäuert	229	8	23	8	1,77	175	83

A. Futterwerttabelle für Wiederkäuer (Forts.)

Futtermittel	Tr.-S.	1000 g Futtermittel enthalten					VQ org. Subst.
		Roh-faser	Roh-protein	verd. Roh-protein	NEL	StE	
	g	g	g	g	MJ		
Kohlrübe	110	12	12	9	0,93	70	91
Massenrübe	112	9	11	7	0,82	63	87
Mohrrübe	119	11	11	8	0,92	72	89
Stoppelrübe	76	9	12	8	0,54	44	86
Topinambur	224	10	21	12	1,86	169	87
Zuckerrübe	232	12	14	7	1,95	144	89
Wurzeln und Knollen, fleischige Früchte – getrocknet							
Kartoffelflocken	880	27	74	26	7,37	697	86
Kartoffelschnitzel	883	26	81	36	7,49	705	87
Maniokmehl							
Typ 60	881	57	23	12	7,65	732	88
Typ 65	879	29	22	11	8,04	760	90
Zuckerrübenschnitzel	916	65	54	28	7,95	717	92
Körner und Samen							
Ackerbohne	873	79	263	220	7,14	701	86
Erbse	871	58	226	193	7,53	734	90
Gerste (Sommer)	870	46	103	76	7,26	697	84
Gerste (Winter)	886	60	96	78	7,82	741	88
Hafer	884	103	110	81	6,27	616	71
Hirse	877	51	102	55	6,46	626	74
Lein	910	66	230	171	9,18	987	73
Lupine, blau, süß	889	146	316	273	7,29	721	85
Lupine, gelb, süß	895	149	403	367	7,31	727	87
Mais	879	23	95	66	8,38	800	89
Maiskolbenschrot							
mit Hüllblättern	821	111	71	40	5,59	522	69
ohne Hüllblätter	870	63	84	51	7,00	628	79
Milo	878	23	103	61	7,36	692	82
Reis	893	85	81	63	7,22	709	84
Roggen	870	25	97	63	7,56	723	86
Sojabohne	912	58	365	329	9,10	943	86
Weizen (Hart)	885	25	132	106	7,87	752	88
Weizen (Winter)	877	25	119	89	8,03	762	89
Wicke	892	55	273	235	7,12	700	86
Nebenerzeugnisse der Müllerei							
Gerstenfuttermehl	873	64	117	89	6,62	649	77
Gerstenkleie	886	106	124	96	6,27	601	74
Gerstenschälkleie	890	189	96	62	4,26	390	55
Haferfutterflocken	916	20	131	102	9,09	866	91
Haferfuttermehl	910	45	134	108	9,02	818	91
Haferschälkleie	917	181	97	57	4,49	444	54
Haferspelzen	927	301	35	11	3,39	239	46
Maisfuttermehl	881	47	103	69	7,73	696	84
Maiskleie	894	109	111	71	6,92	642	78
Reisfuttermehl, gelb	903	79	131	82	6,74	652	70
weiß	892	38	126	89	8,20	780	83
Reiskleie	910	138	118	77	5,62	507	61
Roggenfuttermehl	875	29	149	112	7,17	704	82
Roggengrießkleie	878	51	144	109	6,52	653	78
Roggenkleie	881	70	143	103	5,97	549	74

A. Futterwerttabelle für Wiederkäuer (Forts.)

Futtermittel	Tr.-S.	Roh-faser	Roh-protein	verd. Roh-protein	NEL	StE	VQ org. Subst.
	g	g	g	g	MJ		
Roggenschälkleie	887	114	133	97	4,63	372	58
Weizenfuttermehl	882	43	179	143	7,79	714	87
Weizengrießkleie	878	83	157	119	6,29	538	75
Weizenkleie	874	112	142	105	5,27	433	66
Weizennachmehl	881	29	176	148	8,04	786	89
Weizenschälkleie	868	130	136	100	4,93	395	64
Nebenerzeugnisse der Zucker- und Stärkeherstellung							
Kartoffelpülpe							
frisch	134	21	7	0	0,86	87	69
getrocknet	880	157	39	4	5,87	553	72
Kartoffelstärke	836	0	2	0	8,05	759	91
Maiskleber	907	13	647	627	8,21	789	94
Maiskleberfutter							
bis 23% Rohprotein	896	82	214	179	6,93	676	82
23,1–30% Rohprotein	890	80	232	196	6,80	664	81
eiweißreich	896	46	364	322	7,07	671	85
Maisquellstärke	939	2	3	0	8,93	844	90
Maisstärke	872	2	4	0	9,12	844	97
Melasse-Rest (für Rinder, Schafe und Ziegen)	753	1	254	199	3,94	373	77
Melasseschnitzel	896	140	100	61	6,66	638	84
zuckerarm	909	155	109	73	6,95	665	87
zuckerreich	907	123	112	74	6,86	651	85
Naßschnitzel (Diffusionsschnitzel)							
frisch	156	32	15	8	1,12	109	81
eingesäuert	130	29	13	7	0,78	79	73
Preßschnitzel, Silage	185	38	22	14	1,43	138	86
Trockenschnitzel	906	183	88	52	6,93	663	84
Weizenkleber	899	2	774	742	7,89	799	94
Zuckerrübenmelasse	770	0	101	58	5,84	509	87
Nebenerzeugnisse des Gärungsgewerbes							
Biertreber							
frisch	237	44	59	47	1,48	142	65
eingesäuert	265	53	67	54	1,61	148	62
getrocknet	904	155	227	163	5,06	474	59
Hefe							
Bierhefe	893	19	448	368	6,25	643	80
Sulfitablaugenhefe (Torula)	906	26	448	328	5,88	615	74
Malzkeime	914	134	273	212	5,58	473	72
Obsttrester							
aus Äpfeln	908	277	68	0	5,41	479	67
aus Birnen	897	288	38	0	3,91	323	51
Schlempe							
aus Kartoffeln							
frisch	55	5	15	8	0,28	27	63
getrocknet	902	88	247	125	4,61	454	66
aus Mais							
frisch	85	10	19	12	0,62	58	70
getrocknet	902	108	256	187	6,44	598	72
aus Roggen	85	5	36	22	0,49	47	64
aus Weizen	56	6	20	11	0,27	28	56

A. Futterwerttabelle für Wiederkäuer (Forts.)

Futtermittel	Tr.-S. g	Roh-faser g	Roh-protein g	verd. Roh-protein g	NEL MJ	StE	VQ org. Subst.
Nebenerzeugnisse der Ölgewinnung							
Babassuextraktionsschrot	905	243	206	176	6,13	654	77
Babassukuchen	908	213	219	187	6,71	713	78
Baumwollsaatextraktionsschrot							
aus geschälter Saat	896	82	462	354	5,54	580	72
aus teilgeschälter Saat	902	169	377	298	5,35	501	70
aus ungeschälter Saat	910	215	329	234	4,58	412	60
Baumwollsaatkuchen							
aus geschälter Saat							
4–8,9% Fett	918	95	438	336	6,25	659	72
> 9% Fett	906	76	440	338	6,58	693	73
aus teilgeschälter Saat							
4–8,9% Fett	905	150	363	285	5,93	568	70
> 9% Fett	907	161	342	268	6,22	598	70
aus ungeschälter Saat							
4–8,9% Fett	901	250	239	171	4,96	451	59
> 9% Fett	931	270	241	174	5,39	492	61
Erdnußextraktionsschrot							
aus enthülster Saat	881	49	500	454	6,76	688	86
aus teilenthülster Saat	908	96	468	430	6,30	631	79
Erdnußkuchen							
aus enthülster Saat							
4–8,9% Fett	906	49	490	445	7,62	778	87
> 9% Fett	910	50	456	414	8,09	823	87
aus teilenthülster Saat							
4–8,9% Fett	906	108	440	404	6,80	685	79
> 9% Fett	912	84	440	405	7,37	739	81
Kokosextraktionsschrot	891	146	216	166	6,38	647	81
> 3,5% Fett	900	155	219	175	6,71	692	80
Kokoskuchen							
5–7,9% Fett	901	147	217	174	6,99	724	80
8–12% Fett	904	145	205	165	7,42	765	79
Leinextraktionsschrot	887	96	349	300	6,10	616	77
Leinkuchen							
4–7,9% Fett	899	97	336	287	6,82	698	79
> 8% Fett	916	93	325	279	7,37	751	79
Maiskeimextraktionsschrot							
(Maisindustrie)	893	71	127	84	6,91	674	81
(Stärkeindustrie)	897	88	183	127	6,49	646	77
Maiskeimkuchen							
(Maisindustrie)	914	68	126	83	7,19	713	77
(Stärkeindustrie)	927	88	191	130	6,52	660	76
Palmkernextraktionsschrot	891	165	180	138	6,33	650	77
Palmkernkuchen							
4–8,9% Fett	892	170	176	132	6,75	700	77
> 9% Fett	918	197	160	117	6,83	722	70
Rapsextraktionsschrot	889	126	356	296	5,82	585	76
Rapskuchen							
4–7,9% Fett	902	117	338	285	6,43	651	75
8–12% Fett	905	110	330	279	6,86	697	76
Sesamextraktionsschrot	909	63	432	393	6,51	656	84

A. Futterwerttabelle für Wiederkäuer (Forts.)

Futtermittel	Tr.-S.	1000 g Futtermittel enthalten				StE	VQ org. Subst.
		Roh-faser	Roh-protein	verd. Roh-protein	NEL		
	g	g	g	g	MJ		
Sesamkuchen							
4–7,9% Fett	889	76	406	369	6,61	673	84
8–12% Fett	900	59	401	365	7,49	762	85
Sojabohnenextraktionsschrot							
aus geschälter Saat	888	32	501	443	6,69	669	86
aus ungeschälter Saat	881	59	455	422	7,13	709	91
Sojabohnenkuchen	896	59	422	332	6,60	678	78
Sonnenblumenextraktionsschrot							
aus geschälter Saat	901	159	395	349	5,88	605	78
aus teilgeschälter Saat	903	209	347	296	4,79	461	63
aus ungeschälter Saat	887	298	262	221	3,91	302	54
Sonnenblumenkuchen							
aus geschälter Saat							
4–7,9% Fett	912	135	429	380	6,67	683	78
8–12% Fett	921	127	431	382	7,03	721	79
aus teilgeschälter Saat							
4–7,9% Fett	908	205	374	322	5,41	520	64
8–12% Fett	905	220	295	254	5,49	532	61
Tierische Futtermittel und sonstige Futtermittel							
Backabfälle	865	9	110	102	8,79	826	97
Blutmehl	893	3	825	636	5,71	612	75
Dorschmehl							
55–60% Protein	881	4	582	529	5,54	578	87
60–65% Protein	892	0	631	582	5,99	620	91
Fischmehl							
55–60% Protein	898	6	582	518	6,04	636	85
60–65% Protein	906	4	625	556	6,23	655	85
Milchprodukte							
Buttermilchpulver	947	0	306	275	8,75	752	92
Magermilch, frisch	86	0	32	30	0,73	61	94
Magermilchpulver	940	1	335	309	7,90	676	94
Vollmilch	134	0	35	33	1,75	167	96
Tiermehl							
55–60% Protein	932	8	575	484	6,22	666	80
60–65% Protein	931	8	627	527	6,25	667	80

B. Futterwerttabelle für Schweine

Futtermittel	Tr.-S.	Rohprotein	Rohfaser	verd. Rohprotein	Gesamtnährstoff	ME	VQ organ. Subst.
	g	g	g	g	g	MJ	
Grünfutter							
Weide/Wiese							
vor Ähren-/Rispenschieben	160	39	31	23	97	1,38	63
im Ähren-/Rispenschieben	175	36	41	21	101	1,39	59
Rotklee							
vor der Blüte	197	40	38	27	117	1,72	64
Beginn der Blüte	213	37	52	22	112	1,66	56
Luzerne							
vor der Knospe	176	46	31	37	120	1,76	75
in der Knospe	193	43	46	30	111	1,62	63
Beginn der Blüte	210	39	60	23	108	1,57	56
Zuckerrübenblätter	145	21	18	14	94	1,34	76
Obsttrester (Apfel)	253	10	62	0	190	2,27	77
Silage							
Weide/Wiese	350	55	94	27	174	2,46	53
Mais, Milchreife	220	21	55	7	126	1,75	58
Teigreife	270	24	61	10	147	2,40	55
Zuckerrübenblätter	157	21	24	9	79	1,08	59
Trockengrünfutter							
Grasgrünmehl							
über 19 % Rohprotein	922	196	195	98	465	7,10	55
15 – 19 % Rohprotein	920	170	198	85	464	7,06	56
13 – 15 % Rohprotein	910	142	229	49	395	5,94	46
Luzernegrünmehl							
über 19 % Rohprotein	902	207	215	138	528	8,11	64
17 – 19 % Rohprotein	906	178	238	90	443	6,60	54
15 – 17 % Rohprotein	907	161	257	81	409	6,00	50
Zuckerrübenblätter	880	110	121	43	530	7,09	71
Wurzeln, Knollen, fleischige Früchte							
Kartoffeln							
roh	219	20	6	6	182	3,13	89
gedämpft	221	21	6	14	193	3,32	93
gedämpft eingesäuert	229	23	8	15	197	3,41	93
Kartoffelflocken	880	74	27	50	788	13,57	93
Kartoffelschnitzel	883	81	26	47	770	13,22	92
Maiskolben, eingesäuert							
mit Hüllblättern	500	51	65	32	369	6,06	72
ohne Hüllblätter	600	59	46	47	494	8,57	80
ohne Hüllblätter (CCM)	600	64	32	48	520	9,00	84
Gehaltvolle Futterrüben	146	12	10	7	122	1,91	92
Massenrüben	112	11	9	6	87	1,37	87
Zuckerrüben	232	13	12	6	195	3,02	91
Zuckerrübenschnitzel	916	54	65	25	789	12,37	91
Kohlrüben	110	12	12	8	89	1,28	88
Kürbis	83	13	10	7	67	1,10	82
Topinamburknollen	224	21	10	5	174	2,99	84

B. Futterwerttabelle für Schweine (Forts.)

Futtermittel	Tr.-S.	1000 g Futtermittel enthalten				ME	VQ organ. Subst.
		Rohprotein	Rohfaser	verd. Rohprotein	Gesamtnährstoff		
	g	g	g	g	g	MJ	
Maniokmehl/-schnitzel	871	22	31	11	787	13,51	94
Typ 55	866	23	55	11	729	12,39	89
Körner und Samen							
Gerste (Sommer)	870	104	46	78	718	12,49	83
Gerste (Winter)	880	105	60	79	712	12,40	82
Hafer	884	110	103	85	648	11,32	70
Nackthafer	884	135	23	121	853	14,89	91
Roggen	871	98	24	77	764	13,30	89
Weizen	876	119	26	103	785	13,75	90
Ackerbohnen	871	261	79	214	691	12,55	82
Futtererbsen	871	226	58	196	765	13,69	90
Süßlupinen, gelb	895	404	149	354	727	12,54	82
blau	889	316	146	276	728	12,06	81
Sojabohnen	911	365	57	316	905	15,99	83
Milokorn	878	103	23	81	818	14,19	92
Mais	879	95	23	75	810	14,09	89
Körnersilage	567	62	16	49	494	8,61	86
Nebenerzeugnisse der Müllerei							
Gerstenfuttermehl	873	117	64	94	698	11,43	80
Haferfutterflocken	916	131	20	111	898	15,66	92
Haferfuttermehl	909	135	48	110	810	14,18	84
Haferschälkleie	908	73	234	35	335	5,19	37
Maisfuttermehl	886	104	50	77	773	13,37	83
Reisfuttermehl, gelb	903	131	79	89	737	12,67	72
weiß	892	126	38	105	858	14,82	87
Roggennachmehl	878	150	22	126	802	13,10	90
Roggenfuttermehl	875	149	29	108	697	11,72	80
Roggengrießkleie	878	145	51	106	672	10,60	78
Roggenkleie	881	144	70	94	599	9,28	70
Weizenkeime	872	252	32	213	774	13,64	84
Weizennachmehl	881	176	29	159	811	14,37	90
Weizenfuttermehl	882	179	42	149	748	13,10	83
Weizengrießkleie	878	158	82	123	644	10,65	73
Weizenkleie	880	143	108	102	555	9,07	64
Nebenerzeugnisse der Zucker- und Stärkeherstellung							
Melasse	770	101	0	76	627	10,38	92
Melasseschnitzel	896	100	140	45	690	8,95	83
Preßschnitzel, eingesäuert	200	23	41	7	150	1,70	79
Naßschnitzel, eingesäuert	127	15	30	5	92	1,04	78
Trockenschnitzel	906	88	183	39	719	8,41	84
Futterzucker	965	18	4	6	916	14,40	98

B. Futterwerttabelle für Schweine (Forts.)

Futtermittel	Tr.-S.	Roh-protein	Roh-faser	verd. Roh-protein	Gesamt-nährstoff	ME	VQ organ. Subst.
	g	g	g	g	g	MJ	
Kartoffelpülpe	879	50	169	12	726	10,31	85
Kartoffelstärke	836	2	0	0	806	13,72	96
Maiskleber	905	644	14	616	868	17,11	94
Maiskleberfutter	880	207	77	149	604	10,16	70
Weizenkleber	899	774	2	771	889	18,15	99
Nebenerzeugnisse des Gärungsgewerbes							
Bierhefe, frisch	192	114	0	99	151	2,85	86
getrocknet	893	448	19	402	743	13,11	90
Alkanhefe							
Typ G	944	631	50	581	807	15,22	92
Typ P	952	605	34	561	878	16,35	91
Sulfitablaugenhefe							
getrocknet	906	448	25	373	707	12,62	82
Malzkeime	920	279	132	199	557	9,36	65
Kartoffelschlempe							
getrocknet	902	247	88	141	600	8,78	76
Biertreber, frisch	237	59	44	42	125	2,09	49
eingesäuert	262	64	52	46	139	2,27	49
getrocknet	904	227	155	163	488	8,25	50
Nebenerzeugnisse der Ölgewinnung							
Baumwollsaatexpeller, 4 – 9 % Fett							
entschält	915	440	96	377	742	13,46	78
teilweise entschält	903	357	154	251	541	9,77	58
Baumwollsaatextraktions-schrot, entschält	900	464	79	397	678	12,51	78
teilweise entschält	897	374	172	263	493	9,08	57
Erdnußexpeller							
4 – 9 % Fett, enthülst	906	489	49	437	787	14,86	86
Erdnußextraktionsschrot							
enthülst	886	499	57	445	734	14,03	87
Kokosexpeller, 5 – 8 % Fett	899	207	137	140	703	10,50	76
Kokosextraktionsschrot	894	212	145	144	650	9,52	76
aufgefettet	895	208	136	141	678	10,06	76
Leinexpeller, 4 – 8 % Fett	899	335	97	279	687	11,90	75
Leinextraktionsschrot	886	343	91	285	649	11,19	76
Maiskeimexpeller, 4 – 8 % Fett	914	126	68	91	720	12,53	76
Maiskeimextraktionsschrot	893	119	73	86	668	11,55	77
Palmkernexpeller, 4 – 9 % Fett	908	187	153	115	669	9,57	70
Palmkernextraktionsschrot	886	168	175	103	616	8,19	71
Rapsexpeller, 4 – 8 % Fett	902	338	117	264	640	11,13	71
Rapsextraktionsschrot	886	349	124	273	597	10,41	71

B. Futterwerttabelle für Schweine (Forts.)

Futtermittel	Tr.-S.	1000 g Futtermittel enthalten				ME	VQ organ. Subst.
		Roh-protein	Roh-faser	verd. Roh-protein	Gesamt-nährstoff		
	g	g	g	g	g	MJ	
Sojaexpeller	917	397	85	352	830	14,48	89
Sojaextraktionsschrot							
entschält	870	490	32	451	752	14,17	92
nicht entschält	870	447	58	381	701	12,80	86
Sonnenblumenexpeller							
4 – 8 % Fett, teilentschält	915	387	188	323	625	11,61	66
Sonnenblumenextraktions-schrot, entschält	894	384	135	342	646	11,46	79
teilentschält	899	347	200	290	559	10,09	64
Futtermittel tierischer Herkunft und Sonstiges							
Sauenmilch	204	58	0	56	302	5,02	98
Kuhmilch	134	35	0	33	176	2,99	96
Magermilch, frisch	86	32	0	29	77	1,37	95
getrocknet	941	341	1	323	836	14,91	96
Buttermilch, frisch	94	34	0	32	89	1,58	94
getrocknet	947	306	0	283	886	13,83	90
Süßmolke, frisch	62	8	0	6	54	0,89	95
getrocknet	963	126	0	105	833	13,64	94
Sauermolke, frisch	52	8	0	6	44	0,73	94
getrocknet	932	146	0	122	770	12,74	92
Blutmehl	893	825	3	660	689	14,37	80
Fleischfuttermehl	906	770	1	726	937	18,53	93
Tiermehl, fettreich							
50 – 55 % Protein	944	531	9	442	806	14,43	79
55 – 60 % Protein	937	567	15	471	770	14,15	79
60 – 65 % Protein	938	629	8	523	845	15,51	80
65 – 70 % Protein	916	654	0	544	970	18,09	85
Rindertalg	990	4	0	0	2010	32,56	88
Schweineschmalz	999	1	0	0	2135	34,60	93
Fischmehl							
55 – 60 % Protein							
3 – 8 % Fett	898	582	6	534	678	13,55	89
über 8 % Fett	898	577	4	529	740	14,53	90
60 – 65 % Protein							
3 – 8 % Fett	906	624	4	573	702	14,12	89
über 8 % Fett	903	628	2	576	784	15,47	90
Heringsmehl							
über 8 % Fett							
unter 65 % Protein	884	569	1	522	788	15,28	90
über 65 % Protein	914	673	1	617	814	16,15	91
Dorschmehl							
55 – 60 % Protein	881	582	4	534	616	12,54	90
60 – 65 % Protein	892	631	0	578	648	13,26	91
65 – 70 % Protein	898	664	1	609	674	13,82	91
Fischpreßsaft							
eingedickt	536	339	2	325	508	9,68	93
Kartoffeleiweiß	915	768	7	714	815	16,72	92
Küchenabfälle	224	39	10	31	216	3,58	88

C. Futterwerttabelle für Pferde

Futtermittel	Tr.-S.	1000 g Futtermittel enthalten			verd. Energie	VQ organ. Subst.
		Roh-protein	Roh-faser	verd. Roh-protein		
	g	g	g	g	MJ	
Grünfutter						
Weide						
1. Aufwuchs						
vor bis nach dem Schossen	188	36	42	25	1,87	58
Beginn bis Mitte der Blüte	210	39	54	28	1,99	56
2. Aufwuchs						
vor bis nach dem Schossen	174	40	37	30	1,79	60
Beginn bis Mitte der Blüte	236	44	62	30	2,31	55
Wiese						
1. Schnitt						
vor bis nach dem Schossen	188	32	45	24	2,16	68
Beginn bis Mitte der Blüte	209	28	60	17	1,91	54
2. Schnitt						
vor bis nach dem Schossen	214	35	53	23	1,90	53
Beginn bis Mitte der Blüte	225	34	61	21	2,08	55
Luzerne						
1. Schnitt						
Beginn bis Mitte der Blüte	235	43	70	27	2,16	55
2. Schnitt						
Beginn bis Mitte der Blüte	225	46	65	37	2,42	63
Rotklee						
1. Schnitt						
Beginn bis Mitte der Blüte	213	36	50	24	2,11	58
2. Schnitt						
Beginn bis Mitte der Blüte	206	36	57	23	1,93	55
Grünfutter-Silage						
Wiese						
1. Schnitt						
im bis nach dem Schossen angewelkt	275	39	75	24	2,49	55
Beginn bis Mitte der Blüte angewelkt	299	39	87	23	2,65	53
2. Schnitt						
Beginn bis Mitte der Blüte angewelkt	300	40	83	25	2,68	55
Mais						
in der Milchreife	183	18	49	10	1,71	57
in der Teigreife	210	19	52	11	2,05	58
Zuckerrübenblätter						
sorgfältig geerntet bzw. gewaschen	155	20	22	15	1,53	67
Grünfutter natürlich getrocknet						
Wiese						
1. Schnitt						
Beginn bis Mitte der Blüte	870	97	268	52	7,48	52
Ende der Blüte	873	83	290	50	7,20	49
nach der Blüte	863	80	307	46	6,75	46
2. Schnitt						
im bis nach dem Schossen	857	115	215	72	8,14	57
Beginn bis Mitte der Blüte	861	110	260	64	7,71	54
Luzerne						
Beginn bis Mitte der Blüte	869	165	268	115	8,55	59

C. Futterwerttabelle für Pferde (Forts.)

Futtermittel	Tr.-S. g	1000 g Futtermittel enthalten			verd. Energie MJ	VQ organ. Subst.
		Rohprotein g	Rohfaser g	verd. Rohprotein g		
Rotklee						
Beginn bis Mitte der Blüte	866	125	283	75	8,38	58
Grünfutter künstlich getrocknet						
Wiese						
11–13 % Rohprotein	908	119	238	74	8,41	56
17–19 % Rohprotein	913	180	199	129	9,03	59
Stroh						
Hafer	883	29	399	9	5,45	36
Weizen	892	26	402	7	5,02	33
Wurzeln und Knollen						
Zuckerrübe	241	13	13	10	3,41	91
Massenrübe	112	10	9	8	1,56	92
Mohrrübe	127	11	12	10	1,90	96
Kartoffel	215	19	6	11	2,95	86
Zuckerrübenschnitzel	925	50	59	30	13,9	90
Körner und Samen						
Gerste	870	102	47	83	12,9	84
Hafer	884	110	102	87	11,5	69
Roggen	870	94	25	68	12,7	83
Weizen	870	115	25	85	12,7	82
Mais	874	94	24	68	13,6	85
Ackerbohne	866	269	75	223	13,4	85
Lein	901	224	77	168	14,2	65
Nebenerzeugnisse der Müllerei						
Haferschalen	929	23	322	15	5,04	33
Weizenkleie	867	144	111	112	9,72	61
Nebenerzeugnisse der Zuckerherstellung						
Futterzucker	962	23	4	16	13,3	83
Rübenmelasse	773	101	0	81	11,1	90
Melasseschnitzel	904	90	141	49	11,1	75
Trockenschnitzel	906	89	181	59	13,4	83
Nebenerzeugnisse des Gärungsgewerbes						
Malzkeime	915	274	145	222	11,3	68
Biertreber	919	232	160	160	9,09	51
Nebenerzeugnisse der Ölgewinnung						
Leinextraktionsschrot	889	348	95	306	11,9	66
Erdnußextraktionsschrot	909	367	242	301	11,2	64
Sojabohnenextraktionsschrot	879	451	59	427	14,6	86
Sonnenblumenextraktionsschrot	897	230	362	137	8,31	51
Baumwollsaatextraktionsschrot	885	432	92	371	12,1	69

D. Futterwerttabelle für Geflügel

Futtermittel	1000 g Futtermittel enthalten	
	Rohprotein	umsetzbare Energie (N-korr.)
	g	MJ

Körner, Samen
Ackerbohne	269	10,2
Erbse	222	11,0
Gerste	102	11,2
Hafer	110	10,2
Lein	224	17,8
Mais	94	13,5
Roggen	94	11,4
Weizen	115	12,5
Wicke	296	11,1

Industrielle Nebenerzeugnisse
Baumwollsaatextraktionsschrot, entschält	432	9,4
Baumwollsaatkuchen, entschält	438	11,1
Bierhefe, trocken	446	11,4
Erdnußextraktionsschrot, ohne Hülse	501	9,6
Kokoskuchen	216	7,4
Leinextraktionsschrot	348	8,2
Maiskleber	656	15,3
Sojabohnenextraktionsschrot, entschält	512	11,2
nicht entschält	451	9,8
Trockenschnitzel	89	5,5
Weizenkleber	780	12,3
Weizenkleie	137	7,0
Zuckerrübenmelasse	101	10,9

Futtermittel tierischer Herkunft
Casein	748	13,4
Dorschlebertran	–	24,6
Federmehl, hydrolysiert	861	12,6
Fischmehl		
Typ 55 <3 % Fett	583	10,2
Typ 55 3–7,9 % Fett	583	11,7
Typ 60 <3 % Fett	627	11,0
Typ 60 3–7,9 % Fett	619	11,9
Typ 64 < 3 % Fett	669	11,7
Typ 64 3–7,9 % Fett	670	12,5
Fleischknochenmehl		
55–60 % Protein	580	12,8
60–65 % Protein	624	13,7
65–72 % Protein	670	14,0
Heringsmehl		
Typ 64 3–7,9 % Fett	701	13,3
Typ 64 >8 % Fett	678	14,3
Knochenfuttermehl	58	1,0
Tiermehl		
Typ 50	533	11,4
Typ 55	579	10,2
Typ 60	630	10,8

D. Futterwerttabelle für Geflügel (Forts.)

Futtermittel	1000 g Futtermittel enthalten	
	Rohprotein	umsetzbare Energie (N-korr.)
	g	MJ
Sonstige Futtermittel		
Futterzucker	23	15,3
Grasgrünmehl		
19–21 % Rohprot.	198	5,2
17–19 % Rohprot.	180	5,0
15–17 % Rohprot.	164	4,9
13–15 % Rohprot.	145	4,7
Haferflocken	121	14,7
Kartoffelflocken	74	12,2
Maniokmehl		
Typ 65	21	12,9
Typ 60	22	12,4
Rindertalg	–	30,9
Schweinefett	–	35,0
Sojaöl	–	36,9

E. Mineralstoffgehalte von Futtermitteln (je kg Trockensubstanz)

Futtermittel	Ca g	P g	Mg g	Na g	Mn mg	Zn mg	Cu mg	Co mg
Ackerbohnen								
Grünfutter frisch	15,5	3,5	3,3	2,00	38	70	11,3	0,31
Samen	1,6	4,8	1,8	0,18	33	46	12,3	0,03
Erdnußkuchen, enthülst	1,9	6,6	3,6	0,10	46	78	18,3	0,28
Erdnußschrot, extrahiert								
enthülst	1,6	6,7	3,7	0,40	57	–	13,8	–
teilweise enthülst	2,5	5,8	4,9	0,37	54	58	20,5	0,22
Esparsette								
Grünfutter frisch								
1. Schnitt	12,6	3,0	2,7	0,80	38	25	7,1	0,06
Fischereierzeugnisse								
Dorschmehl								
55–60 % Protein	64,1	46,3	2,4	11,61	18	79	7,8	0,14
60–65 % Protein	78,7	43,3	2,3	15,00	–	–	–	–
Fischmehl								
55–60 % Protein	54,5	35,6	2,9	6,84	21	86	6,7	0,14
60–65 % Protein	47,5	28,2	2,5	9,74	17	93	7,5	–
Heringsmehl								
unter 65 % Protein	45,5	27,8	2,2	5,08	6	108	4,1	0,12
über 65 % Protein	24,5	18,9	1,4	6,23	8	116	5,4	0,14
Futtererbse								
Grünfutter frisch	16,2	3,3	3,2	0,36	25	28	9,0	0,18
Samen	0,9	4,8	1,3	0,25	17	24	7,5	0,21
Gerste								
Sommerstroh	4,8	0,8	0,9	3,71	83	43	5,9	0,19
Körner	0,8	3,9	1,3	0,32	18	32	6,1	0,10
Hafer								
Grünfutter frisch	4,4	3,1	1,7	1,00	98	51	9,2	0,08
Stroh	4,1	1,4	1,1	2,25	83	81	7,1	0,06
Körner	1,2	3,5	1,4	0,38	48	36	4,7	0,07
Hefe – getrocknet								
Bierhefe	2,6	17,0	2,6	2,44	59	92	64,0	0,40
Erdölhefe	0,9	13,8	2,0	0,43	–	–	–	–
Sulfitablaugenhefe	4,4	14,6	2,0	1,22	42	126	16,9	1,29
Kartoffeln	0,4	2,5	1,4	0,55	7	24	5,4	0,09
Klee								
Gelbklee 1. Schnitt	15,3	3,0	3,9	0,44	40	33	8,1	0,11
Inkarnatklee								
v. d. Blüte	17,4	3,2	4,0	–	74	75	11,7	0,05
Rotklee v. d. Blüte	16,2	2,9	3,6	0,41	42	40	10,7	0,14
in d. Blüte	15,3	2,5	3,6	0,35	40	44	10,9	0,13
Heu v. d. Blüte	18,8	2,5	3,2	0,82	74	68	18,0	0,19
Heu i. d. Blüte	15,4	2,6	3,7	0,37	60	66	6,9	0,20
Schwedenklee v. d. Blüte	18,9	2,5	3,0	0,20	36	35	9,1	0,30
Kokosextraktionsschrot	1,7	6,4	3,8	1,02	82	50	36,9	0,25
Kokoskuchen	1,8	6,0	3,3	1,00	108	55	26,8	0,22
Landsberger Gemenge	8,6	3,0	1,8	0,45	86	–	7,7	0,11
Leinextraktionsschrot	4,5	9,5	5,7	1,09	47	66	20,2	0,30
Leinkuchen	4,2	8,2	5,3	1,05	44	78	20,3	0,35
Lupinen, blaue								
Grünfutter frisch	19,6	2,8	3,4	0,42	240	74	11,0	0,09
Samen	3,7	4,6	1,7	–	34	–	5,0	0,03
Lupinen, gelbe								
Grünfutter frisch	10,2	2,6	2,3	–	165	–	6,7	0,03
Samen	2,7	5,1	2,4	–	68	–	13,6	0,02

E. Mineralstoffgehalte von Futtermitteln (je kg Trockensubstanz) (Forts.)

Futtermittel	Ca g	P g	Mg g	Na g	Mn mg	Zn mg	Cu mg	Co mg
Luzerne, 1. Schnitt								
v. d. Blüte	18,9	3,0	3,2	0,47	34	33	10,0	0,19
i. d. Blüte	20,9	2,8	2,7	1,00	37	24	11,2	0,18
Heu, v. d. Blüte	16,0	3,1	3,1	0,79	38	24	8,1	0,17
Heu i. d. Blüte	15,7	2,7	2,3	0,44	47	24	9,2	0,15
Mais								
Grünfutter frisch	6,0	2,9	2,3	0,46	59	32	8,5	0,07
milchreif	3,8	3,1	1,9	–	32	49	7,4	0,07
Silage, Teigreife	3,9	2,6	2,3	0,40	44	32	7,6	0,09
Körner	0,4	3,2	1,0	0,26	9	31	3,8	0,13
Maiskleberfutter	1,5	9,5	4,8	2,76	28	65	19,4	0,23
Malzkeime	2,6	8,1	1,5	0,61	41	79	12,8	0,07
Melasse (Rüben)	5,4	0,3	0,2	7,33	36	31	10,8	0,92
Milch								
Vollmilch von der Kuh	8,6	7,2	0,9	3,21	1	41	1,0	0,01
Magermilch von der Kuh	13,6	10,9	1,6	3,63	1	54	1,4	0,01
Kolostralmilch von der Kuh	10,4	7,6	1,7	4,64	0	54	2,2	0,01
Schafmilch	10,8	8,4	0,8	2,49	0	–	1,5	–
Sauenmilch	11,2	7,7	0,9	2,18	1	42	5,8	–
Milokorn	0,9	3,1	2,1	0,71	16	13	11,3	0,01
Palmkernextraktionsschrot	2,9	7,2	3,9	0,11	261	70	31,7	0,15
Palmkernkuchen	2,4	6,5	3,2	1,11	203	58	25,6	0,12
Rapsextraktionsschrot	6,9	11,9	5,5	0,13	75	74	6,7	0,22
Rapskuchen	6,3	10,0	5,1	0,80	57	60	8,4	0,25
Roggen								
Grünfutter frisch	4,1	4,1	2,0	1,27	71	26	6,4	–
Körner	0,9	3,3	1,4	0,26	53	34	5,6	0,05
Roggenfuttermehl	1,3	9,2	3,8	0,19	72	77	9,0	0,01
Rüben								
gehaltvolle Futterrüben	2,7	2,4	1,8	4,08	83	32	7,2	0,16
Blätter	20,8	2,5	6,1	6,11	128	47	8,3	0,20
Massenrüben	2,5	2,5	2,5	3,31	80	28	7,8	0,18
Blätter	18,6	3,3	–	–	266	–	13,9	0,42
Kohlrüben	5,2	3,6	1,7	1,69	40	14	7,3	0,07
Zuckerrüben	2,3	1,5	1,6	0,95	61	36	5,1	0,09
Blätter	12,4	2,5	4,8	9,45	179	72	11,5	0,37
Schlempe (Kartoffel)	2,8	7,3	–	0,57	–	–	–	–
Serradella								
Grünfutter frisch	16,0	3,8	2,5	5,49	–	–	–	–
Sesamextraktionsschrot	24,9	14,9	8,4	0,26	60	95	45,4	0,53
Sojaextraktionsschrot	3,1	7,0	3,0	0,23	33	70	19,1	0,25
Sonnenblumen								
Grünfutter frisch	15,0	2,4	4,1	0,37	64	59	11,8	0,13
Sonnenblumenextraktions-								
schrot, entschält	4,4	9,9	5,4	0,12	49	64	25,3	0,14
teilweise entschält	4,0	10,7	5,2	0,50	56	46	29,1	0,49
Sonnenblumenkuchen								
entschält	2,5	12,5	7,4	0,08	47	52	31,5	0,11
Tierkörpermehle								
Blutmehl	1,8	1,6	0,3	8,18	6	29	19,4	0,08
Fleischmehl	44,7	25,5	0,9	9,55	–	–	–	–
Knochenfuttermehl								
entleimt	316,3	152,0	6,7	5,00	25	172	20,2	0,30
Tierkörpermehl	62,0	40,7	2,2	5,65	21	85	12,0	0,14

E. Mineralstoffgehalte von Futtermitteln (je kg Trockensubstanz) (Forts.)

Futtermittel	Ca g	P g	Mg g	Na g	Mn mg	Zn mg	Cu mg	Co mg
Trockenschnitzel	9,7	1,1	2,5	2,41	74	22	13,9	0,58
Weidegras								
1. Aufwuchs								
v. d. Blüte	6,6	3,9	1,9	1,24	164	48	8,9	0,20
i. d. Blüte	6,7	4,0	1,8	0,84	144	36	9,1	0,13
2. Aufwuchs								
v. d. Blüte	5,7	3,8	1,8	0,72	60	33	7,8	0,10
Weizen	0,7	3,8	1,3	0,17	35	65	7,0	0,10
Weizenfuttermehl	1,2	8,1	2,9	0,35	124	88	5,7	0,02
Weizenkleie	1,8	13,0	5,3	0,54	134	87	15,0	0,09
Wicken								
Grünfutter frisch	15,5	4,6	3,6	0,67	43	–	–	–
Wiesengras								
1. Schnitt								
v. d. Blüte	6,8	3,7	2,2	0,58	116	29	9,0	0,08
Beginn b. Mitte d. Blüte	9,1	2,7	1,9	0,59	78	24	9,7	0,08
2. Schnitt								
v. d. Blüte	9,1	3,9	2,7	1,04	99	38	9,0	0,12
Wiesenheu								
1. Schnitt								
v. d. Blüte	9,1	2,8	2,1	0,57	86	32	7,0	0,15
Beginn b. Mitte d. Blüte	7,2	2,7	2,0	0,75	108	28	6,4	0,12
2. Schnitt								
v. d. Blüte	11,4	3,1	2,9	0,78	112	24	8,7	0,15

F. Vitamingehalte von Futtermitteln (je kg Trockensubstanz)

Futtermittel	Carotin mg	Vitamin E mg	Vitamin D I.E.	Vitamin B_1 mg	Vitamin B_2 mg	Vitamin B_6 mg	Vitamin B_{12} µg	Pantothensäure mg	Nicotinsäure mg
Grün- und Rauhfutter									
Knaulgras	318	435		7,3					
Wiesenschwingel	337	165		11,9	8,6				
Lieschgras	224	154		2,9	11,4				
Wiesenrispe	200	416		8,8	11,0				
Luzerne	198	607	161	6,4	16,1	6,4		34	44
Rotklee	184			6,6	19,1				80
Kartoffeln	0,6			5,0	1,9			29	60
Zuckerrübenblatt	35			5,9	6,4	9,0		28	47
Rotkleeheu	37			2,2	17,8			11	43
Luzerneheu	61			3,5	14,7			26	40
Luzernegrünmehl	122	425		5,7	16,7			41	36
Getreidesamen und Mühlennachprodukte									
Gerste	4,4	6,8		5,7	2,0	3,3		6,5	58
Hafer	0	6,6		7,0	1,6	1,3		13	16
Haferfuttermehl				7,0	1,8			23	30
Mais	4,4	4		4,6	1,3	8,4		5,3	22
Maiskleberfutter	8,4			2,0	2,4	15,0		17	70
Roggen	0	17,4		4,4	1,6			6,9	13
Roggenfuttermehl				3,3	2,4			23	17
Weizen	0	15		5,5	1,2	5,3		13	58
Weizenfuttermehl	3,1	20		12,8	2,0	4,9		20	100
Weizenkleie	2,6	10		7,9	3,1	6,0		30	200
Weizenkeime		133		27,9	5,0	7,3		12	45
Rückstände der Ölgewinnung									
Baumwollsaatextraktionsschrot		10,9		8,1	4,7	4,0		18	45
Erdnußkuchen	0,2			7,3	5,3			50	170
Erdnußextraktionsschrot					11,1				190
Kokoskuchen				0,7	3,1			6,7	25
Leinkuchen	0,3	0		5,1	3,6			18	36
Leinextraktionsschrot				9,5	2,9	3,3			30
Maiskeimkuchen				19,8	3,1			5,1	40
Sojakuchen	0,2	6,5		4,0	3,6			15	30
Sojaextraktionsschrot	0,2	1,2		6,6	3,3	3,6		15	27
Futtermittel tierischer Herkunft									
Blutmehl				0,2	2,9	1,0		4,9	25
Dorschlebermehl			39930	18,0	33,5	32,8	0,9	46	133
Fischmehl, allg.		20		1,3	6,9	14,7	260	9,1	64
Heringsmehl				0,4	9,1	1,3	219	12	90
Fischpreßwasser eingedickt	1,3			5,5	14,7	12,1	500	36	170
getrocknet					7,8		900	45	234
Fleischknochenmehl				0,2	5,3		70	4,9	56
Lebermehl (Säugetiere)				0,2	46,6		500	46	206

F. Vitamingehalte von Futtermitteln (je kg Trockensubstanz) (Forts.)

Futtermittel	Carotin mg	Vitamin E mg	Vitamin D I.E.	Vitamin B_1 mg	Vitamin B_2 mg	Vitamin B_6 mg	Vitamin B_{12} µg	Pantothen-säure mg	Nicotinsäure mg
Tierkörpermehl					2,2			2,2	47
Trockenmagermilch		9,1	418	3,5	20,2	4,0	45	34	12
Trockenbuttermilch				3,5	31,3	2,4	18	30	9
Trockenmolke				3,7	30,0	4,0	20	45	12
Sonstiges									
Bierhefe				91,7	35,3	43,3		111	452
Futterhefe (Torula)				6,2	44,8	29,5		84	505
Trockenschnitzel	0,2			0,4	0,7			1,6	16

G. Aminosäurengehalte von Futtermitteln

1000 g Futtermittel enthalten	Tr.-S. g	Prot g	Lys g	Met g	Cys g	Thr g	Try g	Arg g	His g	Ile g	Leu g	Phe g	Val g	Ala g	Asp g	Glu g	Gly g	Pro g	Ser g	Tyr g
Ackerbohne	873	268	17,7	2,1	2,9	11,3	2,5	21,4	8,2	15,5	25,6	13,4	14,5	10,6	25,1	40,8	10,5	12,1	10,8	11,5
Bierhefe, getrocknet	886	451	32,0	6,7	5,0	21,8	–	20,9	9,9	20,0	32,8	19,0	23,3	29,9	39,4	68,8	20,0	15,5	20,7	15,6
Blutmehl	872	838	71,3	8,8	9,0	38,9	7,9	36,5	53,4	9,3	94,3	52,4	70,8	64,3	90,7	79,0	38,1	35,3	44,6	24,7
Buttermilch getrocknet	858	300	20,6	7,4	–	13,4	4,6	10,4	7,3	16,9	29,4	14,1	20,6	–	–	–	–	–	–	–
Casein	888	768	64,3	24,7	2,6	32,7	10,6	34,1	21,8	46,0	77,6	42,9	54,0	25,6	57,5	74,3	16,4	88,7	46,2	47,3
Erdnußextraktionsschrot	891	461	16,6	4,6	6,9	12,3	5,3	49,3	11,6	15,5	29,6	22,4	18,6	18,8	52,3	83,8	27,4	18,7	22,5	16,4
Fischmehl	905	625	53,9	19,0	5,4	27,8	7,4	38,0	15,3	25,8	45,4	24,2	31,0	40,1	54,3	84,3	37,7	28,2	29,3	19,6
Fischpreßsaft	888	559	22,4	7,5	–	0,9	1,6	20,3	18,9	9,3	17,5	9,0	–	–	–	–	–	–	–	–
Fischknochenmehl	921	472	27,3	6,3	4,7	15,6	2,1	36,3	9,7	12,3	27,7	17,7	19,3	32,6	33,4	57,6	58,2	42,6	17,3	10,3
Fleischmehl	934	534	32,8	8,5	9,6	21,2	3,2	36,6	13,0	16,9	38,0	19,4	25,5	41,6	41,4	66,9	63,8	40,6	22,5	13,2
Gerste	871	103	3,7	1,6	2,0	3,6	1,4	4,8	2,2	3,8	7,0	5,2	5,2	4,1	6,0	24,2	4,1	11,3	4,3	2,9
Hafer	882	109	4,3	1,8	2,3	3,7	1,4	8,0	2,5	4,4	7,7	6,0	5,8	4,1	8,5	21,4	5,1	6,0	5,1	3,4
Heringsmehl	929	721	57,3	20,7	7,5	30,1	7,9	47,3	18,1	33,1	54,1	27,8	43,0	45,8	66,0	89,8	44,3	30,7	28,0	22,3
Kartoffeleiweiß	919	730	56,9	17,0	13,1	45,3	10,6	39,2	16,8	42,6	72,3	47,7	48,9	37,2	91,2	86,1	36,3	39,7	43,8	43,1
Luzerne, künstl. getr.	904	200	9,9	3,2	1,4	9,2	4,2	9,0	4,3	9,0	15,4	10,3	11,0	11,0	21,7	20,5	10,0	10,3	8,7	6,4
Magermilch, getr.	925	329	25,3	8,6	3,0	15,6	4,7	11,4	9,5	19,1	33,5	16,0	21,4	12,1	27,5	72,6	6,7	33,5	20,0	14,9
Mais	881	96	2,7	1,8	1,9	3,0	1,1	4,4	2,6	3,5	6,1	7,2	4,3	7,2	6,1	17,0	3,6	8,4	4,7	3,9
Maiskleber	905	646	14,8	15,0	10,7	24,4	3,6	22,5	14,7	25,9	106,6	38,8	31,9	46,5	40,9	30,5	24,8	69,1	34,0	34,9
Molke, getrocknet	960	124	7,3	2,2	2,3	8,0	2,2	3,1	1,9	7,1	11,5	3,8	7,0	5,7	12,1	21,4	2,4	7,0	5,9	3,2
Roggen	861	94	3,7	1,2	2,0	3,3	1,2	4,9	2,1	3,6	5,7	4,1	4,7	4,1	6,8	20,0	4,1	8,3	4,2	2,4
Sauenmilch	190	59	4,5	1,2	0,8	2,4	0,8	2,9	1,4	2,7	5,0	2,2	3,0	2,0	4,7	11,9	1,9	4,3	2,8	2,1
Sojaextraktionsschrot nicht entschält	881	454	29,1	6,6	6,9	18,3	5,9	31,2	11,7	21,2	34,8	21,8	21,7	21,0	52,2	87,0	20,1	23,2	25,3	15,2
Sulfitablaugenhefe (Torula)	905	451	31,3	5,3	3,4	22,0	5,1	21,4	9,4	23,0	31,5	19,2	24,4	24,6	35,4	64,2	19,1	16,1	21,3	14,5
Tierkörpermehl	927	529	26,1	7,1	5,6	18,2	5,6	34,2	8,6	15,2	33,8	17,4	21,6	37,9	38,6	58,2	71,7	52,4	21,5	12,3
Vollmilch (Kuh)	145	35	2,7	1,0	0,3	1,7	0,5	1,2	1,0	2,0	3,3	1,8	2,3	1,3	2,7	7,4	1,7	6,0	2,0	1,7
Weizen	881	114	3,2	1,7	2,6	3,3	1,4	5,1	2,4	4,2	7,5	5,2	5,1	4,0	5,8	32,5	4,5	10,9	5,3	3,2
Weizenfuttermehl	831	168	6,9	2,4	2,9	6,1	1,9	7,4	4,0	5,7	11,5	6,1	8,1	8,5	11,7	38,3	8,6	11,8	7,5	4,7
Weizenkleie	875	144	6,2	2,2	2,8	5,5	2,5	8,3	3,6	5,1	9,1	5,3	7,3	8,0	10,9	26,0	8,6	8,7	6,6	4,2

Sachverzeichnis

A

Absatzferkel 218
Absorbierbarkeit 31, 142
Acetonämie 52
Acid Detergent Fiber 23
Acid Detergent Lignin 23
Acidose 48
Ackerbohnen 250, 371
Adenosintriphosphat 97
ADF 23
ADL 23
Aethoxyquin 185
Albumine 66
Aldehydzahl 61
Alleinfutter
    für Ferkel 217
    für Geflügelmast 443
    für Hühnerküken 433
    für Junghennen 433
    für Legehennen 431
    für Mastschweine 244
    für Pferde 410
    für Zuchthennen 432
    für Zuchtsauen 199
Aluminiumsulfat 151
Amide 21
Amine, biogene 72
Aminopeptidasen 68
Aminosäuren
    Absorption 68
    Antagonismus 93
    Bedarfsbestimmung 92
    essentielle 73
        Bedarf Ferkel 213
        Bedarf Geflügel 429, 443
        Bedarf Mastkälber 353
        Bedarf Mastschweine 240
    glucoplastische 50
    Imbalance 93
    limitierende 81
    Stoffwechsel 72
    Verfügbarkeit 70, 86
Aminosäurensequenz 65
Ammenkuhhaltung 324
Ammoniakvergiftung 79
Amprolium 186
α-Amylase 45
    beim Ferkel 210
Amylopektin 43
Amylose 43
Anabolika 179
Anämie
    Bleimangel 161
    Eisenmangel 156
    Ferkel 223
    Kupfermangel 157
    Nickelmangel 161
Aneurin 176
Anisidinzahl 320
Antibiotica 178, 180
    Dosierung im Mischfutter 184

    Fütterungsantibiotica 180
    Wirkungsweise 181
    Zulagen an Nutztiere 182
Antioxydantien 62, 178, 185
Antirachitisches Vitamin 173
Apocarotinester 426
Arabinose 43
Arachidonsäure 63
Arsen 161, 166
Ascorbinsäure 185
Aufzuchtfutter
    für Ferkel 217
    für Fohlen 420
    für Junghennen 433
    für Kälber 328
    für Küken 433
Ausscheidungsphase, Zuchtsauen 190
Austrocknung, physiologische
    Broiler 438
    Rind 309
    Schwein 234
Auswuchsgetreide 251
Avitaminose 168
Avoparcin 184

B

Beleuchtungsprogramm 445
Bierhefe 371
Biertreber, an Mastrinder 371, 375
    an Mastschweine 263
    an Milchkühe 300
Biotin 176
Bittersalz, an Sauen 200
Blei 161, 166
Blinddarmkot 424
Blutzuckerspiegel
    Ferkel 207
    Monogastriden 50
    Wiederkäuer 51
Bolus alba 151
Briketts
    an Mastbullen 379
    an Milchkühe 297
    an Pferde 411
Broiler 437
    Alleinfutter 443
    Beleuchtung 445
    Eiweißansatz 438
    Eiweiß-Energie-Verhältnis 441
    Energieansatz 438
    Energiebedarf 440
    Fettansatz 438
    Fütterungshinweise 443
    Futterverwertung 439
    Gewichtsentwicklung 437
    k-Faktoren 441
    Proteinbedarf 441
    Wasser 444
    Zusammensetzung 438
Broilerelterntiere
    Bedarf 429

Fütterung 432
Brustblasen 446
Bruttobedarf (Mineralstoffe) 142
Bullenmast (s. Jungrindermast)
Butylhydroxytoluol 185
B-Vitamine 175

C
Cadmium 167
Calciferol 173
Calcinose 141
Calcium 133
   Absorption 136
   Bedarf 142
   Ca-haltige Futtermittel 149
   Dynamik, Kuh 138
     Sauen 138, 189
   Eischale 426
   Funktion 134
   im Futter 145
   im Tierkörper 133
Calciumoxalat 136
Canthaxanthin 426
Ca : P-Verhältnis 145
   Lämmerfütterung 399
Carbadox 184
Carboxypeptidasen 68
Carotine 176
Carotinoide 53, 426
Casein 268
CCN 176
Cellulase-Methode 38, 101
Cellulose 44
   Verdauung 33
Cerebrocorticalnekrose 176
Cerebroside 53
Chemical Score 84
Chlor 135
Cholecalciferol 173
Cholin 176
Chrom 161
Chromogen 37
Chromoxid 37
Chymosin 68
Chymotrypsin 68
Chymotrypsinogen 68
Citranaxanthin 426
Cobalamin 176
Cobs
   an Mastbullen 379
   an Milchkühe 297
   an Pferde 411
Coccidiostatica 178, 186
Corn-Cob-mix
   an Mastschweine 255
   an Zuchtsauen 205

D
Darmverlust-Stickstoff 31
Deckhengste 423
7-Dehydrocholesterin 173
Depotfett 58
   Einfluß des Futterfettes 58
Dextrine 44
Diäthylstilböstrol 179

Diglycerid 53, 185
Dipeptidasen 68
Disaccharide 43
DOT 186
Dotterfarbe 426
Dottersack 433
Durchfall, Kalb 333
   Ferkel 222
Durchhaltevermögen 276

E
EAAI 84
Eber 227
   Bedarf, in der Aufzucht 227
     von Deckebern 228
   Fütterungshinweise 228
     Aufzucht 228
     Deckperiode 229
Ei
   Aminosäuren 85
   Eidotter 425, 426
   Eigewicht 428
   Eischale 425
   Geschmack und Geruch 426
   Mineralstoffgehalt 426
   Wirkstoffgehalt 426
   Zusammensetzung 425
Einsatzleistung 311, 341
Eiproteinverhältnis 84
Eischalenqualität 425
Eisen 156
   Bedarf 162
   im Futter 163
   Stoffwechsel 156
   Toleranz 167
   und Ferkelanämie 223
   Verwertung 154, 157, 161
Eiweiß 65
   Aufbau 65
   Aufgaben 65
   Ausnutzung für Milchbildung 271
   Bedarfsbestimmung 79, 89
     Leistungsbedarf 90
     Minimalbedarf 90
   Elementarzusammensetzung 65
   Ergänzungswirkung 86
   Fehlernährung 92
   geschütztes 71
   Halbwertszeit 75
   N-Bilanz 89
   Proteinqualität 81
   Skleroproteine 66
   Sphäroproteine 66
   Standardisierte Verdaulichkeit 72
   Stoffwechsel 72
     Biosynthese 75
     Dynamik 75
     Speicherung 76
     beim Wiederkäuer 77
   Überschuß 93
   Verdauung 68
     Einflüsse 70, 71
     Kalb 318
     Wiederkäuer 71
   Vergiftung 93

Züchterische Veränderung der
  Aminosäurenzusammensetzung 88
Eiweißkonzentrat für Schweine 249
Embden-Meyerhof-Schema 50
Emulgatoren 178, 185
Endogene Ausscheidung 31
  Spurenelemente 154
Endopeptidasen 68
Energie 94
  Aufwand für Biosynthesen 99
  Bilanzstufen 101
  Bruttoenergie 101
  Energiezahl 131
  Erhaltungsbedarf 114
  Leistungsbedarf 114
  Maßeinheit 94
  Minimalbedarf 112
  Nettoenergie 103
    Bestimmung 105
    und Futterbewertung 116
  produktive Energie (Fraps) 130
  thermische Energie 102
  in tierischen Produkten 115
  Umrechnung von Bedarfswerten 114
  umsetzbare Energie 101
    Berechnung beim Geflügel 129
    N-korrigiert 128
  verdauliche Energie 101
  Verwertung der Energie
    Bewegung (Pferd) 403
    Eisynthese 428
    Fettbildung 99, 107, 110
    Milchproduktion 111, 278
    Monogastriden 107
    Pansenfettsäuren 109
    Proteinbildung 99, 108
    Stute 415
    Tierartenvergleich 115
    Wiederkäuer 108
  Wärmeabgabe 102
    Bestimmung 104
  Wärmezuwachs 102
  Wirkungsgrad 99, 103
Energetische Futtereinheit 122
Energiezahl
  Geflügel (EZG) 131
  Schwein (EZS) 131
Enteropeptidasen 68
Entropie 95
Enzyme 178
  Enzymzulagen an Ferkel 178
  Inhibitoren 179
  Verdauungsenzyme
    Ferkel 210
    Kalb 318
Epithelschutzvitamin 169
EPV 84
Erdnußextraktionsschrot 250, 370
Ergänzungsfutter
  für Aufzuchtkälber 328
  für Ferkel 217
  für Fohlen 420
  für Junghennen 434
  für Legehennen 430
  zu Magermilch für Aufzuchtkälber 325
  zu Magermilch für Mastkälber 355
  für Mastrinder 371
  für Mastschweine 247
  für Pferde 410
  für Schafe 388, 394
  für Zuchtbullen 345
  für Zuchtsauen 199
Ergänzungswirkung 86
Ergocalciferol 173
Ergosterin 173
Ergotropica 178
Erucasäure 60
Essential Amino Acid Index 84
Essigsäure, aktivierte 50
Exopeptidasen 68

F
Färsenmast, verlängerte 380
FCM 270
Federfressen 447
Ferkel 207
  Absetzen 215
  Aufzuchterkrankungen 222
  Bedarfsnormen 212
    Eiweiß 212
    Energie 212
    essentielle Aminosäuren 213
    frühentwöhnte Ferkel 214
    k-Faktoren 212
    Spurenelemente 162
  Blutzucker 207
  frühentwöhnte Ferkel 220
  Fütterungshinweise 215
    Absatzferkel 218
    Alleinfuttermittel 217
    Ergänzungsfuttermittel 217
    Frühabsetzen 220
    Milchaustauschfutter 220
    Prestarter 220
    Säugeperiode 215
    Sauenmilchersatz 221
    Saugferkelbeifütterung 216
    Starter 220
    Wasser 218
    Zukaufsferkel 219
  Geburtsgewicht 207
  γ-Globuline 208
    Absorption 209
    in der Kolostralmilch 208
  Kolostralmilch 207
    erstes Säugen 210
    Vitamine 208
  Temperaturansprüche 207, 215
  Verabreichung von Kuhmilch 222
    von Schafmilch 222
  Verdauungsenzyme 210
  Verlustquoten 207
Ferkelanämie 223
Ferkelaufzuchtfutter 213, 217
  an Zuchtläufer 228
Ferkeldurchfall 222
Fermentationswärme 102, 109
Fette 53
  Absorption 55
  Antioxydantien 185

479

Bedarf 63
   Fettminimum 63
   Fettoptimum 63
biologische Bedeutung 55
Definition 53
Einsatz beim Kalb 320
erhitzte Fette 62
Fett-Toleranz 63
Körperfett 58
   Dynamik 57
   Einfluß des Nahrungsfettes 58
Milchfett 54, 59, 280
ranzige Fette 62
Schmelzpunkt 54
Stoffwechsel 57
tierische/pflanzliche 53
Verdauung 55
   Einflüsse 56
   Emulgatoren 185
   beim Kalb 319
Fetthärtung 62
Fettkennzahlen 61
Fettlebersyndrom 446
Fettsäuren 53, 57
Fettsäuren, essentielle 63
Fettsäuren, kurze
   absorbierte Menge (Kuh) 51
   energetische Verwertung
      für Erhaltung 109
      für Fettproduktion 110
      für Laktation 111
   und Milchbildung 51, 280
   im Pansen 46
   Absorption 48
   Einfluß der Fütterung 47, 182
   und Pansenentwicklung 321
   beim Pferd 401
Fettsäuren, ungesättigte
   und Milchfettgehalt 60
   im Pansen 35, 56
Fettsäurenzusammensetzung 53
Fettveränderungen 61
   hydrolytische 61
   oxidative 61
Fettverträglichkeit 63
Fischgeschmack (Ei) 427
Fischmehl 249
Fischmehleiweiß, VQ bei Ferkeln 211
Flat-Decks 220, 221
Flavophospholipol 181, 182, 184
Fluor 161
   im Rohphosphat 150
   Toleranz 166
Fluorose 161
Flushing, Sauen 188
   Schafe 381
Fötus, Entwicklung
   Pferd 414
   Rind 309
   Schaf 382
   Schwein 191
Fohlen 419
   Absatzfohlen 421
   Absetzzeitpunkt 421
   Bedarfsnormen 419

Fohlenaufzuchtfutter 420
Fütterungshinweise 420
Geburtsgewicht 414
mutterlose Fohlenaufzucht 421
Proteinverwertung 419
Saugfohlen 420
Wachstum 419
Folsäure 176
Fruchtbarkeit
   Eber 227
   weibl. Jungrinder 334
   Zuchtböcke 396
   Zuchtbullen 343
Fruchtbarkeitsstörungen 140
Fructose 43
   Absorption 46
Fütterung, rationierte (Schwein) 241
Fütterungsfrequenz, Milchvieh 275, 307
Fumarsäure 184
Furfuraldehyd 44
Futteraufnahme, Kuh 273
   und Pansenvolumen 274
   und Verdauungsvorgänge 274
   von Weidegras 289
Futteraufnahme, Mastrind 367
Futteraufnahme, Sauen 193
Futterbewertung, energetische 116
   beim Geflügel 128
   Gesamtnährstoff 127
   beim Milchvieh 123
   Rostocker System 121
   Schätzgleichungen 130
   beim Schwein 122, 126
   Skandinavische Futtereinheit 121
   Sowjetische Futtereinheit 121
   Stärkewert 118
   Total Digestible Nutrients 126
Futterfett
   und Eifett 425
   und Milchfettgehalt 282
Futterkalk, kohlensaurer 149
   phosphorsaurer 150
Futtermittel, mineralische 149
Futterstruktur in
   Milchviehrationen 281, 296, 297
Futterverwertung (Schwein) 241
Futterzucker 252

G

Galaktose 43
   Absorption 46
β-Galaktosidase 45
Gaswechselmessung 107
Gebärparese 140
Geflügel (s. Broiler, Junghennen, Küken,
   Legehennen)
Gerüstsubstanzen 23
Gesamtnährstoff 127
Gesamtverwertung 152
Getreide
   an Legehennen 430
   an Mastschweine 251
Globuline 66
γ-Globuline
   Absorption 70, 209

Kalb 317
Kuhmilch 269
Sauenmilch 208
Glucose 43
  Abbau 49
  Absorption 46
  Bildung aus Propionsäure 100
Glucosesynthese, Wiederkäuer 51
α-Glucosidase 45
α-Glucosidasenhemmer 179
Glucosinolate 161
Glykogen 44
  im Stoffwechsel 50
Glykogenolyse 50
Glykolyse 50
Glykosidasen 45
GN 127
Göttinger Transponierungstest 149
Grassilage, an Mastrinder 373
Grastetanie 141
Grit 431, 432, 435
Grünfutter
  an Mastschweine 263
  an Milchkühe 292
  an Sauen 201
Grünmehl 297, 399
Grundstandard 247
Grundumsatz 112
  Einflüsse 113
    Schaf 385

H
Hammelmast 396
Hardening off 59
Harn-N, endogener 82
  exogener 82
Harnstoff 80
  und Maissilage 371
Heißlufttrocknung 297
Hemicellulose 44
Herztod bei Ferkeln 224
Heteropolysaccharide 44
Heu
  an Kälber 328
  an Mastlämmer 398
  an Milchkühe 296
  an Pferde 408
Hexosen 42
Hirnrindennekrose 176
Histone 66
Hohenheimer Futtertest 38, 131
Homöostasie
  Mineralstoffe 135
  Spurenelemente 154, 158, 166
Hormone 179
Hühnerei (s. Ei)
Hungerminimum (N-Ausscheidung) 89
β-Hydroxybuttersäure 51
Hypervitaminose 168
Hypovitaminose 168

I
Immunglobuline 70
Indikatormethode 37
Inulin 44
Isotopen-Verdünnungsmethode 148

J
Jährlinge 421
Jod 160
  Bedarf 162
  Stoffwechsel 154, 155, 160
  Toleranz 167
Jodzahl 54
  des Milchfettes 60, 283
Joule 94
Junghennen 433
  Bedarf 433
  Beleuchtung 445
  Besatzdichte 435
  Fütterungshinweise 433
  Temperaturprogramm 435
Jungpferde 420
  Fütterungshinweise 420
  Gewichtsentwicklung 419
  Jährling 421
  Nährstoffbedarf 419
  Weide 422
  Winterfütterung 422
  Zweijährige 421
Jungrinder, Mast 360
  Bedarfsnormen 364
  Fütterungsintensität 362
  Körperzusammensetzung 360
  Mast mit
    Biertreber 375
    Grassilage 373
    Kraftfutter 378
    Maissilage 368
    Rübenblattsilage 372
    Schlempe 374
    Weidegras 376
  Mast von Jungochsen 379
  Mast weiblicher Jungrinder 380
  Proteinverwertung 366
  Vormastperiode 364
  VQ der organ. Substanz 364
Jungrinder, weibliche 334
  Aufzuchtintensität 334
  Bedarfsnormen 335
  Fütterung im 1. Jahr 337
  Fütterung im 2. Jahr 339
  hochtragendes Jungrind 341
  VQ der organ. Substanz 336
  Zuchtreife 334
Jungsauen 192

K
Kälber, Aufzucht 316
  Aktivität von Verdauungsenzymen 318
    Eiweißverdauung 318
    Fettverdauung 319
    Kohlenhydratverdauung 319
  Fütterungshinweise 323
    Ergänzungsfuttermittel 328
    Frühentwöhnung 329
    Kalttränkeverfahren 331
    Kolostralmilch 317, 323
    Kolostralmilch-Phase 316
    Kraftfutter und Heu 328
    Magermilch 324
    Milchaustauscher 326

Molke 323
Pansenentwicklung 320
Verdauungsstörungen 333
Vollmilch 324
Zuchtbullenkälber 332
Kälber, Schnellmast 348
Aminosäurenbedarf 353
Energieretention 350
Faktorielle Bedarfsableitung
Energie 351
Protein 352
Fleischfarbe 349
Fütterungshinweise 353
Körperzusammensetzung 349
limitierende Aminosäuren 353
Mastendgewicht 348
Mast mit Magermilch 355
mit Milchaustauschfutter 356
am Tränkeautomaten 357
mit Vollmilch 354
Nährstoffbedarf 350
Nährstoffretention 349
Nährstoffversorgung 353
Stallklima 354
Tiermaterial 348
Tränkeplan 357
Verwertung der umsetzbaren
Energie 351
zugekaufte Mastkälber 354
Kälber, verlängerte Mast 358
Mast mit Tränke und Kraftfutter 358
Tränkemast 358
Kälbernährmehl 324
Kalium 135
im Futter 146
Kalorie 94
Kalorimetrie 104
Kannibalismus 447
Kartoffeln
an Mastschweine 258
an Mutterschafe 386
an Pferde 409
an Sauen 203
Keratin 66
Ketose 52, 64
Kleibersche Formel 113
Knochenaschetest 148
Knochenfuttermehl 150
Koagulationsvitamin 175
Kobalt 159
Bedarf 163
im Futter 163
Stoffwechsel 154, 159
Toleranz 167
Körnermaissilage, an Zuchtsauen 204
Körpergröße, metabolische 113
Kohlenhydrate 42
Abbaurate im Pansen 46
Absorption 46
Bedeutung 42
Stoffwechsel 48
beim Wiederkäuer 51
Verdauung 45
beim Kalb 319
beim Lamm 393

beim Pferd 401
beim Wiederkäuer 46
Kollagen 66
Kolostralmilch, Kuh 268
Sauen 208
Stute 415
Kraftfutter, Einfluß auf Grundfutter-
verzehr (Kuh) 275
Kreislauf, ruminohepatischer 79
Küchenabfälle, an Mastschweine 264
Kühe (s. Milchvieh)
Kükenaufzucht 433
Bedarf 433
Besatzdichte 435
Fütterungshinweise 435
Impfprogramm 435
Temperaturprogramm 435
Kükenruhr 186
Kükenstarterfutter 433
Kupfer 157
Antagonisten 166
Bedarf 162
im Futter 163
Stoffwechsel 154, 157
Toleranz 166
und Calcium 157
und Molybdän, Sulfat 157, 166
Kupfersulfat-Zulage 178

L
Labferment 68
Lactase 46, 211
Lactoflavin 176
Lactose 43, 211
physiol. Eigenschaften 43
Verdauung 45
Lämmer, Aufzucht 389
Aufzuchtmethoden 390
Bedarfsnormen 389
Frühentwöhnung 391
Geburtsgewicht 392
junge Zuchtschafe 394
mutterlose Aufzucht 392
Sauglämmeraufzucht 390
Lämmer, Mast 396
Absatzlämmermast 399
Intensivlämmermast 398
Mastmethoden 396
Sauglämmermast 397
verlängerte Lämmermast 399
Weidelämmermast 400
Wirtschaftsmast 399
Läufer (s. Zuchtläufer)
Laktationstetanie 141
Lebernekrose 175
Lecithin 185
Legehennen 425
Alleinfütterung 431
Bedarf 427
Aminosäuren 429
Energie 427
Mineralstoffe 430
Protein 427
Vitamine 430
Beleuchtung 445

Eiweiß-Energieverhältnis 429
Erhaltungsbedarf 427
Gewichtsentwicklung 427
Kombinierte Fütterung 430
Legeleistung 427
Stallklima 432
Wasserversorgung 432
Lieschkolbenschrotsilage
   an Mastschweine 256
   an Zuchtsauen 204
Lignin 45
Linolensäure 63
Linolsäure 63
   Bedarf Henne 425
Lipasen 55
Lipide 53
Lipoide 53
Luteotropes Hormon 276
„Lysinmais" 88

M

Magensaft 27
Magermilch, an Mastschweine 250
Magnesium 133
   Absorption 137
   Aufgaben 134
   Bedarf 142
   im Futter 146
   Mg-haltige Futtermittel 150
Maillard-Reaktion 70
Mais 252
   Maisfett 54
Maiskolbenschrotsilage
   an Mastschweine 255
   an Zuchtsauen 204
Maissilage, an Mastrinder 368
Maisstärke, an Ferkel 211
Maltase 45
Maltose 43
   Verdauung 45
Mangan 159
   Bedarf 162
   im Futter 163
   Stoffwechsel 154, 159
   Toleranz 167
Mannose 43
Mastschweine 231
   ad libitum Fütterung 241
   Aufstallungsart 265
   Bedarfsnormen 235
      Eiweiß 239
      Energie 237
      essentielle Aminosäuren 240
   Biertreber 263
   chemische Zusammensetzung 234
   Corn-cob-mix 255
   Eiweißansatz 235
   Energieansatz 235
   Ernährungsintensität
      und Körpergewebe 233
   Fettansatz 235
   Fütterungshinweise 243
   Futteraufnahme 241
   Futtermittel in der Mast 249
   Futterverwertung
      und Nährstoffzufuhr 236

Getreidemast 243
   Ausfall von Futterzeiten 253
   Automatenfütterung 254
   Bodenfütterung 254
   Eiweißfuttermittel + Getreide 248
   Fütterungstechnik 252
   Futterkonsistenz 253
   Grundstandardmethode 247
   Mast mit Alleinfutter 244
   Pelletiertes Futter 254
   Rationierte Fütterung 252
   Rationsliste 246
   Schweinemast-Ergänzungsfutter 247
   Vorratsfütterung 254
Grünfutter 263
Gruppengröße und Mastleistung 265
Hackfruchtmast 258
   Ausfall von Futterzeiten 261
   Beifutter 258
   Fütterungstechnik 261
   Kartoffelmast 258
   Rübenmast 260
Höchstmengen in der Ration 251
Körperzusammensetzung 232
Küchenabfälle 264
Lieschkolbenschrot 256
Maiskolbenschrotsilage 255
Molkenmast 261
Nährstoffretention 235
Proteinqualität 240
Schlempe 263
Stallklima 264
Verwertung der umsetzbaren
   Energie 238
VQ der organischen Substanz 242
Wachstumsintensität 231
Wasserbedarf 252
Mauke 301
Menachinon 175
Menadion 175
Mengenelemente 133
   Absorption 136
   Bedarf 142
   im Blutserum 133
   Dynamik 135
   Exkretion 137
   im Futter 144
   Homöostase 135
   Mangel 139
   mineralische Futtermittel 149
   in Muskeln 134
   im Skelett 134
   Speicherung 137
   im Tierkörper 133
   Überschuß 141
   Verwertbarkeit, Bestimmung 148
Methan als Energieverlust 109, 401
Mikrobeneiweiß 77
   Syntheserate 79
   Wertigkeit 88
Mikroorganismen, Mitwirkung bei der
   Verdauung 28
Milch, Kuh
   Beziehung zwischen Fett- und
   Eiweißgehalt 269, 271

Energiegehalt (Berechnung) 270
Fütterungseinflüsse 280
  Eiweißgehalt 280
  Geruch 284
  Geschmack 284
  Keimgehalt 286
  Lactosegehalt 280
  Milchfett 59, 280
  Mineralstoffe 283
  Spurenelemente 155
  Vitamine 283
Zusammensetzung 54, 268
Milch, Sauen 194
  Schaf 384
  Stute 415
Milchaustauschfutter
  Emulgatoren 185
  für Ferkel 220
  für Kälberaufzucht 326
  für Kälbermast 356
    an Ferkel 222
  für Lämmer 393
Milchfieber 140
Milchleistungsfutter 303
Milchproduktionswert 121
Milchproteinverhältnis 84
Milchsäure 50
Milchvieh, laktierend 267
  Bedarf 267
    Bedarfsnormen 271
    Eiweiß für Milchproduktion 271
    Energie für Milchproduktion 270
    Erhaltungsbedarf 267
    Spurenelemente 162
  Berechnung von Futterrationen 287
  Biertreber 300
  Fütterungstechnik 306
  Futteraufnahme 273
  Hochleistungskühe 279
  Kraftfutter 301
  Laktationskurve 275
  Milch
    Fütterungseinflüsse 277, 280
    Kolostralmilch 268
    Normalmilch 268
  Milchleistung
    bei Nährstoffmangel 277
  Mineral- und Wirkstoffergänzung 305
  Mobilisation von Körpergewebe 278, 279
  Nährstoffkonzentration 272
  Nährstoffverwertung 277
  Schlempen 300
  Sommerfütterung auf der Weide 289
    Futterwert des Weidegrases 289
    Nährstoffaufnahme 289
    Vorbereitungsfütterung 289
    Weidebeifütterung 291
    Weideführung 290
  Sommerfütterung im Stall 292
    Futterwert 292
    Grundfutterrationen 293
  Winterfütterung 294
    Briketts 297
    Heu 296
    Konservierungsverluste 295
    Rüben 299
    Silage 298
Milchvieh, trockenstehend 308
  Bedarf
    Energie 313
    Protein 312
  Bedarfsnormen 313
  Entwicklung des Fötus 309
  Ernährung und Einsatzleistung 311
    und Geburtsgewicht 311
  Fütterungshinweise 314
  Mineral- und Wirkstoffversorgung 315
  Nährstoffkonzentration 314
  Trächtigkeitsanabolismus 310
Milchzucker 43
  in Schafmilch 384
Mineralfutter für Rinder 305
Mineralstoffe 133
Molke
  an Mastschweine 261
Molybdän 160
  Bedarf 163
  im Futter 163
  Stoffwechsel 154, 160
  Toleranz 167
  und Kupfer, Sulfat 157
Monensin-Natrium 182, 184, 186
Monoglycerid 53
Monosaccharide 42
  absorbierte Menge (Kuh) 51
  intermediäre Umsetzungen 49
MPV 84
Mühlennachprodukte 252
Muschelgrit 431, 435
Muskel
  Gehalt an Eiweiß 19
  Gehalt an Wasser 19
Muskeldystrophie 175
Mutterkuhhaltung 324
Mutterschafe 381
  Fütterungshinweise 386
  Grundfutter 386
  Kraftfutter 388
  Laktation 383
  Laktationskurve 383
  Milchleistung 383
  Milchzusammensetzung 384
  Nährstoffnormen 385
  Proteinansatz im Fötus 382
  Trächtigkeit 382
  Wollwachstum 384
  Zeit des Deckens 381

N

Nachgärung, Maissilage 369
Natrium 135
  Bedarf 142
  im Futter 146
  Na-haltige Futtermittel 150
Natriumbenzoat 260
Natriumbicarbonat 378
N-Ausscheidung, minimale 90
  bei Schafen 385
N-Bilanz 89
NDF 23
NEL 124

Formel 125
Net Protein Utilization 86
Net Protein Value 86
Nettoenergie-Fett
   (Rostocker System) 121, 130
Nettoenergie-Laktation 123
Neutral Detergent Fiber 23
Neutraltemperatur 112, 114
N-freie Extraktstoffe 23
Nickel 154
   Bedarf (Sauen) 163
   Mangel 161
Nicotinsäure 176
Nitrovin 184
NPN-Verbindungen 66
   im Pansen 78
NPU 86
NPV 86
Nucleinsäuren 67
Nüchternumsatz 112
Nylonbeuteltechnik 38

O
Oberflächengesetz (Rubner) 113
Ochsenmast 379
Ödemkrankheit 224
Öl 54
Ölfruchtrückstände und Milchfettgehalt 282
Olaquindox 184
Oligo-1,6-Glucosidase 45
Oligosaccharide 43
organische Säuren 184
organische Substanz 21
Orthophosphate 149
Osteomalazie 140
β-Oxydation 57

P
Palmkernfett 54
Pansenacidose 48
Pansenmikroben 28
   Bakterienmasse 29
   Einfluß der Fütterung 29
   Protozoen 29
Pantothensäure 176
Parakeratose der Pansenwand 322
   bei Zinkmangel 158
Pektine 44
Pellets (Grünmehl) 297
Pentosane 43
Pentosen 43
   Absorption 46
Pentosephosphatzyklus 50
Pepsin 68
   beim Ferkel 210
Pepsinogen 68
PER 82
Peroxydzahl 61
Persistenz 276
Pferde (s. Deckhengste, Fohlen, Sportpferde, Stuten, Zugpferde)
Phasenfütterung 427
Phosphatide 53
Phosphor 133
   Absorption 136

Aufgaben 134
Bedarf 142
Dynamik, Kuh 138
   Sauen 139
   im Futter 145
P-haltige Futtermittel 149
Phyllochinon 175
Phytinsäure 136, 145
   und Zinkverwertung 159
Polysaccharide 43
Poularde 437
PPW 82
Preßschnitzel 379
Prestarter 220
Produktiver Proteinwert 82
Prolaktin 276
Proteasen 68
Protected Proteins 71
Proteide 66
Proteine (s. Eiweiß)
Proteinqualität 81
   Bestimmung 81
   des Futters 85
   beim Wiederkäuer 88
Proteinwirkungsverhältnis 82
Protozoen 29
Provitamine 168
   Provitamin A 169
   Provitamin D_2 173
   Provitamin D_3 173
Pyridoxin 176

Q
Quecksilber 167
Quotient, respiratorischer 104

R
Rachitis 139, 173
Raffinose 43
Rapsextraktionsschrot 370
Reichert-Meisslsche Zahl 55
Reineiweiß 21
Rennin 68
Resorptionssterilität 175
Respirationsanlage 107
Retentionsphase, Zuchtsauen 190
Riboflavin 176
Ribose 43
Rinderfütterung (s. Kälber, Jungrinder, Milchvieh, Zuchtbullen)
Rindermastfutter 371
Rindertalg 54
Rohasche 21
Rohfaser 45
   in der Futterration 45
   in Milchviehrationen 281
   beim Pferd 401, 410
Rohfaserabzug 118, 120
Rohfett 23
Rohphosphate, entfluoriert 150
Rohprotein 21
Rohwasser 21
Rostocker System 121, 130
Rotklee, VQ beim Schwein 201
Rüben, an Mastschweine 260
   an Milchkühe 299

an Pferde 409
an Sauen 203
Rübenblatt, an Milchkühe 294, 298
Rübenblattsilage, an Mastrinder 372
an Mutterschafe 386

S
Saccharose 43
  Verdauung 45
Säurezahl 61
Saponine 185
Sauen (s. Zuchtsauen)
Saugferkel
  Milchaufnahme 197
Saugferkelfutter 213, 217
Schaffütterung (s. Lämmer, Mutterschafe, Zuchtböcke)
Schafmilch, an Ferkel 222
Schlachtqualität und Mastendgewicht (Kalb) 348
Schlempe, an Mastrinder 374
  an Mastschweine 263
  an Milchkühe 300
  an Mutterschafe 386
Schwefel 133
Schweinefett 54
Schweinefütterung (s. Eber, Ferkel, Mastschweine, Zuchtläufer, Zuchtsauen)
  Ernährungseinflüsse auf Leistungsmerkmale 187
Selen 160
  Ausscheidung 154, 155
  Bedarf 162
  Toleranz 167
  und Vitamin E 160
Silage
  an Kälber 329
  an Mastrinder 368
  an Milchkühe 298
  an Mutterschafe 386
  an Pferde 407
  an Sauen 202
Silicium 152, 161
Silierung von Kartoffeln 259
Skandinavische Futtereinheit 121
Skelett, Gehalt an Wasser 19
Sojaeiweiß, VQ beim Ferkel 211
Sojaextraktionsschrot
  an Mastrinder 370
  an Mastschweine 250
Sojafett 54
Sowjetische Futtereinheit 121
Speichel 27
Spiramycin 184
Sportpferde 401
  Alleinfutter 410
  Bedarf
    Eiweiß 404
    Energie 402
    Mengenelemente 404
    Spurenelemente 405
    Vitamine 405
  Fütterungsfehler 412
  Fütterungstechnik 412

Hackfrüchte 409
Höchstanteile von Futtermitteln 410
Kraftfutter 409
Leguminosen 407
Mineralstoffergänzung 411
Rauhfutter 408
Silagefütterung 407
Vitaminversorgung 412
Vorbereitungsfütterung 407
Weidebeifutter 406
Weidegang 406
Spurenelemente 152
  Absorption 154
  akzidentelle 152
  Bedarf 162
  Bedarfsdeckung 163
  essentielle 152
  Exkretion 154
  Gesamtverwertung 152
  Homöostatische Regulation 154, 166
  im Futter 163
  im Körper 155
  Stoffwechsel 155
  Superretention 155
  Toleranzschwelle 167
  Toxizität 166
Stärke 43
  tierische 44
  Verdauung 45
Stärkeeinheit 118
  Berechnungsbeispiele 119
Stärkewert 118
Stärkewertlehre 117
Stallklima
  Ferkel 215, 220
  Geflügel 432, 435
  Mastkälber 357
  Mastschweine 264
  Sauen 206
Starter 220
Sterine 53
Stickstoff-Gleichgewicht
  minimales 90
Stilbenderivate 179
Stroh
  an Pferde 409
Struktur (s. Futterstruktur)
Stuten 414
  Bedarf
    Laktation 416
    Trächtigkeit 414
  Fütterungshinweise 416
  Grundfutter 416
  Kolostralmilch 415
  Kraftfutter 417
  Milchleistung 415
  Milchzusammensetzung 416
  Proteinverwertung 416
  Weide 418
Superphosphat 150
Superretention
  Ca, P 138, 189
  Spurenelemente 155, 189
  Stickstoff 189
  Transformationsverluste 192

T

TDN 126
Teilwirkungsgrad 103
Temperatur, kritische 112
   bei Schafen 385
Tetanie, hypomagnesaemische 141
Tetracycline 181
Thiamin 176
Thiaminasen 176
Thomasphosphat 150
Thyreostatica 161, 179
Tierkörper
   Beziehung zwischen Fett- und
   Wassergehalt 20
   Chemische Zusammensetzung 19, 360
   Ermittlung der Zusammensetzung 20
Tiermehl 250
Tilly-Terry-Methode 38
Tocopherole 174, 185
Total Digestible Nutrients 126
Trächtigkeitsanabolismus
   Rind 310
   Sauen 189
Trächtigkeitstoxämie, Schaf 383
Triglycerid 53
Trockenmagermilch in der Kälbermast 355
Trockenschnitzel
   an Mastbullen 373
   an Mastlämmer 399
   an Mastschweine 252
   an Pferde 409
Trockensubstanz 21
Trypsin 68
   beim Ferkel 210
Trypsininhibitoren 70
Trypsinogen 68
Tylosin 184

U

Überschußbilanz, negative 139
Umgebungstemperatur 112
Urolithiasis 299

V

Vanadin 152, 161
van-Soest-Analyse 23
Verbrennungswärme 101
Verdaulichkeit 30
   Bestimmung 35
      Differenzversuch 36
      Indikatormethode 37
      In-vitro-Methoden 37
      Tierversuche 35
   Einflüsse durch
      Alter 33
      Futtermenge 33
      Futterzubereitung 35
      Rasse 33
      Rationszusammensetzung 35
      Tierart 32
      Trächtigkeit und Laktation 33
   der organischen Substanz 38
      und Rohfasergehalt 32
      und Vegetationsstadium 33, 202

   partielle 36
   scheinbare 30
   wahre 31
Verdauung 25
Verdauungsdepression 35
Verdauungskoeffizient 30
Verdauungsquotient 30
Verdauungssekrete 27
Verdauungsstörungen, Kalb 333
Verdauungstrakt, Größenangaben 25, 424
Verdauungsversuch 35
Verfügbarkeit, intermediäre 152
Verseifungszahl 55
Verwertbarkeit 142
Viehsalz 150
Virginiamycin 184
Vitamin, antixerophthalmisches 169
Vitamine
   Bedarf 171, 173 – 176
      Minimalbedarf 168
      Optimalbedarf 168
      Suboptimale Versorgung 168
   fettlösliche 169
   wasserlösliche 175
Vitamin A 169
   Aufgaben 169
   Bedarf 171
   Bedarfsdeckung 173
   Carotine 169
      Bedarf 173
      im Futter 169
      Verwertung im Tier 171
   in Kuhmilch 270, 284
   Mangel bei Zuchtbullen 345
   Vorkommen 169
Vitamin B_1 176
Vitamin B_2 176, 270
Vitamin B_6 176
Vitamin B_{12} 159, 176
Vitamin C 175
   an Legehennen 426
Vitamin D 173
   Bedarf 174
   und Gebärparese 140
   Vorkommen 173
Vitamin E 174
   als Antioxydans 62, 174
   Bedarf 175
   und Selen 160
   Vorkommen 175
Vitamin K 175

W

Wachstum, kompensatorisches 231
Wachstumsförderer 178, 180
   Fütterungsantibiotica 180
   Kupfersulfat 167
   organische Säuren 184
Wachstumsintensität 231
Wachstumsquotient 231
Wachstumsvitamin 169
Wärmezuwachs 102
Wartebullen 344
Wasser 40
   Aufgaben 40

Ausscheidung 40
Bedarf 40
  Ferkel 218
  Mastschweine 252
  Sauen 205
in Futtermitteln 41
Weender Futtermittelanalyse 21
Weide
  Futterwert 289
  an Mastrinder 376
  an Milchvieh 289
  an Mutterschafe 387
  an Pferde 406, 418
  an Sauen 201
  an trockenstehende Kühe 314
  an weibliche Jungrinder 337
Weideparasiten 378
Weidetetanie 141
Weißfleischmast 348, 349
Wertigkeit (StW) 118
Wertigkeit, biologische 82
  von Futtermitteln 85
Wirkstoffe 133
Wirkungsgrad 99, 103
Wirkung, spezifisch dynamische 98
Wollwachstum 384

X
Xylose 43

Z
Zink 157
  Bedarf 162
  im Futter 163
  Stoffwechsel 154, 157
  Toleranz 167
  und Calcium, Phytat 159
Zink-Bacitracin 184
Zinn 152, 161
Zitronensäure für Ferkel 222
Zuchtböcke 396
Zuchtbullen 343
  Aufzuchtintensität 343
  Bedarfsnormen
    in der Aufzucht 344
    in der Deckperiode 345
  Fütterungshinweise 345

Zuchtbullenkälber 332
Zuchthähne 436
Zuchthennen 432
Zuchtläufer
  männliche 227
  weibliche 225
Zuchtsauen 188
  Alleinfütterung 199
  Bedarfsnormen 196
    faktorielle Methode 196, 197
    Laktation 196
    Trächtigkeit 196
  Bildung von Körperreserven 192
  Erhaltungsbedarf trächtiger Sauen 190
  Flushing 188
  Fötales Wachstum 191
  Fruchtbarkeitsleistung 188
  Fütterungsmethoden 199
  Fütterungstechnik 205
  Futteraufnahme 193
  Grundfutter 201
  Jungsauen 192
  Kombinierte Fütterung 201
  Kraftfutter 203
  Laktation 194
  Laktationskurve 195
  Leistungsstadien 188
  Milchleistung 188, 194
    Einflüsse 195
    Messung 194
  Milchzusammensetzung 194
  N-Umsatz 190
  Stalltemperatur 206
  Trächtigkeit 189
  VQ der organischen Substanz 198
  Wachstum der Föten 191
  Wachstum der Milchdrüse 192
  Wasserbedarf 205
  Weidegang 201
  Zeit des Deckens 188
Zuchtsauen-Alleinfutter 199
  an Eber 229
Zuchtschafe, junge 394
Zugpferde (s. Sportpferde)
Zukaufsferkel 219
Zusatzstoffe 178
Zweijährige 421